21世纪本科院校土木建筑类创新型应用人才培养规划教材

土木工程材料(第2版)

主　编　王春阳
副主编　朱　凯　王　仪　王继娜
参　编　裴　锐　程国强

内 容 简 介

本书根据最新国家标准和行业规范,结合实际教学经验编写而成,主要内容包括土木工程材料的基本性质、气硬性胶凝材料、水泥、水泥混凝土等常用土木工程材料的基本组成、生产工艺、技术性质、检验及应用。本书章节结构安排合理,内容注重理论联系实际和对学生技能的培养,教学环节丰富,便于教师教学和学生阅读。

本书可作为高等院校土木建筑类的专业教材,也可供土木施工单位的技术人员参考。

图书在版编目(CIP)数据

土木工程材料/王春阳主编. —2 版. —北京:北京大学出版社,2013.8
(21 世纪本科院校土木建筑类创新型应用人才培养规划教材)
ISBN 978-7-301-22926-2

Ⅰ. ①土… Ⅱ. ①王… Ⅲ. ①土木工程—建筑材料—高等学校—教材 Ⅳ. ①TU5

中国版本图书馆 CIP 数据核字(2013)第 174815 号

书　　　名:土木工程材料(第 2 版)
著作责任者:王春阳　主编
策 划 编 辑:卢　东　吴　迪
责 任 编 辑:伍大维
标 准 书 号:ISBN 978-7-301-22926-2/TU · 0350
出 版 发 行:北京大学出版社
地　　　址:北京市海淀区成府路 205 号　100871
网　　　址:http://www.pup.cn　新浪官方微博:@北京大学出版社
电 子 信 箱:pup_6@163.com
电　　　话:邮购部 62752015　发行部 62750672　编辑部 62750667　出版部 62754962
印 刷 者:北京虎彩文化传播有限公司
经 销 者:新华书店
　　　　　787 毫米×1092 毫米　16 开本　26.25 印张　620 千字
　　　　　2009 年 8 月第 1 版
　　　　　2013 年 8 月第 2 版　2021 年 12 月第 9 次印刷
定　　　价:50.00 元

未经许可,不得以任何方式复制或抄袭本书之部分或全部内容。
版权所有,侵权必究
举报电话:010-62752024　电子信箱:fd@pup.pku.edu.cn

第 2 版前言

本书是根据土木工程专业及其相关专业对土木工程材料基本知识和基本技能的教学需要进行编写的，体现了高等学校教材编写的指导思想、原则和特色，符合高等教育的方向和社会对应用型人才的需求。

近年来，许多重要的土木工程材料，如通用硅酸盐水泥、混凝土骨料、混凝土掺合料、混凝土外加剂、建筑砂浆、建筑钢材、墙体材料、沥青、防水材料、天然石材和装饰材料等产品质量标准陆续更新，同时本书第 1 版在使用过程中有读者提出了一些宝贵建议，作者在教学过程中也发现了一些不足之处，因此，有必要对第 1 版进行修订。

本书第 1、2、12 章由辽宁科技学院裴锐修订；第 3、9、13 章由河南城建学院王继娜修订；第 4、11、14、15 章由河南城建学院朱凯修订；第 5、6 章由河南城建学院王春阳修订；第 7 章由宁波工程学院程国强修订；第 8、10 章由河南城建学院王仪修订。

由于编者水平有限，书中的疏漏和不足之处在所难免，敬请广大读者批评指正。

编　者

2013 年 4 月

第 1 版前言

本书是根据土木工程专业及其相关专业对土木工程材料基本知识和基本技能的教学需要进行编写的，体现了高等学校教材编写的指导思想、原则和特色，符合高等教育的方向和社会对应用型人才的需求。

本书突出一个"新"字，采用最新国家标准和行业规范，内容充实，知识精炼，行文深入浅出，阐述重点突出；此外，书中采用了一些实例图片，生动形象。全书注重与工程实践的结合和对学生技能的培养，体现了加强实际应用、服务专业教学的宗旨，完全符合相关专业教学对学生能力的要求。

本书主要介绍了气硬性胶凝材料、水泥、水泥混凝土、建筑砂浆、建筑石材、墙体和屋面材料、金属材料、木材、沥青与沥青混合料、高分子合成材料、建筑功能材料以及建筑装饰材料的基本组成、生产工艺、技术性质、检验及应用等知识。本书前 14 章大都安排了教学目标与要求、本章小结、知识链接和本章习题，第 15 章介绍土木工程材料试验，便于学生查阅知识和掌握技能。通过对本书的学习，学生能够掌握土木工程材料的基本知识，并能正确认识、合理选择常用材料。

本书由河南城建学院王春阳和辽宁科技学院裴锐担任主编，由河南城建学院朱凯和宁波工程学院程国强担任副主编，由河南城建学院郭金敏和河南城建学院郭平功担任参编。本书具体编写分工是：第 1、2、12 章由裴锐编写；第 3、9、13 章由郭平功编写；第 4、11、14、15 章由朱凯编写；第 5、6 章由王春阳编写；第 7 章由程国强编写；第 8、10 章由郭金敏编写。全书由王春阳统稿。

由于编者水平有限，书中的缺点和疏漏之处在所难免，敬请广大读者批评指正。

编　者
2009 年 5 月

目 录

第1章 绪论 ………………………… 1
  1.1 土木工程材料的定义和分类 ……… 1
  1.2 土木工程材料在工程中的地位和作用 ………………………………… 3
  1.3 土木工程材料的发展及趋势 ……… 3
  1.4 土木工程材料的技术标准 ………… 5
  1.5 本课程的任务和学习方法 ………… 6
  本章小结 ………………………………… 7
  知识链接 ………………………………… 7

第2章 土木工程材料的基本性质 ……… 8
  2.1 材料的组成与结构 ………………… 8
  2.2 材料的物理性质 …………………… 11
  2.3 材料的力学性质 …………………… 21
  2.4 材料的耐久性 ……………………… 25
  本章小结 ………………………………… 26
  知识链接 ………………………………… 27
  本章习题 ………………………………… 27

第3章 气硬性胶凝材料 ………………… 28
  3.1 石灰 ………………………………… 29
  3.2 石膏 ………………………………… 33
  3.3 水玻璃 ……………………………… 37
  3.4 菱苦土 ……………………………… 38
  本章小结 ………………………………… 40
  知识链接 ………………………………… 40
  本章习题 ………………………………… 41

第4章 水泥 ……………………………… 42
  4.1 通用硅酸盐水泥 …………………… 43
  4.2 其他品种的水泥 …………………… 58
  本章小结 ………………………………… 65
  知识链接 ………………………………… 65
  本章习题 ………………………………… 65

第5章 水泥混凝土 ……………………… 67
  5.1 概述 ………………………………… 68
  5.2 普通水泥混凝土的组成材料 ……… 70
  5.3 普通水泥混凝土的技术性质 ……… 81
  5.4 混凝土外加剂与掺合料 …………… 98
  5.5 普通水泥混凝土配合比设计 …… 106
  5.6 普通水泥混凝土的质量控制 …… 113
  5.7 路面水泥混凝土 ………………… 116
  5.8 其他功能混凝土 ………………… 122
  本章小结 ……………………………… 138
  知识链接 ……………………………… 138
  本章习题 ……………………………… 139

第6章 建筑砂浆 ……………………… 140
  6.1 概述 ……………………………… 140
  6.2 砌筑砂浆 ………………………… 141
  6.3 抹面砂浆 ………………………… 149
  6.4 装饰砂浆 ………………………… 150
  6.5 其他砂浆 ………………………… 153
  6.6 干拌砂浆 ………………………… 156
  本章小结 ……………………………… 157
  知识链接 ……………………………… 157
  本章习题 ……………………………… 158

第7章 建筑石材 ……………………… 159
  7.1 天然石材 ………………………… 159
  7.2 人造石材 ………………………… 170
  本章小结 ……………………………… 172
  知识链接 ……………………………… 172
  本章习题 ……………………………… 173

第8章 墙体和屋面材料 ……………… 174
  8.1 砌墙砖 …………………………… 175
  8.2 砌块 ……………………………… 185
  8.3 墙用板材 ………………………… 192
  8.4 屋面材料 ………………………… 198
  本章小结 ……………………………… 201
  知识链接 ……………………………… 201
  本章习题 ……………………………… 202

第9章 金属材料 ... 203
9.1 建筑钢材 ... 203
9.2 铝材及铝合金 ... 226
本章小结 ... 227
知识链接 ... 227
本章习题 ... 228

第10章 木材 ... 229
10.1 木材的分类与构造 ... 229
10.2 木材的物理力学性质 ... 232
10.3 木材在工程中的应用 ... 236
10.4 木材的等级与综合利用 ... 241
10.5 木材的防腐与防火 ... 245
本章小结 ... 248
知识链接 ... 248
本章习题 ... 249

第11章 沥青与沥青混合料 ... 250
11.1 石油沥青 ... 251
11.2 其他沥青 ... 259
11.3 沥青混合料 ... 264
本章小结 ... 283
知识链接 ... 283
本章习题 ... 284

第12章 高分子合成材料 ... 285
12.1 高分子化合物基本知识 ... 285
12.2 建筑塑料 ... 288
12.3 建筑涂料 ... 297
12.4 建筑胶粘剂 ... 306
12.5 土工合成材料 ... 309
本章小结 ... 311

知识链接 ... 312
本章习题 ... 312

第13章 建筑功能材料 ... 314
13.1 防水材料 ... 314
13.2 绝热材料 ... 330
13.3 吸声与隔声材料 ... 335
本章小结 ... 337
知识链接 ... 338
本章习题 ... 338

第14章 建筑装饰材料 ... 339
14.1 概述 ... 339
14.2 壁纸与墙布 ... 342
14.3 建筑玻璃 ... 348
14.4 建筑陶瓷 ... 355
14.5 其他建筑装饰材料 ... 360
本章小结 ... 361
知识链接 ... 361
本章习题 ... 362

第15章 土木工程材料试验 ... 363
15.1 土木工程材料的基本性质试验 ... 363
15.2 水泥试验 ... 366
15.3 混凝土用砂、石试验 ... 376
15.4 普通混凝土性能试验 ... 382
15.5 建筑砂浆试验 ... 389
15.6 砌墙砖及砌块性能试验 ... 392
15.7 钢筋试验 ... 398
15.8 石油沥青试验 ... 402
15.9 沥青混合料试验 ... 406

参考文献 ... 411

第1章 绪 论

【教学目标】

通过本章学习，应达到以下目标。

（1）掌握土木工程材料的分类。

（2）了解土木工程材料在工程中的作用和地位。

（3）了解土木工程材料发展概况及趋势。

（4）掌握土木工程材料的技术标准。

（5）了解课程内容特点和学习方法。

【教学要求】

知识要点	能力要求	相关知识
土木工程材料的分类	（1）理解土木工程材料的概念 （2）掌握土木工程材料的分类	（1）土木工程材料的概念 （2）土木工程材料的分类
土木工程材料在工程中的作用和地位	了解土木工程材料在工程中的作用和地位	土木工程材料在工程中的作用和地位
土木工程材料发展概况及趋势	（1）了解土木工程材料发展概况 （2）了解土木工程材料发展趋势	（1）土木工程材料发展概况 （2）土木工程材料发展趋势
土木工程材料的技术标准	（1）掌握我国土木工程材料常用的技术标准 （2）了解土木工程材料相关的国际标准和外国标准	（1）我国常用技术标准名称及代号 （2）常用国际标准和外国标准名称及代号
课程内容特点和学习方法	（1）了解本课程内容特点 （2）了解本课程学习任务 （3）了解本课程学习方法	（1）本课程内容特点 （2）本课程学习任务 （3）本课程学习方法

1.1 土木工程材料的定义和分类

1.1.1 土木工程材料的定义

土木工程材料是指在土木工程建设中用于构成建筑物或构筑物的各种材料的总称。如水泥、钢材、木材、混凝土、石材、砖、石灰、石膏、建筑塑料、沥青、玻璃及建筑陶瓷等,其品种达数千种之多。

1.1.2 土木工程材料的分类

土木工程材料种类繁多、性能各异且用途不同。在工程中,常从不同角度对土木工程材料加以分类。

1. 按材料的化学成分分类

按土木工程化学成分来分,材料分为无机材料、有机材料和复合材料 3 大类,见表 1-1。

表 1-1 土木工程材料按化学成分分类

土木工程材料	无机材料	金属材料	钢、铁及其合金、铝及铝合金
		非金属材料 天然石材	砂、石及石材制品
		非金属材料 烧土制品	砖、瓦、玻璃及陶瓷制品
		非金属材料 胶凝材料及制品	石灰、石膏、水泥、砂浆、混凝土及硅酸盐制品
	有机材料	植物材料	木材、竹材
		沥青材料	石油沥青、煤沥青及其制品
		合成高分子材料	塑料、涂料、胶粘剂、合成橡胶、部分混凝土外加剂、土工合成材料
	复合材料	有机材料与无机非金属材料复合	聚合物混凝土、玻璃纤维增强塑料等
		金属材料与无机非金属材料复合	钢筋混凝土、钢纤维混凝土等
		金属材料与有机材料复合	有机涂层铝合金板、塑钢门窗等

2. 按材料的使用功能分类

按使用功能来分,土木工程材料分为结构材料、墙体材料和功能材料 3 大类。

(1) 结构材料:主要是指构成结构物受力构件,用于承受荷载的材料。如梁、板、柱、基础、框架及其他受力构件和结构等所用的材料,具体包括水泥、混凝土、石材、钢材以及砖混结构用于砌筑承重墙的砖。在现阶段,钢材、水泥以及钢筋混凝土和预应力钢筋混凝土仍是我国土木工程中所采用的主要结构材料。

(2) 墙体材料:是指建筑物内、外及分隔墙体所采用的材料,分承重和非承重两类。目前,我国大量采用的墙体材料为砌墙砖、混凝土砌块及加气混凝土砌块等。此外,还有混凝土墙板、石膏板、金属板材和复合墙体等,特别是轻质多功能的复合墙板发展较快。

(3) 功能材料:是指具有某些特殊功能的材料,用于满足建筑物或构筑物的适用性。如防水材料、保温材料、隔音吸声材料、装饰材料、耐火材料、耐腐蚀材料以及防辐射材料等。这类材料品种繁多,形式多样,功能各异,正越来越多地应用于各种建筑物或构筑物上。

一般来说,建筑物或构筑物的安全可靠程度,主要取决于由结构材料组成的构件和结构体系,而结构物的使用功能,则主要取决于功能材料。有时,单一的一种材料可能会具有多种功能。

1.2 土木工程材料在工程中的地位和作用

土木工程材料是土木工程的物质基础。首先,它是构成土木工程结构物的最基本元素。在土木工程总造价中,材料费用往往占60%以上,所以,经济合理地使用材料对于降低工程造价、节省基本建设投资意义重大。其次,土木工程材料的性能和质量还会影响和制约建筑设计与结构体系以及施工方法,如在钢筋混凝土材料出现以前,结构体系主要是砖石结构和木结构。新材料的出现与发展,会促使建筑形式、结构设计和施工方法产生新的突破和革新。如钢铁材料的生产和使用以及钢筋混凝土的出现使得高层和大跨度建筑成为现实,高效减水剂的使用使得泵送混凝土施工得以推广应用。特别是近年来高强度钢材和高性能混凝土的出现,使得土木工程技术水平继续向前迈进,如有了钢材Q460E,我们才会看到国家体育场鸟巢的风采。建筑设计师总是把他的艺术风格与材料的品质和特点紧密结合起来进行构思;结构设计师应根据材料的力学性能合理进行结构选型,确定构件尺寸;建造师应充分了解各种材料的性能,才能在施工中合理组织、合理使用,以确保工程质量。总之,土木工程材料的性能、质量和价格直接影响整个土木工程的质量和造价,材料在土木工程建设中的地位和作用是非常重要的。

1.3 土木工程材料的发展及趋势

土木工程材料是随着社会生产力和科学技术水平的发展而发展的。古代土木工程起源于新石器时代,最初完全采用天然材料。如我国西安半坡遗址,房屋室内都采用木骨架和草泥抹墙来建造。古埃及新石器时代的住宅是用木材或卵石做墙基,用木材构架,芦苇束编墙或土坯砌墙,用圆木或芦苇束做屋顶。可见,当时都是采用取自当地的天然材料,如茅草、竹、芦苇、树枝、树皮和树叶、砾石及泥土等。当人类掌握了煅烧加工技术以后,就使用红烧土、白灰粉及土坯等建房,并逐渐懂得使用草筋泥和混合土等复合材料。大约自公元前3000年,开始出现经过烧制加工的瓦砖。中国在西周时代已出现陶制的瓦。此外,中国古代还曾利用黄土高原的黄土做材料建造夯土墙和夯土基础。中国古代房屋建筑主要采用木结构,后来发展为砖石结构,如河北的著名石拱桥——赵州桥(图1.1)和河南登封县的密檐砖塔——嵩岳寺塔(图1.2)就是典型例证。欧洲古代房屋建筑则主要以石材来建造,如古希腊的雅典卫城帕特农神庙就是全部采用白色大理石砌筑。此外,古罗马人还采用石灰和火山灰混合物做胶凝材料制成天然混凝土,用于下水道、隧道和渡槽等土木工程的建造。

从17世纪中叶到20世纪中叶的300年间,土木工程行业发展迅猛。在材料方面,表现为由木材、石料和砖瓦为主,到开始并日益广泛地使用铸铁、钢材、混凝土和钢筋混凝土,直至早期的预应力混凝土。18世纪下半叶,产业革命的发展促使土木工程以空前的速度向前迈进,土木工程新材料接连问世。英国人阿斯普丁于1824年发明了波特兰水泥。英国发明家贝塞麦于1856年发明转炉炼钢法,使得钢材越来越多地应用于土木工程。法国人莫尼埃于 1867 年用铁丝加固混凝土制成花盆，并将该技术应用于工程中，建造了一座长 16m 的钢筋混凝土桥，从此创造了钢筋混凝土在工程中应用的开端。法国于 1889 年建成高 300m 的巴黎埃菲尔铁塔，使用熟铁 8000t（图 1.3）。19 世纪，美国人杰克逊首次制作了预应力混凝土构件。法国工程师弗雷西内把高强钢丝用于预应力混凝土，并和比利时工程师马涅尔先后分别对预应力钢筋张拉和锚固技术进行了改进，使得预应力混凝土广泛应用于土木工程领域。与此同时，道路、桥梁的大规模建设使得沥青和混凝土开始用于高级路面工程。随着钢铁质量和产量的不断提高，使得建造大跨桥梁、工业厂房和高层建筑成为现实。

图 1.1　著名的隋代石拱桥——赵州桥　　图 1.2　河南登封嵩岳寺塔　　图 1.3　法国巴黎埃菲尔铁塔

　　第二次世界大战结束后，社会生产力出现了新的飞跃，土木工程的发展也进入一个新时代，这主要体现在材料方面，进一步实现轻质化和高强化。用低合金钢制成的高强度钢丝、钢绞线和粗钢筋得以大量生产和使用，大大节约了用钢量，并改善了结构性能。同时，高强度的水泥已在工程中普遍应用。轻集料混凝土和加气混凝土也已用于高层建筑。近年来，采用"双掺"技术配制的高性能混凝土正广泛应用于土木工程各领域，如澳大利亚、加拿大、日本、挪威和美国就采用高性能轻混凝土建造了海上钻井平台，日本采用自密实免振混凝土建造了明石大桥，加拿大和美国还在两座高层建筑中分别采用了 90MPa 和 120MPa 强度的高性能混凝土。我国上海、北京和沈阳已能供应 C80 以上的商品预拌混凝土，这些成就都标志着混凝土技术正向着高性能方向发展。此外，铝合金、镀膜玻璃、石膏板和合成高分子建材等工程材料发展迅速。特别是伴随着我国经济的崛起和奥运会的主办，土木工程领域新材料和新技术不断迈上新的台阶。如 2008 年 6 月 30 日，拥有世界第一跨径 1088m 的苏通大桥正式通车，这是中国建桥史上建设标准最高、技术最复杂且科技含量最高的特大型桥梁工程，创造了 4 项世界纪录，其中，大桥的斜拉索采用的近 7000t 高强镀锌钢丝全部采用国产钢丝，钢丝在力学韧性、抗拉强度和纯净度等综合指标上达到或超过了进口产品水平。再如，用钢铁编织成的国家体育场"鸟巢"（图 1.4）作为世界最大的钢结构工程，其外部钢结构的钢材用量为 4.2×10^4t，整个工程包括混凝土中的钢材和螺纹钢等，总用钢量达到了 11×10^4t，全部为国产钢，其中，大厚度 Q460E-Z35 钢板属世界首创。奥运游泳馆"水立方"（图 1.5）采用了国际上最先进的 ETFE 膜（乙烯-四氟乙烯共聚物）材料，这是一种轻质新型材料，具有有效的热学性能和透光性，可以调节室内环境，冬季保温、夏季隔热，而且还会避免建筑结构受到游泳中心内部环境的侵蚀。如果 ETFE 膜有一个破洞，不必更换，只需打上一块补丁，它便可自行愈合，过一段时间就会恢复原貌。这些实例都充分说明了现代土木工程材料飞速发展的成就。

图 1.4　国家体育场——"鸟巢"　　　　图 1.5　国家游泳中心——"水立方"

但是，我国建材工业的发展在很大程度上是以能源、资源的过度消耗和环境污染为代价的。随着人类社会的进步和发展，更有效地利用地球上有限资源和能源，改善人类的生存环境和空间，从根本上改变长期以来我国建材工业存在的高投入、高污染、低效益的粗放式生产方式，选择资源节约型、污染最低型、质量效益型和科技先导型的发展方式，将建材工业的发展与保护生态环境、污染治理有机地结合起来，是 21 世纪我国建材工业的战略目标。因此，土木工程材料将有以下发展趋势。

(1) 在原材料方面，应尽可能少用天然资源，提倡使用那些可以循环使用和重复使用和再生使用的材料，如工业尾矿、废渣、垃圾和废液等废弃物，以减少资源浪费。

(2) 在性能方面，研究和开发高性能材料，如轻质、高强、高耐久性、多功能、智能化材料。如在工程中使用高强度水泥、高性能混凝土以及高强度钢材；对于装修材料，采用复合技术将环保、美观、耐用、易维护且施工简便等功能集于一身；智能化是将材料和产品的加工制造同以微电子技术为主体的高科技嫁接，从而实现各种功能的可控与可调。

(3) 在产品形式方面，积极发展预制技术，逐步提高构件化、单元化的水平。

(4) 在生产工艺和技术方面，应研发大型化、高科技的生产技术、绿色生产技术和设备，尽量降低能耗和原料消耗，大力减少环境污染。

(5) 大力发展绿色建材，保护人类健康。绿色建材又称生态建材、环保建材和健康建材等。它是指采用清洁生产技术、少用天然资源和能源、大量使用工业或城市固态废弃物生产的无毒害、无污染、无放射性、有利于环境保护和人体健康的建筑材料。

1.4　土木工程材料的技术标准

土木工程材料的技术标准是对土木工程材料生产、使用及流通中需要协调统一的技术事项所制定的技术规定。它是从事材料生产、工程建设及商品流通的一种共同遵守的技术依据。它具体包括原材料质量、产品规格、等级分类、技术要求、检验方法、验收规则、包装及标志、运输和储存等内容。

产品标准化可以使设计、施工也相应标准化，既能合理选用材料，又能促进企业改善管理，提高生产技术水平和生产效率，更有利于加快施工进度，降低工程造价。

我国常用的标准主要有国家级、行业(或部级)、地方级和企业级 3 大类。国家标准由国家标准局发布,行业标准由主管生产部(或总局)发布,两者都是国家指令性技术文件,全国通用。地方标准是由地方主管部门制定和发布的地方性指导技术文件,适用于本地区使用。凡是没有相应的国家、行业和地方标准的产品,均应制定企业标准,地方标准和企业标准所制定的相关技术要求应高于类似(或相关)产品的国家标准。

我国常用的标准分为以下3大类。

1. 国家标准

代号 GB 为国家强制性标准,代号 GB/T 为国家推荐性标准。

2. 行业(或部颁)标准

如中国建筑工业行业标准(代号 JG)、中国建筑材料行业标准(代号 JC)、中国黑色冶金行业标准(代号 YB)、中国建筑工程标准(代号 JZ)、中国测绘行业标准(代号 CH)和中国石油化工行业标准(代号 SH)。

3. 地方标准(代号 DB)和企业标准(代号 QB)

标准的一般表示方法是由标准名称、部门代号、标准编号和颁布年份等组成。例如:国家标准(强制性)《通用硅酸盐水泥》(GB 175—2007);建工行业标准《普通混凝土用砂、石质量及检验方法标准》(JGJ 52—2006);辽宁省地方标准《矿渣混凝土砖建筑技术规程》(DB21/T 1479—2007)。

随着我国对外开放和加入世界贸易组织(WTO),常常还会涉及一些与土木工程材料相关的国际标准和外国标准,具体内容见表1-2。

表 1-2 常用国际标准和外国标准名称及代号

标准名称	标准代号	标准名称	标准代号
国际标准化组织标准	ISO	意大利国家标准	UNI
国际标准化组织建议标准	ISO/R	欧洲标准化委员会标准	EN
美国材料试验协会标准	ASTM	俄罗斯国家标准	GOST
美国国家标准	ANSI	欧洲无损检测联盟标准	EFNDT
法国国家标准	NF	澳大利亚国家标准	AS
美国混凝土学会标准	ACI	加拿大国家标准	CSA STD
日本标准	JSA		

1.5 本课程的任务和学习方法

本课程是土木类专业的学科基础课,学习目的是为后续课程房屋建筑学、混凝土结构原理以及土木工程施工技术等专业课程的学习提供材料方面的基础知识,并为今后从事设计、施工、工程管理及材料检测等技术工作提供合理选择和使用土木工程材料方面的基本理论和基本技能。

课程的任务是使学生获得有关土木工程材料的技术性质及应用的基础知识和必要的基础理论,并获得主要土木工程材料性能检测和试验方法的基本技能训练。

本课程所涉及的材料种类繁多，内容庞杂，且各种材料自成体系。对于初学者来说，常常抓不住重点，不好掌握。针对本课程的内容特点，要想系统掌握，必须抓住重点，即材料的性能与应用。由于不同材料组成、结构不同而导致性能各异，所以，在学习时必须要注意区分把握不同材料之间所具有的共性和个性，了解决定材料性能的内在因素和影响材料性能的外部环境条件，把握变化规律，有效采取应对措施；还要学习和掌握材料检测技能和评定方法，培养和锻炼动手能力；最后，要结合当前形势把科学发展观理念融入课堂，从材料的生产、检测到工程应用，各个环节都力求降低资源和能源消耗，尽量利用工矿业或农业废料，产品的生产、使用对环境和人体无害，材料可以循环利用。

本课程具有很强的理论性和实践性，除了应抓住重点学好理论知识以外，还应重视实践环节，为此，本课程开设有多个学时的试验课，旨在通过动手实践，加深和巩固对理论知识的理解，培养和训练学生对土木工程材料的检测技能，培养应用型人才。

本 章 小 结

土木工程材料是指在土木工程建设中用于构成建筑物或构筑物的各种材料的总称。按材料的化学成分来分，可分为无机材料、有机材料和复合材料3大类。

土木工程材料是土木工程的物质基础。土木工程材料的性能、质量及价格直接影响建筑设计、结构体系、施工方法以及工程造价。土木工程材料是随着社会生产力和科学技术水平的发展而发展的。近年来，土木工程材料发展迅速，新材料层出不穷，正向着轻质、高强、多功能、低消耗、低污染和绿色环保方向发展。

本课程的任务是使学生掌握土木工程材料的基础知识及合理选择和使用的能力，并获得主要材料的检测和试验方法的基本技能训练。

知 识 链 接

北京奥运场馆成为展示中国新材料新工艺精彩舞台

2008年北京奥运会主体育场——国家体育场"鸟巢"，这是目前世界上规模最大、用钢量最多、技术含量最高、结构最为复杂、施工难度空前的超大型钢结构体育设施工程。

"鸟巢"的钢结构在世界上是独一无二的。在"鸟巢"之前，国内从未生产过这种高强度的钢材。为推动国内钢铁生产企业技术创新，"鸟巢"工程的承建方北京城建集团专门拿出科研经费支持国内钢厂量身打造Q460高强钢板。在国家标准中，Q460的最大厚度只是100mm，而"鸟巢"这次使用的钢板厚度史无前例地达到110mm。

国家游泳中心"水立方"是当今世界上最大的游泳馆，并且是世界上规模最大、构造最复杂、综合技术最全面的在建设中运用聚四氟乙烯（ETFE）立面装配系统的工程。

在"水立方"的墙体设计中，建设者大胆求新，突破了传统做法，首创以泡沫结构为基础分割出建筑的整体形状和各个内部空间，实现了从墙壁到天花板的整栋墙体结构连接顺畅自然、严丝合缝。这种泡沫式的设计看似不如传统结构结实，但实际上它非常坚固，在吸收地震能量方面也非常理想。

（新华网 2008年7月21日）

第2章
土木工程材料的基本性质

【教学目标】

通过本章学习，应达到以下目标。
(1) 了解材料的组成、结构及对材料性能的影响。
(2) 掌握材料物理性质的基本概念、表示方法及与工程的关系。
(3) 掌握材料力学性质的基本概念及与工程的关系。
(4) 掌握材料的耐久性所包含的内容，了解其影响因素。

【教学要求】

知识要点	能力要求	相关知识
材料的组成与结构	(1) 了解材料的组成及对材料性能的影响 (2) 了解材料的结构及对材料性能的影响	(1) 材料的组成 (2) 材料的结构 (3) 材料的组成、结构对材料性能的影响
材料物理性质	(1) 掌握材料物理性质的基本概念与表示方法 (2) 掌握材料物理性质与工程的关系	(1) 材料物理性质的基本概念 (2) 材料物理性质的表示方法 (3) 材料物理性质与工程的关系
材料力学性质	(1) 掌握材料力学性质的基本概念 (2) 掌握材料力学性质与工程的关系	(1) 材料力学性质的基本概念 (2) 材料力学性质与工程的关系
材料的耐久性	(1) 掌握材料的耐久性的基本概念 (2) 了解材料耐久性的影响因素	(1) 材料的耐久性的基本概念 (2) 材料耐久性的影响因素

土木工程材料的基本性质是指土木工程材料在实际工程使用中所表现出来的普遍的、最一般的性质，也是最基本的性质，由于材料本身的工作状态和所处的环境不同，外界对它的作用和影响方式也不同，使得材料表现出的性质也综合体现在多个方面，具体包括物理性质、力学性质和耐久性。这些性能在很大程度上决定了工程质量，因此，对于从事土木工程设计、施工和管理的工程技术人员来讲，了解和掌握土木工程材料的基本性质，是合理选择和使用材料的前提和基础。

2.1 材料的组成与结构

2.1.1 材料的组成

材料的组成是指组成材料的化学成分和矿物成分。

1. 化学组成

化学组成是指材料的化学成分，是构成材料的化学元素及化合物的种类及数量。金属材料以构成的化学元素含量来表示；无机非金属材料以组成它的氧化物的含量来表示；有机高分子聚合物是以有机元素链节的重复形式来表示。化学成分是决定材料化学性质、物理性质和力学性质的主要因素。

2. 矿物组成

矿物是指由地质作用所形成的天然单质或化合物。它们具有相对固定的化学组成，呈固态者还具有确定的内部结构，它们在一定的物理化学条件范围内稳定，是组成岩石和矿石的基本单元。

矿物组成是指构成材料的矿物种类和数量。许多无机非金属材料是由各种矿物组成的。如花岗岩的主要矿物成分有长石、石英和少量云母；硅酸盐水泥的矿物组成有硅酸三钙、硅酸二钙、铝酸三钙和铁铝酸四钙。某些材料的性能是由其矿物成分所决定的，如天然石材和各种水泥。材料的化学成分不同，则材料的矿物组成也不同。有时，即使是化学成分相同，但由于结构不同，使其矿物组成不同，会导致其性能有很大的差异。比如：在硅酸盐水泥中，硅酸三钙和硅酸二钙都含有 CaO 和 SiO_2 两种氧化物，化学成分相同，但是由于其矿物组成不同，导致两者的性质相差很大。由此可见，此时决定水泥性质的是它的矿物成分。

2.1.2 材料的结构

材料的性质除与材料组成有关外，还与其结构和构造有密切关系。材料的结构和构造是泛指材料各组成部分之间的结合方式及其在空间排列分布的规律。目前，材料不同层次的结构和构造的名称和划分，在不同学科间尚未统一。通常，按材料的结构和构造的尺度范围，可分为宏观结构、亚微观结构和微观结构。材料的结构是决定材料性能的重要因素之一。

1. 宏观结构（构造）

宏观结构（构造）是指用肉眼或放大镜可分辨出的结构和构造状况，其尺度范围在毫米级以上。如材料内部的粗大孔隙、裂纹、岩石的层理及木材的纹理等。材料的某些性能是由宏观构造所决定的。材料的宏观构造包括以下7种。

(1) 致密结构：指结构致密，无宏观尺度的孔隙的材料，如钢材、玻璃和沥青等。它的特点是不吸水，强度较高。

(2) 多孔结构：指材料结构不密实，孔隙率较大的结构，如石膏制品、加气混凝土和烧结普通砖等。它的特点是保温、隔热性较好。

(3) 纤维结构：由纤维状的物质构成的结构，如木材、玻璃纤维和岩棉等。它的特点是抗拉强度较高，多数材料保温隔热且吸声性能较好。

(4) 聚集结构：由骨料与胶结材料凝结而成的结构，如混凝土、砂浆和陶瓷制品等。它的特点是强度较高，综合性能较好。

(5) 层状结构：由多层材料叠合构成，如胶合板、纸面石膏板和GRC等复合墙板等。

它的特点是各层材料性质不同，但叠合后综合性能较好。

（6）散粒结构：由松散颗粒状材料构成，如砂石材料、膨胀蛭石和膨胀珍珠岩等。砂石材料可以作为普通混凝土的骨料；膨胀蛭石、膨胀珍珠岩可以作为轻混凝土或轻砂浆的骨料。

（7）纹理结构：指天然材料在形成过程中自然形成有天然纹理的结构，如木材和天然大理石板材等。由于这些天然纹理呈现不同的颜色以及花纹图案，因此这些材料具有很好的装饰性。

2. 亚微观结构

亚微观结构是指用光学显微镜和一般扫描透射电子显微镜所能观察到的结构，是介于宏观和微观之间的结构。其尺度范围在 $10^{-9} \sim 10^{-3}$ m。亚微观结构根据其尺度范围，还可分为显微结构和纳米结构。其中，显微结构是指用光学显微镜所能观察到的结构，其尺度范围在 $10^{-7} \sim 10^{-3}$ m。土木工程材料的显微结构，应根据具体材料分类研究。对于水泥混凝土，通常是研究水泥石的孔隙结构及界面特性等；对于金属材料，通常是研究其金相组织、晶界及晶粒尺寸等；对于木材，通常是研究木纤维、管胞和髓线等组织结构。材料在显微结构层次上的差异对材料的性能有显著的影响。例如，钢材的晶粒越小，钢材的强度越高。又如混凝土中毛细孔的数量越少，孔径越小，则混凝土的强度和耐久性越高。因此，从显微结构层次上研究并改善土木工程材料的性能十分重要。

材料的纳米结构是指一般扫描透射电子显微镜所能观察到的结构。其尺度范围在 $10^{-9} \sim 10^{-7}$ m。由于纳米微粒和纳米固体有小尺寸效应、表面界面效应等基本特性，赋予了纳米材料许多奇异的物理和化学特性，也使得纳米技术迅速发展，在土木工程领域也得到了应用，如纳米涂料等。

3. 微观结构

微观结构是指材料物质分子或原子层次的结构，需要用电子显微镜或 X 射线衍射仪来分析和研究的结构特征。材料的许多物理性质是由其微观结构所决定的，如强度、硬度、熔点和导电性等。

按材料组成质点的空间排列或连接方式不同，材料可分为晶体、玻璃体和胶体 3 类。

1）晶体

晶体是质点在空间上按特定的规则呈周期性排列的固体，具有特定的几何外形和固定的熔点和化学稳定性，且由于质点在各个不同方向排列的方式不同表现为单晶体呈各向异性的特点。但是实际应用的材料常常是由大量排列不规则的多晶粒组成的，又导致其呈现各向同性的性质。根据晶体的质点和化学键的不同，晶体可分为以下几类。

（1）原子晶体：中性的原子以共价键结合而成的晶体，如石英和金刚石等。

（2）离子晶体：正负离子以离子键结合而成的晶体，如氯化钠和硫酸钠等。

（3）分子晶体：以分子间的范德华力即分子键结合而成的晶体，如有机化合物。

（4）金属晶体：以金属阳离子为晶格，由自由电子与金属阳离子间的金属键结合而成的晶体，如钢铁材料。

从键的结合力来看，共价键和离子键最强，金属键较强，分子键最弱。所以，同样是晶体，由于质点间化学键的不同，会导致它们在许多物理性质方面（如强度、硬度和熔点等）有很大差异，这正是由于晶体的微观结构所决定的结果。

2）玻璃体（无定形体或非晶体）

玻璃体是熔融状态的物质经过快速冷却，其质点来不及按特定的规则排列就凝固而形成的结构。它没有固定的几何外形，质点在空间的排列杂乱无序，具有各向同性的性质。其内部蕴藏着潜在的化学能，使其化学性质很不稳定，很容易与其他物质起化学反应。如粒化高炉矿渣、火山灰和粉煤灰等玻璃体材料，能与石膏、石灰在有水的条件下水化和硬化，生成胶凝性的物质，改善水泥的性能。

3）胶体

胶体是指物质以极微小的质点（粒径为 $1\sim100\mu m$）分散在介质中所形成的结构。由于胶体粒子颗粒细小，使胶体具有吸附性和粘结性。硅酸盐水泥正是由于水化生成硅酸钙凝胶才能将砂石等散状材料粘结成整体，形成混凝土结构。

2.2 材料的物理性质

2.2.1 材料的基本物理性质参数

1. 材料的孔隙构造

多数材料内部都含有孔隙，由于孔的尺寸与构造不同，使得不同材料表现出不同的性能特点，也决定了它们在工程中有不同的用途。

材料内部的孔隙构造包括孔隙尺寸的大小以及开口孔和闭口孔等内容。与外界相通的孔称为开口孔；与外界不连通且外界介质进不去的孔称为闭口孔。材料内部的孔隙构造示意图如图2.1所示。

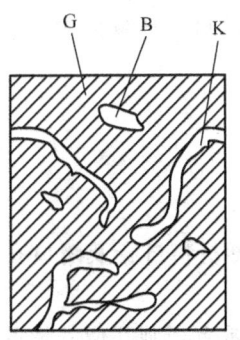 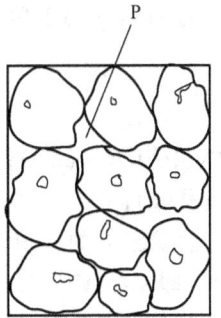

图2.1 材料内部的孔隙构造示意图

G—固体物质（体积V）；B—闭口孔隙（体积V_B）；
K—开口孔隙（体积V_K）；P—颗粒间空隙（体积V_P）

2. 材料的密度、表观密度、体积密度和堆积密度

1) 密度

密度是指材料在绝对密实状态下，单位体积的质量。计算公式如下：

$$\rho = \frac{m}{V} \qquad (2-1)$$

式中：ρ——材料的密度（g/cm³）；

　　　m——材料的质量（g）；

　　　V——材料的绝对密实体积（cm³），不包括孔隙的体积。

绝对密实状态下的体积是指纯粹固体物质的体积，不包含材料内部的孔隙。工程中所用材料，如钢材和玻璃等可认为是不含孔隙的密实材料，测定密实材料的绝对密实体积，可以直接采用排液法；对于大多数含有孔隙的材料，测定它们绝对密实体积的方法是将其磨成细粉，干燥后再采用排液法，由此测得的粉末体积即为绝对密实的体积。材料磨得越细，测得的体积越精确。

2) 表观密度

表观密度是指材料在包含内部闭口孔的条件下的单位体积的质量。计算公式如下：

$$\rho' = \frac{m}{V'} \qquad (2-2)$$

式中：ρ'——材料的表观密度（g/cm³）；

　　　m——材料的质量（g）；

　　　V'——只包括材料自身及闭口孔隙在内的体积（cm³），即 $V' = V + V_B$；

　　　V_B——材料内部闭口孔隙的体积。

对于砂石材料，由于其内部孔隙率很小，通常无须经过磨细，直接用排水法测定其密度，由于此方法忽略了材料内部的孔隙体积，故又将此方法测得的密度称为表观密度，也称为视密度或视比重。

3) 体积密度

体积密度是指材料在自然状态下单位体积的质量。计算公式如下：

$$\rho_0 = \frac{m}{V_0} \qquad (2-3)$$

式中：ρ_0——材料的体积密度（g/cm³）；

　　　m——材料的质量（g）；

　　　V_0——材料在自然状态下的体积，即：包括材料自身及闭口孔隙和开口孔隙的总体积（cm³），即 $V_0 = V + V_B + V_K$。

材料在自然状态下的体积的测定方法：对于具有规则几何外形的材料，可以直接量取其外形尺寸，利用公式计算即可；对于外观形状不规则的材料，应事先用石蜡将材料表面密封后，采用排液法测定。

材料的体积密度与材料的含水状态有关。当材料含水时，质量增加，体积改变，使测得的体积密度也随之发生变化。所以，测定其体积密度时，必须注明其含水状态。一般情况下，材料的体积密度是指材料在气干（长期在空气中干燥）状态下的体积密度。烘干至衡

重状态下测得的体积密度称为干体积密度。

4）堆积密度

堆积密度是指散粒状材料在堆积状态下单位体积的质量。计算公式如下：

$$\rho_0' = \frac{m}{V_0'} \tag{2-4}$$

式中：ρ_0'——材料的堆积密度（g/cm³）；

m——材料的质量（g）；

V_0'——散粒状材料的堆积体积，即：包括材料自身及闭口孔隙和开口孔隙以及颗粒之间空隙的总体积（cm³），即 $V_0' = V + V_B + V_K + V_P$；

V_P——材料颗粒之间空隙所占有的体积。

材料的堆积体积是指材料填满所占容器的容积。

材料的密度、表观密度、体积密度和堆积密度是材料最基本的物性参数。常用土木工程材料的物性参数见表2-1。

表2-1 常用土木工程材料的密度、体积密度和堆积密度

材料种类	密度（g/cm³）	体积密度（kg/m³）	堆积密度（kg/m³）
花岗岩	2.7～2.9	2500～2800	—
石灰岩	2.6～2.8	1800～2600	—
石英砂	2.5～2.6	—	1450～1650
石灰岩碎石	2.6～2.8	—	1400～1700
水泥	2.8～3.1	—	1000～1300
普通混凝土	—	2100～2600	—
轻骨料混凝土	—	800～1950	—
粘土	2.5～2.7	—	1600～1800
烧结普通砖	2.5～2.7	1600～1800	—
粘土空心砖	2.5	1000～1400	—
木材	1.55～1.60	400～800	—
钢材	7.85	7850	—
泡沫塑料	—	20～50	—
玻璃	2.55	—	—

2.2.2 材料的基本结构参数

1. 材料的密实度与孔隙率

1）密实度

密实度是指材料体积内被固体物质所充实的程度，即固体物质的体积占总体积的百分

率。计算公式如下：

$$D = \frac{V}{V_0} \times 100\% = \frac{\rho_0}{\rho} \times 100\% \qquad (2-5)$$

式中：D——材料的密实度(%)。

材料的密实度反映了材料内部的致密程度，含有孔隙的固体材料的密实度均小于1。

2) 孔隙率

孔隙率是指材料体积内，孔隙体积占总体积的百分率。计算公式如下：

$$P = \frac{V_0 - V}{V_0} \times 100\% = \left(1 - \frac{V}{V_0}\right) \times 100\% = \left(1 - \frac{\rho_0}{\rho}\right) \times 100\% \qquad (2-6)$$

式中：P——材料的孔隙率(%)。

孔隙率与密实度的关系为

$$P + D = 1 \qquad (2-7)$$

孔隙率从另一侧面反映了材料的致密程度。孔隙率越大，则密实度越小。孔隙率的大小与孔隙构造对材料的许多性能有影响，如强度、吸水性、抗渗性、抗冻性和导热性以及吸声性等。一般来说，材料的孔隙率小且开口孔隙少，则材料强度越高，吸水性、抗渗性和抗冻性越好；开口孔隙仅对吸声性有利；而含有大量微孔的材料，其导热性较低，保温隔热性能较好。

以上公式求的是材料的总孔隙率，有时还需要求开口孔孔隙率和闭口孔孔隙率。

开口孔孔隙率：指材料体积内，开口孔孔隙的体积占总体积的百分率。当开口孔中充满水时，开口孔孔隙的体积等于其中所吸入水的体积。计算公式如下：

$$P_K = \frac{V_K}{V_0} \times 100\% = \frac{m_2 - m_1}{\rho_{H_2O} V_0} \times 100\% \qquad (2-8)$$

式中：P_K——材料的开口孔孔隙率(%)；
V_K——材料内部开口孔孔隙的体积(cm^3)；
V_0——材料在自然状态下的体积(cm^3)；
m_2——材料在吸水饱和状态下的质量(g)；
m_1——材料在干燥状态下的质量(g)；
ρ_{H_2O}——水的密度(g/cm^3)。

闭口孔孔隙率：等于总孔隙率与开口孔孔隙率之差。计算公式如下：

$$P_B = P - P_K \qquad (2-9)$$

式中：P_B——材料的闭口孔孔隙率(%)。

2. 材料的填充率与空隙率

1) 填充率

填充率是指松散颗粒材料在容器中堆积颗粒的填充程度，即颗粒体积占容器容积的百分率。计算公式如下：

$$D' = \frac{V_0}{V_0'} \times 100\% = \frac{\rho_0'}{\rho_0} \times 100\% \qquad (2-10)$$

式中：D'——材料的填充率(%)。

2) 空隙率

空隙率是指松散颗粒材料在堆积状态下,颗粒间的空隙体积占堆积体积的百分率。计算公式如下:

$$P' = \frac{V_0' - V_0}{V_0'} \times 100\% = \left(1 - \frac{V_0}{V_0'}\right) \times 100\% = \left(1 - \frac{\rho_0'}{\rho_0}\right) \times 100\% = 1 - D' \quad (2-11)$$

即
$$P' + D' = 1 \quad (2-12)$$

式中:P'——材料的空隙率(%)。

填充率与空隙率从不同侧面反映了散粒材料在堆积状态下,颗粒之间的致密程度。在允许的条件下增大填充率,减小空隙率,可以改善混凝土骨料的级配,有利于节约胶凝材料。

2.2.3 材料与水有关的性质

1. 材料的亲水性与憎水性

根据材料与水接触时,能否被水润湿的情况,材料与水的性质分为亲水性与憎水性。材料被水润湿的情况可用润湿边角来区分,如图 2.2 所示。

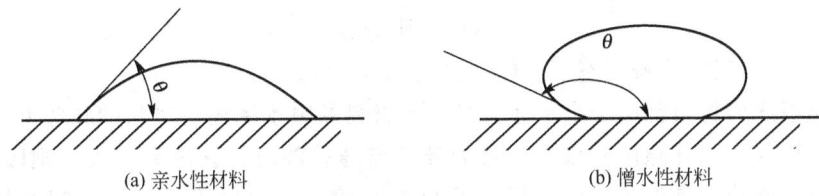

(a) 亲水性材料　　　　　(b) 憎水性材料

图 2.2　材料润湿边角

当材料与水接触时,在材料、水和空气的三相交点处,沿水表面的切线与水和固体接触面所形成的夹角 θ 称为润湿边角。θ 越小,说明浸润性越好。当 $\theta \leqslant 90°$ 时,材料易于被水润湿,为亲水性材料,此时材料分子与水分子之间的亲和力大于水分子之间的内聚力;相反,当 $\theta \geqslant 90°$ 时,材料不易被水润湿,为憎水性材料,此时材料分子与水分子之间的亲和力小于水分子之间的内聚力。

在土木工程中,许多材料属于亲水性材料,如石材、砖与砌块、混凝土与砂浆、木材等,它们与水接触时,表面很容易被水润湿,水能通过毛细管作用进入材料毛细管内部;另外还有一些材料属于憎水性材料,如沥青、玻璃和塑料等,它们的表面不易被水润湿,水分难以进入毛细管内部,不易吸水,这类材料适宜做防水材料使用,也可用于涂覆在亲水性材料表面,起保护作用,以降低其吸水性。

2. 材料的吸水性与吸湿性

1)吸水性

吸水性是指材料在浸水状态下,吸收水分的性能。吸水性用吸水率来表示,有质量吸水率和体积吸水率两种表示方法。

(1)质量吸水率:指材料吸水饱和时,吸入水的质量占材料干燥质量的百分率。计算公式如下:

$$W_m = \frac{m_2 - m_1}{m_1} \times 100\% \qquad (2-13)$$

式中：W_m——材料的质量吸水率(%)；

m_2——材料在吸水饱和状态下的质量(g)；

m_1——材料在干燥状态下的质量(g)。

某些轻质多孔材料，由于其吸水性较强，质量吸水率可能超过100%，此时，最好用体积吸水率来表示其吸水性。

(2) 体积吸水率：指材料吸水饱和时，吸入水的体积占材料在自然状态下体积的百分率。计算公式如下：

$$W_V = \frac{V_{H_2O}}{V_0} \times 100\% = \frac{m_2 - m_1}{\rho_{H_2O} V_0} \times 100\% \qquad (2-14)$$

式中：W_V——材料的质量吸水率(%)；

m_2——材料在吸水饱和状态下的质量(g)；

m_1——材料在干燥状态下的质量(g)；

V_0——材料在自然状态下的体积(cm^3)；

ρ_{H_2O}——水的密度，常温下取$1.0 g/cm^3$。

质量吸水率与体积吸水率有如下关系：

$$W_V = W_m \rho_{0干} \qquad (2-15)$$

式中：$\rho_{0干}$——材料在干燥状态下的体积密度(g/cm^3)。

凡是能吸水的材料都属于亲水性材料。但材料的吸水率还与材料的孔隙率大小和孔隙构造有关，当材料的孔隙尺寸较小，且为开口连通孔隙时，孔隙率越大，则吸水率越大；封闭的孔隙，水分不易进入；对于粗大开口的孔隙，水分进入后，仅能润湿材料孔隙表面，不易在孔内存留。材料吸水后，会导致一系列的性能下降，如强度降低，体积密度增大，导热系数增加，保温隔热性能下降，体积变形等。

【例】 某材料的密度为$2.60 g/cm^3$，干燥体积密度为$1600 kg/m^3$，现将质量为954g的该材料浸入水中，吸水饱和时的质量为1086g。求该材料的孔隙率、质量吸水率、开口孔隙率和闭口孔隙率。

解： 孔隙率　　$P = \left(1 - \frac{\rho_0}{\rho}\right) \times 100\% = \left(1 - \frac{1.60}{2.60}\right) \times 100\% \approx 38.5\%$

质量吸水率　　$W_m = \frac{m_2 - m_1}{m_1} \times 100\% = \frac{1086 - 954}{954} \times 100\% \approx 13.8\%$

开口孔隙率　　$P_K = W_V = W_m \rho_{0干} = 13.8\% \times 1.6 \approx 22.1\%$

闭口孔隙率　　$P_B = P - P_K = 38.5\% - 22.1\% = 16.4\%$

2) 吸湿性

吸湿性是指材料在潮湿的空气中吸收水分的性能，用含水率来表示。

含水率是指材料在潮湿的空气中所吸入的水分质量占材料干燥质量的百分率。计算公式如下：

$$W_h = \frac{m_s - m_1}{m_1} \times 100\% \qquad (2-16)$$

式中：W_h——材料的含水率(%)；
　　　m_s——材料含水时的质量(g)；
　　　m_1——材料在干燥状态下的质量(g)。

材料的含水率与质量吸水率既有区别又有联系。两者相同之处是计算公式形式相同，都是吸入的水的质量占材料干燥质量的百分率；不同之处是吸水的前提条件不同。前者是在潮湿的空气中吸收水分，多数情况未达到饱和，而且材料所含水分会随着周围环境的湿度而变化，其数值往往是小于质量吸水率的；而后者是材料浸在水中吸水，且已达到饱和状态，对于某种特定的材料，质量吸水率是一个定值，也可以说是含水率的最大值。

当材料处在一定湿度的环境中时，材料始终要从空气中吸收水分，同时随着环境湿度的变化，又向空气中放出水分，最终使自身的含水与周围空气的湿度达到平衡状态，此时的含水率称为平衡含水率。这是一种动态平衡，理解这种动态平衡对于合理使用材料有积极意义。如：新砍伐下的木材应事先置于它的使用环境中干燥，使之达到平衡含水率状态，然后再进行加工，这样可以防止木制品发生较大的翘曲和变形；石膏制品作为室内装饰材料使用可以调节室内湿度，也是利用了其含水的动态平衡原理。

3. 材料的耐水性

耐水性是指材料抵抗水破坏的能力。水对于材料性能的破坏可以体现在不同方面，但更多地体现在对材料力学性能的破坏作用上。

耐水性用软化系数来表示。计算公式如下：

$$K_f = \frac{f_1}{f_0} \tag{2-17}$$

式中：K_f——材料的软化系数；
　　　f_1——材料在吸水饱和状态下的抗压强度(MPa)；
　　　f_0——材料在干燥状态下的抗压强度(MPa)。

软化系数越大，则耐水性越强，说明材料抵抗水破坏的能力越强。由于材料吸水后，其内部质点之间的结合力被削弱，导致材料强度均有不同程度的下降，使得软化系数的数值介于 0~1 之间。

软化系数是选择耐水材料的重要依据。对于经常处于水中或受潮严重的重要结构物的材料，其软化系数不宜低于 0.85；对于受潮较轻或次要结构物的材料，其软化系数不宜低于 0.75。通常认为软化系数大于 0.85 的材料是耐水的材料。

4. 材料的抗渗性

抗渗性是指材料抵抗压力水渗透的性能。当材料内部存在着开口连通的毛细管孔或裂纹等缺陷时，在压力的作用下，水会从高压一侧向低压一侧渗透，以影响使用效果或缩短工程使用寿命。

抗渗性用渗透系数来表示。计算公式如下：

$$K = \frac{Qd}{AtH} \tag{2-18}$$

式中：K——渗透系数；
　　　Q——透水量(mL)；
　　　d——材料试件的厚度(cm)；

A——试件的透水面积(cm^2);

t——透水时间(s);

H——静水压力水头(cm)。

渗透系数的物理意义:反映材料在单位水头作用下,在单位时间内,通过单位面积和厚度的材料的透水量。渗透系数越小,说明材料的抗渗性越好。

对于混凝土和砂浆,其抗渗性常用抗渗等级来表示。

混凝土的抗渗等级是以28d龄期的标准试件,按规定方法进行试验时所能承受的最大水压力。混凝土的抗渗等级划分为5个等级,分别用P4、P6、P8、P10及P12来表示,分别表示材料能抵抗0.4MPa、0.6MPa、0.8MPa、1.0MPa及1.2MPa的水压力而不渗透。

材料的抗渗性与其孔隙率和孔隙构造有关。如果孔隙率越小且多为封闭孔隙,则材料的抗渗性相对较高。材料内部的缺陷、裂纹会降低材料的抗渗性。对于地下建筑和水工构筑物或有防水要求的构件,因受到压力水的作用,要求材料具有一定的抗渗性。

5. 材料的抗冻性

抗冻性是指材料在饱和水作用下,经受多次冻融循环而不破坏且强度也不严重降低的性能。

材料发生冻融破坏的原因是由于当温度达到冰点时,材料内部的水分结冰引起体积膨胀(约9%),对孔壁造成较强的冻胀压力,致使孔壁破裂。当发生多次冻融循环后,会使得这种破坏作用加剧,表现为由表及里的开裂、起皮,甚至脱落,降低材料使用寿命。

材料的抗冻性与其孔隙率和孔隙构造以及孔隙中充水程度有关。材料越密实,闭口孔隙越多,则吸入的水分越少,受冻时膨胀压力也越小;孔隙中充水量越少,越能减轻冻胀压力。

某些材料的抗冻性用抗冻等级来表示,如混凝土和砂浆等。它是按照规定的标准试验方法进行冻融循环试验,测得强度降低和质量损失分别不超过规定的数值,且无明显损坏和剥落,此时所能承受的冻融循环次数,即为抗冻等级,用字母F后缀冻融循环次数的数值来表示,如F150表示混凝土能承受的冻融循环次数是150次。

抗冻性是材料耐久性的一项重要指标,许多科研人员和工程技术人员都是将材料的抗冻性作为考察其耐久性的重要内容加以研究。

2.2.4 材料的热工性质

建筑物为了保证人们工作和生活的需要,除应满足强度和其他性能要求外,还应满足一定的热工性能。

1. 材料的导热性

材料传导热量的能力称为导热性。导热性用导热系数λ来表示。公式如下:

$$\lambda = \frac{Qd}{At(T_2 - T_1)} \qquad (2-19)$$

式中:λ——导热系数[W/(m·K)];

Q——材料所传导的热量(J);

d——材料的厚度(m);

A——材料的传热面积(m^2);

t——传热时间(s);

T_2-T_1——材料两侧的温差(K)。

导热系数 λ 的物理意义是:厚度为1m的材料,当其两侧的温差为1K时,在单位时间内,通过单位面积的材料所传导的热量。λ 值越小,表面材料的绝热性能越好。各种不同材料的导热系数差别很大,大致在 $0.035\sim3.5$ W/(m·K)之间。在所有材料中,静止状态下空气的导热系数 $[\lambda=0.023$ W/(m·K)$]$ 最小。工程中将 $\lambda<0.175$ W/(m·K)的材料称为绝热材料。

影响导热系数的因素有材料的孔隙率和孔隙构造、温度、含水率等。当材料含有大量细微孔隙时,孔隙率越大,则其导热系数越小,这是由于其内部充有大量静止的空气;但是如为粗大连通的孔隙,孔隙率增大反而会使导热系数增加,这是由于对流作用的影响;材料吸水受潮或受冻后,其导热系数会明显增大,这是由于水 $[\lambda=0.58$ W/(m·K)$]$ 和冰 $[\lambda=2.20$ W/(m·K)$]$ 的导热系数远远大于空气的导热系数。因此,对于保温隔热材料,工程中使用时应保持干燥,注意防水和防潮,以防降低其绝热性能。

2. 材料的保温隔热性能

人们习惯上把防止室内热量的外流称为"保温";把防止室外热量向室内的进入称为"隔热",将保温隔热统称为"绝热"。在稳定导热状态下,材料的保温隔热性能可以用热阻来衡量。对于单层材料层,其热阻按下式计算:

$$R=\frac{d}{\lambda} \tag{2-20}$$

式中:R——材料层的热阻(m^2·K/W);

d——材料层的厚度(m);

λ——材料的导热系数 [W/(m·K)]。

热阻反映热流通过材料层时遇到的阻力大小。热阻越大,通过材料层的热量越少,材料的保温隔热性能越好。因此,要想改善保温隔热性能,就必须增大材料层的热阻,要想增大热阻,可以加大材料层的厚度,或选用导热系数 λ 值小的材料。

3. 材料的热容量与比热容

热容量是指材料受热时吸收热量、冷却时放出热量的性质。热容量大小用比热容 c 表示,用下式计算:

$$c=\frac{Q}{m(T_2-T_1)} \tag{2-21}$$

式中:c——材料比热容 [J/(g·K)];

Q——材料吸收或放出的热量(J);

m——材料的质量(g);

T_2-T_1——材料受热或冷却前后的温差(K)。

比热容反映单位质量的材料,温度升高或降低1K时所吸收或放出的热量。

比热容与材料质量的乘积为材料的热容量值,计算公式如下:

$$c \cdot m = \frac{Q}{(T_2 - T_1)} \qquad (2-22)$$

材料的热容量值表明材料温度升高或降低 1K 时所吸收或放出热量的多少。它反映了材料温度变化的稳定性,建筑物围护结构采用热容量值大的材料有利于保持室内温度稳定,能在供热不均衡时,减少室内温度的波动。常用材料的热工性能指标见表 2-2。

表 2-2 常用材料的热工性能指标

材料名称	钢材	花岗岩	混凝土	粘土空心砖	松木	泡沫塑料	水	密闭空气
导热系数 [W/(m·K)]	55	3.49	1.8	0.82	0.17~0.35	0.03	0.58	0.023
比热容 [J/(g·K)]	0.46	0.92	0.88	0.64	2.72	0.30	4.18	1.00

4. 温度变形

温度变形是指材料在温度变化时,引起相应的外观尺寸的变化,即材料的热胀冷缩性能。这一性能常用长度方向的线膨胀系数来表示,其计算公式如下:

$$\alpha = \frac{\Delta L}{(t_2 - t_1)L} \qquad (2-23)$$

式中:α——材料的线膨胀系数(1/K);
　　ΔL——材料的线变形量(mm);
　　$t_2 - t_1$——材料在温度改变前后的温差(K);
　　L——材料的原始长度(mm)。

材料的温度变形会对结构产生不利影响,如大体积混凝土施工,若处理不好会由于温度变形导致混凝土产生温度裂缝,进而影响外观和耐久性。

5. 耐火性

耐火性是指材料长期在高温作用下,保持其结构和工作性能基本稳定而不破坏的性能,用耐火度表示。根据耐火度不同,可将材料分为以下 3 大类。

(1) 耐火材料。耐火度不低于 1580℃,如各类耐火砖。
(2) 难熔材料。耐火度为 1350~1580℃,如耐火混凝土。
(3) 易熔材料。耐火度低于 1350℃,如普通粘土砖和玻璃等。

耐火材料用于高温环境的工程或安装热工设备的工程。

6. 耐燃性

耐燃性是指材料能经受火焰和高温作用而不破坏,强度也不显著降低的性能。根据耐燃性不同,可分为以下 3 类。

(1) 不燃材料。不燃材料是指遇火和高温时不起火、不燃烧及不碳化的材料。如天然石材、陶瓷制品、混凝土和玻璃等无机非金属材料和金属材料等。某些材料虽然不燃烧,耐燃性好,但遇火烧或在高温下会发生较大的变形或熔融,因而耐火性差,如钢材。

（2）难燃材料。难燃材料是指遇火和高温时难起火、难燃烧且难碳化，只有在火源持续存在时才能持续燃烧，火源撤出燃烧即停止的材料，如沥青混凝土和经过防火处理的木材等。

（3）易燃材料。易燃材料是指遇火和高温时易于起火、燃烧，火源撤出后燃烧仍能持续进行的材料，如沥青和木材等。

2.3 材料的力学性质

材料的力学性质是指材料在外力作用下，抵抗破坏的能力与变形性质。

2.3.1 材料的强度与比强度

1. 强度

强度是指材料在外力（荷载）作用下，抵抗破坏的能力。

材料在外力作用下，其内部会产生应力，随着外力增加，应力不断加大，直至材料质点之间结合力不足以抵抗外力的作用时，材料即被破坏。材料破坏时的最大应力称为极限强度。

根据外力作用的方式不同，材料的强度可分为抗压强度、抗拉强度、抗弯强度和抗剪（剪切）强度等。各种强度如图2.3、图2.4所示。

材料的强度通过静力试验来测定。材料的抗压强度、抗拉强度和抗剪强度用如下公式来计算：

$$f = \frac{P}{A} \tag{2-24}$$

式中：f——材料的强度（MPa）；

P——材料的破坏荷载（N）；

A——材料的受力面积（mm^2）。

材料的抗弯强度与受力情况、截面形状以及支撑条件有关。

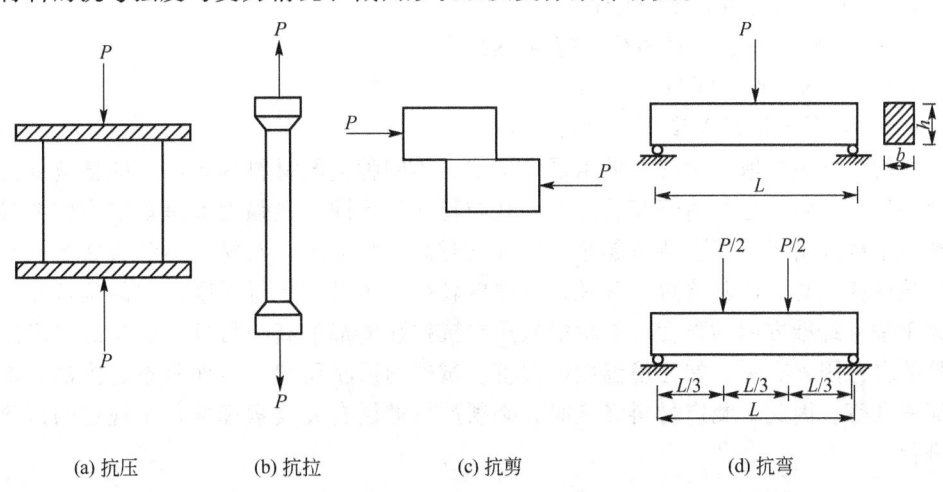

(a) 抗压　　(b) 抗拉　　(c) 抗剪　　(d) 抗弯

图2.3　材料受力示意图

(a) 抗压

(b) 抗拉

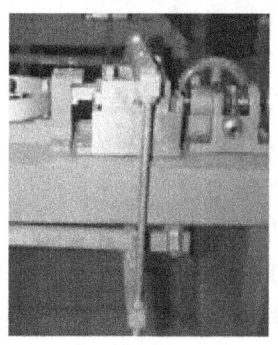
(c) 抗剪

(d) 抗弯

图 2.4　材料受力实物图

当在矩形截面梁中点处作用一集中荷载时，用如下公式来计算：

$$f = \frac{3Pl}{2bh^2} \tag{2-25}$$

当在梁两支点的三等分点上作用两个等值集中荷载时，用如下公式来计算：

$$f = \frac{Pl}{bh^2} \tag{2-26}$$

式中：f——材料的抗弯强度(MPa)；

　　　P——材料弯曲破坏时的最大荷载(N)；

　　　l——梁两支点的间距(mm)；

　　　b、h——试件截面的宽度与高度(mm)。

材料的强度主要取决于材料的组成和构造。不同种类的材料具有不同的抵抗外力的特点。同一种类材料，也会由于其孔隙率和孔隙特征的不同，在强度上呈现较大的差异。往往材料的结构越密实，即孔隙率越小，则强度越高。混凝土、石材、砖和铸铁等脆性材料的抗压强度值较高，而其抗拉强度及抗弯强度较低。木材在平行纤维方向的抗拉和抗压强度均大于垂直纤维方向的强度。钢材的抗压和抗拉强度都很高。另外，材料的强度还与试验条件的多种因素有关。如环境温度、湿度、试件的形状尺寸、表面状态、内部含水率以及加荷速度等。因此，测定材料强度时，必须严格遵循有关技术标准，按规定的试验方法操作进行。

2. 比强度

比强度是指材料的强度与其体积密度的比值。

比强度反映了材料轻质高强的性能。如玻璃钢的比强度是合金钢的2～3倍，是典型的轻质高强材料。比强度值越大，材料轻质高强的性能越好。这对于建筑物保证强度，减小自重，向空间发展及节约材料具有重要的实际意义。各种材料的比强度值见表2-3。

表2-3 各种材料的比强度

项目　　　材料	纤维缠绕玻璃钢	钢	铸　铁	PVC
体积密度(g/cm^3)	1.8～2.1	7.84	7.84	1.4
抗拉强度(MPa)	160～320	380	187	50～60
比强度	100～168	48.5	25.5	36.8

2.3.2 材料的弹性与塑性

1. 弹性

材料在外力作用下产生变形，当外力去除后，能完全恢复原来的形状和尺寸的性质，称为弹性。这种可以恢复的变形称为弹性变形，弹性变形属于可逆变形。弹性变形的大小与外力的大小成正比，其应力与应变的比值称为弹性模量，其计算公式如下：

$$E=\frac{\sigma}{\varepsilon} \tag{2-27}$$

式中：E——材料的弹性模量(MPa)；

σ——材料的应力(MPa)；

ε——材料的应变。

弹性模量反映了材料抵抗变形的能力，弹性模量数值越大，在外力作用下材料所产生的变形越小，说明材料的刚度也越大。

2. 塑性

材料在外力作用下产生变形，当外力去除后，仍保持变形后的形状和尺寸，并且不产生裂缝的性质，称为塑性。这种不可恢复的变形称为塑性变形，由于塑性变形永久地保留下来，故又称为永久变形。

不同材料在外力作用下，表现出不同的变形特点，但是，完全的弹性材料或塑性材料是不存在的，多数材料在受力时，既有弹性变形，又有塑性变形。有的材料在受力不大时，表现为弹性变形，当受力超过一定限度后，又表现为塑性变形，如钢材；而有的材料在受力后，同时产生弹性变形和塑性变形，去除外力后，弹性变形消失，塑性变形永久地保留下来，如混凝土。

2.3.3 材料的脆性与韧性

1. 脆性

脆性是指材料受力达到一定限度后,不发生明显的塑性变形而突然破坏的性质。具有此性质的材料称为脆性材料,如天然石材、混凝土、陶瓷制品、玻璃和砖等。脆性材料往往具有较高的抗压强度,而其抗拉强度则较低,抗冲击和抗振动的能力也较差,所以工程上常用它来作为受压构件使用,但不宜用于承受冲击和振动荷载的作用。

2. 韧性

材料在冲击和振动荷载作用下,能吸收较大的能量产生一定的变形而不破坏的性质称为韧性。具有此性质的材料称为韧性材料,如建筑钢材、木材和塑料制品等。

韧性材料在破坏前会产生明显的变形,这种变形是由于外力做功所致,即外力做功转化为材料的变形能被材料所吸收,而不致引起突然破坏。材料在破坏前产生的变形越大,所吸收的能量就越多,材料的韧性就越强。用于承受动力荷载的结构,如桥梁、公路和铁路以及工厂的吊车梁等工程所用材料,应具有良好的韧性。

材料的韧性通过冲击试验来检验,用材料受冲击荷载作用破坏时单位面积所吸收的能量来表示,又称为冲击韧性。其计算公式如下:

$$a_K = \frac{A_K}{A} \tag{2-28}$$

式中:a_K——材料的冲击韧性(J/mm^2);

A_K——材料破坏时所消耗的能量(J);

A——试件的受力面积(mm^2)。

2.3.4 材料的硬度与耐磨性

1. 硬度

硬度是指材料表面抵抗外来机械作用力(如刻画、压入、研磨等)侵入的能力。测定硬度的方法常用刻画法和压入法。天然矿物的硬度测定常用刻画法,用莫氏硬度来表示,以自然界存在的常见的10种矿物来作为标准,用相互刮擦、刻画以区分谁硬谁软。在鉴定时,在未知矿物上选一个平滑面,用标准矿物中的一种在选好的平滑面上用力刻画,按照划痕深度来区分硬度的大小,莫氏硬度分为10级,见表2-4。

表2-4 不同矿物的莫氏硬度等级

标准矿物	滑石	石膏	方解石	萤石	磷灰石	正长石	石英	黄玉	刚玉	金刚石
硬度等级	1	2	3	4	5	6	7	8	9	10

金属材料的硬度常用压入法测定,以一定的压力将规定直径的钢球或金刚石制成的尖端压入试样表面,根据压痕的面积或深度来测定其硬度。常用的压入法有布氏法、洛氏法

和维氏法。往往材料的硬度越大,强度就越高。

2. 耐磨性

耐磨性是指材料表面抵抗磨损的能力。常用磨损率来表示,其计算公式如下:

$$M = \frac{m_1 - m_2}{A} \quad (2-29)$$

式中:M——材料的磨损率(g/cm^2);
m_1——材料磨损前的质量(g);
m_2——材料磨损后的质量(g);
A——材料受磨损的面积(cm^2)。

材料的硬度越高,耐磨性也就越好。用于路面、地面等经常受磨损部位的材料,应选用耐磨性好的材料。

2.4 材料的耐久性

耐久性是指材料在长期使用过程中,抵抗环境中各种不利因素的破坏作用,保持原有性能不变质、不破坏的能力。特别是在环境条件差、影响因素复杂的情况下长期使用时,材料的耐久性更显得尤为重要。

造成材料在使用中逐步变质失效的原因,有内部和外部两种因素。材料本身组分和结构的不稳定、低密实度、各组分热膨胀的不均匀、固相界面上的化学生成物的膨胀等都是其内部因素。使用中所处的环境和条件(自然的和人为的),诸如日光暴晒、介质侵蚀(大气、水、化学介质)、温湿度变化、冻融循环、机械摩擦、电解及虫菌寄生等,都是其外部因素。这些内、外因素,最后都归结为物理的、化学的、物理化学的、机械的和生物的作用,单独或复合地作用于材料,使之逐步变质而导致丧失其使用性能。

1. 物理作用

物理作用主要有温度变化、冻融循环及干湿交替等作用,这些作用将使材料发生体积胀缩或导致内部裂缝的扩展,久而久之,会使材料逐渐破坏。在寒冷冰冻地区,冻融变化对材料起显著的破坏作用。砖、石料及混凝土等矿物材料,多是由于物理作用而破坏。

2. 化学作用

化学作用包括紫外线的照射、化学物质对材料的溶解、溶出、氧化等作用,这些作用会使材料逐渐变质而破坏。金属材料主要是由于电化学腐蚀而破坏;高分子材料主要是由于紫外线、臭氧等化学作用而变质失效。

3. 机械作用

机械作用包括交变荷载、持续荷载作用以及撞击引起材料疲劳、冲击、磨损、空(气)侵蚀、磨耗等。如水工构筑物常受到冲磨导致表面磨损而破坏,或者由于空(气)侵蚀造成混凝土脱落而破坏;路面、地坪混凝土常因受到摩擦和冲击,逐渐形成空穴,最终层层磨耗而破坏。

4. 生物作用

生物作用包括昆虫、菌类对材料的侵害作用。如木材常因腐朽而破坏。

在材料的变质失效过程中，其内、外因素往往相互结合而起作用，各外部因素之间也可能互相影响。如在北方寒冷地区，冬季路面播撒除冰盐，使得当地的路面和桥梁材料既要承受冻融循环作用，又要承受盐溶液所带来的化学腐蚀作用。多种因素的交互作用，最终导致结构物功能损害甚至丧失，使用寿命缩短。

总之，耐久性是一个复杂的综合性能的概念。随着国内外大量的工程经验和教训的总结和积累，工程界对材料的耐久性问题也越来越重视，并正在进行逐步深入的研究与实践，如我国苏通大桥耐久性设计年限为100年、三峡工程耐久性设计年限为500年。耐久性的研究，对于延长结构物的使用寿命，减少维修维护费用具有重要意义。实际工程中应根据工程材料所处的环境特点，具体地研究其耐久性特征，并结合实际情况采取相应的措施。

影响材料耐久性的因素见表2-5。

表2-5 影响材料耐久性的因素

耐久性内容	破坏因素	破坏具体原因	评定指标
抗渗性	物理作用	压力水	渗透系数、抗渗等级
抗冻性	物理作用	冻融作用	抗冻等级
抗化学侵蚀性	化学作用	酸、碱、盐作用	＊
抗碳化性	化学作用	CO_2、H_2O	碳化深度
碱骨料反应	物理、化学作用	活性骨料、碱、吸水膨胀	膨胀率
抗老化性	化学作用	阳光、空气、水、温度	＊
冲磨气蚀	物理作用	流水、泥沙、机械力	磨蚀率
锈蚀	物理、化学作用	O_2、H_2O、Cl_2	锈蚀率
虫蛀	生物作用	昆虫	＊
耐热	物理、化学作用	冷热交替	＊
腐朽	生物作用	O_2、H_2O、菌类	＊
耐火	物理、化学作用	高温、火焰	＊

注：＊表示可参考其强度变化率、开裂情况、变形情况等进行评定。

本 章 小 结

本章详细介绍了土木工程材料的基础知识和基本理论。通过本章的学习为进一步学习掌握后续各类材料的性能和应用奠定基础，本章主要内容如下。

1. 材料的物理性质

密度、表观密度、体积密度、堆积密度、密实度、孔隙率、填充率及空隙率。

2. 材料与水有关的性质

亲水性与憎水性、吸水性、吸湿性、耐水性、抗渗性及抗冻性。

3. 热工性质

导热性、热容量与比热容、温度变形、耐火性及耐燃性。

4. 力学性质

强度与比强度、弹性与塑性、脆性与韧性、硬度与耐磨性。

5. 耐久性

破坏原因：物理因素、化学因素、物理化学因素、机械因素、生物因素。

知 识 链 接

高性能材料在南京江心洲长江隧道中的应用

2009年5月20日上午，南京江心洲长江隧道接受井随着巨大的盾构机缓缓转动，施工满一年的长江左线隧道终于贯通。

隧道最怕两样：渗水和火灾。为解决防渗，专家组打破了国外技术封锁，开发出遇水膨胀的聚醚聚氨酯材料，粘结在管壁接缝处。开发的高性能混凝土，不但抗裂、防渗，还防火。这两项技术使用后，隧道四壁拼接"板正"，滴水不漏。

专家认为，我国长江中下游三大隧道开建并陆续通车，标志着我国穿越江河湖海的隧道技术臻于成熟，达到世界先进水平。

（新华日报　2009年5月21日）

本 章 习 题

2-1　什么是材料的密度、表观密度、体积密度和堆积密度？它们与材料内部的孔隙或空隙有何关系？

2-2　一块普通粘土砖，外形尺寸为 24.0cm×11.5cm×5.3cm，吸水饱和后质量为 2900g，烘干至恒重为 2500g，今将该砖磨细过筛再烘干后取 50g，用李氏比重瓶测得其体积为 18.5cm³，试求该砖的吸水率、密度、体积密度及孔隙率。

2-3　取某岩石加工成 10cm×10cm×10cm 试件，测得其吸水饱和、绝干状态下的质量分别为 2660g 和 2650g，已知其密度为 2.70g/cm³，求该岩石的干燥体积密度、孔隙率、质量吸水率及体积吸水率。

2-4　亲水性与憎水性材料是怎样区分的？举例说明怎样改变材料的亲水性和憎水性。

2-5　材料的孔隙率变化对于材料的密度、体积密度、强度、吸水率、抗冻性及导热性等有何影响？

2-6　什么是材料的比强度？比强度有什么意义？

2-7　某石材在气干、绝干及吸水饱和的状态下测得其抗压强度分别为 174MPa、176MPa、166MPa，求该石材的软化系数。此外，该石材可否用于水下工程？

2-8　引起材料发生耐久性破坏的因素有哪些？耐久性通常包括哪些内容？

第3章
气硬性胶凝材料

【教学目标】

通过本章学习,应达到以下目标。
(1) 了解石灰、石膏、水玻璃和菱苦土这4种常用气硬性胶凝材料的原料和生产。
(2) 理解石灰、石膏和水玻璃的水化(熟化)、凝结、硬化的规律。
(3) 掌握石灰、石膏和水玻璃的技术性质和用途。

【教学要求】

知识要点	能力要求	相关知识
石灰	(1) 了解石灰的原料和生产 (2) 理解石灰的消化与硬化 (3) 掌握石灰的技术性质和用途	(1) 石灰的原料和生产 (2) 石灰的消化与硬化 (3) 石灰的品种与技术要求 (4) 石灰的特性与应用
石膏	(1) 了解石膏的原料和生产 (2) 理解石膏的凝结硬化 (3) 掌握石膏的技术性质和用途	(1) 石膏的原料和生产 (2) 建筑石膏的凝结硬化 (3) 建筑石膏的技术要求 (4) 建筑石膏的特性与应用
水玻璃	(1) 了解水玻璃的原料和生产 (2) 理解水玻璃的硬化 (3) 掌握水玻璃的特性与应用	(1) 水玻璃的原料和生产 (2) 水玻璃的硬化 (3) 水玻璃的特性与应用
菱苦土	(1) 了解菱苦土的原料和生产 (2) 理解菱苦土的水化硬化 (3) 了解菱苦土的特性与应用	(1) 菱苦土的原料和生产 (2) 菱苦土的水化硬化 (3) 菱苦土的特性与应用

凡能够通过自身的物理化学作用,从浆体变成坚硬的固体,并能将散粒材料(如砂、石)或块状材料(如砖和石块)胶结成为一个整体的材料称为胶凝材料。

胶凝材料根据其化学组成不同,可分为有机胶凝材料和无机胶凝材料;按硬化条件又可分为气硬性胶凝材料和水硬性胶凝材料。气硬性胶凝材料只能在空气中硬化、保持或发展其强度,如石灰、石膏、水玻璃和菱苦土等;水硬性胶凝材料不仅能在空气中硬化,而且能更好地在水中硬化、保持并继续发展其强度,如各种水泥。

气硬性胶凝材料只适用于地上或干燥环境;水硬性胶凝材料既适用于地上,也可用于地下潮湿环境或水中。

3.1 石 灰

石灰是建筑上使用较早的一种胶凝材料,原料丰富,生产简便,成本低廉,因此在目前的建筑工程中仍是应用广泛的建筑材料之一。

3.1.1 石灰的原料及生产

石灰的主要原料是石灰岩,其主要成分是碳酸钙,其次为碳酸镁,其他还有粘土等杂质,一般要求原料中的粘土杂质控制在8%以内。此外,还可以利用化学工业副产品作为石灰的生产原料,如用碳化钙制取乙炔时所产生的主要成分为氢氧化钙的电石渣等。

石灰岩经高温煅烧分解释放出 CO_2,生成以 CaO 为主要成分(少量 MgO)的块状生石灰,如图 3.1 所示。其反应式如下:

$$CaCO_3 \xrightarrow{900℃} CaO + CO_2 \uparrow$$

图 3.1 块状生石灰

在实际生产中,为加快石灰石的分解,使原料充分煅烧,煅烧温度一般高于 900℃,常在 1000~1200℃,若煅烧温度过低,煅烧时间不足,或料块过大,则碳酸钙不能完全分解,石灰中含有未烧透的内核,这种石灰称为"欠火石灰"。欠火石灰的产浆量较低,有效氧化钙和氧化镁含量低,使用时粘结力不足,质量较差。若煅烧温度过高,煅烧时间过长,则易生成内部结构致密的过火石灰。过火石灰与水反应速度十分缓慢,若将过火石灰用于建筑工程,则其中的细小颗粒可能在石灰浆硬化以后才发生水化作用,产生体积膨胀,使已硬化的砂浆产生崩裂或隆起等现象,严重影响工程质量。因此,在生产中,应控制适宜的煅烧温度和燃烧时间,使用时对过火石灰进行处理,都是十分必要的。

3.1.2 石灰的消化与硬化

石灰的熟化或称消化,是指生石灰与水发生水化反应,生成 $Ca(OH)_2$ 的水化过程,其反应式如下:

$$CaO + H_2O \longrightarrow Ca(OH)_2 + 64.9kJ$$

生石灰的熟化过程伴随着剧烈放热与体积膨胀现象(1.5~3.5 倍),易在工程中造成事故,因此,在石灰熟化过程中应注意安全,防止烧伤、烫伤。

熟化时根据加水量的多少,可得到石灰膏和消生灰粉。将生石灰放在化灰池中,用过量的水(为生石灰体积的 3~4 倍)消化成石灰水溶液,然后通过筛网,流入储灰坑内,随着水分的减少,逐渐形成石灰浆,最后形成石灰膏。石灰膏是建筑工程中常用的材料之一。为消除过火石灰的危害,保证石灰完全熟化,石灰膏必须在坑中保存两周以上,这个过程称为陈伏,陈伏期间石灰浆表面应保持一层一定厚度的水,以隔绝空气,防止碳化。

消生石灰粉是由块状生石灰用适量的水熟化而得的,加水量以能充分消解而又不过湿成团为度。工地上常用分层喷淋法进行消化,目前多在工厂中用机械法将生石灰进行熟化成消石灰粉,再供利用。

应特别指出的是,块状生石灰必须充分熟化后方可用于工程中。若使用将块状生石灰直接破碎且磨细制得的磨细生石灰粉,则可不预先熟化、陈伏而直接应用。这是因为磨细生石灰的细度高,水化反应速度可提高30~50倍,且水化时体积膨胀均匀,避免了局部膨胀过大。使用磨细生石灰,克服了传统石灰硬化慢、强度低的缺点(强度可提高约2倍),不仅提高了工效,而且节约了场地,改善了施工环境,但其成本较高。

石灰浆体在空气中的硬化,是由以下两个同时进行的过程来完成的。

1. 干燥硬化与结晶硬化

石灰浆在干燥过程中,随着水分蒸发,孔隙中的自由水由于表面张力作用而产生毛细管压力,使得氢氧化钙颗粒相互靠拢并搭接,获得一定的强度,同时氢氧化钙逐渐从过饱和溶液中结晶析出,形成结晶结构网,使强度继续增加。

2. 碳化硬化

氢氧化钙与潮湿空气中的 CO_2 反应生成碳酸钙晶体而使石灰浆硬化,强度有所提高。石灰的碳化作用在有水分存在的条件下才能进行,反应式如下:

$$Ca(OH)_2 + CO_2 + nH_2O \longrightarrow CaCO_3 + (n+1)H_2O$$

由于空气中 CO_2 的浓度很低,石灰的碳化作用主要发生在与空气接触的表面,而且碳化生成致密的碳酸钙后,阻止 CO_2 继续深入内部,同时也影响到内部水分的蒸发,使氢氧化钙结晶速度减慢。因此,石灰浆体的硬化过程是非常缓慢的。

3.1.3 石灰的品种与技术要求

1. 石灰的品种

根据成品加工方法不同建筑石灰分成以下5大类。

(1) 块灰。由石灰石直接煅烧所得块状生石灰,主要成分为CaO。

(2) 消石灰粉。由生石灰加适量水消化所得的粉末,其主要成分为 $Ca(OH)_2$。

(3) 石灰膏。由生石灰加3~4倍水消化而成的膏状可塑性浆体,主要成分为 $Ca(OH)_2$ 和 H_2O。

(4) 石灰乳。由生石灰加大量水消化或石灰膏加水稀释而成的一种乳状液体,主要成分为 $Ca(OH)_2$ 和 H_2O。

(5) 磨细生石灰。将块状生石灰破碎、磨细而成的细粉,主要成分为CaO。它克服了传统石灰的熟化时间长、硬化慢且强度低等缺点,使用时不用提前消化,可直接加水使用,不仅提高工效,而且节约场地,改善了施工环境。其熟化硬化速度可提高30~50倍,强度约提高2倍。石灰利用率也得到了一定提高,但成本高、易吸湿且不易储存。

2. 石灰的技术要求

(1) 有效氧化钙和氧化镁含量。石灰中产生粘结性的有效成分是活性氧化钙和氧化镁,它们的含量决定了石灰粘结能力的大小。因此,它们是评价石灰品质的首要指标。

(2) 生石灰产浆量和未消化残渣含量。产浆量是单位质量(1kg)的生石灰经消化后，所产生石灰浆的体积，生石灰产浆量越高，则表示质量越好。未消化残渣含量是生石灰消化后，未能消化而存留在 5mm 圆孔筛上的残渣占试样的百分率。

(3) 二氧化碳(CO_2)含量。生石灰或石灰粉中 CO_2 含量指标，是为了控制石灰石在煅烧时"欠火"造成产品中未分解完成的碳酸盐增多。CO_2 含量越高，表示未分解的碳酸盐含量越高，则有效成分($CaO+MgO$)含量相对降低。

(4) 消石灰粉游离水含量。游离水含量是指化学结合水以外的含水量。生石灰消化时多加的水残留于氢氧化钙中，残余水分蒸发后，留下孔隙会加剧消石灰粉碳化现象的产生，因而影响其使用质量。

(5) 细度。细度与石灰的质量有密切关系，现行标准以 0.900mm 和 0.125mm 筛余百分率控制。试验方法是，称取试样 50g 倒入 0.900mm、0.125mm 套筛内进行筛余，分别称量筛物，按原试样计算其筛余百分率。

3. 石灰的技术标准

建筑石灰按现行标准《建筑生石灰》(JC/T 479—1992)、《建筑生石灰粉》(JC/T 480—1992)和《建筑消石灰粉》(JC/T 481—1992)规定，按其氧化镁含量划分为钙质石灰和镁质石灰两类，见表 3-1。

表 3-1 钙质石灰和镁质石灰中氧化镁含量界限

石灰种类	生石灰(%)	生石灰粉(%)	消石灰粉(%)
钙质石灰	≤5	≤5	<4
镁质石灰	>5	>5	≥4

1) 生石灰技术标准

根据氧化镁含量按表 3-1 分为钙质生石灰和镁质生石灰两类，然后再按有效氧化钙和氧化镁含量、产浆量、未消解残渣和 CO_2 含量 4 个项目的指标分为优等品、一等品和合格品共 3 个等级，见表 3-2。

表 3-2 建筑生石灰技术指标

项 目	钙质生石灰			镁质生石灰		
	优等品	一等品	合格品	优等品	一等品	合格品
($CaO+MgO$)含量(%) 不小于	90	85	80	85	80	75
未消化残渣含量(5mm 圆孔筛余)(%) 不大于	5	10	15	5	10	15
CO_2 含量(%) 不大于	5	7	9	6	8	10
产浆量(L/kg) 不小于	2.8	2.3	2.0	2.8	2.3	2.0

2) 生石灰粉技术标准

根据氧化镁含量分为钙质石灰和镁质石灰两类后，再按($CaO+MgO$)含量、CO_2 含量和细度等项目的指标，分为优等品、一等品和合格品共 3 个等级，见表 3-3。

3) 消石灰粉技术标准

消石灰粉当其氧化镁含量<4%时称为钙质消石灰粉，当4%≤氧化镁含量<24%时称

为镁质消石灰粉，当24％≤氧化镁含量＜30％时称为白云石消石灰粉。按等级分为优等品、一等品和合格品共3个等级，见表3-4。

表3-3 建筑生石灰粉技术指标

项　目		钙质生石灰粉			镁质生石灰粉		
		优等品	一等品	合格品	优等品	一等品	合格品
(CaO+MgO)含量(%) 不小于		85	80	75	80	75	70
CO_2含量(%) 不大于		7	9	11	8	10	12
细度	0.9mm筛筛余(%) 不大于	0.2	0.5	1.5	0.2	0.5	1.5
	0.125mm筛筛余(%) 不大于	7.0	12.0	12.0	7.0	12.0	18.0

表3-4 建筑消石灰粉技术指标

项　目		钙质消石灰粉			镁质消石灰粉			白云石消石灰粉		
		优等品	一等品	合格品	优等品	一等品	合格品	优等品	一等品	合格品
(CaO+MgO)含量(%) 不小于		70	65	60	65	60	55	65	60	55
游离水(%)		0.4~2	0.4~2	0.4~2	0.4~2	0.4~2	0.4~2	0.4~2	0.4~2	0.4~2
体积安定性		合格	合格	—	合格	合格	—	合格	合格	—
细度	0.9mm筛筛余(%) 不大于	0	0	0.5	0	0	0.5	—	—	0.5
	0.125mm筛筛余(%) 不大于	3	10	15	3	10	15	3	10	15

3.1.4 石灰的特性

1. 可塑性

生石灰消解为石灰浆时生成的氢氧化钙，其颗粒极微细，呈胶体状态，比表面积大，表面吸附了一层较厚的水膜，因而保水性能好，同时水膜层也降低了颗粒间的摩擦力，可塑性增强。

2. 强度

石灰是一种硬化很慢、强度较低的胶凝材料，通常1∶3的石灰砂浆，其28d抗压强度只有0.2~0.5MPa。

3. 耐水性

在石灰硬化体中大部分仍然是尚未碳化的$Ca(OH)_2$，而$Ca(OH)_2$是易溶于水的，所以石灰的耐水性较差。硬化后的石灰若长期受潮，会导致强度丧失，甚至引起溃散，故石灰不宜用于潮湿环境中。

4. 收缩性

石灰在硬化过程中蒸发掉大量的水分，引起体积显著收缩，易产生裂纹。因此，石灰一般不宜单独使用，通常掺入一定量的骨料(砂)或纤维材料(纸筋、麻刀等)以提高抗拉强度，抵抗收缩引起的开裂。

3.1.5 石灰的应用及储存

1. 石灰的应用

1) 制作石灰乳

将熟化好的石灰膏或消石灰粉，加入过量水稀释成的石灰乳是一种传统的室内粉刷涂料。目前已很少使用，大多用于临时建筑的室内粉刷。

2) 制砂浆

利用石灰膏配制的石灰砂浆和混合砂浆，广泛用于建筑物±0.00以上部位墙体的砌筑和抹灰。应注意的是，为确保砌体和抹灰质量一般不宜用消石灰粉(尤其是淋水消化时间较短的消石灰粉)来配制砌筑和抹灰砂浆。

3) 配制灰土与三合土

消石灰粉与粘土拌和后称为灰土，若再加砂(或炉渣、石屑等)即成三合土。石灰改善了粘土的可塑性，在强力夯实下灰土和三合土的密实度增大，并且粘土中的少量活性氧化硅和氧化铝与$Ca(OH)_2$反应生成水硬性的水化硅酸钙或水化铝酸钙，使粘土强度和耐久性得到改善。灰土和三合土广泛用于建筑物基础和道路垫层。

4) 生产硅酸盐制品

将生石灰粉与含硅材料(砂、炉渣、粉煤灰等)加水拌和，经成型、蒸养或蒸压处理等工序可制得各种硅酸盐制品，如蒸压灰砂砖、硅酸盐砌块等墙体材料。

5) 制作碳化石灰板

将生石灰粉与纤维材料(如玻璃纤维)或轻质骨料(如炉渣)加水搅拌成型，然后用二氧化碳进行人工碳化可制成轻质的碳化石灰板材(如石灰空心板等)，其导热系数较小，保温绝热性能较好，宜作为非承重内隔墙板、天花板等。

2. 石灰的储存

生石灰的吸水、吸湿性极强，所以应注意防潮存放，不应与易燃易爆及液体物品共存、同运，以免发生火灾，引起爆炸。此外，石灰在存放过程中，极易吸收空气中的水分和二氧化碳，自行消化失去活性，胶凝性明显降低，因此，过期石灰应重新检验其有效成分含量。石灰不宜储存过久，要做到随到随用，对于石灰膏可将陈伏期转化为储存期。

3.2 石 膏

石膏胶凝材料是一种以硫酸钙为主要成分的气硬性胶凝材料。由于石膏胶凝材料及其制品具有许多良好的性能(如质轻、绝热、隔音和耐火等)，而且由于原料来源丰富，生产工艺简单，生产能耗较低，因而是一种理想的高效节能材料，在建筑工程中得到了广泛应用。

目前，常用的石膏胶凝材料主要有建筑石膏、高强石膏和无水石膏水泥等。

3.2.1 石膏的生产与分类

自然界中存在的石膏原料有天然二水石膏($CaSO_4 \cdot 2H_2O$，又称为软石膏)矿石和天然无水石膏($CaSO_4$，又称为硬石膏)矿石，后者结晶紧密，质轻较硬，只能用于生产无水石膏水泥。而生产石膏胶凝材料的原料主要是天然二水石膏矿石。纯净的石膏矿石呈无色透明或白色，但天然石膏矿石常因含有各种杂质而呈灰色、褐色、黄色、红色和黑色等颜色。

除天然原料外，也可用一些含有 $CaSO_4 \cdot 2H_2O$ 或含有 $CaSO_4 \cdot 2H_2O$ 与 $CaSO_4$ 的混合物的化工副产品及废渣作为生产石膏的原料。

石膏胶凝材料通常是将二水石膏矿石在不同压力和温度下加热、脱水，再经磨细而制成的。由于加热方式和温度的不同，同一原料可生产出不同结构、性质和用途的石膏胶凝材料品种。

(1) 将天然二水石膏在非密闭的窑炉中加热，当温度为 65～70℃时，$CaSO_4 \cdot 2H_2O$ 开始脱水；加热至 107～170℃时，生成半水石膏 $CaSO_4 \cdot \frac{1}{2}H_2O$。其反应式为：

$$CaSO_4 \cdot 2H_2O \xrightarrow{107\sim170℃} CaSO_4 \cdot \frac{1}{2}H_2O + 1\frac{1}{2}H_2O$$

所生成的以 $CaSO_4 \cdot \frac{1}{2}H_2O$ 为主要成分的产品即为 β 型半水石膏，也就是建筑石膏。建筑石膏结晶较细，调制成一定的浆体时，需水量较大，因而硬化后强度低。建筑石膏粉如图 3.2 所示。

图 3.2 建筑石膏粉

(2) 将天然二水石膏置于 0.13MPa、124℃过饱和蒸汽条件下蒸炼，或置于某些盐溶液中沸煮，则二水石膏脱水生成 α 型半水石膏。该石膏晶粒粗大，比表面积小，当调制成一定稠度的浆体时，需水量少，硬化后强度高，故称为高强石膏。

(3) 当加热至 170～200℃时，石膏脱水成为可溶性硬石膏，与水调和后仍能很快凝结硬化；当加热升高到 200～250℃时，石膏中残留很少的水，其凝结硬化非常缓慢。

(4) 当温度高于 400℃(通常为 400～750℃)时，石膏完全失去水分，成为不溶性硬石膏，失去凝结硬化能力，成为死烧石膏。但是如果掺入适量激发剂(如 5%硫酸钠或硫酸氢钠与 1%铁矾或铜矾的混合物、1%～5%石灰或石灰与少量半水石膏的混合物、5%～10%碱性粒化高炉矿渣等)混合磨细即可制成无水石膏水泥，硬化后强度可达 5～30MPa，可用制造石膏板或其他制品，也可用作室内抹灰。

(5) 当温度高于 800℃时，部分石膏分解出的氧化钙起催化作用，所得产品又重新具有凝结硬化性能，而且硬化后有较高的强度和耐磨性，抗水性较好。该产品称为高温煅烧石膏，也称为地板石膏，可用于制作地板材料。

3.2.2 建筑石膏的凝结硬化

将建筑石膏粉末与适量水均匀混合，即成为具有一定流动性和可塑性的石膏浆，水化反应式如下：

$$\beta 型 CaSO_4 \cdot \frac{1}{2}H_2O + \frac{1}{2}H_2O \longrightarrow CaSO_4 \cdot 2H_2O + 15.4kJ$$

由于水化产物二水石膏在常温下的溶解度比 β 型半水石膏小得多（仅为半水石膏溶解度的 1/5），所以上述水化反应一直向右进行，半水石膏的饱和溶液对二水石膏来说就成了过饱和溶液，因此二水石膏结晶析出，这样又促使新的一批半水石膏继续溶解水化，如此循环进行，一直到半水石膏完全耗尽。随着水化进行，二水石膏的结晶不断增加，水分逐渐减少，浆体稠度增大，可塑性开始降低，此时称之为"初凝"，而后随晶体颗粒间摩擦力和粘结力的增大，浆体的塑性很快下降，直至消失，此时为"终凝"。终凝后二水石膏晶体仍逐渐长大、连生并相互交错，其强度不断增大，随着内部游离水分的蒸发，石膏强度也随之增加，最后成为坚硬的固体，称之为硬化。实际上，石膏的水化和凝结硬化是一个连续的复杂的物理化学变化过程。

3.2.3 建筑石膏的技术要求

建筑石膏色白，密度为 $2.60\sim2.75g/cm^3$，堆积密度为 $800\sim1000kg/m^3$，根据《建筑石膏》（GB/T 9776—2008）的规定，按原材料种类分为天然建筑石膏（代号 N）、脱硫建筑石膏（代号 S）和磷建筑石膏（代号 P）共 3 类。按其凝结时间、细度及强度指标分为 3 级，见表 3-5。

表 3-5 建筑石膏的技术指标

技术指标	产品等级	3.0	2.0	1.6
强度（MPa）	抗折强度不小于	3.0	2.0	1.6
	抗压强度不小于	6.0	4.0	3.0
细度（0.2mm 方孔筛筛余）	不大于	10	10	10
凝结时间（min）	初凝时间不小于	3		
	终凝时间不大于	30		

建筑石膏按产品名称、代号、等级及标准编号的顺序进行产品标记，例如等级为 2.0 的天然建筑石膏标记为：建筑石膏 N 2.0 GB/T 9776—2008。

3.2.4 建筑石膏的特性

建筑石膏的特性主要表现在以下几个方面。

1) 凝结硬化快

建筑石膏一般加水 3～5min 内即可初凝，30min 左右即达到终凝，一星期左右能完全硬化。为满足施工操作的要求，往往需要掺加适量的缓凝剂，如掺入 0.1%～0.15% 的动物胶或 1% 的亚硫酸纸浆废液，也可掺入 0.1%～0.15% 的硼砂或柠檬酸等。

2) 硬化后体积微膨胀

建筑石膏硬化后一般会产生 0.05%～0.15% 的体积膨胀，使得硬化体表面饱满，尺寸精确，轮廓清晰，干燥时不开裂，有利于制造复杂图案的石膏装饰制品。

3) 孔隙率大、重量轻但强度低

建筑石膏水化的理论需水量为 18.6%，但为了满足施工要求的可塑性，实际加水量为 60%～80%，石膏凝结后多余水分蒸发，导致孔隙率大、重量减轻，但抗压强度也因此下降。抗压强度一般为 3～5MPa。

4) 具有良好的保温隔热和吸声性能

石膏硬化体中微细的毛细孔隙率高，导热系数小，一般为 0.121～0.205W/(m·K)，故隔热保温性能好，是理想的节能材料。同时，石膏的大量微孔，特别是表面微孔对声音传导或反射的能力也显著下降，使其具有较强的吸声能力。

5) 具有一定的调节温度和湿度的性能

石膏的热容量大，吸湿性强，可均衡调节室内温度和湿度，营造出怡人的生活和工作环境。

6) 防火性能优良

石膏硬化后的结晶物 $CaSO_4·2H_2O$ 遇火时，结晶水蒸发，吸收热量并在表面生成蒸汽幕，因此，在火灾发生时，能够有效地抑制火焰蔓延和温度的升高。

7) 耐水性差

石膏硬化后孔隙率高，吸水性强，并且二水石膏微溶于水，长期浸水会使其强度下降，所以耐水性较差。通常，其软化系数为 0.3～0.5。

8) 有良好的装饰性和可加工性

石膏不仅表面光滑饱满，而且质地细腻，颜色洁白，装饰性好。此外，硬化石膏可锯、可钉、可刨，具有良好的加工性。

3.2.5 建筑石膏的应用

石膏具有上述诸多优良性能，因此是一种良好的建筑功能材料。目前，应用较多的是在建筑石膏中掺入各种填料加工制成各种石膏制品（如纸面石膏板、纤维石膏板、石膏空心板、石膏装饰板、石膏砌块及石膏吊顶等），用于建筑物的内隔墙、墙面和篷顶的装饰装修等。

由于石膏凝结快和体积稳定的特点，常用于制作建筑雕塑，此外，建筑石膏也可用于生产水泥和各种硅酸盐建筑制品。

石膏板材作为一种新型墙体材料，其应用也日渐广泛。它与传统墙体材料相比，在质轻、美观、防火、抗震、保温隔热、调湿、隔墙占地面积、可施工性和节能等方面具有明显的优势，可助墙体材料改革一臂之力，为建筑节能增辉添色。

石膏板具有长期徐变的性质，在潮湿的环境中更为严重，且建筑石膏自身强度较低，因其呈微酸性,不能配加强钢筋,故不宜用于承重结构。为进一步改善石膏耐水性以扩大其应用范围,可掺入水泥、粒化高炉矿渣、石灰、粉煤灰或有机防水剂,也可在石膏板表面采用耐水护面纸或防水高分子材料,采取面层防水保护等技术措施。

3.3 水 玻 璃

水玻璃俗称"泡花碱",是一种碱金属硅酸盐,其化学通式为 $R_2O \cdot nSiO_2$,其中 n 为 R_2O 与 SiO_2 的摩尔数的比值,称为水玻璃的模数。根据碱金属氧化物的不同,水玻璃分为硅酸钠水玻璃和硅酸钾水玻璃等。建筑上通常使用的是硅酸钠水玻璃的水溶液,其常用模数为 2.6~2.8。

3.3.1 水玻璃的组成

硅酸钠水玻璃的主要原料是石英砂、纯碱或含碳酸钠的原料。将原料磨细,按比例配合,在玻璃炉内加热至 1300~1400℃,熔融而生成硅酸钠,冷却后即为固态水玻璃,如图 3.3 所示。其反应式如下:

$$Na_2CO_3 + nSiO_2 \xrightarrow{1300\sim1400℃} Na_2O \cdot nSiO_2 + CO_2 \uparrow$$

将固态水玻璃在 0.3~0.8MPa 的压蒸锅内加热溶解成无色、淡黄或青灰色透明或半透明的胶状玻璃溶液,即为液态水玻璃,如图 3.4 所示。

图 3.3 固态水玻璃

图 3.4 液态水玻璃

3.3.2 水玻璃的硬化

水玻璃在空气中吸收 CO_2 形成无定形的二氧化硅凝胶(又称硅酸凝胶),并逐渐干燥而硬化,其反应式为

$$Na_2O \cdot nSiO_2 + CO_2 + mH_2O \longrightarrow Na_2CO_3 + nSiO_2 \cdot mH_2O$$

因为空气中 CO_2 极少,上述反应过程极慢,为加速硬化,可掺入适量氟硅酸钠促凝剂,其反应式如下:

$$2(Na_2O \cdot nSiO_2) + mH_2O + Na_2SiF_6 \longrightarrow 6NaF + (2n+1)SiO_2 \cdot mH_2O$$

氟硅酸钠的适宜掺量为12%~15%，掺量少，硬化速度慢，强度低，且未反应的水玻璃易溶于水，导致耐水性差；掺量过多，会引起凝结硬化过快，不便于施工操作。因此，在使用时应严格控制其掺量，并根据气温、湿度、水玻璃的模数及密度在上述范围内作适当调整，即气温高、模数大、密度小时选下限；反之亦然。

注意：氟硅酸钠有一定的毒性，操作时应注意安全。

3.3.3 水玻璃的性质与应用

水玻璃通常为青灰色或黄灰色粘稠液体，密度为1.38~1.45kg/m³。水玻璃具有较强的粘结力，其模数越大，粘结力越强。同一模数的水玻璃溶液，其浓度越大，密度越大，粘度越大，粘结力越强。

水玻璃硬化时析出的硅酸凝胶，还可堵塞材料的毛细孔隙，具有一定的防止水分渗透的作用。

水玻璃能抵抗多数无机酸和有机酸的腐蚀，具有很强的耐酸腐蚀性。另外，水玻璃还具有良好的耐热性，在高温下不分解，强度不降低，甚至有所增加。

水玻璃在建筑工程中有以下几个方面的用途。

（1）将液体水玻璃、粒化高炉矿渣、砂和氟硅酸钠按一定的比例配合可制得水玻璃矿渣砂浆，用于砖墙裂缝的修补与轻型内墙的粘结等。

（2）在天然石材、混凝土硅酸盐制品等表面涂上一层水玻璃，可提高其不透水性和抗风化性，但石膏制品表面不能涂刷水玻璃，因其与石膏反应，生成体积膨胀的硫酸钠晶体，使制品胀裂。此外，用水玻璃涂刷钢筋混凝土中的钢筋，可起到一定的阻锈作用。

（3）将水玻璃和氯化钙溶液交替灌入土基中，两种溶液发生化学反应，析出硅酸胶体，起到胶结和填充土壤空隙的作用，增加了土的密实度和强度，常用于加固地基。

（4）水玻璃还可以与多种矾配制成防水剂，用于防水砂浆和防水混凝土。

（5）水玻璃与促硬剂、耐酸粉和耐酸骨料配合可制得耐酸砂浆和耐酸混凝土，对于硫酸、盐酸和硝酸等无机酸具有较好的耐腐蚀能力，常用于冶金和化工等行业的防腐工程。

（6）利用水玻璃的耐热性可配制耐热砂浆和耐热混凝土，用于高炉基础和热工设备等耐热工程。

3.4 菱 苦 土

3.4.1 菱苦土的生产

菱苦土是一种以氧化镁（MgO）为主要成分的白色或淡黄色粉末，通常由含$MgCO_3$为主的菱铁矿经煅烧和磨细而成。其煅烧的反应式如下：

$$MgCO_3 \xrightarrow{600\sim800℃} MgO + CO_2 \uparrow$$

煅烧温度对菱苦土的质量有以下重要影响：煅烧温度过低时，$MgCO_3$ 分解不完全，易产生"生烧"而降低胶凝性；温度过高时，又会因为"过烧"使其颗粒变得坚硬，胶凝性也很差。理论煅烧温度一般为 600～800℃，但实际生产时，煅烧温度为 800～850℃，煅烧适当的菱苦土，密度为 3.1～3.4g/cm³，堆积密度为 800～900kg/m³。此外，菱苦土的细度和 MgO 的含量对其质量也有着重要影响，磨得越细，使用时强度越高；细度相同时，MgO 含量越高，质量越好。

3.4.2 菱苦土的水化硬化

菱苦土与水拌和后迅速水化并放出大量的热，但其凝结硬化很慢，硬化后的产物疏松，胶凝性差，强度很低。因此，通常不能直接用水来拌和菱苦土，而是用 $MgCl_2$、$MgSO_4$、$FeCl_3$ 或 $FeSO_4$ 等盐类的水溶液来进行拌和。其中，以用 $MgCl_2$ 溶液为最好，其不仅可大大加快菱苦土的硬化，而且硬化后的强度(可达 40～60MPa)很高。胶化后的主要产物为氯氧化镁水化物($x MgO \cdot MgCl_2 \cdot z H_2O$)和氢氧化镁等。其反应式为

$$x MgO + y MgCl_2 + z H_2O \longrightarrow x MgO \cdot y MgCl_2 \cdot z H_2O$$

$$MgO + H_2O \longrightarrow Mg(OH)_2$$

菱苦土呈针状结晶，彼此交错搭接，并相互连生、长大，形成致密的结构，使浆质凝结硬化。但其吸湿性大，耐水性差，遇水或吸湿后易产生变形，表面泛霜，强度大大降低。因此，菱苦土制品不宜用于潮湿环境。

为改善菱苦土制品的耐水性，可采用硫酸镁($MgSO_4 \cdot 7H_2O$)或硫酸亚铁($FeSO_4 \cdot H_2O$)溶液来拌和，但强度有所降低。此外，也可掺入少量的磷酸盐或防水剂，或掺入一些活性混合材料，如粉煤灰等。

3.4.3 菱苦土的性质与应用

菱苦土与各种纤维的粘结良好，而且碱性较弱，对各种有机纤维的腐蚀性很小，因此，常以菱苦土为胶凝材料，以木屑、木丝或刨花为原料来生产各种板材，如木屑地板、木丝板和刨花板等。

建筑上常用的菱苦土木屑地面就是将菱苦土与木屑按适当的比例配合，用氯化镁溶液调拌铺设而成。为调节或改善其性能，可从不同途径采取相应措施，如为提高地面强度和耐磨性，可掺加适量滑石粉、石英砂或碎石屑做成硬性地面；为提高耐水性，可掺入外加剂或活性混合材料；为使其具有不同色彩，可掺入一定的耐碱性矿物颜料。地面硬化干燥后，常用干性油涂刷，并用地板蜡打光，这种地面保温、防火、防爆(碰撞时不发火星)、有弹性且表面光洁不起尘，宜用于纺织车间、教室、办公室、住宅和影剧院等地面。

菱苦土木屑板、木丝板和刨花板可用作绝热和吸声材料，经饰面处理后，可用作吊顶板材或隔断板材，还可代替木材用作机械设备的包装材料等。

菱苦土运输和储存时须防潮、防水，且不可久存，储存期不宜超过 3 个月，以防其吸收空气中的水分成为 $Mg(OH)_2$，再碳化为 $MgCO_3$ 而丧失其胶凝能力。

本 章 小 结

建筑工程中主要应用的气硬性胶凝材料有石膏、石灰、水玻璃和菱苦土等。

用于制备石灰的原料有石灰石和白云石等,经煅烧得到块状生石灰。块状生石灰经过不同的加工,可得到磨细生石灰粉、消石灰粉及石灰膏共3种产品。除磨细生石灰粉外,建筑工程中使用的石灰必须通过充分熟化后方可使用,以消除过火石灰的危害。石灰浆体的硬化过程非常缓慢。石灰的主要性质表现为:保水性和可塑性好、硬化慢、强度低、耐水性差且硬化时体积收缩大。石灰在建筑上主要的用途有:制作石灰乳涂料、配制砂浆、拌制灰土与三合土以及生产硅酸盐制品等。

石膏是一种以硫酸钙为主要成分的气硬性胶凝材料,有着许多优良的建筑性能,如具有良好的隔热性能、吸声性能和防火性能,且装饰性和加工性能好,并具有一定的调温调湿性能,尤其适合作为室内的装饰装修材料,也是一种具有节能意义的新型轻质墙体材料。

建筑上常用的水玻璃为硅酸钠($Na_2O \cdot nSiO_2$)的水溶液。SiO_2 与 R_2O 的摩尔数的比值 n,称为水玻璃的模数。工程中常用的水玻璃模数为2.6~2.8。水玻璃的特性与应用主要有:耐酸性好,用作耐酸材料;耐热性好,用作耐热材料;粘结力大,用于粘贴耐酸或耐热材料等。

菱苦土是一种以氧化镁(MgO)为主要成分的白色或淡黄色粉末,通常由含 $MgCO_3$ 为主的菱铁矿经煅烧并磨细而成。常以菱苦土为胶凝材料,以木屑、木丝或刨花为原料来生产各种板材,如木屑地板、木丝板和刨花板等。

知 识 链 接

石灰在软土地基加固中的应用

1967年,瑞典 Kjeld Paus 提出使用石灰搅拌桩加固15m深度范围内软土地基的设想,并于1971年现场制成一根用生石灰和软土搅拌制成的桩。次年,在瑞典斯德哥尔摩以南约10km的Hudding用石灰粉体搅拌桩作为路堤和深基坑边坡稳定措施。瑞典的Linde-nalimat公司还生产出专用的成桩机械,桩径可达500mm,最大加固深度10~15m。目前,瑞典所用的石灰搅拌桩已逾数百万千米。

同一时期,日本于1967年由运输部港湾研究所开始研制石灰搅拌施工机械,于1974年在软土地基加固工程中应用,并研制出两种石灰搅拌机械,形成了相应的两类施工方法:一类为使用颗粒状生石灰的深层搅拌法(DLM法),另一类为使用生石灰粉末的粉体喷射搅拌法(DJM法)。

我国由铁道部第四勘测设计院于1983年初开始进行粉体喷射搅拌法加固软土的试验研究,并于1984年在广东省云浮硫铁矿铁路专用线上单孔4.5m盖板箱涵软土地基加固工程中使用,后来相继在武昌和连云港用于下水道河槽挡土墙和铁路涵洞软土地基加固,均获得良好效果,为软土地基加固技术开拓了一种新的方法,并在铁路、工路、市政工程、港口码头、工业和民用建筑等软土地基加固方面推广使用。

本 章 习 题

3-1 建筑石灰按加工方法的不同可分为哪几种？它们的主要化学成分是什么？
3-2 建筑工地上使用石灰为何要进行熟化处理？
3-3 根据石灰的性质，说明石灰的主要用途以及使用时应注意的问题。
3-4 某临时建筑物室内采用石灰砂浆抹灰，一段时间后出现墙面普遍开裂，试分析其原因。
3-5 建筑石膏的主要成分是什么？
3-6 采用各种石膏板材作为建筑物的内隔墙体材料或墙面篷顶装饰有何优点？
3-7 水玻璃的主要性质和用途有哪些？
3-8 菱苦土为何不能直接用水拌和使用？在工程中有何用途？

第4章 水 泥

【教学目标】

通过本章学习，应达到以下目标。
(1) 掌握通用硅酸盐水泥熟料的矿物组成及其特性。
(2) 掌握通用硅酸盐水泥的组成材料、凝结硬化过程。
(3) 掌握通用硅酸盐水泥的技术性质和应用。
(4) 了解其他品种水泥的特性及应用。

【教学要求】

知识要点	能力要求	相关知识
通用硅酸盐水泥的材料与组分	(1) 掌握通用硅酸盐水泥的组成材料 (2) 掌握通用硅酸盐水泥的组分	(1) 硅酸盐水泥熟料的矿物组成及其特性 (2) 水泥中混合材料的品种和作用 (3) 通用硅酸盐水泥的品种、代号及组分
通用硅酸盐水泥的凝结硬化	(1) 掌握通用硅酸盐水泥的水化反应 (2) 掌握通用硅酸盐水泥的凝结和硬化	(1) 硅酸盐水泥的主要水化产物 (2) 水泥的凝结和硬化过程
通用硅酸盐水泥的技术性质	(1) 掌握通用硅酸盐水泥技术性质的概念 (2) 掌握通用硅酸盐水泥技术性质的测定及评定方法	(1) 水泥细度的概念、测定方法 (2) 水泥凝结时间的概念、测定方法及工程意义 (3) 水泥体积安定性的概念、测定方法及工程意义 (4) 水泥强度的测定方法及强度等级的划分
水泥石的腐蚀与防止	(1) 掌握水泥石腐蚀的常见类型 (2) 掌握水泥石腐蚀的防止	(1) 水泥石腐蚀的原因 (2) 水泥石腐蚀的防止
通用硅酸盐水泥的特性与应用	(1) 掌握通用硅酸盐水泥的特性 (2) 掌握通用硅酸盐水泥的应用	(1) 通用硅酸盐水泥的主要特性 (2) 通用硅酸盐水泥的适用范围
其他品种的水泥	(1) 了解其他品种水泥的组成、技术要求 (2) 了解其他品种水泥的特性及应用	(1) 其他品种水泥的组成、技术要求 (2) 其他品种水泥的特性及应用

水泥是土木建筑工程中使用较为广泛的无机胶凝材料(图4.1),加入适量水后,可成为塑性浆体,既能在空气中硬化,又能更好地在水中硬化,保持并发展其强度。因此,水泥是一种水硬性胶凝材料。

水泥是最主要的建筑材料之一,能将砂、石等材料牢固地胶结在一起,配制成各种混凝土和砂浆,广泛应用于建筑、交通、水利、电力和国防等工程。

图4.1 水泥

水泥品种繁多,按其用途和性能不同,可分为通用水泥、专用水泥和特性水泥3大类。用于一般土木建筑工程中的水泥称为通用水泥,如硅酸盐水泥、矿渣硅酸盐水泥等;具有专门用途的水泥称为专用水泥,如中、低热水泥及道路水泥等;具有某种性能比较突出的水泥称为特性水泥,如快硬硅酸盐水泥及抗硫酸盐水泥等。水泥按其化学成分不同,又可分为硅酸盐系列水泥、铝酸盐系列水泥、硫铝酸盐系列水泥、铁铝酸盐系列水泥及氟铝酸盐系列水泥等。目前,应用最广的为硅酸盐系列水泥。

4.1 通用硅酸盐水泥

现行国家标准《通用硅酸盐水泥》(GB 175—2007)定义:通用硅酸盐水泥是指以硅酸盐水泥熟料和适量的石膏及规定的混合材料制成的水硬性胶凝材料。按混合材料的品种和掺量不同,通用硅酸盐水泥分为硅酸盐水泥、普通硅酸盐水泥、矿渣硅酸盐水泥、火山灰质硅酸盐水泥、粉煤灰硅酸盐水泥和复合硅酸盐水泥等。

4.1.1 通用硅酸盐水泥的生产工艺

通用硅酸盐水泥的生产工艺,可分为生料制备、熟料煅烧和水泥粉磨3个过程。

烧制硅酸盐水泥熟料的主要原材料是石灰质原料和粘土质原料,如图4.2所示。石灰质原料,如石灰石和白垩等,主要提供CaO;粘土质原料,如粘土、粘土质页岩等,主要

(a) 石灰石

(b) 粘土

图4.2 主要生产原料

提供SiO_2、Al_2O_3及Fe_2O_3。有时，两种原料化学组成不能满足要求，还要加入少量校正原料（如铁矿粉等）调整。

以上几种原材料经破碎，按一定比例配合，在磨碎机中磨细，并调配均匀，制备成生料；生料在水泥窑内煅烧至部分熔融，得到以硅酸钙为主要成分的硅酸盐水泥熟料；熟料中加入适量石膏，与不同种类、数量的混合材料共同磨细，即可制成通用硅酸盐水泥。

通用硅酸盐水泥的生产过程可以概括为"两磨一烧"，其生产工艺流程如图4.3所示。

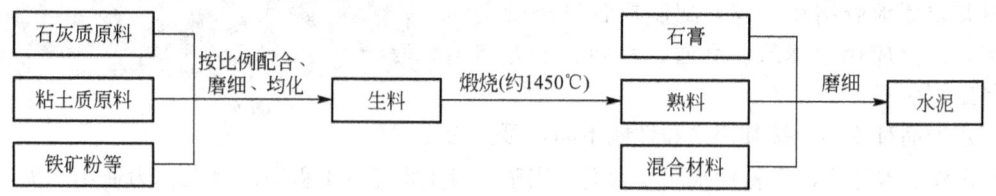

图4.3 通用硅酸盐水泥生产工艺流程图

4.1.2 通用硅酸盐水泥的材料与组分

1. 通用硅酸盐水泥的材料

1）硅酸盐水泥熟料

硅酸盐水泥熟料的主要矿物组成有硅酸三钙（化学分子式$3CaO \cdot SiO_2$，简式C_3S），含量36%～60%；硅酸二钙（化学分子式$2CaO \cdot SiO_2$，简式C_2S），含量15%～37%；铝酸三钙（化学分子式$3CaO \cdot Al_2O_3$，简式C_3A），含量7%～15%；铁铝酸四钙（化学分子式$4CaO \cdot Al_2O_3 \cdot Fe_2O_3$，简式$C_4AF$），含量10%～18%。这4种矿物中，硅酸三钙和硅酸二钙是主要成分，称为硅酸盐矿物，其含量占70%～85%。熟料矿物是高温煅烧制成的，为得到合理矿物组成的水泥熟料，在水泥生产中要严格控制生料的化学成分及烧成条件。

硅酸盐水泥熟料矿物在与水作用时所表现出的特性是不同的，4种矿物在不同龄期的水化热如图4.4所示，4种矿物在不同龄期的抗压强度如图4.5所示，4种矿物的技术特性见表4-1。

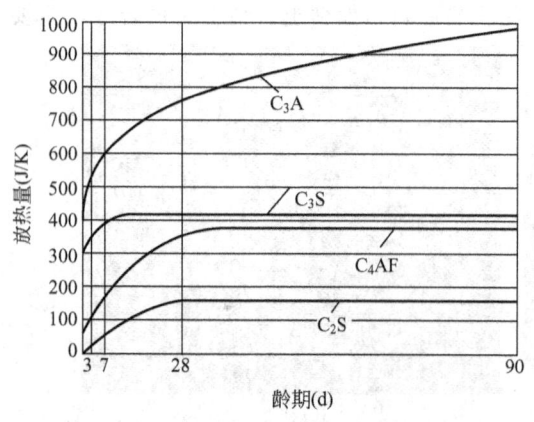

图4.4 水泥熟料矿物在不同龄期的水化热

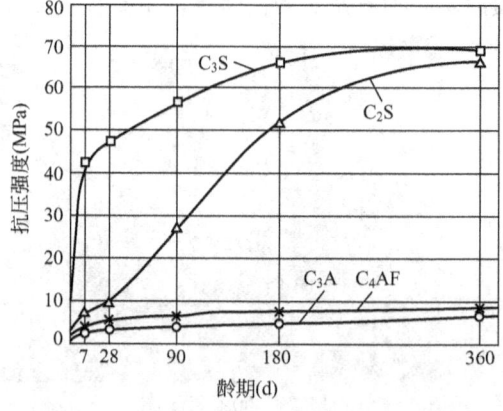

图4.5 水泥熟料矿物在不同龄期的抗压强度

表 4-1 硅酸盐水泥熟料矿物的特性

矿物特性 \ 矿物名称	硅酸三钙(C_3S)	硅酸二钙(C_2S)	铝酸三钙(C_3A)	铁铝酸四钙(C_4AF)
水化速度	中	慢	快	中
水化热	中	低	高	中
强度	高	早期低，后期高	低	低
耐化学侵蚀	中	良	差	优
干缩性	中	小	大	小

水泥是由多种矿物成分组成的，不同的矿物组成具有不同的特性，改变熟料中矿物组成的含量比例，可以生产出不同性能的水泥。比如，提高硅酸三钙的含量，可以制得高强度水泥；降低硅酸三钙、铝酸三钙的含量，提高硅酸二钙的含量，可以制得水化热低的低热水泥；提高铁铝酸四钙和硅酸三钙的含量，可以制得高抗折强度的道路水泥等。

2）石膏

一般水泥熟料磨成细粉与水相遇会很快凝结，无法施工。水泥磨制过程中加入适量的石膏主要起到缓凝作用，同时，还有利于提高水泥早期强度及降低干缩变形等性能。

用于水泥中的石膏主要采用天然石膏和工业副产石膏。

3）混合材料

为了达到改善水泥的性能、增加品种、提高产量、降低成本及扩大水泥的使用范围等目的，在水泥生产过程中加入的矿物质材料，称为混合材料。按照矿物材料的性质，用于水泥中的混合材料可划分为活性混合材料和非活性混合材料。

活性混合材料是指具有火山灰性或潜在水硬性的混合材料，与石灰及石膏一起加水拌和后能形成水硬性的化合物。如粒化高炉矿渣、火山灰质混合材料以及粉煤灰等。

粒化高炉矿渣是冶炼生铁时的熔融渣，经急冷处理而成的多孔、粒状的颗粒，如图 4.6 所示。粒化高炉矿渣的主要成分有 CaO、Al_2O_3 及 SiO_2，含量一般在 90% 以上，具有潜在水硬性。

火山灰质混合材料是指天然的或人工的以 SiO_2、Al_2O_3 为主要成分的矿物质原料，磨成细粉拌水后，本身并不硬化，但与石灰混合后加水能起胶凝作用。火山灰质混合材料按其成因不同，可分为天然的和人工的两类。天然的火山灰质混合材料有火山灰、凝灰岩、浮石、沸石岩及硅藻土等。人工的火山灰质混合材料有烧粘土、烧页岩、煤渣和煤矸石等。凝灰岩和煤渣如图 4.7 所示。

图 4.6 高炉矿渣

(a) 凝灰岩

(b) 煤渣

图 4.7　火山灰质混合材料

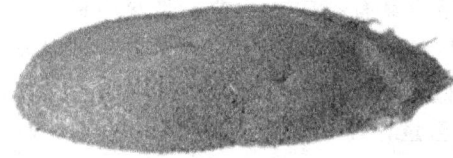

图 4.8　粉煤灰

粉煤灰是火力发电厂用煤粉为燃料时，从煤粉炉烟道气体中收集的粉末，如图 4.8 所示。它含有较多的 SiO_2、Al_2O_3 和少量的 CaO，具有较高的活性。

非活性混合材料在水泥中主要起到填充作用，本身不具有（或具有微弱的）潜在的水硬性或火山灰性，但可以起到调节水泥强度，增加水泥产量，降低水化热等作用。常用的非活性混合材料有磨细的石灰石、石英岩、粘土、慢冷矿渣及高硅质炉灰等。

4）窑灰

窑灰是从水泥回转窑窑尾废气中收集下来的粉尘。

2. 通用硅酸盐水泥的组分

根据国家标准《通用硅酸盐水泥》（GB 175—2007），通用硅酸盐水泥的组分应符合表 4－2 的规定。

表 4－2　通用硅酸盐水泥的组分

品　种	代号	组　分				
		熟料＋石膏	粒化高炉矿渣	火山灰质混合材料	粉煤灰	石灰石
硅酸盐水泥	P·Ⅰ	100	—	—	—	—
	P·Ⅱ	≥95	≤5	—	—	—
		≥95	—	—	—	≤5
普通硅酸盐水泥	P·O	≥80 且＜95	＞5 且≤20			
矿渣硅酸盐水泥	P·S·A	≥50 且＜80	＞20 且≤50			
	P·S·B	≥30 且＜50	＞50 且≤70			
火山灰质硅酸盐水泥	P·P	≥60 且＜80		＞20 且≤40		
粉煤灰硅酸盐水泥	P·F	≥60 且＜80			＞20 且≤40	
复合硅酸盐水泥	P·C	≥50 且＜80	＞20 且≤50			

普通硅酸盐水泥中的活性混合材料,允许用不超过水泥质量8%的非活性混合材料或不超过水泥质量5%的窑灰代替。

矿渣硅酸盐水泥中的粒化高炉矿渣,允许用不超过水泥质量8%的活性混合材料或非活性混合材料或窑灰中的任一种材料代替。

复合硅酸盐水泥为由两种(含)以上的活性混合材料或(和)非活性混合材料组成,其中允许用不超过水泥质量8%的窑灰代替。掺矿渣时混合材料掺量不得与矿渣硅酸盐水泥重复。

4.1.3 通用硅酸盐水泥的凝结硬化

1. 水泥的水化反应

水泥加水拌和后,水泥颗粒表面立即与水发生化学反应,不同熟料矿物与水作用生成水化产物,同时放出一定的热量。其反应式如下:

$$2(3CaO \cdot SiO_2) + 6H_2O \longrightarrow 3CaO \cdot 2SiO_2 \cdot 3H_2O + 3Ca(OH)_2$$
$$\text{水化硅酸钙} \qquad \text{氢氧化钙}$$

$$2(2CaO \cdot SiO_2) + 4H_2O \longrightarrow 3CaO \cdot 2SiO_2 \cdot 3H_2O + Ca(OH)_2$$

$$3CaO \cdot Al_2O_3 + 6H_2O \longrightarrow 3CaO \cdot Al_2O_3 \cdot 6H_2O$$
$$\text{水化铝酸钙}$$

$$4CaO \cdot Al_2O_3 \cdot Fe_2O_3 + 7H_2O \longrightarrow 3CaO \cdot Al_2O_3 \cdot 6H_2O + CaO \cdot Fe_2O_3 \cdot H_2O$$
$$\text{水化铁酸钙}$$

在4种熟料矿物中,铝酸三钙的水化、凝结和硬化很快,若水泥中无石膏存在时,铝酸三钙会使水泥瞬间产生凝结。为了控制铝酸三钙的水化和凝结硬化速度,必须在水泥中掺入适量石膏,而石膏将与部分水化铝酸钙反应,生成难溶的水化硫铝酸钙,又称为钙矾石。其反应式如下:

$$3CaO \cdot Al_2O_3 \cdot 6H_2O + 3(CaSO_4 \cdot 2H_2O) + 19H_2O \longrightarrow 3CaO \cdot Al_2O_3 \cdot 3CaSO_4 \cdot 31H_2O$$
$$\text{水化硫铝酸钙}$$

如果忽略一些次要和少量的成分,一般认为硅酸盐水泥水化后生成的主要水化产物有水化硅酸钙(约70%)、氢氧化钙(约20%)、水化铝酸钙、水化铁酸钙和水化硫铝酸钙(约7%)。

矿渣硅酸盐水泥与水拌和后,首先是水泥熟料矿物的水化,然后矿渣才参加反应,水化产物氢氧化钙与所掺入的石膏分别作为矿渣的碱性激发剂和硫酸盐激发剂,与矿渣中的活性SiO_2和活性Al_2O_3发生化学反应,生成不定型水化硅酸钙、水化硫铝酸钙等水化产物,这种反应也称为"火山灰反应"。与硅酸盐水泥相比,矿渣硅酸盐水泥水化产物的碱度较低,氢氧化钙含量相对较少。

火山灰质硅酸盐水泥、粉煤灰硅酸盐水泥的水化过程与矿渣硅酸盐水泥基本相似。

2. 水泥的凝结和硬化

水泥水化后,将生成各种水化产物,随着时间的推延,水泥浆的塑性逐渐失去,而成为具有一定强度的固体,这一过程称为水泥的凝结硬化。凝结和硬化是一个连续而复杂的物理化学变化过程,可以用4个阶段来描述,水泥凝结硬化过程示意图如图4.9所示。

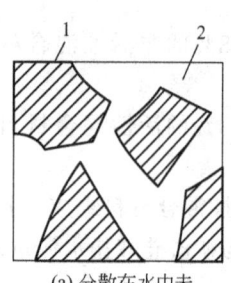 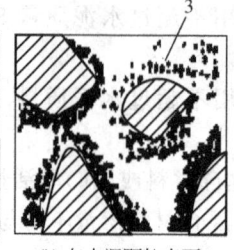 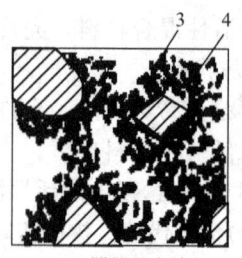 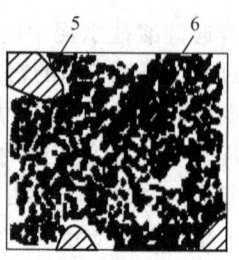

(a) 分散在水中未　　(b) 在水泥颗粒表面　　(c) 膜层长大并　　(d) 水化物进一步发展，
水化的水泥颗粒　　　　形成水化物膜层　　　相互连接(凝结)　　　填充毛细孔(硬化)

图 4.9　水泥凝结硬化过程示意图

1—水泥颗粒；2—水分；3—凝胶；4—晶体；5—水泥颗粒的未水化内核；6—毛细孔

水泥加水拌和后，水泥颗粒表面很快就与水发生化学反应，生成相应的水化产物，组成"水泥-水-水化产物"混合体系，这一阶段称为初始反应期。

水化初期生成的产物迅速扩散至水中，水化产物在溶液中很快达到饱和或过饱和状态而不断析出，在水泥颗粒表面形成水化物膜层，使得水化反应进行较慢，这一阶段称为诱导期。在此期间，水泥颗粒仍然分散，水泥浆体具有良好的可塑性。

随着水化的继续进行，自由水分逐渐减少，水化产物不断增加，水泥颗粒表面的新生物厚度逐渐增大，使水泥浆中固体颗粒间的间距逐渐减小，越来越多的颗粒相互连接形成网架结构，使水泥浆体逐渐变稠，慢慢失去可塑性，这一阶段称为凝结期。

水化反应进一步进行，水化产物不断生成，水泥颗粒之间的毛细孔不断被填实，使结构更加致密，水泥浆体逐渐硬化，形成具有一定强度的水泥石，且强度随时间不断增长，这一阶段称为硬化期。水泥的硬化期可以延续至很长时间，但 28d 基本表现出大部分强度。

水泥的水化是从表面开始向内部逐渐深入进行的，在最初的 1～3d，水化产物增加迅速，强度发展很快，随着水化反应的不断进行，水化产物增加的速度逐渐变慢，强度增长的速度也逐渐变缓，28d 之后显著减慢。但是，只要维持适当的温度与湿度，水泥石中未水化的水泥颗粒仍将继续水化，使水泥石的强度在几个月、几年甚至几十年后还会继续增长。

4.1.4　通用硅酸盐水泥的技术性质和技术标准

1. 通用硅酸盐水泥的技术性质

我国现行国家标准《通用硅酸盐水泥》（GB 175—2007）规定，通用硅酸盐水泥的技术性质包括化学性质和物理力学性质。

水泥化学性质包括氧化镁含量、三氧化硫含量、烧失量和不溶物。

1) 氧化镁含量

在烧制水泥熟料过程中，存在着游离的氧化镁，它的水化速度很慢，而且水化产物为氢氧化镁。氢氧化镁能产生体积膨胀，可以导致水泥石结构裂缝甚至破坏。因此，氧化镁是引起水泥安定性不良的原因之一。

2) 三氧化硫含量

水泥中的三氧化硫主要是在生产水泥的过程中掺入石膏,或者是煅烧水泥熟料时加入石膏矿化剂带入的。如果石膏掺量超出一定限度,在水泥硬化后,它会继续水化并产生膨胀,导致结构物破坏。因此,三氧化硫也是引起水泥安定性不良的原因之一。

3) 烧失量

水泥煅烧不理想或者受潮后,会导致烧失量增加,因此,烧失量是检验水泥质量的一项指标。烧失量测定是以水泥试样在950~1000℃下灼烧15~20min,冷却至室温称量。如此反复灼烧,直至恒重,计算灼烧前后质量损失百分率。

4) 不溶物

水泥中不溶物主要是指煅烧过程中存留的残渣,不溶物的含量会影响水泥的粘结质量。不溶物是用盐酸溶解滤去不溶残渣,经碳酸钠处理再用盐酸中和,高温下灼烧至恒重后称量,灼烧后不溶物质量占试样总质量比例为不溶物含量。

水泥物理力学性质包括细度、标准稠度用水量、凝结时间、体积安定性和强度。

1) 细度

细度是指水泥颗粒的粗细程度。一般情况下,水泥颗粒越细,其总表面积越大,与水反应时接触的面积也越大,水化反应速度就越快,所以相同矿物组成的水泥,细度越大,凝结硬化速度越快,早期强度越高。一般认为,水泥颗粒粒径小于 $45\mu m$ 时才具有较大的活性。但水泥颗粒太细,使混凝土发生裂缝的可能性增加,此外,水泥颗粒细度提高会导致生产成本提高。因此,应合理控制水泥细度。

水泥细度可以采用筛析法(GB/T 1345—2005)和比表面积法(GB/T 8074—2008)测定。

(1) 筛析法。以 $80\mu m$ 方孔筛或 $45\mu m$ 方孔筛上的筛余量百分率表示。筛析法有负压筛析法、水筛法和手工筛析法3种,当测定结果发生争议时,以负压筛析法为准。

(2) 比表面积法。以每千克水泥所具有的总表面积(m^2)表示。比表面积采用勃氏法测定。

2) 标准稠度用水量

在测定水泥的凝结时间和安定性时,为使其测定结果具有可比性,必须采用标准稠度的水泥净浆进行测定。

现行国家标准《水泥标准稠度用水量、凝结时间、安定性检验方法》(GB/T 1346—2011)规定,水泥净浆标准稠度测定方法的标准法为试杆法,以标准法维卡仪的试杆沉入净浆距底板的距离为 $6mm\pm1mm$ 时水泥浆的稠度作为标准稠度,水泥净浆达到标准稠度时所需拌和水量称为标准稠度用水量;以试锥法(调整水量法和不变水量法)为代用法。当有矛盾时,以标准法为准。

3) 凝结时间

凝结时间是指水泥从加水开始,到水泥浆失去可塑性所需要的时间。水泥在凝结过程中经历了初凝和终凝两种状态,因此,水泥凝结时间又分为初凝时间和终凝时间。初凝时间是指水泥从加水到水泥浆开始失去可塑性所经历的时间;终凝时间是指从水泥加水到水泥浆完全失去可塑性所经历的时间。

现行国家标准《水泥标准稠度用水量、凝结时间、安定性检验方法》(GB/T 1346—2011)规定:将标准稠度的水泥净浆装入凝结时间测定仪的试模中,以标准试针(分初凝用试针和终凝用试针)测试。当初凝试针沉至距底板 $4mm\pm1mm$ 时,为水泥达到初凝状态,由水泥加水时至达到初凝状态所经历的时间作为初凝时间；完成初凝时间测定后，将试模连同浆体翻转180°，换上终凝试针（终凝针上装有一个环形附件），当试针沉入试体0.5mm时，即环形附件开始不能在试体上留下痕迹时，为水泥达到终凝状态，由水泥加水时至达到终凝状态所经历的时间作为水泥的终凝时间。

水泥凝结时间对工程施工有重要的意义。水泥的初凝时间不宜过短，终凝时间不宜过长。水泥的初凝时间过短，则在施工前即已失去流动性和可塑性而无法施工；水泥的终凝时间过长，则将延长施工进度和模板周转期。

4）体积安定性

水泥体积安定性是指水泥在凝结硬化过程中体积变化的均匀程度。如果这种体积变化是轻微的且是均匀的，则对建筑物的质量没什么影响，但是如果混凝土硬化后，由于水泥中某些有害成分的作用，在水泥石内部产生了剧烈的且不均匀的体积变化，则会在建筑物内部产生破坏应力，导致建筑物的强度降低。若破坏应力发展到超过建筑物的强度，则会引起建筑物开裂及崩塌等严重质量事故，这种现象称为水泥的体积安定性不良。

引起水泥体积安定性不良的原因是：水泥熟料中含有过多的游离CaO和MgO或石膏掺量过多。熟料中所含游离CaO或MgO都是过烧的，结构致密，水化很慢。加之被熟料中其他成分所包裹，使得其在水泥已经硬化后才进行熟化，生成六方板状的$Ca(OH)_2$晶体，这时体积膨胀97%以上，从而导致不均匀体积膨胀，使水泥石开裂；当石膏掺量过多时，在水泥硬化后，残余石膏与水化铝酸钙继续反应生成钙矾石，体积增大约1.5倍，从而导致水泥石开裂。

现行国家标准《水泥标准稠度用水量、凝结时间、安定性检验方法》（GB/T 1346—2011）规定，水泥的体积安定性检验方法有雷氏法（标准法）和试饼法（代用法）。当有矛盾时，以标准法为准。

(1) 雷氏法。将标准稠度的水泥净浆按规定方法装入雷氏夹的环形试模中，湿养24h后测定指针尖端距离。接着将其放入沸煮箱内，30min内加热至水沸腾，然后恒沸3h。待试件冷却后再测定指针尖端的距离，若沸煮前后指针尖端增加的距离不超过5.0mm，则认为水泥的体积安定性合格。

(2) 试饼法。用标准稠度的水泥净浆按规定方法制成规定的试饼，经养护、沸煮后，观察饼的外形变化，如目测试饼无裂纹，用钢直尺检查无弯曲，则认为安定性合格，反之为不合格。

5）强度

水泥强度是水泥技术要求中最基本的指标，它直接反映了水泥的质量水平和使用价值。水泥强度越高，其胶结能力也越大。水泥的强度除了与水泥本身的性质（矿物组成、细度等）有关外，还与水灰比、试件制作方法、养护条件和养护龄期等有关。

按照我国现行标准《水泥胶砂强度检验方法（ISO）法》（GB/T 17671—1999）规定，以水泥和标准砂为1∶3，水灰比为0.5的配合比，用标准制作方法制成40mm×40mm×160mm的棱柱体，在标准养护条件（24h之内在温度20℃±1℃，相对湿度不低于90%的养护箱或雾室内，24h后在20℃±1℃的水中）下，测定其达到规定龄期（3d、28d）的抗折和抗压强度，按国家标准《通用硅酸盐水泥》（GB 175—2007）规定的最低强度值来划分水泥的强度等级。

但火山灰质硅酸盐水泥、粉煤灰硅酸盐水泥、复合硅酸盐水泥和掺火山灰质混合材料的普通硅酸盐水泥在进行胶砂强度检验时，其用水量按0.50水灰比和胶砂流动度不小于

180mm 来确定。当流动度小于 180mm 时,须以 0.01 的整倍数递增的方法将水灰比调整至胶砂流动度不小于 180mm。

(1) 水泥强度等级。按规定龄期抗压强度和抗折强度来划分,各龄期强度不得低于表 4-3 规定的数值。在规定各龄期的抗压强度和抗折强度均符合某一强度等级的最低强度值要求时,以 28d 抗压强度值(MPa)作为强度等级。

表 4-3 通用硅酸盐水泥的强度指标

品 种	强度等级	抗压强度(MPa)		抗折强度(MPa)	
		3d	28d	3d	28d
硅酸盐水泥	42.5	≥17.0	≥42.5	≥3.5	≥6.5
	42.5R	≥22.0		≥4.0	
	52.5	≥23.0	≥52.5	≥4.0	≥7.0
	52.5R	≥27.0		≥5.0	
	62.5	≥28.0	≥62.5	≥5.0	≥8.0
	62.5R	≥32.0		≥5.5	
普通硅酸盐水泥	42.5	≥17.0	≥42.5	≥3.5	≥6.5
	42.5R	≥22.0		≥4.0	
	52.5	≥23.0	≥52.5	≥4.0	≥7.0
	52.5R	≥27.0		≥5.0	
矿渣硅酸盐水泥 火山灰质硅酸盐水泥 粉煤灰硅酸盐水泥 复合硅酸盐水泥	32.5	≥10.0	≥32.5	≥2.5	≥5.5
	32.5R	≥15.0		≥3.5	
	42.5	≥15.0	≥42.5	≥3.5	≥6.5
	42.5R	≥19.0		≥4.0	
	52.5	≥21.0	≥52.5	≥4.0	≥7.0
	52.5R	≥23.0		≥4.5	

(2) 水泥型号。为提高水泥的早期强度,我国现行标准将水泥分为普通型和早强型(R型)两个型号。早强型水泥的 3d 抗压强度可以达到 28d 抗压强度的 50%;同强度等级的早强型水泥,3d 抗压强度较普通型的可以提高 10%~24%。

2. 通用硅酸盐水泥的技术标准

按我国现行国标《通用硅酸盐水泥》(GB 175—2007)的有关规定,将通用硅酸盐水泥的技术标准汇总于表 4-4。

我国现行国家标准《通用硅酸盐水泥》(GB 175—2007)规定,不溶物、烧失量、三氧化硫、氧化镁、氯离子、凝结时间、安定性及强度符合标准规定的,为合格品;不溶物、烧失量、三氧化硫、氧化镁、氯离子、凝结时间、安定性及强度中的任何一项技术要求不符合标准规定的,为不合格品。

表 4-4 通用硅酸盐水泥的技术标准

品种	代号	不溶物(%)	烧失量(%)	三氧化硫(%)	氧化镁(%)	氯离子(%)	碱含量(%)	细度 比表面积(m^2/kg)	细度 80μm方孔筛筛余量(%)	细度 45μm方孔筛筛余量(%)	凝结时间(min) 初凝	凝结时间(min) 终凝	安定性(沸煮法)	抗压强度(MPa)
硅酸盐水泥	P·Ⅰ	≤0.75	≤3.0	≤3.5	≤5.0①	≤0.06③	0.60④	≥300	—	—	≥45	≤390	必须合格	见表4-3
硅酸盐水泥	P·Ⅱ	≤1.50	≤3.5	≤3.5	≤5.0①	≤0.06③	0.60④	≥300	—	—	≥45	≤390	必须合格	见表4-3
普通硅酸盐水泥	P·O	—	≤5.0	≤3.5	≤5.0①	≤0.06③	0.60④	≥300	—	—	≥45	≤600	必须合格	见表4-3
矿渣硅酸盐水泥	P·S·A	—	—	≤4.0	≤6.0②	≤0.06③	0.60④	—	≤10	≤30	≥45	≤600	必须合格	见表4-3
矿渣硅酸盐水泥	P·S·B	—	—	≤4.0	—	≤0.06③	0.60④	—	≤10	≤30	≥45	≤600	必须合格	见表4-3
火山灰质硅酸盐水泥	P·P	—	—	≤3.5	≤6.0②	≤0.06③	0.60④	—	≤10	≤30	≥45	≤600	必须合格	见表4-3
粉煤灰硅酸盐水泥	P·F	—	—	≤3.5	≤6.0②	≤0.06③	0.60④	—	≤10	≤30	≥45	≤600	必须合格	见表4-3
复合硅酸盐水泥	P·C	—	—	≤3.5	≤6.0②	≤0.06③	0.60④	—	≤10	≤30	≥45	≤600	必须合格	见表4-3

① 如果水泥压蒸试验合格，则水泥中氧化镁的含量允许放宽至6.0%。
② 如果水泥中氧化镁的含量大于6.0%时，需进行水泥压蒸安定性试验并合格。
③ 当有更低要求时，该指标由买卖双方协商确定。
④ 水泥中碱含量按$Na_2O+0.658K_2O$计算值表示，若使用活性骨料，用户要求提供低碱水泥时，则水泥中的碱含量应不大于0.60%或由买卖双方协商确定。

4.1.5 水泥石的腐蚀与防止

1. 水泥石的腐蚀

硅酸盐水泥硬化后形成的水泥石，在正常环境条件下将继续硬化，强度不断增长。但在某些腐蚀性液体或气体的长期作用下，水泥石就会受到不同程度的腐蚀，严重时会使水泥石强度明显降低甚至完全破坏，这种现象称为水泥石的腐蚀。

引起水泥石腐蚀的原因很多，也很复杂，水泥石常见的腐蚀类型有以下几种。

1）软水侵蚀

软水是指重碳酸盐含量较小的水。硅酸盐水泥属于水硬性胶凝材料，应有足够的抗水能力。但是硬化后，如果不断受到淡水的侵袭时，水泥的水化产物就将按照溶解度的大小,依次逐渐被水溶解,产生溶出性侵蚀,最终导致水泥石破坏。

在各种水化产物中,$Ca(OH)_2$ 的溶解度最大,所以首先被溶解。如果水量不多,水中的 $Ca(OH)_2$ 浓度很快就达到饱和而停止溶出。但是在流动水中,特别在有水压作用且混凝土的渗透性又较大的情况下,$Ca(OH)_2$ 就会不断地被溶出带走,这不仅增加了混凝土的孔隙率,使水更易渗透,而且液相中 $Ca(OH)_2$ 的浓度降低,还会使其他水化产物发生分解。

对于长期处于淡水环境(雨水、雪水、冰川水和河水等)的混凝土,表面将会产生一定的破坏。但对抗渗性良好的水泥石,淡水的溶出过程一般发展很慢,几乎可以忽略不计。

2) 酸和酸性水侵蚀

当水中溶有一些无机酸或有机酸时,硬化水泥石就受到溶析和化学溶解双重的作用。酸类离解出来的 H^+ 离子和酸根 R^- 离子,分别与水泥石中 $Ca(OH)_2$ 的 OH^- 和 Ca^{2+} 结合成水和钙盐。其反应式如下:

$$2H^+ + 2OH^- \longrightarrow 2H_2O$$
$$Ca^{2+} + 2R^- \longrightarrow CaR_2$$

在大多数天然水及工业污水中,由于大气中的 CO_2 的溶入,常会产生碳酸侵蚀。首先,碳酸与水泥石中的 $Ca(OH)_2$ 作用,生成不溶于水的碳酸钙;然后,水中的碳酸还要与碳酸钙进一步作用,生成易溶性的碳酸氢钙。其反应式如下:

$$Ca(OH)_2 + CO_2 \longrightarrow CaCO_3 + H_2O$$
$$CaCO_3 + CO_2 + H_2O \longrightarrow Ca(HCO_3)_2$$

3) 盐类侵蚀

绝大部分硫酸盐对水泥石都有明显的侵蚀作用。SO_4^{2-} 离子主要存在于海水、地下水及某些工业污水中。当溶液中 SO_4^{2-} 离子大于一定浓度时,碱性硫酸盐就能与水泥石中的 $Ca(OH)_2$ 发生反应,生成硫酸钙 $CaSO_4 \cdot 2H_2O$,并能结晶析出。硫酸钙进一步再与水化铝酸钙反应生成钙矾石,体积膨胀,使水泥石产生膨胀开裂以至毁坏。以硫酸钠为例,其反应式如下:

$$Ca(OH)_2 + Na_2SO_4 \cdot 10H_2O \longrightarrow CaSO_4 \cdot 2H_2O + 2NaOH + 8H_2O$$
$$3CaO \cdot Al_2O_3 \cdot 6H_2O + 3(CaSO_4 \cdot 2H_2O) + 20H_2O \longrightarrow 3CaO \cdot Al_2O_3 \cdot 3CaSO_4 \cdot 32H_2O$$

镁盐也是一种盐类腐蚀形式,主要存在于海水及地下水中。镁盐主要是硫酸镁和氯化镁,与水泥石中的 $Ca(OH)_2$ 发生置换反应。其反应式如下:

$$MgSO_4 + Ca(OH)_2 + 2H_2O \longrightarrow CaSO_4 \cdot 2H_2O + Mg(OH)_2$$
$$MgCl_2 + Ca(OH)_2 \longrightarrow CaCl_2 + Mg(OH)_2$$

反应产物氢氧化镁的溶解度极小,极易从溶液中析出而使反应不断向右进行,氯化钙和硫酸钙易溶于水,尤其硫酸钙($CaSO_4 \cdot 2H_2O$)会继续产生硫酸盐的腐蚀。因此,硫酸镁对水泥石的破坏极大,起着双重腐蚀作用。

4) 含碱溶液侵蚀

水泥石在一般情况下能够抵抗碱类的侵蚀,但若长期处于较高浓度的碱溶液中,也会受到腐蚀。而且温度升高,侵蚀作用加快。这类侵蚀主要包括化学侵蚀和物理析晶两类作用。

化学侵蚀是指碱溶液与水泥石中水泥水化产物发生化学反应,生成的产物胶结力差,且易为碱液溶析。其反应式如下:

$$2CaO \cdot SiO_2 \cdot nH_2O + 2NaOH \longrightarrow 2Ca(OH)_2 + Na_2SiO_3 + (n-1)H_2O$$
$$3CaO \cdot Al_2O_3 \cdot 6H_2O + 2NaOH \longrightarrow 3Ca(OH)_2 + Na_2O \cdot Al_2O_3 + 4H_2O$$

结晶侵蚀则是因碱液渗入水泥石孔隙，然后又在空气中干燥呈结晶析出，由结晶产生压力所引起的胀裂现象。其反应式如下：

$$2NaOH + CO_2 + 9H_2O \longrightarrow Na_2CO_3 \cdot 10H_2O$$

2. 水泥石腐蚀的防止

1）根据环境特点，合理选择水泥品种

如处于软水环境的工程，常选用掺入混合材料的矿渣水泥、火山灰水泥或粉煤灰水泥，因为这些水泥的水泥石中氢氧化钙含量低，对软水侵蚀的抵抗能力强。

2）提高水泥石的密实度

通过减小水灰比，掺加外加剂，采用机械搅拌和机械振捣，可以提高水泥石的密实度，降低水泥石的孔隙率。

3）在水泥石表面敷设保护层

在水泥石的表面涂抹或铺设保护层，隔断水泥石和外界的腐蚀性介质的接触。例如，可在水泥石表面涂抹耐腐蚀的涂料，如水玻璃、沥青及环氧树脂等；或在水泥石的表面铺建筑陶瓷及致密的天然石材等。

4.1.6 通用硅酸盐水泥的特性与应用

1. 硅酸盐水泥

硅酸盐水泥的主要特点及适用范围如下。

（1）凝结硬化快，早期及后期强度均高。适用于有早强要求的工程（如冬季施工、预制及现浇等工程），高强度混凝土工程（如预应力钢筋混凝土及大坝溢流面部位混凝土工程）。

（2）抗冻性好。适用于抗冻性要求高的工程。

（3）水化热高。不宜用于大体积混凝土工程，但有利于低温季节蓄热法施工。

（4）耐腐蚀性差。因水化后氢氧化钙和水化铝酸钙的含量较多。不宜用于流动的淡水接触及有水压作用的工程，也不适用于受海水、矿物水等作用的工程。

（5）抗碳化性好。因水化后氢氧化钙含量较多，故水泥石的碱度不易降低，对钢筋的保护作用较强。适用于空气中二氧化碳浓度高的环境。

（6）耐热性差。因水化后氢氧化钙含量高，不适用于承受高温作用的混凝土工程。

（7）耐磨性好。适用于高速公路、道路和地面工程。

2. 普通硅酸盐水泥

由于普通硅酸盐水泥中混合材料的掺量较少，所以普通硅酸盐水泥的特点与硅酸盐水泥差别不大，适用范围与硅酸盐水泥基本相同。

3. 矿渣硅酸盐水泥

在矿渣硅酸盐水泥中，由于掺加了大量的混合材料，相对减少了水泥熟料矿物的含量,因此,矿渣硅酸盐水泥的凝结稍慢,早期强度较低。但在硬化后期,28d 以后的强度发展将超过硅酸盐水泥。

矿渣硅酸盐水泥的主要特点及适用范围如下。

(1) 与普通硅酸盐水泥一样,能应用于任何地上工程、配制各种混凝土及钢筋混凝土。而且在施工时要严格控制混凝土用水量,并尽量排除混凝土表面泌水,加强养护工作;否则,不但强度会过早停止发展,而且能产生较大干缩,导致开裂。拆模时间应适当延长。

(2) 适用于地下或水中工程,以及经常受较高水压的工程。对于要求耐淡水侵蚀和耐硫酸盐侵蚀的水工或海工建筑尤其适宜。

(3) 因水化热较低,适用于大体积混凝土工程。

(4) 最适用于蒸汽养护的预制构件。矿渣硅酸盐水泥经蒸汽养护后,不但能获得较好的力学性能,而且浆体结构的微孔变细,能改善制品和构件的抗裂性和抗冻性。

(5) 适用于受热(200℃以下)的混凝土工程。还可掺加耐火砖粉等耐热掺料,配制成耐热混凝土。

但矿渣硅酸盐水泥不适用于早期强度要求较高的混凝土工程;不适用受冻融或干湿交替环境中的混凝土;对低温(10℃以下)环境中需要强度发展迅速的工程,如不能采取加热保温或加速硬化等措施时,也不宜使用。

4. 火山灰质硅酸盐水泥

火山灰质硅酸盐水泥的技术性质与矿渣硅酸盐水泥比较接近,主要适用范围如下。

(1) 最适宜用在地下或水中工程,尤其是需要抗渗性、抗淡水及抗硫酸盐侵蚀的工程中。

(2) 可以与普通硅酸盐水泥同样用于地面工程,但用软质混合材料的火山灰水泥,由于干缩变形较大,不宜用于干燥地区或高温车间。

(3) 适宜用蒸汽养护生产混凝土预制构件。

(4) 由于水化热较低,所以宜用于大体积混凝土工程。

但是,火山灰质硅酸盐水泥不适用于早期强度要求较高、耐磨性要求较高的混凝土工程;其抗冻性较差,不宜用于受冻部位。

5. 粉煤灰硅酸盐水泥

粉煤灰硅酸盐水泥与火山灰质硅酸盐水泥相比较有着许多相同的特点,但由于掺加的混合材料不同,因此亦有不同,粉煤灰硅酸盐水泥的适用范围如下。

(1) 除使用于地面工程外,还非常适用于大体积混凝土以及水中结构工程等。

(2) 粉煤灰硅酸盐水泥的缺点是泌水较快,易引起失水裂缝,因此在混凝土凝结期间宜适当增加抹面次数,在硬化期应加强养护。

6. 复合硅酸盐水泥

复合硅酸盐水泥的特性与矿渣硅酸盐水泥、火山灰质硅酸盐水泥、粉煤灰硅酸盐水泥相似,并取决于所掺混合材料的种类及相对比例。

通用硅酸盐水泥在目前土建工程中应用最广,用量最大。现将通用硅酸盐水泥的主要特性列于表 4-5,在混凝土结构工程中水泥的选用可参考表 4-6。

表4-5 通用硅酸盐水泥的主要特性

名　　称	硅酸盐水泥	普通硅酸盐水泥	矿渣硅酸盐水泥	火山灰质硅酸盐水泥	粉煤灰硅酸盐水泥
密度(g/cm³)	3.00～3.15	3.00～3.15	2.80～3.10	2.80～3.10	2.80～3.10
堆积密度(kg/m³)	1000～1600	1000～1600	1000～1200	900～1000	900～1000
强度等级	42.5、42.5R、52.5、52.5R、62.5、62.5R	42.5、42.5R、52.5、52.5R		32.5、32.5R、42.5、42.5R、52.5、52.5R	
特性 硬化	快	较快	慢	慢	慢
特性 早期强度	高	较高	低	低	低
特性 水化热	高	高	低	低	低
特性 抗冻性	好	较好	差	差	差
特性 耐热性	差	较差	好	较差	较差
特性 干缩性	较小	较小	较大	较大	较小
特性 抗渗性	较好	较好	差	较好	较好
特性 耐蚀性	差	较差	较强	较强	较强
特性 泌水性	较小	较小	明显	小	小

表4-6 通用硅酸盐水泥的选用

	混凝土工程特点或所处环境条件	优先选用	可以选用	不宜选用
普通混凝土	在普通气候环境中的混凝土	普通硅酸盐水泥	矿渣硅酸盐水泥 火山灰质硅酸盐水泥 粉煤灰硅酸盐水泥 复合硅酸盐水泥	
普通混凝土	在干燥环境中的混凝土	普通硅酸盐水泥	矿渣硅酸盐水泥	火山灰质硅酸盐水泥 粉煤灰硅酸盐水泥
普通混凝土	在高湿度环境中或永远处在水下的混凝土	矿渣硅酸盐水泥	普通硅酸盐水泥 火山灰质硅酸盐水泥 粉煤灰硅酸盐水泥 复合硅酸盐水泥	
普通混凝土	厚大体积的混凝土	矿渣硅酸盐水泥 火山灰质硅酸盐水泥 粉煤灰硅酸盐水泥 复合硅酸盐水泥	普通硅酸盐水泥	硅酸盐水泥

(续)

混凝土工程特点或所处环境条件		优先选用	可以选用	不宜选用
有特殊要求的混凝土	要求快硬的混凝土	硅酸盐水泥	普通硅酸盐水泥	矿渣硅酸盐水泥 火山灰质硅酸盐水泥 粉煤灰硅酸盐水泥 复合硅酸盐水泥
	高强(大于C40)的混凝土	硅酸盐水泥	普通硅酸盐水泥 矿渣硅酸盐水泥	火山灰质硅酸盐水泥 粉煤灰硅酸盐水泥
	严寒地区的露天混凝土,寒冷地区的处在水位升降范围内的混凝土	普通硅酸盐水泥	矿渣硅酸盐水泥	火山灰质硅酸盐水泥 粉煤灰硅酸盐水泥
	严寒地区的处在水位升降范围内的混凝土	普通硅酸盐水泥		矿渣硅酸盐水泥 火山灰质硅酸盐水泥 粉煤灰硅酸盐水泥 复合硅酸盐水泥
	有抗渗要求的混凝土	普通硅酸盐水泥 火山灰质硅酸盐水泥		矿渣硅酸盐水泥
	有耐磨性要求的混凝土	硅酸盐水泥 普通硅酸盐水泥	矿渣硅酸盐水泥	火山灰质硅酸盐水泥 粉煤灰硅酸盐水泥

4.1.7 通用硅酸盐水泥的包装、标志和储运

1. 包装

水泥可以散装或袋装,袋装水泥每袋净含量为50kg,且应不少于标志质量的99%;随机抽取20袋总质量(含包装袋)应不少于1000kg。其他包装形式由供需双方协商确定,但有关袋装质量要求,应符合上述规定。

2. 标志

水泥包装袋上应清楚标明:执行标准、水泥品种、代号、强度等级、生产者名称、生产许可证标志(QS)及编号、出厂编号、包装日期、净含量。包装袋两侧应根据水泥的品种采用不同的颜色印刷水泥名称和强度等级,硅酸盐水泥和普通硅酸盐水泥采用红色,矿

渣硅酸盐水泥采用绿色，火山灰质硅酸盐水泥、粉煤灰硅酸盐水泥和复合硅酸盐水泥采用黑色或蓝色。

散装发运时，应提交与袋装标志相同内容的卡片。

3. 储运

水泥在运输与储存时不得受潮和混入杂物，不同品种和强度等级的水泥在储运中避免混杂。

使用时应考虑先存先用，不可储存过久。一般不宜超过3个月，否则应重新测定强度等级，按实测强度使用。存放超过6个月的水泥必须经过检验后才能使用。

4.2 其他品种的水泥

4.2.1 铝酸盐水泥

现行国家标准《铝酸盐水泥》（GB 201—2000)定义：凡以铝酸钙为主的铝酸盐水泥熟料，磨细制成的水硬性胶凝材料称为铝酸盐水泥，代号CA。铝酸盐水泥熟料以铝矾土和石灰石为原料，经煅烧制得，主要成分为铝酸钙。

铝酸盐水泥按Al_2O_3含量分为4类：CA-50，50％≤Al_2O_3＜60％；CA-60，60％≤Al_2O_3＜68％；CA-70，68％≤Al_2O_3＜77％；CA-80，77％≤Al_2O_3。

1. 铝酸盐水泥的矿物组成、水化与硬化

铝酸盐水泥的主要矿物成分为铝酸一钙($CaO·Al_2O_3$，简写为CA)，还有二铝酸一钙($CaO·2Al_2O_3$，简写为CA_2)、硅铝酸二钙($2CaO·Al_2O_3·SiO_2$，简写为C_2AS)、七铝酸十二钙($12CaO·7Al_2O_3$，简写为$C_{12}A_7$)以及少量的硅酸二钙($2CaO·SiO_2$)等。

铝酸盐水泥的水化产物主要为十水铝酸一钙(CAH_{10})、八水铝酸二钙(C_2AH_8)和铝胶($Al_2O_3·H_2O$)。十水铝酸一钙和八水铝酸二钙具有细长的针状和板状结构，能互相结成坚固的结晶连生体，形成晶体骨架。析出的氢氧化铝凝胶难溶于水，填充于晶体骨架的空隙中，形成较密实的水泥石结构。铝酸盐水泥初期强度增长很快，但后期强度增长不显著。

2. 铝酸盐水泥的技术要求

铝酸盐水泥常为黄色或褐色，也有呈灰色的。按照规范规定，铝酸盐水泥的比表面积不小于300m^2/kg 或 0.045mm筛筛余不大于20％。发生争议时以比表面积为准。铝酸盐水泥的凝结时间应符合表4-7要求。

铝酸盐水泥各龄期强度值不得低于表4-8的规定。

表4-7 铝酸盐水泥的凝结时间

水泥类型	初凝时间(min)	初凝时间不得迟于(h)
CA-50、CA-70、CA-80	≥30	≤6
CA-60	≥60	≤18

表4-8 铝酸盐水泥强度指标

水泥类型	抗压强度(MPa)				抗折强度(MPa)			
	6h	1d	3d	28d	6h	1d	3d	28d
CA-50	20	40	50	—	3.0	5.5	6.5	—
CA-60	—	20	45	85	—	2.5	5.0	10.0
CA-70	—	30	40	—	—	5.0	6.0	—
CA-80	—	25	30	—	—	4.0	5.0	—

3. 铝酸盐水泥的特性

（1）快凝早强，1d强度可达最高强度的80%以上。

（2）水化热大，且放热量集中，1d内放出水化热总量的70%～80%，使混凝土内部温度上升较高，故即使在-10℃下施工，铝酸盐水泥也能很快凝结硬化。

（3）抗硫酸盐性能很强，因其水化后无氢氧化钙生成。

（4）耐热性好，能耐1300～1400℃高温。

（5）长期强度降低，一般为40%～50%。

4. 铝酸盐水泥的应用

铝酸盐水泥主要用于配制不定形耐火材料；配制膨胀水泥、自应力水泥及化学建材的添加剂等；用于抢建、抢修、抗硫酸盐侵蚀和冬季施工等特殊需要的工程。

CA-50用于土木工程时应注意以下事项：在施工过程中，为防止凝结时间失控，一般不得与硅酸盐水泥、石灰等能析出氢氧化钙的胶凝物质混合，使用前拌和设备等必须冲洗干净；铝酸盐水泥不得用于接触碱性溶液的工程；铝酸盐水泥水化热集中于早期释放，从硬化开始应立即浇水养护；一般不宜浇筑大体积混凝土；铝酸盐水泥混凝土后期强度下降较大，应按最低稳定强度设计，最低稳定强度值以试体脱模后放入50℃±2℃水中养护，取龄期为7d和14d强度值之低者来确定；未经试验，不得加入任何外加物；不得与未硬化的硅酸盐水泥混凝土接触使用，可以与具有脱模强度的硅酸盐水泥混凝土接触使用，但接触处不应长期处于潮湿状态。

4.2.2 快硬硫铝酸盐水泥

《快硬硫铝酸盐水泥、快硬铁铝酸盐水泥》（JC 933—2003）关于快硬硫铝酸盐水泥的定义是：以适当成分的生料，经煅烧所得以无水硫铝酸钙和硅酸二钙为主要矿物成分的熟料和石灰石、适量石膏磨细制成的早期强度高的水硬性胶凝材料,代号 R·SAC。

1. 快硬硫铝酸盐水泥的矿物组成、水化与硬化

快硬硫铝酸盐水泥的主要矿物成分为无水硫铝酸钙($4CaO·3Al_2O_3·CaSO_4$,简写为 C_4A_3S)和 β 型硅酸二钙(β-C_2S)。

无水硫铝酸钙水化很快,它和石膏反应在早期形成大量的钙矾石和氢氧化铝凝胶,使水泥获得较高的早期强度。β-C_2S 是低温(1250~1350℃)烧成的,活性较高,水化也较快,能较早形成水化硅酸钙和氢氧化钙,其中的氢氧化钙和氢氧化铝与石膏反应也可形成钙矾石。产物中还有少量单硫型水化硫铝酸钙和低硫型硫铝酸钙。氢氧化铝胶体、水化硅酸钙凝胶填充于钙矾石晶体骨架的空间,形成十分致密的结构,因此这种水泥不仅早期强度高,并能保证后期强度的增长。

2. 快硬硫铝酸盐水泥的技术要求

按照规范规定,快硬硫铝酸盐水泥的技术要求如下。

1) 比表面积

水泥的比表面积应不小于 350m²/kg。

2) 凝结时间

初凝不得早于 25min,终凝不得迟于 180min,用户要求时可以变动。

3) 强度

快硬硫铝酸盐水泥的各龄期强度值不得低于表 4-9 的规定。

表 4-9 快硬硫铝酸盐水泥强度指标

强度等级	抗压强度(MPa)			抗折强度(MPa)		
	1d	3d	28d	1d	3d	28d
42.5	33.0	42.5	45.0	6.0	6.5	7.0
52.5	42.0	52.5	55.0	6.5	7.0	7.5
62.5	50.0	62.5	65.0	7.0	7.5	8.0
72.5	56.0	72.5	75.0	7.5	8.0	8.5

3. 快硬硫铝酸盐水泥的特性和应用

1) 凝结硬化快、早期强度高

快硬硫铝酸盐水泥凝结硬化快,早期强度高,12h 已经有相当高的强度,3d 强度与硅酸盐水泥 28d 强度相当。特别适用于抢修、堵漏、喷锚加固工程。

2) 水化热小、放热快

快硬硫铝酸盐水泥水化速度快,水化放热快,一般集中在 1d 内放出,但水化热较小。又因其早期强度增长迅速,不易发生冻害,所以适用于冬季施工,但不宜用于大体积混凝土工程。

3) 微膨胀、密实度大

快硬硫铝酸盐水泥水化生成大量钙矾石晶体,产生微量体积膨胀,而且水化需要大量结晶水,所以硬化后水泥石致密不透水。适用于有抗渗、抗裂要求的接头、接缝的混凝土

工程,可用于配制膨胀水泥和自应力水泥。

4) 耐蚀性好

快硬硫铝酸盐水泥石中不含氢氧化钙和水化铝酸三钙,又因水泥石密实度高,所以耐软水、酸类、盐类腐蚀的能力好,抗硫酸盐性能好。

5) 碱度低

快硬硫铝酸盐水泥浆体液相碱度低,pH 只有 9.8~10.2,对钢筋的保护能力差,不适用于重要的钢筋混凝土结构。由于碱度低,对玻璃纤维腐蚀性小,特别适用于玻璃纤维增强水泥(GRC)制品。

6) 耐热性差

快硬硫铝酸盐水泥的主要水化产物钙矾石含有大量结晶水,在 150℃ 以上开始脱水,结构变得疏松,强度大幅度下降,不宜用于有耐热要求的混凝土工程。

4.2.3 道路硅酸盐水泥

国家标准《道路硅酸盐水泥》(GB 13693—2005)规定,由道路硅酸盐水泥熟料、适量石膏,可加入符合规定的混合材料,磨细制成的水硬性胶凝材料,称为道路硅酸盐水泥,简称道路水泥,代号 P·R。

1. 道路水泥的材料要求

道路水泥熟料中铝酸三钙的含量应不超过 5.0%;铁铝酸四钙的含量应不低于 16.0%。游离氧化钙的含量,旋窑生产应不大于 1.0%,立窑生产应不大于 1.8%。活性混合材的掺加量按质量计为 0%~10%,混合材可为符合相关标准的 F 类粉煤灰、粒化高炉矿渣、粒化电炉磷渣或钢渣。

2. 道路水泥的技术要求

道路水泥中氧化镁含量应不大于 5.0%;三氧化硫含量应不大于 3.5%;烧失量应不大于 3.0%;碱含量由供需双方商定,若使用活性骨料,用户要求提供低碱水泥时,水泥中的碱含量应不大于 0.60%;比表面积为 350~450 m^2/kg;初凝应不早于 1.5h,终凝不得迟于 10h;安定性用沸煮法检验必须合格;28d 干缩率应不大于 0.10%;28d 磨耗量应不大于 3.00 kg/m^2;水泥的强度等级按规定龄期的抗压和抗折强度划分,各龄期的强度值应不低于表 4-10 的规定。

表 4-10 道路硅酸盐水泥强度指标

强度等级	抗折强度(MPa)		抗压强度(MPa)	
	3d	28d	3d	28d
32.5	3.5	6.5	16.0	32.5
42.5	4.0	7.0	21.0	42.5
52.5	5.0	7.5	26.0	52.5

3. 道路水泥的特性和应用

道路水泥是一种专用水泥,其主要特性是抗折强度高、干缩性小、耐磨性好,抗冲击性、抗冻性、抗硫酸盐能力较好，特别适用于道路路面、飞机跑道、车站和公共广场等对耐磨、抗干缩性能要求较高的混凝土工程。

4.2.4 抗硫酸盐硅酸盐水泥

国家标准《抗硫酸盐硅酸盐水泥》(GB 748—2005)按抗硫酸盐性能将其分为中抗硫酸盐硅酸盐水泥和高抗硫酸盐硅酸盐水泥两类。

以特定矿物组成的硅酸盐水泥熟料，加入适量石膏，磨细制成的具有抵抗中等浓度硫酸根离子侵蚀的水硬性胶凝材料，称为中抗硫酸盐硅酸盐水泥，简称中抗硫酸盐水泥，代号 P·MSR。具有抵抗较高浓度硫酸根离子侵蚀的水硬性胶凝材料，称为高抗硫酸盐水泥，代号 P·HSR。

两种抗硫酸盐水泥的强度等级分为 32.5 和 42.5。水泥中硅酸三钙和铝酸三钙的含量应符合表 4-11 规定。

表 4-11 抗硫酸盐水泥中硅酸三钙和铝酸三钙的含量

分　类	硅酸三钙含量(%)	铝酸三钙含量(%)
中抗硫酸盐水泥	≤55.0	≤5.0
高抗硫酸盐水泥	≤50.0	≤3.0

抗硫酸盐水泥的烧失量应不大于 30%，SO_3 含量应不大于 2.5%，水泥的比表面积应不小于 280 m^2/kg。中抗硫酸盐水泥 14d 线膨胀率应不大于 0.06%，高抗硫酸盐水泥 14d 线膨胀率应不大于 0.04%。

4.2.5 白色、彩色硅酸盐水泥

国家标准《白色硅酸盐水泥》(GB/T 2015—2005)定义：由氧化铁含量少的硅酸盐水泥熟料、适量石膏及混合材(石灰石或窑灰)磨细制成的水硬性胶凝材料，称为白色硅酸盐水泥，简称白水泥，代号 P·W，如图 4.10 所示。

图 4.10 白水泥

普通水泥的颜色主要因其化学成分中所含氧化铁所致。因此，白水泥与普通水泥在制造上的主要区别，在于严格控制水泥原料的铁含量，并严防在生产过程中混入铁质。水泥中氧化铁含量与水泥颜色的关系见表 4-12。白水泥中氧化铁含量只有普通水泥的 1/10 左右。此外，锰、铬等氧化物也会导致水泥白度的降低，故生产中也须控制其含量。

表 4-12 水泥中氧化铁含量与水泥颜色的关系

氧化铁含量(%)	3~4	0.45~0.7	0.35~0.4
水泥颜色	暗灰色	淡绿色	白色

白色硅酸盐水泥细度要求为80μm方孔筛筛余量不超过10%；凝结时间初凝不早于45min，终凝不迟于10h；体积安定性用沸煮法检验必须合格。同时熟料中氧化镁的含量不宜超过5.0%，水泥中三氧化硫含量不超过3.5%。水泥的各龄期强度值不得低于表4-13的规定。

表4-13 白色硅酸盐水泥强度指标

强度等级	抗压强度（MPa）		抗折强度（MPa）	
	3d	28d	3d	28d
32.5	12.0	32.5	3.0	6.0
42.5	17.0	42.5	3.5	6.5
52.5	22.0	52.5	4.0	7.0

将白水泥样品装入恒压粉体压样器中压制成表面平整的试样板，采用测色仪测定白度。白水泥的白度值应不低于87。

白水泥可用于配制白色和彩色灰浆、砂浆及混凝土。

建材行业标准《彩色硅酸盐水泥》（JC/T 870—2000）中规定，凡由硅酸盐水泥熟料加适量石膏（或白色硅酸盐水泥）、混合材料及着色剂磨细或混合制成的带有色彩的水硬性胶凝材料，称为彩色硅酸盐水泥，如图4.11所示。

彩色硅酸盐水泥中三氧化硫的含量不得超过4.0%，80μm方孔筛筛余量不得超过6.0%，初凝不得早于1h，终凝不得迟于10h。水泥的强度等级以28d抗压强度分为27.5、32.5和42.5。

目前生产彩色硅酸盐水泥多采用染色法，就是将硅酸盐水泥熟料（白水泥熟料或普通水泥熟料）、

图4.11 彩色水泥

适量石膏和碱性颜料共同磨细而制成。也可将颜料直接与水泥粉混合而配制成彩色水泥，但这种方法颜料用量大，色泽也不易均匀。

生产彩色水泥所用的颜料应满足以下基本要求：不溶于水，分散性好；耐大气稳定性好，耐光性应在7级以上；抗碱性强，应具一级耐碱性；着色力强，颜色浓；不会使水泥强度显著降低，也不能影响水泥正常凝结硬化。无机矿物颜料能较好地满足以上要求，而有机颜料色泽鲜艳，在彩色水泥中只需掺入少量，就能显著提高装饰效果。

白色和彩色硅酸盐水泥在装饰工程中常用来配制彩色水泥浆、装饰混凝土，也可配制各种彩色砂浆用于装饰抹灰，以及制造各种色彩的水刷石、人造大理石及水磨石等制品。

4.2.6 中热、低热硅酸盐水泥

国家标准《中热硅酸盐水泥、低热硅酸盐水泥、低热矿渣硅酸盐水泥》（GB 200—2003）对中热水泥和低热水泥的定义如下：

以适当成分的硅酸盐水泥熟料加入适量的石膏,磨细制成的具有中等水化热的水硬性胶凝材料,称为中热硅酸盐水泥,简称中热水泥,代号P·MH。

以适当成分的硅酸盐水泥熟料加入适量的石膏,磨细制成的具有低水化热的水硬性胶凝材料,称为低热硅酸盐水泥,简称低热水泥.代号P·LH。

以适当成分的硅酸盐水泥熟料加入粒化高炉矿渣、适量的石膏,磨细制成的具有低水化热的水硬性胶凝材料,称为低热矿渣硅酸盐水泥,简称低热矿渣水泥,代号P·SLH。其中,粒化高炉矿渣掺加量按质量百分比计为20%~60%,允许用不超过混合材料总量50%的粒化电炉磷渣或粉煤灰代替部分粒化高炉矿渣。

中热水泥和低热水泥的强度等级按照28d抗压强度值均为42.5,低热矿渣水泥的强度等级为32.5。水泥的比表面积应不低于$250m^2/kg$。水泥的水化热允许采用直接法或溶解热法检验,各龄期的水化热应不大于表4-14的数值。

表4-14 水泥各龄期的水化热

品　种	强度等级	水化热(kJ/kg)		
		3d	7d	28d
中热水泥	42.5	251	293	—
低热水泥	42.5	230	260	310
低热矿渣水泥	32.5	197	230	—

中热水泥主要适用于大坝溢流面或大体积建筑物的面层和水位变化区等部位,要求具有低水化热和较高耐磨性、抗冻性的工程;低热水泥和低热矿渣水泥主要适用于大坝或大体积混凝土内部及水下等要求具有低水化热的工程。

4.2.7 膨胀水泥及自应力水泥

一般硅酸盐水泥在空气中硬化时,通常都会产生一定的收缩,使约束状态下的混凝土内部产生拉应力,当拉应力大于混凝土的抗拉强度时则会形成微裂缝,对混凝土的整体性不利。若用硅酸盐水泥来填灌装配式构件的接头、填塞孔洞及修补缝隙等,均达不到预期的效果。

膨胀水泥是一种能在水泥凝结之后的早期硬化阶段产生体积膨胀的水硬性水泥。过量的膨胀会导致硬化水泥浆体的开裂,但约束条件下适量的膨胀可在结构内部产生预压应力(0.1~0.7MPa),从而抵消部分因约束条件下干燥收缩引起的拉应力。

常用的膨胀水泥按基本组成,可分为以下品种。

(1)硅酸盐膨胀水泥。以硅酸盐水泥为主,外加铝酸盐水泥和石膏配制而成。

(2)铝酸盐膨胀水泥。以铝酸盐水泥为主,外加石膏组成。

(3)硫铝酸盐膨胀水泥。以无水硫铝酸钙和硅酸二钙为主要成分,外加石膏而组成。

(4)铁铝酸钙膨胀水泥。以铁相、无水硫铝酸钙和硅酸二钙为主要矿物,外加石膏制成。

上述4种膨胀水泥的膨胀源均来自于在水泥石中形成钙矾石产生体积膨胀而致。调整各种组成的配合比,控制生成钙矾石的数量,可以制得不同膨胀值的膨胀水泥。

膨胀水泥按自应力的大小,可分为两类:自应力值小于2.0MPa(通常约为0.5MPa),

称为膨胀水泥；自应力值大于或等于2.0MPa时，则称为自应力水泥。

膨胀水泥适用于补偿混凝土收缩的结构工程，作防渗层或防渗混凝土；填灌构件的接缝及管道接头；结构的加固与修补；固结机器底座及地脚螺栓等。自应力水泥适用于制造自应力钢筋混凝土压力管及其配件。

本章小结

通用硅酸盐水泥是一种水硬性胶凝材料，按混合材料的品种和掺量分为硅酸盐水泥、普通硅酸盐水泥、矿渣硅酸盐水泥、火山灰质硅酸盐水泥、粉煤灰硅酸盐水泥和复合硅酸盐水泥。

通用硅酸盐水泥熟料由硅酸三钙、硅酸二钙、铝酸三钙和铁铝酸四钙4种矿物成分所组成。这4种矿物组成的水化产物主要有水化硅酸钙、氢氧化钙、水化铝酸钙、水化铁酸钙和水化硫铝酸钙等。水泥凝结硬化是一个非常复杂的过程，水泥经过水化、凝结和硬化过程，由可塑性的水泥浆体逐步凝结硬化成具有一定强度的水泥石。

通用硅酸盐水泥技术性质主要为细度、凝结时间、安定性和强度。强度是评价水泥强度等级的依据。为提高水泥早期强度，我国水泥型号分为普通型和早强型两种。

通用硅酸盐水泥在目前土建工程中应用最广，用量最大。

此外，在土木工程中还经常用到的水泥有铝酸盐水泥、快硬硫铝酸盐水泥、道路硅酸盐水泥、中热硅酸盐水泥、低热硅酸盐水泥和膨胀水泥等。

知 识 链 接

新技术将农业废料变身"绿色"水泥

巴西科研机构日前成功研发一项新技术，可以使用甘蔗渣和稻壳等农业废料为原料生产环保、价廉的"绿色"水泥。

利用甘蔗渣和稻壳等农业废弃物生产"绿色"水泥，不仅有利于减少传统原材料生产水泥时造成的环境污染，还能实现废物循环利用，增加农业产品附加值，节省水泥生产成本。

水泥制造业堪称污染最为严重的产业之一，其二氧化碳排放量占人类二氧化碳排放总量的5%至7%。新研制的水泥原料是甘蔗渣经焚烧后的残留物，在水泥中最高可占20%，可大幅减少温室气体排放量。

由于加工甘蔗渣的过程相对简易、快捷，耗能量低，这种"绿色"水泥的生产成本只有传统水泥的十分之一，其使用寿命比传统水泥长，质地也更细密。

（科技日报　2008年10月27日）

本 章 习 题

4-1　什么是通用硅酸盐水泥？简述其生产工艺。

4-2 通用硅酸盐水泥熟料的主要矿物组成有哪些？它们在水泥水化中各表现出什么特性？

4-3 通用硅酸盐水泥熟料矿物组成的水化产物是什么？加入石膏的目的和作用机理是什么？

4-4 水泥的技术性质有哪些？采用什么方法进行检验？

4-5 什么是水泥的初凝和终凝？凝结时间对工程施工有何实际意义？

4-6 何谓水泥的体积安定性？影响水泥安定性的原因是什么？

4-7 水泥的强度等级是如何确定的？为什么相同强度等级的水泥要分为普通型和早强型两种型号？

4-8 水泥石的腐蚀类型有哪几种？防止水泥石腐蚀的措施有哪些？

4-9 简述通用硅酸盐水泥的特性与应用。

4-10 试述铝酸盐水泥的技术性质及主要工程特征。

4-11 简述快硬硫铝酸盐水泥、道路硅酸盐水泥、中低热硅酸盐水泥和膨胀水泥的特性及应用。

第5章 水泥混凝土

【教学目标】

通过本章学习，应达到以下目标。
(1) 了解水泥混凝土的优缺点。
(2) 掌握普通水泥混凝土的组成材料的要求及选用。
(3) 掌握普通水泥混凝土的技术性质及其影响因素和测定方法。
(4) 掌握普通水泥混凝土的配合比设计方法。
(5) 熟悉普通水泥混凝土的质量控制。
(6) 了解其他品种混凝土。

【教学要求】

知识要点	能力要求	相关知识
水泥混凝土的分类和特点	(1) 理解水泥混凝土的定义 (2) 了解水泥混凝土的分类 (3) 了解水泥混凝土的优缺点	(1) 水泥混凝土的定义 (2) 水泥混凝土的分类 (3) 水泥混凝土的优缺点
普通水泥混凝土的组成材料	(1) 了解普通混凝土组成材料的品种 (2) 掌握普通混凝土组成材料的技术要求及选用	(1) 水泥品种及强度等级的选择 (2) 细集料的颗粒级配及粗细程度 (3) 粗集料的最大粒径及颗粒级配 (4) 拌和用水的选用
普通水泥混凝土的技术性质	(1) 掌握普通水泥混凝土技术性质的概念 (2) 掌握普通水泥混凝土技术性质的测定方法 (3) 掌握普通水泥混凝土技术性质的影响因素 (4) 掌握普通水泥混凝土技术性质的改善措施	(1) 混凝土拌合物和易性的概念、测定方法、影响因素及改善措施 (2) 混凝土强度的概念、测定方法、影响因素及提高措施 (3) 混凝土耐久性的概念、测定方法、影响因素及提高措施
混凝土外加剂与掺合料	(1) 掌握常用混凝土外加剂的品种及功能 (2) 掌握常用混凝土掺合料的种类及技术要求	(1) 减水剂的概念、技术经济效果 (2) 粉煤灰的种类及技术要求

(续)

知识要点	能力要求	相关知识
普通水泥混凝土配合比设计	(1) 掌握普通水泥混凝土配合比设计的基本要求 (2) 掌握普通水泥混凝土配合比设计方法	(1) 普通水泥混凝土配合比设计的基本要求 (2) 普通水泥混凝土配合比设计的三参数 (3) 普通水泥混凝土配合比设计方法
普通水泥混凝土的质量控制	(1) 了解混凝土质量波动的原因 (2) 掌握普通水泥混凝土质量控制的方法	(1) 混凝土质量的波动 (2) 混凝土强度的检验与评价方法
其他水泥混凝土	(1) 了解其他水泥混凝土的组成材料 (2) 了解其他水泥混凝土的技术性质和应用	(1) 其他水泥混凝土的组成材料 (2) 其他水泥混凝土的技术性质和应用

5.1 概　　述

5.1.1 水泥混凝土的定义

混凝土一般是指由胶凝材料(胶结料)、粗、细骨料(或称集料)、水及其他材料，按适当比例配制并硬化而成的具有所需的形状、强度和耐久性的人造石材。以水泥为胶凝材料的混凝土即为水泥混凝土。

5.1.2 水泥混凝土的分类

混凝土是由多种性能不同的材料组合而成的复合材料。其品种很多，如沥青混凝土、聚合物混凝土就是有机材料与无机材料的复合材料；钢筋混凝土、钢纤维混凝土就是金属材料与无机非金属材料的复合材料；使用最多的普通水泥混凝土是由水泥、砂、石、水及外加剂等多种材料组成的水泥基复合材料。

1. 按表观密度分类

1) 重混凝土

其表观密度大于 $2800kg/m^3$，是采用密度很大的重晶石、铁矿石、钢屑等重骨料和钡水泥、锶水泥等重水泥配制而成的。重混凝土具有防射线的性能，又称防辐射混凝土，主要用作核能工程的屏蔽结构材料。

2) 普通混凝土

其表观密度为 $2000\sim2800kg/m^3$，是用普通的天然砂石为骨料配制而成的，为建筑工程中常用的混凝土，主要用作各种建筑的承重结构材料。

3) 轻混凝土

其表观密度小于 $1950 kg/m^3$，是采用陶粒等轻质多孔骨料配制的混凝土以及无砂的大孔混凝土，或者不采用骨料而掺入加气剂或泡沫剂，形成多孔结构的混凝土，主要用作轻质结构材料和隔热保温材料。

2. 按用途分类

按用途不同，混凝土可分为结构混凝土、装饰混凝土、防水混凝土、道路混凝土、防辐射混凝土、耐热混凝土、耐酸混凝土、大体积混凝土和膨胀混凝土等。

3. 按强度等级分类

1) 普通混凝土

其强度等级一般在 C60 以下。其中抗压强度小于 30MPa 的混凝土为低强度混凝土，抗压强度为 30～60MPa(C30～C60)的混凝土为中强度混凝土。

2) 高强混凝土

其抗压强度等于或大于 60MPa。

3) 超高强混凝土

其抗压强度在 100MPa 以上。

4. 按生产和施工方法分类

按生产和施工方法不同，混凝土可分为泵送混凝土、喷射混凝土、碾压混凝土、真空脱水混凝土、离心混凝土、压力灌浆混凝土及预拌混凝土(商品混凝土)等。

5.1.3 水泥混凝土的特点

水泥混凝土是当代最大宗、最重要的一种土木工程材料。我国混凝土年使用量已超过 5 亿立方米，其技术与经济意义是其他建筑材料所无法比拟的。其根本原因是混凝土材料具备以下多种优点。

(1) 组成材料中砂、石等地方材料占 80% 以上，符合就地取材和经济原则。

(2) 易于加工成型。新拌混凝土有良好的可塑性和浇筑性，可满足设计要求的形状和尺寸。

(3) 匹配性好。各组成材料之间有良好的匹配性，如混凝土与钢筋、钢纤维或其他增强材料，可组成共同的具有互补性的受力整体。

(4) 可调整性强。因混凝土的性能决定于其组成材料的质量和组合情况，因此可通过调整其组成材料的品种、质量和组合比例，达到所要求的性能。即可根据使用性能的要求与设计来配制相应的混凝土。

(5) 钢筋混凝土结构可代替钢、木结构，能节省大量的钢材和木材。

(6) 耐久性好，维修费少。

但混凝土有自重大、比强度小、抗拉强度低、变形能力差和易开裂等缺点，也是有待研究改进的。由于混凝土有上述优点，所以广泛应用于工业与民用建筑工程、水利工程、地下工程、公路、铁路、桥涵及国防军事各类工程中，如图 5.1 所示。

(a) 新央视大楼　　　　　　　(b) 三峡大坝　　　　　　　(c) 杭州湾跨海大桥

图 5.1　混凝土工程实例图片

5.2　普通水泥混凝土的组成材料

普通混凝土的基本组成材料是天然砂、石子、水泥和水，为改善混凝土的某些性能还常加入适量的外加剂或外掺料。

在混凝土中，砂、石起骨架作用，因此称为骨料。水泥和水形成的水泥浆，包裹在砂粒表面并填充砂粒间的空隙而形成水泥砂浆，水泥砂浆又包裹在石子表面并填充石子间的空隙。在混凝土硬化前，水泥浆起润滑作用，赋予混凝土拌合物一定的流动性，便于施工。硬化后，则将骨料胶结成一个坚实的整体，并产生一定的力学强度。混凝土结构如图 5.2 所示。

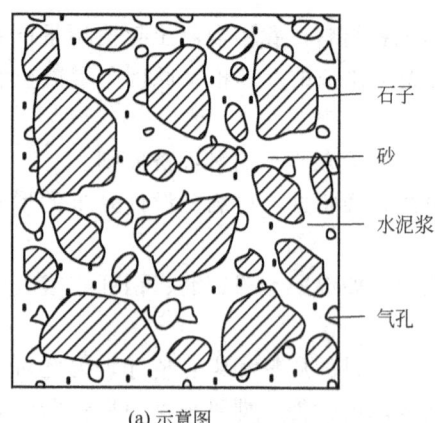 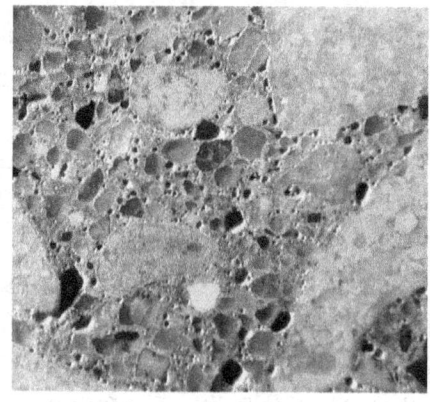

(a) 示意图　　　　　　　　　　　　　　　(b) 实物图

图 5.2　混凝土结构

混凝土是一个宏观匀质、微观非匀质的堆聚结构，混凝土的质量和技术性能，在很大程度上是由原材料的性质及其相对含量所决定的，同时也与施工工艺（配料、搅拌、捣实成型及养护等）有关。因此，首先必须了解混凝土原材料的性质、作用及质量要求，合理选择原材料，以保证混凝土的质量。

5.2.1 水泥

水泥在混凝土中起胶结作用，是最重要的材料，正确、合理地选择水泥的品种和强度等级，是影响混凝土强度、耐久性及经济性的重要因素。

配制混凝土用的水泥应符合现行国家标准的有关规定。采用何种水泥，应根据工程特点和所处的环境条件选用。

水泥强度等级的选择应与混凝土的设计强度等级相适应。原则上配制高强度等级的混凝土，选用高强度等级的水泥；配制低强度等级的混凝土，选用低强度等级的水泥。一般以水泥强度等级为混凝土强度等级的 1.5～2.0 倍为宜，对于高强度混凝土可取 0.9～1.5 倍。

若用高强度等级的水泥配制低强度等级的混凝土时，少量水泥即能满足强度要求，但为了满足混凝土拌合物的和易性和密实性，需增加水泥用量，这会造成水泥的浪费。若用低强度等级的水泥配制高强度等级的混凝土，会使水泥用量过多，不经济，而且会影响混凝土的其他技术性质。

5.2.2 细集料

混凝土用骨料，按其粒径大小不同可分为细骨料和粗骨料。粒径在 $150\mu m$～$4.75mm$ 之间的岩石颗粒，称为细骨料；粒径大于 $4.75mm$ 的称为粗骨料。粗细骨料的总体积占混凝土体积的 70%～80%，因此骨料的性能对所配制的混凝土性能有很大影响。为了保证混凝土的质量，对骨料技术性能的要求主要有：有害杂质含量少；具有良好的颗粒形状，适宜的颗粒级配和细度；表面粗糙，与水泥粘结牢固；性能稳定，坚固耐久等。

混凝土的细骨料主要采用天然砂或机制砂两种。

天然砂是由自然生成的、经人工开采和筛分的粒径小于 $4.75mm$ 的岩石颗粒，包括河砂、湖砂、山砂和淡化海砂，但不包括软质岩、风化岩石的颗粒。河砂和海砂由于长期受水流的冲刷作用，颗粒表面比较圆滑、洁净，且产源较广，但海砂中常含有贝壳碎片及可溶盐等有害物质。山砂颗粒多具棱角，表面粗糙，砂中含泥量及有机质等有害杂质较多。建筑工程中一般多采用河砂作细骨料。

机制砂是指经除土处理的，由机械破碎、筛分制成的，粒径小于 $4.75mm$ 的岩石、矿山尾矿或工业废渣颗粒，但不包括轻质、风化的颗粒。一般在当地缺乏天然砂源时，可采用机制砂。

根据我国《建设用砂》(GB/T 14684—2011) 的规定，砂按细度模数(M_x)大小分为粗、中、细 3 种规格；按技术要求分为Ⅰ类、Ⅱ类、Ⅲ类 3 种类别。对砂的质量和技术主要有下述几个方面。

1. 有害杂质

1) 含泥量、石粉含量和泥块含量

含泥量是指天然砂中粒径小于 $75\mu m$ 的颗粒含量；石粉含量是指人工砂中粒径小于

75μm 的颗粒含量；泥块含量则是指砂中粒径大于 1.18mm，经水浸洗、手捏后小于 600μm 的颗粒含量。

机制砂在生产过程中，会产生一定量的石粉，这是机制砂与天然砂最明显的区别之一。它的粒径虽小于 75μm，但与天然砂中的泥成分不同，粒径分布不同，在使用中所起的作用也不同。天然砂中的泥附在砂粒表面妨碍水泥与砂的粘结，增大混凝土用水量，降低混凝土的强度和耐久性，增大干缩。因此，它对混凝土是有害的，必须严格控制其含量。通过研究和多年实践的结论认为，机制砂中适量的石粉对混凝土质量是有益的。因机制砂颗粒尖锐、多棱角，对混凝土的和易性不利，特别是低强度等级的混凝土和易性很差，而适量的石粉存在，可弥补这一缺陷。此外，由于石粉主要是由 40~75μm 的微粒组成，它能完善细骨料的级配，从而提高混凝土密实性。根据国家标准，天然砂的含泥量和泥块含量及机制砂的石粉含量和泥块含量应分别符合表 5-1 和表 5-2 的规定。

表 5-1 天然砂含泥量和泥块含量

项 目	指 标		
	Ⅰ类	Ⅱ类	Ⅲ类
含泥量（按质量计）(%)	≤1.0	≤3.0	≤5.0
泥块含量（按质量计）(%)	0	≤1.0	≤2.0

表 5-2 石粉含量和泥块含量

类 别		Ⅰ类	Ⅱ类	Ⅲ类
MB 值≤1.4 或快速法试验合格	MB 值	≤0.5	≤1.0	≤1.4 或合格
	石粉含量（按质量计）(%)①	≤10.0		
	泥块含量（按质量计）(%)	0	≤1.0	≤2.0
MB 值>1.4 或快速法试验不合格	石粉含量（按质量计）(%)	≤1.0	≤3.0	≤5.0
	泥块含量（按质量计）(%)	0	≤1.0	≤2.0

① 根据使用地区和用途，经试验验证，可由供需双方协商确定。

2) 有害物质含量

砂中不应混有草根、树叶、树枝、塑料、煤块及炉渣等杂物。砂中如含有云母、轻物质、有机物、硫化物及硫酸盐、氯盐等，其含量应符合表 5-3 的规定。

表 5-3 砂中有害物质含量

项 目	指 标		
	Ⅰ类	Ⅱ类	Ⅲ类
云母（按质量计）(%)	≤1.0	≤2.0	
轻物质（按质量计）(%)	≤1.0		

(续)

项 目	指　标		
	Ⅰ类	Ⅱ类	Ⅲ类
有机物	合格		
硫化物及硫酸盐(按SO_3质量计)(%)	≤0.5		
氯化物(以氯离子质量计)(%)	≤0.01	≤0.02	≤0.06
贝壳(按质量计)(%[①])	≤3.0	≤5.0	≤8.0

[①]仅适用于海砂,其他砂种不作要求。

云母为表面光滑的层、片状物质,它与水泥的粘结性差,影响混凝土的强度和耐久性;轻物质为表观密度小于2000kg/m^3的物质;硫化物及硫酸盐对水泥有侵蚀作用;有机物影响水泥的水化硬化;氯化钠等氯化物对钢筋有锈蚀作用。当地砂中有害物质含量多,但又无合适砂源时,可以过筛并用清水或石灰水(有机物含量多时)冲洗后使用,以符合就地取材的原则。

2. 砂的颗粒级配及粗细程度

砂的颗粒级配,即表示不同大小颗粒和数量比例砂子的组合或搭配情况。在混凝土中砂粒之间的空隙是由水泥浆所填充的,为达到节约水泥和提高混凝土强度的目的,应尽量减少砂粒之间的空隙。从图5.3可以看出,较好的颗粒级配是在粗颗粒砂的空隙中由中颗粒砂填充,中颗粒砂的空隙再由细颗粒砂填充,这样逐级的填充,使砂形成最密集的堆积,空隙率达到最小值。

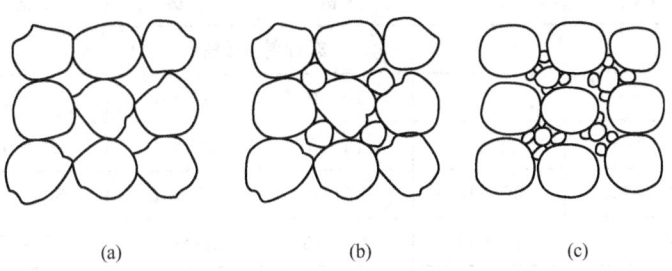

图5.3　骨料的颗粒级配

砂的粗细程度是指不同粒径的砂粒混合后总体的粗细程度,通常有粗砂、中砂与细砂之分。在相同砂用量的条件下,细砂的总表面积较大,而粗砂的总表面积较小。在混凝土中砂子的表面需要水泥包裹,赋予系统流动性和粘结强度,砂子的总表面积越大,则需要包裹砂粒表面的水泥浆就越多。一般用粗砂拌制的混凝土比用细砂所需的水泥浆要少。

在拌制混凝土时,砂的颗粒级配和粗细程度应同时考虑。当砂中含有较多的粗颗粒,并以适量的中颗粒及少量的细颗粒填充其空隙,则可达到空隙率及总表面积均较小,这是比较理想的,不仅水泥用量少,而且还可以提高混凝土的密实性与强度。

砂的颗粒级配和粗细程度常用筛分析的方法进行测定。用级配区表示砂的颗粒级配,用细度模数表示砂的粗细程度。筛分析的方法,是用一套孔径(径尺寸)为9.5mm、4.75mm、2.36mm、1.18mm、0.6mm、0.3mm、0.15mm的标准筛(方孔筛)。将500g的干砂试样由粗到细依次过筛,然后称量留在各筛上的砂量(9.5mm筛除外),并计算出各筛上的分计筛余百分率 a_1、a_2、a_3、a_4、a_5 和 a_6（各筛上的筛余量占砂样总质量的百分率）及累计筛余百分率 A_1、A_2、A_3、A_4、A_5 和 A_6（各筛和比该筛粗的所有分计筛余百分率之和）。即

$$A_1 = a_1$$
$$A_2 = a_1 + a_2$$
$$A_3 = a_1 + a_2 + a_3$$
$$A_4 = a_1 + a_2 + a_3 + a_4$$
$$A_5 = a_1 + a_2 + a_3 + a_4 + a_5$$
$$A_6 = a_1 + a_2 + a_3 + a_4 + a_5 + a_6$$

砂的粗细程度用细度模数（M_x）表示，即

$$M_x = \frac{(A_2 + A_3 + A_4 + A_5 + A_6) - 5A_1}{100 - A_1} \tag{5-1}$$

M_x 越大，表示砂越粗，普通混凝土用砂的细度模数范围一般在 3.7～1.6 之间，其中 M_x 在 3.7～3.1 为粗砂，M_x 在 3.0～2.3 为中砂，M_x 在 2.2～1.6 为细砂。

对细度模数为 1.6～3.7 的普通混凝土用砂，根据 0.6mm 筛孔的累计筛余百分率分成 1 区、2 区及 3 区共 3 个级配区（表 5-4）。1 区为粗砂区，2 区为中砂区，3 区为细砂区。普通混凝土用砂的颗粒级配，应处于表中的任何一个级配区内，才符合级配要求，除 4.75mm 和 0.6mm 筛号外，允许有部分超出分区界限，但其超出总量不应大于 5%。

表 5-4 砂的级配区范围

筛孔尺寸 (mm)	天然砂			机制砂		
	1 区	2 区	3 区	1 区	2 区	3 区
	累计筛余（%）					
4.75	10～0	10～0	10～0	10～0	10～0	10～0
2.36	35～5	25～0	15～0	35～5	25～0	15～0
1.18	65～35	50～10	25～0	65～35	50～10	25～0
0.60	85～71	70～41	40～16	85～71	70～41	40～16
0.30	95～80	92～70	85～55	95～80	92～70	85～55
0.15	100～90	100～90	100～90	97～85	94～80	94～75

为了更直观地反映砂的级配情况，可按表 5-4 的规定画出级配区曲线图，如图 5.4 所示。当筛分曲线偏向右下方时，表示砂较粗，配制的混凝土拌合物和易性不易控制，且内摩擦大，不易浇捣成型；筛分曲线偏向左上方时，表示砂较细，配制的混凝土既要增加较多的水泥用量，而且强度会显著降低。

因此，配制混凝土时宜优先选用 2 区砂。当采用 1 区砂时，应适当提高砂率，并保证足够的水泥用量，以满足混凝土的工作性；当采用 3 区砂时，宜适当降低砂率，以保证混凝土的强度。

在实际工程中，若砂的级配不符合级配区的要求，可采用人工掺配的方法来改善，即将粗、细砂按适当比例进行试配，掺和使用；或将砂过筛，筛除过粗或过细的颗粒。

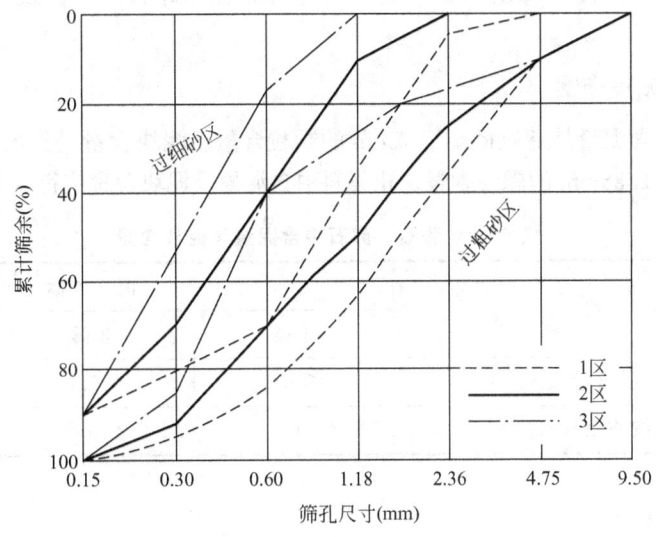

图 5.4 筛分曲线

3. 砂的坚固性

砂的坚固性是指砂在自然风化和其他外界物理化学因素作用下抵抗破裂的能力。按标准《建设用砂》(GB/T 14684—2011)规定，用硫酸钠溶液法进行试验，砂的质量损失应符合表 5-5 的规定。

表 5-5 砂的坚固性指标

项 目	指 标		
	Ⅰ类	Ⅱ类	Ⅲ类
质量损失(%)	≤8		10

机制砂除满足上述规定外，压碎指标值还应符合表 5-6 的规定。

表 5-6 砂的压碎指标

项 目	指 标		
	Ⅰ类	Ⅱ类	Ⅲ类
单级最大压碎指标(%)	≤20	≤25	≤30

5.2.3 粗集料

普通混凝土常用的为粗骨料有碎石和卵石。碎石是由天然岩石、卵石或矿山废石经破碎、筛分而得的粒径大于 4.75mm 的岩石颗粒。卵石是由天然岩石经自然风化、水流搬运和分选、堆积形成的粒径大于 4.75mm 的岩石颗粒。卵石、碎石按技术要求分为Ⅰ类、Ⅱ类和Ⅲ类。

《建设用碎石、卵石》(GB/T 14685—2011)对卵石和碎石的质量及技术要求主要有以下几个方面。

1. 含泥量和泥块含量

卵石、碎石的含泥量是指粒径小于 $75\mu m$ 的颗粒含量。泥块含量是指粒径大于 4.75mm 经水洗及手捏后小于 2.36mm 的颗粒含量。粗集料中含泥量及泥块含量应符合表 5-7 的规定。

表 5-7 碎石、卵石中含泥量和泥块含量

项 目	指 标		
	Ⅰ类	Ⅱ类	Ⅲ类
含泥量(按质量计)(%)	≤0.5	≤1.0	≤1.5
泥块含量(按质量计)(%)	0	≤0.2	≤0.5

2. 有害杂质含量

粗集料中常含有一些有害杂质,如硫化物、硫酸盐、氯化物和有机质。它们的含量应符合表 5-8 的规定。

表 5-8 碎石、卵石中有害杂质含量

项 目	指 标		
	Ⅰ类	Ⅱ类	Ⅲ类
硫化物及硫酸盐(以 SO_3 质量计)(%)	≤0.5	≤1.0	≤1.0
有机质(%)	合格	合格	合格

为提高混凝土强度和减小骨料空隙的角度,粗骨料比较理想的颗粒形状是三维长度相等或相近的球形或立方体形颗粒,而三维长度相差较大的针、片状颗粒粒形较差。粗骨料中针、片状颗粒不仅本身受力时容易折断,影响混凝土的强度,而且会增大骨料的空隙率,使混凝土拌合物的和易性变差。针状颗粒是指颗粒长度大于骨料平均粒径 2.4 倍者;片状颗粒是指颗粒厚度小于骨料平均粒径 0.4 倍者。平均粒径是指该粒级上、下限粒径的算术平均值。根据标准规定,卵石和碎石的针、片状颗粒含量应符合表 5-9 的规定。

表 5-9 碎石、卵石的针、片状颗粒含量

项 目	指 标		
	Ⅰ类	Ⅱ类	Ⅲ类
针、片状颗粒(按质量计)(%)	≤5	≤10	≤15

骨料表面特征主要是指骨料表面的粗糙程度及孔隙特征等。主要影响骨料与水泥石之间的粘结性能,进而影响混凝土的强度。碎石表面粗糙而且具有吸收水泥浆的孔隙特征,所以它与水泥石的粘结能力强,卵石表面光滑且少棱角,与水泥石的粘结能力较差,但混凝土拌合物的和易性较好。在相同条件下,碎石混凝土比卵石混凝土强度高 10% 左右。

3. 最大粒径及颗粒级配

粗骨料公称粒级的上限称为该粒级的最大粒径。当骨料用量一定时，其比表面积随着粒径的增大而减小，因而包裹其表面所需的水泥浆量减少，可节约水泥；而且在一定和易性和水泥用量条件下，能减少用水量而提高强度。因此，粗骨料的最大粒径应在条件许可的情况下，尽量选大些。但对于普通配合比的结构混凝土，尤其是高强混凝土，当粗骨料粒径大于40mm后，由于减少用水量获得的强度提高，被较少的粘结面积及大粒径骨料造成不均匀性的不利影响所抵消，因而并无多少好处。粗骨料的最大粒径还受结构形式、配筋疏密及施工条件的限制。根据国家标准《混凝土结构工程施工及验收规范(2011年版)》(GB 50204—2002)的规定，混凝土用粗骨料的最大粒径不得大于结构截面最小边长尺寸的1/4，同时不得大于钢筋间最小净距的3/4；对于混凝土实心板，骨料的最大粒径不宜超过板厚的1/3，且不得超过40mm；对泵送混凝土，碎石的最大粒径与输送管内径之比，不宜大于1/3，卵石不宜大于1/2.5。

粗骨料的级配好坏对节约水泥、保证混凝土拌合物良好的和易性及混凝土强度有很大关系。特别是对于配制高强混凝土来说，粗骨料级配特别重要。

连续级配指用一套规定筛孔尺寸的标准筛对骨料进行筛分析时，所得到的级配曲线是一顺滑的曲线，具有连续性，相邻粒级的粒料之间有一定的比例关系，这种由大到小，各粒级颗粒均有，并按质量比例搭配组成的粗骨料，称为连续级配粗骨料。

连续级配粗骨料配置的混凝土拌合物具有良好的工作性，不易产生离析，经适当振捣，可获得密实的混凝土体，适合任何流动性的混凝土，尤其大流动性混凝土。

单粒级是在连续级配中剔除一个(或几个)粒级，形成一种不连续的级配，即筛分曲线出现水平段。

单粒级粗集料同样也可以配置出密实高强的混凝土，而且较连续级配粗集料单方混凝土水泥用量小，但仅适合于塑性混凝土，而且必须加强振捣。

粗骨料的级配也是通过筛分析试验来确定。根据国家标准《建设用卵石、碎石》(GB/T 14685—2011)的规定，标准筛孔径为 2.36mm、4.75mm、9.5mm、16.0mm、19.0mm、26.5mm、31.5mm、37.5mm、53.0mm、63mm、75.0mm 及 90.0mm 这 12 个方孔筛。分计筛余百分率及累计筛余百分率的计算与砂相同。普通混凝土用碎石或卵石的颗粒级配应符合表 5-10 的规定。

表 5-10 碎石或卵石的颗粒级配范围

公称粒径 (mm)		累计筛余(%)										
		方孔筛(mm)										
		2.36	4.75	9.5	16.0	19.0	26.5	31.5	37.5	53.0	63.0	75.0	90.0
连续级配	5~16	95~100	85~100	30~60	0~10	0							
	5~20	95~100	90~100	40~80	—	0~10	0						

(续)

公称粒径 (mm)	累计筛余(%) 方孔筛(mm)											
	2.36	4.75	9.5	16.0	19.0	26.5	31.5	37.5	53.0	63.0	75.0	90.0
连续级配 5~25	95~100	90~100	—	30~70	—	0~5	0					
连续级配 5~31.5	95~100	90~100	70~90	—	15~45	—	0~5	0				
连续级配 5~40	—	95~100	70~90	—	30~65	—	—	0~5	0			
单粒级 5~10	95~100	80~100	0~15	0								
单粒级 10~16		95~100	80~100	0~15								
单粒级 10~20		95~100	85~100	—	0~15	0						
单粒级 16~25			95~100	55~70	25~40	0~10						
单粒级 16~31.5		95~100		85~100			0~10	0				
单粒级 20~40			95~100		80~100			0~10	0			
单粒级 40~80					95~100			70~100		30~60	0~10	0

4. 骨料的强度

为保证混凝土强度的要求，粗骨料都必须是质地坚实、具有足够的强度。碎石和卵石的强度可采用岩石抗压强度和压碎指标两种方法来检验。

岩石立方体强度检验，是将轧制碎石的母岩制成边长为 50mm 的立方体（或直径、高均为 50mm 的圆柱体）试件，在水饱和状态下，测定其极限抗压强度值。对于火成岩其强度不宜低于 80MPa，变质岩不宜低于 60MPa，水成岩不宜低于 30MPa。

压碎指标检验是将一定质量气干状态下 9.5~19.0mm 的石子除去针、片状颗粒，装入一定规格的圆筒内，在压力机上按 1kN/s 速度均匀加荷至 200kN，并稳荷 5s，卸荷后用孔径为 2.36mm 的筛筛去被压碎的细粒，称取试样的筛余量。压碎指标可按下式计算：

$$Q_e = \frac{G_1 - G_2}{G_1} \times 100\% \tag{5-2}$$

式中：Q_e——压碎指标(%)；

G_1——试样质量(g);

G_2——试样的筛余量(g)。

压碎指标表示粗骨料抵抗受压破坏的能力,其值越小,表示抵抗压碎的能力越强。压碎指标应符合表 5-11 的规定。

表 5-11 普通混凝土用碎石和卵石的压碎指标

项 目	指 标		
	Ⅰ类	Ⅱ类	Ⅲ类
碎石压碎指标(%)	≤10	≤20	≤30
卵石压碎指标(%)	≤12	≤14	≤16

岩石立方体强度的检验,常用于配制 C60 以上混凝土强度等级、在选择采石场或对粗骨料强度有严格要求或对粗骨料质量有争议以及需经常对生产质量进行控制的混凝土。

5. 坚固性

当骨料由于干湿循环或冻融交替等风化作用引起体积变化而导致混凝土破坏时,即认为体积稳定性不良。具有某种特征孔结构的岩石会表现出不良的体积稳定性。曾经发现由某些页岩、砂岩等配制的混凝土较易遭受冰冻以及骨料内盐类结晶所导致的破坏。骨料的体积稳定性,可用硫酸钠溶液浸渍法检验其坚固性来判定。骨料越密实,强度高,吸水率小时,其坚固越好;结构疏松,矿物成分越复杂不均匀,其坚固性越差。

采用硫酸钠溶液法检验,碎石和卵石经 5 次循环后,其质量损失应符合表 5-12 的规定。

表 5-12 碎石、卵石的坚固性指标

项 目	指 标		
	Ⅰ类	Ⅱ类	Ⅲ类
质量损失(%)	≤5	≤8	≤12

6. 骨料的含水状态

骨料的含水状态可分为干燥状态、气干状态、饱和面干状态和湿润状态等 4 种,如图 5.5 所示。干燥状态下的骨料含水率等于或接近于零,气干状态的骨料含水率与大气湿度相平衡,但未达到饱和状态;饱和面干状态的骨料其内部孔隙含水达到饱和而其表面干燥;湿润状态的骨料不仅内部孔隙含水达到饱和,而且表面还附着一部分自由水。在计算混凝土中各项材料的配合比时,如以饱和面干骨料为基准,则不会影响混凝土用水量和骨料用量,因为饱和面干骨料既不从混凝土中吸取水分,也不向混凝土中释放水分。因此,一些大型水利工程、道路工程常以饱和面干状态骨料为基准,这样混凝土的用水量和骨料用量的控制就较准确。而在一般工业与民用建筑工程中混凝土配合比设计,常以干燥状态为基准,这是因为坚固的骨料其饱和面干吸水率一般不超过 2%,而在工程施工中,必须经常测定骨料的含水率,以及时调整混凝土组成材料实际用量的比例,从而保证混凝土的质量。当细骨料被水湿润有表面水膜时,常会出现砂的堆积体积增大的现象。砂的这种性质在验收材料和配制混凝土按体积定量配料时具有重要意义。

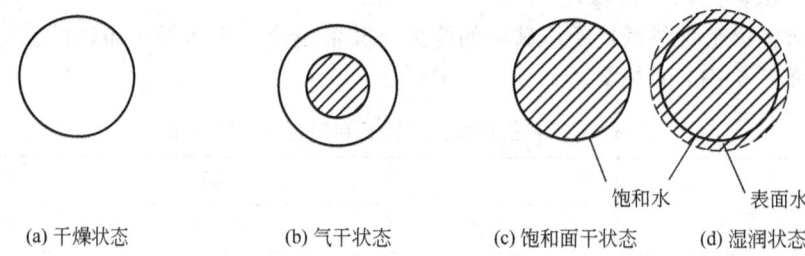

(a) 干燥状态　　(b) 气干状态　　(c) 饱和面干状态　　(d) 湿润状态

图 5.5　骨料的含水状态

5.2.4　拌和用水

混凝土用水是混凝土拌和用水和混凝土养护用水的总称。其包括：饮用水、地表水、地下水、再生水、混凝土企业设备洗刷水和海水等。符合国家标准的生活用水，可拌制各种混凝土。地表水和地下水常溶有较多的有机质和矿物盐类，首次使用前，应按《混凝土拌和用水标准》(JGJ 63—2006)的规定进行检验，合格后方可使用。海水中含有较多的硫酸盐和氯盐，影响混凝土的耐久性和加速混凝土中钢筋的锈蚀，因此，海水可用于拌制素混凝土，但不得用于拌制钢筋混凝土和预应力钢筋混凝土，不宜采用海水拌制有饰面要求的素混凝土，以免因表面产生盐析而影响装饰效果。工业废水经检验合格后方可用于拌制混凝土。生活污水的水质比较复杂，不能用于拌制混凝土。

对混凝土用水的质量要求是：不影响混凝土的凝结和硬化；无损于混凝土的强度发展及耐久性；不加快钢筋锈蚀；不引起预应力钢筋脆断；不污染混凝土表面。

对水质有怀疑时，应将待检验水与蒸馏水分别做水泥凝结时间和砂浆或混凝土强度对比试验。对比试验测得的水泥初凝时间差和终凝时间差，均不得超过 30min，且其初凝和终凝时间应符合水泥标准的规定。用待检验水配制的砂浆或混凝土的 28d 抗压强度不得低于用蒸馏水配制的砂浆或混凝土强度的 90%。混凝土用水中各种物质含量限值见表 5-13。

表 5-13　水中物质含量限值

项　目	预应力混凝土	钢筋混凝土	素混凝土
pH	≥5.0	≥4.5	≥4.5
不溶物(mg/L)	≤2000	≤2000	≤5000
可溶物(mg/L)	≤2000	≤5000	≤10000
Cl^- (mg/L)	≤500	≤1000	≤3500
SO_4^{2-} (mg/L)	≤600	≤2000	≤2700
碱含量(rag/L)	≤1500	≤1500	≤1500

注：碱含量按 $Na_2O+0.658K_2O$ 计算值来表示。采用非碱活性骨料时，可不检验碱含量。

5.3 普通水泥混凝土的技术性质

5.3.1 混凝土拌合物的和易性

1. 和易性的概念

和易性是指混凝土拌合物(图 5.6)易于各工序(搅拌、运输、浇筑和捣实)施工操作,并获得质量均匀、成型密实的混凝土性能。和易性是一项综合的技术指标,包括流动性、粘聚性和保水性等 3 方面的含义。

流动性是指混凝土拌合物在自重或机械振捣作用下,能产生流动,并均匀密实地填满模板的性能。流动性的大小,反映混凝土拌合物的稀稠程度,直接影响浇捣施工的难易及混凝土的质量。

粘聚性是指混凝土各组成材料间具有一定的粘聚力,在运输和浇筑过程中不致产生分层和离析的现象,使混凝土保持整体均匀的性能。

图 5.6 混凝土拌合物

保水性是指混凝土拌合物具有一定的保持内部水分的能力,在施工过程中不致产生严重的泌水现象。保水性差的混凝土拌合物,在施工过程中,一部分水易从内部析出至表面,在混凝土内部形成泌水通道,使混凝土的密实性变差,降低混凝土的强度和耐久性。它反应混凝土拌合物的稳定性。

混凝土拌合物的流动性、粘聚性及保水性三者之间互相关联又互相矛盾。如粘聚性好则保水性往往也好,但当流动性增大时,粘聚性和保水性往往变差;反之亦然。因此,保持拌合物的和易性良好,就是要使这三方面的性能在某种具体条件下,达到均为良好,即将矛盾得到统一。

2. 和易性的测定方法

由于混凝土拌合物和易性的内涵比较复杂,目前尚无全面反映和易性的测定方法。根据国家标准《普通混凝土拌合物性能试验方法》(GB/T 50080—2002)规定,用坍落度和维勃稠度来测定混凝土拌合物的流动性,并辅以直观经验来评定粘聚性和保水性。

1) 坍落度试验

将搅拌好的混凝土分 3 层装入坍落度筒中,每层插捣 25 次,抹平后垂直提起坍落度筒,混凝土则在自重作用下坍落,量测筒高与坍落后混凝土试体最高点之间的高度差(以 mm 计),即为坍落度。坍落度越大,表示混凝土拌合物的流动性越大。

粘聚性的评定方法是用捣棒在已坍落的混凝土锥体侧面轻轻敲打,若锥体逐渐下沉,则表示粘聚性良好;如果锥体倒塌,部分崩裂或出现离析现象,则表示粘聚性不好。

保水性的评定方法是在坍落度筒提起后，如有较多稀浆从底部析出，锥体部分混凝土拌合物也因失浆而骨料外露，则表明混凝土拌合物的保水性能不好；无稀浆或仅有少量稀浆自底部析出，则表示保水性良好。

2) 维勃稠度试验

对坍落度小于10mm的干硬性混凝土，坍落度值已不能准确反映其流动性大小。如当两种混凝土坍落度均为零时，但在振捣器作用下的流动性可能完全不同。故一般采用维勃稠度法测定。

在维勃稠度仪上的坍落度筒中按规定方法装满拌合物，提起坍落度筒，在拌合物试体顶面放一透明圆盘，开启振动台，同时用秒表计时，当水泥浆完全布满透明圆盘底面的瞬间，记下的时间秒数称为维勃稠度。

3. 流动性（坍落度）的选择

根据坍落度不同，可将混凝土拌合物分为低塑性混凝土（坍落度值为10～40mm）、塑性混凝土（坍落度值为50～90mm）、流动性混凝土（坍落度值为100～150mm）及大流动性混凝土（坍落度值≥160mm）。坍落度试验适用于骨料最大粒径不大于37.5mm，坍落度值不小于10mm的塑性混凝土拌合物；坍落度值小于10mm的干硬性混凝土拌合物应采用维勃稠度法测定。

选择混凝土拌合物的坍落度，要根据结构类型、构件截面大小、配筋疏密、输送方式和施工捣实方法等因素来确定。当构件截面较小或钢筋较密，或采用人工插捣时，坍落度可选大些；反之，如构件截面尺寸较大，或钢筋较疏，或采用机械振捣时，坍落度可选择小些。根据《混凝土结构工程施工及验收规范》（GB 50204—2002）规定，混凝土浇筑时的坍落度宜按表5-14选用。

表5-14 混凝土浇筑时的坍落度

项目	结 构 种 类	坍落度(mm)
1	基础或地面等的垫层、无筋的大体积结构或配筋稀疏的结构构件	10～30
2	板、梁和大型及中型截面的柱子等	30～50
3	配筋密列的结构（薄壁、筒仓、细柱等）	50～70
4	配筋特密的结构	70～90

表5-14是采用机械振捣的坍落度，采用人工捣实时可适当增大。当施工工艺采用混凝土泵输送混凝土拌合物时，则要求混凝土拌合物具有高流动性，其坍落度通常在80～180mm。

4. 影响和易性的主要因素

1) 水泥浆的用量

混凝土拌合物中的水泥浆，赋予混凝土拌合物以一定的流动性。在水灰比一定的情况下，增加水泥浆的用量，拌合物的流动性随之增大，但水泥浆量过多不仅浪费水泥，而且会出现流浆现象，使混凝土拌合物的粘聚性变差，对混凝土强度及耐久性也会产生一定的影响；水泥浆量过少，则其不能填满骨料空隙或不能很好地包裹骨料表面，拌合物就会产生崩塌现象,粘聚性也变差。因此,混凝土拌合物中的水泥浆量应以满足流动性和强度要求为度,不宜过量或少量。

2)水泥浆的稠度

水泥浆的稠度是由水灰比决定的。在水泥用量一定的情况下,水灰比越小,水泥浆就越稠,混凝土拌合物的流动性便越小。当水灰比过小时,水泥浆干稠,混凝土拌合物流动性太低会使施工困难,不能保证混凝土的密实性。增大水灰比会使流动性增大,但水灰比太大,又会造成拌合物的粘聚性和保水性不良,产生流浆、离析现象,并严重影响混凝土的强度,降低混凝土的质量。所以,水灰比不宜过大或过小。一般应根据混凝土的强度和耐久性要求合理地选用水灰比。

无论是水泥浆的多少或是水泥浆的稀稠,实际上都反映了用水量是对混凝土拌合物流动性起决定性作用的因素。因为在一定条件下,要使混凝土拌合物获得一定的流动性,所需的单位用水量基本上是一个定值。单纯加大用水量会降低混凝土的强度和耐久性,因此,对混凝土拌合物流动性的调整,应在保持水灰比不变的条件下,以改变水泥浆量的方法来调整,使其满足施工要求。

3)砂率

砂率是指混凝土中砂的质量占砂石总质量的百分率。砂的作用是填充石子间的空隙,并以水泥砂浆包裹在石子的外表面,减少石子间的摩擦力,赋予混凝土拌合物一定的流动性。砂率的变动会使骨料的空隙率和总表面积发生显著改变,因而对混凝土拌合物的和易性产生显著影响。砂率过大时,骨料的空隙率和总表面积都会增大,包裹粗骨料表面和填充粗骨料空隙所需的水泥浆量就会增大,在水泥浆量一定的情况下,相对地水泥浆就显得少了,削弱了水泥浆的润滑作用,导致混凝土拌合物的流动性降低。砂率过小,则不能保证粗骨料间有足够的水泥砂浆,也会降低拌合物的流动性,并严重影响其粘聚性和保水性而造成离析和流浆等现象。因此,砂率有一个合理值(即最佳砂率)。当采用合理砂率时,在用水量和水泥用量一定的情况下,能使混凝土拌合物获得最大的流动性且能保持良好的粘聚性和保水性;或采用合理砂率时,能使混凝土拌合物获得所要求的流动性及良好的粘聚性与保水性,而水泥用量最小。如图5.7和图5.8所示。合理的砂率可通过试验求得。

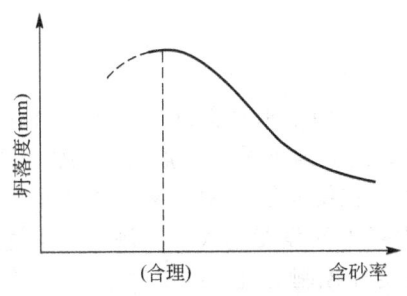

图5.7 砂率与坍落度的关系
(水与水泥用量一定)

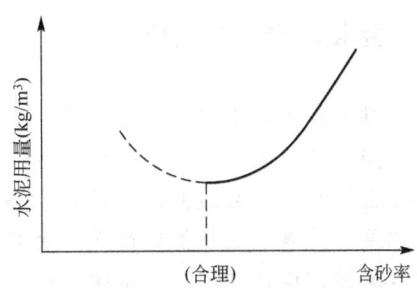

图5.8 砂率与水泥用量的关系
(达到相同的坍落度)

4)组成材料的品种及性质

不同品种的水泥需水量不同,因此在相同配合比时,拌合物的坍落度也将有所不同。在常用水泥中,以普通硅酸盐水泥所配制的混凝土拌合物的流动性和保水性较好;当使用矿渣水泥和某些火山灰水泥时，矿渣、火山灰质混合材料对水泥的需水性都有影响，矿渣水泥所配制混凝土拌合物的流动性比较大，但粘聚性差，易泌水。火山灰水泥需水量大，在相同加水量条件下，流动性显著降低，但粘聚性和保水性较好。

采用级配良好、较粗大的骨料，因其骨料的空隙率和总表面积小，包裹骨料表面和填充空隙的水泥浆量少，在相同配合比时拌合物的流动性好些，但砂、石过粗大也会使拌合物的粘聚性和保水性下降。河砂及卵石多呈圆形，表面光滑无棱角，拌制的混凝土拌合物比山砂、碎石拌制的拌合物的流动性好。

5) 时间及温度

拌和后的混凝土拌合物，随时间的延长而逐渐变得干稠，流动性减小，原因是一部分水供水泥水化，一部分水被骨料吸收，一部分水蒸发以及混凝土凝聚结构的逐渐形成，致使混凝土拌合物的流动性变差。

拌合物的和易性也受温度的影响。因为环境温度的升高，水分蒸发及水化反应加快，坍落度损失也变快。因此，施工中为保证一定的和易性，必须注意环境温度的变化，并采取相应的措施。

6) 加外剂

在拌制混凝土时，加入少量的外加剂能使混凝土拌合物在不增加水泥用量的条件下，获得良好的和易性，并且因改变了混凝土结构而提高了混凝土强度和耐久性。详细内容见本章"混凝土的外加剂"部分。

5. 改善和易性的主要措施

在实际工作中，可采用以下措施调整混凝土拌合物的和易性。

（1）改善砂、石（特别是石子）的级配。

（2）尽量采用较粗大的砂、石。

（3）尽可能降低砂率，通过试验，采用合理砂率。

（4）混凝土拌合物坍落度太小时，保持水灰比不变，适当增加水泥浆用量，当坍落度太大，但粘聚性良好时，可保持砂率不变，适当增加砂、石用量。

（5）掺用外加剂。

5.3.2 硬化混凝土的强度

强度是混凝土最重要的力学性质，因为混凝土主要用于承受荷载或抵抗各种作用力。混凝土的强度包括抗压强度、抗拉强度、抗弯强度、抗剪强度及与钢筋的粘结强度等。其中，混凝土的抗压强度最大，抗拉强度最小。因此，在结构工程中混凝土主要承受压力。混凝土强度与混凝土的其他性能关系密切，通常混凝土的强度越大，其刚度、不透水性、抗风化及耐蚀性也就越高，通常用混凝土强度来评定和控制混凝土的质量。

1. 混凝土的抗压强度与强度等级

混凝土结构常以抗压强度为主要参数进行设计，而且抗压强度与其他强度之间有一定的相关性，可以根据抗压强度的大小来估计其他强度。抗压强度常作为评定混凝土质量的指标，并作为确定强度等级的依据。习惯上泛指混凝土的强度，即它的极限抗压强度。

按照国家标准《普通混凝土力学性能试验方法标准》（GB/T 50081—2002），制作

150mm×150mm×150mm 的标准立方体试件,在标准条件(温度 20℃±2℃,相对湿度 95%以上)下,养护到 28d 龄期,所测得的抗压强度值为混凝土立方体抗压强度,以 f_{cu} 表示,可按下式计算:

$$f_{cu} = \frac{F}{A} \tag{5-3}$$

式中:f_{cu}——立方体抗压强度(MPa);
　　　F——试件破坏荷载(N);
　　　A——试件承压面积(mm^2)。

测定混凝土立方体抗压强度,也可以采用非标准尺寸的试件,其尺寸应根据粗骨料的最大粒径而定。但在计算其抗压强度时,应乘以换算系数得到相当于标准试件的试验结果。

为了正确进行设计和控制工程质量,根据混凝土立方体抗压强度标准值(以 $f_{cu,k}$ 表示),将混凝土划分为 14 个强度等级。混凝土立方体抗压强度标准值是指按标准方法制作和养护的边长为 150mm 的立方体试件,在 28d 龄期,用标准试验方法测得的抗压强度总体分布中的一个值,强度低于该值的百分率不超过 5%。混凝土强度等级采用符号 C 与立方体抗压强度标准值(以 MPa 计)表示。共分为 C15、C20、C25、C30、C35、C40、C45、C50、C55、C60、C65、C70、C75 和 C80 14 个强度等级。

2. 混凝土的轴心抗压强度

混凝土的立方抗压强度用来评定强度等级,但它不能直接用来作为设计的依据。因为实际工程中钢筋混凝土构件形式大部分是棱柱体或圆柱体。为了使测得的混凝土强度接近构件的实际情况,在钢筋混凝土结构计算中,计算轴心受压构件(如梁、柱、桁架的腹杆等)时,都采用混凝土轴心抗压强度 f_{cp} 作为设计依据。

根据规范规定,轴心抗压强度采用 150mm×150mm×300mm 的棱柱体作为标准试件,如图 5.9 所示。如有必要,也可用非标准尺寸的棱柱体试件,但其高 h 与宽 a 之比应在 2～3 的范围内。轴心抗压强度 f_{cp} 比同截面的立方体抗压强度 f_{cp} 小,棱柱体试件的高宽比越大,轴心抗压强度越小,但高宽比达到一定值后,强度就不再降低。在立方体抗压强度 f_{cp}=10～55MPa 范围内,轴心抗压强度 f_{cp}≈(0.70～0.80)f_{cp}。

图 5.9　轴心抗压强度示意图

3. 混凝土的抗拉强度

混凝土的抗拉强度只有抗压强度的 1/20～1/10,且随着混凝土强度等级的提高,这个比值有所降低。因此,混凝土在工作时一般不依靠其抗拉强度。但混凝土的抗拉强度对抵抗裂缝的产生有着重要意义,在结构计算中抗拉强度是确定混凝土抗裂度的重要指标,有时也用来间接衡量混凝土与钢筋间的粘结强度及预测由于干湿变化和温度变化而产生的裂缝。

用8字形试件或棱柱体试件测定轴向抗拉强度,荷载不易对准轴线,夹具附近常发生局部破坏,致使测定值不准确,故我国目前采用边长为150mm的混凝土标准立方体试件(国际上多用圆柱体)的劈裂抗拉试验来测定混凝土的抗拉强度,称为劈裂抗拉强度。该方法的原理是在试件两个相对的表面素线上,作用着均匀分布的压力,这样就能够在外力作用的竖向平面内产生均匀分布拉伸应力(图5.10)。该应力可以根据弹性理论计算得出。这个方法不但简化了抗拉试件的制作,而且较正确地反映了试件的抗拉强度。

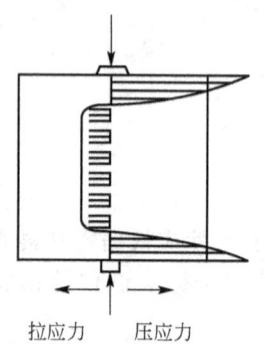

图 5.10 劈裂试验时垂直于受力面的应力分布

劈裂抗拉强度应按下式计算:

$$f_{ts}=\frac{2F_P}{\pi A}=0.637\frac{F_P}{A} \quad (5-4)$$

式中:f_{ts}——混凝土劈裂抗拉强度(MPa);
F_P——破坏荷载(N);
A——试件劈裂面积(mm^2)。

试验证明,在相同条件下,混凝土用轴拉式测得的轴拉强度比用劈裂法测得的劈裂抗拉强度略小,两者的比值约为0.9。

混凝土按劈裂试验所得的抗拉强度 f_{ts} 与混凝土立方体抗压强度之间的关系,可用经验公式表达,具体如下:

$$f_{ts}=0.35 f_{cu}^{3/4} \quad (5-5)$$

4. 混凝土的抗折强度

实际工程中常会出现混凝土的断裂破坏现象,如水泥混凝土路面和桥面主要的破坏形态就是断裂。因此像在进行路面结构设计以及混凝土配合比设计时,以抗折强度作为主要强度指标。

根据《公路水泥混凝土路面设计规范》(JTG D40—2002)规定,道路路面用水泥混凝土的抗折强度是以标准方法制备成150mm×150mm×550mm的梁形试件,在标准条件下,经养护28d后,按三分点加荷方式测定其抗折强度(f_{cf}),可按下式计算:

$$f_{cf}=\frac{FL}{bh^2} \quad (5-6)$$

式中:f_{cf}——混凝土的抗折强度(MPa);
F——试件破坏荷载(N);
L——支座间距(mm);
b——试件宽度(mm);
h——试件高度(mm)。

当采用100mm×100mm×400mm非标准试件时,取得的抗折强度应乘以换算系数0.85。由跨中单点加荷方式得到的抗折强度,应乘以折算系数0.85。

5. 混凝土与钢筋的粘结强度

在钢筋混凝土结构中,混凝土用钢筋增强,为使钢筋混凝土这类复合材料能有效工作,混凝土与钢筋之间必须要有适当的粘结强度。这种粘结强度主要来源于混凝土与钢筋之间的摩擦力、钢筋与水泥之间的粘结力与钢筋表面的机械啮合力。粘结强度与混凝土质量有关,与混凝土抗压强度成正比。此外,粘结强度还受其他许多因素影响,如钢筋尺寸及钢筋种类;钢筋在混凝土中的位置(水平钢筋或垂直钢筋);加载类型(受拉钢筋或受压钢筋);以及环境的干湿变化、温度变化等。

目前美国材料试验学会(ASTMC 234)提出了一种较标准的试验方法能准确测定混凝土与钢筋的粘结强度,该试验方法是:混凝土试件边长为150mm的立方体,其中埋入 ϕ19mm 的标准变形钢筋,试验时以不超过 34MPa/min 的加荷速度对钢筋施加拉力,直到钢筋发生屈服;或混凝土裂开;或加荷端钢筋滑移超过 2.5mm。记录出现上述 3 种情况中任一情况的荷载值——F_p,用下式计算混凝土与钢筋的粘结强度:

$$f_N = \frac{F_p}{\pi d l} \tag{5-7}$$

式中:f_N——粘结强度(MPa);
$\quad\quad d$——钢筋直径(mm);
$\quad\quad l$——钢筋埋入混凝土中的长度(mm);
$\quad\quad F_p$——测定的荷载值(N)。

6. 影响混凝土强度的因素

在混凝土结构形成过程中,多余水分残留在水泥石中形成毛细孔;水分的析出在水泥石中形成泌水通道,或聚集在粗骨料下缘处形成水囊;水泥水化产生的化学收缩以及各种物理收缩等还会在水泥石和骨料的界面上形成细微裂缝。上述结构缺陷的存在,实际上都是混凝土在受外力作用时引起破坏的内在因素。当混凝土受力时,这些界面上的微细裂缝会随着外力的增大而逐渐扩大、延伸并汇合连通直至混凝土破坏。试验证明,普通混凝土受力破坏一般出现在骨料和水泥石的界面上,即常见的粘结面破坏的形式。另外,当水泥石强度较低时,水泥石本身破坏也是常见的破坏形式。所以,混凝土强度主要取决于水泥石强度和骨料与水泥石间的粘结强度。而水泥石强度和粘结面强度又取决于水泥的实际强度、水灰比及骨料性质,也受施工质量、养护条件及龄期的影响。

1) 水泥实际强度与水灰比

水泥的实际强度和水灰比是决定混凝土强度的主要因素,也是决定性因素。水泥是混凝土中的活性组分,在配合比相同的条件下,水泥实际强度越高,水泥石强度及其与骨料的粘结强度越大,制成的混凝土强度也越高。在水泥实际强度相同的条件下,混凝土强度主要取决于水灰比。水泥水化时所需的理论结合水,一般只占水泥质量的23%左右,但在拌制混凝土拌合物时,常需多加一些水(水灰比均在 0.4~0.7 之间),以满足施工所需求的流动性。当混凝土硬化后,多余的水分或残留在混凝土中或蒸发,使得混凝土内部形成各种不同尺寸的孔隙。这些孔隙的存在会大大减少混凝土抵抗荷载的有效断面,而且会在孔隙周围形成应力集中,降低了混凝土的强度。但若水灰比过小,拌合物过于干稠,施工困难大,会出现蜂窝、孔洞,导致混凝土强度严重下降。因此,在满足施工要求并保证混凝土均匀密实的条件下,水灰比越小,水泥石强度越高,与骨料粘结力越大,混凝土强度越高。试验证明,混凝土强度随水灰比的增大而降低,其规律呈曲线关系,而与灰水比呈直线关系,如图 5.11 所示。

根据工程实践经验,可建立混凝土强度与水泥实际强度及灰水比等因素之间的线性经验公式(又称鲍罗米公式):

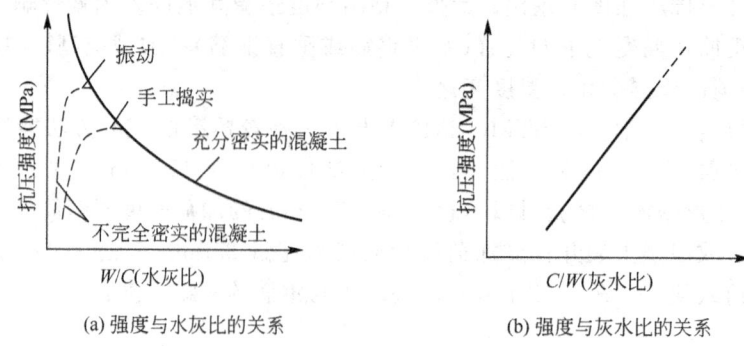

(a) 强度与水灰比的关系　　　　(b) 强度与灰水比的关系

图 5.11　混凝土强度与水灰比及灰水比的关系

$$f_{cu}=\alpha_a f_{ce}\left(\frac{C}{W}-\alpha_b\right) \qquad (5-8)$$

式中：f_{cu}——混凝土立方体抗压强度（MPa）；

α_a、α_b——粗骨料回归系数［应根据工程所使用的水泥和粗、细骨料通过试验建立的灰水比与混凝土强度关系式来确定。若无上述试验统计资料，则可按《普通混凝土配合比计规程》（JGJ 55—2011），提供的 α_a、α_b 系数取用，对于碎石混凝土 $\alpha_a=0.53$，$\alpha_b=0.20$；对于卵石混凝土 $\alpha_a=0.49$，$\alpha_b=0.13$］；

$\dfrac{C}{W}$——灰水比；

f_{ce}——水泥 28d 抗压强度实测值（MPa）。

在无法取得水泥实测强度时，可用下式计算：

$$f_{ce}=\gamma_c f_{ce,g} \qquad (5-9)$$

式中：$f_{ce,g}$——水泥强度等级值（MPa）；

γ_c——水泥强度等级值的富余系数，可按实际统计资料确定；当缺乏实际统计资料时，也可按水泥强度等级，32.5 级取 1.12、42.5 级取 1.16、52.5 级取 1.10。

f_{ce} 值也可根据 3d 强度或快测强度推定 28d 强度。

注意：鲍罗米公式仅适用于 C60 以下的混凝土。

2）骨料

当骨料级配良好、砂率适当时，由于组成了坚强密实的骨架，有利于混凝土强度的提高。如果混凝土骨料中有害杂质较多、品质低及级配不好时，会降低混凝土的强度。

由于碎石表面粗糙有棱角，提高了骨料与水泥砂浆之间的机械啮合力和粘结力，所以在坍落度相同的条件下，用碎石拌制的混凝土比用卵石拌制混凝土的强度要高。

骨料的强度影响混凝土的强度，一般骨料强度越高所配制的混凝土强度越高，这在低水灰比和配制高强度混凝土时，特别明显。骨料粒形以三维长度相等或相近的球形或立方体为好，若含有较多扁平颗粒或细长的颗粒，会增加混凝土的孔隙率，扩大混凝土中骨料的表面积，增加混凝土的薄弱环节，导致混凝土强度下降。

3）养护温度及湿度

混凝土强度是一个渐进发展的过程，其发展的程度和速度取决于水泥的水化状况，而温度和湿度是影响水泥水化速度和程度的重要因素。因此，混凝土浇捣成型后，必须在一定时间内保持适当的温度和足够的湿度以使水泥充分水化，这就是混凝土的养护。养护温度高，水泥水化速度加快，混凝土强度的发展也快；反之，在低温下混凝土强度发展迟缓。当温度降至冰点以下时，则由于混凝土中的水分大部分结冰，不但水泥停止水化，混凝土强度停止发展，而且由于混凝土孔隙中的水结冰产生体积膨胀（约9%），而对孔壁产生相当大的压应力（可达100MPa），从而使硬化中的混凝土结构遭到破坏，导致混凝土已获得的强度受到损失。混凝土早期强度低，更容易冻坏。所以冬季施工时，要特别注意保温养护，以免混凝土早期受冻破坏。

周围环境的湿度对水泥的水化作用能否正常进行有显著影响。湿度适当，水泥水化反应顺利进行，使混凝土强度得到充分发展。因为水是水泥水化反应的必要成分，如果湿度不够，水泥水化反应不能正常进行，甚至停止水化（如图5.12所示），严重降低混凝土强度，而且使混凝土结构疏松，形成干缩裂缝，增大了渗水性，从而影响混凝土的耐久性。为此，施工规范规定，在混凝土浇筑完毕后，应在12h内进行覆盖，以防止水分蒸发。同时，在夏季施工混凝土进行自然养护时，要特别注意浇水保湿，使用硅酸盐水泥、普通硅酸盐水泥和矿渣水泥时，浇水保湿应不少于7d；使用火山灰水泥和粉煤灰水泥或在施工中掺缓凝型外加剂或混凝土有抗渗要求时，应不少于14d。

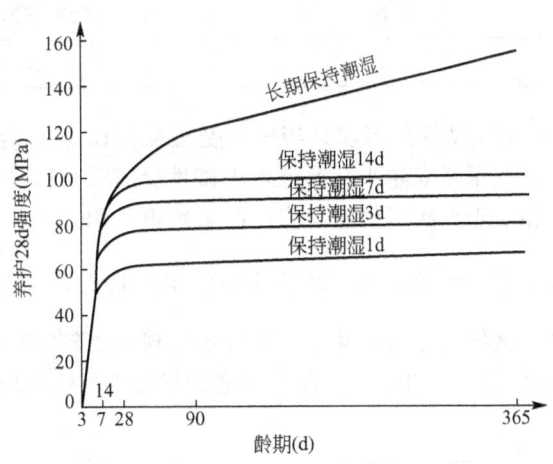

图5.12 混凝土强度与保湿养护时间的关系

4）龄期

龄期是指混凝土在正常养护条件下所经历的时间。在正常养护的条件下，混凝土的强度将随龄期的增长而不断发展，最初7～14d内强度发展较快，以后逐渐缓慢，28d达到设计强度。28d后强度仍在发展，其增长过程可延续数十年之久。

普通水泥制成的混凝土，在标准养护条件下，混凝土强度的发展，大致与其龄期的常用对数成正比关系（龄期不少于3d）。

$$\frac{f_n}{f_{28}} = \frac{\lg n}{\lg 28} \tag{5-10}$$

式中：f_n——nd龄期混凝土的抗压强度（MPa）；

f_{28}——28d龄期混凝土的抗压强度（MPa）；

n——养护龄期（d），$n \geqslant 3$。

根据上式，可以由所测混凝土早期强度估算其28d龄期的强度，或者由混凝土的28d强度，推算28d前混凝土达到某一强度需要养护的天数，如确定混凝土拆模、构件起吊、放松预应力钢筋、制品养护及出厂等日期。但由于影响混凝土强度的因素很多，故按此公式计算的结果只能作为参考。

5）试验条件对混凝土强度测定值的影响

试验条件是指试件的尺寸、形状、表面状态及加荷速度等。试验条件不同，会影响混凝土强度的试验值。

(1) 试件尺寸。相同配合比的混凝土，试件的尺寸越小，测得的强度越高，试件尺寸影响强度的主要原因是试件尺寸大时,内部孔隙、缺陷等出现的几率也大,导致有效受力面积的减小及应力集中,从而引起强度的降低。我国标准规定采用150mm×150mm×150mm的立方体试件作为标准试件,当采用非标准的其他尺寸试件时,所测得的抗压强度应乘以表5-15的换算系数。

表5-15 混凝土试件不同尺寸的强度换算系统

骨料最大粒径(mm)	试件尺寸(mm)	换算系统
≤31.5	100×100×100	0.95
≤40	150×150×150	1.00
≤63	200×200×200	1.05

(2)试件的形状。当试件受压面积($a×a$)相同,而高度(h)不同时,高宽比(h/a)越大,抗压强度越小。这是由于试件受压时,试件受压面与试件承压板之间的摩擦力,对试件相对于承压板的横向膨胀起着约束作用,该约束有利于试件强度的提高[图5.13(a)]。越接近试件的端面,这种约束作用就越大,在距端面大约$\frac{\sqrt{3}}{2}a$范围以外,约束作用才消失。试件破坏后,其上下部分各呈现一个较完整的棱锥体,这一现象就是这种约束作用的结果[图5.13(b)]。通常称这种作用为环箍效应,实物图如图5.14所示。

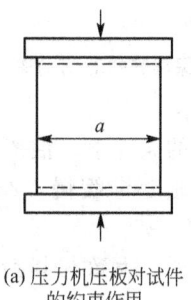
(a) 压力机压板对试件的约束作用

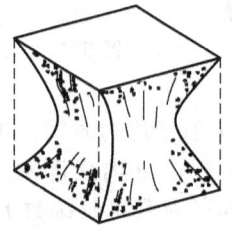
(b) 试件破坏后残存的棱锥试体

(c) 不受压板约束时试件的破坏情况

图5.13 混凝土受压试验

图5.14 混凝土试件受压的环箍效应

(3)表面状态。混凝土试件承压面的状态也是影响混凝土强度的重要因素。当试件受压面上有油脂类润滑剂时,试件受压时的环箍效应大大减小,试件将出现直裂破坏[图5.13(c)],测出的强度值也较低。

(4)加荷速度。加荷速度越快,测得的混凝土强度值也越大,当加荷速度超过1.0MPa/s时,这种趋势更加显著。因此,我国标准规定混凝土抗压强度的加荷速度为0.3~0.8MPa/s,且应连续均匀地进行加荷。

5.3.3 混凝土的变形性能

混凝土在硬化和使用过程中,由于受物理、化学及力学等因素的影响,常会发生各种变形,这些变形是导致混凝土产生裂缝的主要原因之一,从而影响混凝土的强度及耐久性。混凝土的变形通常有以下几种。

1. 化学收缩

混凝土在硬化过程中,由于水泥水化生成物的固相体积小于水化前反应物的总体积,从而致使混凝土产生体积收缩,称为化学减缩。混凝土的化学收缩是不能恢复的,其收缩量随混凝土硬化龄期的延长而增加,一般在 40d 内渐趋稳定。混凝土的化学收缩值很小(小于 1%),对混凝土结构物没有破坏作用,但在混凝土内部可能产生微细裂缝。

2. 干湿变形

混凝土因周围环境的湿度变化,会产生干缩湿胀变形,这种变形是由于混凝土中水分的变化所致。混凝土中的水分自由水(即孔隙水)、毛细管水及凝胶粒子表面的吸附水 3 种。当后两种水发生变化时,混凝土就会产生干湿变形。

当混凝土在水中硬化时,由于凝胶体中胶体粒子表面的吸附水膜增厚,胶体粒子间距离增大,这时混凝土会产生微小的膨胀,这种膨胀对混凝土无危害影响。

当混凝土在空气中硬化时,首先失去自由水,继续干燥时则毛细管水蒸发。这时将使毛细孔中负压增大而产生收缩力,再继续受干燥则吸附水蒸发,从而引起胶体失水而紧缩。以上这些作用的结果就致使混凝土产生干缩变形。干缩后的混凝土若再吸水变湿时,其干缩变形大部分可恢复,但有 30%~50% 是不可逆的。混凝土的干缩变形对混凝土危害较大,它可使混凝土表面产生较大的拉应力而引起许多裂纹,从而降低混凝土的抗渗、抗冻及抗侵蚀等耐久性能。

混凝土的干缩变形是用 100mm×100mm×515mm 的标准试件,在规定试验条件下测得的干缩率来表示的,其值可达 $(3\sim5)\times10^{-4}$。用此种小试件测得的混凝土干缩率,只能反映混凝土的相对干缩性,而实际构件的尺寸要比试件大得多,构件内部的干燥过程较为缓慢,故实际混凝土构件的干缩率远较试验值小。结构设计中混凝土干缩率取值为 $(1.5\sim2.0)\times10^{-4}$,即每米混凝土收缩 0.15~0.20mm。

影响混凝土干缩变形的因素很多,主要有以下几个方面。

(1) 水泥的用量、细度及品种的影响。由于混凝土的干缩变形主要由混凝土中水泥石的干缩所引起,而骨料对干缩具有制约作用,所以在水灰比不变的情况下,混凝土中水泥浆量越多,混凝土干缩率就越大。水泥颗粒越细,干缩也越大。采用掺混合材料的硅酸盐水泥配制的混凝土,比用普通水泥配制的混凝土干缩率大,其中火山灰水泥混凝土的干缩率最大,粉煤灰水泥混凝土的干缩率较小。

(2) 水灰比的影响。当混凝土中的水泥用量不变时,混凝土的干缩率随水灰比的增大而增加,塑性混凝土的干缩率较干硬性混凝土大得多。混凝土单位用水量的多少,是影响其干缩率的重要因素。一般用水量平均每增加 1%,干缩率增大 2%~3%。

(3) 骨料质量的影响。混凝土所用骨料的弹性模量较大,则其干缩率较小。混凝土采用吸水率较大的骨料,其干缩较大。骨料的含泥量较多时,会增大混凝土的干缩性。骨料最大粒径较大、级配良好时，由于能减少混凝土中水泥浆用量，故混凝土干缩率较小。

（4）混凝土施工质量的影响。混凝土浇筑成型密实并延长湿养护时间，可推迟干缩变形的发生和发展，但对混凝土的最终干缩率无显著影响。采用湿热处理养护混凝土，可减小混凝土的干缩率。

3. 温度变形

混凝土和其他材料一样，也会随着温度的变化而产生热胀冷缩变形。混凝土的温度膨胀系数为$(0.6\sim1.3)\times10^{-5}/℃$之间，一般取$1.0\times10^{-5}/℃$，即温度每改变1℃，1m 长的混凝土将产生 0.01mm 的膨胀或收缩变形，混凝土的温度变形对大体积混凝土（指最小边尺寸在 1m 以上的混凝土结构）、纵长的混凝土结构及大面积混凝土工程等极为不利，易使这些混凝土造成温度裂缝。

混凝土是热的不良导体，传热很慢，因此在大体积混凝土硬化初期，由于内部水泥水化放热而积聚较多热量，造成混凝土内外温差很大，有时可达 40~50℃，从而导致混凝土内部热胀大大超过混凝土表面的膨胀变形，使混凝土表面产生较大拉应力而遭开裂破坏。为此，大体积混凝土施工常采用低热水泥，并掺加缓凝剂及采取人工降温等措施。

对纵长的混凝土结构和大面积混凝土工程，为防止其受大气温度影响而产生开裂，常采取每隔一段距离设置一道伸缩缝，以及在结构中设置温度钢筋等措施。

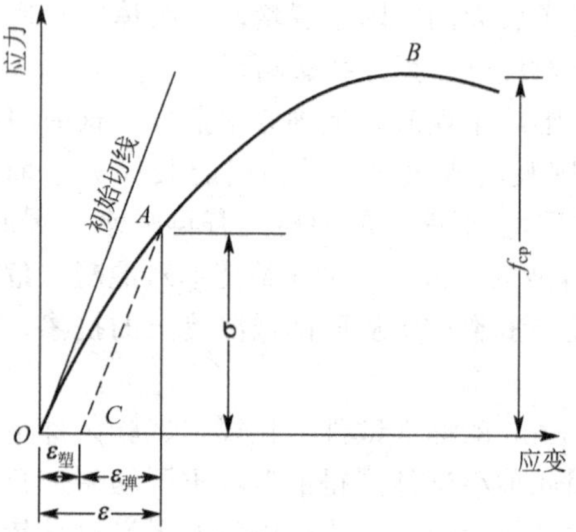

4. 在荷载作用下的变形

1) 混凝土在短期荷载作用下的变形

混凝土是一种多相复合材料，它是一种弹塑性体，其应力与应变的关系不是直线，而是曲线，如图 5.15 所示。

图 5.15 混凝土在压力作用下的应力-应变曲线

在应力-应变曲线上任一点的应力 σ 与其应变 ε 的比值，称作混凝土在该应力下的弹性模量。它反映了混凝土所受应力与所产生应变之间的关系。在计算钢筋混凝土结构的变形、裂缝开展及大体积混凝土的温度应力时，均需知道该时混凝土的弹性模量。

影响混凝土弹性模量的因素如下。

（1）在匀质材料里，弹性模量和密度直接相关；而多相材料，如混凝土中，主要组分所占体积及其密度和弹性模量以及过渡区的特性决定弹性性质。

（2）混凝土的强度。混凝土的强度越高，弹性模量越大，当混凝土的强度等级由 C10 增加到 C60 时，其弹性模量大致由 1.75×10^4MPa 增加到 3.60×10^4MPa。

（3）骨料的含量与弹性模量—骨料的含量越多，弹性模量越大，混凝土的弹性模量越高。

（4）混凝土的水灰比较小，养护较好及龄期较长时，混凝土的弹性模量就较大。

2) 混凝土在长期荷载作用下的变形

混凝土在长期荷载作用下会发生徐变现象，混凝土的徐变是指其在长期恒载作用下，随着时间的延长，沿着作用力的方向发生的变形，一般要延续 2~3 年才逐渐趋向稳定。

这种随时间而发展的变形性质，称为混凝土徐变。混凝土不论是受压、受拉或受弯时，均会产生徐变现象。混凝土在长期荷载作用下，其应变与持荷时间的关系如图 5.16 所示。

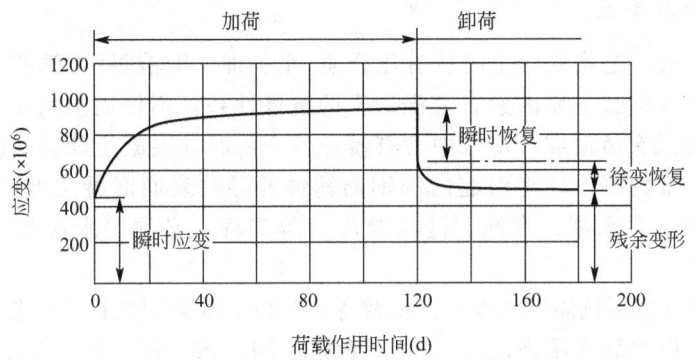

图 5.16　混凝土的应变与持荷时间的关系

由图 5.16 可知，当混凝土受荷后立即产生瞬时变形，这时主要为弹性变形，随后则随受荷时间的延长而产生徐变变形。此时以塑性变形为主。当作用应力不超过一定值时，这种徐变变形在加荷初期较快，以后逐渐减慢，最后渐行停止。混凝土的徐变变形为瞬时变形的 2~3 倍，徐变变形量可达 $(3\sim15)\times10^{-4}$，即 0.3~1.5mm/m。混凝土在长期荷载下持荷一定时间后，若卸除荷载，则部分变形可瞬时恢复，接着还有少部分变形将在若干天内逐渐恢复，称为徐变恢复，最后留下的是大部分不能恢复的残余变形。

混凝土产生徐变的原因，一般认为是由于在长期荷载作用下，水泥石中的凝胶体产生粘性流动，向毛细管内迁移，或者凝胶体中的吸附水或结晶水向内部毛细管迁移渗透所致。

混凝土的徐变与很多因素有关，但可认为，混凝土徐变是其水泥石中毛细孔相对数量的函数，即毛细孔数量越多，混凝土的徐变越大，反之则小。因此，对于硬化龄期越长、结构越密实、强度越高的混凝土，其徐变越小。当混凝土在较早龄期加载时，产生的徐变较大；水灰比较大的混凝土徐变也较大；混凝土中骨料用量较多者徐变较小，混凝土所用骨料弹性模量较大、级配较好及最大粒径较大时，其徐变较小；经充分湿养护的混凝土徐变较小。此外，混凝土的徐变还与受荷应力种类、试件尺寸及试验时的温度等因素有关。

混凝土的徐变对结构物的影响有有利方面，也有不利方面。有利的是徐变可消除钢筋混凝土内的应力集中，使应力产生重分配，从而使结构物中局部集中应力得到缓和。对大体积混凝土则能消除一部分内于温度变形所产生的破坏应力。不利的是使预应力钢筋混凝土的预应力值受到损失。

5.3.4　混凝土的耐久性

混凝土除应具有设计要求的强度，以保证其能安全地承受设计的荷载外，还应具有与自然环境及使用条件相适应的经久耐用的性能。例如，受水压作用的混凝土，要求其具有抗渗性；与水接触并遭受冰冻作用的混凝土，要求具有抗冻性；处于侵蚀性环境中的混凝土，要求其具有相应的抗侵蚀性等。因此，混凝土抵抗环境介质作用并长期保持其良好的使用性能和外观完整性，从而维持混凝土结构的安全和正常使用的能力称为耐久性。

混凝土耐久性主要包括抗渗、抗冻、抗侵蚀、抗碳化、抗碱—骨料反应及混凝土中的钢筋耐锈蚀等性能。

1. 混凝土的抗渗性

混凝土的抗渗性是指混凝土抵抗有压介质(水、油、溶液等)渗透作用的能力。它是决定混凝土耐久性的最主要因素,若混凝土的抗渗性差,不仅周围的水等液体物质易渗入内部,而且当遇有负温或环境水中含有侵蚀性介质时,混凝土就易遭受冰冻或侵蚀作用而破坏,对钢筋混凝土还将引起内部钢筋锈蚀并导致表面混凝土保护层开裂与剥落。因此,对地下建筑、水坝、水池、港工及海工等工程,必须要求混凝土具有一定的抗渗性。

混凝土的抗渗性用抗渗等级表示。抗渗等级是以28d龄期的标准试件,在标准试验方法下所能承受的最大静水压来确定。抗渗等级有P4、P6、P8、P10及P12这5个等级,表示能抵抗0.4MPa、0.6MPa、0.8MPa、1.0MPa及1.2MPa的静水压力而不渗透。

混凝土渗水的主要原因是由于内部的空隙形成连通的渗水通道。这些孔道除产生于施工振捣不密实外,主要来源于水泥浆中多余水分的蒸发而留下的气孔、水泥浆泌水所形成的毛细孔及粗骨料下部界面水富集形成的孔穴。这些渗水通道的多少,主要与水灰比的大小有关,因此水灰比是影响抗渗性的一个主要因素。试验表明,随着水灰比的增大,抗渗性逐渐变差,当水灰比大于0.6时,抗渗性急剧下降。

提高混凝土抗渗性的主要措施是提高混凝土的密实度和改善混凝土中的孔隙结构;减少连通孔隙,这些可通过采用低的水灰比、选择好的骨料级配、充分振捣和养护或掺入引气剂等方法来实现。

2. 混凝土的抗冻性

混凝土的抗冻性是指混凝土在饱和水状态下,能经受多次冻融循环而不破坏,同时也不严重降低其所具有的性能的能力。在寒冷地区,特别是接触水又受冻的环境条件下,混凝土要求具有较高的抗冻性。

混凝土的抗冻性用抗冻等级来表示。抗冻等级是以28d龄期的混凝土标准试件,在饱和水状态下承受反复冻融循环,以抗压强度损失不超过25%,且质量损失不超过5%时所能承受的最大循环次数来确定。混凝土的抗冻等级有F10、F15、F25、F50、F100、F150、F200、F250和F300这9个等级,分别表示混凝土能承受冻融循环的最大次数不小于10、15、25、50、100、150、200、250和300次。

混凝土受冻融破坏的原因,是由于混凝土内部孔隙中的水在结冰后体积膨胀形成的压力,当这种压力产生的内应力超过混凝土的抗拉强度,混凝土就会产生裂缝,多次冻融循环使裂缝不断扩展直至破坏。混凝土的密实度、孔隙率、孔隙构造和孔隙的充水程度是影响抗冻性的主要因素。低水灰比、密实的混凝土和具有封闭孔隙的混凝土(如引气混凝土)抗冻性较高。掺入引气剂、减水剂和防冻剂可有效提高混凝土的抗冻性。

3. 混凝土的抗侵蚀性

当混凝土所处环境中含有侵蚀性介质时,混凝土便会遭受侵蚀。通常有软水侵蚀、硫酸盐侵蚀、镁盐侵蚀、碳酸侵蚀、一般酸侵蚀与强碱侵蚀等,其侵蚀机理详见第4章水泥部分。随着混凝土在地下工程、海岸与海洋工程等恶劣环境中的应用,对混凝土的抗侵蚀性提出了更高的要求。

混凝土的抗侵蚀性与所用水泥品种、混凝土的密实程度和孔隙特征等有关，密实和孔隙封闭的混凝土，环境水不易侵入，抗侵蚀性较强。提高混凝土抗侵蚀性的主要措施是合理选择水泥品种、降低水灰比、提高混凝土密实度和改善孔隙结构。

4. 混凝土的碳化

混凝土的碳化是指混凝土内水泥石中的 $Ca(OH)_2$ 与空气中的 CO_2，在湿度适宜时发生化学反应，生成 $CaCO_3$ 和水，也称中性化。混凝土的碳化是 CO_2 由表及里逐渐向混凝土内部扩散的过程。碳化引起水泥石化学组成及组织结构的变化，对混凝土的碱度、强度和收缩产生影响。

碳化对混凝土性能既有有利的影响，也有不利的影响。其不利影响首先是碱度降低减弱了对钢筋的保护作用。这是因为混凝土中水泥水化生成大量 $Ca(OH)_2$，使钢筋处在碱性环境中而在表面生成一层钝化膜，保护钢筋不易腐蚀。但当碳化深度穿透混凝土保护层而到达钢筋表面时，钢筋钝化膜被破坏而发生锈蚀，此时产生体积膨胀，致使混凝土保护层产生开裂，开裂后的混凝土更有利于二氧化碳、水及氧等有害介质的进入，加剧了碳化的进行和钢筋的锈蚀，最后导致混凝土产生顺筋开裂而破坏。另外，碳化作用会增加混凝土的收缩，引起混凝土表面产生拉应力而出现微细裂缝，从而降低混凝土的抗拉、抗折强度及抗渗能力。

碳化作用对混凝土也有一些有利影响，即碳化作用产生的碳酸钙填充了水泥石的孔隙，以及碳化时放出的水分有助于未水化水泥的水化，从而可提高混凝土碳化层的密实度，对提高抗压强度有利。如混凝土预制桩往往利用碳化作用来提高桩的表面硬度。

影响碳化速度的主要因素有环境中 CO_2 的浓度、水泥品种、水灰比及环境湿度等。CO_2 浓度高（如铸造车间），碳化速度快；当环境中的相对湿度在 50%～75% 之间时，碳化速度最快，当相对湿度小于 25% 或大于 100% 时，碳化将停止；水灰比越小，混凝土越密实，二氧化碳和水不易侵入，碳化速度就慢；掺混合材的水泥碱度较低，碳化速度随混合材料掺量的增多而加快。

在实际工程中，为减少碳化作用对钢筋混凝土结构的不利影响，可采取以下措施。

（1）在钢筋混凝土结构中采用适当的保护层，使碳化深度在建筑物设计年限内达不到钢筋表面。

（2）根据工程所处环境的使用条件合理选择水泥品种。

（3）使用减水剂，改善混凝土的和易性，提高混凝土的密实度。

（4）采用水灰比小、单位水泥用量较大的混凝土配合比。

（5）加强施工质量控制，加强养护，保证振捣质量，减少或避免混凝土出现蜂窝等质量事故。

（6）在混凝土表面涂刷保持层，防止 CO_2 侵入等。

5. 混凝土的碱—骨料反应

碱—骨料反应是指水泥、外加剂等混凝土构成物及环境中的碱与骨料中碱活性矿物在潮湿环境下缓慢发生并导致混凝土开裂破坏的膨胀反应。碱—骨料反应有以下 3 种类型。

（1）碱—氧化硅反应。碱与骨料中活性 SiO_2 发生反应，生成碱硅酸盐凝胶，吸水膨胀，引起混凝土膨胀、开裂。活性骨料有蛋白石、玉髓、鳞石英、玛瑙、安山岩及凝灰岩等。

（2）碱—硅酸盐反应。碱与某些层状硅酸盐骨料，如粉砂岩和含蛭石的粘土岩类等加工成的骨料反应，产生膨胀性物质。其作用比上述碱—氧化硅反应缓慢，但是后果更为严重，造成混凝土膨胀开裂。

（3）碱—碳酸盐反应。是水泥中的碱（Na_2O、K_2O）与白云岩或白云岩质石灰岩加工而成的骨料发生作用，生成膨胀物质而使混凝土开裂破坏。

上述几种碱—骨料反应必须具备3个条件：一是水泥中碱的含量必须高；二是骨料中含有一定的活性成分；三是有水存在。

当水泥中碱的含量大于0.6%时，就会与活性骨料发生碱—骨料反应，这种反应进行很慢，由此引起的膨胀破坏往往几年之后才会发现，所以应对碱—骨料反应给予足够的重视。其预防的措施如下。

（1）当水泥中碱含量大于0.6%时，需对骨料进行碱—骨料反应试验；当骨料中活性成分含量高，可能引起碱—骨料反应时，应根据混凝土结构或构件的使用条件，进行专门试验，以确定是否可用。

（2）如必须采用的骨料是碱活性的，就必须选用低碱水泥（Na_2O当量<0.6%），并限制混凝土总碱量不超过2.0~3.0kg/m³。

（3）如无低碱水泥，应掺足够的活性混合材料，如粉煤灰不小于30%，矿渣不小于30%或硅灰不小于70%以缓解破坏作用。

（4）碱—骨料反应的必要条件是水分。混凝土构件长期处在潮湿环境中（即有水的条件下）助长发生碱—骨料反应，干燥状态下不会发生反应，所以混凝土的渗透性对碱—骨料有很大影响，应保证混凝土密实性和重视建筑物排水，避免混凝土表面积水和接缝存水。

6．提高混凝土耐久性的措施

混凝土所处的环境和使用条件不同，对其耐久性的要求也不相同，但影响耐久性的因素却有许多相同之处，混凝土的密实程度是影响耐久性的主要因素，其次是原材料的性质、施工质量等。提高混凝土耐久性的主要措施如下。

（1）合理选择水泥品种，根据混凝土工程的特点和所处的环境条件，参照表4-6选用水泥。

（2）选用质量良好、技术条件合格的砂石骨料。

（3）控制水灰比及保证足够的水泥用量是保证混凝土密实度提高混凝土耐久性的关键。《混凝土结构设计规范》（GB 50010—2010）规定了混凝土结构的环境类别及结构混凝土材料的耐久性基本要求，见表5-16和表5-17。

表5-16 混凝土结构的环境类别

环境类别	条　件
一	室内干燥环境 无侵蚀性静水浸没环境

（续）

环境类别	条　件
二 a	室内潮湿环境 非严寒和非寒冷地区的露天环境 非严寒和非寒冷地区与无侵蚀性的水或土壤直接接触的环境 严寒和寒冷地区的冰冻线以下与无侵蚀性的水或土壤直接接触的环境
二 b	干湿交替环境 水位频繁变动环境 严寒和寒冷地区的露天环境 严寒和寒冷地区冰冻线以上与无侵蚀性的水或土壤直接接触的环境
三 a	严寒和寒冷地区冬季水位变动区环境 受除冰盐影响环境 海风环境
三 b	盐渍土环境 受除冰盐作用环境 海岸环境
四	海水环境
五	受人为或自然的侵蚀性物质影响的环境

注：1. 室内潮湿环境是指构件表面经常处于结露或湿润状态的环境。
2. 严寒和寒冷地区的划分应符合国家现行标准《民用建筑热工设计规范》(GB 50176)的有关规定。
3. 海岸环境和海风环境宜根据当地情况，考虑主导风向及结构所处迎风、背风部位等因素的影响，由调查研究和工程经验确定。
4. 受除冰盐影响环境为受到除冰盐盐雾影响的环境；受除冰盐作用环境指被除冰盐溶液溅射的环境以及使用除冰盐地区的洗车房、停车楼等建筑。

表 5-17　结构混凝土材料的耐久性基本要求

环境等级	最大水胶比	最低强度等级	最大氯离子含量(%)	最大碱含量(kg/m³)
一	0.60	C20	0.30	不限制
二 a	0.55	C25	0.20	3.0
二 b	0.50(0.55)	C30(C25)	0.15	3.0
三 a	0.45(0.50)	C35(C30)	0.15	3.0
三 b	0.40	C40	0.10	3.0

注：1. 氯离子含量系指其占胶凝材料总量的百分比。
2. 预应力构件混凝土中的最大氯离子含量为0.05%；最低混凝土强度等级应按表中的规定提高两个等级。
3. 素混凝土构件的水胶比及最低强度等级的要求可适当放松。
4. 有可靠工程经验时，二类环境中的最低混凝土强度等级可降低一个等级。
5. 处于严寒和寒冷地区二 b、三 a 类环境中的混凝土应使用引气剂，并可采用括号中的有关参数。
6. 当使用非碱活性骨料时，对混凝土中的碱含量可不作限制。

《普通混凝土配合比设计规程》(JGJ/T 55—2011)规定了混凝土最小胶凝材料用量,见表 5-18。

表 5-18 混凝土的最小胶凝材料用量

最大水胶比	最小胶凝材料用量(kg/m³)		
	素混凝土	钢筋混凝土	预应力混凝土
0.60	250	280	300
0.55	280	300	300
0.50	320		
≤0.45	330		

注:配制 C15 及其以下等级的混凝土,可不受本表限制。

(4)掺入减水剂或引气剂,改善混凝土的孔隙率和孔结构,对提高混凝土的抗渗性和抗冻性具有良好作用。

(5)改善施工操作,保证施工质量。

5.4 混凝土外加剂与掺合料

5.4.1 混凝土外加剂

1. 混凝土外加剂的定义和分类

1)混凝土外加剂的定义

混凝土外加剂是指在混凝土拌和前或拌和时掺入的用以改善混凝土性能的物质。掺量一般不超过水泥质量的 5%。

混凝土外加剂的使用是混凝土技术的重大突破。随着混凝土材料的广泛应用,对混凝土性能提出了许多新的要求,如泵送混凝土要求混凝土高流动性;冬季施工要求混凝土早期强度高;高层建筑、海洋结构要求混凝土高强、高耐久性。要使混凝土具备这些性能,只有使用高性能外加剂。由于外加剂对混凝土技术性能的改善,它在工程中应用的比例越来越大,不少国家使用掺外加剂的混凝土已占混凝土总量的 60%~90%,因此,外加剂已逐渐成为混凝土中必不可少的第五种组分。

2)混凝土外加剂的分类

混凝土外加剂种类繁多,目前有 400 余种,我国生产的外加剂有 200 多个牌号。根据国标《混凝土外加剂定义、分类、命名与术语》(GB/T 8075—2005)的规定,混凝土外加剂按其主要功能分为以下 4 类。

(1)改善混凝土拌合物流动性能的外加剂,包括各种减水剂和泵送剂等。

(2)调节混凝土凝结时间、硬化性能的外加剂,包括缓凝剂、促凝剂和速凝剂等。

(3) 改善混凝土耐久性的外加剂，包括引气剂、防水剂、阻锈剂和矿物外加剂等。
(4) 改善混凝土其他性能的外加剂，包括膨胀剂、防冻剂和着色剂等。
目前在工程中常用的外加剂主要有减水剂、引气剂、早强剂、缓凝剂和防冻剂等。

2. 减水剂

减水剂是在混凝土坍落度基本相同的条件下，能显著减少混凝土拌和水量的外加剂。根据减水剂的作用效果及功能情况，可分为普通减水剂、高效减水剂、早强减水剂、缓凝减水剂和引气减水剂等。

1) 减水剂的作用原理

常用减水剂均属表面活性物质，由亲水基团和憎水基团两个部分组成。当水泥加水拌和后，由于水泥颗粒间分子凝聚力的作用，使水泥浆形成絮凝结构(图 5.17)。在这种絮凝结构中，包裹了一定的拌和水(游离水)，从而降低了混凝土拌合物的流动性。如在水泥浆中加入适量的减水剂，使水泥颗粒表面带有相同的电荷，在电斥力作用下，使水泥颗粒互相分开［图 5.18(a)］，絮凝结构解体，包裹的游离水被释放出来，从而有效地增加了混凝土拌合物的流动性［图 5.18(b)］。当水泥颗粒表面吸附足够的减水剂后，使水泥颗粒表面形成一层稳定的薄膜层，它阻止了水泥颗粒间的直接接触，并在颗粒间起润滑作用，也改善了混凝土拌合物的和易性。此外，由于水泥颗粒被有效分散，颗粒表面被水分充分润湿，增大了水泥颗粒的水化面积，使水化比较充分，从而提高了混凝土的强度。

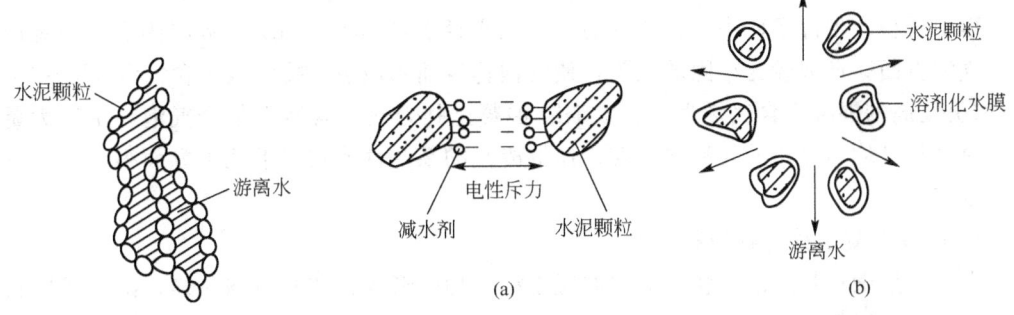

图 5.17 水泥浆的絮凝结构　　图 5.18 减水剂作用示意图

2) 减水剂的技术经济效果

在混凝土中加入减水剂后，根据使用目的的不同，一般可取得以下效果。

(1) 增加流动性。在用水量及水灰比不变时，混凝土坍落度可增大 100~200mm，且不影响混凝土的强度。

(2) 提高混凝土强度。在保持流动性及水泥用量不变的条件下，可减少拌和水量 10%~15%，从而降低了水灰比，使混凝土强度提高 15%~20%，特别是早期强度提高更为显著。

(3) 节约水泥。在保持流动性及水灰比不变的条件下，可以在减少拌和水量的同时，相应减少水泥用量，即在保持混凝土强度不变时，可节约水泥用量 10%~15%。

(4) 改善混凝土的耐久性。由于减水剂的掺入，显著改善了混凝土的孔结构，使混凝土的密实度提高,透水性可降低40%~80%,从而可提高抗渗、抗冻、抗化学腐蚀及抗锈蚀等能力。

此外,掺用减水剂后,还可以改善混凝土拌合物的泌水和离析现象,延缓混凝土拌合物的凝结时间,减慢水泥水化放热速度和配制特种混凝土。

3) 目前常用的减水剂

减水剂是使用最广泛、效果最显著的外加剂。其种类很多,目前有木质素系、萘系、树脂系、糖蜜系和腐殖酸减水剂等。我国目前常用的主要有木质素系和萘系减水剂和水溶性树脂系减水剂等几类,如 M 型减水剂、NNO 型、MF 型、建Ⅰ型减水剂以及 SM 树脂减水剂等。

3. 早强剂

早强剂是指能加速混凝土早期强度发展的外加剂。早强剂可促进水泥的水化和硬化进程,加快施工进度,提高模板周转率,特别适用于冬季施工或紧急抢修工程。

目前广泛使用的混凝土早强剂有 3 类,即氯盐类(如 $CaCl_2$、$NaCl$ 等)、硫酸盐类(如 Na_2SO_4 等)和有机胺类,但更多的是使用以它们为基材的复合早强剂。其中,氯化物对钢筋有锈蚀作用,常与阻锈剂($NaNO_2$)复合使用。

4. 引气剂

引气剂是指搅拌混凝土过程中能引入大量均匀分布、稳定而封闭的微小气泡的外加剂。引气剂属憎水性表面活性剂,由于能显著降低水的表面张力和界面能,使水溶液在搅拌过程中极易产生许多微小的封闭气泡,气泡直径多在 $50\sim250\mu m$,同时因引气剂定向吸附在气泡表面,形成较为牢固的液膜,使气泡稳定而不破裂。按混凝土含气量3%~5%计(不加引气剂的混凝土含气量为1%),$1m^3$ 混凝土拌合物中含数百亿个气泡,由于大量微小、封闭并且均匀分布的气泡的存在,使混凝土的某些性能在以下几个方面得到明显的改善或改变。

1) 改善混凝土拌合物的和易性

由于大量微小封闭的球状气泡在混凝土拌合物内形成,如同滚珠一样,减少了颗粒间的摩擦力,使混凝土拌合物流动性增加,同时由于水分均匀分布在大量气泡的表面,使能自由移动的水量减少,混凝土拌合物的保水性、粘聚性也随之提高。

2) 显著提高混凝土的抗渗性、抗冻性

大量均匀分布的封闭气泡切断了混凝土中的毛细管渗水通道,改变了混凝土的孔结构,使混凝土抗渗性显著提高。同时,封闭气泡有较大的弹性变形能力,对由水结冰所产生的膨胀应力有一定的缓冲作用,因而混凝土的抗冻性得到提高。

3) 降低混凝土强度

由于大量气泡的存在,减少了混凝土的有效受力面积,使混凝土强度有所降低。一般混凝土的含气量每增加1%时,其抗压强度将降低4%~5%,抗折强度降低2%~3%。

引气剂可用于抗渗混凝土、抗冻混凝土、抗硫酸侵蚀混凝土、泌水严重的混凝土、轻混凝土以及对饰面有要求的混凝土等,但引气剂不宜用于蒸养混凝土及预应力钢筋混凝土。

引气剂的掺用量通常为水泥质量的 0.005%～0.015%（以引气剂的干物质计算）。

常用的引气剂有松香热聚物、松香酸钠、烷基磺酸钠、烷基苯磺酸钠及脂肪醇硫酸钠等。

5. 缓凝剂

缓凝剂是指能延缓混凝土凝结时间，并对混凝土后期强度发展无不利影响的外加剂。缓凝剂主要有 4 类：糖类，如糖蜜；木质素磺酸盐类，如木钙、木钠；羟基羧酸及其盐类，如柠檬酸、酒石酸；无机盐类，如锌盐、硼酸盐等。常用的缓凝剂是木钙和糖蜜，其中糖蜜的缓凝效果最好。

糖蜜缓凝剂是制糖下脚料经石灰处理而成，也是表面活性剂，将其掺入混凝土拌合物中，能吸附在水泥颗粒表面，形成同种电荷的亲水膜，使水泥颗粒相互排斥，并阻碍水泥水化，从而起缓凝作用。糖蜜的适宜掺量为 0.1%～0.3%，混凝土凝结时间可延长 2～4h，掺量过大会使混凝土长期不硬，强度严重下降。

缓凝剂具有缓凝、减水、降低水化热和增强作用，对钢筋也无锈蚀作用。主要适用于大体积混凝土、炎热气候下施工的混凝土，以及需长时间停放或长距离运输的混凝土。缓凝剂不宜用于在日最低气温 5℃以下施工的混凝土，也不宜单独用于有早强要求的混凝土及蒸养混凝土。

6. 防冻剂

防冻剂是指在规定温度下，能显著降低混凝土的冰点，使混凝土液相不冻结或仅部分冻结，以保证水泥的水化作用，并在一定的时间内获得预期强度的外加剂。常用的防冻剂有氯盐类（氯化钙、氯化钠）、氯盐阻锈类（以氯盐与亚硝酸钠阻锈剂复合而成）、无氯盐类（以硝酸盐、亚硝酸盐、碳酸盐、乙酸钠或尿素复合而成）。

氯盐类防冻剂适用于无筋混凝土，氯盐阻锈类防冻剂适用于钢筋混凝土，无氯盐类防冻剂可用于钢筋混凝土工程和预应力钢筋混凝土工程。硝酸盐、亚硝酸盐、碳酸盐易引起钢筋的腐蚀，故不适用于预应力钢筋混凝土以及与镀锌钢材或与铝铁相接触部位的钢筋混凝土结构。此外，含有六价铬盐、亚硝酸盐等有毒成分的防冻剂，严禁用于饮水工程及与食品接触的部位。

防冻剂用于负温条件下施工的混凝土。目前，国产防冻剂品种适用于 -15～0℃的气温，当在更低气温下施工时，应增加其他混凝土冬季施工的措施，如暖棚法、原料（砂、石、水）预热法等。

7. 速凝剂

速凝剂是指能使混凝土迅速凝结硬化的外加剂。速凝剂主要有无机盐类和有机物类两类。我国常用的速凝剂是无机盐类，主要型号有红星Ⅰ型、7Ⅱ型、728 型及 8604 型等。

红星Ⅰ型速凝剂是由铝氧熟料（主要成分为铝酸钠）、碳酸钠、生石灰按质量 1:1:0.5 的比例配制而成的一种粉状物，适宜掺量为水泥质量的 2.5%～4.0%。7Ⅱ型速凝剂是铝氧熟料与无水石膏按质量比 3:1 配合粉磨而成，适宜掺量为水泥质量的 3%～5%。

速凝剂掺入混凝土后，能使混凝土在 5min 内初凝，10min 内终凝，1h 就可产生强度，1d 强度提高 2~3 倍，但后期强度会下降，28d 强度为不掺时的 80%~90%。速凝剂的速凝早强作用机理是使水泥中的石膏变成 Na_2SO_4，失去缓凝作用，从而促使 C_3A 迅速水化，并在溶液中析出其水化产物晶体，导致水泥浆迅速凝固。

速凝剂主要用于矿山井巷、铁路隧道、引水涵洞及地下工程。

8. 膨胀剂

膨胀剂能使混凝土在硬化过程中产生微量体积膨胀。膨胀剂的种类有硫铝酸盐类、氧化钙类、金属类等。各膨胀剂的成分不同，引起膨胀的原因也不相同。膨胀剂的使用应注意以下问题。

（1）掺入硫铝酸盐类膨胀剂的膨胀混凝土（或砂浆），不得用于长期处于温度为 80℃ 以上的工程中。

（2）掺入硫铝酸盐类或氧化钙类膨胀剂的混凝土，不宜同时使用氯盐类外加剂。

（3）掺入铁屑膨胀剂的填充用膨胀砂浆，不得用于有杂散电流的工程，也不得用在与氯镁材料接触的部位。

9. 外加剂的选择和使用

在混凝土中掺入外加剂，可明显改善混凝土的技术性能，取得显著的技术经济效果。若选择和使用不当，会造成事故。因此，在选择和使用外加剂时，应注意以下几点。

1）外加剂品种的选择

外加剂品种、品牌很多，效果各异，特别是对于不同品种的水泥效果不同。在选择外加剂时，应根据工程需要、现场的材料条件，并参考有关资料，通过试验确定。

2）外加剂掺量的确定

混凝土外加剂均有适宜掺量，掺量过小，往往达不到预期效果；掺量过大，则会影响混凝土质量，甚至造成质量事故。因此，应通过试验试配确定最佳掺量。

3）外加剂的掺加方法

外加剂的掺量很少，必须保证其均匀分散，一般不能直接加入混凝土搅拌机内。对于可溶于水的外加剂，应先配成一定浓度的溶液，随水加入搅拌机。对不溶于水的外加剂，应与适量水泥或砂混合均匀后再加入搅拌机内。另外，外加剂的掺入时间对其效果的发挥也有很大影响，如为保证减水剂的减水效果，减水剂有同掺法、后掺法及分次掺入共 3 种方法。

5.4.2 混凝土掺合料

混凝土掺合料不同于生产水泥时与熟料一起磨细的混合材料，它是在混凝土（或砂浆）搅拌前或在搅拌过程中，与混凝土（或砂浆）其他组分一样，直接加入的一种外掺料。

用于混凝土的掺合料绝大多数是具有一定活性的固体工业废渣。掺合料不仅可以取代部分水泥、减少混凝土的水泥用量、降低成本，而且可以改善混凝土拌合物和硬化混凝土的各项性能。因此，混凝土中掺用掺合料，其技术、经济和环境效益是十分显著的。

土木工程用作混凝土的掺合料有粉煤灰、硅灰、粒化高炉矿渣粉、磨细自燃煤矸石以及其他工业废渣。其中，粉煤灰是目前用量最大、使用范围最广的一种掺合料。

1. 粉煤灰

1) 粉煤灰的种类及技术要求

拌制混凝土和砂浆用的粉煤灰分为 F 类粉煤灰和 C 类粉煤灰两类。F 类粉煤灰是由无烟煤或烟煤燃烧收集的，其 CaO 含量不大于 10% 或游离 CaO 含量不大于 1%；C 类粉煤灰是由褐煤或次烟煤燃烧收集的，其 CaO 含量大于 10% 或游离 CaO 含量大于 1%，又称高钙粉煤灰。

F 类和 C 类粉煤灰又根据其技术要求分为Ⅰ级、Ⅱ级和Ⅲ级 3 个等级。按《用于水泥和混凝土中的粉煤灰》(GB 1596—2005)规定，其相应的技术要求列于表 5-18。

表 5-19 拌制混凝土和砂浆用粉煤灰技术要求

项 目		技术要求		
		Ⅰ级	Ⅱ级	Ⅲ级
细度(45μm 方孔筛筛余)(%)	F 类粉煤灰	≤12	≤25	≤45
	C 类粉煤灰			
需水量比(%)	F 类粉煤灰	≤95	≤105	≤115
	C 类粉煤灰			
烧失量(%)	F 类粉煤灰	≤5.0	≤8.0	≤15.0
	C 类粉煤灰			
含水量(%)	F 类粉煤灰	≤1.0		
	C 类粉煤灰			
三氧化硫(%)	F 类粉煤灰	≤3.0		
	C 类粉煤灰			
游离氧化钙(%)	F 类粉煤灰	≤1.0		
	C 类粉煤灰	≤4.0		
安定性：雷氏夹沸煮后增加距离(mm)	C 类粉煤灰	≤5.0		

与 F 类粉煤灰相比，C 类粉煤灰一般具有需水量比小、活性高和自硬性好等特征。但由于 C 类粉煤灰中往往含有游离氧化钙，所以在用作混凝土掺合料时，必须对其体积安定性进行合格检验。

2) 粉煤灰效应及其对混凝土性质的影响

粉煤灰由于其本身的化学成分、结构和颗粒形状等特征，在混凝土中可产生下列效应，总称为"粉煤灰效应"。

(1) 活性效应。粉煤从中所含的 SiO_2 和 Al_2O_3 具有化学活性，它们能与水泥水化产生的 $Ca(OH)_2$ 反应，生成类似水泥水化产物中的水化硅酸钙和水化铝酸钙，可作为胶凝材料的一部分而起到增强作用。

(2) 颗粒形态效应。煤粉在高温燃烧过程中形成的粉煤灰颗粒,绝大多数为玻璃微珠,掺入混凝土中可减小内摩擦力,从而减少混凝土的用水量,起减水作用。

(3) 微骨料效应。粉煤灰中的微细颗粒均匀分布在水泥浆内,填充孔隙和毛细孔,改善了混凝土的孔结构和增大密实度。

由于上述效应的结果,粉煤灰可以改善混凝土拌合物的流动性、保水性、可泵性以及抹面性等性能,并能降低混凝土的水化热,以及提高混凝土的抗化学侵蚀、抗渗及抑制碱—骨料反应等耐久性能。

混凝土中掺入粉煤灰取代部分水泥后,混凝土的早期强度将随掺入量增多而有所降低,但 28d 以后长期强度可以赶上甚至超过不掺粉煤灰的混凝土。

3) 混凝土掺用粉煤灰的规定及方法

混凝土工程掺用粉煤灰时,应按《粉煤灰混凝土应用技术规范》(GBJ 146—1990)的规定,对于不同的混凝土工程,选用相应等级的粉煤灰。

(1) Ⅰ级灰适用于钢筋混凝土和跨度小于 6m 的预应力钢筋混凝土。

(2) Ⅱ级灰适用于钢筋混凝土和无筋混凝土。

(3) Ⅲ级灰主要用于无筋混凝土;但大于 C30 的无筋混凝土,宜采用Ⅰ、Ⅱ级灰。

混凝土中掺用粉煤灰,一般有以下 3 种方法。

(1) 等量取代法。以等质量的粉煤灰取代混凝土中的水泥,主要适用于掺加Ⅰ级粉煤灰、混凝土超强以及大体积混凝土工程。

(2) 超量取代法。粉煤灰的掺入量超过其取代水泥的质量,超量的粉煤灰取代部分细骨料。其目的是增加混凝土中胶凝材料用量,以补偿由于粉煤灰取代水泥而造成的强度降低。超量取代法可以使掺粉煤灰的混凝土达到与不掺时相同的强度,并可节约细骨料用量。粉煤灰的超量系数(粉煤灰掺入质量与取代水泥质量之比)应根据粉煤灰的等级而定,通常可按表 5-20 的规定选用。

表 5-20 粉煤灰的超量系数

粉煤灰等级	超量系数
Ⅰ	1.1~1.4
Ⅱ	1.3~1.7
Ⅲ	1.5~2.0

(3) 外加法。外加法是指在保持混凝土水泥用量不变的情况下,外掺一定数量的粉煤灰,其目的只是为改善混凝土拌合物的和易性。

实践证明,当粉煤灰取代水泥量过多时,混凝土的抗碳化耐久性将变差,所以粉煤灰取代水泥的最大限量应符合表 5-21 的规定。

表 5-21 粉煤灰取代水泥的最大限量

混凝土种类	粉煤灰取代水泥的最大限量(%)			
	硅酸盐水泥	普通硅酸盐水泥	矿渣硅酸盐水泥	火山灰质硅酸盐水泥
预应力钢筋混凝土	25	15	10	—
钢筋混凝土 高强度混凝土 高抗冻融性混凝土 蒸养混凝土	30	25	20	15

(续)

混凝土种类	粉煤灰取代水泥的最大限量(%)			
	硅酸盐水泥	普通硅酸盐水泥	矿渣硅酸盐水泥	火山灰质硅酸盐水泥
中、低强度混凝土 泵送混凝土 大体积混凝土 水下混凝土 地下混凝土 压浆混凝土	50	40	30	20
碾压混凝土	65	55	45	35

4) 粉煤灰掺合料在混凝土工程中的应用

粉煤灰掺合料适用于一般工业与民用建筑结构和构筑物用的混凝土,尤其适用于泵送混凝土、大体积混凝土、抗渗混凝土、抗化学侵蚀的混凝土、蒸汽养护的混凝土、地下和水下工程混凝土以及碾压混凝土等。

2. 粒化高炉矿渣粉

用作混凝土掺合料的粒化高炉矿渣粉,是由粒化高炉矿渣经干燥、粉磨达到相当细度的一种粉体。粉磨时也可添加适量的石膏和助磨剂。粒化高炉矿渣粉简称矿渣粉,又称矿渣微粉。

按《用于水泥和混凝土中的粒化高炉矿渣粉》(GB/T 18046—2008)规定,矿渣粉应符合表 5-22 的技术要求。

表 5-22 矿渣粉技术要求

项 目		技术要求		
		S105	S95	S75
密度(g/cm^3)		≥2.8		
比表面积(m^2/kg)		≥500	≥400	≥300
活性指数(%)	7d	≥95	≥75	≥55
	28d	≥105	≥95	≥75
流动度比(%)		≤95		
含水量(质量分数)(%)		≤1.0		
三氧化硫(质量分数)(%)		≤4.0		
氯离子(质量分数)(%)		≤0.06		
烧失量(质量分数)(%)		≤3.0		
玻璃体含量(质量分数)(%)		≥85		
放射性		合格		

矿渣粉按其活性指数和流动度比两项指标分为 3 个等级：S105、S95 和 S75。活性指数是指以矿渣粉取代 50% 水泥后的试验砂浆强度与对比的水泥砂浆强度之比值。流动度比

则是这两种砂浆流动度的比值。

粒化高炉矿渣粉是混凝土的优质掺合料。它不仅可等量取代混凝土中的水泥,而且可使混凝土的每项性能获得显著改善,如降低水化热、提高抗渗和抗化学腐蚀等耐久性、抑制碱—骨料反应以及大幅度提高长期强度。

掺矿渣粉的混凝土与普通混凝土的用途一样,可用作钢筋混凝土、预应力钢筋混凝土和素混凝土。大掺量矿渣粉混凝土更适用于大体积混凝土、地下工程混凝土和水下混凝土等。矿渣粉还适用于配制高强度混凝土、高性能混凝土。

矿渣粉混凝土的配合比设计方法与普通混凝土基本相同。掺矿渣粉的混凝土允许同时掺用粉煤灰,但粉煤灰掺量不宜超过矿渣粉。混凝土中矿渣粉的掺量应根据不同强度等级和不同用途通过试验确定。对于C50和C50以上的高强混凝土,矿渣粉的掺量不宜超过30%。

3. 硅灰

硅灰又称凝聚硅灰或硅粉,为电弧炉冶炼硅金属或硅铁合金的副产品。在温度高达2000℃下,将石英还原成硅时,会产生Si气体,到低温区再氧化成SiO_2,最后冷凝成极微细的球状颗粒固体。硅灰成分中SiO_2含量高达80%以上,主要是非晶态的无定形SiO_2。硅灰颗粒的平均粒径为0.1~0.2μm,比表面积20000~25000m^2/kg。密度2.2g/cm^3,堆积密度只有250~300kg/m^3。硅灰的火山灰活性极高,但因其颗粒极细,单位重量很轻,给收集、装运及管理等带来困难。

硅灰取代水泥后,其作用与粉煤灰类似,可改善混凝土拌合物的和易性,降低水化热,提高混凝土抗侵蚀、抗冻、抗渗性,抑制碱—骨料反应,且其效果要比粉煤灰好很多。硅灰中的SiO_2在早期即可与$Ca(OH)_2$发生反应,生成水化硅酸钙。所以,用硅灰取代水泥可提高混凝土的早期强度。

硅灰取代水泥量一般在5%~15%之间,当超过20%以后,水泥浆将变得十分粘稠。混凝土拌和用水量随硅灰的掺入而增加,为此,当混凝土掺用硅灰时,必须同时掺加减水剂,这样才可获得最佳效果。例如,当以5%~10%的硅灰等量取代混凝土中的水泥,并同时掺入高效减水剂,则可配制出100MPa的高强度混凝土。由于硅灰的售价较高,故目前主要只用于配制高强和超高强混凝土、高抗渗混凝土以及其他要求高性能的混凝土。

5.5 普通水泥混凝土配合比设计

混凝土配合比设计是根据材料的技术性能、工程要求、结构形式和施工条件来确定混凝土各组成材料数量之间的比例关系。

5.5.1 混凝土配合比表示方法

配合比常用的表示方法有两种:一种是以1m^3混凝土中各组成材料的质量来表示,如水泥300kg、水180kg、砂720kg、石子1200kg;另一种表示方法是以各组成材料相互间的质量比来表示(以水泥质量为1),将上例换算成质量比为

水泥∶砂∶石子∶水=1∶2.4∶4∶0.6

5.5.2 混凝土配合比设计的基本要求

配合比设计的任务就是根据原材料的技术性能及施工条件，确定出能满足工程所要求的技术经济指标的各项组成材料的用量。具体地说，混凝土配合比设计的基本要求是：达到混凝土结构设计的强度等级。满足混凝土施工所要求的和易性。满足工程所处环境和使用条件对混凝土耐久性的要求。符合经济原则，节约水泥，降低成本。

5.5.3 混凝土配合比设计的3个参数

水灰比、单位用水量和砂率是混凝土配合比设计的3个基本参数，它们与混凝土各项性质之间有着非常密切的关系。因此，混凝土配合比设计主要是正确地确定出这3个参数。才能保证配制出满足4项基本要求的混凝土。

混凝土配合比设计中确定3个参数的原则是：在满足混凝土强度和耐久性的基础上，确定混凝土的水灰比；在满足混凝土施工要求的和易性基础上，根据骨料的种类和规格确定混凝土的单位用水量；砂在骨料中的数量应以填充石子空隙后略有富余的原则来确定。

5.5.4 混凝土配合比设计的准备资料

在设计混凝土配合比之前，必须通过调查研究，预先掌握下列基本资料。
（1）了解工程设计要求的混凝土强度等级，以便确定混凝土配制强度。
（2）了解工程所处环境对混凝土耐久性的要求，以便确定所配制混凝土的适宜水泥品种、最大水灰比和最小水泥用量。
（3）了解结构断面尺寸及钢筋配置情况，以便确定混凝土骨料的最大粒径。
（4）了解混凝土施工方法及管理水平，以便选择混凝土拌合物坍落度及骨料的最大粒径。
（5）掌握原材料的性能指标，包括水泥的品种、等级、密度；砂、石骨料的种类及表观密度、级配、最大粒径；拌和用水的水质情况；外加剂的品种、性能和适宜掺量。

5.5.5 混凝土配合比设计的步骤

混凝土配合比设计包括初步配合比计算、试配和调整等步骤。按选用的原材料性能及对混凝土的技术要求进行初步配合比的计算，以便得出供试配用的配合比。该配合比是借助于一些经验公式和数据计算出来的，或是利用经验资料查得的，因而不一定符合实际情况，在工程中，应采用工程中实际使用的原材料。混凝土的搅拌、运输方法也应与生产时使用的方法相同，通过试拌调整，直到混凝土拌合物的和易性符合要求为止，然后提出供检验混凝土强度用的基准配合比。按强度和湿表观密度检验结果再修正基准配合比，即得实验室配合比。实验室配合比是以干燥材料为基准的，而工地存放的砂、石都含有一定的水分。因此，现场材料的实际称量应按工地砂、石的含水情况进行修正，修正后的配合比称为施工配合比。

5.5.6 混凝土配合比设计方法(以抗压强度为指标的设计方法)

1. 确定混凝土配制强度

混凝土配制强度按下式计算：

$$f_{cu,o} \geqslant f_{cu,k} + 1.645\sigma \tag{5-11}$$

式中：$f_{cu,o}$——混凝土配制强度(MPa)；
  $f_{cu,k}$——混凝土立方体抗压强度标准值(MPa)；
  σ——混凝土强度标准差(MPa)。

混凝土强度标准差应按下列规定确定。

(1) 当施工单位具有近期同类混凝土(系指混凝土强度等级相同，配合比和生产工艺条件基本相同的混凝土)28d 的抗压强度资料时，混凝土强度标准差 σ 应按式(5-23)计算。

对于强度等级不大于 C30 的混凝土，当混凝土强度标准差计算值不小于 3.0MPa 时，应按式(5-23)计算结果取值；当混凝土强度标准差计算值小于 3.0MPa 时，应取 3.0MPa。

对于强度等级大于 C30 且小于 C60 的混凝土，当混凝土强度标准差计算值不小于 4.0MPa 时，应按式(5-23)计算结果取值；当混凝土强度标准差计算值小于 4.0MPa 时，应取 4.0MPa。

(2) 当施工单位不具有近期同类混凝土强度统计资料时，其强度标准差可按表 5-23 规定取值。但最好应根据施工单位实际情况(指生产质量管理水平)，加以适当调整确定。

表 5-23 混凝土强度标准 σ

混凝土强度等级	≤C20	C25～C45	C50～C55
σ(MPa)	4.0	5.0	6.0

对预制混凝土厂和预制混凝土构件厂，统计周期可取为 1 个月；对现场拌制混凝土的施工单位，统计周期可根据实际情况确定，但不宜超过 3 个月。

2. 初步确定水灰比(W/C)

根据已确定的混凝土配制强度 $f_{cu,o}$，按下式计算水灰比：

$$f_{cu,o} = \alpha_a f_{ce} \left(\frac{C}{W} - \alpha_a \right) \tag{5-12}$$

为了满足耐久性要求，计算所得混凝土水灰比值应与表 5-17 中的规定值进行复核。如果计算所得的水灰比大于表中的规定值，应按表中规定取值。

3. 选取每立方米混凝土的用水量(m_{wo})

设计混凝土配合比时，应力求采用最小单位用水量，应按骨料品种、粒径及施工要求的流动性指标(如坍落度)等,根据本地区或本单位的经验数据选用。用水量也可参考表 5-24 选取。

1m³ 混凝土拌合物的用水量,一般应根据选定的坍落度,参考表 5-24 选用。

表 5-24 塑性和干硬性混凝土的用水量   单位：kg/m³

项 目	指 标	卵石最大公称粒径(mm)				碎石最大公称粒径(mm)			
		10.0	20.0	31.5	40.0	16.0	20.0	31.5	40.0
坍落度 (mm)	10~30	190	170	160	150	120	185	175	165
	35~50	200	180	170	160	210	195	185	175
	55~70	210	190	180	170	220	205	195	185
	75~90	215	195	185	175	230	215	205	195
维勃稠度 (s)	16~20	175	160	—	145	180	170	—	155
	11~15	180	165	—	150	185	175	—	160
	5~10	185	170	—	155	190	180	—	165

注：1. 本表用水量系采用中砂时的平均取值,采用粗砂或细砂时,1m³ 混凝土用水量可适当增减 5~10kg。
2. 掺用各种外加剂或外掺料时,用水量应相应调整。
3. 本表不适用于水灰比小于 0.4 或大于 0.8 的混凝土以及特殊成型工艺的混凝土。
4. 本表摘自《普通混凝土配合比设计规程》(JGJ/55—2011)。

对流动性和大流动性混凝土用水量的确定,按下列步骤进行。

(1) 以表 5-24 中坍落度为 90mm 的用水量为基础,按坍落度每增大 20mm 相应增加 5kg/m³ 用水量来计算,当坍落度增大到 180mm 以上时,随坍落度相应增加的用水量可减少。

(2) 掺外加剂时的混凝土用水量可按下式计算：

$$m_{wa} = m_{wo}(1-\beta) \qquad (5-13)$$

式中：m_{wa}——掺外加剂混凝土每立方米混凝土的用水量(kg)；
m_{wo}——未掺外加剂混凝土每立方米混凝土的用水量(kg)；
β——外加剂的减水率(%),应经试验确定。

4. 计算每立方米混凝土的水泥用量(m_{co})

根据已确定的用水量、水灰比计算水泥用量,即

$$m_{co} = m_{wo} \cdot \frac{C}{W} \qquad (5-14)$$

式中：m_{co}——水泥用量(kg/m³)；
m_{wo}——用水量(kg/m³)。

为保证混凝土耐久性,应进行复核,由式(5-14)计算所得的水泥用量若小于表 5-18 规定的最小水泥量时,应按表中规定的最小水泥用量选取。

5. 选取合理砂率

应根据骨料的技术性质、混凝土拌合物性能和施工要求,参考既有历史资料确定。当缺乏砂率的历史资料时,混凝土砂率的确定应符合以下规定。

(1) 坍落度小于10mm的混凝土，其砂率应经试验确定。

(2) 坍落度小于10～60mm的混凝土，其砂率可根据粗骨料品种、最大公称粒径及水灰比，按表5-25选取。

(3) 坍落度大于60mm的混凝土，其砂率应经试验确定，也可在表5-25的基础上，按坍落度每增大20mm、砂率增大1%的幅度予以调整。

表5-25 混凝土砂率　　　　　　　　　　　　　　　单位：%

水灰比	卵石最大公称粒径(mm)			碎石最大公称粒径(mm)		
	10.0	20.0	40.0	16.0	20.0	40.0
0.40	26～32	25～31	24～30	30～35	29～34	27～32
0.50	30～35	29～34	28～33	33～38	32～37	30～35
0.60	33～38	32～37	31～36	36～41	35～40	33～38
0.70	36～41	35～40	34～39	39～44	38～43	36～41

注：1. 表中数值系中砂选用的砂率，对细砂或者粗砂可相应地减少或增大砂率。
　　2. 采用人工砂配制混凝土时，砂率可适当增大。
　　3. 只用一个单粒级粗骨料配制混凝土时，砂率应适当增大。

6. 计算砂、石用量(m_{so}和m_{go})

计算砂、石用量有两种方法：即体积法和质量法。在已知混凝土用水量、水泥用量及砂率的情况下，采用其中任何一种方法均可求出砂、石用量。

1) 体积法（又称绝对体积法）

这种方法是假设混凝土拌合物的体积等于各组成材料绝对体积和混凝土拌合物中所含空气体积之总和，即

$$\begin{cases} \dfrac{m_{co}}{\rho_c} + \dfrac{m_{so}}{\rho_s} + \dfrac{m_{go}}{\rho_g} + \dfrac{m_{wo}}{\rho_{H_2O}} + 0.01\alpha = 1 \\ \dfrac{m_{so}}{m_{so}+m_{go}} = \beta_s \end{cases} \tag{5-15}$$

式中：ρ_c——水泥密度（可取2900～3100）(kg/m³)；

ρ_g——粗集料的表观密度(kg/m³)；

ρ_s——细集料的表观密度(kg/m³)；

ρ_{H_2O}——水的密度（可取1000）(kg/m³)；

α——混凝土的含气量百分数（在不使用引气型外加剂时，又可取1）。

联立以上两式，即可求出m_{go}、m_{so}。

2) 质量法

这种方法先假定一个混凝土拌合物湿表观密度值（又称湿表观密度计算值），根据各材料之间的质量关系，计算各材料的用量。

混凝土的湿表观密度计算值，可根据本单位累计的试验资料确定，当无资料时可在2350～2450kg/m³范围内选定。

按下列两个关系式求出砂石总用量及砂、石各自的用量：

$$\begin{cases} m_{co}+m_{so}+m_{go}+m_{wo}=m_{cp} \\ \dfrac{m_{so}}{m_{so}+m_{go}}=\beta_s \end{cases} \quad (5-16)$$

式中：m_{cp}——每立方米混凝土拌合物的假定质量，其他符号同体积法。

7. 初步配合比

经上述计算，即可取得初步配合比，即 $1m^3$ 混凝土各组成材料用量 m_{co}、m_{so}、m_{go}、m_{wo}，也可求出以水泥用量为 1 的各材料的比值。

$$m_{co}:m_{so}:m_{go}:m_{wo}=1:\dfrac{m_{so}}{m_{co}}:\dfrac{m_{go}}{m_{co}}:\dfrac{m_{wo}}{m_{co}} \quad (5-17)$$

以上混凝土配合比计算公式和表格，均以干燥状态集料（指含水率小于 0.5% 的细集料或含水率小于 0.2% 的粗集料）为基准。当以饱和面干集料为基准进行计算时，则应作相应的修正。

8. 试配与调整

1) 试配拌合物的用量

以上求出的初步配合比的各材料用量，是借助于经验公式、图表算出或查得的，能否满足设计要求，还需要通过试验及试配调整来完成。试验用拌合物的数量，主要应根据集料的最大粒径，以考虑混凝土检验项目、搅拌机的容量等来确定。拌和量见表 5-26。

表 5-26 混凝土试配拌和量

骨料最大粒径(mm)	拌合物数量(L)
≤31.5	20
40.0	25

2) 和易性检验与调整

根据试验用拌合物的数量，按初步配合比称取实际工程中使用的材料进行试拌，搅拌均匀，测定其坍落度；并观察粘聚性和保水性，如经试配和易性不符合设计要求时，可作如下调整：

当坍落度比设计要求值大或小时，可以保持水灰比不变，相应地减少或增加水泥浆用量。对于普通混凝土每增加或减少 10mm 坍落度，需增加或减少 2%~5% 的水泥浆；当坍落度比要求值大时，除上述方法外，还可以在保持砂率不变的情况下，增加集料用量；若坍落度值大，且拌合物粘聚性、保水性差时，可减少水泥浆、增大砂率(保持砂石总量不变；增加砂用量，相应减少石子用量)，这样重复测试，直至符合要求为止。而后测出混凝土拌合物实测湿表观密度，并计算出 $1m^3$ 混凝土中各拌合物的实际用量。然后提出和易性已满足要求的供检验混凝土强度用的基准配合比，即 $m_{ca}:m_{sa}:m_{ga}:m_{wa}$。

$$m_{ca}:m_{sa}:m_{ga}:m_{wa}=1:\dfrac{m_{sa}}{m_{ca}}:\dfrac{m_{ga}}{m_{ca}}:\dfrac{m_{wa}}{m_{ca}} \quad (5-18)$$

式中：m_{ca}、m_{sa}、m_{ga}、m_{wa}——基准配合比每立方米混凝土中水泥、砂、石子、水的用量(kg)。

3) 强度复核

混凝土配合比除和易性满足要求外，还要进行强度复核。为了满足混凝土强度等级及耐久性要求，应进行水灰比调整。

复核检验混凝土强度时至少应采用3个不同水灰比的配合比,其中一个为基准配合比,另两个配合比是以基准配合比的水灰比为准,在此基础上水灰比分别增加和减少0.05,其用水量应与基准配合比相同,但砂率值可增加和减少1%。经试验、调整后的拌合物均应满足和易性要求,并测出各自的"湿表观密度实测值",以供最后修正材料用。

用3个不同配合比的混凝土拌合物分别制成试块,每种配合比至少应制作一组(3块)试块,标准养护28d,测其立方体抗压强度值。并用作图法把不同水灰比值的立方体强度标在以强度为纵轴,灰水比为横轴的坐标上,就可得到强度-灰水比的线性关系。由该线性关系可求出与配制强度相对应的水灰比值,即所需的设计水灰比值。

9. 确定设计配合比(又称试验室配合比)

按强度和湿表观密度检验结果再修正配合比,即可得设计配合比。

1) 按强度检验结果修正配合比

用水量 m'_{wa},取基准配合比中的用水量值,并根据制作强度试块时测得的坍落度值加以适当调整。

水泥用量 m'_{ca} 取用水量乘以由强度—灰水比关系直线上定出的为达到试配强度($f_{cu,o}$)所必需的灰水比值。

砂石用量 m'_{sa}、m'_{ga},应根据用水量和水泥用量进行调整。

2) 按拌合物实测湿表观密度值修正配合比

按下式求 δ 值:

$$\delta = \frac{\rho_{c,t}}{m'_{ca}+m'_{sa}+m'_{ga}+m'_{wa}} = \frac{\rho_{c,t}}{\rho_{c,c}} \tag{5-19}$$

式中:δ——湿表观密度校正系数;

$\rho_{c,t}$——混凝土拌合物湿表观密度实测值(kg/m^3);

$\rho_{c,c}$——混凝土拌合物计算湿表观密度值($\rho_{c,c}=m'_{ca}+m'_{sa}+m'_{ga}+m'_{wa}$)($kg/m^3$)。

将混凝土配合比中每项材料用量均乘以修正系数 δ,即得到最终确定的设计配合比。即

水泥用量:$m_{cb}=\delta m'_{ca}$

水的用量:$m_{wb}=\delta m'_{wa}$

砂的用量:$m_{sb}=\delta m'_{sa}$

石子的用量:$m_{gb}=\delta m'_{ga}$

当混凝土拌合物表观密度实测值与计算值之差的绝对值不超过计算值的2%时不可修正。

10. 换算施工配合比

上述设计配合比中材料是以干燥状态为基准计算出来的。而施工现场砂石常含一定量水分,并且含水率经常变化,为保证混凝土质量,应根据现场砂石含水率对配合比设计值进行修正。修正后的配合比,称为施工配合比。

若施工现场实测砂含水率为 $a\%$，石子含水率为 $b\%$，则将上述设计配合比换算为施工配合比为

$$m_c = m_{cb}$$
$$m_s = m_{sb}(1+a\%)$$
$$m_g = m_{gb}(1+b\%)$$
$$m_w = m_{wb} - (m_{sb} \times a\% + m_{gb} \times b\%)$$

即
$$m_c : m_s : m_g : m_w = 1 : \frac{m_s}{m_c} : \frac{m_g}{m_c} : \frac{m_w}{m_c} \quad \left(即 \frac{W}{C}\right) \tag{5-20}$$

5.6 普通水泥混凝土的质量控制

5.6.1 混凝土质量的波动

混凝土质量是影响混凝土结构可靠性的一个重要因素。混凝土质量受多种因素的影响，质量是不均匀的。即使是同一种混凝土，它也受原材料质量的波动、施工配料的误差限制条件和气温变化等的影响。在正常施工条件下，这些影响因素都是随机的。因此，混凝土的质量也是随机的。为保证混凝土结构的可靠性，必须在施工过程的各个工序对原材料、混凝土拌合物及硬化后的混凝土进行必要的质量检验和控制。

5.6.2 新拌混凝土的质量检验与控制

根据国家标准《混凝土质量控制标准》(GB 50164—2011)，用于材料的计量装置应定期检验，使其保持准确，原材料计量按质量计的允许偏差不能超过下列规定。

(1) 胶凝材料，±2%。
(2) 粗、细骨料，±3%。
(3) 拌和用水，±1%。
(4) 外加剂，±1%。

混凝土在搅拌、运输和浇筑过程中应按下列规定进行检查。

(1) 检查混凝土组成材料的质量和用量，每一工作班至少两次。
(2) 检查混凝土在拌制地点及浇筑地点的稠度，每一工作班至少两次。评定时应以浇筑地点的检测值为准。

在预制混凝土构件厂（场），如混凝土拌合物从搅拌机出料起至浇筑入模时间不超过 15min 时，其稠度可仅在搅拌点取样检测。

在检测坍落度时，还应观察拌合物的粘聚性和保水性。

(3) 混凝土的搅拌时间应随时检查。混凝土搅拌的最短时间应符合表 5-27 的规定。
(4) 混凝土从搅拌机中卸出到浇筑完毕的持续时间不宜超过表 5-28 的规定。

表 5-27　混凝土搅拌的最短时间　　　　　　　　　　　　　　　　单位：s

混凝土坍落度 (mm)	搅拌机机型	搅拌机出料量(L)		
		<250	250~500	>500
≤40	强制式	60	90	120
>40 且 <100	强制式	60	60	90
≥100	强制式	60		

注：混凝土搅拌的最短时间是指全部材料装入搅拌筒中起，到开始卸料止的时间。

表 5-28　混凝土拌合物从搅拌机卸出后到浇筑完毕的延续时间　　　单位：min

混凝土生产地点	气　温	
	≤25℃	>25℃
预拌混凝土搅拌站	150	120
施工现场	120	90
混凝土制品厂	90	60

5.6.3　混凝土强度的检验与评价方法

1. 检验

对硬化后的质量检验，主要是检验混凝土的抗压强度。因为混凝土质量波动直接反映在强度上，通过对混凝土强度的管理就能控制整个混凝土工程质量。对混凝土的强度检验是按规定的时间与数量在搅拌地点或浇筑地点抽取有代表性的试样，按标准方法制作试件、标准养护至规定的龄期后，进行强度试验（必要时也需进行其他力学性能及抗渗、抗冻试验），以评定混凝土质量。对已建成的混凝土，也可采用非破损试验方法进行检查。

混凝土的强度等级按立方体抗压强度标准值划分，强度低于该值的百分率不得超过5%。

混凝土试样应在混凝土浇筑地点随机抽取，取样频率应符合下列规定：
(1) 100盘但不超过100m^3同配合比的混凝土，取样次数不得少于1次。
(2) 每一工作班拌制的同配合比混凝土不足100盘和100m^3时，其取样次数不得少于1次。
(3) 当一次连续浇筑的同配合比混凝土超过1000m^3时，每200m^3取样次数不应少于一次。
(4) 对房屋建筑，每一楼层、同一配合比的混凝土，取样不应少于一次。

每组3个试件应在同一盘或同一车的混凝土中取样制作。

2. 评价

混凝土强度应分批进行检验评定。由强度等级相同、龄期相同以及生产工艺条件和配合比基本相同的混凝土组成一个验收批，进行分批验收。对施工现场浇筑的混凝土，应按单位工程的验收项目划分验收批。

根据《混凝土强度检验评定标准》（GB/T 50107—2010）规定，混凝土强度评定可分为统计方法及非统计方法两种。前者适用于预拌混凝土厂、预制混凝土构件厂和采用现场集中搅拌混凝土的施工单位；后者适用于零星生产的预制构件厂或现场搅拌批量不大的混凝土。

1) 统计方法评定

由于混凝土的生产条件不同,其强度的稳定性也不同,统计方法评定又分为以下两种。

(1) 当连续生产的混凝土,生产条件在较长时间内能保持一致,且同一品种、同一强度等级混凝土的强度变异性能保持稳定时,应按下述方法进行评定:

强度评定应由连续的三组试件组成一个验收批,其强度应同时满足

$$\overline{f_{cu}} \geqslant f_{cu,k} + 0.7\sigma_0 \quad (5-21)$$

$$f_{cu,min} \geqslant f_{cu,k} - 0.7\sigma_0 \quad (5-22)$$

检验批混凝土立方体抗压强度的标准差应按下式计算:

$$\sigma_0 = \sqrt{\frac{\sum_{i=1}^{n} f_{cu,i}^2 - n \cdot \overline{f_{cu}}^2}{n-1}} \quad (5-23)$$

当混凝土强度等级不高于C20时,其强度的最小值尚应满足下式要求:

$$f_{cu,min} \geqslant 0.85 f_{cu,k} \quad (5-24)$$

当混凝土强度等级高于C20时,其强度的最小值尚应满足下式要求:

$$f_{cu,min} \geqslant 0.90 f_{cu,k} \quad (5-25)$$

式中:$\overline{f_{cu}}$——同一验收批混凝土立方体抗压强度的平均值(MPa),精确到0.1MPa。

$f_{cu,k}$——混凝土立方体抗压强度标准值(MPa),精确到0.1MPa。

σ_0——检验批混凝土立方体抗压强度的标准差(MPa),精确到0.1MPa;当检验批混凝土强度标准差计算值小于2.5MPa时,应取2.5MPa。

$f_{cu,i}$——前一个检验期内同一品种、同一强度等级的第i组混凝土试件的立方体抗压强度代表值(MPa),精确到0.1MPa;该检验期不应少于60d,也不得大于90d。

n——前一个检验期内的样本容量,在该期间内样本容量不应少于45。

$f_{cu,min}$——同验收批混凝土立方体抗压强度的最小值(MPa),精确到0.1MPa。

检验结果满足要求,则该批混凝土强度合格,否则不合格。

(2) 混凝土的生产条件在较长时间内不能保持一致,且混凝土强度变异性不能保持稳定,或在前一个检验期内的同一品种混凝土没有足够的数据以确定验收批混凝土立方体抗压强度的标准差,当样本容量不少于10组时,其强度应满足下列要求:

$$\overline{f_{cu}} \geqslant f_{cu,k} + \lambda_1 \cdot S_{f_{cu}} \quad (5-26)$$

$$f_{cu,min} \geqslant \lambda_2 \cdot f_{cu,k} \quad (5-27)$$

同一个验收批混凝土立方体抗压强度的标准差应按下式计算:

$$S_{f_{cu}} = \sqrt{\frac{\sum_{i=1}^{n} f_{cu,i}^2 - n \cdot \overline{f_{cu}}^2}{n-1}} \quad (5-28)$$

式中:$S_{f_{cu}}$——同一个验收批混凝土立方体抗压强度的标准差(MPa),精确到0.1MPa;当检验批混凝土强度标准差计算值小于2.5MPa时,应取2.5MPa。

λ_1、λ_2——合格判定系数,按表5-29取用。

n——本检验期内的样本容量。

表 5-29 混凝土强度的合格评定系数

试件组数	10~14	15~19	≥20
λ_1	1.15	1.05	0.95
λ_2	0.90	0.85	

检验结果满足规定条件,则该批混凝土强度合格。

2) 非统计方法评定

当用于评定的样本容量少于10组时,应采用非统计方法评定混凝土强度,其强度同时满足下列要求时,该验收批混凝土强度为合格:

$$\overline{f_{cu}} \geq \lambda_3 \cdot f_{cu,k} \tag{5-29}$$

$$f_{cu,min} \geq \lambda_4 \cdot f_{cu,k} \tag{5-30}$$

式中:λ_3、λ_4——合格判定系数,按表5-30取用。

表 5-30 混凝土强度的非统计法合格评定系数

混凝土强度等级	<C60	≥C60
λ_3	1.15	1.10
λ_4	0.95	

对于用不合格批混凝土制成的结构或构件应进行鉴定。对不合格批的结构或构件,必须及时处理。

5.7 路面水泥混凝土

5.7.1 路面水泥混凝土的技术性质

路面水泥混凝土是指用于浇筑路面的水泥混凝土。根据路面工程的特点,要求路面水泥混凝土具有较好的抗冲击性能和耐磨性能。

根据路面的结构与所使用的机械,可分为普通混凝土路面、连续配筋混凝土路面、预应力混凝土路面及钢筋混凝土板等。普通水泥混凝土路面的配合比设计适用于滑模摊铺机、辊道摊铺机、三辊轴机组及小型机具共4种施工方式,它在兼顾经济性的同时应满足弯拉强度、工作性和耐久性3项技术要求。

5.7.2 路面水泥混凝土的组成材料

1. 水泥

特重、重交通路面宜采用回转窑道路硅酸盐水泥,也可采用回转窑硅酸盐水泥或普通硅酸盐水泥；中、轻交通的路面可采用矿渣硅酸盐水泥；低温天气施工或有快通要求的路段可采用早强水泥。此外，宜采用普通硅酸盐水泥。各交通等级路面水泥抗折强度、抗压强度应符合《公路水泥混凝土路面施工技术规范》（JTGF 30—2003）的要求。

2. 粗集料

粗集料应使用质地坚硬、耐久、洁净、粒径形状良好的碎石、碎卵石和卵石，其技术指标应符合《公路水泥混凝土路面施工技术规范》（JTGF 30—2003）的要求。高速公路、一级公路、二级公路及有抗（盐）冻要求的三、四级公路混凝土路面使用的粗集料级别应不低于Ⅱ级。无抗（盐）冻要求的二、四级公路混凝土路面、碾压混凝土及贫混凝土基层可使用Ⅲ级粗集料。有抗（盐）冻要求时，Ⅰ级集料吸水率应小于1.0%，Ⅱ级集料的吸水率应小于2.0%。

为了得到质量均匀、施工性能良好的混凝土，粗集料的最大粒径最好在40mm以下，且应采用连续级配的粗集料，最好采用由不同粒级集料掺配的合成级配的粗集料。标准规定：卵石最大公称粒径不应大于19.0mm，碎卵石最大公称粒径不宜大于26.5mm；碎石最大公称粒径不应大于31.5mm，贫混凝土基层粗集料最大公称粒径不应大于31.5mm；钢纤维混凝土与碾压混凝土粗集料最大公称粒径不宜大于19.0mm。碎卵石或碎石中粒径小于75μm的石粉含量不宜大于1%。

3. 细集料

细集料应采用质地坚硬、耐久、洁净的天然砂、机制砂或混合砂，且粗细颗粒级配应当良好。高速公路、一级公路、二级公路及有抗（盐）冻要求的三、四级公路混凝土路面使用的砂应不低于Ⅱ级，无抗（盐）冻要求的三、四级公路混凝土路面、碾压混凝土及贫混凝土基层可使用Ⅲ级砂。特重、重交通混凝土路面宜使用河砂，砂的含硅量不应低于25%。

路面和桥面用天然河砂宜为中砂，也可使用细度模数在2.0~3.5之间的砂。

4. 粉煤灰及其他掺合料

混凝土路面在掺用粉煤灰时，应优先选用质量合格的电收尘Ⅰ、Ⅱ级干排灰或磨细粉煤灰，不得使用Ⅲ级粉煤灰。贫混凝土、碾压混凝土基层或复合式路面下面层应掺用Ⅲ级或Ⅲ级以上粉煤灰，不得使用等外粉煤灰，具体掺量应根据所用水泥及原材料情况通过试验确定。

路面和桥面混凝土中可使用硅灰或磨细粒化高炉矿渣，使用前应经过试配检验。粒化高炉矿渣粉能够降低水化热，减少裂缝的发生，提高混凝土抗硫酸盐及其他化学侵蚀作用，它不适用于低温施工和有早强要求及快速张拉的预应力混凝土构件。硅灰的活性较高，细度较大，适用于有早强、高强要求的混凝土和对开放交通有紧迫要求的新建或修复桥梁混凝土构件；适用于对抗冻性、抗渗性、抑制碱集料反应和抗冲刷磨蚀要求很高的混凝土结构；适用于冬季低温和负温施工要求高早强的混凝土结构。硅灰的掺用方法为等量取代水泥法，掺量一般为水泥用量的5%~8%，掺加硅灰应同时掺用高效减水剂、高效引气剂等技术措施来调节用水量和控制施工坍落度损失，并通过试验确定硅灰和外加剂的实际掺量，应尽量使用复合矿物掺合料。

5. 外加剂

在道路混凝土的施工中常应用到某些外加剂,所以在工程中应根据外加剂的性能合理应用,所用外加剂的质量均应符合标准要求。各等级路面、桥面混凝土宜选用减水率大、坍落度损失小且可调节凝结时间的复合型减水剂;夏季或高温天气施工时,为保证捣实及表面修整所需的时间,应使用引气缓凝(高效)减水剂。冬季施工时,为加速混凝土硬化并保证混凝土性能,宜掺加引气早强减水剂和防冻剂。混凝土着色剂用量,应在水泥质量的5%以下,为取得所需的颜色,可用耐碱性及气候稳定性好的无机质颜料。用作着色剂的材料有铅丹、氧化铁、铁黑和氧化铬等。

有抗冰(盐)冻要求的地区,各交通等级路面、桥面、路缘石、路肩及贫混凝土基层必须使用引气剂;无抗冰(盐)冻要求的地区,二级及二级以上公路路面混凝土中应使用引气剂。应优先选用表面张力降低值大、引气量大且细密、泡沫稳定性好、可溶性好的引气剂产品。

处于海水、海风、氯离子、硫酸根离子环境中或冬季洒除冰盐的路面或桥面钢筋混凝土、钢纤维混凝土宜掺加阻锈剂。

5.7.3 路面水泥混凝土配合比设计(以抗弯拉强度为指标的设计方法)

1. 配合比设计的基本要求

1) 弯拉强度

公路水泥混凝土的强度以28d龄期的弯拉强度控制。当混凝土浇筑后90d内不开放交通时,可采用90d龄期的弯拉强度。各交通等级要求的混凝土弯拉强度标准值 f_r 不得低于表5-31的规定。

表5-31 混凝土弯拉强度标准值

交通等级	特重	重	中等	轻
水泥混凝土弯拉强度标准值(MPa)	5.0	5.0	4.5	4.0
钢纤维混凝土的弯拉强度标准值(MPa)	6.0	6.0	5.5	5.0

28d抗弯拉强度均值的计算采用式(5-31)计算:

$$f_c = \frac{f_r}{1-1.04c_v} + ts \tag{5-31}$$

式中:f_c——配制28d弯拉强度均值(MPa);

f_r——设计弯拉强度标准值(MPa);

s——弯拉强度的试验标准差;

t——保证率系数,应按表5-32确定;

c_v——弯拉强度变异系数,应按统计数据在表5-33的规定范围内取值;无统计数据时,弯拉强度变异系数应按设计取值;如果施工配制弯拉强度超出设计给定的弯拉强度变异系数上限,则必须改进机械装备和提高施工控制水平。

表 5-32 保证率系数

公路技术等级	判别概率 P	样本数 n(组)				
		3	6	9	15	20
高速公路	0.05	1.36	0.79	0.61	0.45	0.39
一级公路	0.10	0.95	0.59	0.46	0.35	0.30
二级公路	0.15	0.72	0.46	0.37	0.28	0.24
三、四级公路	0.20	0.56	0.37	0.29	0.22	0.19

表 5-33 各级公路混凝土路面弯拉强度变异系数

公路技术等级	高速公路	一级公路	二级公路	三、四级公路	
混凝土弯拉强度变异系数水平	低	低	中	中	中	高
弯拉强度变异系数 c_v 允许变化范围	0.05~0.10	0.05~0.10	0.10~0.15	0.10~0.15	0.10~0.15	0.15~0.20

2）工作性

（1）滑模摊铺机前拌合物最佳工作性及允许范围应符合表 5-34 的规定。

表 5-34 混凝土路面滑模摊铺机最佳工作性及允许范围

指标 界限	坍落度 S_L(mm)		振动粘度系数 η(N·s/m²)
	卵石混凝土	碎石混凝土	
最佳工作性	20~40	20~40	20~40
允许被动范围	20~40	20~40	20~40

注：1. 滑模摊铺机适宜的摊铺速度应控制在 0.5~2.0m/min 之间。
2. 本表适用于设超铺角的滑模摊铺机；对不设超铺角的滑模摊铺机，最佳振动粘度系数为 250~600N·s/m²；最佳坍落度：卵石为 10~40mm，碎石为 10~30mm。
3. 滑模摊铺机摊铺时的最大单位用水量：卵石混凝土不宜大于 155kg/m³，碎石混凝土不宜大于 160kg/m³。

（2）轨道摊铺机、三辊轴机组及小型机具摊铺的路面混凝土坍落度及最大单位用水量，应满足表 5-35 的规定。

表 5-35 不同路面施工方式混凝土坍落度及最大单位用水量

摊铺方式	轨道摊铺机摊铺		三辊轴机组摊铺		小型机具摊铺	
出机坍落度(mm)	40~60		30~50		10~40	
摊铺坍落度(mm)	20~40		10~30		0~20	
最大单位用水量(kg/m³)	碎石 156	卵石 153	碎石 153	卵石 148	碎石 150	卵石 145

注：1. 表中的最大单位用水量系采用中砂、粗细集料为风干状态的取值，采用细砂时，应采用减水率较大的（高效）减水剂。
2. 使用碎卵石时，最大单位用水量可取碎石与卵石中的值。

3) 耐久性

(1) 混凝土拌合物含气量的大小直接影响混凝土的抗冻耐久性。根据公路所处环境是否有抗冰冻或抗盐冻要求及所用粗集料最大粒径的大小，搅拌机中混凝土拌合物的含气量宜满足表5-36的规定，硬化后混凝土的平均气泡间距系数不宜超过表5-37的规定。

表5-36 路面混凝土含气量及允许偏差

最大公称粒径(mm)	无抗冻性要求(%)	有抗冻性要求(%)	有抗盐冻要求(%)
19.0	4.0±1.0	5.0±0.5	6.0±0.5
26.5	3.5±1.0	4.5±0.5	5.5±0.5
31.5	3.5±1.0	4.0±0.5	5.0±0.5

表5-37 路面和桥面混凝土最大平均气泡间距系数　　　　单位：μm

环境	公路技术等级	高速公路、一级公路	其他公路
严寒地区	冰冻	275	300
	盐冻	225	250
寒冷地区	冰冻	325	350
	盐冻	275	300

(2) 除含气量的要求外，各等级路面混凝土的最大水泥用量不宜大于400kg/m³，胶结材料总用量最大不宜大于420kg/m³，但其最大水灰(胶)比和最小水泥用量应满足表5-38的规定。

表5-38 路面混凝土满足耐久性要求的最大水灰比和最小水泥用量

公路技术等级		高速公路、一级公路	二级公路	三、四级公路
最大水灰(胶)比		0.44	0.46	0.48
抗冰冻要求最大水灰(胶)比		0.42	0.44	0.46
抗盐冻要求最大水灰(胶)比		0.40	0.42	0.44
最小水泥用量(kg/m³)	42.5级	300	300	290
	32.5级	310	310	305
抗冰(盐)冻时最小水泥用量(kg/m³)	42.5级	320	320	315
	32.5级	330	330	325
掺粉煤灰时最小水泥用量(kg/m³)	42.5级	260	260	255
	32.5级	280	270	265
抗冰(盐)冻掺粉煤灰最小水泥用量(42.5级水泥)(kg/m³)		280	270	265

注：1. 掺粉煤灰并有抗冰(盐)冻要求时，不得使用32.5级水泥。
　　2. 水灰(胶)比计算以砂石料的自然风干状态记(砂含水率≤1.0%；石子含水率≤0.5%)。
　　3. 处在除冰盐、海风、酸雨或硫酸盐等腐蚀性环境中或在大纵坡等加减速车道上的混凝土，最大水灰(胶)比可比表中数值低0.01~0.02。

(3) 严寒地区路面混凝土的抗冻强度等级应不低于F20,寒冷地区不低于F200。

(4) 处于海风、酸雨、除冰盐或硫酸盐等腐蚀环境的路面和桥面混凝土,使用硅酸盐水泥时必须同时掺加粉煤灰、磨细矿渣或硅灰等掺合料,也可使用矿渣水泥或普通水泥。

2. 配合比的计算

1) 水灰比的计算与确定

根据粗集料的类型,水灰比可分别按式(5-32)或式(5-33)计算:

碎石或碎卵石混凝土

$$W/C = \frac{1.5684}{f_c + 1.0097 - 0.3595 f_s} \quad (5-32)$$

卵石混凝土

$$W/C = \frac{1.2618}{f_c + 1.5492 - 0.4709 f_s} \quad (5-33)$$

式中:W/C——水灰比;

f_s——水泥实测28d抗折强度(MPa)。

当掺加粉煤灰等矿物掺合料时,应计入超量取代法中等量取代水泥部分掺合料的用量(取代砂的超量部分不计入),用水胶比$W/(C+F)$代替水灰比W/C。

比较满足弯拉强度计算值和耐久性要求的水灰(胶)比的大小,取较小值作为最终水灰(胶)比值。

2) 砂率的确定

砂率的大小应根据所用砂细度模数大小和粗集料的种类,按表5-39取值;在软拉抗滑槽施工时,砂率应在此基础上增大1%~2%。

表5-39 砂子细度模数与最优砂率的关系

砂细度模数		2.2~2.5	2.5~2.8	2.8~3.1	3.1~3.4	3.4~3.7
砂率S_P(%)	碎石	30~34	32~36	34~38	36~40	38~42
	卵石	28~32	30~34	32~36	34~38	36~40

注:碎卵石可在碎石与卵石混凝土之间内取插值。

3) 用水量和水泥用量的计算

根据所用粗集料的种类及确定的适宜坍落度,分别按下式计算用水量:

碎石　　　　$W_0 = 104.97 + 0.309 S_L + 11.27 C/W + 0.61 S_P$

卵石　　　　$W_0 = 86.89 + 0.370 S_L + 11.24 C/W + 1.00 S_P$

式中:W_0——不掺外加剂与掺合料时混凝土的用水量(kg/m³);

S_L——坍落度(mm);

S_P——砂率(%);

C/W——灰水比,水灰比的倒数。

掺外加剂后混凝土的用水量应按下式计算:

$$W_{0w} = W_0 \left(1 - \frac{\beta}{100}\right) \quad (5-34)$$

式中:W_{0w}——掺外加剂的混凝土用水量(kg/m³);

β——所用外加剂剂量的实测减水率(%)。

比较用水量计算值与表 5-35 中规定值的大小，取其中较小者为最终用水量。当实际用水量不能满足施工要求时，应采用掺加减水剂的方法调整坍落度，对三、四级公路也可采用真空脱水施工工艺。

水泥用量 C_0 应采用下式计算，并取计算值与表 5-38 规定值两者中的较大值。

$$C_0 = \frac{C}{W} \cdot W_0 \qquad (5-35)$$

4) 砂石用量计算

砂石用量可按质量法或体积法计算，具体方法与普通混凝土配合比计算方法相同。按质量法计算时，混凝土的单位质量可取 2400~2450kg/m³；按体积法计算时，应计入设计含气量。采用超量取代法掺用粉煤灰时，超量部分应取代等体积的砂，并折减用砂量。计算得到的配合比，应验算单位粗集料填充体积率，且不宜小于 70%。

3. 配合比的调整与确定

按上述经验公式推算得出的配合比，应在实验室内按规定方法进行试配检验和调整。

(1) 首先检验混凝土拌合物是否满足不同摊铺方式的最佳工作性要求，包括含气量、坍落度及其损失、振动粘度系数等。当工作性和含气量不能满足要求时，应在保持水灰(胶)比不变的前提下调整用水量、外加剂掺量或砂率，不能单独随意改变水灰(胶)比。

(2) 采用质量法计算的配合比，应实测拌合物的视密度，并按视密度调整配合比，调整后拌合物视密度的允许偏差为 ±2.0%。实测含气量及偏差应满足表 5-36 的要求。否则应调整引气剂掺量达到规定含气量。

(3) 以初选水灰(胶)比为基准，按 0.02 的增减幅度选定 2~4 个水灰(胶)比，制作混凝土试件，检测其 7d 和 28d 配制弯拉强度、耐久性等指标，有抗冻性要求的必须检测抗冻性。也可保持计算水灰(胶)比不变，以初选水泥用量为基准，按 15~20kg/m³ 的增减幅度选定 2~4 个水泥用量，按上述方法进行检验。

(4) 实验室确定的基准配合比应经过搅拌楼实际拌和及不小于 200m 试验路段的验证，并根据砂石实际含水率、实测拌合物视密度、含气量、坍落度及损失，在保持水灰(胶)比不变的前提下，调整单位用水量、砂率或外加剂掺量，确定施工配合比。

5.8 其他功能混凝土

5.8.1 高性能混凝土

作为土木工程的主要结构材料，混凝土的高强化一直是其性能改善的一个重要研究方向。混凝土强度提高，构件截面尺寸可大为减小，改变了高层和大跨建筑"肥梁胖柱"的状况，减轻了建筑物的自重，简化了地基处理，也使高强钢筋的应用和效能得以充分利用。高强混凝土在工程中的应用越来越广泛。但大量的工程实践也表明，随着混凝土强度等级的提高，其拉压比随之降低，混凝土的脆性增大，韧性下降；同时，由于高强混凝土的水泥用量较多，使得水化热增大，自收缩变大，干缩也较大，较易产生裂缝。因此，为了适应土木工程发展对混凝土材料性能要求的提高，混凝土研究领域开始了高性能混凝土的研究和开发。

1990年5月，美国国家标准与技术研究所(NIST)和美国混凝土协会(NCI)首先提出了高性能混凝土的概念。综合各国学者的意见，高性能混凝土是以耐久性和可持续发展为基本要求，并适应工业化生产与施工的混凝土。高性能混凝土应具有高抗渗性(高耐久性的关键性能)、高体积稳定性(低干缩、低徐变、低温度应变率和高弹性模量)、适当高的抗压强度、良好的施工性(高流动性、高粘聚性、达到自密实)。

虽然高性能混凝土是由高强混凝土发展而来，但高强混凝土并不就是高性能混凝土，不能将它们混为一谈。高性能混凝土比高强度混凝土具有更为有利于工程长期安全使用与便于施工的优异性能，它将会比高强混凝土具有更为广阔的应用前景。

高性能混凝土在配制时通常应注意以下几方面。

(1) 必须掺入与所用水泥具有相容性的高效减水剂，以降低水灰比，提高强度，并使其具有合适的工作性。

(2) 必须掺入一定量活性的细磨矿物掺合料，如硅灰、磨细矿渣和优质粉煤灰等。在配制高性能混凝土时，掺加活性磨细掺合料，可利用其微粒效应和火山灰活性，以增加混凝土的密实性，提高强度。

(3) 选用合适的集料，尤其是粗集料的品质(如强度、针片颗粒的质量分数和最大粒径等)对高性能凝土的强度有较大的影响。因此，用于高性能混凝土的粗集料粒径不宜过大，在配制60~100MPa的高性能混凝土时，粗集料最大粒径可取20mm左右；配制100MPa以上的高性能混凝土，粗集料最大粒径不宜大于12mm。

目前，我国对高性能混凝土研究与应用已日益得到土木工程界重视，它符合科学的发展观，随着土木工程技术的发展，高性能混凝土将会得到广泛的推广和应用。

5.8.2 轻集料混凝土

《轻骨料混凝土技术规程》(JGJ 51—2002)规定，用轻且骨料、轻砂(或普通砂)、水泥和水配制而成的混凝土，其干表观密度不大于1950kg/m³者，称为轻骨料混凝土。

轻骨料混凝土按细骨料不同，又分为全轻混凝土(粗、细骨料均为轻骨料)和轻砂混凝土(细骨料全部或部分为普通砂)。

1. 轻骨料

堆积密度不大于1200kg/m³的粗、细骨料，总称为轻骨料。

轻骨料按其来源不同，可分为：工业废料轻骨料，如粉煤灰陶粒、自然煤矸石、膨胀矿渣珠、煤渣及轻砂，如图5.19所示；天然轻骨料，如浮石、火山渣及其轻砂；人造轻骨料，如页岩陶粒、粘土陶粒、膨胀珍珠岩轻砂。轻粗骨料按其粒形可分为圆球形、普通型和碎石型3种。

轻骨料的技术要求主要包括堆积密度、强度、颗粒级配和吸水率等。此外，对耐久性、定安性、有害杂质含量等也提出了要求。

(a) 粉煤灰陶粒

(b) 煤矸石

(c) 膨胀矿渣珠

图 5.19 常见的工业废料轻骨料

轻骨料混凝土所用轻骨料应符合国家标准《轻集料及其试验方法 第 1 部分：轻集料》（GB/T 17431.1—2010）的要求。

2. 轻骨料混凝土的技术性质

1）轻骨料的和易性

轻骨料具有颗粒表观密度小，表面多孔粗糙且吸水性强等特点，因此其拌合物的和易性与普通混凝土有明显不同。轻骨料混凝土拌合物的粘聚性和保水性好，但流动性差。若加大流动性则骨料上浮且易离析。同时，因骨料吸水率大，使得加大混凝土中的水一部分将被轻骨料吸收，一部分为使拌合物获得要求流动性的用水量，称为净用水量；另一部分为轻骨料 1h 吸水率，称为附加水量。

2）轻骨料混凝土的强度

轻骨料混凝土按其立方体抗压强度标准值划分为 13 个强度等级，即 CL5.0、CL7.5、CL10、CL15、CL20、CL25、CL30、CL35、CL40、CL45、CL50、CL55 及 CL60。

轻骨料混凝土按其用途可分为 3 大类，见表 5-40。

表 5-40 轻骨料混凝土按用途分类

类别名称	混凝土强度等级的合理范围	混凝土密度等级的合理范围	用途
保温轻骨料混凝土	CL5.0	≤800	主要用于保温的围护结构或热工的构筑物
结构保温轻骨料混凝土	CL5.0	800~1400	主要用于既承重又保温的围护结构
	CL7.5		
	CL10		
	CL15		
	CL20		
	CL25		
	CL30		
	CL35		
	CL40		

(续)

类别名称	混凝土强度等级的合理范围	混凝土密度等级的合理范围	用　途
结构轻骨料混凝土	CL45	1400~1900	主要用于承重构件或构筑物
	CL50		
	CL55		
	CL60		

轻骨料强度虽低于普通骨料，但轻骨料混凝土仍可达到较高强度。原因在于轻骨料表面粗糙而多孔，轻骨料的吸水作用使其表面呈低水灰比，提高了轻骨料与水泥石的界面粘结强度，使弱结合面变成了强结合面，混凝土受力时不是沿界面破坏，而是轻骨料本身先遭到破坏。对低强度的轻骨料混凝土，也可能是水泥石先开裂，然后裂缝向骨料延伸。因此，轻骨料混凝土的强度主要取决于轻骨料的强度和水泥石的强度。

3）弹性模量与变形

轻骨料混凝土的弹性模量小，一般为同强度等级普通混凝土的50%~70%。这有利于改善建筑物的抗震性能和抵抗动荷载的作用。增加混凝土组分中普通砂的含量，可以提高轻骨料混凝土的弹性模量。

轻骨料混凝土的收缩和徐变比普通混凝土相应大20%~50%和30%~60%，热膨胀系数比普通混凝土小20%左右。

4）热工性

轻骨料混凝土具有良好的保温性能。当其表观密度为$1000kg/m^3$时，导热系数为$0.28W/(m \cdot K)$，当表观应变为$1400kg/m^3$和$1800kg/m^3$时，导热系数相应为$0.49W/(m \cdot K)$和$0.87W/(m \cdot K)$。当含水率增大时，导热系数也将随之增大。

3. 轻骨料混凝土的配合比设计及施工要点

(1) 轻骨料混凝土的配合比设计除应满足强度、和易性、耐久性及经济等方面的要求外，还应满足表观密度的要求。

(2) 轻骨料混凝土的水灰比以净水灰比表示，净水灰比是指不包括轻骨料1h吸水量在内的净用水量与水泥用量之比。配制全轻混凝土时，允许以总水灰比表示，总水灰比是指包括轻骨料1h吸水量在内的总用水量与水泥用量之比。

(3) 轻骨料易上浮，不易搅拌均匀。因此，应采用强制式搅拌机，且搅拌时间要比普通混凝土略长一些。

(4) 为减少混凝土拌合物坍落度损失和离析，应尽量缩短运距。拌合物从搅拌机卸料起到浇筑入模的延续时间不宜超过45min。

(5) 为减少轻骨料上浮，施工或最好采用加压振捣，且振捣时间以捣实为准，不宜过长。

(6) 浇筑成型后应及时覆盖并洒水养护，以防止表面失水太快而产生网状裂缝。养护时间视水泥品种不同应不少于14d。

(7) 轻骨料混凝土在气温5℃以上的季节施工时，可根据工程需要，对轻粗骨料进行预湿处理，这样拌出的拌合物的和易性和水灰比比较稳定。预湿时间可根据外界气温和骨料的自然含水状态确定，一般应提前半天或一天对骨料进行淋水预湿，然后滤干水分进行投料。

4. 轻骨料混凝土的应用

虽然人工轻骨料的成本高于就地取材的天然骨料，但轻骨料混凝土的表观密度比普通混凝土减少 1/4～1/3，隔热性能改善，可使结构尺寸减小，增加使用面积，降低基础工程费用和材料运输费用，其综合效益良好。因此，轻骨料混凝土主要适用于高层和多层建筑、软土地基、大跨度结构、抗震结构、要求节能的建筑和旧建筑的加层等。如南京长江大桥采用轻骨料桥面板，天津、北京采用轻骨料混凝土房屋墙体及屋面板，都取得了良好的经济效益。

5.8.3 纤维混凝土

普通高强混凝土存在收缩变形大、抗裂性差且脆性大的缺点，掺加纤维是提高水泥混凝土抗裂性和韧性的有效方法。以普通混凝土组成材料为基材，加入各种纤维而形成的复合材料，称为纤维混凝土（Fiber Reinforced Concrete，FRC）。近年来，纤维混凝土在国内外发展很快，在工业、交通、国防、水利和矿山等工程建设中广泛应用。

1. 常用纤维及其作用

纤维的品种很多，通常使用的有钢纤维、玻璃纤维、有机合成纤维、碳纤维等，如图 5.20 所示。其中，钢、玻璃、石棉和碳等纤维为高弹性模量纤维，掺入混凝土中后，可使混凝土获得较高的韧性，并显著提高抗拉强度、刚度和承受动荷载的能力。而掺入尼龙、聚乙烯和聚丙烯等低弹性模量的纤维，主要作用是提高混凝土早期的抗裂性、增加韧性和抗冲击性能，对强度的贡献则很小。表 5-41 所列是典型纤维的性能。

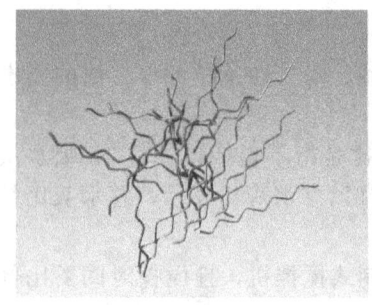
(a) 钢纤维

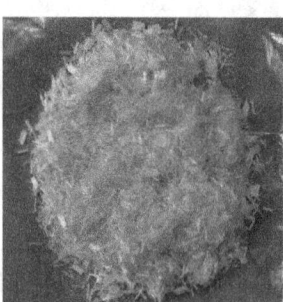
(b) 玻璃纤维

(c) 聚丙烯纤维

图 5.20 常见的纤维

表 5-41 典型纤维的性能

纤维品种	抗拉强度(MPa)	弹性模量(GPa)	极限延伸率(%)	密度(g/m³)
钢纤维	380～1400	200～210	0.5～3.5	7.8
高强型 PAN 基碳纤维	3450～4000	230	1.0～1.5	1.6～1.7
高模量型 PAN 基碳纤维	2480～3030	380	0.5～0.7	1.6～1.7

（续）

纤维品种	抗拉强度(MPa)	弹性模量(GPa)	极限延伸率(%)	密度(g/m³)
通用型沥青基碳纤维	480～800	27.6～34.5	2.0～2.4	1.6～1.7
玻璃纤维	1950～2480	70～80	1.5～3.5	2.5
脂肪族聚酰胺纤维（尼龙纤维）（高韧性）	900～960	5.2	16～20	1.1
聚丙烯纤维（丙纶）				0.95
聚丙烯腈（高强）（腈纶）	800～900	16～23	9～11	1.18
聚乙烯纤维（乙纶纤维）（普通）	260	2.2	15	0.95
芳香族聚酰胺纤维（芳纶纤维）	2760～2840	600～117	2.3～4.4	1.44
高模量聚乙烯醇纤维（维纶）	1200～1500	30～35	5～7	1.3
普通聚乙烯醇纤维	600～650	5～7	16～17	1.3
改性聚乙烯醇纤维	800～850	12～14	11～12	1.3

根据纤维的体积掺量，纤维增强水泥基复合材料可分为以下 3 种。

(1) 低掺量（<1%）纤维混凝土：纤维的作用是减少收缩裂缝。主要用于暴露表面大、易于产生收缩开裂的混凝土板和路面。

(2) 中掺量（1%～2%）纤维混凝土：纤维的作用是使混凝土的断裂模量、韧性和抗冲击性能显著提高。多用于喷射混凝土以及要求能量吸收能力强，抗分层、剥落和耐疲劳的结构。

(3) 高掺量（>2%）纤维混凝土：该种纤维混凝土具有应变硬化行为和极强的承受动载的能力。通常又称为高性能或超高性能纤维增强复合材料。

根据纤维的分布形式，纤维增强水泥基复合材料又分为定向纤维连续增强型和乱向短纤维增强型。前者纤维增强效率高，复合材料呈各向异性，常用于生产纤维增强板材或结构物的加固。三维乱向短纤维在混凝土中均匀分布，能抑制和阻止裂缝的引发和扩展，提高混凝土的抗裂性。短的微细纤维可有效抑制微裂纹的发展，长纤维可抑制加载后期较大宏观裂缝的扩展。纤维抑制裂缝扩展的示意图如图 5.21 所示。

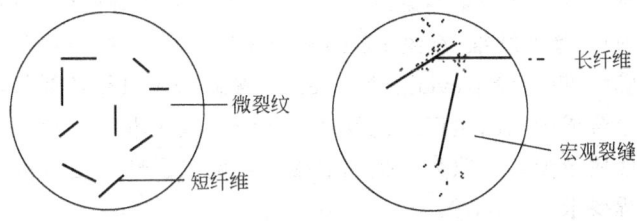

图 5.21 纤维抑制裂缝扩展示意图

2. 钢纤维混凝土

由于钢纤维的弹性模量比混凝土高 10 倍以上，是最有效的增强材料之一，目前应用最广。钢纤维按外形不同可分为长直型、压痕型、波浪型、弯钩型、哑铃型及扭曲型等。按生产工艺不同，钢纤维又分为切断型、剪切型、铣削型及熔抽型等。

通常，钢纤维的直径为 0.3~1.2mm，长度为 15~60mm。钢纤维的长径比是重要的几何参数，是其长度与直径或等效直径之比，一般为 30~100。掺量按占混凝土体积的百分比计，一般为 0.5%~2.0%。

钢纤维混凝土的配合比与普通混凝土所有不同，它具有如下特点。

(1) 砂率大，一般为 40%~50%。

(2) 水泥用量较多，一般为 $360~450kg/m^3$，且纤维体积率越高，水泥用量越大。应尽量采用高强度等级的水泥，以提高钢纤维与混凝土基体的粘结强度。

(3) 粗骨料最大粒径要有限制，一般不大于 20mm，以 10~15mm 为宜。

(4) 水灰比的确定必须考虑到纤维的含量、纤维形状及施工机械等因素。一般水灰比较低，在 0.4~0.5 之间，目的是增加基体混凝土的强度。

(5) 为了减少水泥用量并提高混凝土拌合物和易性，常需掺入粉煤灰和高效减水剂等。

纤维加入混凝土中会降低新拌混凝土的工作性。纤维体积率越大，工作性下降越多。如将 1.5% 的钢纤维加入坍落度为 200mm 的混凝土拌合物中，坍落度将减小到 25mm。因此，对于纤维混凝土而言，不宜用坍落度评价其工作性，而应用维勃稠度试验结果来评价，一般为 15~30s。

对于低、中掺量钢纤维混凝土，其抗拉强度比普通混凝土提高 25%~50%，抗弯强度提高 40%~80%，而弯曲韧性比普通混凝土高 1 个数量级，钢纤维对混凝土的弹性模量、干燥收缩和受压徐变影响较小，但抗疲劳寿命显著提高，在各种物理因素作用下的耐久性（如耐冻融性、耐热性和抗气蚀性）也有显著提高。

钢纤维混凝土主要用于公路路面、桥面、机场跑道护面、水坝覆面、薄壁结构、柱头及桩帽等要求高耐磨、高抗冲击、结构受力复杂易于开裂的部位、构件及国防工程。喷射钢纤维混凝土还可以用于隧道内衬和护坡加固。

3. 合成纤维混凝土

钢纤维对阻止硬化混凝土裂缝扩展有良好的效果，而合成纤维混凝土在解决混凝土早期塑性开裂、减少混凝土干燥收缩变形方面具有十分独特的作用。

合成纤维的品种较多，其中聚丙烯纤维（丙纶 PP）、聚乙烯醇纤维（维纶 PVA）、聚丙烯脂纤维（脂纶 FAN）、聚酯纤维（涤纶 PET）和聚酰胺纤维（锦纶 PA）等合成纤维属于低模量纤维；芳族聚酰胺纤维（芳纶 Kevlar、Nomex）、超高分子量聚乙烯纤维及碳纤维等属于高模量纤维。高模量合成纤维因生产工艺复杂、产量小且成本高，除用于加固等特殊工程外，在土木工程中使用较少。一般为了提高混凝土早期抗裂性，使用价廉物美的低模量合成纤维就能满足工程要求。

合成纤维按形状分为单丝与束状单丝和膜裂网状几种；按粗细分为细纤维（直径为 10~99μm）和粗纤维（直径大于 0.1mm）两种。

纤维的直径越细，则根数越多，阻裂效果越明显。如果纤维的间距超过某临界值，纤维的阻裂效果则显著下降。

单丝或束状聚丙烯纤维、聚丙烯脂纤维的掺量一般为 $0.5~1.5kg/m^3$，不宜超过

$2kg/m^3$,否则将影响纤维的分散性和混凝土抗压强度。

膜裂网状纤维在混凝土中不易结团,便于在混凝土中分散。网状纤维经搅拌撕裂为单丝,其在每立方米混凝土中的掺量为 $0.7\sim3kg/m^3$。较高掺量的膜裂网状纤维对混凝土裂缝扩展有一定的阻裂能力,高掺量时能提高混凝土的韧性、增加混凝土抗变形能力,有效抵抗了温度应力。

混凝土用合成纤维的极限延伸率不宜过大,极限延伸率宜在8%~16%之间;否则,阻裂效果差。如果使用纤维的目的是解决混凝土早期抗裂、抑制混凝土塑性裂缝的扩展,则所用纤维的抗拉强度应不低于250MPa。如果纤维的用途是既希望解决早期开裂问题,又希望提高硬化混凝土的韧性和抗变形能力,则应选用抗拉强度不低于400MPa,同时弹性模量较高的合成纤维,或将低模量合成纤维与高模量钢纤维混杂使用。

5.8.4 泵送混凝土

泵送混凝土是以混凝土泵为动力,通过管道将搅拌好的混凝土混合料输送到建筑物模板中的混凝土。泵送混凝土施工如图5.22所示。

泵送混凝土设计除了考虑工程设计所需的强度和耐久性外,还应考虑泵送工艺对混凝土拌合物的流动性和工作性要求。混凝土拌合物应具有好的流动性,不离析,不泌水,同时必须具有可泵性。

泵送混凝土所用粗集料的最大粒径应不大于混凝土泵输送管径的1/3,且应选用连续级配的集料。高效减水剂掺入混凝土中,可明显提高拌合物的流动性,是泵送混凝土必不可少的组分。为了改善混凝土的可泵性,在配制泵送混凝土时可以掺

图5.22 泵送混凝土施工

入一定数量的粉煤灰。掺入粉煤灰不仅对混凝土的流动性和粘聚性有良好的作用,而且能减少泌水,降低水化热,还可提高硬化混凝土的耐久性。泵送混凝土的最小水泥用量应不低于 $280kg/m^3$,砂率比普通混凝土高7%~9%。

对于混凝土可泵性的评定和检验目前尚无统一的标准。一般来说,石子粒径适宜、流动性和粘聚性比较好的塑性混凝土,其泵送性能也较好。泵送混凝土的坍落度一般宜在100~130mm之间,不应小于50mm,不宜大于200mm。坍落度太小,摩擦力大,混凝土泵易磨损,泵送时易发生堵管现象。坍落度太大,集料易分离沉淀,使结构物上下部位质量不匀。

目前,德国生产的最大功率的混凝土泵,最大排量为 $159m^3/h$,最大水平运距为1600m,最大垂直运距为400m。我国高420.5m的上海金贸大厦,泵送混凝土的一次泵送高度为382m。用混凝土泵输送和浇筑混凝土,施工速度快,生产效率高,因此,泵送混凝土在土木工程中应用非常广泛。

5.8.5 碾压混凝土

碾压混凝土是一种含水率低，通过振动碾压施工工艺达到高密度、高强度的水泥混凝土，如图 5.23 所示。其特干硬性的材料特点和碾压成型的施工工艺特点，使碾压混凝土路面具有节约水泥、收缩小、施工速度快、强度高且开放交通早等技术经济上的优势。

碾压混凝土路面与普通水泥混凝土路面所用材料基本组成相同，均为水、水泥、砂、碎(砾)石及外掺剂；不同之处是碾压混凝土为用水量很少的特干硬性混凝土，比普通水泥混凝土节约水泥 10%～30%。

图 5.23 碾压混凝土

碾压混凝土配合比组成设计是按正交设计试验法和简捷设计试验法设计，以"半出浆改进 VC 值"稠度指标和小梁抗折强度标作为设计指标。小梁抗折强度试件按 95%压实率计算试件质量，采用上振式振动成型机振动成型。

碾压混凝土路面施工由拌和、运输、摊铺、碾压、切缝及养生等工序组成。混凝土拌和可采用间歇式或连续式强制搅拌机拌和；碾压混凝土路面摊铺采用强夯高密实度摊铺机摊铺；路面碾压作业由初压、复压和终压 3 个阶段组成。碾压工序是碾压混凝土路面密实成型的关键工序，碾压后的路面表面应平整、均匀，压实度应符合有关规定；切缝工序应在混凝土路面"不啃边"的前提下尽早锯切，切缝时间与混凝土配合比和气候状况有关，应通过试锯确定；在碾压工序及切缝后应洒水覆盖养生，碾压混凝土路面的潮湿养护时间与水泥品种、配合比和气候状况有关，一般养护时间为 5～7d；碾压混凝土路面板达到设计强度后方可开放交通。

碾压混凝土路面与普通水泥混凝土路面相比，由于碾压混凝土的单位用水量显著减少（只需 100kg/m³ 左右），拌合物非常干硬，可用高密实度沥青摊铺机、振动压路机或轮胎压路机施工，成为一种新型的道路结构形式。

碾压混凝土所用的水泥一般与普通混凝土路面所用水泥相同。美国已建成的碾压混凝土路面一直使用 I 型或 II 型硅酸盐水泥，日本也基本如此。碾压混凝土路面所用的水泥最好是施工时间长(从拌和到铺筑的终了)、强度发展快、干缩比较小。日本目前正在开发提高此类特性的水泥，有一种专供碾压混凝土用的低收缩性水泥，其收缩率为普通水泥的 70%以下。据日本 6 个施工企业试用结果调查，采用此种低收缩性水泥，横缝间距可增加 1.5～2 倍；还有一种以碾压混凝土路面能早期开放交通为目的的新型水泥，用此种水泥制成的碾压混凝土在铺筑 3h 之后能通车，确认 6h 之后能开放交通。

5.8.6 耐热混凝土

耐热混凝土是指能长期在高温(200～900℃)作用下保持所要求的物理和力学性能的一种特种混凝土。普通混凝土不耐高温，故不能在高温环境中使用。其不耐高温的原因是：

水泥石中的氢氧化钙及石灰岩质的粗骨料在高温下均要产生分解，石英砂在高温下要发生晶型转化而产生体积膨胀，加之水泥石与骨料的热膨胀系数不同。所有这些均将导致普通混凝土在高温下产生裂缝，强度严重下降，甚至破坏。

耐热混凝土是由适当的胶凝材料、耐热粗、细骨料及水（或不加水），按一定比例配制成的。根据所用胶凝材料不同，通常可分为以下几种。

1. 硅酸盐水泥耐热混凝土

硅酸盐水泥耐热混凝土是以普通水泥或矿渣水泥为胶结材料，耐热粗、细骨料采用安山岩、玄武岩、重矿渣及粘土碎砖等，并以烧粘土、砖粉和磨细石英砂等作磨细掺合料，再加入适量的水配制而成。耐热磨细掺合料中的二氧化硅和三氧化二铝在高温下均能与氧化钙作用，生成稳定的无水硅酸盐和铝酸盐，它们能提高水泥的耐热性。普通水泥和矿渣水泥配制的耐热混凝土其极限使用温度为700～800℃。

2. 铝酸盐水泥耐热混凝土

铝酸盐水泥耐热混凝土是采用高铝水泥或低钙铝酸盐水泥、耐热粗细骨料、高耐火度磨细掺合料及水配制而成的。这类水泥在300～400℃下其强度会发生急剧降低，但残留强度能保持不变。到1000℃时，其中结构水全部脱出而烧结成陶瓷材料，则强度又将被提高。常用粗、细骨料有碎镁砖、烧结镁砂、矾土、镁铁矿和烧结土等。铝酸盐水泥耐热混凝土的极限使用温度为1300℃。

3. 水玻璃耐热混凝土

水玻璃耐热混凝土是以水玻璃作胶结料，掺入氟硅酸钠作促硬剂，耐热粗、细骨料可采用碎铬铁矿、镁砖、铬镁砖、滑石和焦宝石等。磨细掺合料为烧粘土、镁砂粉和滑心粉等。水玻璃耐热混凝土的极限使用温度为1200℃。施工时应注意的是，混凝土搅拌不加水，养护混凝土时禁止浇水，应在干燥环境中养护硬化。

4. 磷酸盐耐热混凝土

磷酸盐耐热混凝土是由磷酸铝和以高铝质耐火材料或锆英石等制备的粗、细骨料及磨细掺合料配制而成的，目前更多的是直接采用工业磷酸盐配制耐热混凝土。这种耐热混凝土具有高温韧性强、耐磨性好且耐火度高的特点，其极限使用温度为1600～1700℃。磷酸盐耐热混凝土的硬化需在150℃以上烘干，总干燥时间不少于24h，并且硬化过程中不允许浇水。

耐热混凝土多用于高炉基础、焦炉基础、热工设备基础及围护结构、炉衬、烟囱等。

5.8.7 喷射混凝土

喷射混凝土是将按一定配比的水泥、砂、石和外加剂等装入喷射机，在压缩空气下经管道混合输送到喷嘴处与高压水混合后，高速喷射到基面上，经层层喷射捣实凝结硬化而成的混凝土。

喷射混凝土宜采用硅酸盐水泥或普通硅酸盐水泥，遇到含有较高可溶性硫酸盐的地层或地下水的地方，应使用抗硫酸盐水泥。石子最大粒径不宜大于20mm，砂宜用中粗砂，细度模数大于25。砂子过细会使干缩增大,过粗则会增加回弹。用于喷射混凝土的外加剂有速凝剂、引气剂、减水剂和增稠剂等。

在喷射混凝土中掺入硅灰(浆体或干粉),不仅可以提高喷射混凝土的强度和粘着能力,而且可大大降低粉尘,减小回弹率。在喷射混凝土中掺入直径为0.25~0.40mm的钢纤维($1m^3$混凝土掺量为80~100kg),可以明显改善混凝土的性能,抗拉强度可提高50%~80%,抗弯强度提高60%~100%,韧性提高20~50倍,抗冲击性提高8~10倍。此外,抗冻融能力、抗渗性、疲劳强度、耐磨和耐热性能都有明显的提高。

喷射混凝土具有较高的强度和耐久性,它与混凝土、砖石和钢材等有很高的粘结强度,且施工不用模板,是一种将运输、浇灌和捣实结合在一起的施工方法。这项技术已广泛用于地下工程、薄壁结构工程、维修加固工程、岩土工程、耐火工程和防护工程等土木工程领域。

5.8.8 防辐射混凝土

能遮蔽对人体有危害的X射线、γ射线及中子辐射等的混凝土,称为防辐射混凝土。对有害辐射屏蔽的效果与辐射经过的物质的质量近似成正比,而与物质的种类无关。防辐射混凝土通常采用重骨料配制而成,混凝土的表观密度一般在3360~3840kg/m³之间,比普通混凝土高50%。混凝土越重,防护辐射性能越好,且防护结构的厚度可减小。对中子流的防护,混凝土中除了应含有重元素(如铁)或原子序数更高的元素外,还应含有足够多的轻素——氢和硼。

配制防辐射混凝土时,宜采用胶结力强、水化热较低且水化结合水量高的水泥,如硅酸盐水泥,最好使用硅酸钡、硅酸锶水泥。采用高铝水泥施工时需采取冷却措施。常用重骨料主要有重晶石($BaSO_4$)、褐铁矿($2Fe_2O_3 \cdot 3H_2O$)、磁铁矿(Fe_3O_4)、赤铁矿(Fe_2O_3)、碳酸钡矿及纤铁矿等。另外,掺入硼和硼化物及锂盐等,也可有效改善混凝土的防护性能。

防辐射混凝土用于原子能工业以及国民经济各部门应用放射性同位素的装置中,加反应堆、加速器和放射化学装置等的防护结构。

5.8.9 防水混凝土

采用水泥、砂、石或掺加少量外加剂、高分子聚合物等材料,通过调整配合比而配制成抗渗压力大于0.6MPa,并具有一定抗渗能力的刚性防水材料称为防水混凝土。

普通混凝土之所以不能很好地防水,主要是由于混凝土内部存在着渗水的毛细管通道。如能使毛细管减少或将其堵塞,混凝土的渗水现象就会大为减小。

1. 普通防水混凝土

普通防水混凝土是以调整配合比的方法来提高自身密实度和抗渗性的一种混凝土。通常普通混凝土主要根据强度配制,石子起骨架作用,砂填充石子的空隙,水泥浆填充骨料空隙并将骨料结合在一起,而没有充分考虑混凝土的密实性。而普通防水混凝土则是根据抗渗要求配制的,以尽量减少空隙为着眼点来调整配合比。在普通防水混凝土内,应保证有一定数量及质量的水泥砂浆,在粗骨料周围形成一定厚度的砂浆包裹层,把粗骨料彼此隔开,从而减少粗骨料之间的渗水通道,使混凝土具有较高的抗渗能力。水灰比的大小影响着混凝土硬化后空隙的大小和数量,并直接影响混凝土的密实性。因此,在保证混凝土拌合物工作性的前提下降低水灰比。选择普通防水混凝土配合比时,应符合以下技术规定。

(1) 骨料最大粒径不宜大于40mm。

(2) 水泥强度等级为32.5级以上时,水泥用量不得少于300kg/m³,当水泥强度等级为42.5级以上,并掺有活性粉细料时,水泥用量不得少于280kg/m³。

(3) 砂率宜为35%~40%。

(4) 灰砂比宜为1:2.5~1:2.0。

(5) 水灰比宜在0.55以下。

2. 外加剂防水混凝土

外加剂防水混凝土是在混凝土中掺入适当品种和数量的外加剂,隔断或堵塞混凝土中各种孔隙、裂缝及渗水通路,以达到改善抗渗性能的一种混凝土。常用的外加剂有引气剂、减水剂、三乙醇胺和氯化铁防水剂。

3. 膨胀水泥防水混凝土

用膨胀水泥配制的防水混凝土称为膨胀水泥防水混凝土。由于膨胀水泥在水化的过程中,形成大量体积增大的水化硫铝酸钙,产生一定的体积膨胀,在有约束的条件下,能改善混凝土的孔结构,使总孔隙率减少,毛细孔径减小,从而提高混凝土的抗渗性。

5.8.10 绿化混凝土

绿化混凝土是指能够适应绿色植物生长、进行绿色植被的混凝土及其制品。绿化混凝土用于城市的道路两侧及中央隔离带、水边护坡、楼顶、停车场等部位,可以增加城市的绿色空间,调节人们的生活情绪,同时能够吸收噪声和粉尘,对城市气候的生态平衡也起到积极作用,是具有环保意义的混凝土材料。

传统的混凝土是一种密实、坚硬、强度类似于天然岩石的人造石材,所以长期以来主要用作结构物的承重材料。现代城市建设密度越来越大,空间和地面几乎都被色彩灰暗的混凝土材料所覆盖,人们生活在被钢筋混凝土填充的城市中,感到远离自然,缺少生活情趣,因此渴望回归自然,增加绿色空间。绿化混凝土正是在这种社会背景下开发出来的一种新型材料。

1. 绿化混凝土的类型及其基本结构

到目前为止,绿化混凝土共开发了3种类型,其基本结构和制作原理如下。

1) 孔洞型绿化混凝土块体材料

孔洞型绿化混凝土块体制品的实体部分与传统的混凝土材料相同,只是在块体材料的形状上设计了一定比例的孔洞,为绿色植被提供空间。

施工时,将块体材料拼装铺筑,形成部分开放的地面,如图5.24所示。由这种绿化混凝土块铺筑的地面有一部分面积与土壤相连，在孔洞之间可以进行绿色植被，增加城市的绿色面积。这类绿化混凝土块适用于停车场及城市道路两侧树木之间。但是这种地面的连续性较差，且只能预制成制品进行现场拼装，不适合大面积、大坡度及连续型的绿化。目前，这种产品在我国已有应用。

2) 多孔连续型绿化混凝土

连续性绿化混凝土以多孔混凝土作为骨架结构，内部存在着一定量的连通孔隙，为

图 5.24 拼装铺筑的绿化混凝土地面

混凝土表面的绿色植物提供根部生长、吸取养分的空间。这种混凝土由3个要素构成。

(1) 多孔混凝土骨架。由粗骨料和少量的水泥浆体或砂浆构成，是绿化混凝土的骨架部分。一般要求混凝土的孔隙率达到 $18\%\sim30\%$，且要求孔隙尺寸大孔隙连通，有利于为植物的根部提供足够的生长空间，以及肥料等填充在孔隙中为植物的生长提供养分。由于其内比表面积较大，可在较短龄期内溶出混凝土内部的氢氧化钙，从而降低混凝土的碱性，有利于植物的生长。为了促进碱性物质的快速溶出，可在使用前放置一段时间，利用自然碳化低碱度或掺入高炉矿渣等掺合料，利用火山灰与水泥水化产物的二次水化减少内部氢氧化钙的含量，也可以使用树脂类胶凝材料代替水泥浆。

(2) 保水性填充材料。在多孔混凝土的孔隙内填充保水性的材料和肥料，植物的根部生长深入到这些填充材料之内，吸取生长所必要的养分和水分。如果绿化混凝土的下部是自然的土壤，保水性填充材料能够把土壤中的水分和养分吸收进来，以供植物生长所用。保水性填充材料由各种土壤的颗粒、无机的人工土壤以及吸水性的高分子材料配制而成。

(3) 表层客土。在绿化混凝土的表面铺设一薄层客土，为植物种子发芽提供空间，同时防止混凝土硬化体内的水分蒸发过快，并供给植物发芽后初期生长所需的养分。为了防止表层客土的流失，通常在土壤中拌入粘结剂，采用喷射施工将土壤浆体粘附在混凝土的表面。

这种连续型多孔绿化混凝土适合于大面积、现场施工的绿化工程。尤其是大型土木工程之后的景观修复等。图 5.25 即是采用这种绿化混凝土，施工一年之后的绿化情况。作为护坡材料，基体混凝土具有一定的强度和连续型，同时能够生长绿色植物。采用绿化混凝土技术实现了人工与自然的和谐与统一。

3) 孔洞型多层结构绿化混凝土块体材料

如图 5.25 所示，采用多孔混凝土并施加孔洞、多层板复合制成的绿化混凝土块体材料。上层为孔洞型多孔混凝土板，在多孔混凝土板上均匀地设置直径大约为 10mm 的孔洞，多孔混凝土板本身的孔隙率为 20% 左右，强度大约为 10MPa；底层是不带孔洞的多孔混凝土板，孔径及孔

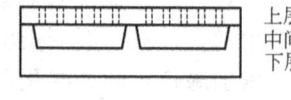

上层带孔洞的多孔混凝土板
中间培土层
下层多孔混凝土板

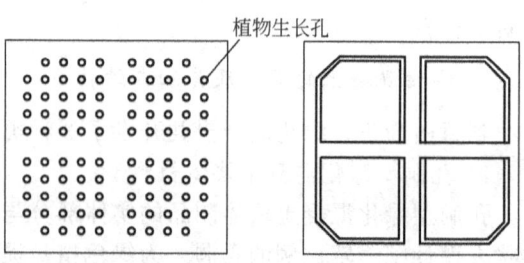

图 5.25 孔洞型多层结构绿化混凝土

隙率小于上层板，作成凹槽型。上层与底层复合，中间形成一定空间的培土层。上层的均布小孔洞为植物生长孔，中间的培土层填充土壤及肥料，蓄积水分，为植物提供生长所需的营养和水分。这种绿化混凝土制品多数应用在城市楼房的阳台、院墙顶部等不与土壤直接连接相连的部位，增加城市的绿色空间，以美化环境。

2. 绿化混凝土的性能

1) 植物生长功能

绿化混凝土最主要的功能是能够为植物的生长提供可能。而普通的混凝土质地坚硬，不透水、不透气，完全不符合植物生长的条件。为了实现植物生长功能，就必须使混凝土内部具有一定的空间，填充适合植物生长的材料。为此绿化混凝土应具有20%~30%的孔隙率，且孔径越大，越有利于植物的生长。

2) 强度

由于绿化混凝土具有较高的孔隙率，所以其抗压强度较低，一般基本混凝土的抗压强度在10~20MPa的范围以内。

3) 胶凝材料的种类

普通硅酸盐水泥水化之后呈碱性，对植物生长不利。所以应尽量选用掺矿物掺合料的水泥，或在植被之前自然放置一段时间，使之自然碳化，降低混凝土的碱度。

4) 表层客土

为了使植物种子最初有栖息之地，表层客土必不可少。一般表层客土的厚度为3~6cm。

5) 耐久性

由于绿化混凝土具有较多、较大的孔隙，所以用于寒冷地区要进行抗冻性试验。目前，国际上采用较多的抗冻试验方法为ASTMC666A法（水中冻结水中融解法）和B法（气中冻结水中融解法）进行冻融循环试验。

5.8.11 智能混凝土

智能水泥基复合材料是在传统水泥基复合材料基础上复合智能型组分，如将传感器、驱动器和微处理器等置入水泥基复合材料中，使水泥基复合材料成为既能承受荷载又具有自感知和记忆、自适应、自修复等特定功能的多功能材料。

目前，可用于水泥基复合材料中的驱动器材料主要有形状记忆合金（SMA）和电流变体（ER），这些材料可根据温度、电场的变化而改变其形状、尺寸、自然频率、阻尼以及其他一些力学特征，因而具有对环境的自适应功能。传感是水泥基复合材料中要求具备的另一个关键功能，无论是驱动控制还是智能处理都要求传感网络提供系统状态的准确信息。用作水泥基复合材料中传感器材料主要是光纤。

自20世纪80年代以来，国内外对水泥基复合材料在智能化方面作了一些有益的探讨，并取得了一些阶段性的成果。相继出现了损伤自诊断水泥基复合材料、温度自监控水泥基复合材料、具有反射电磁波功能的导航水泥基复合材料、调湿性水泥基复合材料以及仿生自愈合水泥基复合材料等。

1) 损伤自诊断水泥基复合材料

损伤自诊断水泥基复合材料的出现与碳纤维的发展是紧密联系的。碳纤维是20世纪五六十年代发展起来的一种高强、高弹模、质轻、耐高温、耐腐蚀、利导电及导热性能好的纤维材料,并开始应用于水泥基复合材料之中。

碳纤维水泥基复合材料(CFRC)是在普通水泥基复合材料中分散均匀地加入碳纤维而构成的。由于碳纤维的掺入对交流阻抗的敏感,且通过交流阻抗谱又可计算出碳纤维水泥基复合材料的导电率,这就使得利用碳纤维的导电性来探测水泥基复合材料在受力时内部微结构的变化成为一种可能。在1989年,美国发现将一定形状、尺寸和掺量的短碳纤维掺入到水泥基复合材料中,可以使水泥基复合材料具有自感知内部应力、应变和损伤程度的功能。通过对材料的宏观行为和微观结构进行观测,发现材料的电阻变化与其内部结构变化是相对应的,如可逆电阻率的变化对应弹性变形,而不可逆电阻率的变化对应非弹性变形和断裂。

随着压应力的变化,碳纤维水泥基复合材料的电阻率也会随之变化,这就是碳纤维水泥基复合材料的压敏性。碳纤维水泥基复合材料压应力与电阻率的关系曲线基本上可分为无损伤、有损伤和破坏共3段。根据这一关系,通过测试碳纤维水泥基复合材料电阻率的变化可以判定其所在结构部分水泥基复合材料所处的工作状态,实现对结构工作状态的在线监测。在掺入碳纤维的损伤自诊断水泥基复合材料中,碳纤维水泥基复合材料本身就是传感器,可对水泥基复合材料内部在拉、压、弯静荷载和动荷载等外因作用下的弹性变形和塑性变形以及损伤开裂进行监测。将碳纤维水泥基复合材料用于路面结构,利用其压敏功能,也可对路面的交通流量和车辆载荷进行监控。损伤自诊断水泥基复合材料有一个明显的特点就是灵敏度非常高,在对碳纤维作臭氧处理后,用碳纤维掺量为0.5%(体积分数)的水泥净浆作为应变传感器,其灵敏度可达700,远大于一般电阻应变计的灵敏度(约为2)。

2) 温度自监控水泥基复合材料

碳纤维水泥基复合材料具有很好的温敏性。一方面,含有碳纤维的水泥基复合材料会产生热电效应。在最高温度为70℃、最大温差为15℃的范围内,温差电动势E与温差ΔT之间具有良好稳定的线性关系。当碳纤维掺量达到某一临界值时,其温差电动势率有极大值,如在普通硅酸盐水泥中加入碳纤维,其温差电动势率可达$18\mu V/℃$。因此可以利用这一效应来实现对水泥基复合材料结构内部和建筑物周围环境的温度分布及变化进行监控。

另一方面,当对碳纤维水泥基复合材料施加电场时,在水泥基复合材料中会产生电热效应,引起所谓的热电效应。研究表明,热电效应和电热效应都是由于碳纤维水泥基复合材料存在空穴导电所致。因此,可以利用电热效应,将碳纤维水泥基复合材料应用于机场跑道和桥梁路面等工程今以实现自动融雪和除冰的功能。在实际工程应用中,已取得了很好的效果。

(1) 具有反射电磁波功能的导航水泥基复合材料。现代社会向智能化方向发展,可以预见未来的交通系统也会智能化,汽车行驶由计算机控制。通过对高速公路上车道两侧的标记进行识别,计算机系统可以确定汽车的行驶线路、速度等参数。如果在水泥基复合材料中掺入0.5%(体积分数)的直径为$0.1\mu m$的碳纤维微丝,则这种水泥基复合材料对1GHz电磁波的反射强度要比普通水泥基复合材料高10dB,且其反射强度比透射强度高29dB,而普通水泥基复合材料反射强度比透射强度低3~11dB。采用这种水泥基复合材料作为车道两侧导航标记,可实现自动化高速公路的导航。汽车上的电磁波发射器向车道两侧的导航标记发射电磁波,经过反射,由汽车上的电磁波接收器接收,再通过汽车上的计算机系统进行处理,即可判断并控制汽车的行驶线路。这种导航标记还具有成本低、可靠性好、准确度高的特点。

(2) 自调节水泥基复合材料。有些建筑物对室内的湿度控制要求较高。从材料的角度来说,希望能研制出一种自动调节环境湿度的水泥基复合材料,使其对环境湿度进行监测和调控。研究发现,把沸石粉作为调湿组分加入水泥基复合材料中就可制成满足上述要求的调湿性水泥基复合材料。其具有以下特点:优先吸附水分;水蒸气压力低的地方,其吸湿容量大;吸、放湿与温度有关,温度上升时放湿,温度下降时吸湿。日本已应用于实际的工程当中,如日本月黑雅叙园美术馆、东京摄影美术馆以及成天山书法美术馆等。

混凝土本身并没有自调节功能,要达到自调节的目的,就需在水泥基复合材料中复合驱动器材料,如形状记忆合金(SMA)和电流变体(ER)。

形状记忆合金(SMA)具有形状记忆效应(SME)。若在室温下给以超过弹性范围的拉伸塑性变形,当加热至稍许超过相变温度,即可使原先出现的残余变形消失,并恢复到原来的尺寸。在水泥基复合材料中埋入形状记忆合金,利用形状记忆合金对温度的敏感性及其在不同温度下恢复相应形状的功能,当水泥基复合材料结构受到异常荷载干扰时,通过记忆合金形状的变化,使水泥基复合材料内部应力自动改变为另一种有利的应力分布,这样就可调整建筑结构的承载能力。

电流变体(ER)是一种可通过外界电场作用来控制其粘性、弹性等流变性能双向变化的悬胶液。在外界电场的作用下,电流变体可于 0.1ms 级时间内组合成链状或网状结构固凝胶,其粘度随电场增加而变稠至完全固化,当外界电场拆除时,仍可恢复其流变状态。在水泥基复合材料中复合电流变体,利用电流变体的此种作用,当水泥基复合材料结构受到台风、地震袭击时调整其内部的流变特性,改变结构的自振频率、阻尼特性以达到减缓结构振动的目的。

(3) 自修复水泥基复合材料。自修复水泥基复合材料就是模仿生物组织对受创伤部位能自动分泌某种物质,从而使受创伤部位愈合的机理,在水泥基复合材料中掺入某些特殊的组分,如内含粘结剂的空心胶囊、空心玻璃纤维或液芯光纤,使水泥基复合材料在受到损伤时部分空心胶囊、空心玻璃纤维或液芯光纤破裂、粘结剂流到损伤处,使水泥基复合材料裂缝重新愈合。也可使掺入水泥基复合材料中的修复剂本身并不具有粘结基材的功能,但当与另外的物质(生长活性因子)相遇时可反应生成具有粘结功能的物质,实现损伤部位的自动修复,如仿生自愈合水泥基复合材料。采用磷酸钙水泥(含有单聚物)为基体材料,在其中加入多孔编织纤维网,在水泥水化和硬化过程中,多孔纤维释放出引发剂(当作是生长活性因子),引发剂与单聚物发生聚合反应生成高聚物。这样,在多孔纤维网的表面形成了大量的有机及无机物质,它们互相穿插粘结,最终形成了与动物骨骼结构相类似的复合材料,具有优异的强度和延展性、柔韧性等性能。在水泥基复合材料使用过程中,如果发生损伤,多孔纤维就会形成高聚物,自动愈合损伤。

水泥基复合材料对土木建筑结构的应力、应变和温度等参数进行实时、在线监控,对损伤进行及时修复,并可减轻台风、地震对水泥基复合材料结构的冲击。这对确保水泥基复合材料结构的安全性和延长其使用寿命是非常重要的。智能水泥基复合材料作为对传统水泥基复合材料的一种突破,其发展必将使水泥基复合材料的应用具有更广阔的前景和产生巨大的社会经济效益。

本 章 小 结

本章以普通混凝土为主，是全书的重点章节之一。本章讲述了混凝土的种类、特点；普通混凝土组成材料的品种、技术性能要求；普通混凝土拌合物和易性的概念、测定指标、影响因素及改善措施；普通混凝土立方体抗压强度、抗压强度标准值、强度等级，轴心抗压强度、抗拉强度，决定混凝土强度的因素，混凝土强度公式强度，提高混凝土强度的措施；普通混凝土的化学变形、干湿变形、温度变形、荷载下的变形；混凝土耐久性的概念，提高耐久性措施；混凝土外加剂的分类，减水剂的作用机理，减水剂的技术经济效果，早强剂、引气剂、缓凝剂等的作用机理及应用；普通混凝土配合比设计的任务、设计方法、配合比的调整与确定；其他品种混凝土简介。

知 识 链 接

三峡大坝混凝土中饱含高科技

三峡工程混凝土工程量巨大，总量达2800万立方米，其中三峡大坝（图5.26）混凝土浇筑量达1600万立方米，高峰施工强度需要一年浇筑混凝土逾500万立方米。如何在高强度混凝土施工中实现混凝土浇筑的高质量？中国长江三峡工程开发总公司组织参建各方和科研单位从混凝土原材料与配合比、混凝土浇筑方案与配套工艺、大体积混凝土温控防裂等方面进行综合攻关，采用一系列最新技术。

图5.26 三峡大坝

新型的混凝土原材料与配合比。为充分利用工程本身开挖出的花岗岩基岩，三峡工程在国内率先将花岗岩破碎后用作混凝土人工骨料，首次利用性能优良的一级粉煤灰作为混凝土掺合料，投入数百万元研究混凝土配合比，包括进一步改进高性能的外加剂，使混凝土综合性能达到最优水平。

革命性的混凝土浇筑方案。混凝土浇筑方案和配套工艺是大坝混凝土施工的关键。三峡总公司引进了国外最先进的大坝浇筑专用设备——塔带机，相比间断式的汽车运输加起重机吊罐入仓的传统浇筑工艺，可以说这是一场大坝浇筑的工艺革命。但是，塔带机是20

世纪80年代才开发出来的新设备,国外并无多少成熟经验,实际使用中,三峡工程不断创新,摸索总结出了一整套保证质量的施工工艺。

创新性的混凝土温控防裂技术。大体积混凝土温控防裂是大坝施工的重点与难点,由于皮带机运送预冷混凝土时温度回升较大,更增加了这一问题的难度。三峡工程在这个水电工程领域的老大难问题上取得了突破性进展:首创混凝土骨料二次风冷技术,盛夏时将拌和楼生产出的混凝土全部预冷到7度;采用保温性能优良的聚苯乙烯板进行大坝表面的永久保温;在管理上总结出"天气、温度控制、间歇期"三项预警制度,保证了混凝土温控各个环节的高质量。

(新华社 2006年5月20日)

本章习题

5-1 普通混凝土的组成材料有哪几种?在混凝土凝固硬化前后各起什么作用?

5-2 何谓骨料级配?骨料级配良好的标准是什么?混凝土的骨料为什么要求级配良好?

5-3 什么是混凝土拌合物的和易性?它包含哪些含义?

5-4 影响混凝土拌合物和易性的因素有哪些?如何影响?

5-5 什么是合理砂率?合理砂率有何技术及经济意义?

5-6 影响混凝土强度的因素有哪些?采用哪些措施可提高混凝土强度?

5-7 何谓混凝土的耐久性?提高混凝土耐久性的措施有哪些?

5-8 什么是减水剂?减水剂的技术经济效果有哪些?

5-9 什么是混凝土的掺合料?常用的矿物掺合料有哪些?

5-10 混凝土配合比设计的基本要求有哪些?

5-11 采用矿渣水泥、卵石和天然砂配制混凝土,水灰比为0.5,制作100mm×100mm×100mm试件3块,在标准养护条件下养护7d后,测得破坏荷载分别为140kN、135kN及141kN。试求:

(1) 估算该混凝土28d的标准立方体抗压强度。

(2) 该混凝土采用的矿渣水泥等级是多少?

5-12 工地采用42.5级普通水泥拌制卵石混凝土,所用水灰比为0.56。问此混凝土能否达到C25混凝土的要求?

5-13 现浇框架结构梁,混凝土设计强度等级C25,施工要求坍落度35~50mm,施工单位无历史统计资料。采用原材料为:普通水泥42.5级,$\rho_c = 3000 \text{kg/m}^3$;中砂 $\rho_s = 2600 \text{kg/m}^3$;碎石:$D_{max} = 20\text{mm}$,$\rho_g = 2650 \text{kg/m}^3$;自来水。试求初步配合比。

5-14 混凝土配合比为1:2.3:4.1,水灰比为0.60。已知每立方米混凝土拌合物中水泥用量为295kg。现场有砂15m³,此砂含水量为5%,堆积密度为1500kg/m³。则现场砂能生产多少混凝土?

第6章 建筑砂浆

【教学目标】

通过本章学习，应达到以下目标。
(1) 了解建筑砂浆的分类。
(2) 了解砌筑砂浆组成材料的要求。
(3) 掌握砌筑砂浆拌合物和硬化物的主要技术性质。
(4) 掌握砌筑砂浆配合比设计方法。
(5) 了解抹面砂浆和其他特种砂浆的主要品种技术性能、配合方法及应用。
(6) 了解干拌砂浆的优点及应用。

【教学要求】

知识要点	能力要求	相关知识
砌筑砂浆组成材料	了解砌筑砂浆组成材料的要求	(1) 胶凝材料的要求 (2) 细骨料的要求 (3) 掺合料及外加剂的要求
砌筑砂浆技术性质	(1) 掌握砌筑砂浆主要技术性质的概念 (2) 掌握砌筑砂浆主要技术性质的测定方法及影响因素	(1) 新拌砂浆和易性的概念、测定方法 (2) 砂浆强度的测定方法及影响因素
砌筑砂浆配合比设计	掌握砌筑砂浆配合比设计方法	砌筑砂浆配合比设计方法
抹面砂浆和其他特种砂浆	(1) 了解抹面砂浆和其他特种砂浆的主要品种技术性能 (2) 了解抹面砂浆和其他特种砂浆的配合方法及应用	(1) 抹面砂浆的主要技术性能、配合比及应用 (2) 其他特种砂浆的主要品种技术性能及应用
干拌砂浆	(1) 了解干拌砂浆的优点 (2) 了解干拌砂浆的应用	(1) 干拌砂浆的优点 (2) 干拌砂浆的技术性能与应用

6.1 概 述

建筑砂浆是由胶凝材料、细骨料、掺合料、外加剂和水按适当比例配合、拌制并经硬化而成的材料。它与混凝土的主要区别是在组成材料中没有粗骨料。因此，建筑砂浆也称为细骨料混凝土，如图6.1所示。

建筑砂浆在工业与民用建筑中应用极其广泛，可用于结构工程和装饰工程中，起到粘结、衬垫和传递应力的作用，主要用作砌筑、抹灰、灌缝和粘贴饰面的材料。在道路与桥梁工程中，建筑砂浆主要用于砌筑圬工桥涵、沿线挡土墙和隧道衬砌等砌体，以及修饰这些构筑物的表面。根据建筑砂浆的不同用途，其可分为砌筑砂浆、抹面砂浆（如普通抹面砂浆、防水砂浆和装饰砂浆等）、特种砂浆（保温砂浆、吸声砂浆、耐腐蚀砂浆、防辐射砂浆、聚合物砂浆和膨胀砂浆等）。根据所用胶凝材料不同，建

图 6.1 建筑砂浆

筑砂浆又可分为水泥砂浆、石灰砂浆、石膏砂浆、混合砂浆和聚合物砂浆等。随着施工工艺的发展，除了现场搅拌外，也出现了工厂预拌的干混砂浆。在建筑施工工程中，砌筑砂浆的用量大，但与混凝土相比，砂浆层较薄，基层的含水状态、清洁程度和砂浆的技术性能都影响砌体或抹面的质量和使用功能。

6.2 砌筑砂浆

能将砖、石和砌块等粘结成为整个砌体的砂浆称为砌筑砂浆，如图 6.2 所示。砌体的承载能力和其他性能，不仅取决于块体的强度和性能，而且与砂浆的强度和技术性能有密切关系，所以砂浆是砌体的重要组成部分。

图 6.2 砌筑砂浆

6.2.1 砌筑砂浆的组成材料

胶凝材料、细骨料、水、掺合料及外加剂均是组成建筑砂浆的重要材料。为确保建筑砂浆的质量，配制砂浆的各组成材料均应满足一定的技术要求。在行业标准《砌筑砂浆配合比设计规程》（JGJ 98—2010）中，对砌筑砂浆组成材料提出了明确要求。

1. 胶凝材料

砂浆的胶凝材料主要是指水泥，常用的水泥品种有普通硅酸盐水泥、矿渣硅酸盐水泥、火山灰硅酸盐水泥、粉煤灰硅酸盐水泥和复合硅酸盐水泥及聚合物等。在设计和配制建筑砂浆时，应根据工程所处的环境条件，选用合适的水泥品种。水泥的强度等级应根据砂浆品种及强度等级的要求进行选择。行业标准《砌筑砂浆配合比设计规程》（JGJ/T 98—2010）中规定，M15及以下强度等级的砌筑砂浆宜选用32.5级的通用硅酸盐水泥或砌筑水泥；M15以上强度等级的砌筑砂浆宜选用42.5级通用硅酸盐水泥。

由于砂浆强度等级要求不高，所以一般选用中、低强度等级的水泥即能满足要求。若水泥强度等级过高，则可掺入适量的混合材料（如粉煤灰等），以达到节约水泥、满足要求、改善性能及降低造价的目的。

对于有特殊用途的砂浆，可选用特种水泥和聚合物。

由于聚合物为链型或体型高分子化合物且粘性好，在砂浆中可呈膜状大面积分布，因此可提高砂浆的粘结性、韧性和抗冲击性，同时也有利于提高砂浆的抗渗、抗碳化等耐久性能，但可能会使砂浆抗压强度下降。常用的聚合物有聚醋酸乙烯酯、甲基纤维素醚、聚乙烯醇、聚酯树脂和环氧树脂等，有时还采用石膏、粘土或粉煤灰等材料作为胶结材料，但必须经过砂浆的技术性质检验，在不影响砂浆质量的前提下才能够使用。

2. 细骨料

砂是建筑砂浆中最常用的细骨料，应符合混凝土用砂的技术要求。此外，由于砂浆层较薄，对砂子的最大粒径应有所限制。为保证建筑砂浆的质量，应选用质地坚硬、洁净的砂，尤其对砂中泥土杂质的含量应严格控制。砖砌体的砂浆宜选用中砂，最大粒径不大于砂浆层厚度的1/4(2.5mm)；毛石砌体宜选用粗砂，最大粒径应小于砂浆层厚度的1/5～1/4。由于含泥量影响砂浆质量，如含泥量过大，会增加砂浆的水泥用量，并使砂浆的收缩值增大、耐久性降低。因此，规定强度等级为M2.5以上的砌筑砂浆，砂的含泥量不应超过5%；强度等级为M2.5的水泥混合砂浆，砂的含泥量不应超过10%。

对于机制砂、山砂及特细砂等资源较多的地区，为降低工程成本，砂浆可合理地利用这些资源，但应经试验能满足技术要求后方可使用。

3. 水

拌制建筑砂浆的水，应采用不含有害杂质的洁净水，一般与混凝土用水要求相同。

4. 掺合料

为了改善砂浆的和易性和节约水泥用量，可在拌制的砂浆中加入一些无机的细颗粒掺合料，如石灰膏、粘土膏和粉煤灰等。石灰膏要经过一定时间的陈伏，粉煤灰经磨细后使用效果更好。

5. 外加剂

外加剂是指在拌制砂浆的过程中掺入，用以改善砂浆性能的物质。为使砂浆具有良好的和易性和其他施工性能，可在砂浆中掺入外加剂（如引气剂、减水剂、早强剂、缓凝剂和防冻剂等），外加剂的品种和掺量及物理力学性能等都应通过试验确定。

6.2.2 砌筑砂浆的技术性质

砌筑砂浆的主要技术性质，主要包括新拌砂浆的和易性、硬化砂浆的强度和强度等级、砂浆的粘结力、砂浆的变形性和硬化砂浆的耐久性。

1. 新拌砂浆的和易性

新拌砂浆的和易性是指砂浆易于施工并能保证其质量的综合性能。它包括流动性和保水性两方面内容，和易性好的砂浆在运输和操作时，不会出现分层、泌水等现象，而且容易在粗糙的砖、石、砌块表面上铺成均匀且薄薄的一层，保证灰缝既饱满又密实，能够将砖、石和砌块很好地粘结成整体。此外，其可操作的时间较长，有利于施工操作。

1）流动性

砂浆的流动性是指砂浆在自重或外力作用下流动的性质，也称稠度。用砂浆稠度测定仪测定其稠度，以沉入度（mm）表示。沉入度是指以标准圆锥体在砂浆内自由沉入10s时沉入的深度。沉入度越大，砂浆的流动性越好。但流动性过大，砂浆容易分层、析水。若流动性过小，则不便于施工操作，灰缝不易填充密实，将会降低砌体的强度。

砂浆流动性的选择，应根据砌体种类、施工条件和气候条件等因素来决定。在一般情况下，多孔吸水的砌体材料和干热天气，砂浆的流动性应大些；而密实不吸水材料和湿冷天气，砂浆的流动性应小些。施工中可参考表6-1选择。

表6-1 砂浆的稠度（沉入度）

砌 体 种 类	砂浆稠度（mm）
烧结普通砖砌体	70～90
轻骨料混凝土空心砌块砌体	60～90
烧结多孔砖、空心砖砌体	60～80
烧结普通砖平拱式过梁、空斗墙、筒拱、普通混凝土小型空心砌块砌体、蒸压加气混凝土砌块砌体	50～70
石砌体	30～50

2）保水性

砂浆的保水性是指砂浆能够保持水分的能力。保水性能好的砂浆无论是运输、静置和振动，还是铺设在底面上，水都不会很快从砂浆中分离出来，仍能保持必要的稠度。保水性能好的砂浆不但易于施工操作，而且还能使水泥正常水化，保证砌体的粘结强度。

砂浆的保水性以"分层度"表示。砂浆拌和料在测定稠度后，再装入砂浆分层度测量仪，经30min后，去掉上面20cm厚的砂浆，剩余部分砂浆重新拌和后，再测定其沉入度，前后两次沉入度之差（以cm为单位）就是砂浆分层度。分层度大，表示砂浆的保水性不好，泌水离析现象严重，即在运输和存放时，砂浆混合物容易分层而不均匀，上层变稀，下层变得干稠；分层度太小，砂浆易出现干缩裂纹。

《砌筑砂浆配合比设计规程》(JGJ 98—2000)中规定：水泥砂浆的分层度不应大于30mm，水泥混合砂浆分层度一般不会超过20mm。通常保水性良好的砂浆，其分层度应在10～30mm范围内。

2. 砂浆的强度

砂浆硬化后应具有足够的强度，强度的大小用强度等级表示，抗压强度是划分砂浆强度等级的主要依据。根据《建筑砂浆基本性能试验方法标准》(JGJ/T 70—2009)规定，砂浆的强度等级是以边长70.7mm的立方体试件，一组3块在标准条件(温度为20℃±2℃，相对湿度≥90%)下养护28d后，用标准试验方法测得的抗压强度(MPa)平均值，并考虑一定的强度保证率来确定的。

砌筑砂浆的强度等级可分为M30、M25、M20、M15、M10、M7.5、M5这7个等级。

水泥砂浆拌合物的密度不宜小于1900kg/m³；水泥混合砂浆拌合物的密度不宜小于1800kg/m³。

影响砂浆强度因素比较多，除了与砂浆的组成材料、配合比和施工工艺等因素外，还与基面材料的吸水率有关。

1) 不吸水基层材料

用于不吸水基层(如密实石材)的砂浆强度，与普通混凝土基本相似，主要取决于水泥的强度和水灰比，可用下式计算：

$$f_{m,o} = A f_{ce} \left(\frac{C}{W} - B \right) \qquad (6-1)$$

式中：A、B——经验系数，可根据试验资料统计确定；

f_{ce}——水泥28d的实际强度，精确到0.1MPa；

$f_{m,o}$——砂浆28d的抗压强度，精确到0.1MPa；

$\frac{C}{W}$——灰水比。

2) 吸水基体材料

用于吸水基体材料(如砖和其他多孔材料)时，砂浆的水分要被基体的材料吸去一部分，由于砂浆具有保水性，因而无论拌和时加入多少水，经基体吸水后保留在砂浆中水量大致相同。在这种情况下，砂浆的强度主要取决于水泥的强度等级和水泥用量，而与水灰比无关。当原材料质量一定时，砂浆的强度主要取决于水泥的强度等级与水泥用量。计算公式如下：

$$f_{m,o} = \alpha f_{ce} Q_C / 1000 + \beta \qquad (6-2)$$

式中：α、β——砂浆的特征系数，其中$\alpha=3.03$，$\beta=-15.09$；

Q_C——每立方米砂浆的水泥用量，精确到1kg；

$f_{m,o}$——砂浆28d的抗压强度，精确到0.1MPa；

f_{ce}——水泥28d的实际强度，精确到0.1MPa。

3. 砂浆的粘结力

砂浆的粘结力大小，对砌体的强度、耐久性及抗震性都有较大影响。因此，要求砂浆有一定的粘结力。砂浆的粘结力由其本身的抗压强度决定。在一般情况下，砂浆的抗压强度越高，其粘结力越大。此外，砂浆的粘结力与基面状态、清洁程度、湿润情况以及施工养护条件等都有密切关系。如砌砖之前要浇水湿润，表面不沾泥土，这样就可以提高砂浆的粘结力，保证砌体的质量。粗糙、洁净、湿润的表面与良好养护的砂浆，其粘结力好。

4. 砂浆的变形性

砂浆在温度发生变化或承受荷载时，均容易产生变形。如果变形过大或变形不均匀，则会降低砌体及面层质量，甚至引起沉陷或开裂。使用轻骨料（如粉煤灰、轻砂等）拌制的砂浆，其收缩变形比普通砂浆大，应采取措施防止砂浆开裂。如在抹面砂浆中，为防止产生干裂可掺入一定量的麻刀和纸筋等纤维材料。

5. 砂浆的耐久性

砂浆的耐久性是指砂浆在各种环境的作用下，具有经久耐用的性能。耐久性包括的内容比较广泛，对于道路与桥梁工程所用的砂浆，主要有抗冻性和抗渗性两个方面的要求。

1）砂浆的抗冻性

砂浆的抗冻性是指砂浆抗冻融循环作用的能力。砂浆受冻遭受损坏是其内部孔隙中水的冻结膨胀引起的破坏所致。因此，密实的砂浆和具有封闭性孔隙的砂浆，均具有较好的抗冻性能。有抗冻性要求的砌筑砂浆，经冻融试验后，质量损失率不得大于5%，抗压强度不得大于25%。

此外，影响砂浆抗冻性的因素还有水泥品种、水泥强度等级、水灰比、施工方法和施工质量等。

2）砂浆的抗渗性

砂浆的抗渗性是指砂浆抵抗压力水渗透的能力。砂浆的抗渗性主要与密实度及内部孔隙的大小和构造有关。砂浆内部互相连通的孔以及成型时产生的蜂窝、孔洞都会造成砂浆的渗水。

6.2.3 砌筑砂浆的配合比设计

根据工程类别和不同砌体部位首先确定砌筑砂浆的品种和强度等级，然后查阅有关规范、手册或资料或通过计算方法确定配合比，再经试验调整及验证后才可应用。

1. 水泥混合砂浆配合比计算

1）确定砂浆的配制强度 $f_{m,o}$

按《砌筑砂浆配合比设计规程》（JGJ/T 98—2010），砂浆的试配强度应按下式计算：

$$f_{m,o}=kf_2 \tag{6-3}$$

式中：$f_{m,o}$——砂浆的试配强度，精确到 0.1MPa；

f_2——砂浆强度等级，精确到 0.1MPa；

k——系数，按表 6-2 取值。

表6-2 砂浆现场强度标准差 σ 选用值及 k 值

强度等级 施工水平	强度标准差 σ(MPa)							k
	M5	M7.5	M10	M15	M20	M25	M30	
优良	1.00	1.50	2.00	3.00	4.00	5.00	6.00	1.15
一般	1.25	1.88	2.50	3.75	5.00	6.25	7.50	1.20
较差	1.50	2.25	3.00	4.50	6.00	7.50	9.00	1.25

标准差 σ 的确定应符合下列规定：

当有统计资料时，应按下式计算：

$$\sigma = \sqrt{\frac{\sum_{i=1}^{n} f_{m,i}^2 - n\mu_{f_m}^2}{n-1}} \tag{6-4}$$

式中：$f_{m,i}$——统计周期内同一品种砂浆第 i 组试件的强度(MPa)；

μ_{f_m}——统计周期内同一品种砂浆 n 组试件强度的平均值(MPa)；

n——统计周期内同一品种砂浆试件的总组数，$n \geqslant 25$。

当不具有统计资料时，砂浆现场强度标准差 σ 应按表6-2取用。

2) 计算水泥用量 Q_C

每立方米水泥砂浆中水泥用量，可用式(6-5)进行计算：

$$Q_C = \frac{1000(f_{m,o} - \beta)}{\alpha f_{ce}} \tag{6-5}$$

式中：Q_C——每立方米砂浆的水泥用量(kg)，精确到1kg；

$f_{m,o}$——砂浆的试配强度(MPa)，精确到0.1MPa；

f_{ce}——水泥的实测强度(MPa)，精确到0.01MPa；

α、β——砂浆的特征系数，其中 $\alpha = 3.03$，$\beta = -15.09$。

当无法取得水泥的实测强度值时，可以按式(6-6)计算 f_{ce}。

$$f_{ce} = \gamma_c f_{ce,k} \tag{6-6}$$

式中：$f_{ce,k}$——水泥强度等级对应的强度值；

γ_c——水泥强度等级值的富余系数，该值应按实际统计资料确定，无统计资料时，$\gamma_c = 1.0$。

3) 计算掺合料用量 Q_D

$$Q_D = Q_A - Q_C \tag{6-7}$$

式中：Q_D——每立方米砂浆的掺合料用量(kg)，精确至1kg；石灰膏、粘土膏使用时的稠度为120mm±5mm。

Q_A——每立方米砂浆中水泥和掺合料的总量(kg)，精确至1kg(一般在300～350kg之间)。当石灰膏为不同稠度时，其换算系数可按表6-3进行换算。

表 6-3 石灰膏不同稠度时的换算系数

石灰膏稠度(mm)	120	110	100	90	80	70	60	50	40	30
换算系数	1.00	0.98	0.97	0.95	0.93	0.92	0.90	0.88	0.87	0.86

4) 计算砂的用量

每立方米砂浆中砂子的用量，应以干燥状态(砂中含水率小于 0.5%)的堆积密度值作为计算值(kg)。当砂子含水率为 W_s 时，按下式计算：

$$Q_S = \rho_{0g}(1+W_s) \tag{6-8}$$

式中：Q_S——每立方米砂浆的砂子用量(kg)，精确至 1kg；

ρ_{0g}——砂子的干堆积密度(kg/m³)，精确至 1kg；

W_s——砂子的含水率(%)。

5) 计算用水量

根据工程实践经验，单位体积砂浆中的用水量，应根据砂浆稠度等要求确定，一般控制在 210~310kg 范围内。混合砂浆中的用水量，不包括石灰膏或粘土膏中的水；当采用细砂或粗砂时，用水量分别取上限或下限；当稠度小于 70mm 时，用水量可小于下限；若施工现场气候炎热或干燥季节，可酌情增加用水量。

2. 水泥砂浆配合比选用

砌体结构所需砂浆的强度等级较低，而水泥其强度较高，按配合比规程计算，水泥用量偏少，不能填充砂子空隙，稠度、分层度将无法保证。由此造成计算出现不合理情况时，水泥砂浆配合比可直接按表 6-4 选用。

表 6-4 每立方米水泥砂浆材料用量   单位：kg

强度等级	水泥用量	砂子用量	用水量
M5	200~230	砂的堆积密度值	270~330
M7.5	230~260		
M10	260~290		
M15	290~330		
M20	340~400		
M25	360~410		
M30	430~480		

注：1. M15 及以下强度等级水泥砂浆，水泥强度等级为 32.5 级；M15 以上强度等级水泥砂浆，水泥强度等级为 42.5 级。

2. 当采用细砂或粗砂时，用水量分别取上限或下限。

3. 稠度小于 70mm 时，用水量可小于下限。

4. 施工现场气候炎热或干燥季节，可酌量增加用水量。

3. 砂浆配合比试配、调整与确定

砂浆配合比的试配、调整与确定，是砂浆配合比设计中的重要环节，关系到施工难易与砂浆质量。试配时应采用工程中实际使用的材料，搅拌方法与施工时的方法相同。试配、调整分为试拌调整和校核强度两个步骤。

1) 试拌调整

试拌调整实际上是对砂浆工作性的评价和调整。按计算或查表法所得的配合比进行试拌，并测定砂浆拌合物的分层度和稠度。若不能满足设计要求时，则应调整材料的用量，直到符合要求为止。经试拌调整后的配合比为砂浆的基准配合比。

2) 校核强度

校核强度试配时，至少应采用3个不同的配合比，其中一个为砂浆的基准配合比，另外两个配合比的水泥用量，应按基准配合比分别增加或减少10%，在保证稠度、分层度合格的条件下，可将用水量或掺加料用量作相应调整。经调整后，按现行行业标准《建筑砂浆基本性能试验方法》(JGJ 70—2009)的规定成型试件，测定砂浆的强度，并选定符合试配强度要求的且水泥用量最低的配合比作为砂浆的配合比。

砂浆配合比以各种材料用量的比例形式表示：

$$水泥：掺合料：砂：水 = Q_C : Q_D : Q_S : Q_W$$

或

$$水泥：掺合料：砂：水 = 1 : \frac{Q_D}{Q_C} : \frac{Q_S}{Q_C} : \frac{Q_W}{Q_C}$$

6.2.4 砌筑砂浆的配合比计算实例

【例】 某工程用砂浆强度等级为M10、要求稠度为80~100mm的水泥石灰砂浆，现有砌筑水泥的强度为32.5MPa，细集料为堆积密度1450kg/m³的中砂，含水率为2%，已知石灰膏的稠度为100mm；施工水平一般。计算砂浆的配合比。

解：(1) 计算砂浆的试配强度。

根据已知条件，施工水平一般的砂浆系数 k 取 1.20，按式(6-3)计算砂浆的试配强度，即

$$f_{m,o} = k f_2 = 1.20 \times 10 = 12.0 (MPa)$$

(2) 计算水泥用量 Q_C。

根据计算的砂浆试配强度、已知的水泥强度和 $\alpha = 3.03$，$\beta = -15.09$，可按式(6-5)计算水泥用量 Q_C：

$$Q_C = \frac{1000(f_{m,o} - \beta)}{\alpha f_{ce}} = \frac{1000 \times (12.0 + 15.09)}{3.03 \times 32.5} \approx 275 (kg/m^3)$$

(3) 计算石灰膏用量 Q_D。

根据计算的水泥用量 Q_C，可按式(6-7)计算石灰膏用量 Q_D：

$$Q_D = Q_A - Q_C = 330 - 275 = 55 (kg/m^3)$$

由于石灰膏稠度为100mm，查表6-3其换算系数为0.97，所以此种石灰膏的用量为

$$Q_D = 55 \times 0.97 \approx 53 (kg/m^3)$$

(4) 计算砂子用量 Q_S。

根据砂子的堆积密度为1450kg/m³和含水率为2%，按式(6-8)计算砂子用量 Q_S：

$$Q_S = 1450 \times (1 + 2\%) = 1479 (kg/m^3)$$

根据以上砂浆各组成材料的计算，砂浆试配时的配合比为

水泥∶石膏∶砂∶水＝275∶53∶1479∶300

该砂浆的设计配比也可表示为水泥∶石膏∶砂＝1∶0.19∶5.38，用水量为 300 kg/m³。

6.3 抹面砂浆

抹面砂浆也称为抹灰砂浆，凡涂抹在建筑物或建筑构件表面的砂浆统称为抹面砂浆，如图 6.3 所示。抹面砂浆既可保护建筑物，增加建筑物的耐久性，又使其表面平整、光洁美观。抹面砂浆对强度的要求不高，但对保水性要求较高，与基层的粘附性要好。按其使用要求不同，抹面砂浆可分为普通抹面砂浆、防水砂浆、装饰砂浆和具有特殊功能的抹面砂浆等。

对抹面砂浆的要求为：具有良好的和易性，容易抹成均匀平整的薄层，便于施工；要有足够的粘结力，能与基层材料粘结牢固和长期使用不致开裂或脱落等性能。

抹面砂浆的组成与砌筑砂浆基本相同，但有时加入一些纤维增强材料（如麻刀、纸筋和玻璃纤维等），提高抹灰层的抗拉强度，增加抹灰层的弹性和耐久性，防止抹灰层开裂。有时加入胶粘剂（聚乙烯醇缩甲醛或聚乙酸乙烯乳液等），提高面层强度和柔韧性，加强砂浆层与基层材料的粘结，减少开裂。

图 6.3 抹面砂浆

与砌筑砂浆的不同，对抹面砂浆的主要技术要求不是抗压强度，而是抹面时的和易性以及与基底材料的粘结力，所以需要更多的胶凝材料。

为了保证抹灰层表面平整美观，避免开裂脱落，抹面砂浆常分层进行施工，即分为底层、中层和面层 3 层涂抹，各层所用砂浆的材料比例和技术性能也不同，具体见表 6-5。

表 6-5 抹面砂浆的骨料最大粒径及稠度选择表

抹面层	沉入度(mm)	砂子的最大粒径(mm)
底层	100～120	2.5
中层	70～90	2.5
面层	70～80	1.2

底层砂浆主要起与基层粘结牢固的作用。砂浆的工作性和保水性较好，以防水分被基层吸收，影响砂浆的硬化。砖砌体底层抹灰多用石灰砂浆；有防水、防潮要求时用水泥砂浆；混凝土和石砌体底层抹灰多用水泥砂浆或混合砂浆。

中层砂浆也称垫层砂浆，其主要起找平作用，为抹面层砂浆打下基础，多用混合砂浆或石灰砂浆。找平层的稠度要合适，应能很容易的抹平；砂浆层的厚度以表面抹平为宜。有时可省略。

面层砂浆主要起保护和装饰作用，对表面平整度要求较高，宜采用细砂配制的混合砂浆、麻刀石灰砂浆或纸筋石灰砂浆，可加强表面的光滑程度及质感。在容易受碰撞的部位（如窗台、窗口和踢脚板等）应采用水泥砂浆。在蒸压加气混凝土砌块表面上作抹灰时，应采用特殊的施工方法，如在墙面上刮胶、喷水润湿或在砂浆层中夹一层钢丝网以防开裂脱落。

抹面砂浆的配合比，可根据抹面砂浆的使用部位和基层材料的特性，参考有关资料选用。一般抹面砂浆除指明重量比外，是以干松状态下材料的体积比。配合比及应用范围可参考表6-6。

表6-6 抹面砂浆配合比及应用范围

材料	配合比（体积比）	应用范围
石灰：砂	1：4～1：2	用于砖石墙表面（檐口、勒脚、女儿墙以及潮湿房间的墙除外）
石灰：粘土：砂	1：1：8～1：1：4	干燥环境的墙表面
石灰：石膏：砂	1：1.5：3～1：0.6：2	用于不潮湿房间的墙及天花板
石灰：石膏：砂	1：2：4～1：2：2	用于不潮湿房间的线脚及其他装饰工程
石灰：水泥：砂	1：1：5～1：0.5：4.5	用于檐口、勒脚、女儿墙以及比较潮湿的部位
水泥：砂	1：2～1：1.5	用于地面、天棚或墙面面层
水泥：砂	1：1～1：0.5	用于混凝土地面随时压光
水泥：石膏：砂：锯末	1：1：3：5	用于吸音粉刷
水泥：白石子	1：1.5	用于剁假石（打底用1：2.5～1：2水泥砂浆）
石灰膏：麻刀	100：2.5（质量比）	用于板层、天棚底层
石灰膏：麻刀	100：1.3	用于板层、天棚面层
石灰膏：纸筋	石灰膏0.1m³，纸筋0.36kg	用于较高级墙面、天棚

6.4 装饰砂浆

直接施工于建筑物内外表面，以提高建筑物装饰艺术性为主要目的的抹面砂浆，称为装饰砂浆，是常用的装饰手段之一。其作用是涂抹在建筑物内外墙表面，增加建筑物的美观，同时使建筑物具有特殊的表面形式及不同的色彩和质感。

装饰砂浆所采用的胶结材料有白色水泥、彩色水泥或在常用水泥中加入掺加耐碱矿物颜色配成彩色以及石灰、石膏等。骨料则常用浅色或彩色的天然砂、人工石英砂、大理石、花岗石的石屑或陶瓷的碎粒、特制的塑料色粒等。一般用在室外抹灰工程中，可掺入颜料拌制彩色砂浆进行抹面，由于饰面长期处于风吹、雨淋和受到大气中有害气体腐蚀和污染，因此，选择耐碱耐酸且耐日晒的适合的矿物颜料，保证砂浆面层的质量，避免褪色。工程中常用的颜料有氧化铁黄、铬黄、氧化铁红、群青、钴蓝、铬绿、氧化铁棕、氧化铁紫、氧化铁红和炭黑。

6.4.1 装饰砂浆的种类

装饰砂浆按其制作的方法不同可分为两类。

1. 灰浆类饰面

灰浆类饰面通过水泥砂浆的着色或水泥砂浆表面形态的艺术加工,获得一定的色彩、线条、纹理质感而达到装饰的目的。这类装饰砂浆称为灰浆类饰面。它的主要特点是材料来源广泛,施工操作方便,造价比较低廉,而且可以通过不同的工艺方法,形成不同的装饰效果,如搓毛、拉毛、喷毛以及仿面砖、仿毛石等饰面。

常用的灰浆类饰面有以下几种。

(1) 拉毛灰。拉毛灰是用铁抹子或木楔,将罩面灰浆轻压后顺势拉起,形成一种凹凸质感很强的饰面层。拉细毛时用棕刷蘸着灰浆拉成细的凹凸花纹。

(2) 甩毛灰。甩毛灰是用竹丝刷等工具将罩面灰浆甩涂在基面上,形成大小不一而又有规律的云朵状毛面饰面层。

(3) 仿面砖(假面砖)。仿面砖是在采用掺入氧化铁系颜料(红、黄)的水泥砂浆抹面上,用特制的铁钩和靠尺,按设计要求的尺寸进行分格划块,沟纹清晰,表面平整,酷似贴面砖饰面。

(4) 拉条。拉条是在面层砂浆抹好后,用一凹凸状轴辊作模具,在砂浆表面上滚压出立体感强、线条挺拔的条纹。条纹分半圆形、波纹形、梯形等多种,条纹可粗可细,间距可大可小。

(5) 喷涂。喷涂是用挤压式砂浆泵或喷斗,将掺入聚合物的水泥砂浆喷涂在基面上,形成波浪、颗粒或花点质感的饰面层。最后在表面再喷一层甲基硅醇钠或甲基硅树脂疏水剂,可提高饰面层的耐久性和耐污染性。

(6) 弹涂。弹涂是用电动弹力器,将掺入108胶的2~3种水泥色浆,分别弹涂到基面上,形成1~3mm圆状色点,获得不同色点相互交错、相互衬托及色彩协调的饰面层。最后刷一道树脂罩面层,起到防护作用。

2. 石渣类饰面

石渣类饰面是在水泥中掺入各种彩色石渣,制得水泥石渣浆抹于墙体基层表面,然后用水洗、斧剁及水磨等手段除去表面水泥浆皮,露出石渣的颜色和质感。用这种方法做成的饰面称为石渣类饰面。石渣是天然的大理石、花岗石以及其他天然石材经破碎而成的,俗称米石。常用的规格有大八厘(粒径为8mm)、中八厘(粒径为6mm)及小八厘(粒径为4mm)。石渣类饰面比灰浆类饰面色泽明亮,质感相对丰富,不易褪色,耐光性和耐污染性也较好。石渣类饰面的特点是色泽比较明亮,质感相对地丰富,并且不易褪色,但石渣类饰面相对于砂浆而言工效较低,造价较高。

常用的石渣类饰面有以下几种。

(1) 水刷石。将水泥石渣浆涂抹在基面上,待水泥浆初凝后,以毛刷蘸水刷洗或用喷枪以一定水压冲刷表层水泥浆皮,使石渣半露出来,以达到装饰效果,如图6.4所示。

图 6.4 水刷石墙面

（2）干粘石。干粘石又称甩石子，是在水泥浆或掺入 108 胶的水泥砂浆粘结层上，将石渣、彩色石子等粘在其上，再拍平、压实而成的饰面。石粒的 2/3 应压入粘结层内，要求石子粘牢，不掉粒且不露浆。

（3）斩假石。斩假石又称剁假石，是以水泥石渣浆（掺 30%石屑）作成面层抹灰，待具有一定强度时，用钝斧或凿子等工具，在面层上剁斩出纹理，而获得类似天然石材经雕琢后的纹理质感，如图 6.5 所示。

（4）水磨石。水磨石是由水泥、彩色石渣或白色大理石碎粒及水按一定比例配制的，需要时掺入适量颜料，经搅拌均匀，浇筑捣实及养护，待硬化后将表面磨光而成的饰面，如图 6.6 所示。常常将磨光表面用草酸冲洗，干燥后上蜡。

图 6.5 斩假石

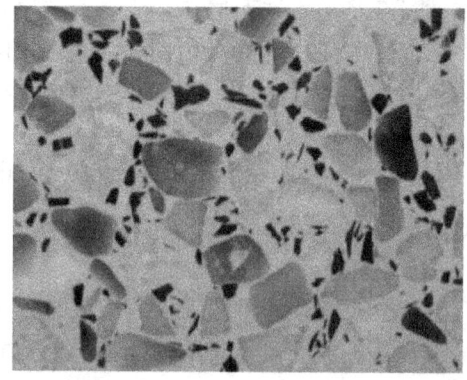

图 6.6 水磨石

水刷石、干粘石、斩假石和水磨石等装饰效果各具特色。在质感方面：水刷石最为粗犷，干粘石粗中带细，斩假石典雅庄重，水磨石润滑细腻。在颜色花纹方面：水磨石色泽华丽、花纹美观；斩假石的颜色与斩凿的灰色花岗石相似；水刷石的颜色有青灰色、奶黄色等；干粘石的色彩取决于石渣的颜色。

6.4.2 装饰砂浆的组成材料

1. 胶凝材料

装饰砂浆所采用的胶凝材料有普通水泥、矿渣水泥、火山灰水泥和白水泥、彩色水泥，或是在水泥中掺加耐碱矿物颜料配制而成的彩色水泥以及石灰、石膏等。

2. 骨料

装饰砂浆所用的骨料除普通砂外，还常使用石英砂、彩釉砂和着色砂，以及石渣、石屑、砾石及彩色瓷粒和玻璃珠等。

(1) 石英砂。石英砂分为天然石英砂和人工石英砂两种。人工石英砂是将石英岩或较纯净砂岩加以焙烧，经人工或机械破碎筛分而成的。它们比天然石英砂纯净，质量好。除用于装饰工程外，石英砂可用于配制耐腐蚀砂浆。

(2) 彩釉砂和着色砂。彩釉砂是由各种不同粒径的石英砂或白云石粒加颜料焙烧后，再经化学处理制得而成的。特点是在-20～80℃温度范围内不变色，且具有防酸和耐碱性能。彩釉砂产品有深黄、浅黄、象牙黄、珍珠黄、橘黄、浅绿、草绿、玉绿、雅绿、碧绿、浅草表、赤红、西赤、咖啡及钴蓝等30多种颜色。

着色砂是在石英砂或白云石细粒表面进行人工着色而制得的。着色多采用矿物颜料。人工着色的砂粒色彩鲜艳，耐久性好。

(3) 石渣。石渣也称为石粒、石米等，是由天然大理石、白云石、方解石、花岗石破碎而成的。具有多种色泽（包括白色），是石渣类装饰砂浆的主要原料，也是预制人造大理石及水磨石的原料。

(4) 石屑。石屑是比石粒更小的细骨料，主要用于配制外墙喷涂饰面用聚合物砂浆。常用的有松香石屑和白云石屑等。

其他具有色彩的陶瓷、玻璃碎粒也可以用于檐口、腰线、外墙面、门头线及窗套等的砂浆饰面。

3. 颜料

在普通砂浆中掺入颜料可制成彩色砂浆，用于室外抹灰工程中，如假大理石、假面砖、喷涂、弹涂、辊涂和彩色砂浆抹面。由于这些装饰面长期处于室外，易受到周围环境介质的侵蚀和污染，因此选择合适的颜料是保证饰面质量、避免褪色和变色，以及延长使用年限的关键。

6.5 其他砂浆

6.5.1 防水抹面砂浆

防水抹面砂浆简称防水砂浆，它是指制作防水层的砂浆。防水砂浆层又称刚性防水层。这种防水层仅适用于不受振动和具有一定刚度的混凝土或砖石砌体工程，它具有防潮、防渗作用，是一种刚性防水层。它适用于地下室、水池、管道、坝堤、隧道、沟渠及屋面以及具有一定刚度的砖、石或混凝土工程的施工部位。对于变形较大或可能发生不均匀沉降的建筑物，不宜采用刚性防水层，而应采用刚柔结合的防水方案。

1. 防水砂浆的种类

防水砂浆分为以下3种。

(1) 水泥砂浆是由水泥、细骨料、掺合料和水制成的砂浆。普通水泥砂浆多层抹面用作防水层。

(2) 掺加防水剂的防水砂浆是在普通水泥中掺入一定量的防水剂而制成的防水砂浆，它是目前应用最广泛的一种防水砂浆。

(3) 膨胀水泥和无收缩水泥配制砂浆是由于其具有微膨胀或补偿收缩性能，从而能提高砂浆的密实性和抗渗性。

2. 防水砂浆的常用防水剂

防水砂浆是具有显著的防水、防潮性能的砂浆，是一种刚性防水材料和堵漏密封材料。配制防水砂浆的常用防水剂有氯化物金属盐类防水剂、水玻璃防水剂和金属皂类防水剂等。

1) 氯化物金属盐类防水剂

氯化物金属盐类防水剂，主要有氯化钙、氯化铝和水按一定比例配制而成的有色液体，防水砂浆常用的配合比大致为氯化铝：氯化钙：水＝1：10：11，掺加量一般为水泥质量的3%～5%。这种防水剂掺入水泥砂浆中，能在凝结硬化过程中生成不透水的复盐，起到促进结构密实的作用，从而提高砂浆的抗渗性能，一般常用于地下建筑物。

2) 水玻璃防水剂

水玻璃防水剂的主要成分为硅酸钠，再掺入适量的"四矾"，被称为四矾水玻璃防水剂。掺加的"四矾"是：蓝矾(硫酸钠)、明矾(钾铝矾)、紫矾(铬矾)和红矾(重铬酸钾)。将以上"四矾"各取1份溶于60份100℃的水中，再降至50℃，投入400份水玻璃中搅拌均匀而制成水玻璃防水剂。这种防水剂加入水泥浆后形成许多胶体，堵塞了毛细管道和孔隙，从而提高了砂浆的防水性能。但是，红矾(重铬酸钾)有剧毒，使用时应特别注意。

3) 金属皂类防水剂

金属皂类防水剂是由硬脂酸、氨水、氢氧化钾(或碳酸钠)和水按一定比例混合加热皂化而制成的。这种防水剂主要起填充微细孔隙和堵塞毛细管的作用，掺加量一般为水泥质量的3%左右。

3. 防水砂浆的技术要求

配制防水砂浆常用水泥和砂，其配合比一般为水泥：砂＝1：(2～3)，水灰比应控制在0.50～0.60之间。水泥应选用32.5MPa强度等级以上的普通硅酸盐水泥，砂子最好使用中砂，稠度不应大于80mm。

4. 防水砂浆的施工

防水砂浆的施工对操作技术要求很高，配制防水砂浆时，先把水泥和砂子干拌均匀，再把量好的防水剂溶于拌和水中，与水泥、砂搅拌均匀即可使用。涂抹时，每层厚度宜在5mm左右。共涂抹4～5层，每层4～5mm，总厚度为20～30mm。在涂抹前先在润湿清洁的底层上抹一层纯水泥浆，然后抹一层5mm厚的防水砂浆，在初凝前用木抹子压实一遍，第二至四层都是同样的操作方法，最后一层进行压光。抹完后要加强养护，防止脱水过快造成干裂。总之，刚性防水层必须保证砂浆的密实性，对施工操作要求较高，否则难以获得理想的防水效果。

6.5.2 保温砂浆

采用水泥等胶凝材料以及膨胀珍珠岩、膨胀蛭石、浮石砂及陶粒砂等轻质多孔骨料，按照一定比例配制的砂浆。其具有重量轻、保温隔热性能好[导热系数一般为 $0.07\sim0.10\mathrm{W/(m\cdot K)}$]等特点，主要用于屋面、墙体绝热层和热水、空调管道的绝热层。

常用的隔热砂浆有水泥膨胀珍珠岩砂浆、水泥膨胀蛭石砂浆和水泥石灰膨胀蛭石砂浆等。

6.5.3 吸声砂浆

一般采用轻质多孔骨料制成的吸声砂浆，由于其骨料内部孔隙率大，因此吸声性能十分优良。吸声砂浆还可以在砂浆中掺入水泥、石膏、砂和锯末(体积比为1:1:3:5)或者在石灰、石膏砂浆中掺入玻璃纤维和矿物棉等松软纤维材料。吸声砂浆主要用于室内吸声墙面和顶面。

6.5.4 耐腐蚀砂浆

耐腐蚀砂浆主要有水玻璃类耐酸砂浆、耐碱砂浆和硫黄砂浆等。

水玻璃类耐酸砂浆：一般采用水玻璃作为胶凝材料拌制而成，常常掺入氟硅酸钠作为促凝剂，有时也可掺入石英岩、花岗岩和铸石等粉状细骨料。耐酸砂浆主要作为衬砌材料、耐酸地面或内壁防护层等。

耐碱砂浆：使用42.5强度等级以上的普通硅酸盐水泥(水泥熟料中铝酸三钙含量应小于9%)，细骨料可采用耐碱、密实的石灰岩类(石灰岩、白云岩和大理岩等)、火成岩类(辉绿岩和花岗岩等)制成的砂和粉料，也可采用石英质的普通砂。耐碱砂浆可耐一定温度和浓度下的氢氧化钠和铝酸钠溶液的腐蚀，以及任何浓度的氨水、碳酸钠、碱性气体和粉尘等的腐蚀。

硫黄砂浆：以硫黄为胶结料，加入填料、增韧剂，经加热熬制而成的砂浆。采用石英粉、辉绿岩粉和安山岩粉作为耐酸粉料和细骨料。硫黄砂浆具有良好的耐腐蚀性能，几乎能耐大部分有机酸、无机酸以及中性和酸性盐的腐蚀，对乳酸也有较强的耐蚀能力。

6.5.5 防辐射砂浆

防辐射砂浆是在水泥浆中掺入重晶石粉、重晶石砂，可配置放射线穿透的防辐射砂浆。其质量比约为水泥:重晶石粉:重晶石砂=1:0.25:(4~5)，主要用于医院的放射室、化疗室等。

6.5.6 聚合物砂浆

聚合物砂浆是在水泥砂浆中加入有机聚合物乳液或可再分散性乳胶粉配制而成的，具有粘结力强、干缩率小、脆性低和耐蚀性好等特性，用于修补和防护工程。常用的聚合物乳液有氯丁胶乳液、丁苯橡胶乳液和丙烯酸树脂乳液等。

6.5.7 膨胀砂浆

在砂浆中加入膨胀剂或使用膨胀水泥配置的膨胀砂浆,具有较好的膨胀性或无收缩性,减少收缩,用于嵌缝、修补和堵漏等工程。

6.6 干拌砂浆

干拌砂浆又称为干混砂浆、干粉砂浆,是由专业生产厂生产、经干燥筛分处理的细集料与无机胶凝材料、矿物掺合料及其他外加剂按一定比例混合成的一种粉状或颗粒状混合物,在施工现场按使用说明加水搅拌即成砂浆拌合物。干拌砂浆产品的包装形式可分为散装或袋装,如图 6.7 所示。它是近几年在我国发展起来的新型建筑材料,具有施工速度快、质量容易保证、环保施工、多种功能、利于建筑新技术和现代化施工技术的推广等优点。

图 6.7 干拌砂浆

6.6.1 干拌砂浆的分类

1. 大用量产品(大约占干混砂浆生产量的 70%)

砌筑砂浆、底层抹灰(水泥基和石膏基)、砌砖砂浆、砌砖胶粘剂、水泥基砂浆层、石膏基砂浆层、干混凝土、喷射混凝土和无机灰浆。

2. 专用产品(大约占干混砂浆生产量的 30%)

瓷砖胶粘剂、建筑用胶粘剂、瓷砖灰浆、灌浆料、装饰用无机灰浆、粉末涂料、外墙外保温系统、抹灰材料、地坪材料、修补砂浆和防水砂浆。

6.6.2 干拌砂浆的技术性能与应用

干拌砂浆的强度等级可分为 M_b5、M_b10、M_b15、M_b20 及 M_b30 共 5 级。强度等级高

的干拌砂浆用于高强度混凝土空心砌块。施工时稠度可控制在 60～80mm 之间，分层度在 10～20mm 之间，和易性良好。干拌砂浆的技术性能稳定，可采用手工或机械施工。

干拌砂浆有整吨袋装，也有小袋(50kg)分装。运输、储存和使用方便。储存期可达 3 个月至半年。干拌砂浆的性能优良，品种多样，有砌筑砂浆、抹面砂浆和修补砂浆。例如，混凝土空心砌块专用干混砂浆，按规定加水后，粘聚性良好，强度稳定，使空心混凝土砌块砌体的竖缝砌筑质量容易保证；同时，也能提高空心混凝土砌块砌体的抗剪强度。再如，聚合物修补干拌砂浆和聚合物防水干拌砂浆，其中的胶凝材料中采用了部分可溶性树脂。工程应用表明此类砂浆性能稳定，使用方便，粘结强度较高。

干拌砂浆的使用，有利于提高砌筑、抹灰、装饰及修补工程的施工质量，改善砂浆现场的施工条件。

本 章 小 结

建筑砂浆是由胶凝材料、细骨料、掺合料、外加剂和水按适当比例配合、拌制并经硬化而成的材料，又称为细骨料混凝土。它在工业与民用建筑中应用极其广泛，主要用作砌筑、抹灰、灌缝和粘贴饰面的材料，起粘结、衬垫及传递应力的作用。

根据建筑砂浆的用途不同，可分为砌筑砂浆、抹面砂浆、装饰砂浆和其他砂浆（防水砂浆、保温砂浆、吸声砂浆、耐腐蚀砂浆、防辐射砂浆、聚合物砂浆和膨胀砂浆等）。根据所用胶凝材料不同，建筑砂浆又分为水泥砂浆、石灰砂浆、石膏砂浆、混合砂浆和聚合物砂浆等。

与现代化施工技术和质量管理水平相适应的建筑工程，要求采用工厂配制好的干拌砂浆，在搅拌站集中搅拌，或在工地上加水搅拌，制成工程所需的干混砂浆。由于干混砂浆的技术经济效果明显，其取代传统的现场配制拌和的建筑砂浆已成为一种必然趋势。

本章介绍了砌筑砂浆和抹面砂浆的组成、技术性能及应用，还介绍了砌筑砂浆的配合比设计方法等。

知 识 链 接

"节能砂浆"为城市静音

2008 年 7 月 1 日，南昌禁止现场搅拌水泥砂浆。一种新型预拌砂浆出现了，工人们正利用专业机械生产一种新型预拌砂浆。这种预拌砂浆的原材料，充分利用了粉煤灰、废矿石、钢渣、矿渣等固体废弃物，极大地节约了资源。同时，预拌砂浆从搅拌、运输到使用均在封闭的装备和环境下作业，大大减少了城市施工现场搅拌带来的粉尘、噪声污染，避免了建筑材料露天堆放。根据国家权威部门测算，40 万吨这种新型预拌砂浆投放市场后，可节约标煤 3600 吨，节约水泥 1.72 万吨，节约石灰 1.36 吨，节约河沙 2 万吨，同时减少二氧化碳排放 3600 吨，节能效益非常明显。

使用预拌砂浆不仅让施工现场变得安全、清洁，建筑质量也有提高。以前，新建的房屋墙壁粉刷后的开裂、起壳、渗漏等，主要是因为现场搅拌的砂浆因操作的随意性，水泥、砂石、水等材料配比不当造成的。而预拌砂浆由专业技术人员采用微机控制，通过电子计量，掺加适量的外加剂，准确地按配比生产出符合建筑设计要求的各种砂浆，能有效防止类似现象。

（江西日报　2008年6月23日）

本 章 习 题

6-1　按用途不同，建筑砂浆可分为哪几类？

6-2　什么是砌筑砂浆？砌筑砂浆对组成材料有什么要求？为何要加入掺合料或塑化剂？

6-3　影响砌筑砂浆抗压强度的主要因素有哪些？

6-4　新拌砂浆的和易性包括哪些含义？如何测定？

6-5　何谓抹面砂浆？抹面砂浆有什么用途？其施工有何特点？

6-6　简述防水砂浆的技术要求和用途。

6-7　装饰砂浆的主要饰面形式有哪些？

6-8　干混砂浆有何优点？

6-9　要求设计用于砌筑砖墙的砂浆强度等级为 M7.5 水泥石灰混合砂浆，砂浆稠度为 70～80mm。原材料的主要参数：水泥为 32.5MPa 矿渣硅酸盐水泥；砂子为中砂，其堆积密度为 1450kg/m³，含水率为 3%；石灰膏的稠度为 90mm；施工水平一般。

第7章 建筑石材

【教学目标】

通过本章学习,应达到以下目标。
(1) 了解天然石材的种类及技术性质。
(2) 了解天然石材的加工类型及选用原则。
(3) 了解人造石材的类型及性能。

【教学要求】

知识要点	能力要求	相关知识
天然石材	(1) 了解天然石材的种类及技术性质 (2) 了解天然石材的加工类型及选用原则	(1) 天然石材的种类 (2) 天然石材的技术性质 (3) 天然石材的加工类型及选用原则
人造石材	了解人造石材的类型及性能	(1) 人造石材的类型 (2) 人造石材的性能

7.1 天然石材

7.1.1 岩石的形成与分类

按地质分类法不同,天然石材可分为岩浆岩、沉积岩及变质岩3大类。

1. 岩浆岩

1) 岩浆岩的形成

岩浆岩又称火成岩,是地壳内的熔融岩浆在地下或喷出地面后冷凝而成的岩石。根据不同的形成条件,岩浆岩可分为以下3种。

(1) 深成岩。深成岩是地壳深处的岩浆在受上部覆盖层压力的作用下经缓慢冷凝而成的岩石。其结晶完整、晶粒粗大、结构致密,具有抗压强度高、孔隙率及吸水率小、表观密度大及抗冻性好等特点。土木工程常用的深成岩有花岗岩(图7.1)、正长岩、橄榄岩及闪长岩等。

(2) 喷出岩。喷出岩是岩浆喷出地表时,在压力降低和冷却较快的条件下而形成的岩石。由于其大部分岩浆来不及完全结晶,因而常呈隐晶(细小的结晶)或玻璃质

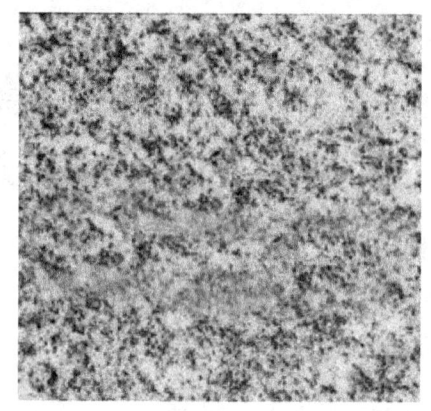

图 7.1 花岗岩

（非晶质）结构。当喷出的岩浆形成较厚的岩层时，其岩石的结构与性质类似深成岩；当形成较薄的岩层时，由于冷却速度快及气压作用而易形成多孔结构的岩石，其性质近似于火山岩。土木工程常用的喷出岩有辉绿岩（图 7.2）、玄武岩及安山岩等。

（3）火山岩。火山岩（图 7.3）是火山爆发时，岩浆被喷到空中而急速冷却后形成的岩石。有多孔玻璃质结构的散粒状火山岩，如火山灰、火山渣及浮石等；也有因散粒状火山岩堆积而受到覆盖层压力作用并凝聚成大块的胶结火山岩，如火山凝灰岩等。

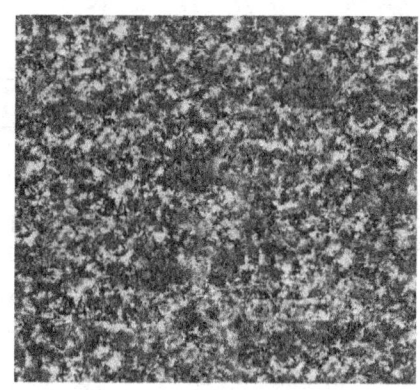

图 7.2 辉绿岩

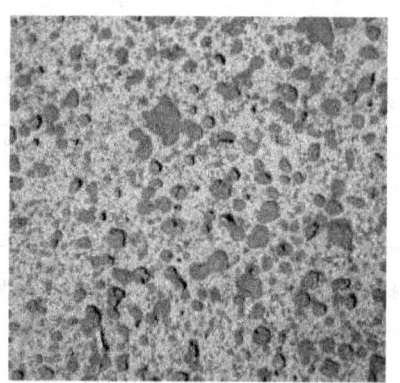

图 7.3 火山岩

2）岩浆岩的分类

岩浆岩的矿物成分是岩浆化学成分的反映。岩浆岩化学成分相当复杂，但含量高、对岩石的矿物成分影响最大的是 SiO_2。根据 SiO_2 的含量，岩浆岩可分为以下几类。

（1）酸性岩类（SiO_2 含量大于 65%）。矿物成分以石英、正长石为主，并含有少量的黑云母及角闪石。岩石的颜色浅，密度小。常见的酸性岩类有花岗岩、花岗斑岩及流纹岩等。

（2）中性岩类（SiO_2 含量在 65%～52% 之间）。矿物成分以正长石、斜长石及角闪石为主，并含有少量黑云母和辉石。岩石的颜色比较深，密度比较大。常见的中性岩类有正长岩、正长斑岩、粗面岩、闪长岩、闪长斑岩及安山岩等。

（3）基性岩类（SiO_2 含量在 52%～45% 之间）。矿物成分以斜长石、辉石为主，含有少量的角闪石及橄榄石。岩石的颜色深，密度也比较大。常见的基性岩类有辉长岩、辉绿岩及玄武岩等。

（4）超基性岩类（SiO_2 含量小于 45%）。矿物成分以橄榄石、辉石为主，其次有角闪石，一般不含硅铝矿物。岩石的颜色很深，密度很大。由于沥青属酸性材料，沥青混凝土所用集料宜优选碱性或基性（SiO_2 含量小于 52%）的石材轧制而成。

3）常用的岩浆岩

（1）花岗岩。花岗岩是岩浆岩中分布较广的一种岩石，主要由长石、石英和少量云母

(或角闪石等)组成,具有致密的结晶结构和块状构造。其颜色一般为灰白、微黄、淡红等;由于结构致密,其孔隙率和吸水率很小,表观密度大于 2700kg/m³;抗压强度达 120~250MPa;抗冻性达 100~200 次冻融循环;耐风化,使用期为 75~200 年;对硫酸和硝酸的腐蚀具有较强的抵抗性。表面经琢磨加工后光泽美观,是优良的装饰材料。在土木工程中花岗岩常用于作基础、闸坝、桥墩、台阶、路面、墙石和勒脚及纪念性土建结构物等。但在高温作用下,由于花岗岩内的石英膨胀将引起石材破坏;另外,其耐火性也不好。

(2) 玄武岩、辉绿岩。玄武岩是喷出岩中最普通的一种,颜色较深,常呈玻璃质或隐晶质结构,有时也呈多孔状或斑形构造。硬度高,脆性大,抗风化能力强,表观密度为 2900~3500kg/m³,抗压强度为 100~500MPa,常用作高强混凝土的骨料、道路路面的抗滑表层等。

辉绿岩主要由铁、铝硅酸盐组成,具有较高的耐酸性。常用作高强混凝土的骨料、耐酸混凝土骨料、道路路面的抗滑表层等。其熔点为 1400~1500℃,可作铸石的原料,所制得的铸石结构均匀致密且耐酸性好,是化工设备耐酸衬里的良好材料。

(3) 火山灰、浮石。火山灰是颗粒粒径小于 5mm 的粉状火山岩。它具有火山灰活性,即在常温和有水的情况下可与石灰(CaO)反应生成具有水硬性胶凝能力的水化产物。因此,可作水泥的混合材及混凝土的掺合料。

浮石是粒径大于 5mm 并具有多孔构造(海绵状或泡沫状火山玻璃)的火山岩。其表观密度小,一般为 300~600kg/m³,可作轻质混凝土的骨料。

主要岩浆岩的矿物成分及性质见表 7-1。

表 7-1 主要岩浆岩的矿物成分及性质

岩浆岩		矿物成分	主要性质	
深成岩	喷出岩		表观密度 (kg/m³)	抗压强度 (MPa)
花岗岩	石英斑岩	石英、长石、云母	2500~2700	120~250
正长岩	粗面岩	长石、暗色矿物(较少)	2600~2800	120~250
闪长岩	安山岩	长石、暗色矿物(较多)	2800~3000	150~300
辉长岩	玄武岩、辉绿岩	暗色矿物	2900~3500	100~500

2. 沉积岩

1) 沉积岩的形成和种类

沉积岩又名水成岩,是由地表的各类岩石经自然界的自然风化、风力搬运、流水冲刷等作用后再沉积(压实、相互胶结、重结晶等)而形成的岩石,主要存在于地表及不太深的地下。其特征是呈层状构造,外观多层理,表观密度小,孔隙率和吸水率较大,强度较低,耐久性较差。沉积岩是地表表面分布最广的一种岩石,虽然它的体积只占地壳的 5%,但是露出面积约占陆地表面积的 75%。根据沉积岩的生成条件,可分为机械沉积岩、化学沉积岩及生成有机沉积岩。

2) 常用的沉积岩

(1) 石灰岩。石灰岩俗称灰石或青石,主要化学成分为 $CaCO_3$,主要矿物成分是方解石,但常含有白云石、菱镁硬矿、石英、蛋白石、含水铁矿物及粘土等。因此,石灰的化学成分、矿物组成、致密程度以及物理性质等差别甚大。

石灰岩通常为灰白色、浅白色，常因含有杂质而呈现深灰、灰黑、浅黄、浅红，表观密度为2600～2800kg/m³，抗压强度为20～160MPa，吸水率为2%～10%。

石灰石来源广、硬度低、易劈裂、便于开采，具有一定的强度和耐久性，因而广泛用于土木工程中。块石可作基础、墙身、阶石及路面等，碎石是常用的水泥混凝土和沥青混凝土的骨料。此外，它也是生产水泥和石灰的主要原料。

（2）砂岩。砂岩主要是由石英砂或石灰岩等细小碎屑经沉积并重新胶结而成的岩石。它的性质决定于胶结物的种类及胶结的致密程度。以氧化硅胶结而成为硅质砂岩；以碳酸钙胶结而成为石灰质砂岩；还有铁质砂岩和粘土质砂岩。砂岩的主要矿物为石英，次要矿物有长石、云母及粘土等，致密的硅质砂岩其性能接近于花岗岩，密度大、强度高、硬度大、加工较困难，可用于纪念性土木工程及耐酸工程等；钙质砂岩的性质类似于石灰岩，抗压强度为60～80MPa，加工较易，应用较广，可作基础、踏步及人行道等，但不耐酸的侵蚀；铁质砂岩的性能比钙质砂岩差，其密实者可用于一般土木工程；粘土质砂岩浸水易软化，在土木工程中一般不用。

3. 变质岩

（1）变质岩是地壳中原有的各类岩石，在地层的压力和温度作用下，原岩石在固体状态下发生再结晶作用，其矿物成分、结构构造以至化学成分发生部分或全部改变而形成的新岩石。一般由岩浆岩变质而成的称正变质岩，如片麻岩等；由沉积岩变质而成的称副变质岩，如大理石、石英岩等。

（2）常用的变质岩。

① 大理岩。大理岩又称大理石，是由石灰岩或白云石经高温高压作用，重新结晶变质而成。其表观密度为2500～2700kg/m³，抗压强度为50～140MPa，耐用年限为30～100年。

大理石构造致密，密度大，但硬度不大，易于分割。纯大理石常呈雪白色，含有杂质时，呈现黑、红、黄、绿等各种色彩。大理石锯切、雕刻性能好，磨光后非常美观，可用于高级土木工程物的装饰工程。我国的汉白玉、丹东绿切花白、红奶油、墨玉等大理石均为世界著名高级土木工程装饰材料。

② 石英岩。石英岩是由硅质砂岩变质而成，晶体结构，岩体均匀致密，抗压强度大（250～400MPa），耐久性好，但硬度大、加工困难，常用作耐磨耐酸的装饰材料。

③ 片麻岩。片麻岩是由花岗岩变质而成，其矿物成分与花岗岩相似，呈片状构造，因而各个方向的物理、力学性质不同。在垂直于解理（片层）方向有较高的抗压强度，可达120～200MPa；沿解理方向易于开采加工，但在冻融循环过程中易剥落分离成片状，故抗冻性差，易于风化。片麻岩常用作碎石、块石及人行道石板等。

7.1.2 天然石材的技术性质

天然石材的技术性质可分为物理性质、力学性质、化学性质与工艺性质。

天然石材因生成条件各异，常含有不同种类的杂质，矿物成分会有所变动，所以，即使是同一类岩石，它们的性能可能有很大的差别。因此，在使用时，必须进行检验和鉴定，以保证工程质量。常用天然石材的性能见表7-2。

表7-2　土木工程中常用天然石材的性能及用途

名称	主要质量指标			主要用途
花岗岩	表观密度(kg/m³)		2500～2700	基础、桥墩、堤坝、阶石、路面、海港结构、基座、勒脚、窗台及装饰石材等
	强度(MPa)	抗压	120～250	
		抗折	8.5～15	
		抗剪	13～19	
	吸水率(%)		<1	
	膨胀系数(10^{-6}/℃)		5.6～7.37	
	平均韧性(cm)		8	
	平均质量磨耗率(%)		11	
	耐用年限(a)		75～200	
石灰岩	表观密度(kg/m³)		1000～2600	墙身、桥墩、基础、阶石、路面及石灰和粉刷材料原料等
	强度(MPa)	抗压	22～140	
		抗折	1.8～20	
		抗剪	7～14	
	吸水率(%)		2～6	
	膨胀系数(10^{-6}/℃)		6.75～6.77	
	平均韧性(cm)		7	
	平均质量磨耗率(%)		8	
	耐用年限(a)		20～40	
砂岩	表观密度(kg/m³)		2200～2500	基础、墙身、衬面、阶石、人行道、纪念碑及其他装饰石材等
	强度(MPa)	抗压	47～140	
		抗折	3.5～14	
		抗剪	13～19	
	吸水率(%)		<10	
	膨胀系数(10^{-6}/℃)		9.2～11.2	
	平均韧性(cm)		10	
	平均质量磨耗率(%)		12	
	耐用年限(a)		20～200	
大理岩	表观密度(kg/m³)		2500～2700	装饰材料、踏步、地面、墙面、柱面、柜台及栏杆等
	强度(MPa)	抗压	47～140	
		抗折	2.5～1.6	
		抗剪	8～12	
	吸水率(%)		<1	
	膨胀系数(10^{-6}/℃)		6.5～11.2	
	平均韧性(cm)		10	
	平均质量磨耗率(%)		12	
	耐用年限(a)		30～120	

1. 物理性质

由于石材含有一定的孔隙(包括开口孔隙和闭口孔隙),如图 7.4 所示。因此,考虑孔隙的方式不同,其密度的计算结果也不同。

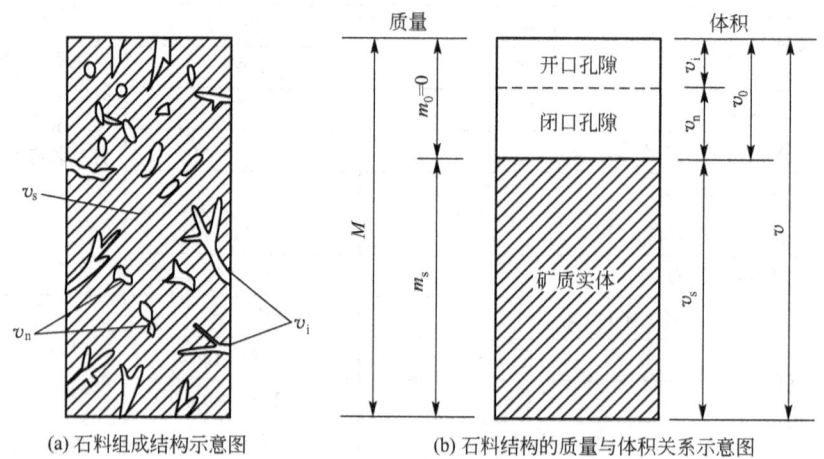

(a) 石料组成结构示意图　　(b) 石料结构的质量与体积关系示意图

图 7.4　石料结构示意图

1) 石材的真实密度(简称密度)

石材的真实密度是指石材在规定条件(105℃±5℃烘干至恒重,温度20℃)绝对密实状态下(绝对密实状态下是指不包括任何孔隙在内的体积)单位体积所具有的质量,按下式计算:

$$\rho = \frac{m_s}{v_s} \tag{7-1}$$

式中:ρ——石材的真实密度(g/cm^3);
　　　m_s——石材实体的质量(g);
　　　v_s——石材实体的体积(cm^3)。

石料密度的测定可采用比重瓶法或李氏比重瓶法。要获得矿质实体的体积,必须将石料粉碎磨细,然后通过试验测定出来。

2) 表观密度

石材的表观密度是单位体积(含石材的实体矿物及不吸水的闭口孔隙,但不包括能吸水的开口孔隙在内的体积)所具有的质量,按下式计算:

$$\rho_a = \frac{m_s}{v_s + v_n} \tag{7-2}$$

式中:ρ_a——石材的表观密度(g/cm^3 或 kg/m^3);
　　　m_s、v_s——石材实体的质量(g)和体积(cm^3);
　　　v_n——石材不吸水的闭口孔隙的体积(cm^3 或 m^3)。

测试方法是将已知质量的干燥岩石浸水,使其开口孔隙吸饱水,称出饱水后岩石在水中的质量,两者之差即为岩石包括闭口孔隙在内的表观体积。

天然石材根据表观密度大小可分为以下两种。

(1) 轻质石材。表观密度≤1800kg/m³。
(2) 重质石材。表观密度>1800kg/m³。

表观密度的大小常间接反映石材的致密程度与孔隙多少。在通常情况下，同种石材的表观密度越大，则抗压强度越高，且吸水率小，耐久性强，导热性好。

3) 毛体积密度

石材的毛体积密度是单位体积（含石材实体矿物及不吸水的闭口孔隙，能吸水的开口孔隙在内的体积）所具有的质量，按下式计算：

$$\rho_b = \frac{m_s}{v_s + v_n + v_i} \quad (7-3)$$

式中：ρ_b——石材的毛体积密度（kg/m³）；

m_s、v_s——石材的真实密度（g/cm³）；

v_n——石材不能吸水的闭口孔隙的体积（m³）；

v_i——石材能吸水的开口孔隙的体积（m³）。

石料的毛体积密度测定可将石料加工为规则形状石料试件，采用精密量具测量其几何形状的方法计算其体积；对于遇水崩解、溶解和干缩湿胀性松软石料，应采用封蜡法测定。

4) 吸水性

石材在浸水状态下吸入水分的能力称为吸水性。吸水性的大小，以吸水率表示。吸水率有质量吸水率和体积吸水率。

质量吸水率：石材所吸收水分后在饱和面干状态的质量占材料干燥质量的百分数，按下式计算：

$$W = \frac{m_2 - m_1}{m_1} \times 100\% \quad (7-4)$$

式中：W——石材的质量吸水率（%）；

m_2——石材饱水后在空气中的质量（g）；

m_1——石材的烘干质量（g）。

体积吸水率：石材吸收水分的体积占干燥自然体积的百分数，表示材料体积内被水充实的程度，按下式计算：

$$P = \frac{V_2}{V_1} = \frac{m_2 - m_1}{V_1} \frac{1}{\rho_{H_2O}} \times 100\% \quad (7-5)$$

式中：P——石材的体积吸水率（%）；

V_2——石材在饱水时的体积（cm³）；

V_1——干燥石材在自然状态下的体积（cm³）；

ρ_{H_2O}——水的密度（g/cm³）；

其他符号意义同前。

质量吸水率与体积吸水率存在如下关系：

$$P = W \rho_b \frac{1}{\rho_{H_2O}} \quad (7-6)$$

吸水率低于1.5%的岩石称为低吸水性岩石，介于1.5%～3.0%的称为中吸水性岩石，高于3.0%的称为高吸水性岩石。

岩浆深成岩以及许多变质岩，它们的孔隙率都很小，故而吸水率也很小，如花岗岩的吸水率通常小于 0.5%。沉积岩由于形成条件、密实程度与胶结情况有所不同，因而孔隙率与孔隙特征的变动很大，这导致石材吸水率的波动也很大，如致密的石灰岩，它的吸水率可小于 1%，而多孔贝壳石灰岩可高达 15%。

5) 耐水性

石材的耐水性以软化系数表示。岩石中含有较多的粘土或易溶物质时，软化系数则较小，其耐水性较差。根据软化系数大小可将石材分为高、中、低共 3 个等级。软化系数大于 0.90 为高耐水性，软化系数在 0.75～0.90 之间为中耐水性，软化系数在 0.6～0.75 之间为低耐水性，软化系数小于 0.60 者不允许用于重要土木工程结构物中。

6) 抗冻性

石材在饱水状态下，能经受多次冻结和融化作用(冻融循环)而不破坏，同时也不严重降低强度的性质称为抗冻性。通常采用 −15℃ 的温度(水在微小的毛细管中低于 −15℃ 才能冻结)冻结后，再在 20℃ 的水中融化，这样的过程为一次冻融循环。

石材经多次冻融交替作用后，表面将出现剥落、裂纹，产生质量损失，强度也将会降低。因为，石材孔隙内的水结冰时体积膨胀将引起材料的破坏。

根据经验，吸水率小于 0.5% 的石材具有抗冻性，可不进行抗冻试验。

7) 耐热性

耐热性与其化学成分及矿物组成有关。含有石膏的石材，在 100℃ 以上时就开始破坏；含有碳酸镁的石材，温度高于 725℃ 会发生破坏；含有碳酸钙的石材，在 100℃ 以上时，由于石英受热发生膨胀，强度迅速下降。石材的耐热性与导热性有关，导热性主要与其致密程度有关。重质石材的热导率可达 2.91～3.49W/(m·K)。具有封闭孔隙的石材，导热性较差。

8) 坚固性

坚固性是采用硫酸钠侵蚀法来测定的。该法是将烘干并已称量过的规则试件浸入饱和的硫酸钠溶液中，经 20h 后取出置于 105℃±5℃ 的烘箱中烘 4h。然后取出冷却至室温，这样作为一个循环。如此重复若干个循环，最后用蒸馏水沸煮洗净，烘干称量，再计算其质量损失率。此方法的原理是基于硫酸钠饱和溶液浸入石材孔隙后，经烘干，硫酸钠结晶体积膨胀，产生和水结冰相似的作用，使石材孔隙周壁受到张应力，经过多次循环，引起石材破坏。坚固性是测定石材耐候性的一种简易、快速的方法。有设备条件的单位应采用直接冻融法试验。

由于用途及使用条件不同，对石材的性质及其所要求的指标均有所不同。工程中用于基础、桥梁、隧道以及石砌工程的石材，一般规定其抗压强度、抗冻性及耐水性必须达到一定指标。

2. 力学性质

天然石材的力学性质主要包括抗压强度、冲击韧性、硬度及耐磨性等。

1) 抗压强度

石材的抗压强度是划分石材强度等级的依据，采用边长为 70mm 的立方体试件，用标准方法进行测试。根据《砌体结构设计规范》(GB 50003—2011)的规定，天然石材的强度等级可分为 MU100、MU80、MU60、MU50、MU40、MU30 及 MU20 这 7 个等级。抗压试件也可采用表7-3所列边长尺寸的立方体，但应对其试验结果乘以相应的换算系数。

表7-3 石材强度等级的换算系数

立方体边长(mm)	200	150	100	70	50
换算系数	1.43	1.28	1.14	1	0.86

矿物组成对石材抗压强度有一定影响。例如，组成花岗岩的主要矿物成分中石英是很坚硬的矿物质，其含量越高则花岗岩的强度也越高；而云母为片状矿物，易于分裂成柔软薄片，因此，若云母越多则其强度越低。沉积岩的抗压强度则与胶结物成分有关，由硅质物质胶结的其抗压强度较大，石灰质物质胶结的次之，泥质物质胶结的则最小。

结构与构造特征对石材的抗压强度也有很大影响。结晶质的强度较玻璃质的高，等粒状结构的强度较斑状的高，构造致密的强度较疏松多孔的高。层状、带状或片状构造石材，其垂直于层理方向的抗压强度较平行于层理方向的高。

2）冲击韧性

它取决于矿物组成的硬度与构造。凡由致密、坚硬矿物组成的石材，其硬度就高。岩石的硬度以莫氏硬度表示。

3）耐磨性

耐磨性是指石材在使用条件下抵抗摩擦以及冲击等复杂作用的性质。石材的耐磨性与其内部组成矿物的硬度、结构性以及石材的抗压强度和冲击韧性等性质有关。组成矿物越坚硬，构造越致密以及其抗压强度和冲击韧性越高，则石材的耐磨性越好。

凡是用于可能遭受磨损作用的场所，如台阶、人行道、地面、楼梯踏步和可能遭受磨耗作用的道路路面的碎石等，应采用具有高耐磨性的石材。

3. 工艺性质

石材的工艺性质指开采和加工工程的难易程度及可能性，包括加工性、磨光性与抗钻性等。

1）加工性

加工性是指对岩石劈解、破碎与凿琢等加工工艺的难易程度。凡强度、硬度、韧性较高的石材，不易加工。性脆而粗糙，有颗粒交错结构，含有层状或片状构造以及业已风化的岩石，都难以满足加工要求。

2）磨光性

磨光性是指岩石能否磨成光滑表面的性质。致密、均匀、细粒的岩石，一般都有优良的磨光性，可以磨成光滑整洁的表面。疏松多孔、有鳞片状构造的岩石，磨光性均不好。

3）抗钻性

抗钻性是指岩石钻孔难易程度的性质。影响抗钻性的因素很复杂，一般与岩石的强度和硬度等有关。

4. 化学性质

在土木工程中，各种矿质集料是与结合料（水泥与沥青）组成混合料而使用于结构物中的。早期的研究认为，矿质集料是一种惰性材料，它在混合料中只起着物理作用。随着近代物化力学研究的发展,认为矿质集料在混合料中与结合料起着复杂的物理—化学作用,矿质集料的化学性质很大程度地影响着混合料的物理—力学性质。

在沥青混合料中,由于矿质集料的化学性质变化,对沥青混合料的物理—力学性质起着极为重要的作用。例如,在其他条件完全相同的情况下,采用石灰岩、花岗岩和石英岩与同一种沥青组成的沥青混合料,它们的强度和浸水后强度就有差异。

7.1.3 天然石材的加工类型及选用原则

1. 加工类型

1)砌筑用石材

砌筑用石材分为毛石、料石两类。

(1)毛石。毛石又称片石或块石(图7.5),是由爆破直接得到的石块。按其表面的平整程度分为乱毛石和平毛石两类。

乱毛石是形状不规则的毛石,一般在一个方向的尺寸达300~400mm,质量为20~30kg,强度不小于10MPa,软化系数不应小于0.75,常用于砌筑基础、勒脚、墙身、堤坝、挡土墙等,也可作混凝土的骨料。

平毛石是乱毛石略经加工而成,形状较整齐,表面粗糙,其中部厚度不应小于200mm。

(2)料石。料石又称条石(图7.6),是由人工或机械开采的较规则的并略加凿琢而成的六面体石块。按料石表面加工的平整程度可分为以下4种。

图7.5 毛石

图7.6 料石

① 毛料石。一般不加工或仅稍加修整,为外形大致方正的石块。其厚度不小于200mm,长度常为厚度的1.5~3倍,叠砌面凹凸深度不应大于25mm。

② 粗料石。外形较方正,截面的宽度、高度不应小于200mm,而且不小于长度的1/4,叠砌面凹凸深度不应大于20mm。

③ 半细料石。外形方正,规格尺寸同粗料石,但叠砌面凹凸深度不应大于15mm。

④ 细料石。经过细加工,外形规则,规格尺寸同粗料石,但叠砌面凹凸深度不应大于10mm。制作为长方形的称作条石,长宽高大致相等的称方料石,楔形的称为拱石。

上述石料常用致密的砂岩、石灰岩、花岗岩等开采凿制,至少应有一个面的边角整齐，以便相互合缝。料石常用于砌筑墙身、地坪、踏步、拱和纪念碑等；形状复杂的料石制品可用作柱头、柱基、窗台板、栏杆和其他装饰等。

2) 板材

用致密岩石凿平或锯解而成的厚度一般为 20mm 的石材称为板材。

(1) 天然大理石板材。大理石板材(图 7.7)是用大理石荒料(即由矿山开采出来的具有规则形状的天然大理石块)经锯切、研磨、抛光等加工的石板。常用规格为厚 20mm，宽 150～915mm，长 300～1220mm，也可加工为 8～12mm 厚的薄板及异形板材。大理石板材主要用于室内饰面，如墙面、地面、柱面、台面、栏杆、踏步等。当用于室外时，因大理石抗风化能力差、易受空气中的二氧化硫的腐蚀而使表面层失去光泽、变色并逐渐破损。通常，只有汉白玉等少数几种致密、质纯的品种可用于室外。

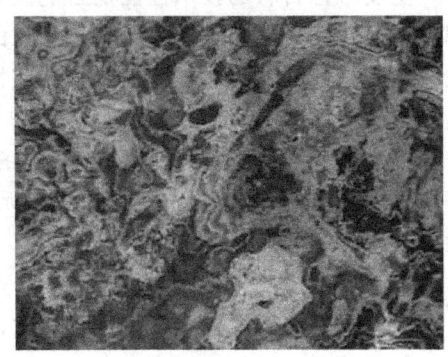

图 7.7 天然大理石板材

天然大理石板材可分为普通型板材(N)(正方形或长方形板材)、异型板材(S)(其他形状的板材)。按其外观质量、镜面光泽度等分为优等品(A)、一等品(B)和合格品(C)这 3 个等级。

(2) 天然花岗石板材。花岗石板材是以火成岩中的花岗岩、安山岩、辉长岩和片麻岩等块料经锯片、磨光、修边等加工而成的板材。该类板材品种、质地、花色繁多。根据用途和加工方法可分为以下 4 种。

① 剁斧板材。表面粗糙，具有规则的条纹斧纹。

② 机刨板材。表面平整，具有相互平行的刨纹。

③ 粗磨板材。表面平整、光滑但无光泽。

④ 磨光板材。表面光亮平整，色泽鲜明，晶体纹理清晰，有镜面感。

由于花岗石板材质感丰富，具有华丽高贵的装饰效果，且质地坚硬耐久性好，所以是室内外高级饰面材料，可用于各类高级土木工程物的墙、柱、地、楼梯、台阶等的表面装饰及服务台、展示台及家具等。

天然花岗石板材按形状分为普通板材(N)和异形板材(S)；按其表面加工程度分为细面板材(RB)、镜面板材(PL)和粗面板材(RU)。按其尺寸、平面度、角度偏差、外观质量等分为优等品(A)、一等品(B)和合格品(C) 3 个等级。

(3) 颗粒状石材。

① 碎石。碎石是天然岩石经人工或机械破碎而成的粒径大于 5mm 的颗粒状石材，其性质决定于母岩的品质，主要用于配制混凝土或作道路、基础等的垫层。

② 卵石。卵石是母岩经自然条件风化、磨蚀、冲刷等作用而形成的表面较光滑的颗粒状石材。其用途同碎石，还可作为装饰混凝土(如粗露石混凝土等)的骨料和园林庭院地面的铺砌材料等。

③ 石渣。石渣是用天然大理石与花岗石等的残碎料加工而成，具有多种颜色和装饰效果，可作为人造大理石、水磨石、斩假石、水刷石等的骨料，还可用于制作粘石制品。人造大理石、水磨石、斩假石、水刷石等的骨料，还可用于制作粘石制品。

2. 天然石材的选用原则

在土木工程设计和施工中,应根据适用性和经济性的原则选用石材。

1)适用性

主要考虑石材的技术性能是否能满足使用要求。可根据石材在土木工程物中的用途和部位,选定其主要技术性质能满足要求的岩石。如承重用的石材(基础、勒脚、柱和墙等)主要应考虑其强度等级、耐久性、抗冻性等技术性能;围护结构用的石材应考虑是否具有良好的绝热性能;用作地面、台阶等的石材应坚韧耐磨;装饰用的构件(饰面板、栏杆和扶手等)需考虑石材本身的色彩与环境的协调性及可加工性等;对处在高温、高湿且严寒等特殊条件下的构件,还要分别考虑所用石材的耐久性、耐水性、抗冻性及耐化学侵蚀性等。

2)经济性

天然石材的密度大,不宜长途运输,应综合考虑地方资源,尽可能做到就地取材。

7.2 人造石材

7.2.1 人造石材的类型

根据人造石材使用的胶结料类型可将其分为以下4类。

1. 水泥型人造石材

以白色、彩色水泥或硅酸盐、铝酸盐水泥为胶结料,砂为细骨料,碎大理石、碎花岗石或工业废渣等为粗骨料,必要时再加入适量的耐碱颜料,经配料、搅拌、成型和养护后,再进行磨平抛光而制成。例如,各种水磨石制品等,如图7.8所示。该类产品的规格、色泽和性能等均可根据使用要求制作。

2. 聚酯型人造石材

以不饱和聚酯为胶结料,加入石英、大理石和方解石粉等无机填料和颜料,经配料、混合搅拌、浇筑成型、固化、烘干、抛光等工序而制成。目前国内外人造大理石、花岗石以聚酯型为最多,该类产品光泽好,颜色浅,可调配成各种鲜明的花色图案,如图7.9所示。由于不饱和聚酯的粘度低,易于成型,且在常温下固化较快,因此便于制作形状复杂的制品。与天然大理石相比,聚酯型人造石材具有强度高、密度小、厚度薄、耐酸碱腐蚀及美观等优点。但其耐老化性能不及天然花岗岩,故多用于室内装饰,可用于宾馆、商店、公共土木工程和制作各种卫生器具等。

3. 复合型人造石材

该类人造石材由无机胶结料(各类水泥、石膏等)和有机胶结料(不饱和聚酯或单体)共同组合而成。例如,可在廉价的水泥型基板材(不需磨、抛光)上复合聚酯型薄层,组成复合型板材,以获得最佳的装饰效果和经济指标;也可将水泥基等人造石材浸渍于具有聚合性能的有机单体中并加以聚合，以提高制品的性能和档次。有机单体可用于苯乙烯、甲基丙烯酸、甲酯、二氯乙烯及丁二烯等。

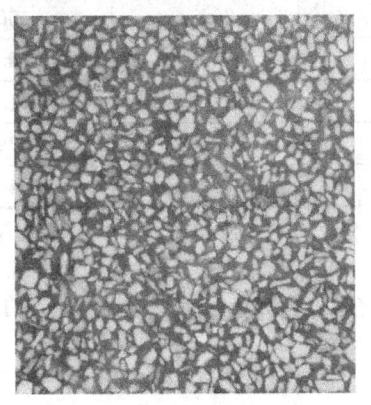

图 7.8　水磨石制品

图 7.9　人造大理石

4. 烧结型人造石材

把斜长石、石英石粉和赤铁矿以及高岭土等混合成矿粉，再经 1000℃ 左右的高温焙烧而成，如仿花岗岩瓷砖、仿大理石陶瓷艺术板等。

7.2.2　人造石材的性能

1. 装饰性

人造石材模仿天然花岗岩、大理石的表面纹理、特点等设计仿造而成，具有天然石材的花纹和质感，美观、大方，仿真效果好，具有很好的装饰性。

2. 物理性能

用不同的胶结料和工艺方法所制的人造石材，其物理力学性能不完全相同。现以 196 号聚酯型人造石材为例，将其性能列入表 7－4 中供参考。

表 7－4　人造石材的物理性能

抗折强度 (MPa)	抗压强度 (MPa)	抗冲击强度 (J/m^2)	表面硬度 (HB)	表面光泽度 (度)	密度 (g/cm^3)	吸水率 (%)	线膨胀系数 ($10^{-6}/℃$)
38 左右	>100	15 左右	40 左右	>100	2.1 左右	<0.1	2~3

3. 耐久性

聚酯型人造石材的耐久性表述如下。

(1) 骤冷、骤热(0℃ 5min 与 80℃ 15min)交替进行 30 次，表面无裂纹，颜色无变化。

(2) 80℃ 烘 100h，表面无裂缝，色泽略微变黄。

(3) 室外暴露 300d，表面无裂纹，色泽略微变黄。

(4) 人工老化试验结果见表 7－5。

表7-5 人工老化试验

树脂	项目	时间（h）		
		0	200	1000
306～2号	光泽度	85	63	26.7
	色差	43.6	—	41.3
196号	光泽度	86	74	29
	色差	43.8	—	41

4. 可加工性

人造石材具有良好的可加工性，可用加工天然石材的常用方法对其施加锯、切、钻孔等。因加工容易，这对人造石材的安装和使用十分有利。

本 章 小 结

本章由天然石材和人造石材两部分组成，介绍了天然石材的分类及形成，石材的技术性质、加工类型和选用原则，又重点介绍石材的真实密度、毛体积密度、表观密度、石材吸水率的测定原理，介绍了人造石材的类型、性能。通过本章学习，学生应了解石材的种类及不同的物理、力学性质，掌握一些试验方法及步骤。

知 识 链 接

透光石：流行的装修材料

透光石，一种色彩缤纷的石头制作的发光体，光线柔和、温馨，比工艺玻璃更适合在家居中使用。

据介绍，人造透光石板材是一种新型的复合材料，可在家居中制作透光吊顶、透光背景墙、异型灯饰、透光艺术品、橱柜台面、窗台面、洗面台、厨卫墙面、餐桌面、茶几和门等。透光石不仅可以用来做屋内的隔断，还可以用来做墙体装饰和天花吊顶等，而比较常见的是用作电视背景墙。

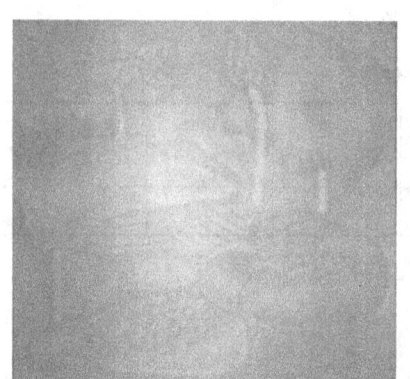

人造透光石具有无毒性、无放射性、阻燃性、不沾油、不渗污、抗菌防霉、耐磨、耐冲击、易保养、拼接无缝及任意造型等优点，兼备大理石、玉石的天然质感和坚固的质地，重量仅为天然石材的1/4左右，且无毛细孔、色彩丰富、易打理、加工快捷，属于绿色环保建材，并可根据实际需求随意弯曲。

由于透光石还是一种新产品，一直广泛应用于宾馆、酒店、别墅及娱乐场所的装修，家庭装修中用的比较少。但可预测，在以后的家庭装修中，透光石将被更广泛地采用。

（中国石材网　2008年5月29日）

本 章 习 题

7-1 石材有哪几项主要物理性能指标？简述它们的含义及其对建筑结构与路用石材性能的影响。

7-2 试述影响石材抗压强度的主要因素（内因和外因）。

7-3 石材的技术等级是如何确定的？

第8章 墙体和屋面材料

【教学目标】

通过本章学习，应达到以下目标。
(1) 掌握各种砌墙砖的质量等级、技术要求以及质量测定方法及其应用。
(2) 掌握各种砌块的技术性质及应用。
(3) 了解墙用板材的特性及应用。
(4) 了解屋面材料的特性及应用。

【教学要求】

知识要点	能力要求	相关知识
砌墙砖	(1) 掌握烧结砖的技术性质及应用 (2) 掌握非烧结砖的技术性质及应用	(1) 烧结普通砖的技术要求及应用 (2) 烧结多孔砖的技术要求及应用 (3) 烧结空心砖的技术要求及应用 (4) 蒸压灰砂砖的技术要求及应用 (5) 蒸压(养)粉煤灰砖的技术要求及应用
砌块	掌握砌块的技术性质及应用	(1) 混凝土砌块的技术性质及应用 (2) 蒸压加气混凝土砌块的技术性质及应用
墙用板材	了解墙用板材的特性及应用	(1) 水泥类板材的特性及应用 (2) 石膏类板材的特性及应用 (3) 复合墙板的特性及应用
屋面材料	了解屋面材料的特性及应用	常用瓦材及屋面板材的特性及应用

在建筑工程中，用于砌筑墙体的材料称为墙体材料。墙体材料具有承重、围护和分割作用，其重量占建筑物总重量的50%，因此合理选用墙体材料对建筑物的结构形式、高度、跨度、安全、使用功能及工程造价等均有重要意义。

墙体材料的品种较多，根据建筑墙体材料的形状和使用功能，墙体材料主要可分成砌墙砖、砌块和建筑板材3大类，每一类中又分为实心和空心两种形式。

在我国，传统的墙体材料主要是烧结粘土砖，应用历史长，有"秦砖汉瓦"之说。随着我国墙体材料改革的深入，为适应现代建筑的轻质高强、多功能的需要，实现建筑节能及资源节约化和环境友好的需要，相继出现了很多新型材料，主要产品有空心砖、多孔砖、煤矸石砖、粉煤灰砖、灰砂砖和页岩砖等砖类；普通混凝土小型砌块、轻质混凝土小型砌块、混凝土小型砌块、蒸压加气混凝土砌块和石膏砌块等砌块类；GRC板石膏板、各种纤维增强墙板及复合墙板等墙板类。这些材料的使用,既可以节约粘土资源又可以利用工业废渣,有利于环境保护,有利于实现可持续发展的战略。

8.1 砌 墙 砖

砌墙砖是砌筑用的小型块材,按原材料分类可分为粘土砖、粉煤灰砖、页岩砖、煤矸石砖和炉渣砖等,按生产工艺可分为烧结砖和非烧结砖。前者是以粘土和各种工业废渣为原材料经烧结制成的砌墙砖;后者则主要是指以活性的硅铝质材料与钙质材料发生水热反应或以水泥作为胶结料粘结集料而制成的一类砌墙砖。按砖的孔洞率、孔的尺寸大小和数量,砌墙砖又可分为普通砖、多孔砖和空心砖。

8.1.1 烧结砖

1. 烧结普通砖

以粘土、页岩和粉煤灰为主要原料配料、制坯、干燥再经焙烧而成的砖称为烧结普通砖,包括烧结粘土砖(N)、烧结煤矸石砖(M)、烧结粉煤灰砖(F)和烧结页岩砖(Y)等多种,如图 8.1 所示。其中,以粘土为主要原料制成的烧结普通砖最为常见,简称粘土砖。而烧结煤矸石砖(M)、烧结粉煤灰砖(F)及烧结页岩砖(Y)属于烧结非粘土砖。

  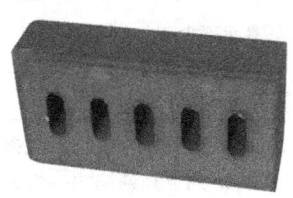

(a) 烧结粘土砖　　　　　　(b) 烧结煤矸石砖　　　　　　(c) 烧结粉煤灰砖

图 8.1　烧结普通砖

粘土砖有红砖与青砖两种。红砖是砖坯在氧化气氛中焙烧,粘土中铁的化合物被氧化成红色的三价铁。青砖是砖坯开始在氧化气氛中焙烧,当达到烧结温度后(1000℃左右),再在还原气氛中继续焙烧,红色的三价铁被还原成青灰色的二价铁。青砖的耐久性比红砖好。

1) 烧结普通砖的技术要求

按照国家标准《烧结普通砖》(GB 5101—2003)的规定,强度和抗风化性能合格的砖,根据尺寸偏差、外观质量、泛霜和石灰爆裂分为优等品(A)、一等品(B)及合格品(C)3 个等级。

(1) 规格。烧结普通砖的标准尺寸为 240mm×115mm×53mm。一般将 240mm×115mm 称为大面,240mm×53mm 称为条面,115mm×53mm 称为顶面。考虑 10mm 灰缝厚度,则 4 块砖长、8 块砖宽、16 块砖厚均为 1m。由此计算墙体用砖数量,如 1m³ 砖砌体需用砖512块，砌筑1m²的24墙需用砖128块。烧结普通砖的优等品必须颜色基本一致，尺寸偏差应符合表8-1规定。外观质量必须完整，其表面的高度差、弯曲、杂质凸出的高度、缺棱掉角的尺寸和裂纹长度要求见表8-2。

表8-1 烧结普通砖尺寸偏差　　　　　　　　　　　　　单位：mm

公称尺寸(mm)	优等品		一等品		合格品	
	样本平均偏差	样本极差≤	样本平均偏差	样本极差≤	样本平均偏差	样本极差≤
长度240	±2.0	6	±2.5	7	±3.0	8
宽度115	±1.5	5	±2.0	6	±2.5	7
高度53	±1.5	4	±1.6	5	±2.0	6

表8-2 烧结普通砖外观质量要求

项　目		优等品	一等品	合格品
两条面高度差(mm)，≤		2	3	4
弯曲(mm)，≤		2	3	4
杂质凸出高度(mm)，≤		2	3	4
缺棱掉角的3个破坏尺寸(mm)，不得同时大于		5	20	30
裂纹长度(mm)，≤	大面上宽度方向及其延伸至条面上的裂纹长度	30	60	80
	大面上长度方向及其延伸至顶面上的裂纹长度或条顶面上水平裂纹的长度	50	80	100
完整面不少于		二条面、二顶面	一条面、一顶面	—
颜色		基本一致	—	—

注：1. 为装修而施加的色差、凹凸纹、拉毛、压花等不算作缺陷。
　　2. 凡下列缺陷之一者，不得称为完整面。
　　　　a. 缺损在条面或顶面上造成的破坏面尺寸同时大于10mm×10mm不得为完整面。
　　　　b. 条面或顶面上的裂纹宽度大于1mm，其长度大于30mm。
　　　　c. 压陷、粘底、焦花在条面或顶面上的凹陷或凸出超过2mm，区域尺寸同时大于10mm×10mm。

（2）强度等级。烧结普通砖根据抗压强度分为 MU30、MU25、MU20、MU15 和 MU10 共 5 个强度等级。各强度等级应符合表 8-3 规定。烧结普通砖的强度等级是根据 10 块砖样进行抗压强度试验确定的，表 8-3 中抗压强度标准值和变异系数按下式计算：

$$f_K = \bar{f} - 1.8S \tag{8-1}$$

$$S = \sqrt{\frac{1}{9}\sum_{i=1}^{10}(f_i - \bar{f})^2} \tag{8-2}$$

$$\delta = \frac{S}{\bar{f}} \tag{8-3}$$

式中：f_K——烧结普通砖抗压强度的标准值(MPa)；
　　　S——10块砖样的抗压强度标准差(MPa)；

$\bar{f}$——10 块砖样的抗压强度算术平均值(MPa)；

f_i——单块砖样的抗压强度测定值(MPa)；

δ——砖强度变异系数，精确到 0.01。

表 8-3 烧结普通砖和烧结多孔砖的强度等级

强度等级	抗压强度平均值 $\bar{f}$(MPa)，≥	变异系数 δ≤0.21，抗压强度标准值 f_K(MPa)，≥	变异系数 δ>0.21，单块最小抗压强度值 f_{min}(MPa)，≥
MU30	30.0	22.0	25.0
MU25	25.0	18.0	22.0
MU20	20.0	14.0	16.0
MU15	15.0	10.0	12.0
MU10	10.0	6.5	7.5

(3) 泛霜。当砖体的原料内含有可溶性盐类物质(如 Na_2SO_4)时，它们会隐含在成品砖坯内。当砖体受潮后干燥时，其中的可溶性盐类物质随水分蒸发向外迁移，使可溶性盐类物质渗透并附着在砖体表面，干燥后形成一层白色结晶粉末，这就是泛霜现象。

轻度泛霜会影响建筑物的外观，泛霜较重时会造成砖体表面的不断粉化与脱落，降低墙体的抗冻融能力。严重的泛霜还可能很快降低墙体的承载能力。因此，工程中使用的优等砖不允许有泛霜现象，合格等级的砖不得有严重的泛霜现象。

(4) 石灰爆裂。当生产烧结普通砖的原料中夹杂有石灰石杂质时，焙烧砖体会使其中的石灰石被烧成生石灰。这种生石灰常为过火石灰，在使用过程中，砖受潮或受雨淋时石灰吸水消化成消石灰，体积膨胀约为 98%，导致砖体开裂，严重时会使砖砌体强度降低，直至破坏。

石灰爆裂是粘土砖内部的安全隐患，轻者影响墙体外观，重者会影响承载能力，甚至危及结构主体安全。为此，对优等砖不允许出现破坏尺寸大于 2mm 的爆裂区域，对合格等级砖不允许出现破坏尺寸大于 15mm 的爆裂区域。

烧结普通砖的泛霜和石灰爆裂指标应符合表 8-4 的规定。

表 8-4 烧结普通砖的泛霜及石灰爆裂的技术标准

项 目	优等品	一等品	合格品
泛霜	无泛霜	不允许出现中等泛霜	不允许出现严重泛霜
石灰爆裂	不允许出现最大破坏尺寸>2mm 的爆裂区域	① 2mm<最大破坏尺寸≤10mm 的爆裂区域，每组砖样不得多于 15； ② 不得出现最大破坏尺寸>10mm 的爆裂区域	① 2mm<最大破坏尺寸≤15mm 的爆裂区域，每组砖样不得多于 15 处，其中>10mm 的不得多于 7 处； ② 不得出现最大破坏尺寸>15mm 的爆裂区域

(5) 欠火砖与过火砖。由于焙烧窑内的温度难以保证绝对均匀，因此除正火砖(合格

品)之外,还常有欠火砖和过火砖。当烧结温度过低或焙烧时间太短时,砖体内各固体颗粒之间的大量间隙不能被熔融物填充与粘结,造成其孔隙过大,内部结构不够密实和连续,这种砖就是欠火砖。欠火砖颜色浅,强度低,敲击时声音发哑。当砖在焙烧时温度过高或高温时间持续过长,可能使砖体中熔融物过多,导致形成过火砖。过火砖敲击时声音清脆,吸水率低,强度较高,但有弯曲变形,受压时容易断裂。

欠火砖和过火砖均属不合格品。

(6) 抗风化性能。抗风化性能是指在干湿变化、温度变化、冻融变化等物理因素作用下,材料不破坏并长期保持原有性质的能力。我国按照风化指数分为严重风化区(风化指数≥12700)和非严重风化区(风化指数<12700)。

风化指数是指日气温从正温降至负温或从负温升至正温的每年平均天数与每年从霜冻之日起至消失霜冻之日止这一期间降雨总量(以 mm 为单位)的平均值的乘积。我国风化区的划分见表 8-5。

表 8-5 我国风化区的划分

严重风化区		非严重风化区	
(1) 黑龙江省	(10) 山西省	(1) 山东省	(10) 湖南省
(2) 吉林省	(11) 河北省	(2) 河南省	(11) 福建省
(3) 辽宁省	(12) 北京市	(3) 安徽省	(12) 台湾省
(4) 内蒙古自治区	(13) 天津市	(4) 江苏省	(13) 广东省
(5) 新疆维吾尔自治区		(5) 湖北省	(14) 广西壮族自治区
(6) 宁夏回族自治区		(6) 江西省	(15) 海南省
(7) 甘肃省		(7) 浙江省	(16) 云南省
(8) 青海省		(8) 四川省	(17) 西藏自治区
(9) 陕西省		(9) 贵州省	(18) 上海市

严重风化区中的(1)～(5)地区的砖必须进行抗冻性试验。其他风化区砖的吸水率和饱和系数指标若能达到表 8-6 的要求,可不再进行冻融试验;否则,必须进行冻融试验。冻融试验后,每块砖不允许出现裂缝、分层、掉皮、缺棱及掉角等现象,质量损失不得大于 2%。

表 8-6 烧结普通砖的吸水率、饱和系数

砖种类	严重风化区				非严重化区			
	5h 沸煮吸水率(%),≤		饱和系数,≤		5h 沸煮吸水率(%),≤		饱和系数,≤	
	平均值	单块最大值	平均值	单块最大值	平均值	单块最大值	平均值	单块最大值
粘土砖	18	20	0.85	0.87	19	20	0.88	0.90
粉煤灰砖	21	23			23	25		
页岩砖	16	18	0.74	0.77	18	20	0.78	0.80
煤矸石砖	16	18			18	20		

注:粉煤灰掺入量(体积比)小于 30% 时,抗风化性能按粘土砖规定检测。

(7) 吸水率。由于烧结普通砖的原料粘土被部分烧结,故具有较多的孔隙,且多为开口孔,所以吸水性较大,一般吸水率为 8%～16%。砖的表观密度为 1800～1900kg/m^3。

砖的孔隙对砖的强度、吸水性、透气性、抗渗、抗冻以及隔声、绝热等性能都有重要影响。

(8) 抗冻性。将砖吸水饱和后置于－15℃水中融化，再在10~20℃水中融化，按规定的方法反复15次冻融循环后，其质量损失不超过2%，抗压强度降低值不超过25%，即为抗冻性合格。

(9) 放射性。放射性物质不能超过规定值，应符合《建筑材料放射性核素限量》(GB 6566—2010)的规定。

2) 烧结普通砖的应用

烧结普通砖具有良好的绝热性、透气性、耐久性和热稳定性等特点，在建筑工程中主要用于墙体材料，其中中等泛霜的砖不得用于潮湿部位。烧结普通砖可用于砌筑柱、拱、烟囱、窑身、沟道及基础；可与轻混凝土、加气混凝土等隔热材料复合使用，砌成两面为砖，中间填充轻质材料的复合墙体，在砌体中配置适当钢筋和钢筋网成为配筋砖砌体，可代替钢筋混凝土柱和过梁。

由于砖砌体的强度不仅取决于砖的强度，而且受砂浆性质的影响很大。故在砌筑前砖应进行浇水湿润，同时应充分考虑砂浆的和易性及铺砌砂浆的饱满度。

以粘土为原料的烧结普通砖虽然价格低廉，历史悠久。但粘土砖具有大量毁坏良田，自重大，能耗高，尺寸小，施工效率低，抗震性能差等缺点，已被列为禁止生产使用的建筑材料(除古建筑修复外)。烧结非粘土砖系指制砖原料主要不是使用粘土的一类烧结普通砖，其生产工艺相对简单，设备投资少，基本利用原有的烧结粘土砖设备即可生产，且能消耗大量的粉煤灰和煤矸石等工业废渣，具有一定的发展潜力。但从建筑节能的长远角度看，烧结非粘土砖不是未来产品的发展方向。

2. 烧结多孔砖

烧结多孔砖通常指内孔径不大于22mm(非圆孔内切圆直径不大于15mm)，孔洞率不小于15%，孔的尺寸小而数量多的烧结砖。按主要原料分类，烧结多孔砖分为粘土砖(N)、页岩砖(Y)、煤矸石砖(M)和粉煤灰砖(F)。

多孔砖有190mm×190mm×90mm(M型)和240mm×115mm×90mm(P型)两种规格。手抓孔的尺寸为(30~40mm)×(75~85mm)，其外形及尺寸如图8.2所示。

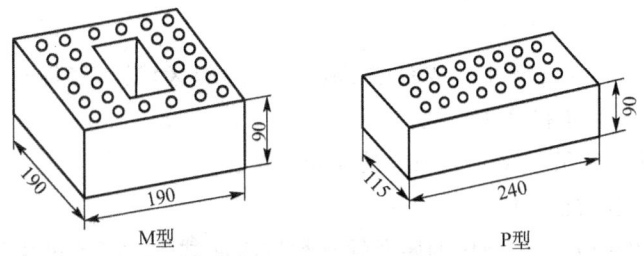

图 8.2 烧结多孔砖的外形(单位：mm)

1) 尺寸偏差和外观质量

按现行国标《烧结多孔砖和多孔砌块》(GB 13544—2011)规定，烧结多孔砖的尺寸偏差与外观质量应符合表8-7的要求。

表 8-7 烧结多孔砖和砌块的尺寸允许偏差和外观质量　　　　　　　　单位：mm

项目			指标	
			样本平均偏差	样本极差
尺寸偏差	>400		±3.0	≤10.0
	300~400		±2.5	≤9.0
	200~300		±2.5	≤8.0
	100~200		±2.0	≤7.0
	<100		±1.5	≤6.0
外观质量	(1) 完整面		不得小于一条面和一顶面	
	(2) 缺棱掉角的三个破坏尺寸		不得同时大于30	
	(3) 裂纹长度	① 大面(有孔面)上深入孔壁15mm以上宽度方向及其延伸到条面的长度	≤80	
		② 大面(有孔面)上深入孔壁15mm以上长度方向及其延伸到顶面的长度	≤100	
		③ 条、顶面上的水平裂纹	≤100	
	(4) 杂质在砖或砌块面上造成的凸出高度		≤5	

注：凡有下列缺陷之一者，不得称为完整面。
  a. 缺损在条面或顶面上造成的破坏面尺寸同时大于20mm×30mm。
  b. 条面或顶面上裂纹宽度大于1mm，其长度超过70mm。
  c. 压陷、粘底、焦花在条面或顶面上的凹陷或凸出超过2mm，区域最大投影尺寸同时大于20mm×30mm。

2) 强度等级

强度等级同烧结普通砖。

3) 耐久性指标

(1) 泛霜。

每块砖或砌块不允许出现严重泛霜。

(2) 石灰爆裂。

① 破坏尺寸大于2mm且小于或等于15mm的爆裂区域，每组砖和砌块不得多于15处。其中大于10mm的不得多于7处。

② 不允许出现破坏尺寸大于15mm的爆裂区域。

(3) 抗风化性能和抗冻性。

严重风化区中的(1)~(5)地区的砖必须进行抗冻性试验；其他风化区的砖的吸水率和饱和系数指标若能达到表8-8的要求，可不再进行冻融试验。否则，必须进行冻融试验。冻融试验后，每块砖不允许出现裂缝、分层、掉皮、缺棱、掉角等现象。

(4) 成品砖中不允许有欠火砖(砌块)、酥砖(砌块)。

表 8-8　烧结多孔砖和砌块的抗风化性能

种类	项目							
	严重风化区				非严重化区			
	5h沸煮吸水率(%)≤		饱和系数≤		5h沸煮吸水率(%)≤		饱和系数≤	
	平均值	单块最大值	平均值	单块最大值	平均值	单块最大值	平均值	单块最大值
粘土砖	21	23	0.85	0.87	23	25	0.88	0.90
粉煤灰砖	23	25			30	32		
页岩砖	16	18	0.74	0.77	18	20	0.78	0.80
煤矸石砖	19	21			21	23		

注：粉煤灰掺入量（体积比）小于30%时按粘土砖和砌块规定检测。

3. 烧结空心砖

烧结空心砖是以粘土、页岩、煤矸石、粉煤灰及其他废料为原料，经焙烧而成的空心块体材料。一般烧结空心砖的孔洞率≥35%，主要用于砌筑非承重的墙体结构。它们多为直角六面体的水平空心孔，在其外壁上应设有深度1mm以上的凹槽以增加与砌筑胶结材料的结合力，砖的壁厚应大于10mm，肋厚应大于7mm，其外形及尺寸如图8.3所示。

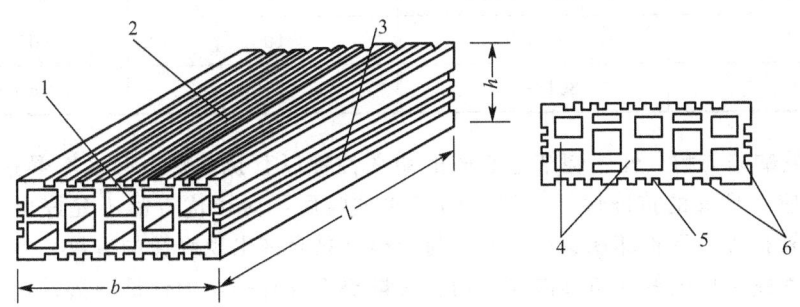

图 8.3　烧结空心砖的外形

1—顶面；2—大面；3—条面；4—肋；5—凹线槽；6—外壁

l—长度；b—宽度；h—高度

1) 烧结空心砖的技术要求

常用空心砖的尺寸长为290mm、240mm，宽为240mm、190mm、180mm、140mm及115mm，高度为115mm、90mm。其他规格可由供需双方协商确定。砖的壁厚应大于10mm，肋厚应大于7mm。

（1）尺寸偏差与外观质量。在烧结砖的整个生产过程中，可能由于材料不均匀、所制的坯变形尺寸过大、干燥工艺不合理、焙烧或装运码放不当等原因，造成砖体的各种外观缺陷或尺寸偏差。尺寸允许偏差和外观质量应符合国家标准《烧结空心砖和空心砌块》（GB 13545—2003）规定。

(2) 强度等级与密度级别。烧结空心砖可划分为 MU10.0、MU7.5、MU5.0、MU3.5、MU2.5 这 5 个不同的强度等级和 800、900、1000 及 1100 这 4 个密度级别。其强度等级大小是根据每批砖中所取具有代表性的样品 10 块，分别对 5 块大面抗压和 5 块条面抗压试验所测得的强度值进行强度等级的评定。其密度级别是依据抽取 5 块样品所得的表观密度平均值来确定的，每个密度级别根据孔洞特征与排数、尺寸偏差、外观质量、强度等级和物理性能，划分为优等品(A)、一等品(B)及合格品(C)。对于不同强度等级、密度级别的空心砖和空心砌块的强度、密度要求见表 8-9 和表 8-10。

表 8-9 烧结空心砖的强度等级

强度等级	抗压强度平均值 $\bar{f}$ (MPa)，≥	变异系数 $\delta \leq 0.21$，抗压强度标准值 f_k (MPa)，≥	变异系数 $\delta > 0.21$，单块最小抗压强度值 f_{min} (MPa)，≥	密度等级范围 (kg/m³)
MU10.0	10.0	7.0	8.0	≤1100
MU7.5	7.5	5.0	5.8	
MU5.0	5.0	3.5	4.0	
MU3.5	3.5	2.5	2.8	
MU2.5	2.5	1.6	1.8	≤800

表 8-10 烧结空心砖的密度等级   单位：kg/m³

密度级别	5 块密度平均值	密度级别	5 块密度平均值
800	≤800	1000	901～1000
900	801～900	1100	1001～1100

(3) 质量缺陷与耐久性。烧结空心砖的耐久性常以其抗冻性、吸水率等指标来表示，一般要求其应有足够的抗冻性，按规定的冻融试验后，对于优等品不允许出现裂纹、分层、掉皮及缺棱掉角等损坏现象；一等品与合格品只允许出现轻微的裂纹。由于烧结空心砖与空心砌块耐久性的好坏与其内部结构、质量缺陷等有关，为保证耐久性，对于严重风化地区中的(1)～(5)地区所使用的烧结空心砖必须进行冻融试验。

为确保烧结空心砖的质量，出厂的产品应提供产品质量合格证(合格证内容包括：生产厂名、产品标记、批量及编号、证书编号、该批产品实测技术性能和生产日期等)，并由检验员和承检单位签章。一般情况下，进入施工现场的烧结结空心砖与空心砌块应以 3 万块或不足 3 万块为一批进行抽样检验，主要检验其尺寸偏差、强度等级、密度级别和外观质量且必要时还应进行耐久性检验。

2) 烧结空心砖的特点与应用

烧结空心砖的原料及生产工艺与烧结普通砖基本相同，但对原料的可塑性要求较高。

大面有孔洞的烧结空心砖，孔多而小，表观密度为 1400kg/m³ 左右，强度较高。使用时孔洞垂直于承压面，主要用于砌筑六层以下承重墙。顶面有孔的空心砖，孔大而少，表观密度在 800～1100kg/m³ 之间，强度低，使用时孔洞平行于受力面，用于砌筑非承重墙。

与烧结普通砖相比，生产空心砖可节约粘土 20%～30%，节约燃料 10%～20%，且砖坯焙烧均匀，烧成率高。采用空心砖砌筑墙体，可减轻自重 1/3 左右，提高工效 40% 左右，同时能有效改善墙体热工性能和降低建筑物使用能耗。因此，推广应用空心砖是加快我国墙体材料改革的重要措施之一。

8.1.2 非烧结砖

非烧结砖又称蒸压(养)砖，是以石灰和砂子、粉煤灰、煤矸石、炉渣及页岩等含硅材料加水拌和，经成型、蒸养或蒸压而制得的砖。生产这类砖，可以大量利用工业废料，减少环境污染，不需占用农田，且可常年稳定生产，不受气候与季节影响，故这种砖是我国墙体材料的发展方向之一。

非烧结砖的规格尺寸同烧结砖。非烧结砖目前主要有灰砂砖、粉煤灰砖和炉渣砖等，它们均为水硬性材料，即在潮湿环境中使用，强度将会有所提高。

1. 蒸压灰砂砖

蒸压灰砂砖(简称灰砂砖)是将磨细生石灰或消石灰粉与天然砂配合拌匀，加水搅拌，再经陈伏、加压成型和经压蒸处理而制成的实心砖，如图 8.4 所示。

根据国家标准《蒸压灰砂砖》(GB 11945—1999)的规定，蒸压灰砂砖根据尺寸偏差和外观质量分为优等品(A)、一等品(B)及合格品(C)3 个产品等级。按浸水 24h 后的抗压强度和抗折强度分为 MU25、MU20、MU15 及 MU10 共 4 个强度等级，每个强度等级有相应的抗冻指标。各等级砖的抗压强度及抗冻性应符合表 8-11 规定。

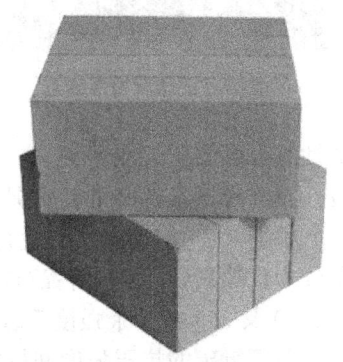

图 8.4 蒸压灰砂砖

灰砂砖呈灰白色，如掺入耐碱颜料，可制成各种颜色。灰砂砖组织均匀密实，尺寸偏差小，外形光洁整齐，表观密度 $1800\sim1900kg/m^3$，导热系数 $0.61W/(m\cdot K)$。与其他材料相比，蓄热能力显著，隔音性能优越，其生产过程能耗较低。

MU15、MU20 和 MU25 的砖可用于基础及其他建筑；MU10 砖仅可用于防潮层以上的建筑。灰砂砖具有足够的抗冻性，可抵抗 15 次以上的冻融循环，但在使用中应注意防止抗冻性的降低。砖在长期潮湿环境中强度变化不大，但抗流水冲刷的能力较弱，不宜用于受到流水冲刷的地方。

表 8-11 灰砂砖的强度指标和抗冻指标

强度等级	抗压强度(MPa)		抗折强度(MPa)		抗冻性	
	平均值≥	单块值≥	平均值≥	单块值≥	抗压强度(MPa)平均值，≥	单块砖干质量损失(%)，≥
MU25	25.0	20.0	5.0	4.0	20.0	2.0
MU20	20.0	16.0	4.0	3.2	16.0	2.0
MU15	15.0	12.0	3.3	2.6	12.0	2.0
MU10	10.0	8.0	2.5	2.0	8.0	2.0

注：优等品的强度等级不得小于 MU15 级。

由于灰砂砖中的一些组分如水化硅酸钙、氢氧化钙、碳酸钙等不耐酸，也不耐热，若长期受热会发生分解、脱水，甚至还会使石英发生晶型转变，因此，用于长期受热高于200℃的地方或受急冷急热或有酸性介质侵蚀的地方应避免使用灰砂砖。

2. 蒸压(养)粉煤灰砖

蒸压(养)粉煤灰砖是用石灰和粉煤灰为主要原料，掺加适量石膏和炉渣，加水混合拌成坯料，经陈化、轮碾、加压成型，再经常压或高压蒸汽养护而制成的实心砖，如图8.5所示。

图 8.5 蒸压粉煤灰砖

根据养护工艺的不同，粉煤灰砖可包括蒸压粉煤灰砖、蒸养粉煤灰砖和自养粉煤灰砖3类。它们的原材料和制作过程基本一致，但因养护工艺有所差别，产品性能往往相差较大。

蒸压粉煤灰砖系经高压蒸汽养护制成，水合过程是在饱和蒸汽压(蒸汽温度一般高于176℃，压力0.5MPa以上)条件下进行的，因而砖中的硅铝活性组分凝胶化反应充分，水化产物晶化好，收缩小，砖的强度高，性能稳定。而蒸养粉煤灰砖系经常压蒸汽养护制成，硅铝活性组分凝胶化反应不充分，水化产物晶化也差，强度及其他性能往往不及蒸压粉煤灰砖。自养粉煤灰砖则是以水泥为主要胶凝材料，成型后经自然养护制成。

根据《粉煤灰砖》(行业标准JC 239—2001)的规定，粉煤灰砖根据尺寸偏差和外观质量分为优等品(A)、一等品(B)及合格品(C)共3个产品等级。按抗压和抗折强度分为20、15、10及7.5共4个强度等级。

各等级砖的抗压强度和抗折强度值及抗冻性指标应符合表8-12规定。

表 8-12 粉煤灰砖的强度指标和抗冻指标

强度等级	抗压强度(MPa)		抗折强度(MPa)		抗冻性	
	平均值≥	单块值≥	10块平均值≥	单块值≥	抗压强度平均值(MPa)，≥	单块砖干质量损失(%)，≤
MU20	20.0	15.0	4.0	3.0	16.0	2.0
MU15	15.0	11.0	3.2	2.4	12.0	2.0
MU10	10.0	7.5	2.5	1.9	8.0	2.0
MU7.5	7.5	5.6	2.0	1.5	6.0	2.0

注：强度等级以蒸汽养护后1d的强度为准。

蒸压(养)粉煤灰砖呈深灰色，表观密度1400～1500kg/m³，导热系数约为0.65 W/(m·K)。干燥收缩大。

粉煤灰砖可用于一般工业与民用建筑的墙体和基础；在易受冻融和干湿交替作用的工程部位必须使用一等砖，用于易受冻融作用的工程部位时要进行抗冻性检验，并用水泥砂浆抹面，或在设计上采取其他适当措施，以提高结构的耐久性。用粉煤灰砖砌筑的建筑物，应适当增设圈梁及伸缩缝，或采取其他措施，以避免或减少收缩裂缝的产生。长期受热高于200℃、受冷热交替作用或有酸性侵蚀的工程部位,不得使用粉煤灰砖。

粉煤灰砖是一种有潜在活性的水硬性材料,在潮湿环境中,水化反应能继续进行而使其内部结构更为密实,有利于砖强度的提高。大量工程现场调查发现,用于建筑勒脚、基础和排水沟等潮湿部位的蒸压粉煤灰砖,虽经一二十年的冻融和干湿双重作用,有的砖已完全碳化,但强度并未降低,而均有所提高。相对于其他种类的砌体材料,这是粉煤灰砖的优势之一。粉煤灰砖属节土、利废的新型轻质墙体材料之一。

3. 煤渣砖

煤渣砖是以煤渣为主要原料,掺入适量石灰、石膏,经混合、压制成型、蒸汽或蒸压而成的实心砖。按照不同的养护工艺,可分为蒸养煤渣砖、蒸压煤渣砖和自养煤渣砖。

煤渣砖的规格尺寸主要为240mm×115mm×53mm,呈灰黑色,表观密度1500~2000kg/m³,吸水率为6%~19%,根据抗压强度和抗折强度将强度等级划分为MU20、MU15及MU10。其技术要求主要尺寸偏差、外观质量、强度等级、抗冻性、碳化性能及放射性共5个方面。其碳化后强度不得低于相应等级的强度的75%。根据尺寸偏差、外观质量与强度等级分为优等品(A)、一等品(B)及合格品(C)共3个产品等级。其中,优等品的等级不低于15级,一等品的级别不低于10级。

煤渣砖可用于工业与民用建筑的墙体和基础,但用于基础或用于易受冻融和干湿交替作业的部位,砖的强度必须在MU15及以上。

煤渣砖不得用于长期受热200℃以上、受极冷极热和有酸性介质侵蚀的建筑部位。对经常受冻融和干湿交替作业的部位,最好使用高强度等级的煤渣砖。防潮层以下的建筑部位应采用MU15以上的煤渣砖,MU10的煤渣砖可用于防潮层以上的建筑部位。

8.2 砌 块

砌块是砌筑用的人造块材,是建筑上常用的墙体材料,外形多为直角六面体,也有各种异形的。砌块按尺寸规格可分为大型砌块(高度大于980mm)、中型砌块(高度380~980mm)和小型砌块(高度为150~380mm)。目前,我国以中小型砌块使用较多。按用途分为承重砌块与非承重砌块。按砌块外形特征可分为实心砌块和空心砌块。按制作的原材料分为混凝土及轻混凝土砌块、粉煤灰硅酸盐砌块以及蒸压加气混凝土砌块等。

由于砌块的制作原料可以使用炉渣、粉煤灰、煤矸石等工业废渣,可以节省大量的土地资源和能源,是代替粘土砖的理想砌筑材料,因而成为我国建筑改革墙体材料的一个重要的途径。

8.2.1 混凝土砌块

1. 混凝土小型空心砌块

混凝土小型空心砌块是以水泥为胶结料,以砂、碎石或卵石、煤矸石和炉渣等为骨料经加水搅拌、振动或振动加压成型，再经养护而制成的墙体材料。

1）技术要求

（1）规格与质量等级。混凝土小型空心砌块的块形主要有：标准块、半块、一端开口块、两端开口块、圈梁块、开口圈梁块、过梁块、壁柱块和独立柱块等，其外形如图 8.6 所示。尺寸规格较多，主要有 390mm×190mm×190mm、290mm×190mm×190mm、190mm×190mm×190mm。混凝土小型砌块各部位名称如图 8.7 所示（以普通单排孔砌块为例）。砌块外壁厚应不小于 30mm，最小肋厚应不小于 20mm，空洞率应不小于 25%。砌块的孔洞一般竖向设置，多为单排孔，也有双排孔和三排孔。孔洞有全贯通、半封顶和全封顶 3 种。

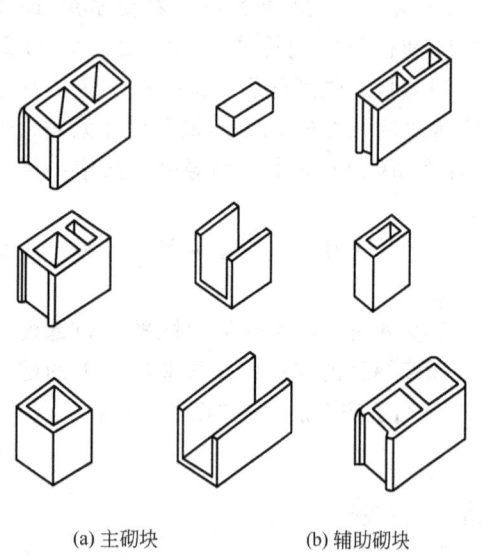

(a) 主砌块　　　　(b) 辅助砌块

图 8.6　几种混凝土小型空心砌块外形示意图

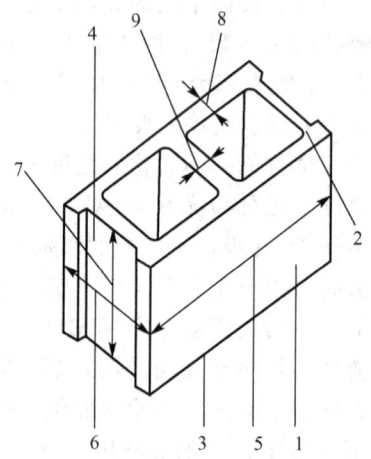

图 8.7　混凝土小型砌块示意图及其各部位的名称

1—条面；2—坐浆面（肋厚较大的面）；3—铺浆面（肋厚较小的面）；4—顶面；5—长度；6—宽度；7—高度；8—壁；9—肋

根据《普通混凝土小型空心砌块》（GB 8239—1997）规定，按尺寸允许偏差、外观质量将混凝土空心砌块分为优等品（A）、一等品（B）及合格品（C）共 3 个等级。各级产品的尺寸偏差、外观质量应符合表 8-13 和表 8-14 的规定。

表 8-13　混凝土小型空心砌块的尺寸允许偏差

项目名称	优等品(A)	一等品(B)	合格品(C)
长度(mm)	±2	±3	±3
宽度(mm)	±2	±3	±3
高度(mm)	±2	±3	+3/−4

表 8-14 混凝土小型空心砌块的外观质量要求

项目名称		指 标		
		优等品(A)	一等品(B)	合格品(C)
缺棱掉角	个数(个)	≤0	≤2	≤2
	3个方向投影尺寸的最小值(mm)	≤0	≤20	≤30
裂纹延伸的投影尺寸累计(mm)		≤0	≤20	≤30
弯曲(mm)		≤2	≤2	≤3

(2) 强度等级。根据国家标准《混凝土空心砌块的强度等级》(GB 8239—1997)的规定,混凝土空心砌块可划分为6个强度等级,每种砌块所能承受的抗压强度见表8-15。

表 8-15 混凝土空心砌块的强度等级

强度等级	砌块抗压强度(MPa)	
	平均值	单块最小值
MU3.5	≥3.5	≥2.8
MU5.0	≥5.0	≥4.0
MU7.5	≥7.5	≥6.0
MU10.0	≥10.0	≥8.0
MU15.0	≥15.0	≥12.0
MU20.0	≥20.0	≥16.0

(3) 相对含水率。混凝土小型空心砌块干缩性较大,水分蒸发越多,干燥收缩越大。为防止墙体开裂、保证墙体安全,砌块在出厂时必须提供相对含水率报告,不合格者不准出厂。不同地区的相对含水率要求见表8-16。

表 8-16 混凝土小型空心砌块的相对含水率要求

使用地区	潮湿	中等	干燥
相对含水率不大于	45%	40%	35%

注:潮湿是指年平均相对湿度大于75%的地区;中等是指年平均相对湿度50%~75%的地区;干燥是年平均相对湿度小于50%的地区。

混凝土小型空心砌块在使用时除检验以上指标外,必要时还要根据使用条件检验其抗渗性和抗冻性,具体见表8-17和表8-18。

表 8-17 混凝土小型空心砌块的抗渗性

项目名称	指 标
水面下降高度(mm)	3块中任一块不大于10

表 8-18 混凝土小型空心砌块的抗冻性

使用条件		抗冻标号	指标
非采暖地区		不规定	—
采暖地区	一般环境	D25	强度损失≤25%；质量损失≤5%
	干湿交替环境	D35	

注：1. 非采暖地区指最冷月平均气温高于 -5℃ 的地区；采暖地区指最冷月平均气温低于或等于 -5℃。
2. 抗冻性合格砌块的外观质量也应符合上表的规定。

2) 混凝土小型空心砌块的特点与应用

混凝土小型空心砌块具有强度高、自重轻、耐久性好、外形尺寸规整，部分类型的混凝土小型砌块还具有安全、美观、耐久、良好的保温隔热性能、使用面积较大、施工速度较快、建筑造价与维护费用较低等综合特色。它在建筑施工方法上与粘土砖相似，在产品生产方面还具有原材料来源广泛、生产能耗较低、环境污染较小及产品质量容易控制等优点，并消耗部分工业废料和避免毁田烧砖。

在我国，混凝土小型空心砌块不仅适用于平房和低矮楼房，而且随着砌块应用技术的提高，混凝土小型空心砌块应用正在向中高层建筑发展。

2. 轻骨料混凝土小型空心砌块

轻骨料混凝土小型空心砌块是用轻骨料混凝土制成，空心率等于或小于 25% 的小型砌块。

我国自 20 世纪 70 年代末开始利用浮石、火山渣、煤渣等研制并批量生产轻骨料混凝土小砌块以来，轻骨料混凝土小砌块的品种和应用发展很快，有天然轻骨料（如浮石和火山渣）混凝土小砌块；工业废渣轻骨料混凝土小砌块；人造轻骨料（如粘土陶粒、页岩陶粒和粉煤灰陶粒等）混凝土小砌块。

轻骨料混凝土小砌块以其轻质、高强、保温隔热性能好和抗震性能好等特点，在各种建筑的墙体中得到广泛应用，特别是在保温隔热要求较高的维护结构上的应用。随着墙改和建筑节能的发展，轻骨料混凝土小砌块将成为我国很有发展前景的墙体材料。

8.2.2 蒸压加气混凝土砌块

蒸压加气混凝土砌块是以钙质材料（水泥和石灰等）和硅质材料（砂、矿渣和粉煤灰等）及加气剂（铝粉）为原料，经过磨细、计量配料、搅拌，并以铝粉为发气剂，按一定比例配合，经过料浆浇筑，再经过发气成型、坯体切割、高温蒸压（0.8~1.2MPa，180~200℃）养护10~12h 等工艺制成的一种轻质、多孔的建筑材料，如图 8.8 所示。根据采用的主要原料不同，蒸压加气混凝土砌块相应有水泥—矿渣—砂、水泥—石灰—砂和水泥—石灰—粉煤灰等多种。

图 8.8 蒸压加气混凝土砌块

1. 技术要求

根据《蒸压加气混凝土砌块》(GB/T 11968—2006)规定，砌块按尺寸和偏差、外观质量、体积密度和抗压强度可分为优等品(A)和合格品(B)两个等级。按抗压强度分为10、7.5、5.0、3.5、2.5、2.0、1.0 七个强度级别。按干表观密度分为03、04、05、06、07和08共6个密度级别。强度等级及物理性能应符合表8-19和表8-20的规定。掺有工业废渣原料时，所含放射性物质，应符合《建筑材料放射性核素限量》(GB 6566—2010)的规定。

表8-19 蒸压加气混凝土砌块抗压强度

强度等级	立方体抗压强度(MPa)	
	平均值≥	单块最小值≥
A1.0	1.0	0.8
A2.0	2.0	1.6
A2.5	2.5	2.0
A3.5	3.5	2.8
A5.0	5.0	4.0
A7.5	7.5	6.0
A10.0	10.0	8.0

表8-20 蒸压加气混凝土的性能指标

	干密度等级	B03	B04	B05	B06	B07	B08
干密度等级	优等品(A)≤	300	400	500	600	700	800
	合格品(B)≤	325	425	525	625	725	825
强度等级	优等品(A)	A1.0	A2.0	A3.5	A5.0	A7.5	A10.0
	合格品(B)			A2.5	A3.5	A5.0	A7.5
干燥收缩值(mm/m)	标准法≤	0.50					
	快速法≤	0.80					
抗冻性	质量损失(%)，≤	5.0					
	冻后强度(MPa)≥ 优等品(A)	0.8	1.6	2.8	4.0	6.0	8.0
	合格品(B)			2.0	2.8	4.0	6.0
导热系数(干态)[W/(m·K)],≤		0.10	0.12	0.14	0.16	—	—

2. 蒸压加气混凝土砌块的特点

1) 轻质

蒸压加气混凝土砌块的孔隙率一般在70%～80%之间，大部分气孔孔径为0.5～2mm，平均孔径在1mm左右。由于这些气孔的存在，体积密度通常在300～850kg/m³之间，比普通混凝土轻 2/3～7/8。

2) 具有结构材料必要的强度

材料强度与体积密度通常成正比关系，加气混凝土小型砌块也不例外。以干密度为 $500\sim700kg/m^3$ 的制品来说，强度一般为 2.5～7.5MPa，具备了作为结构材料的必要强度。

3) 弹性模量和徐变较普通混凝土小

蒸压加气混凝土砌块的弹性模量 $[(0.147\sim0.245)\times10^4MPa]$ 只有普通混凝土弹性模量 (1.96×10^4MPa) 的 1/10，因此在同样荷载作用下，其变形比普通混凝土大。它的徐变系数（0.8～1.2）也比普通混凝土（1～4）小，所以在同样受力状态下，其徐变比普通混凝土小。

4) 耐火性好

蒸压加气混凝土砌块是不燃材料。在受热至 80～100℃ 时，会出现收缩和裂缝，但在 700℃ 以前不会损失强度，并且不散发有害气体，耐火性能卓越。

5) 保温隔热性能好

蒸压加气混凝土砌块具有优良的保温隔热性能，其热导率在 $0.116\sim0.212W/(m\cdot K)$ 之间，只有粘土砖的 1/5 左右。

6) 吸声性能好

蒸压加气混凝土砌块的吸声能力（吸声系数为 0.2～0.3）比普通混凝土好，但隔音能力较差。这是受"质量定律"支配，即隔音效果与质量成正比，所以蒸压加气混凝土砌块要比普通混凝土差。

7) 吸水导湿缓慢

由于蒸压加气混凝土砌块的气孔大部分是"墨水瓶"结构的气孔，只有少部分是水分蒸发形成的毛细孔。所以，气孔特征表现为"肚大口小"，毛细管作用差，导致砌块吸水导湿缓慢。蒸压加气混凝土砌块体积吸水率和粘土砖相近，而吸水速度却缓慢得多。加气混凝土的这个特性对砌筑和抹灰有很大的影响。在抹灰前如果采用与粘土砖同样方式往墙上浇水，粘土砖容易吸足水量，而加气混凝土表面看来浇水不少，实则吸水不多。抹灰后砖墙壁上的抹灰层可以保持湿润，而蒸压加气混凝土砌块墙抹灰层反被砌块吸去水分而容易产生开裂。

8) 干燥收缩大

与其他多孔材料类似，加气混凝土干燥收缩、吸湿膨胀大。在建筑应用中，收缩形成的应力超过制品的抗拉强度或粘结强度，制品或接缝处就会产生裂缝。为避免出现裂缝，必须在结构和建筑上采取一定的措施。而严格控制制品上墙的含水率也是极其重要的，最好控制上墙含水率在 20% 以下。通常含砂的加气混凝土比粉煤灰加气混凝土收缩小。

仍需说明的是，蒸压加气混凝土砌块应用于外墙时，应进行饰面处理或憎水处理。因为风化和冻融会影响蒸压加气混凝土砌块的寿命。长期暴露在大气中，日晒雨淋，干湿交替，蒸压加气混凝土砌块会风化而产生开裂破坏，在局部受潮时，冬季有时会产生局部冻融破坏，尤其是含砂蒸压加气混凝土砌块。此外，蒸压加气混凝土砌块还具有易加工和施工效率高等优点，深受建筑界和用户的欢迎，发展迅速。

2. 蒸压加气混凝土砌块的应用

蒸压加气混凝土砌块在建筑工程上应用非常广泛，主要用于低层建筑的承重墙、多层建筑的间隔墙和高层框架结构的填充墙,也可用于一般工业建筑的围护墙,是一种集间隔、保温隔热材料和吸声于一体的多用建筑材料。

蒸压加气混凝土砌块的主要缺点是收缩大、弹性模量低且怕冻害,因此在建筑物的以下部位不得使用加气混凝土墙体:建筑物±0.000以下(地下室的非承重内隔墙除外);长期浸水或经常干湿交替的部位;受化学侵蚀的环境,如强酸、强碱或高浓度二氧化碳等;砌块表面经常处于80℃以上的高温环境和屋面女儿墙体。

8.2.3 粉煤灰砌块

粉煤灰砌块又称粉煤灰硅酸盐砌块,它是以粉煤灰、石灰和石膏为胶结材料,炉渣为骨料经加水搅拌、振动成型,再经蒸汽养护而制成的密实块体,简称粉煤灰砌块。其配合比一般为:粉煤灰31%~35%、石灰8%~12%、石膏1%~2%、水31%~32%(占干状混合料的质量百分比)。

与砖墙相比,粉煤灰砌块建筑的施工效率高,可缩短施工周期1/4以上,节约砌筑和抹灰砂浆,降低工程造价。

粉煤灰砌块适用于工业与民用建筑的墙体和基础,但不宜用于有酸性侵蚀的、密封性要求高的及受较大振动影响的建筑物(锻锤车间),也不宜用于经常处于高温的承重墙(如炼钢车间、锅炉间的承重墙)和经常受潮湿的承重墙(如公共浴场等)。

8.2.4 泡沫混凝土小型砌块

泡沫混凝土小型砌块是用物理机械方法将泡沫剂水溶液制备成泡沫,再将泡沫加入到由胶凝材料(如水泥和石灰)、集料(石子、砂、炉渣、陶粒和膨胀珍珠岩等)、掺合料(粉煤灰、矿渣和硅灰)、各种外加剂和水等制成的料浆中,经均匀混合、浇筑成型、养护而成的新型墙体和保温隔热材料。

泡沫混凝土小型砌块与蒸压加气混凝土小型砌块均属于多孔混凝土制品,主要物理力学性能相似,但有自己的特点,目前尚没有行业标准或国家标准。泡沫混凝土小型砌块可制成空心结构,也可制成实心结构。实心砌块可以是单一材料,也可以是复合结构(夹芯),空心砌块又可制成单排孔、双排孔和多排孔结构。

泡沫混凝土是一种多孔混凝土,其结构中含有大量均匀分布的封闭孔隙,因而表现出良好的物理力学性能,即轻质、保温、隔热、防潮、吸声及隔音等功能。

泡沫混凝土小型砌块属于不燃材料,热传导性能低,热迁移慢,从而可保护其他构件不受火灾影响,在高温下也不产生有害气体,因而具有良好的防火性能。

泡沫混凝土小型砌块在我国的推广应用尚未普及,目前年产量只有百万立方米左右,生产企业主要分布在广东、福建、江苏、甘肃、陕西、云南、山东、江西及宁夏等省和自治区。

8.2.5 企口空心混凝土砌块

此种砌块是采用最大粒径为6mm的小石子配制成的干硬性混合料,经振动加压成型,自然养护而成，要求形状规整，企口尺寸准确，便于不用砂浆进行干砌。

应用范围为：5层或5层以下的承重墙；5层以上的非承重墙；作承重墙体时可浇筑混凝土角柱或圈梁，以提高抗振抗风能力，砌块空模中可填充保温材料，以提高墙壁体的热工性能。

该类材料便于手工操作，组装灵活，是一种有发展前景的砌体材料。

8.3 墙用板材

墙用板材是砌墙砖和建筑砌块之外的另一类重要的墙体材料。与砖和砌块相比，其明显优势是重量轻、安装快、施工效率高，同时可提高建筑物的抗震性能，增加其使用面积，节省生产和使用能耗等。随着框架结构建筑的日益增多，墙体革新和建筑节能工程的实施以及为此而制定的各项优惠政策，墙体板材将获得更迅猛的发展。

我国目前可用于墙体的板材品种很多，水泥类墙用板材、石膏类墙用板材及植物纤维类墙用板材复合墙板等。下面介绍几种有代表性的板材。

8.3.1 水泥类墙板

水泥类墙用板材有较好的力学性能和耐久性，主要缺点是表观密度大、抗拉强度低。它有预应力混凝土空心墙板、GRC空心轻质墙板、纤维增强水泥平板（TK板）、VRC板、水泥木丝板及水泥刨花板等种类。

1. 预应力混凝土空心墙板

预应力空心墙板的构造如图8.9所示，使用时可按要求配以保温层、外饰面层和防水层等。该类板的长度为1000～1900mm，宽度为600～1200mm，总厚度为200～480mm，可用于承重或非承重外墙板、内墙板、楼板、屋面板和阳台板等。

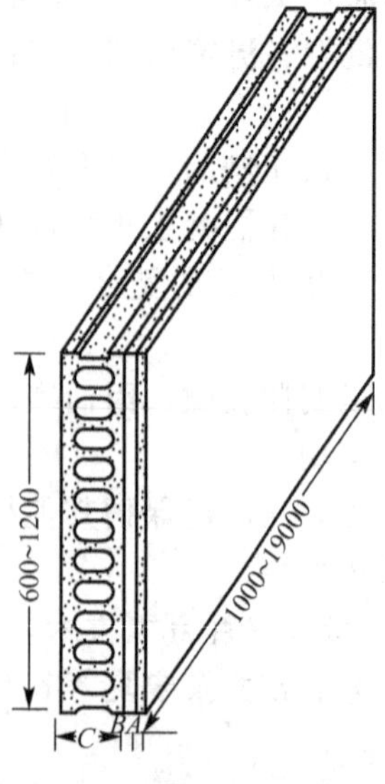

2. GRC空心轻质墙板（GRC板）

GRC轻质墙板可包括单板和复合墙板两大类。前者主要为GRC平板、GRC轻质多孔条板，复合墙板则主要包括GRC复合外墙板、GRC外墙内保温板、P—GRC外墙内保温板、GRC外保温板以及GRC岩棉外墙挂板等品种。

GRC平板是一类以低碱水泥或低碱度水泥砂浆做基材、耐碱玻璃纤维作增强材料以及轻骨料为主要原料，经配料、浇筑成型和养护等而成的板材。此类板材具有密度低、抗冲击性好、耐水、不燃、易加工以及造型丰富等特点，可用作建筑物的内隔墙与吊顶板，经表面压花、被覆涂层后，也可用作外墙的装饰面板，并可与其他面材及保温材料复合，制成各类GRC复合板材及墙体，因此受到世界各国建筑师的青睐。

GRC空心轻质隔墙板是以低碱度水泥为胶结料，耐碱玻纤

图8.9 复合预应力混凝土空心墙板构造示意（单位：mm）
A—外墙面厚度；B—保温层；
C—预应力混凝土空心板

制品为增强材料，膨胀珍珠岩为骨料，并配以发泡剂和防水剂等，经配料、搅拌、成型和养护而成的一种轻质墙板，如图 8.10 所示。它具有重量轻、强度高、不燃，可进行锯、钉、钻和施工效率高等特点，包括蜂巢式 GRC 轻质墙板和 GRC 空心条板，主要用于工业和民用建筑的非承重内隔墙。

GRC 复合墙板则是以 GRC 平板为面层，通过预制或现浇，与其他轻质保温材料复合制成的轻质复合墙板。

GRC 板的主要物理性能为：体积密度

图 8.10 GRC 轻质隔墙板

$1880kg/m^3$，抗折强度大于 20MPa，抗冲击强度大于 $25kJ/m^2$，热导系数小于等于 $0.2W/(m·K)$，隔声系数大于 $30\sim45dB$，耐火极限 $1.3\sim3h$，加工方便。

3. 纤维增强水泥平板

纤维增强水泥平板是以温石棉、短切中碱玻璃纤维或以抗碱玻璃纤维等为增强材料，以低碱度硫铝酸盐水泥为胶凝材料，经制浆、抄取或流浆法成坯，蒸汽养护制成的平板。其中，掺石棉纤维的称为 TK 板，不掺石棉纤维的称为 NTK 板，其质量轻、强度高、防潮、防火、不易变形，可加工性好，适用于各类建筑物的复合外墙和内隔墙，特别是高层建筑有防火、防潮要求的隔墙。

4. VRC 板

VRC 轻质墙板是以水泥或水泥和轻骨料为基材，以维纶纤维取代石棉为增强材料而制成的一类纤维增强水泥板材，包括 VRC 平板和 VRC 轻质多孔条板两类。

VRC 平板全称为维纶纤维增强水泥平板，是以改性维纶纤维和（或）高弹性模量维纶纤维为主要增强材料，以水泥或水泥和轻骨料为基材，并允许掺入少量辅助材料，经制浆、抄取或流浆法成坯，蒸汽养护制成的不含石棉的纤维水泥平板。

VRC 平板按密度分为维纶纤维增强水泥板（A 型板）和维纶纤维增强水泥轻板（B 型板）。A 型板主要用于非承重墙、吊顶及通风道等，B 型板主要用于非承重内隔墙、吊顶等。

VRC 轻质多孔条板（简称 VRC 条板）是由快硬型硫铝酸盐水泥掺入 35%～40%粉煤灰为胶凝材料，以高弹性模量维纶纤维作为增强材料，适量导入空气和掺加少量珍珠岩使基材减轻重量，采用成组立模生产的一类空心条板。

8.3.2 石膏类墙板

用作墙体材料的石膏板材品种较多，主要品种包括石膏空心条板、纸面石膏板、纤维石膏板、石膏刨花板、纤维增强硬石膏压力板等。

1. 石膏空心条板

石膏空心条板是以熟石膏掺加适量的水，并掺入一定量的粉煤灰或水泥，再加入少量增强纤维(或配置玻纤网格布),并加适量的膨胀珍珠岩作为轻质集料,经拌和成料浆,浇筑、入模、成型,再经初凝、抽芯、干燥等工序而制成空心条板,如图8.11所示。其长度为2500~3000mm,宽度为500~600mm,厚度为60~90mm。该板生产时不用纸,不用胶,安装墙体时不用龙骨,设备简单,较易投产。

石膏空心板的体积密度为600~900kg/m³,抗折强度为2~3MPa,导热系数约为0.22W/(m·K),隔声系数大于30dB,耐火极限为1~2.25h。其具有质轻、比强度高、隔热、隔声、防火、可加工性好等优点,且安装方便。

适用于各类建筑的非承重内隔墙,但若用于相对湿度大于75%的环境中,则板材表面应作防水等相应处理。

2. 纸面石膏板

纸面石膏板是以熟石膏为胶凝材料,并掺入适量添加剂和纤维作为板芯,以特制的护面纸作为面层的一种轻质板材,如图8.12所示。从各种轻质隔断墙体材料来看,产量最大和机械化、自动化程度最高的是纸面石膏板,墙体内可安装管道与电线,墙面平整,装饰效果好,是较好的隔断材料。

图8.11 石膏空心条板

图8.12 纸面石膏板

纸面石膏板按其用途不同,可分为普通纸面石膏板、耐水纸面石膏板和耐火纸面石膏板共3种。

(1) 普通纸面石膏板(代号P):以建筑石膏为主要原料,掺入适量轻骨料、纤维增强材料和外加剂构成芯材,并与护面纸牢固地粘结在一起的墙体板材。

(2) 耐水纸面石膏板(代号S):以建筑石膏为主要原料,掺入适量纤维增强材料和耐水外加剂等构成耐水芯材,并与耐水护面纸牢固地粘结在一起的吸水率较低的墙体板材。

(3) 耐火纸面石膏板(代号H):以建筑石膏为主要原料,掺入适量轻骨料、无机耐火纤维增强材料和外加剂构成耐火芯材,并与护面纸牢固地粘结在一起的改善高温下芯材结合力的墙体板材。

纸面石膏板的体积密度为800~950kg/m³,导热系数约为0.20W/(m·K),隔声系数为35~50dB,抗折荷载为400~800N,表面平整、尺寸稳定。具有重量轻、保温隔热、隔音、防火、抗震,可调节室内湿度,加工性好,施工简便等优点。但用纸量较大,成本较高。

目前在我国纸面石膏板主要用于公共建筑和高层建筑,在量大面广的多层与低层住宅建筑中很少使用。普通纸面石膏板可作为室内隔墙板、复合外墙板的内壁板、天花板等。耐水型板可用于相对湿度较大(大于75%)的环境,如厕所、盥洗室等。耐火型纸面石膏板主要用于对防火要求较高的房屋建筑中。

3. 石膏纤维板

石膏纤维板是由熟石膏、纤维(废纸纤维、木纤维或有机纤维)以及多种添加剂(淀粉、硫酸钾、密封剂和生石灰等)加水组合而成。石膏纤维板的类别可分为以下几种。

(1) 单层均质板:其组成物为熟石膏、纤维和添加剂。

(2) 三层板:上下两面层为均质板,芯层为膨胀珍珠岩、纸纤维和胶料组成。

(3) 轻质石膏纤维板:由熟石膏、纸纤维、膨胀珍珠岩及胶料组成,主要用作吊顶板。

石膏纤维板不以纸覆面,可节省护面纸,具有较好的尺寸稳定性和防火、防潮、隔音性能以及可钉、可锯、可装饰的二次加工性能,也可调节室内空气湿度,不产生有害人体的挥发性物质。其尺寸规格和用途与纸面石膏板相同。

4. 石膏刨花板

以熟石膏为胶凝材料,木质刨花碎料(木材刨花碎料和非木材植物纤维)为增强材料,外加适量的水和化学缓凝助剂,经搅拌形成半干性混合料,在成型压机内固结所形成的板材称为石膏刨花板。

石膏刨花板同时具有纸面石膏板和普通刨花板的优点。石膏刨花板采用冷压,刨花无需干燥。用水量少、板材的强度较高,易加工、施工中破损率低,板材的尺寸稳定性好,阻燃性能好,无游离甲醛等有害气体的释放,属绿色环保建材。板材具有较好的防火、防水、隔热、隔音性能。在石膏刨花板中,木质刨花的用量较少。我国森林资源匮乏,而对轻质墙体材料的需求不断增加,因此大力推广石膏刨花板建材的开发应用,具有重要的经济和社会效益。

石膏刨花板目前尚无国家标准,适用于非承重内隔墙和作装饰板材的基材板。

8.3.3 植物纤维墙板

随着农业的发展,农作物的废弃物(如草、麦秸、玉米秆和甘蔗渣等)随之增多,污染环境。但各种废弃物如经适当处理,则可制成各种板材。早在1930年,瑞典人就用25kg稻草生产板材代替250块粘土砖使用,因而节省了大量农田。我国是农业大国,农作物资源丰富,该类产品应该得到发展和推广。

1. 稻草(麦秸)板

稻草板生产的主要原料是稻草或麦秸、板纸和脲醛树脂胶等。其生产方法是将干燥的稻草热压成密实的板芯,在板芯两面及4个侧边用胶贴上一层完整的面纸,经加热固化而成。板芯内不加任何粘结剂,只利用稻草之间的缠绞拧编与压合形成密实并有相当刚度的板材。其生产工艺简单,生产线全长只有80~90m,从进料到成品仅需1h。稻草板生产能耗低,仅为纸面石膏板生产能耗的1/4~1/3。

稻草板质量轻,体积密度为310~440kg/m³,隔热保温性能好,导热系数小于

0.14W/(m·K)，单层板的隔音量为 30dB。如果两层稻草板中间加 30mm 的矿棉和 20mm 的空气层，则隔音效果可达 50dB，耐火极限为 0.5h。其缺点是耐水性差、可燃。

稻草板具有足够的强度和刚度，可以单板使用而不需要龙骨支撑，且便于钉、打孔、粘结和油漆，施工很便捷，适用作非承重的内隔墙、天花板、厂房望板及复合外墙的内壁板。

2. 稻壳板

稻壳板是以稻壳与合成树脂为原料，经配料、混合、铺装和热压而成的中密度平板。可用肥醛胶和聚醋酸乙烯胶粘贴，表面可涂刷酚醛清漆或用薄木贴面加以装饰，可作为内隔墙及室内各种隔断板和壁橱(柜)隔板等。

3. 蔗渣板

蔗渣板是以甘蔗渣为原料，经加工、混合、铺装和热压成型而成的平板。该板生产时可不用胶而利用蔗渣本身含有的物质热压转化成树脂而起胶结作用，也可用合成树脂胶结成有胶蔗渣板。它具有质轻、吸声、易加工(可钉、锯、刨、钻)和可装饰等特点，可用作内隔墙、天花板、门芯板、室内隔断用板和装饰板等。

4. 麻屑板

麻屑板以亚麻秆茎为原料，破碎后加入合成树脂、防水剂和固化剂等，经混合、铺装、热压固化、修边和磨光等工序制成。性能、用途同蔗渣板。

8.3.4 复合墙板

以单一材料制成的板材，常因材料本身的局限性而使其应用受到限制。如质量较轻和隔热隔音较好的石膏板、加气混凝土板和稻草板等，因其耐水性差或强度较低，通常只能用于非承重的内隔墙。而水泥混凝土类板材虽有足够的强度和耐久性，但其重量大，隔音保温性能较差。为克服上述缺点，常用不同材料组合成多功能的复合墙体以满足需要。

常用的复合墙板主要由承受或传递外力的结构层(多为普通混凝土或金属板)和保温层(矿棉、泡沫塑料、加气混凝土等)及面层(各类具有可装饰性的轻质薄板)组成，其优点是承重材料和轻质保温材料的功能都得到合理利用，实现物尽其用，开拓材料来源。复合墙板是我国大力推广和有待发展的产品。

1. GRC 复合外墙板

GRC 复合外墙板是以低碱度水泥砂浆作基材，耐碱玻璃纤维作增强材制成面层，内设钢筋混凝土加强肋，在两层之间填充绝热材料作为内芯，一次制成的一种轻质复合墙板。

此种复合外墙板的 GRC 面层为其强度、韧性、抗渗性、防火与耐候等性能提供了保证，其内芯又可使整块墙板兼具良好的绝热性与隔音性，同时，此种复合外墙板还具有规格尺寸大。由于其具有重量轻、面层造型丰富以及施工方便等优点，所以适合于框架结构建筑，尤其是高层的此类建筑作为非承重的外墙板。

2. 钢丝网架水泥夹芯板

钢丝网架水泥夹芯板是由工厂专用设备生产的三维空间焊接钢丝网架和内填泡沫塑料板或半硬质岩棉板构成网架芯板，经施工现场喷抹水泥砂浆后形成的轻质板材。根据使用芯材的种类,钢丝网架水泥夹芯板可分为钢丝网架水泥泡沫塑料夹芯板和钢丝网架水泥岩棉夹芯板(又称GY板)两类。泡沫塑料芯板可采用酚醛、聚氨酯、聚苯乙烯泡沫塑料等,目前聚苯乙烯泡沫塑料应用比较普遍。钢丝网架水泥聚苯乙烯夹芯板主要包括钢丝网架聚苯乙烯芯板(简称GJ板)和钢丝网架水泥聚苯乙烯夹芯板(简称GSJ板)。

GJ板是由三维空间焊接钢丝网架和内填阻燃型聚苯乙烯泡沫塑料板条(或整板)构成的网架芯板;GSJ板则是在GJ板两面分别喷抹水泥砂浆后形成的构件,即该板材外壁由壁厚不小于25mm的三维空间焊接钢丝网架水泥砂浆作支承体,内填氧指数不小于30的聚苯乙烯泡沫塑料,周边有不小于25mm厚的水泥砂浆包边的板材。

钢丝网架水泥夹芯板具有重量轻、强度高、保温及隔音性能好等特点,故近年来在建筑中得到广泛应用。其主要特点详细介绍如下。

(1) 重量轻,钢丝网架芯板自重仅为 $3.9\sim4.0 kg/m^3$;GBJ板(两面各铺抹10mm厚的水泥砂浆层)平均重量为 $90\sim100 kg/m^3$,比普通的半砖墙还要轻一半。

(2) 强度高,用于墙体时,3m高复合板的轴向许用荷载可达70kN/m左右。

(3) 抗震性能好,由于复合板是由14号镀锌钢丝组成网架,现场组装后,所有的钢丝网架形成一体。且复合板重量轻,故具有良好的防震功能。

(4) 保温、隔热性能好,芯材聚苯乙烯泡沫塑料或聚氨酯泡沫塑料保温、隔热性能优异,标准厚度板热阻力 $0.64(m^2·K)/W$,为普通一砖墙隔热性能的两倍,保温、隔热性能优于普通两砖墙。

(5) 良好的隔音性能,厚度为100mm板,隔音性能为44dB;复合板的隔音性能一般为50dB左右,根据需要采取适当措施可得到更好的隔音效果。

(6) 良好的防火性能,复合板的耐火极限一般在1.3h以上,增加水泥砂浆层厚度可有效提高耐火极限。

此外,钢丝网架水泥夹芯板的泡沫塑料芯体具有良好的抗湿和抗冻融性能;板材运输方便、损耗极低;钢丝网架水泥夹芯板大多采用现场组装,后铺抹水泥砂浆施工工艺,施工人员可以根据设计要求进行剪裁、拼装。

由于钢丝网架水泥聚苯乙烯夹芯板的上述优良性能,同时易于施工、可缩短工期、增加建筑物使用面积,有利于工业化施工,在节约能源、降低建筑物自重和节省建筑工程投资等方面都具有较好的综合效益,故符合我国目前的产业政策,属于国家鼓励发展的新型轻质墙体材料。

钢丝网架水泥夹芯板主要用于房屋建筑的内隔墙、围护外墙、保温复合外墙、楼面、屋面及建筑加层等。

3. 纤维水泥(硅酸钙)板预制复合墙板

纤维水泥(硅酸钙)板预制复合墙板又称复合实心墙板。这是以薄型纤维水泥或硅酸钙板作为面板,中间填充轻质芯材一次复合形成的一种非承重的轻质复合板材。此种复合墙板具有自重小、隔声与绝热效果好且施工速度快等优点,且价格低于用轻钢龙骨现场复合的墙板。

它可用作建筑物的分户墙、内隔墙与外墙等。此种复合墙板在20世纪80年代初由澳大利亚引进。

4. 蜂窝夹芯板

蜂窝夹芯板是由两层面板与蜂窝状芯材经粘合组成轻质复合板材。该类板材轻质,比强度、比刚度高,同时具有隔音、隔热、防潮以及电绝缘性和透电磁波性能优良等特点,因而广泛应用于航空航天、微波通信和造船业。随着建筑技术水平的提高和新型建材行业的发展,该类材料现已逐步应用于建筑领域。

蜂窝夹芯板的面板要求薄而有较高强度,可采用玻璃布、胶合板、纤维板和铝板等。蜂窝材料要求厚而轻,一般可选用纸蜂窝、玻璃布蜂窝、棉布蜂窝和铝合金蜂窝等。

因考虑造价等因素,建筑用蜂窝夹芯板的面板通常选用玻璃布、胶合板和纤维板等,蜂窝多以纸蜂窝为主,主要品种包括以树脂浸渍纸蜂窝为芯材,由不同高密度硬质面板复合成的各种蜂窝夹芯板。其主要用于工业与民用建筑物的非承重内隔墙和制作蜂窝芯门,也可用于半隔断。

8.4 屋面材料

屋面材料主要为各类瓦制品和各种屋面板。作为防水、保温和隔热的屋面材料,粘土瓦是我国使用较多,历史较长的屋面材料之一。但粘土瓦同粘土砖一样,破坏耕地、浪费能源,因此,正在逐步地为大型水泥类瓦材和高分子复合类瓦材所取代。

传统材料中常用的瓦有粘土瓦、水泥瓦、石棉瓦、水泥石棉瓦、钢丝网水泥大波瓦、塑料大波瓦和沥青瓦等,屋面板主要有轻钢彩色屋面板、铝塑复合板等。

1. 粘土瓦

粘土瓦是以粘土为主要材料,加适量水搅拌均匀后,经模压挤出成型,再经干燥和焙烧而成,如图8.13所示。制瓦的粘土要求杂质少、塑性高。按烧成后的颜色分为青瓦和红瓦,按形状分为平瓦和脊瓦。

图 8.13 粘土瓦

按《粘土瓦》(GB 11710—1989)规定,平瓦的标准尺寸为 400mm × 240mm、380mm×220mm。粘土瓦按尺寸偏差、外观质量和物理力学性质分为优等品、一等品和合格品3个等级(表8-21)。

表 8-21 平瓦物理力学性能指标

项目		平瓦			脊瓦	
		优等品	一等品	合格品	一等品	合格品
抗折荷重 (kN)	平均值	980	870	780	—	
	最小值	780	680	680	680	680
饱和吸水强度(kg/m²)		≤50			≤55	
抗冻性		15次冻融循环后不得出现分层、开裂、剥落等损伤现象				
抗渗性		不得出现水滴			—	

2. 混凝土平瓦

以水泥、砂或无机的硬质细集料为主要原料，经配料混合、加水搅拌、机械滚压或人工揉压成型养护而成的平瓦称为混凝土平瓦。

按照国家标准《混凝土平瓦》(GB 8001—1987)规定，混凝土平瓦的标准尺寸有400mm×240mm和385mm×235mm两种，瓦的主体厚度为14mm。单片最小抗折荷载不得低于600N，抗冻性要求同粘土瓦。

3. 石棉水泥瓦

石棉水泥瓦是以石棉纤维与水泥为原料，经加水搅拌、压波成型、蒸养和烘干而成的轻型屋面材料，如图8.14所示。分为大波瓦、中波瓦、小波瓦及脊瓦4种。

按照国家标准《石棉水泥瓦及脊瓦》(GB 9772—1996)规定，石棉水泥瓦根据其抗折力、吸水率及外观质量分为3个等级：优等品、一等品和合格品。其标准及物理力学指标见表8-22。

图 8.14 石棉水泥瓦

表 8-22 石棉水泥瓦的物理力学性能指标

项目		大波瓦			中波瓦			小波瓦		
		优等品	一等品	合格品	优等品	一等品	合格品	优等品	一等品	合格品
规格尺寸(mm)(长×宽×厚)		2800×994×7.5			2400×745×6.5 1800×745×6.0			1800×720×6.0 1800×720×5.0		
抗折力	横向(N/m)	3800	3300	2900	4200	3600	3100	3200	2800	2400
	纵向(N)	470	450	430	350	330	320	420	360	300
吸水率(%)≤		28	28	28	26	28	28	25	26	26
抗冻性		25次冻融循环后不得有起层等破坏现象								
不透水性		浸水后瓦体背面允许出现滴斑，但不允许出现水滴								
抗冲击性		在相距60cm处进行观察，冲击一次后被击处不得出现龟裂、剥落、贯通孔及裂纹								

石棉水泥瓦属轻型屋面材料，具有防火、防腐、耐热、耐寒和绝缘等诸多优越性能，但在受潮或遇水后，强度有所下降，故在使用和堆放中应注意保管和维护。

图 8.15 琉璃瓦

4. 琉璃瓦

琉璃瓦是在素烧的瓦坯表面涂琉璃釉料再经烧制而成的瓦，如图8.15所示。这种瓦表面光滑、质地坚硬密实，色彩美丽、耐久性好，多用于古建筑修复和仿古建筑及园林建筑中。

5. 沥青瓦

沥青瓦是以玻璃纤维薄毡为胎料，以改性沥青为涂敷材料制成的一种片状屋面材料。其优点是重量轻，可减少屋面自重，施工方便，具有相互粘结功能，有很好的防水和装饰功能。为了满足这些装饰功能，沥青瓦制作时可以在表面撒以不同颜色的矿物颗粒，制成彩色沥青瓦。

几种常用屋面材料的主要组成、特性及应用见表 8-23。

表 8-23 常用屋面材料的主要组成、特性和应用一览表

	品种	主要组成材料	主要特性	主要作用
烧结类瓦材	粘土瓦	粘土、页岩	按颜色分为红瓦、青瓦；按形状分为平瓦、脊瓦。常用，但自重大，易脆裂	民用建筑坡形屋面防水
	琉璃瓦	难熔粘土	表面光滑、质地坚密、色彩美丽，耐久性好	高级屋面防水与装饰
水泥类瓦材	混凝土瓦	水泥、砂或无机硬质细骨料	成本低，耐久性好，但重量大	民用建筑坡形屋面防水
	纤维增强水泥瓦	水泥、增强纤维	防水、防潮、防腐、绝缘	厂房、库房、堆货棚、凉棚
	钢丝网水泥大波瓦	水泥、砂、钢丝网	尺寸、重量较大	工厂散热车间、仓库、临时性围护结构
高分子类复合瓦材	玻璃钢波形瓦	不饱和聚酯树脂、玻璃纤维	轻质、高强、耐冲击、耐热、耐蚀、透光率高，制作简单	遮阳、车站站台、售货亭、凉棚等屋面
	塑料瓦楞板	聚氯乙烯树脂、配合剂	轻质、高强、防水、耐蚀、透光率高，色彩鲜艳	凉棚、果棚、遮阳板、简易建筑屋面
	木质纤维波形瓦	木纤维、酚醛树脂防水剂	防水、耐热、耐寒	活动房屋、轻结构房屋屋面，车间、仓库、料棚、临时设施等屋面
	玻璃纤维沥青瓦	玻璃纤维薄毡为胎料，改性沥青为涂敷材料	轻质、粘结强、抗风化、施工方便	民用建筑坡形屋面
轻型复合板材	EPS 轻型板	彩色涂层钢板、自熄聚苯乙烯、热固化胶	集承重、保温、隔热、防水、装修为一体，且施工方便	体育馆、展览厅、冷库等跨度屋面结构
	硬质聚氨酯夹心板	镀锌彩色压型钢板、硬质聚氨酯泡沫	集承重、保温、防水为一体，且耐候性极强	大型工业厂房、仓库、公共设施等大跨度屋面结构和高大建筑屋面结构

本 章 小 结

墙体材料在建筑结构中主要起着承重、围护和分隔的作用，常用的墙体材料有砖、砌块和板材。

烧结砖有烧结普通砖、烧结多孔砖和烧结空心砖。烧结砖的技术性质主要包括物理性质、力学性质和耐久性。烧结砖的质量等级要根据其尺寸偏差、外观质量、强度等级和耐久性（泛霜、石灰爆裂、抗冻性等）进行评定。

砌块是尺寸大于砖的一种人造块材。常用的砌块有混凝土小型空心砌块、蒸压加气混凝土砌块和粉煤灰砌块等。

板材是主要用于墙体结构的一种复合材料，常用的板材有：轻骨料混凝土板、混凝土夹芯板、轻型夹芯板和GRC板等。

复合墙板和复合砌块是我国大力推广和有待发展的产品。

屋面材料在建筑结构中起着防雨、保温和隔热的作用。常用的屋面材料有烧结类瓦、水泥类瓦、高分子类复合瓦及轻型复合板材。

本章较多地介绍了新型节能利废的墙体材料。墙体材料除具有一定的强度、还需具有相应的防水、抗冻、绝热及隔音等功能，而且重量轻，价格适当，经久耐用。同时，应尽量就地取材，尽量利用工业副产品或废料加工制成各种墙砖、砌块和板材等。只有用新型的轻质墙体材料取代传统的墙体材料，才能使墙体材料摆脱传统单一的"秦砖汉瓦"面貌，逐渐发展为节约能源、节约土地且保护环境的绿色建材。

知 识 链 接

提升产业结构　坚持节能减排

除了水泥行业外，建材行业努力改造的还有墙材业。以前，建筑物多采用实心粘土砖，它占耕地多、高耗能且污染大，是一种资源消耗型产品。据测算，每建造1万平方米多层住宅需用200万块粘土砖，生产这些粘土砖将耗用土地3.3亩，砖窑烧制这些粘土砖耗用标准煤18万吨，同时排放大量的二氧化碳及二氧化硫气体，既毁坏了大批土地资源，又严重地破坏了生态环境。从2003年6月30日起，国家明令禁止170个城市的新建住宅使用实心粘土砖后，各个地方政府也积极响应号召，全力推广新型墙材的使用。

目前，用新型墙体材料替代实心粘土砖已经取得一些积极成果：我国已能生产并形成一定生产规模的新型墙体材料品种共有20多种，可划分为砖、砌块和轻质墙板3类。虽然这些替代材料的推广工作已经开展，但依然需要不断完善：一方面我国不断加大墙改力度，这就需要研制更多的抗震节能、造价低廉且适用范围广的新型材料，如简化节点的轻钢结构、木结构、竹结构和土坯砖、草土砖、草土墙、竹作围护结构的地方性建造方法；另一方面还要向农民进行可持续发展的节能与环保的宣传教育，加强小城镇居民对粘土砖体系与非粘土砖体系的认识等。

（中国建设报　2009年5月13日）

本 章 习 题

8-1 什么是墙体材料？如何分类？

8-2 砌墙砖分哪几类？它们各有什么特性？

8-3 烧结普通砖的标准尺寸是多少？其技术性能要求有哪些？强度等级和产品等级怎样划分？

8-4 何谓砖的泛霜和石灰爆裂？它们对建筑物有何影响？

8-5 用什么方法把过火烧结砖和欠火烧结砖区分开来？未烧透的欠火砖为什么不宜用于地下？

8-6 建筑工程中非烧结砖有哪几种？

8-7 烧结空心砖有何优越性？烧结多孔砖和烧结空心砖在规格、性能和应用等方面有何不同？

8-8 什么是蒸压(养)砖？常见的蒸压(养)砖有哪几种？它们的强度等级如何划分？在工程上应用应注意什么？

8-9 常见的砌块有哪几种？砌块与烧结粘土砖相比，有什么优点？

8-10 什么是混凝土小型空心砌块？有哪几个强度等级？在建筑中的使用有哪些优点？

8-11 什么是蒸压加气混凝土砌块？与其砌块相比，有何特点？

8-12 蒸压加气混凝土砌块质量等级如何划分？

8-13 蒸压加气混凝土砌块砌筑的墙抹砂浆层，采用用于烧结普通砖的方法往墙上浇水后即抹，一般的砂浆往往被加气混凝土吸去水分而容易干裂或空鼓，请分析原因。

8-14 在建筑板材中，哪些不宜用于长期处于潮湿的环境中？

8-15 轻质内墙板有哪些？各有什么特点？

8-16 复合板材有哪几种？它们的性能如何？

8-17 墙体材料的发展方向是什么？为什么传统的墙体材料需要改革？

第9章 金属材料

【教学目标】
通过本章学习，应达到以下目标。
(1) 掌握钢材的力学性质、工艺性质及其质量检定方法。
(2) 掌握钢结构用钢和混凝土结构用钢两类建筑钢材的技术性质和应用。
(3) 了解铝材的一般特性和应用。

【教学要求】

知识要点	能力要求	相关知识
钢材的生产和分类	(1) 了解钢材的生产 (2) 掌握钢材的分类	(1) 钢材的生产 (2) 钢材的分类
建筑钢材的主要技术性能	(1) 掌握钢材的力学性质 (2) 掌握钢材的工艺性质	(1) 钢材的抗拉性能 (2) 钢材的冲击韧性 (3) 钢材的冷弯性能 (4) 钢材的冷加工强化处理 (5) 化学成分对钢材性能的影响
建筑钢材的标准与选用	(1) 掌握钢结构用钢的技术性质和应用 (2) 掌握混凝土结构用钢的技术性质和应用	(1) 碳素结构钢的技术性质及应用 (2) 低合金高强度结构钢的技术性质及应用 (3) 热轧钢筋的技术性质及应用
铝材及铝合金	了解铝材和铝合金的特性及应用	铝材和铝合金的特性及应用

金属材料包括黑色金属和有色金属两大类，黑色金属是指以铁元素为主要成分的金属及其合金，常用的黑色金属材料有钢和生铁。有色金属是指黑色金属以外的金属，如铝、铜、铅、锌等金属及其合金。

钢材广泛应用于铁路、桥梁和房屋建筑等各种工程中，是土木工程中用量最大的金属材料。

9.1 建筑钢材

建筑钢材是指建筑工程中使用的各种钢材，主要有用于钢结构的各种型材(如圆钢、角钢、工字钢、管钢等)、钢板和用于钢筋混凝土中的各种钢筋、钢丝、钢绞线等，如图9.1所示。

图 9.1 常用钢材

钢材具有良好的技术性质：材质均匀，性能可靠，强度高，塑性和韧性好，能承受冲击和振动荷载，可以焊接和铆接，易于加工和装配。因此，钢材在土木工程中被广泛应用，尤其是在高层建筑和大跨度结构中，它是重要的建筑材料之一。

9.1.1 钢材的生产和分类

1. 钢材的生产

钢材是将生铁在炼钢炉中进行冶炼，然后浇筑成钢锭，再经过轧制、锻压和拉拔等压力加工工艺制成的材料。炼钢的原理就是把熔融的生铁进行加工，使其中碳的含量降到2%以下，其他杂质的含量也控制在规定范围之内。

目前，大规模炼钢方法主要有平炉炼钢法、氧气转炉炼钢法和电弧炉炼钢法3种。

1）平炉炼钢法

以固态或液态生铁、废钢铁或铁矿石做原料，用煤气或重油为燃料在平炉中进行冶炼。平炉钢熔炼时间长，化学成分便于控制，杂质含量少，成品质量高，但是能耗高，生产效率低，成本高，已基本被淘汰。

2）氧气转炉炼钢法

氧气转炉炼钢法已成为现代炼钢法的主流。它是以纯氧代替空气吹入炼钢炉的铁水中，能有效地除去硫、磷等杂质，使钢的质量显著提高，冶炼速度快而成本较低，常用来炼制较优质的碳素钢和合金钢。

3）电弧炉炼钢法

以电为能源迅速加热生铁或废钢原料，熔炼温度高且温度可自由调节，容易清除杂质。用电弧炉炼钢法炼出的钢，钢的质量最好，但成本高，主要用于优质碳素钢及特殊合金钢。

2. 钢材的分类

1) 按化学成分不同分类

(1) 碳素钢。碳素钢的主要成分是铁，其次是碳，此外还含有少量的硅、锰、磷、硫、氧和氮等微量元素。碳素钢根据含碳量的高低，又分为低碳钢(含碳量小于0.25%)、中碳钢(含碳量为0.25%~0.60%)、高碳钢(含碳量大于0.60%)。

(2) 合金钢。合金钢是在碳素钢的基础上加入一种或多种改善钢材性能的合金元素，如锰、硅、矾和钛等。合金钢根据合金元素的总含量，又分为低合金钢(合金元素总量小于5%)、中合金钢(合金元素总量为5%~10%)、高合金钢(合金元素总量大于10%)。

2) 按冶炼时脱氧程度不同分类

(1) 沸腾钢。沸腾钢一般用锰、铁脱氧，脱氧不完全，钢液冷却凝固时有大量CO气体外逸，引起钢液沸腾，故称为沸腾钢。沸腾钢内部气泡和杂质较多，化学成分和力学性能不均匀，因此钢的质量较差，但成本较低，可用于一般的建筑结构。

(2) 镇静钢。镇静钢一般用硅脱氧，脱氧完全，钢液浇筑后平静冷却凝固，基本无CO气泡产生。镇静钢均匀密实，力学性能好，品质好，但成本高。镇静钢可用于承受冲击荷载的重要结构。

3) 按品质(杂质含量)不同分类

钢材根据其中硫、磷等有害杂质含量的不同，可分为普通钢、优质钢和高级优质钢。

4) 按用途不同分类

钢材按用途的不同，可分为结构钢(主要用于工程构件及机械零件)、工具钢(主要用于各种刀具、量具及磨具)、特殊钢(具有特殊物理、化学或力学性能，如不锈钢、耐热钢、耐磨钢等，一般为合金钢)。

建筑上常用的钢种是普通碳素钢中的低碳钢和普通合金钢中的低合金钢。

9.1.2 建筑钢材的主要技术性能

钢材的性质主要包括力学性质、工艺性质和化学性质等，其中力学性质是最主要的性能之一。

1. 抗拉性能

抗拉性能是表示钢材性能的重要指标。由于拉伸是建筑钢材的主要受力形式，因此抗拉性能采用拉伸试验测定，以屈服点、抗拉强度和伸长率等指标表征，这些指标可通过低碳钢(软钢)受拉时的应力-应变曲线来阐明，如图9.2所示。

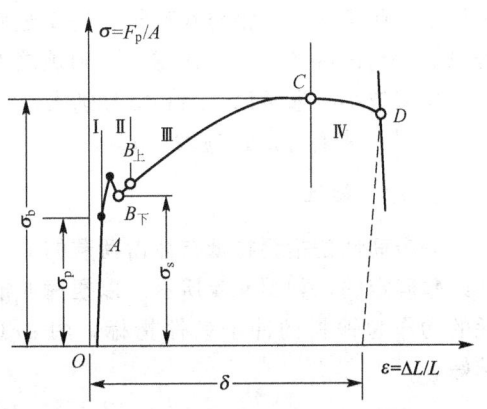

图9.2 低碳钢受拉的应力-应变图

从图中可以看出，低碳钢受拉经历了 4 个阶段：弹性阶段($O \rightarrow A$)、屈服阶段($A \rightarrow B$)、强化阶段($B \rightarrow C$)、颈缩阶段($C \rightarrow D$)。

1) 屈服点

当试件拉力在 OA 范围内时，如卸去拉力，试件能恢复原状，应力与应变的比值为常数，即弹性模量(E)，$E=\sigma/\varepsilon$。该阶段被称为弹性阶段。弹性模量反映钢材抵抗变形的能力，是计算结构受力变形的重要指标。

当对试件的拉伸进入塑性变形的屈服阶段 AB 时，称屈服下限 $B_下$(此点较稳定，易测定)所对应的应力为屈服强度或屈服点，记作 σ_s。对屈服现象不明显的钢(硬钢)，规定以 0.2%残余变形时的应力 $\sigma_{0.2}$ 作为屈服强度，称为条件屈服点。

钢材应力超过屈服点以后，虽然没有断裂，但会产生较大的塑性变形，已不能满足结构要求，因此，屈服强度是设计时钢材强度取值的主要依据之一，是工程结构计算中非常重要的参数之一。

2) 抗拉强度

从图 9.2 中 BC 曲线逐步上升可以看出：试件在屈服阶段以后，其抵抗塑性变形的能力又重新提高，称为强化阶段。对应于最高点 C 的应力称为抗拉强度，即钢材受拉断裂前的最大应力，用 σ_b 表示。

设计中抗拉强度一般不直接利用，但屈强比 σ_s/σ_b 却能反映钢材的利用率和结构安全可靠性。屈强比越小，反映钢材受力超过屈服点工作时的可靠性越大，因而结构的安全性越高。但屈服比太小，则反映钢材不能有效地被利用，造成钢材浪费。建筑结构钢的合理屈强比一般为 0.60～0.75。

3) 伸长率

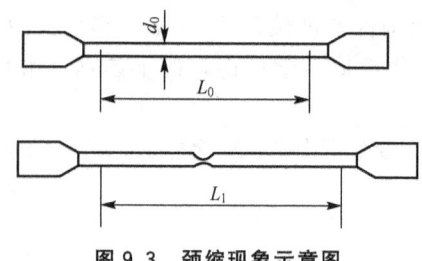

图 9.3 颈缩现象示意图

图 9.2 中当曲线到达 C 点后，试件薄弱处急剧缩小，塑性变形迅速增加，产生"颈缩现象"而断裂(图 9.3)。试件拉断后测定出拉断后标距部分的长度 L_1(mm)，L_1 与试件原标距 L_0(mm)比较，按下式可以计算出伸长率(δ)：

$$\delta = [(L_1 - L_0)/L_0] \times 100\%$$

伸长率表征了钢材的塑性变形能力，δ 越大，说明钢材的塑性越好。钢材的塑性好，不仅便于各种加工，而且能保证钢材在建筑上的安全使用。由于在塑性变形时颈缩处的变形最大，故若原标距与试件的直径之比越大，则颈缩处伸长值在整个伸长值中的比例越小，因而计算的伸长率越小。通常以 δ_5 和 δ_{10} 分别表示 $L_0=5d_0$ 和 $L_0=10d_0$ 时的伸长率，d_0 为试件直径。对同一种钢材，δ_5 应大于 δ_{10}。

2. 冲击韧性

冲击韧性是指钢材抵抗冲击荷载的能力。冲击韧性指标是通过标准试件的弯曲冲击韧性试验确定的，如图 9.4 所示。以摆锤冲击试件，将试件冲断时缺口处单位截面积上所消耗的功作为钢材的冲击韧性指标，用 a_k(J/cm^2)表示。a_k 值越大，则钢材的冲击韧性越好。

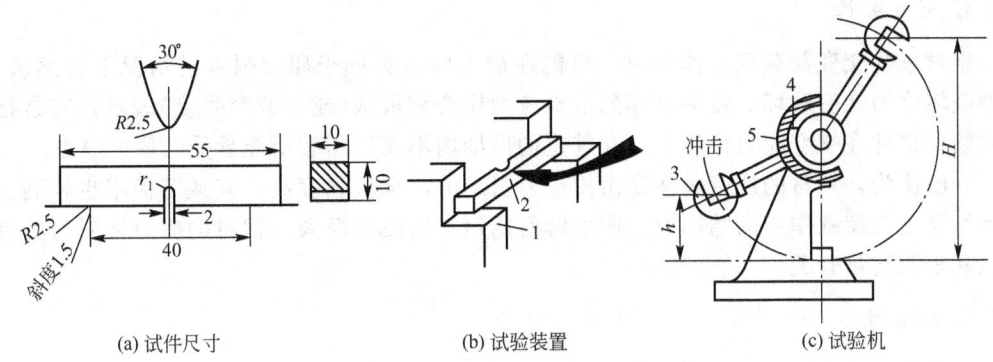

(a) 试件尺寸　　　(b) 试验装置　　　(c) 试验机

图 9.4　冲击韧性试验示意图

1—试验台；2—试件；3—摆锤；4—刻度盘；5—指针

钢材的化学成分、内在缺陷、加工工艺及环境温度都会影响钢材的冲击韧性。当钢材内硫、磷的含量高，存在化学偏析，含有非金属夹杂物及焊接形成的微裂纹时，都会使冲击韧性显著降低。温度对钢材冲击韧性的影响也很大。试验表明，冲击韧性随温度的降低而下降，其规律是开始下降缓和，当达到一定温度范围时，突然下降很多且呈脆性，这种脆性称为钢材的冷脆性。此时的温度称为临界温度。其数值越低，说明钢材的低温冲击性能越好。在负温下使用的结构，应当选用脆性临界温度较工作温度低的钢材。

由于时效作用，钢材随时间的延长，其塑性和冲击韧性下降。完成时效变化的过程可过数十年，但是钢材如经受冷加工变形，或使用中经受震动和反复荷载的影响，时效可迅速发展。因时效而导致性能改变的程度称为时效敏感性。对于承受动荷载的结构应选用时效敏感性小的钢材。

因此，对于直接承受动荷载而且可能在负温下工作的重要结构，必须进行钢材的冲击韧性检验。

3. 硬度

钢材的硬度是指其表面抵抗重物压入产生塑性变形的能力，测定硬度的方法有布氏法和洛氏法。较常使用的方法是布氏法，其硬度指标为布氏硬度值。

布氏法是利用直径为 D(mm) 的淬火钢球，以一定的荷载 P(N) 将其压入试件表面，得到直径为 d(mm) 的压痕，如图 9.5 所示。以压痕表面积 S(mm^2) 除以荷载 P，所得的应力值即为试件的布氏硬度值 HB，不带单位。布氏法比较准确，但压痕较大，不适宜成品检验。

各类钢材的 HB 值与抗拉强度之间有较好的关系。材料的强度越高，塑性变形抵抗力越强，硬度值就越大。

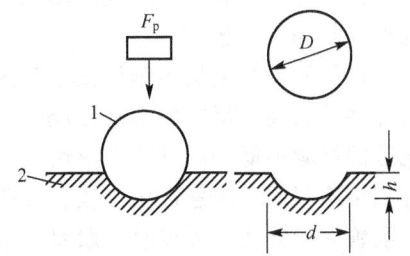

图 9.5　布氏硬度测定示意图

洛氏法测定的原理与布氏法相似，但以压头压入试件的深度来表示洛氏硬度值(HR)。洛氏法压痕较小，常用于判定工件的热处理效果。

4. 耐疲劳性

钢材承受交变荷载反复作用时，可能在最大应力远低于屈服强度的情况下突然破坏，这种破坏称为疲劳破坏。疲劳破坏的危险应力用疲劳极限（或称疲劳强度）表示，它是指疲劳试验中试件在交变应力作用下，在规定的周期内不发生断裂所能承受的最大应力。

一般认为，钢材的疲劳破坏是由拉应力引起的，抗拉强度高，其疲劳极限也较高。在设计承受交变荷载作用的结构时，应了解所用钢材的疲劳极限。钢材的疲劳极限与其内部组织和表面质量有关。

5. 冷弯性能

冷弯性能是指钢材在常温下承受弯曲变形的能力，是钢材的重要工艺性能。

冷弯性能指标通过试件被弯曲的角度（90°、180°）及弯心直径 d 对试件厚度（或直径）a 的比值来表示，如图 9.6 所示。试验时采用的弯曲角度越大，弯心直径 d 对试件厚度（或直径）a 的比值越小，表示对冷弯性能的要求越高。

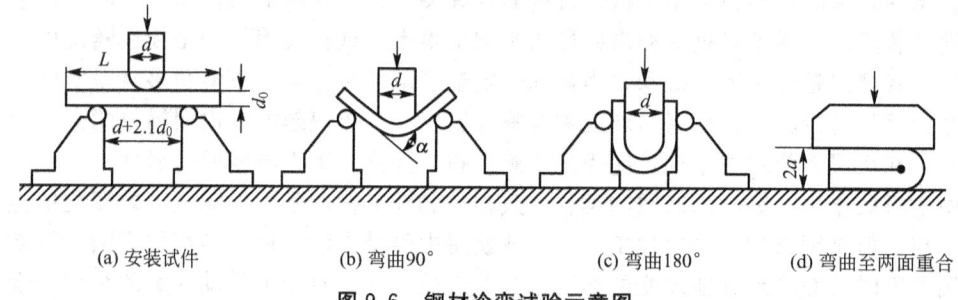

(a) 安装试件　　(b) 弯曲90°　　(c) 弯曲180°　　(d) 弯曲至两面重合

图 9.6　钢材冷弯试验示意图

钢材试件按规定的弯曲角和弯心直径进行试验，若试件弯曲处的外表面无裂断、裂缝或起层，即认为冷弯性能合格。冷弯试验能反映试件弯曲处的塑性变形，能够揭示钢材是否存在内部组织不均匀、内应力和夹杂物等缺陷。冷弯试验也能对钢材的焊接质量进行严格的检验，能够揭示焊件受弯表面是否存在未熔合、裂缝及夹杂物等缺陷。

6. 焊接性能

钢材主要以焊接的形式应用于工程结构之中。焊接的质量取决于钢材与焊接材料的可焊性及其焊接工艺。

钢材的可焊性是指钢材在通常的焊接方法和工艺条件下获得良好的焊接接头的性能。可焊性好的钢材焊接后不易形成裂纹、气孔及夹渣等缺陷，焊头牢固可靠，焊缝及其热影响区的性能不低于母材的力学性能。影响钢材可焊性的主要因素是化学成分及含量。一般焊接结构用钢应注意选用含碳量较低的氧气转炉或平炉镇静钢。对于高碳钢及合金钢，为了改善焊接性能，焊接时一般要采用焊前预热及焊后热处理等措施。

7. 钢材的冷加工及热处理

1) 冷加工

冷加工是指钢材在常温下进行的加工，常见的冷加工方式有冷拉、冷拔、冷轧、冷扭、刻痕等。钢材经冷加工产生塑性变形，从而提高其屈服强度，但塑性和韧性相应降低，这一过程称为冷加工强化处理。

冷加工强化过程如图 9.7 所示。钢材的应力-应变曲线为 $OABCD$，若钢材被拉伸至超过屈服强度的任意一点 K 时，放松拉力，则钢材将恢复至 O' 点。如此时立即再拉伸，其应力-应变曲线将为 $O'KCD$，新的屈服点 K 比原屈服点 B 提高，但伸长率降低。在一定范围内，冷加工变形程度越大，屈服强度提高得越多，塑性和韧性降低得越多。

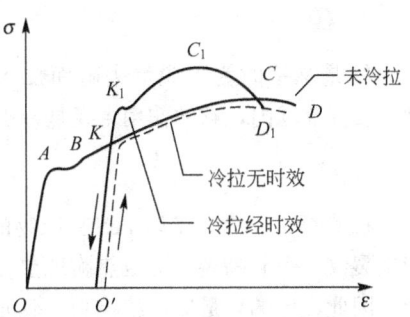

图 9.7 钢筋冷拉应力-应变曲线图

工地或预制厂钢筋混凝土施工中常利用这一原理，对钢筋或低碳钢盘条按一定制度进行冷拉或冷拔加工，以提高屈服强度而节约钢材。

2) 时效

将经过冷拉的钢筋于常温下存放 15~20d，或加热到 100~200℃并保持一段时间，其强度和硬度进一步提高，塑性和韧性进一步降低，这个过程称为时效处理。前者称为自然时效，后者称为人工时效。

钢筋冷拉以后再经过时效处理，其屈服点进一步提高，塑性继续有所降低。由于时效过程中应力的消减，故弹性模量可基本恢复。如图 9.7 所示，经冷加工和时效后，其应力-应变曲线为 $O'K_1C_1D_1$，此时屈服强度 K_1 和抗拉强度 C_1 均较时效前有所提高。一般强度较低的钢材采用自然时效，而强度较高的钢材则采用人工时效。

因时效而导致钢材性能改变的程度称为时效敏感性。时效敏感性较大的钢材，经时效后，其韧性和塑性改变较大。因此，对重要性结构应选用时效敏感性较小的钢材。

3) 热处理

热处理是将钢材按一定规则加热、保温和冷却，以获得需要性能的一种工艺过程。热处理的方法有退火、正火、淬火和回火等。土木工程建筑所用钢材一般只在生产厂进行热处理，并以热处理状态供应。在施工现场，有时需对焊接钢材进行热处理。

9.1.3 化学成分对钢材性能的影响

以生铁冶炼钢材，经过一定的工艺处理后，钢材中除主要含有铁和碳外，还有少量硅、锰、磷、硫、氧和氮等难以除净的化学元素。另外，在生产合金钢的工艺中，为了改善钢材的性能，还特意加入一些化学元素，如锰、硅、矾和钛等。这些化学元素对钢材的性能产生了一定的影响。

1. 碳

碳是决定钢材性质的主要元素。钢材随含碳量的增加，强度和硬度相应提高，而塑性和韧性相应降低。当含碳量超过 1% 时，钢材的极限强度开始下降。土木工程中，用钢材含碳量不大于 0.8%。此外，含碳量过高还会增加钢的冷脆性和时效敏感性，降低其抗大气腐蚀性和可焊性。

2. 硅

硅是炼钢时为了脱氧去硫而加入的，是钢中的有益元素。当硅在钢中的含量较低（小于 1%）时，可提高钢材的强度，而对塑性和韧性影响不明显。

3. 锰

锰是炼钢时为了脱氧去硫而加入的,是我国低合金钢的重要合金元素,锰含量一般在1%~2%范围内,它的作用主要是提高强度,消减硫和氧引起的热脆性,改善钢材的热加工性。

4. 硫

硫是有害元素,多以 FeS 夹杂物的形式存在于钢中。FeS 熔点低,使钢材在热加工中内部产生裂纹,引起断裂,形成热脆现象。硫的存在还会导致钢材的冲击韧性、可焊性及耐蚀性降低,因此,硫的含量应严格控制。硫元素呈非金属硫化物夹杂物存在于钢中,具有强烈的偏析作用,可以降低钢的各种力学性能。硫化物造成的低熔点使钢在焊接时易于产生热裂纹,显著降低可焊性。

5. 磷

磷为有害元素。磷的含量提高,钢材的强度提高,塑性和韧性显著下降,特别是温度越低,对韧性和塑性的影响越大。磷的偏析较严重,使钢材冷脆性增大,可焊性降低。

但磷可以提高钢的耐磨性和耐腐蚀性,在低合金钢中可配合其他元素作为合金元素使用。

6. 氧

氧为有害元素。主要存在于非金属夹杂物内,可降低钢的力学性能,特别是韧性。氧有促进时效倾向的作用,氧化物造成的低熔点也使钢的可焊性变差。

7. 氮

氮对钢材性质的影响与碳、磷相似,使钢材的强度提高,塑性、韧性显著下降。氮可加剧钢材的时效敏感性和冷脆性,降低可焊性。

在有铝、铌和钒等的配合下,氮可作为低合金钢的合金元素使用。

8. 铝、钛、钒和铌

均为炼钢时的强脱氧剂,能提高钢材强度,改善韧性和可焊性,是常用的合金元素。

9.1.4 建筑钢材的标准与选用

建筑钢材按用途不同,可划分为钢结构用钢材和混凝土结构用钢材两大类。

1. 钢结构用钢材

1) 碳素结构钢

碳素结构钢指一般结构钢和工程用热轧板、管、带、型和棒材等。国家标准《碳素结构钢》(GB/T 700—2006)规定了碳素钢的牌号表示方法和技术标准等。

(1) 碳素结构钢的牌号。碳素结构钢的牌号由4部分表示,按顺序为:屈服点字母(Q)、屈服点数值、质量等级(有 A、B、C、D 四级,逐级提高)和脱氧程度(F 为沸腾钢,Z 为镇静钢,TZ 为特殊镇静钢。用牌号表示时 Z、TZ 可省略)。

例如,Q235-A·F 表示屈服点为 235MPa,A 级沸腾钢;Q235-B 表示屈服点为 235MPa,B 级镇静钢。

（2）技术要求。国家标准《碳素结构钢》(GB/T 700—2006)对碳素结构钢的化学成分、力学性质及工艺性质作出了具体的规定。其化学成分及含量应符合表9-1的要求。

表9-1 碳素钢的化学成分

牌号	等级	厚度（或直径）(mm)	脱氧方法	化学成分(质量分数)(%)，不大于				
				C	Si	Mn	P	S
Q195	—	—	F、Z	0.12	0.30	0.50	0.035	0.040
Q215	A	—	F、Z	0.15	0.35	1.20	0.045	0.050
	B							0.045
Q235	A	—	F、Z	0.22	0.35	1.40	0.045	0.050
	B		F、Z	0.20*			0.045	0.045
	C		Z	0.17			0.040	0.040
	D		TZ				0.035	0.035
Q275	A	—	F、Z	0.24	0.35	1.50	0.045	0.050
	B	≤40	Z	0.21			0.045	0.045
		>40		0.22				
	C	—	Z	0.20			0.040	0.040
	D		TZ				0.035	0.035

注：* 表示经需方同意，Q235 B的碳含量可不大于0.22%。

碳素结构钢依据屈服点Q的数值大小划分为5个牌号。其力学性能要求见表9-2，冷弯试验规定见表9-3。

表9-2 碳素结构钢的位伸与冲击试验

牌号	等级	屈服强度① R_{eH} (N/mm²)，不小于						抗拉强度② R_M (N/mm²)	断后伸长率 A(%)，不小于					冲击试验（V形缺口）	
		厚度(或直径)(mm)							厚度(或直径)(mm)					温度(℃)	冲击吸收功(纵向)(J)，不小于
		≤16	>16~40	>40~60	>60~100	>100~150	>150~200		≤40	>40~60	>60~100	>100~150	>150~200		
Q195	—	195	185	—	—	—	—	315~430	33	—	—	—	—	—	—
Q215	A	215	205	195	185	175	165	335~450	31	30	29	27	26	—	—
	B													+20	27
Q235	A	235	225	215	215	195	185	370~500	26	25	24	22	21	—	—
	B													+20	27③
	C													0	
	D													-20	

(续)

牌号	等级	屈服强度[1] R_{eH}(N/mm²),不小于						抗拉强度[2] R_M (N/mm²)	断后伸长率 A(%),不小于					冲击试验(V形缺口)	
		厚度(或直径)(mm)							厚度(或直径)(mm)					温度(℃)	冲击吸收功(纵向)(J),不小于
		≤16	>16~40	>40~60	>60~100	>100~150	>150~200		≤40	>40~60	>60~100	>100~150	>150~200		
Q275	A	275	265	255	245	225	215	410~540	22	21	20	18	17	—	—
	B													+20	27
	C													0	
	D													−20	

① Q195的屈服强度值仅供参考,不作为交货条件。
② 厚度大于100mm的钢材,抗拉强度下限允许降低20N/mm²。宽带钢(包括剪切钢板)抗拉强度上限不作为交货条件。

注:厚度小于25mm的Q235 B钢材,如供方能保证冲击吸收功值合格,经需方同意,可不做检验。

表 9-3 碳素结构钢的冷弯性能

牌号	试样方向	冷弯试验 180° B=2a[1]	
		钢材厚度(或直径)[2] (mm)	
		≤60	>60~100
		弯心直径 d	
Q195	纵	0	—
	横	0.5a	
Q215	纵	0.5a	1.5a
	横	a	2a
Q235	纵	a	2a
	横	1.5a	2.5a
Q275	纵	1.5a	2.5a
	横	2a	3a

① B 为试样宽度,a 为试样厚度(或直径)。
② 钢材厚度(或直径)大于100mm时,弯曲试验由双方协商确定。

(3) 选用。碳素结构钢依牌号增大,含碳量增加,其强度增大,但塑性和韧性降低。建筑工程中主要应用Q235号钢,可用于轧制各种型钢、钢板、钢管与钢筋。Q235号钢具有较高的强度,良好的塑性、韧性,可焊性及可加工等综合性能好,且冶炼方便,成本较低,因此广泛用于一般钢结构。其中,C、D级可用在重要的焊接结构。

Q195、Q215号钢材强度较低,但塑性、韧性较好,易于冷加工,可制作铆钉、钢筋等。Q275号钢材强度高,但塑性、韧性、可焊性差,可用于钢筋混凝土配筋及钢结构中的构件及螺栓等。

受动荷载作用结构、焊接结构及低温下工作的结构,不能选用A、B质量等级钢及沸腾钢。

2) 低合金高强度结构钢

低合金高强度钢是普通低合金结构钢的简称。一般是在普通碳素钢的基础上,添加少量的一种或几种合金元素而成。合金元素有硅、锰、钒、钛、铌、铬、镍及稀土元素。加入合金元素后,可使其强度、耐腐蚀性、耐磨性、低温冲击韧性等性能得到显著提高和改善。

国家标准《低合金高强度结构钢》(GB 1591—2008)规定了低合金高强度钢的牌号与技术性质。

(1) 低合金高强度钢的牌号。低合金高强度结构钢的牌号由代表屈服强度的汉语拼音字母 Q、屈服强度数值、质量等级符号三个部分组成,按硫、磷含量分 A、B、C、D、E 五个质量等级,其中 E 级质量最好。如 Q345A 的含义为:屈服点为 345MPa,质量等级为 A 的低合金高强度结构钢。

当需方要求钢板具有厚度方向性能时,则在上述规定的牌号后加上代表厚度方向(Z向)性能级别的符号,例如:Q345AZ15。

(2) 技术要求。按 GB1591—2008 规定,低合金高强度结构钢的化学成分见表 9-4,拉伸性能见表 9-5,钢材的 V 型冲击试验的试验温度和冲击吸收能量见表 9-6,当需方要求做弯曲试验时,弯曲试验应符合表 9-7 的规定,当供方保证弯曲合格时,可不做弯曲试验。

表 9-4 低合金高强度结构钢的化学成分

牌号	质量等级	化学成分(%)													
		C ≤	Si ≤	Mn ≤	P	S	Nb	V	Ti	Cr	Ni	Cu	N	Mo	B	Als ≥
					≤											
Q345	A	0.20	0.50	1.70	0.035	0.035	0.07	0.15	0.20	0.30	0.50	0.30	0.012	0.10	—	—
	B				0.035	0.035										
	C				0.030	0.030										
	D	0.18			0.030	0.025										0.015
	E				0.025	0.020										
Q390	A	0.20	0.50	1.70	0.035	0.035	0.07	0.20	0.20	0.30	0.50	0.30	0.015	0.10	—	—
	B				0.035	0.035										
	C				0.030	0.030										
	D				0.030	0.025										0.015
	E				0.025	0.020										
Q420	A	0.20	0.50	1.70	0.035	0.035	0.07	0.20	0.20	0.30	0.50	0.30	0.015	0.20	—	—
	B				0.035	0.035										
	C				0.030	0.030										
	D				0.030	0.025										0.015
	E				0.025	0.020										

（续）

牌号	质量等级	化学成分(%)													
		C ≤	Si ≤	Mn ≤	P	S	Nb	V	Ti	Cr	Ni	Cu	N	Mo	B	Als ≥
							≤									
Q460	C	0.20	0.60	1.80	0.030	0.030	0.11	0.20	0.20	0.30	0.80	0.55	0.015	0.20	0.004	0.015
	D				0.030	0.025										
	E				0.025	0.020										
Q500	C	0.18	0.60	1.80	0.030	0.030	0.11	0.12	0.20	0.60	0.80	0.55	0.015	0.20	0.004	0.015
	D				0.030	0.025										
	E				0.025	0.020										
Q550	C	0.18	0.60	2.00	0.030	0.030	0.11	0.12	0.20	0.80	0.80	0.80	0.015	0.30	0.004	0.015
	D				0.030	0.025										
	E				0.025	0.020										
Q620	C	0.18	0.60	2.00	0.030	0.030	0.11	0.12	0.20	1.00	0.80	0.80	0.015	0.30	0.004	0.015
	D				0.030	0.025										
	E				0.025	0.020										
Q690	C	0.18	0.60	2.00	0.030	0.030	0.11	0.12	0.20	1.00	0.80	0.80	0.015	0.30	0.004	0.015
	D				0.030	0.025										
	E				0.025	0.020										

注：1. 型材及棒材 P、S 含量可提高 0.005%，其中 A 级钢上限可为 0.045%。
2. 当细化晶粒元素组合加入时，20(Nb+V+Ti)≤0.22%，20(Mo+Cr)≤0.30%。

表 9-5 低合金高强度结构钢的拉伸性能

牌号	质量等级	拉伸性能													
		以下公称厚度(直径，边长)下屈服强度(MPa)								以下公称厚度(直径，边长)下抗拉强度(MPa)					
		≤16mm	>16~40mm	>40~63mm	>63~80mm	>80~100mm	>100~150mm	>150~200mm	>200~250mm	>250~400mm	≤40mm	>40~63mm	>63~80mm	>80~100mm	>100~150mm	>150~200mm	>250~400mm
Q345	A	≥345	≥335	≥325	≥315	≥305	≥285	≥275	≥265	—	470~630	470~630	470~630	470~630	450~600	450~600	—
	B																
	C																
	D									≥265							450~600
	E																
Q390	A	≥390	≥370	≥350	≥330	≥330	≥310	—	—	—	490~650	490~650	490~650	490~650	470~620	—	—
	B																
	C																
	D																
	E																

(续)

牌号	质量等级	拉伸性能													
		以下公称厚度(直径，边长)下屈服强度(MPa)								以下公称厚度(直径，边长)下抗拉强度(MPa)					
		≤16mm	>16~40mm	>40~63mm	>63~80mm	>80~100mm	>100~150mm	>150~200mm	>200~250mm	≤40mm	>40~63mm	>63~80mm	>80~100mm	>100~150mm	>150~200mm	>250~400mm
Q420	A B C D E	≥420	≥400	≥380	≥360	≥360	≥340	—	—	520~680	520~680	520~680	520~680	500~650	—
Q460	C D E	≥460	≥440	≥420	≥400	≥400	≥380	—	—	550~702	550~720	550~720	550~720	530~700	—
Q500	C D E	≥500	≥480	≥470	≥450	≥440	—	—	—	610~770	600~760	590~750	540~730	—	—
Q550	C D E	≥550	≥530	≥520	≥500	≥490	—	—	—	670~830	620~810	600~790	590~780	—	—
Q620	C D E	≥620	≥600	≥590	≥570	—	—	—	—	710~880	690~880	670~860	—	—	—
Q690	C D E	≥690	≥670	≥660	≥640	—	—	—	—	770~940	750~920	730~900	—	—	—

注：1. 当屈服不明显时，可测量 $R_{p0.2}$ 代替下屈服强度。
2. 宽度不小于 600mm 扁平材，拉伸试验取横向试样；宽度小于 600mm 扁平材、型材及棒材取纵向试样。
3. 厚度>250～400mm 的数值适用于扁平材。

表 9-6 V 型冲击试验的试验温度和冲击吸收能量

牌号	质量等级	试验温度(℃)	冲击吸收能量(kV_2/J)		
			公称厚度(直径、边长)		
			12~150mm	>150~250mm	>250~400mm
Q345	B	20	≥34	≥27	—
	C	0			
	D	−20			27
	E	−40			

(续)

牌号	质量等级	试验温度(℃)	冲击吸收能量(kV_2/J) 公称厚度(直径、边长)		
			12～150mm	>150～250mm	>250～400mm
Q390	B	20	≥34	—	—
	C	0			
	D	−20			
	E	−40			
Q420	B	20	≥34	—	—
	C	0			
	D	−20			
	E	−40			
Q460	C	0	≥34	—	—
	D	−20			
	E	−40			
Q500、Q550、Q620、Q690	C	0	≥55	—	—
	D	−20	≥47		
	E	−40	≥31		

注：冲击试验取纵向试样。

表9-7 低合金高强度结构钢的弯曲试验

牌号	试样方向	180℃弯曲试验 [d=弯心直径；a=试样厚度(直径)] 钢材厚度(直径，边长)	
		≤16mm	>16～100mm
Q345 Q390 Q420 Q460	宽度不小于600mm扁平材，拉伸试验取横向试样。宽度小于600mm的扁平材、型材及棒材取纵向试样	2a	3a

(3) 选用。低合金高强度结构钢具有轻质高强，耐蚀性、耐低温性好，抗冲击性强，使用寿命长等良好的综合性能，具有良好的可焊性及冷加工性，易于加工与施工。因此，低合金高强度结构钢可以用作高层及大跨度建筑(如大跨度桥梁、大型厅馆、电视塔等)的主体结构材料。与普通碳素钢相比可节约钢材，具有显著的经济效益。

当低合金钢中的铬含量达11.5%时，铬就在合金金属的表面形成一层惰性的氧化铬膜,成为不锈钢。不锈钢具有低的导热性,良好的耐蚀性能等优点;缺点是温度变化时膨胀性较大。不锈钢既可以作为承重构件,又可以作为建筑装饰材料。

3) 型钢、钢板和钢管

碳素结构钢和低合金钢还可以加工成各种型钢、钢板及钢管等构件直接供工程选用,构件之间可采用铆接、螺栓连接和焊接等方式进行连接。

(1) 型钢。型钢有热轧和冷轧两种成型方式。热轧型钢主要有角钢、工字钢、槽钢、T型钢、H型钢及Z型钢等,如图9.8所示。以碳素结构钢为原料热轧加工的型钢,可用于大跨度、承受动荷载的钢结构。冷轧型钢主要有角钢、槽钢等开口薄壁型钢及方形、矩形等空心薄壁型钢,主要用于轻型钢结构。

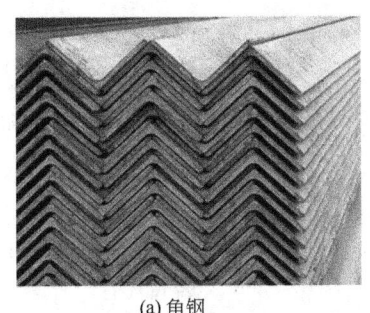 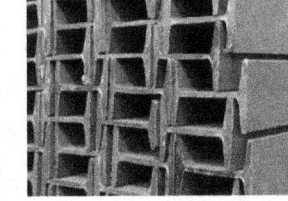 

(a) 角钢　　　　　　　　　(b) 工字钢　　　　　　　　　(c) 槽钢

图9.8　热轧型钢

(2) 钢板。钢板也有热轧和冷轧两种形式。热轧钢板有厚板(厚度大于4mm)和薄板(厚度小于4mm)两种,冷轧钢板只有薄板(厚度为0.2~4mm)一种。一般厚板用于焊接结构;薄板可用作屋面及墙体围护结构等,也可进一步加工成各种具有特殊用途的钢板使用。

(3) 钢管。钢管分为无缝钢管与焊接钢管两大类。

焊接钢管采用优质带材焊接而成,表面镀锌或不镀锌。按其焊缝形式分为直纹焊管和螺纹焊管。焊管成本低,易加工,但一般抗压性能较差。

无缝钢管多采用热轧、冷拔联合工艺生产,也可采用冷轧方式生产,但成本昂贵。热轧无缝钢管具有良好的力学性能与工艺性能。无缝钢管主要用于压力管道,在特定的钢结构中,往往也设计使用无缝钢管。

2. 混凝土结构用钢材

1) 热轧钢筋

(1) 牌号。国标《钢筋混凝土用钢 第1部分:热轧光圆钢筋》(GB 1499.1—2008)和《钢筋混凝土用钢 第2部分:热轧带肋钢筋》(GB 1499.2—2007)规定,热轧光圆钢筋分为HPB235、HPB300两个牌号;热轧带肋钢筋分普通热轧钢筋和细晶粒热轧钢筋两个类别,其中普通热轧钢筋分为HRB335、HRB400、HRB500三个牌号,细晶粒热轧钢筋分为HRBF335、HRBF400、HRBF500三个牌号;牌号中的数字表示热轧钢筋的屈服强度。带肋钢筋的几何形状如图9.9所示。

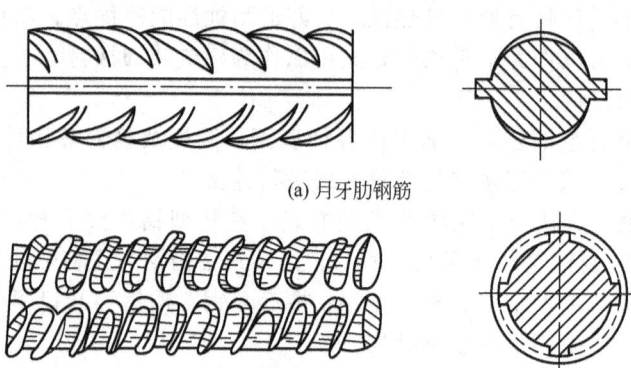

(a) 月牙肋钢筋

(b) 等高肋钢筋

图 9.9 带肋钢筋

（2）技术要求。按照 GB 1499.1—2008 和 GB 1499.2—2007 规定，对热轧光圆钢筋和热轧带肋钢筋的力学性能和工艺性能的要求见表 9-8。

表 9-8 热轧钢筋的力学性能、工艺性能

类别	牌号	公称直径 (mm)	屈服点 σ_s (MPa)	抗拉强度 σ_b (MPa)	伸长率 δ_5 (%)	冷弯	
			不小于			弯曲角	d——弯心直径 a——钢筋公称直径
热轧光圆钢筋	HPB235	6～20	235	370	25	180°	$d=a$
	HPB300	6～20	300	420	25		
热轧带肋钢筋	HRB335 HRBF335	6～25 28～40 >40～50	335	455	17	180°	$d=3a$ $d=4a$ $d=5a$
	HRB400 HRBF400	6～25 28～40 >40～50	400	540	16	180°	$d=4a$ $d=5a$ $d=6a$
	HRB500 HRBF500	6～25 28～40 >40～50	500	630	15	180°	$d=6a$ $d=7a$ $d=8a$

（3）选用。光圆钢筋的强度较低，但塑性及可焊性好，便于冷加工，广泛用作普通钢筋混凝土；HRB335、HRB400 带肋钢筋的强度较高，塑性及可焊性也较好，广泛用作大、中型钢筋混凝土结构的受力钢筋；HRB500 带肋钢筋强度高，但塑性与可焊性较差，适宜作预应力钢筋。

2）冷拉热轧钢筋

为了提高强度以节约钢筋，工程中常按施工规程对热轧钢筋进行冷拉。冷拉后钢筋的力学性能应符合《混凝土结构工程施工及验收规范》（GB 50204—2002）的规定，见表 9-9。

表9-9 冷拉热轧钢筋的性能

钢筋级别	直径(mm)	σ_s(MPa) 不小于	σ_b(MPa) 不小于	δ(%) 不小于	冷弯 弯曲角	冷弯 d——弯心直径 a——钢筋直径
冷拉Ⅰ级	≤12	280	370	11	180°	$d=3a$
冷拉Ⅱ级	≤25	450	510	10	90°	$d=3a$
	28~40	430	490	10		$d=4a$
冷拉Ⅲ级	8~40	500	570	8	90°	$d=5a$
冷拉Ⅳ级	10~28	700	835	6	90°	$d=5a$

注：钢筋直径大于25mm的冷拉Ⅲ、Ⅳ级钢筋，冷弯弯心直径应增加1a。

冷拉Ⅰ级钢筋适用于非预应力受拉钢筋，冷拉Ⅱ、Ⅲ、Ⅳ级钢筋强度较高，可用作预应力混凝土结构的预应力钢筋。由于冷拉钢筋的塑性、韧性较差，易发生脆断，因此，冷拉钢筋不宜用于负温度、受冲击或重复荷载作用的结构。

3）冷轧带肋钢筋

冷轧带肋钢筋是用低碳钢热轧圆盘条经冷轧或冷拔后，在其表面冷轧成三面有肋的钢筋。国家标准《冷轧带肋钢筋》(GB 13789—2008)规定，冷轧带肋钢筋的牌号由CRB和钢筋的抗拉强度构成，分为CRB550、CRB650、CRB800、CRB970共4个牌号，其中CRB550为普通钢筋混凝土用钢筋，其他牌号为预应力混凝土用钢筋。冷轧带肋钢筋的力学和工艺性质见表9-10。

表9-10 冷轧带肋钢筋的性质

级别代号	屈服强度 $\sigma_{0.2}$(MPa) 不小于	抗拉强度 σ_b(MPa) 不小于	伸长率 不小于(%) δ_{10}	伸长率 不小于(%) δ_{100}	冷弯 $D=3d$	反复弯曲次数	应力松弛率=$0.7\sigma_b$ 1000h 不大于(%)
CRB550	500	550	8.0	—	180°	—	—
CRB650	585	650	—	4.0	—	3	8
CRB800	720	800	—	4.0	—	3	8
CRB970	875	970	—	4.0	—	3	8

冷轧带肋钢筋提高了钢筋的握裹力，可广泛用于中、小预应力混凝土结构构件和普通钢筋混凝土结构构件，也可用于焊接钢筋网。

4）冷轧扭钢筋

冷轧扭钢筋由低碳钢热轧圆盘条经专用钢筋冷轧扭机调直、冷轧并冷扭一次成型，具有规定截面形状和节距的连续螺旋状钢筋。按其截面形状不同分为Ⅰ型（近似矩形截面）、Ⅱ型（近似正方形截面）Ⅲ型（近似圆形截面）3种类型。代号为CTB。

冷轧扭钢筋可适用于钢筋混凝土构件，其力学和工艺性质应符合《冷轧扭钢筋》(JG 3046—2006)的规定，见表9-11。

表 9-11 冷轧扭钢筋的性能

强度级别	型号	抗拉强度 σ_b (N/mm²)	伸长率 A (%)	180°弯曲试验（弯心直径=3d）	应力松弛率(%) 当 $\sigma_{con}=0.7f_{ptk}$ 10h	1000h
CTB 550	Ⅰ	≥550	$A_{11.3}$≥4.5	受弯曲部位钢筋表面不得产生裂纹	—	—
	Ⅱ	≥550	A≥10		—	—
	Ⅲ	≥550	A≥12		—	—
CTB 650	Ⅲ	≥650	A_{100}≥4		≤5	≤8

注：1. d 为冷轧扭钢筋标志直径。

2. A、$A_{11.3}$ 分别表示以标距 $5.65\sqrt{S_0}$ 或 $11.3\sqrt{S_0}$（S_0 为试样原始截面面积）的试样拉断伸长率，A_{100} 标距为 100mm 的试样拉断伸长率。

3. σ_{con} 为预应力钢筋张拉控制应力；f_{ptk} 为冷轧扭钢筋抗拉强度标准值。

冷轧扭钢筋与混凝土的握裹力与其螺距大小有直接关系。螺距越小，握裹力越大，但加工难度也越大，因此应选择适宜的螺距。冷轧扭钢筋在拉伸时无明显屈服台阶，为安全起见，其抗拉设计强度采用 $0.8\sigma_b$。

5）预应力混凝土用钢丝和钢绞线

预应力混凝土用钢丝按加工状态分为冷拉钢丝（代号为 WCD）和消除应力钢丝两类。消除应力钢丝按松弛性能又分为低松弛级钢丝（代号为 WLR）和普通松弛级钢丝（代号为 WNR）。钢丝按外形分为光圆钢丝（代号为 P）、螺旋肋钢丝（代号为 H）、刻痕钢丝（代号为 I）共 3 种。

按国家标准《预应力混凝土用钢丝》（GB/T 5223—2002）规定，钢丝的力学性能要求见表 9-12～表 9-14。

表 9-12 冷拉钢丝的力学性能

公称直径 d_n (mm)	抗拉强度 σ_b (MPa) 不小于	规定非比例伸长应力 $\sigma_{p0.2}$ (MPa) 不小于	最大力下总伸长率 L_0=200mm δ_{gt} (%) 不小于	弯曲次数 次/180° 不小于	弯曲半径 R (mm)	断面收缩率 Ψ (%) 不小于	每 210mm 扭矩的扭转次数 n 不小于	初始应力相当于 70%公称抗拉强度时，1000h 后应力松弛率 r (%) 不大于
3.00	1470	1100	1.5	4	7.5	35	—	8
4.00	1570	1180		4	10		8	
	1670	1250						
5.00	1770	1330		4	15		8	
6.00	1470	1100		5	15	30	7	
7.00	1570	1180		5	20		6	
	1670	1250						
8.00	1770	1330		5	20		5	

表9-13 消除应力光圆及螺旋肋钢丝的力学性能

公称直径 d_n(mm)	抗拉强度 σ_b(MPa) 不小于	规定非比例伸长应力 $\sigma_{p0.2}$(MPa) 不小于		最大力下总伸长率 $L_0=200mm$ δ_{gt}(%) 不小于	弯曲次数 次/180° 不小于	弯曲半径 R (mm)	应力松弛性能		
							初始应力相当于公称抗拉强度的百分数(%)	1000h后应力松弛率 r(%) 不大于	
		WLR	WNR					WLR	WNR
							对所有规格		
4.00	1470	1290	1250		3	10			
	1570	1380	1330						
4.80	1670	1470	1410		4	15	60	1.0	4.5
	1770	1560	1500						
5.00	1860	1640	1580						
6.00	1470	1290	1250		4	15	70	2.0	8
	1570	1380	1330	3.5					
6.25	1670	1470	1410		4	20	80	4.5	12
7.00	1770	1560	1500		4	20			
8.00	1470	1290	1250		4	20			
9.00	1570	1380	1330		4	25			
10.00	1470	1290	1250		4	25			
12.00					4	30			

表9-14 消除应力的刻痕钢丝的力学性能

公称直径 d_n(mm)	抗拉强度 σ_b(MPa) 不小于	规定非比例伸长应力 $\sigma_{p0.2}$(MPa) 不小于		最大力下总伸长率 $L_0=200mm$ δ_{gt}(%) 不小于	弯曲次数 次/180° 不小于	弯曲半径 R (mm)	应力松弛性能		
							初始应力相当于公称抗拉强度的百分数(%)	1000h后应力松弛率 r(%) 不大于	
		WLR	WNR					WLR	WNR
							对所有规格		
≤5.0	1470	1290	1250			15	60	1.5	4.5
	1570	1380	1330						
	1670	1470	1410						
	1770	1560	1500		3				
	1860	1640	1580	3.5			70	2.5	8
>5.0	1470	1290	1250			20	80	4.5	12
	1570	1380	1330						
	1670	1470	1410						
	1770	1560	1500						

预应力钢绞线按捻制结构分为5类：用两根钢丝捻制的钢绞线(代号为1×2)、用3根钢丝捻制的钢绞线(代号为1×3)、用3根刻痕钢丝捻制的钢绞线(代号为1×3I)、用7根

钢丝捻制的标准型钢绞线(代号为1×7)、用7根钢丝捻制又经模拔的钢绞线[代号为(1×7)C]。

按国标《预应力混凝土用钢绞线》(GB/T 5224—2003)规定,预应力钢绞线的力学性能要求见表9-15～表9-17。

表9-15　1×2结构钢绞线力学性能

钢绞线结构	钢绞线公称直径 D_n (mm)	抗拉强度 R_m (MPa) 不小于	整根钢绞线的最大力 F_m (kN) 不小于	规定非比例延伸力 $F_{p0.2}$ (kN) 不小于	最大力总伸长率 $L_0 \geq 400mm$ A_{gt} (%) 不小于	应力松弛性能 初始负荷相当于公称最大力的百分数(%)	应力松弛性能 1000h后应力松弛率 r (%) 不大于
					对所有规格		
1×2	5.00	1570	15.4	13.9	3.5	60	1.0
		1720	16.9	15.2			
		1860	18.3	16.5			
		1960	19.2	17.3			
	5.80	1570	20.7	18.6		70	2.5
		1720	22.7	20.4			
		1860	24.6	22.1			
		1960	25.9	23.3			
	8.00	1470	36.9	33.2			
		1570	39.4	35.5			
		1720	43.2	38.9			
		1860	46.7	42.0		80	4.5
		1960	49.2	44.3			
	10.00	1470	57.8	52.0			
		1570	61.7	55.5			
		1720	67.6	60.8			
		1860	73.1	65.8			
		1960	77.0	69.3			
	12.00	1470	83.1	74.8			
		1570	88.7	79.8			
		1720	97.2	87.5			
		1860	105	94.5			

注:规定非比例延伸力 $F_{p0.2}$ 值不小于整根钢绞线公称最大力 F_m 的90%。

表 9-16　1×3 结构钢绞线力学性能

钢绞线结构	钢绞线公称直径 D_n (mm)	抗拉强度 R_m (MPa) 不小于	整根钢绞线的最大力 F_m (kN) 不小于	规定非比例延伸力 $F_{p0.2}$ (kN) 不小于	最大力总伸长率 $L_0 \geq 400mm$ A_{gt} (%) 不小于	应力松弛性能 初始负荷相当于公称最大力的百分数(%)	应力松弛性能 1000h后应力松弛率 r (%) 不大于
					对所有规格		
1×3	6.20	1570	31.1	28.0	3.5	60	1.0
		1720	34.1	30.7			
		1860	36.8	33.1			
		1960	38.8	34.9			
	6.50	1570	33.3	30.0			
		1720	36.5	32.9			
		1860	39.4	35.5			
		1960	41.6	37.4			
	8.60	1470	55.4	49.9		70	2.5
		1570	59.2	53.3			
		1720	64.8	58.3			
		1860	70.1	63.1			
		1960	73.9	66.5			
	8.74	1570	60.6	54.5		80	4.5
		1670	64.5	59.1			
		1860	71.8	64.6			
	10.00	1470	86.6	77.9			
		1570	92.5	83.3			
		1720	101	90.9			
		1860	110	99.0			
		1960	115	104			
	12.00	1470	125	113			
		1570	133	120			
		1720	146	131			
		1860	158	142			
		1960	166	149			
1×3I	8.74	1570	60.6	54.5			
		1670	64.5	59.1			
		1860	71.8	64.6			

注：规定非比例延伸力 $F_{p0.2}$ 值不小于整根钢绞线公称最大力 F_m 的 90%。

表 9-17　1×7 结构钢绞线力学性能

钢绞线结构	钢绞线公称直径 D_n (mm)	抗拉强度 R_m (MPa) 不小于	整根钢绞线的最大力 F_m (kN) 不小于	规定非比例延伸力 $F_{p0.2}$ (kN) 不小于	最大力总伸长率 $L_0 \geq 500mm$ A_{gt}(%) 不小于	应力松弛性能 初始负荷相当于公称最大力的百分数(%)	1000h 后应力松弛率 r(%) 不大于
						对所有规格	
1×7	9.50	1720	94.3	84.8	3.5	60	1.0
		1860	102	91.8			
		1960	107	96.3			
	11.10	1720	128	115			
		1860	138	124			
		1960	145	131			
	12.70	1720	170	153		70	2.5
		1860	184	166			
		1960	193	174			
	15.20	1470	206	185		80	4.5
		1570	220	198			
		1670	234	211			
		1720	241	217			
		1860	260	234			
		1960	274	247			
	15.70	1770	266	239			
		1860	279	251			
	17.80	1720	327	294			
		1860	353	318			
(1×7)C	12.70	1860	208	187			
	15.20	1820	300	270			
	18.00	1720	384	346			

注：规定非比例延伸力 $F_{p0.2}$ 值不小于整根钢绞线公称最大力 F_m 的 90%。

预应力钢丝和钢绞线主要用于大跨度、大负荷的桥梁、电杆、枕轨、屋架和大跨度吊车梁等，安全可靠，节约钢材，且不需冷拉、焊接接头等加工，因此在土木工程中得到广泛应用。

9.1.5 钢材的锈蚀与防止

1. 钢材的锈蚀

钢材表面与其存在环境接触,在一定条件下,可以相互作用使钢材表面产生腐蚀。钢材表面与其周围介质发生化学反应而遭到的破坏,称为钢材的锈蚀。根据钢材与周围介质的不同作用,可将其锈蚀分为下列两种。

1) 化学锈蚀

化学锈蚀是指钢材直接与周围介质发生化学反应而产生的锈蚀,多数是由氧化作用在钢材表面形成疏松的氧化物。在干燥环境中反应缓慢,但在温度和湿度较高的环境条件下,锈蚀发展迅速。

2) 电化学锈蚀

钢材的表面锈蚀主要因电化学作用引起,由于钢材本身组成上的原因和杂质的存在,在表面介质的作用下,各成分电极电位的不同,形成微电池,铁元素失去了电子成为 Fe^{2+} 离子进行介质溶液,与溶液中的 OH^- 离子结合生成 $Fe(OH)_2$,使钢材遭到锈蚀。锈蚀的结果是在钢材表面形成疏松的氧化物,使钢结构断面减小,降低钢材的性能,因而承载力降低。

2. 钢材锈蚀的防止

防止钢材锈蚀的主要措施有以下几个方面。

1) 保护层法

利用保护层使钢材与周围介质隔离,从而防止锈蚀。钢结构防止锈蚀的方法通常是表面刷防锈漆;薄壁钢材可采用热浸镀锌后加涂塑料涂层。对于一些行业(如电气、冶金、石油、化工和医药等)的高温设备钢结构,可采用硅氧化合结构的耐高温防腐涂料。

2) 电化学保护法

对于一些不易或不能覆盖保护层的地方(如轮船外壳、地下管道和道桥建筑等),可采用电化学保护法。即在钢铁结构上接一块较钢铁更为活泼的金属(如锌、镁)作为牺牲阳极来保护钢结构。

3) 制成合金钢

在钢中加入合金元素铬、镍、钛和铜,制成不锈钢,提高其耐蚀能力。

此外,埋于混凝土中的钢筋经常有一层碱性保护膜(新浇混凝土的 pH 值约为 12.5 或更高),故在碱性介质中不致锈蚀。但是一些外加剂中含有的氯离子会破坏保护膜,促进钢材的锈蚀。因此,混凝土的防锈措施应考虑限制水灰比和水泥用量,限制氯盐外加剂的使用,采取措施保证混凝土的密实性,还可以采用掺加防锈剂(如重铬酸盐等)的方法。

9.2 铝材及铝合金

9.2.1 铝及铝合金

铝为银白色轻金属,强度低,但塑性好,导热、电热性能强。铝的化学性质很活泼,在空气中易和空气反应,在金属表面生成一层氧化铝薄膜,阻止其继续腐蚀。

纯铝产品有铝锭和铝材两种。纯铝可加工成铝粉,用于加气混凝土的发气,也可作为防腐涂料(又称银粉)用于铸铁、钢材等的防腐。

在纯铝中加入铜、镁、锰、锌、硅和铬等合金元素可制成为铝合金。铝合金有防锈铝合金(LF)、硬铝合金(LY)、超硬铝合金(LC)、锻铝合金(LD)和铸铝合金(LZ)。

按应用又可将铝合金分为以下3类。

(1) 一类结构,以强度为主要因素的受力构件,如屋架等。

(2) 二类结构,系指不承力构件或承力不大的构件,如建筑工程的门、窗、卫生设备、管系、通风管、挡风板、支架、流线型罩壳及扶手等。

(3) 三类结构,主要是各种装饰品和绝热材料。

铝合金由于延伸性好,硬度低,易加工,因此,目前较广泛地用于各类房屋建筑中。

9.2.2 常用铝合金制品

在现代建筑中,常用的铝合金制品有铝合金门窗、铝合金装饰板及吊顶、铝及铝合金波纹板、压型板、冲孔平板以及铝箔等,具有承重、耐用、装饰、保温及隔热等优良性能,如图9.10所示。

(a) 铝合金窗户

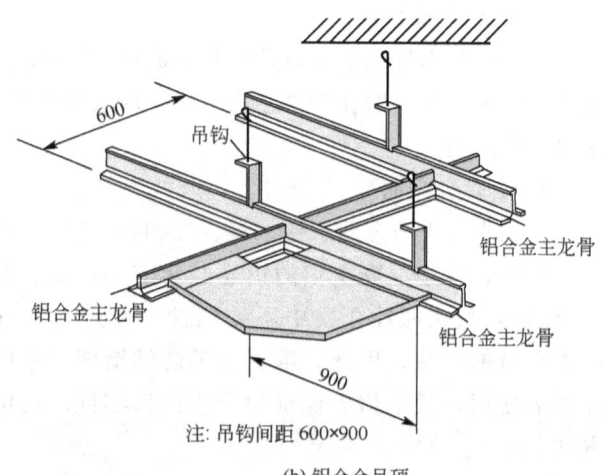
(b) 铝合金吊顶

图 9.10 常用铝合金制品

随着建筑物向轻质和装配化方向发展,今后铝合金将在我国建筑结构、门窗、顶棚、室内装饰及五金等方面广泛使用。

本 章 小 结

建筑钢材的技术性质主要包括抗拉性能、冲击性能、硬度、耐疲劳性、冷弯性能和焊接性能;其中,前4项为力学性质,后两项为工艺性质。钢材的强度等级主要根据抗拉性能(屈服点、抗拉强度和伸长率)和冷弯性能来确定。

建筑工程用钢材包括钢结构用钢和混凝土结构用钢。最常用的钢结构用钢有碳素结构钢,低合金钢及各种型材、钢板和钢管等。最常用的混凝土结构用钢有:热轧钢筋、冷拉热轧钢筋、冷轧带肋钢筋、冷轧扭钢筋、热处理钢筋及预应力钢丝、钢绞线等;其中,热轧钢筋是最主要的品种。

目前,在建筑工程中,铝是除钢材之外,用量较多的另一种金属材料。纯铝产品有铝锭和铝材;铝合金有防锈铝合金、硬铝合金、超硬铝合金、锻铝合金和铸铝合金。按应用不同,铝合金又可分为一类结构、二类结构和三类结构。

知 识 链 接

特种钢编织梦幻"鸟巢"

国家体育场"鸟巢"的钢结构最大跨度达到343米,相当于200个成年人手拉手的长度。编织"鸟巢"的钢铁"树枝"重达4.6万吨,要让4.6万吨钢的受力点集中在24根柱子和柱脚上。

什么样的钢能够支撑起如此大的重量和重力?这不仅是中国建筑科学家、设计家们的难题,更是世界建筑界的难题。

经过专家最终认定,"Q460"厚钢板是最好的选择。2005年,在接受"鸟巢"建筑用特种钢生产任务后,舞钢公司的30多位骨干科研人员开始了半年紧张的攻关。最终经过3次试制,传统钢种Q460,终于脱胎成110毫米厚的"鸟巢"特殊用钢Q460E-Z35。它集刚性、柔韧于一体,实现了"鸟巢"的抗震性、抗低温性、焊接性三效合一,保证了"鸟巢"在承受最大460MPa的外力后,依然可以恢复原有的形状和弹性。这意味着,即使北京遭遇汶川大地震一样的地震波,"鸟巢"依然能保持原状。

(中国质量报 2008年8月18日)

本 章 习 题

9-1 简述钢材与建筑钢材的分类。
9-2 钢材技术性质的主要指标有哪些?
9-3 化学成分对钢材的性能有何影响?
9-4 钢材拉伸性能的表征指标有哪些?各指标的含义是什么?
9-5 什么是钢材的屈强比?它在建筑设计中有何实际意义?
9-6 什么是钢材的冷弯性能?应如何进行评价?
9-7 何谓钢材的冷加工和时效?钢材经冷加工和时效处理后性能有何变化?
9-8 碳素结构钢、低合金结构钢的牌号是如何表示的?
9-9 试述碳素结构钢和低合金钢在工程中的应用。
9-10 钢筋混凝土用热轧钢筋有哪几个牌号?其表示的含义是什么?
9-11 预应力混凝土用热轧钢筋、钢丝和钢绞线应检验哪些力学指标?
9-12 建筑钢材的锈蚀原因有哪些?如何防锈?
9-13 简述铝材在现代建筑工程中的发展状况。

第 10 章 木 材

【教学目标】

通过本章学习,应达到以下目标。
(1) 了解木材的分类和构造。
(2) 掌握木材的物理力学性能及在建筑工程中的应用。
(3) 了解木材的综合利用。

【教学要求】

知识要点	能力要求	相关知识
木材的分类和构造	了解木材的分类和构造	(1) 木材的分类 (2) 木材的构造
木材的物理力学性质	(1) 掌握木材的物理力学性能 (2) 掌握木材在建筑工程中的应用	(1) 木材含水量的基本概念及对木材性质的影响 (2) 木材湿胀干缩变形对木材应用的影响 (3) 木材强度的概念及主要影响因素 (4) 木材在建筑工程中的应用
木材的综合利用	了解木材的综合利用	(1) 木材的综合利用 (2) 木材的防腐与防火

木材是天然生长的有机高分子材料,具有很多优良的性能,如轻质高强、导电、导热性低,有较好的弹性和韧性,能承受冲击和振动,易于加工等。木材用于建筑工程,已有悠久的历史,它是基本建设的重要建筑材料之一,如建筑物的屋架、梁、柱、门窗、地板以及室内装修、装饰等,都需要使用大量木材,它与钢材、水泥并称为 3 大建筑材料。目前,随着社会对环境保护意识的增强,木材逐渐被其他材料所取代,已较少用于外部结构材料,但由于其美丽的天然纹理和良好的装饰效果,所以仍被广泛用作装饰与装修材料。

10.1 木材的分类与构造

10.1.1 树木的分类

树木按树叶形状可分为针叶树和阔叶树两大类。

针叶树树叶细长呈针状，多为常绿树，树干通直高大，易得大材，其纹理顺直，材质均匀，木质较软而易于加工，故又称软木材。针叶树材强度较高，表观密度和胀缩变形较小，耐腐性较强。针叶树为建筑工程中的主要用材，被广泛用作承重构件。常用针叶树树种有松、杉和柏等，如图10.1所示。

阔叶树树叶宽大呈片状，多为落叶树，多数树种其树干通直部分较短，材质坚硬，较难加工，故又称硬木材。阔叶树材一般较重，强度高，胀缩和翘曲变形大，易开裂，在建筑中常用作尺寸较小的装修和装饰等构件，对于具有美丽天然纹理的树种，特别适于作室内装修、家具及胶合板等。常用阔叶树树种有水曲柳、榆木和柞木等，如图10.2所示。

(a) 松树　　　　　　　　　　(b) 松木

图 10.1　针叶树

 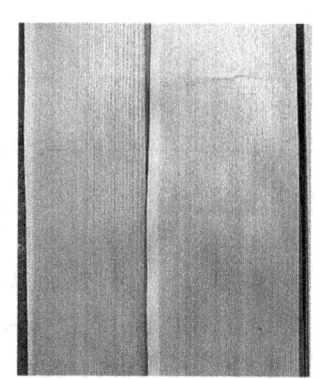

(a) 水曲柳　　　　　　　　　(b) 水曲柳木

图 10.2　阔叶树

10.1.2　木材的构造

木材的构造是决定木材性质的主要因素。不同树种以及生长环境条件不同的树材，其构造差别很大。研究木材的构造通常从宏观和微观两个方面进行。

1. 木材的宏观构造

木材的宏观构造用肉眼和放大镜就能观察到，通常从树干的3个切面上来进行剖析，即横切面（垂直于树轴的面）、径切面（通过树轴的纵切面）和弦切面（平行于树轴的纵切面)。木材的宏观构造如图 10.3 所示。由图可见，树木是由树皮、木质部和髓心 3 个主要部分组成。

髓心是树木最早形成的木质部分，它易于腐朽，故一般不用。

建筑使用的木材都是树木的木质部，木质部是髓心和树皮之间的部分，是木材的主体。木质部的颜色不均一，一般而言，接近树干中心者木色较深，称为心材，靠近外围的部分色较浅，称为边材。心材含水量较少，不易翘曲变形，耐蚀性较强；边材含水量较多，易翘曲变形，耐蚀性也不如心材。一般心材比边材的利用价值要大些。

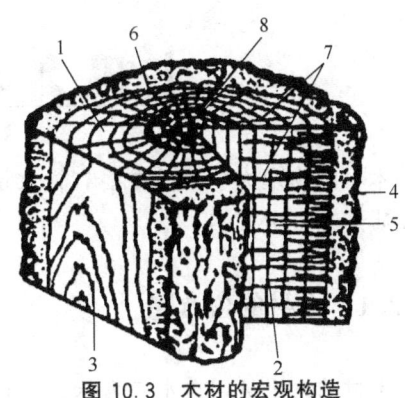

图 10.3　木材的宏观构造

1—横切面；2—径切面；3—弦切面；4—树皮；5—木质部；6—髓心；7—髓线；8—年轮

从横切面上看到木质部具有深浅相间的同心圆环，即所谓年轮，在同一年轮内，春天生长的木质，色较浅，质较松，称为春材(早材)，夏秋两季生长的木质，色较深，质较密，称为夏材(晚材)。相同树种，年轮越密而均匀，材质越好；夏材部分越多，木材强度越高。

从髓心向外的辐射线，称为髓线，髓线与周围连接较差，木材干燥时易沿此开裂。年轮和髓线组成了木材美丽的天然纹理。

2. 木材的微观构造

木材的微观构造需在显微镜下观察，这时可以看到，木材是由无数管状细胞紧密结合而成，它们大部分为纵向排列，少数横向排列(如髓线)。每个细胞又由细胞壁和细胞腔两部分组成，细胞壁又是由细纤维组成，所以木材的细胞壁越厚，细胞腔越小，木材越密实，其表观密度和强度越大，但胀缩变形也越大。与春材相比，夏材的细胞壁较厚，细胞腔较小，所以夏材的构造比春材密实。

针叶树与阔叶树的微观构造有较大差别，如图 10.4 和图 10.5 所示。针叶树材显微构造简单而规则，它主要由管胞、髓线和树脂道组成，其中管胞占总体积的 90% 以上，且其髓线较细而不明显。阔叶树材显微构造较复杂，其细胞主要有木纤维、导管和髓线组成，其最大特点是髓线很发达，粗大而明显，这是鉴别阔叶树材的显著特征。

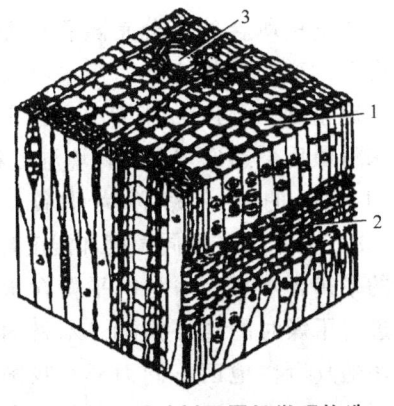

图 10.4　针叶树马尾松微观构造

1—管胞；2—髓线；3—树脂道

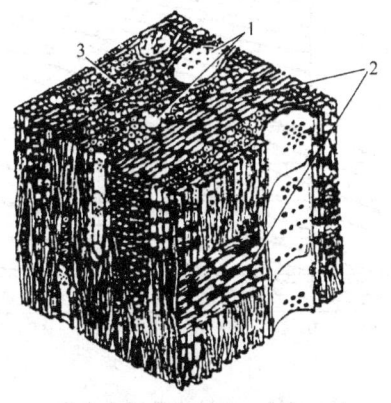

图 10.5　阔叶树柞木微观构造

1—导管；2—髓线；3—木纤维

10.2 木材的物理力学性质

木材的物理力学性质主要有含水量、湿胀干缩和强度等,其中含水量对木材的物理力学性质影响很大。

10.2.1 木材的含水量

木材的含水量用含水率表示,是指木材中所含水的质量占干燥木材质量的百分数。新伐木材的含水率在35%以上;风干木材的含水率为15%~25%;室内干燥木材的含水率常为8%~15%。木材中所含水分不同,对木材性质的影响也不同。

1. 木材中的水分

木材中主要有3种水,即自由水、吸附水和结合水。

自由水是存在于木材细胞腔和细胞间隙中的水分,吸附水是被吸附在细胞壁内细纤维之间的水分,结合水为木材化学成分中的结合水。自由水的变化只与木材的表观密度、保存性、燃烧性和干燥性等有关,而吸附水的变化是影响木材强度和胀缩变形的主要因素。结合水在常温下不变化,故其对木材性质无影响。

2. 木材的纤维饱和点

木材干燥时,自由水先蒸发,然后吸附水才蒸发;反之,干燥的木材吸水时,先吸收成为吸附水,而后才吸收成为自由水。当木材中无自由水,而细胞壁内吸附水达到饱和时,这时的木材含水率称为纤维饱和点。木材的纤维饱和点因树种而异,一般介于25%~35%,通常取其平均值,约为30%。纤维饱和点是木材物理力学性质发生变化的转折点。

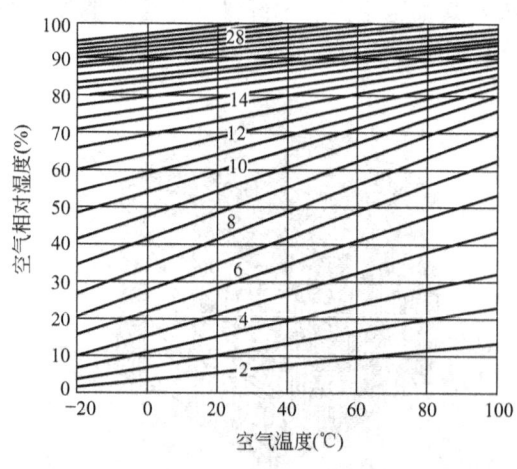

图 10.6 木材的平衡含水率

3. 木材的平衡含水率

木材中所含的水分是随着环境的温度和湿度的变化而改变的,当木材长时间处于一定温度和湿度的环境中时,木材中的含水量最后会达到与周围环境湿度相平衡,这时木材的含水率称为平衡含水率。图10.6为木材在不同温度和湿度环境条件下的平衡含水率。木材的平衡含水率是木材进行干燥时的重要指标。木材的平衡含水率随其所在地区不同而异,我国北方为12%左右,南方约为18%,长江流域一般为15%。

10.2.2　木材的湿胀与干缩变形

木材具有很显著的湿胀干缩性，其规律是：当木材的含水率在纤维饱和点以下时，随着含水率的增大，木材体积产生膨胀，随着含水率减小，木材体积收缩；而当木材含水率在纤维饱和点以上，只是自由水增减变化时，木材的体积不发生变化。木材含水率与其胀缩变形的关系如图10.7所示，从图中可以看出，纤维饱和点是木材发生湿胀干缩变形的转折点。

由于木材为非匀质构造，故其胀缩变形各向不同，其中以弦向最大，径向次之，纵向（即顺纤维方向）最小。当木材干燥时，弦向干缩为6%～12%，径向干缩为3%～6%，纵向仅为0.1%～0.35%。木材弦向胀缩变形最大，是因受管胞横向排列的髓线与周围联结较差所致。木材的湿胀干缩变形还随树种不同而异，一般来说，表观密度大的、夏材含量多的木材，胀缩变形就较大。

图10.8展示了树材干燥时其横截面上各部位的不同变形情况。由图可知，板材距髓心越远，由于其横向更接近于典型的弦向，因而干燥时收缩越大，致使板材产生背向髓心的反翘变形。木材显著的湿胀干缩变形，对木材的实际应用带来严重影响。干缩会造成木结构拼缝不严、接榫松弛、翘曲开裂，而湿胀又会使木材产生凸起变形。为了避免这种不利影响，最根本的措施是，在木材加工制作前预先将其进行干燥处理，使木材干燥至其含水率与将制作成的木构件使用时所处环境的湿度相适应时的平衡含水率。

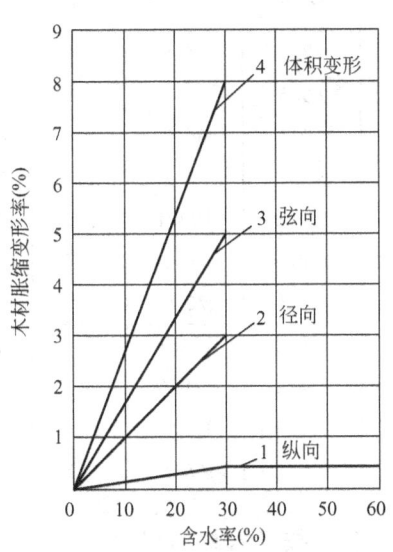

图10.7　松木含水率对其膨胀的影响

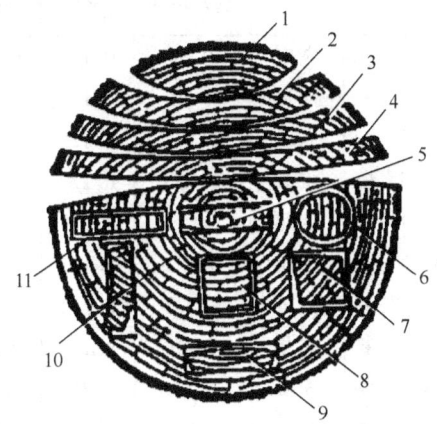

图10.8　木材干燥后横截面形状的改变
1—弓形成橄榄核状；2～4—成反翘；5—通过髓心径锯板两头缩小成纺锤形；6—圆形或椭圆形；7—与年轮成对角线的正方形变菱形；8—两边与年轮平行的正方形变长方形；9、10—长方形板的翘曲；11—边材径锯板较均匀

10.2.3 木材的强度

1. 木材强度的概念

在建筑结构中,木材常用的强度有抗拉、抗压、抗弯和抗剪强度。由于木材的构造各向不同,致使各向强度有差异,因此木材的强度有顺纹强度和横纹强度之分。顺纹是指作用力方向与木材纤维方向平行;横纹是指作用力方向与纤维方向垂直。木材的顺纹强度比其横纹强度要大得多,所以工程上均充分利用它们的顺纹强度。

当以顺纹抗压强度为1时,木材各强度大小关系见表10-1,我国建筑工程上常用树种的木材主要物理力学性能见表10-2。

表10-1 木材各强度大小关系

抗 压		抗 拉		抗 弯	抗 剪	
顺纹	横纹	顺纹	横纹		顺纹	横纹
1	1/10~1/3	2~3	1/20~1/3	3/2~2	1/7~1/3	1/2~1

表10-2 常用树种的木材主要物理力学性能

树种名称		产地	气干表观密度(g/cm^3)	干缩系数		顺纹抗压强度(MPa)	顺纹抗拉强度(MPa)	抗弯强度(MPa)	顺纹抗剪强度(MPa)	
				径向	弦向				径向	弦向
针叶树材	杉木	湖南	0.371	0.113	0.277	38.8	77.2	63.8	4.2	4.9
		四川	0.416	0.136	0.286	39.1	83.5	68.4	6.0	5.9
	红松	东北	0.440	0.122	0.321	32.8	98.1	65.3	6.3	6.9
	马尾松	安徽	0.533	0.140	0.270	41.9	99.0	80.7	7.3	7.1
	落叶松	东北	0.541	0.168	0.398	55.7	129.9	109.4	8.5	6.8
	鱼鳞云杉	东北	0.451	0.171	0.349	42.4	100.9	75.1	6.2	6.8
	冷杉	四川	0.433	0.174	0.341	38.8	97.3	70.0	5.0	5.5
阔叶树材	柞栎	东北	0.766	0.199	0.316	55.6	155.1	124.1	11.8	12.9
	麻栎	安徽	0.930	0.210	0.389	52.1	155.4	128.6	15.9	18.0
	水曲柳	东北	0.686	0.197	0.353	52.5	138.1	118.6	11.3	10.5
	白桦	黑龙江	0.607	0.227	0.308	42.0	—	87.5	7.8	10.6

木材的强度检验是采用无疵病的木材制成标准试件,按《木材物理力学试验方法》(GB/T 1927~1943—2009)进行测定。试验时,木材在各向上受不同外力时的破坏情况各不相同,其中顺纹受压破坏是因细胞壁失去稳定所致,而非纤维断裂;横纹受压是因木材受力压紧后产生显著变形而造成破坏。顺纹抗拉破坏通常是因纤维间撕裂而后拉断所致。木材受弯时其上部为顺纹抗压,下部为顺纹抗拉,水平面内则有剪力,破坏时首先是受压区达到强度极限,产生大量变形,但这时构件仍能继续承载,当受拉区也达强度极限时,则纤维及纤维间的联结产生断裂,导致最终破坏。

木材受剪切作用时，由于作用力对于木材纤维方向的不同，可分为顺纹剪切、横纹剪切和横纹切断3种，如图10.9所示，顺纹剪切破坏是由于纤维间联结撕裂产生纵向位移和受横纹拉力作用所致，横纹剪切破坏完全是因剪切面中纤维的横向联结被撕裂的结果；横纹切断破坏则是木材纤维被切断，这时强度较大，一般为顺纹剪切的4～5倍。

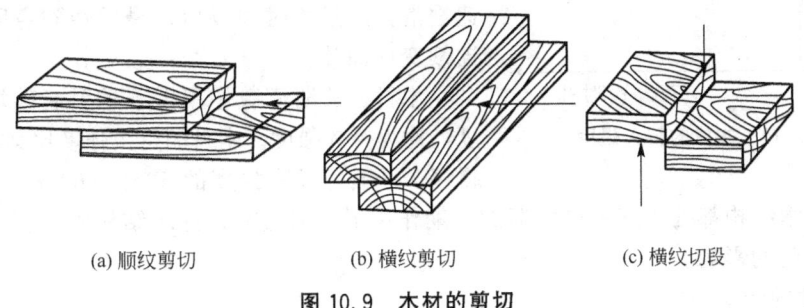

(a) 顺纹剪切　　　(b) 横纹剪切　　　(c) 横纹切段

图 10.9　木材的剪切

另外，木材生长中形成的一些缺陷，如木节、斜纹、夹皮、虫蛀和腐朽等对木材的抗拉强度影响极为显著，因而造成实际上木材的顺纹抗拉强度反而低于顺纹抗压强度。

2. 影响木材强度的主要因素

1) 含水量的影响

木材的强度受含水率的影响很大，其规律是：当木材的含水率在纤维饱和点以下时，随含水率降低，即吸附水减少，细胞壁趋于紧密，木材强度增大；反之，则强度减小。当木材含水率在纤维饱和点以上变化时，木材强度不改变。图10.10为含水率对木材强度的影响。为了保证木材的强度，在进行木结构设计时，一定要考虑具有良好的通风条件。相关标准规定，测定木材强度以含水率15%（称木材的标准含水率）时的强度测值作为标准，其他含水率时的强度测值，应换算成标准含水率时的强度值。换算经验公式如下：

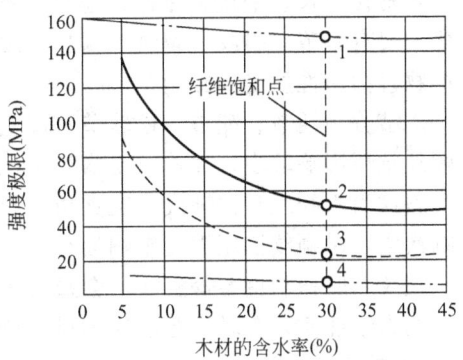

图 10.10　含水率对木材强度的影响
1—顺纹抗拉；2—抗弯；
3—顺纹抗压；4—顺纹抗剪

$$\sigma_{15} = \sigma_w[1 + \alpha(W - 15)]$$

式中：σ_{15}——含水率为15%时的木材强度(MPa)；

　　　σ_w——含水率为W%时的木材强度(MPa)；

　　　W——试验时的木材含水率(%)；

　　　α——木材含水率校正系数。

α 随作用力和树种不同而异，如顺纹抗压所有树种均为0.05；顺纹抗拉时阔叶树为0.015，针叶树为0；抗弯所有树种为0.04；顺纹抗剪所有树种为0.03。

2）负荷时间的影响

木材对长期荷载的抵抗能力与对暂时荷载不同。木材在外力长期作用下，只有当其应力远低于强度极限的某一定范围以下时，才可避免木材因长期负荷而破坏。这是由于木材在外力作用下产生等速蠕滑，经过长时间以后，最后达到急剧产生大量连续变形而致。

木材在长期荷载作用下不致引起破坏的最大强度，称为持久强度。木材的持久强度比其极限强度小得多，一般为极限强度的 50%～60%，如图 10.11

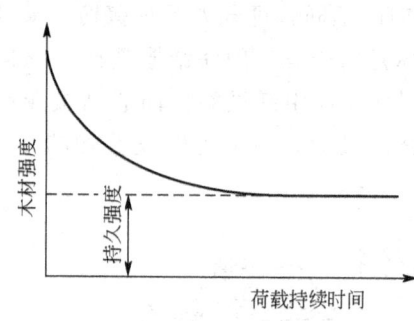

图 10.11　木材的持久强度

所示。一切木结构都处于某一种负荷的长期作用下，因此在设计木结构时，应考虑负荷时间对木材强度的影响。

3）温度的影响

木材随环境温度升高强度会降低。当温度由 25℃升到 50℃时，针叶树抗拉强度降低 10%～15%，抗压强度降低 20%～24%。当木材长期处于 60～100℃温度下时，会引起水分和所含挥发物的蒸发，而呈暗褐色，强度下降，变形增大。温度超过 140℃时，木材中的纤维素发生热裂解，色渐变黑，强度明显下降。因此，长期处于高温的建筑物，不宜采用木结构。

4）疵病的影响

木材在生长、采伐和保存过程中，所产生的内部和外部的缺陷，统称为疵病，木材的疵病主要有木节、斜纹、裂纹、腐朽和虫害等。一般木材或多或少都存在一些疵病，使木材的物理力学性质受到影响。

木节分为活节、死节、松软节和腐朽节等几种，木节使木材顺纹抗拉强度显著降低，对顺纹抗压影响较小，在木材受横纹抗压和剪切时，木节反而增加其强度。

斜纹为木纤维与树轴成一定夹角，斜纹木材严重降低其顺纹抗拉强度，对抗弯强度的影响次之，对顺纹抗压强度影响较小。

裂纹、腐朽和虫害等疵病，会造成木材构造的不连续性或破坏其组织，因此严重影响木材的力学性质，有时甚至能使木材完全失去使用价值。

5）夏材率的影响

夏材（晚材）比春材（早材）密实，因而强度也高。木材中夏材率越高，强度也越高。由于夏材率增高，木材的表观密度也增大，故一般情况下，木材的表观密度大其强度也高。

10.3　木材在工程中的应用

尽管当今世界已发展生产了许多种新型建筑结构材料和装饰材料，但由于木材具有其独特的优良特性，特别是木质饰面给人的那种特殊优美感觉，是其他装饰材料无法与之相比的。所以，木材在建筑工程尤其是装饰领域中，始终保持着重要的地位。

10.3.1 木材的优良特性

木材具有下列主要的优良特性。

（1）质轻而强度高。木材的表观密度一般为 550kg/m³ 左右，但其顺纹抗拉强度和抗弯强度均在 100MPa 左右，因此木材比强度高，属轻质高强材料，具有很高的使用价值，可用作结构材料。

（2）弹性和韧性好。能承受较大的冲击荷载和振动作用。

（3）导热系数小。木材为多孔结构的材料，其孔隙率可达 50%，一般木材的导热系数为 0.30W/(m·K)左右，故其具有良好的保温隔热性能。

（4）装饰性好。木材具有美丽的天然纹理，用作室内装饰，给人以自然而高雅的美感。

（5）耐久性好。民间谚语称木材："干千年，湿千年，干干湿湿两千年"。意思是说，木材只要一直保持通风干燥，就不会腐朽破坏。例如，山西五台县的佛光寺大殿木建筑（建于公元857年）和山西应县佛宫寺木塔（建于公元1056年），至今仍保持十分完好，如图10.12和图10.13所示。

图 10.12　佛光寺大殿

图 10.13　应县佛宫寺木塔

（6）材质较软，易于进行锯、刨和雕刻等加工，可制作成各种造型、线型和花饰的构件与制品，而且安装施工方便。

当然，木材也具有一定缺点，如各向异性、胀缩变形大、易腐、易燃和天然疵病多等。但这些缺点经采取适当的措施，可大大减少其对木材应用的影响。

10.3.2 木材在建筑中的应用

1. 木材在建筑结构中的应用

木材是传统的建筑材料，在古建筑和现代建筑中都得到了广泛应用。在结构上，木材主要用于构架和屋顶，如梁、柱、桁檩、椽、望板和斗拱等。我国许多古建筑物均为木结构，它们在建筑技术和艺术上均有很高的水平，并具独特的风格。

木材由于加工制作方便，故广泛用于房屋的门窗、地板、天花板、扶手、栏杆、隔断和搁栅等。另外，木材在建筑工程中还常用作混凝土模板及木桩等。

2. 木装修与木装饰的应用

在国内外，木材历来被广泛用于建筑室内装修与装饰，它给人以自然美的享受，还能使室内空间产生温暖与亲切感。在古建筑中，木材更是用作细木装修的重要材料，这是一种工艺要求极高的艺术装饰。现将建筑室内常用木装修和木装饰简介如下。

1) 条木地板

条木地板是室内使用最普遍的木质地面，它是由龙骨、水平撑和地板共3部分构成。地板有单层和双层两种，双层者下层为毛板，面层为硬木板，硬木条板多选用水曲柳、柞木、枫木、柚木和榆木等硬质树材，单层条木板常选用松、杉等软质树材。条板宽度一般不大于120mm，板厚为20～30mm，材质要求采用不易腐朽和变形开裂的优质板材。龙骨和水平撑组成木搁栅，木搁栅有空铺和实铺两种，空铺式是将搁栅两头搁于墙内垫木上，木搁栅之间设剪刀撑；实铺是将木搁栅铺钉于钢筋混凝土楼板或混凝土垫层上，搁栅内可填以炉渣等隔声材料。目前使用最多的为实铺单层条木地板，也称普通木地板。

条木拼缝做成企口或错口，如图10.14所示，直接铺钉在木龙骨上，端头接缝要相互错开。条木地板铺筑完工后，应经过一段时间，待木材变形稳定后，再进行刨光、清扫及油漆。条木地板一般采用调和漆，当地板的木色和纹理较好时，可采用透明的清漆作涂层，使木材的天然纹理清晰可见，以极大地增添室内装饰感。

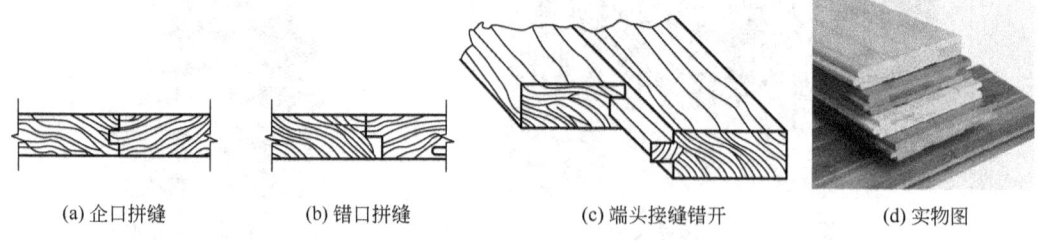

(a) 企口拼缝　　　(b) 错口拼缝　　　(c) 端头接缝错开　　　(d) 实物图

图 10.14　条木地板拼缝

条木地板重量轻，弹性好，脚感舒适，导热性小，故冬暖夏凉，且易于清洁。条木地板被公认为是优良的室内地面装饰材料，它适用于办公室、会议室、会客室、休息室、旅馆客房、住宅起居室、卧室、幼儿园及仪器室等场所。

2) 拼花木地板

拼花木地板是较高级的室内地面装修，分双层和单层两种，两者面层均为拼花硬木板层，双层者下层为毛板层。面层拼花板材多选用水曲柳、柞木、核桃木、栎木、榆木、槐木、柳桉等质地优良、不易腐朽开裂的硬木树材。拼花小木条的尺寸一般为长250～300mm，宽40～60mm，板厚20～25mm，木条一般均带有企口。双层拼花木地板固定方法，是将面层小板条用暗钉钉在毛板上，单层拼花木地板则可采用适宜的粘结材料，将硬木面板条直接粘贴于混凝土基层上。

拼花木地板通过小木板条不同方向的组合，可拼造出多种图案花纹，常用的有正芦席纹、斜芦席纹、人字纹和清水砖墙纹等，如图10.15所示。图案花纹的选用应根据使用者个人的爱好和房间面积的大小而定，希望图案选择的结果，能使面积大的房间显得稳重高雅，而面积小的房间能感觉宽敞、亲切而轻松。

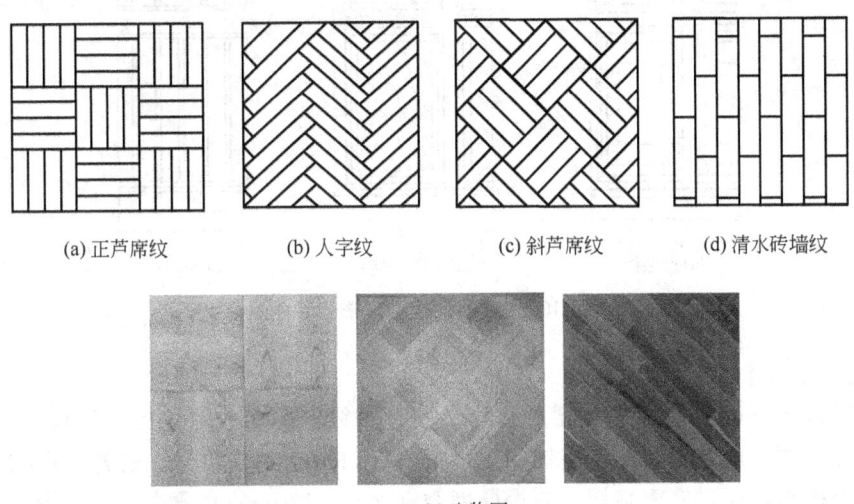

(a) 正芦席纹　　(b) 人字纹　　(c) 斜芦席纹　　(d) 清水砖墙纹

(e) 实物图

图 10.15　拼花木地板图案

拼花木地板的铺设从房间中央开始，先画出图案式样，弹上黑线，铺好第一块地板，然后向四周铺开去，这第一块地板铺设的好坏，是保证整个房间地板铺设是否对称的关键。在地板铺设前，要对拼板进行挑选，宜将纹理和木色相近者集中使用，把质量好的拼板铺设在房间的显眼处或经常出入的部位，稍差的则铺于墙根和门背后等隐蔽处，做到物尽其用。拼花木地板均采用清漆进行油漆，以显露出木材漂亮的天然纹理。拼花木地板纹理美观，耐磨性好，且拼花小木板一般均经过远红外线干燥，含水率恒定(约12%)，因而变形小，易保持地面平整、光滑而不翘曲变形。拼花木地板分高、中和低3个档次，高档产品适合于三星级以上中、高级宾馆、大型会场、会议室等室内地面装饰；中档产品适用于办公室、疗养院、托儿所、体育馆、舞厅和酒吧等地面装饰；低档产品适用于各种民用住宅地面的装饰。

3) 护壁板

护壁板又称木台度，在铺设拼花地板的房间内，往往采用木台度，以使室内空间的材料格调一致，给人一种和谐整体景观的感受。护壁板可采用木板、企口条板、胶合板等装修而成，设计和施工时可采取嵌条、拼缝、嵌装等手法进行构图，以达到装饰墙壁的目的。护壁板制作形式示例如图10.16所示。护壁板下面的墙面一定要做防潮层，有纹理的表面宜涂刷清漆，以显示木纹饰面。护壁板主要用于高级的宾馆、办公室和住宅等的室内墙壁装饰。

4) 木花格

木花格即为用木板和枋木制作成具有若干个分格的木架，这些分格的尺寸或形状一般都各不相同。木花格宜选用硬木或杉木树材制作，并要求材质木节少、木色好、无虫蛀和腐朽等缺陷。木花格具有加工制作较简便、饰件轻巧纤细、表面纹理清晰等特点。木花格多用作建筑物室内的花窗、隔断和博古架等，它能起到调整室内设计的格调、改进空间效能和提高室内艺术质量等作用。

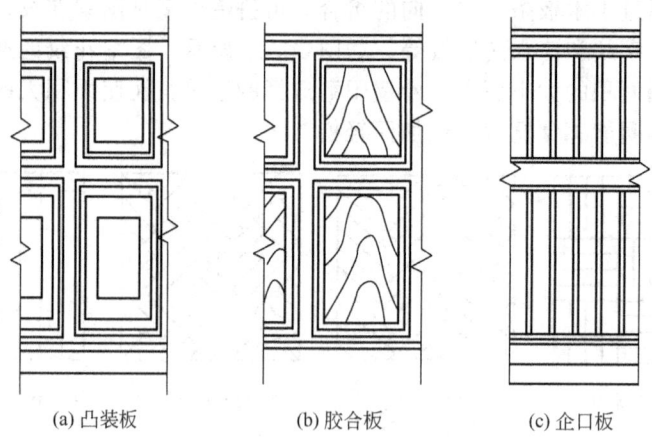

(a) 凸装板　　(b) 胶合板　　(c) 企口板

图 10.16　护壁板制作形式示例

5）旋切微薄木

旋切微薄木是以色木、桦木或多瘤的树根为原料，经水煮软化后，旋切成厚 0.1mm 左右的薄片，再用胶粘剂粘贴在坚韧的纸上（即纸依托），制成卷材。或者采用柚木、水曲柳和柳桉等树材，通过精密旋切，制得厚度为 0.2～0.5mm 的微薄木，再采用先进的胶粘工艺和胶粘剂，粘贴在胶合板基材上，制成微薄木贴面板。

旋切微薄木花纹美丽动人，材色悦目，真实感和立体感强，具有自然美的特点。采用树根瘤制作的微薄木，具有鸟眼花纹的特色，装饰效果更佳。微薄木主要用作高级建筑的室内墙、门和橱柜等家具的饰面，这种饰面材料在日本采用较普遍。

在采用微薄木装饰立面时，应根据其花纹的美观和特点区别上下，施工安装时应注意将树根方向在下、树梢在上。为了便于使用，在生产微薄木贴面板时，板背盖有检验印记，有印记的一端即为树根方向。建筑物室内采用微薄木装饰时，建议在决定采用树种的同时，还应考虑家具色调、灯具灯光以及其他附件的陪衬颜色，以求获得更好地相互辉映。

6）木装饰线条

木装饰线条简称木线条。木线条种类繁多，主要有楼梯扶手、压边线、墙腰线、天花角线、弯线和挂镜线等。各类木线条立体造型各异，每类木线条又有多种断面形状，例如有平线条、半圆线条、麻花线条、鸠尾形线条、半圆饰、齿型饰、浮饰、弧饰、S 形饰、贴附饰、钳齿饰、十字花饰、梅花饰、叶形饰以及雕饰等多样。木线条都是采用材质较好的树材加工而成。建筑上常用木线条造型如图 10.17 和图 10.18 所示。

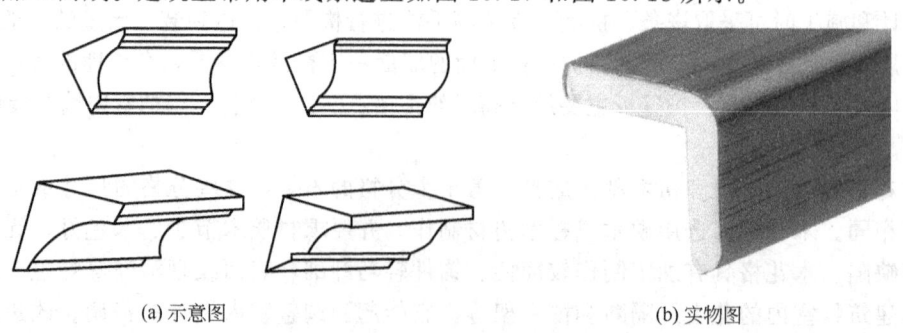

(a) 示意图　　(b) 实物图

图 10.17　木装饰角线

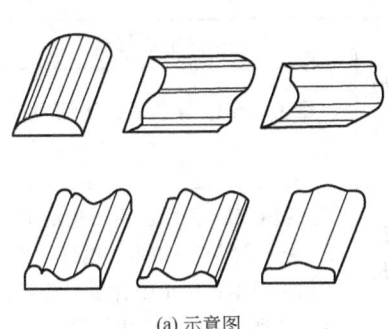 

(a) 示意图　　　　　　　　　　　　(b) 实物图

图 10.18　木装饰边线

建筑室内采用木线条装饰,可增添古朴、高雅和亲切的美感。木线条主要用作建筑物室内的墙腰装饰、墙面洞口装饰线、护壁板和勒脚的压条饰线、门框装饰线、顶棚装饰角线、楼梯栏杆扶手、墙壁挂画条、镜框线以及高级建筑的门窗和家具等的镶边、贴附组花材料。特别是在我国的园林建筑和宫殿式古建筑的修建工程中,木线条是一种必不可缺的装饰材料。

此外,建筑室内还有一些小部位的装饰,也是采用木材制作的,如窗台板、窗帘盒和踢脚板等,它们与室内地板,墙壁互相联系、相互衬托。设计中要注意整体效果,以求得整个空间格调、材质和色彩的协调,力求用简洁的手法达到最好的装饰效果。

10.4　木材的等级与综合利用

林木生长缓慢,我国又是森林资源贫乏的国家之一,这与我国高速发展的经济建设需用大量木材的要求形成日益突出的矛盾。因此,在建筑工程中,一定要经济合理地使用木材,做到长材不短用,优材不劣用,并加强对木材的防腐和防火处理,以提高木材的耐久性,延长使用年限。同时,想方设法地充分利用木材的边角碎料,生产各种人造板材,这是对木材进行综合利用的重要途径。

10.4.1　木材的等级

对于建筑用木材,通常以原木、板材和枋材 3 种型材供应。原木系指去枝去皮后按规格锯成一定长度的木料;板材是指宽度为厚度的 3 倍或 3 倍以上的型材;而枋材则为宽度不足 3 倍厚度的型材。各种商品材均按国家材质标准,根据木材缺陷情况进行分等分级,通常分为一、二、三、四共 4 等,结构和装饰用木材一般选用等级较高者。但对于承重结构用的木材,根据《木结构设计规范》(GB 50005—2003)的规定,又要按承重结构的受力要求进行分级,即分为Ⅰ、Ⅱ、Ⅲ共 3 级,设计时应根据构件的受力种类选用适当等级的木材。例如,承重木结构板材的选用,根据其承载特点,Ⅰ级材用于受拉或受弯构件;Ⅱ级材用于受弯或受压弯的构件;Ⅲ级材用于受压构件及次要受弯构件。

木材的分类见表 10-3,板、枋材的分类见表 10-4,针叶树锯材的等级规定见表 10-5。

表 10-3 木材的分类

分类标准	分类名称	说明	主要用途
木材分类	原条	系指除去皮、根、树梢的木材，但尚未按一定尺寸加工成规定直径和长度的材料	建筑工程的脚手架、建筑用材、家具等
	原木	系指已经除去皮、根、树梢的木材，并已按一定尺寸加工成规定直径和长度的材料	直接使用的原木：用于建筑工程（如屋架、檩、椽等）、桩木、电杆、坑木等；加工原木：用于胶合板、造船、车辆、机械模型及一般加工用材等
	锯木	系指已经加工锯解成材的木材，凡宽度为厚度3倍或3倍以上的，称为板材，不足3倍的称为枋材	建筑工程、桥梁、家具、造船、车辆、包装箱板等
	枕木	系指按枕木断面和长度加工而成的成材	铁道工程

表 10-4 板、枋材的分类

板材（宽≥3×厚）		枋材（宽<3×厚）	
按厚度分(cm)		按宽、厚的乘积分(cm³)	
薄 板	≤18	小 枋	≤54
中 板	19～35	中 枋	55～100
宽 板	36～65	大 枋	101～225
特厚板	266	特大枋	≥226

表 10-5 针叶树锯材的等级规定

缺陷名称	检量方法	允许限度							
		特等锯材	针叶树普通锯材			特等锯材	阔叶树普通锯材		
			一等	二等	三等		一等	二等	三等
活节、死节	最大尺寸不得超过材宽的(%)	10	20	40	不限	10	20	40	不限
	任意材长1m范围内的个数不得超过	3	5	10		2	4	6	
腐 朽	面积不得超过所在材面面积的(%)	不许有	不许有	10	25	不许有	不许有	10	25
裂纹、夹皮	长度不得超过材长的(%)	5	10	30	不限	10	15	40	不限
虫 害	任意材长1m范围内的个数不得超过	不许有	不许有	15	不限	不许有	不许有	8	不限
钝 棱	最严重缺角尺寸不得超过材宽的(%)	10	25	50	80	15	25	50	80

(续)

缺陷名称	检量方法	允许限度							
		特等锯材	针叶树普通锯材			特等锯材	阔叶树普通锯材		
			一等	二等	三等		一等	二等	三等
弯曲	横弯不得超过(%) 顺弯不得超过(%)	0.3 1	0.5 2	2 3	3 不限	0.5 1	1 2	2 3	4 不限
斜纹	斜纹倾斜高不得超过水平长的(%)	5	10	20	不限	5	10	20	不限

10.4.2 木材的综合利用

木材经加工成型材和制作成构件时，会留下大量的碎块废屑，将这些下脚料进行加工处理，就可制成各种人造板材（胶合板原料除外）。常用人造板材有以下几种。

1. 胶合板

胶合板是用原木旋切成薄片，再用胶按奇数层数及各层纤维互相垂直的方向，粘合热压而成的人造板材，如图 10.19 所示。胶合板最高层数可达 15 层，建筑工程中常用的是三合板和五合板。我国胶合板目前主要采用水曲柳、椴木、桦木、马尾松及部分进口原木制成，胶合板大大提高了木材的利用率，其主要特点是：材质均匀，强度高，无疵病，幅面大，使用方便，板面具有美丽的木纹，装饰性好，并吸湿变形小，不翘曲开裂。胶合板具有真实、立体和天然的美感，广泛用作建筑物室内隔墙板、护壁板、顶棚板、门面板以及各种家具及装修。胶合板分类、特性及适用范围见表 10-6。

图 10.19 胶合板

表 10-6 胶合板分类、特性及适用范围

种类	分类	名称	胶种	特性	适用范围
阔叶树材普通胶合板	Ⅰ类	NQF （耐气候胶合板）	酚醛树脂胶或其他性能相当的胶	耐久、耐沸煮或蒸汽处理、耐干热、抗菌	室外工程
	Ⅱ类	NS （耐水胶合板）	脲醛树脂胶或其他性能相当的胶	耐冷水浸泡及短时间热水浸泡、不耐沸煮	室外工程
	Ⅲ类	NC （耐潮胶合板）	血胶、带有多量填料的脲醛树脂胶或其他性能相当的胶	耐短期冷水浸泡	室内工程，一般常态下使用
	Ⅳ类	BNS （不耐潮胶合板）	豆胶或其他性能相当的胶	有一定胶合强度，但不耐水	室内工程，一般常态下使用

(续)

种类	分类	名称	胶种	特性	适用范围
松木普通胶合板	Ⅰ类	Ⅰ类胶合板	酚醛树脂胶或其他性能相当的合成树脂胶	耐久、耐热、抗真菌	室外长期使用工程
	Ⅱ类	Ⅱ类胶合板	脱水脲醛树脂胶、改性脲醛树脂胶或其他性能相当的合成树脂胶	耐水、抗真菌	潮湿环境下使用的工程
	Ⅲ类	Ⅲ类胶合板	血胶和加少量填料的脲醛树脂胶	耐湿	室内工程
	Ⅳ类	Ⅳ类胶合板	豆胶和加多量填料的脲醛树脂胶	不耐水、不耐潮	室内工程，干燥环境下使用

2. 纤维板

纤维板是将木材加工下来的板皮、刨花和树枝等废料，经破碎浸泡、研磨成木浆，再加入一定的胶料，经热压成型、干燥处理而成的人造板材，分硬质纤维板、半硬质纤维板和软质纤维板3种，如图10.20所示。生产纤维板可使木材的利用率达90%以上。

图 10.20 纤维板

纤维板的特点是材质构造均匀，各向强度一致，抗弯强度高，可达55MPa，耐磨，绝热性好，不易胀缩和翘曲变形，不腐朽、无木节和虫眼等缺陷。表观密度大于800kg/m³的硬质纤维板，强度高，在建筑中应用最广，它可代替木板，主要用作室内壁板、门板、地板和家具等。通常在板表面施以仿木纹油漆处理，可达到以假乱真的效果。半硬质纤维板表观密度为400~800kg/m³，常制成带有一定孔型的盲孔板，板表面常施以白色涂料，这种板兼具吸声和装饰作用，多用作宾馆等室内顶棚材料。软质纤维板表观密度小于400kg/m³，适合作保温隔热材料。

3. 刨花板、木丝板和木屑板

刨花板、木丝板和木屑板是分别以刨花木渣、短小废料刨制的木丝和木屑等为原料，经干燥后拌入胶料，再经热压而制成的人造板材。所用胶料可为合成树脂，也可为水泥、菱苦土等无机胶结料。这类板材一般表观密度较小，强度较低，主要用作绝热和吸声材料，但其中热压树脂刨花板和木屑板，其表面可粘贴塑料贴面或胶合板作饰面层，这样既增加了板材的强度，又使板材具有装饰性，可用作吊顶、隔墙和家具等材料。

10.5 木材的防腐与防火

木材具有很多优点，但也存在两大缺点：一是易腐，二是易燃。因此，建筑工程中应用木材时，必须考虑木材的防腐和防火问题。

10.5.1 木材的腐朽与防腐

1. 木材的腐朽

木材是天然有机材料，受到真菌侵害后会改变颜色，结构逐渐变得松软、脆弱，强度和耐久性降低，这种现象称为木材的腐朽。

木材的腐朽为真菌侵害所致。真菌分霉菌、变色菌和腐朽菌3种，前两种真菌对木材质量影响较小，但腐朽菌影响很大。腐朽菌寄生在木材的细胞壁中，它能分泌出一种酵素，把细胞壁物质分解成简单的养分，供自身摄取生存，从而致使木材产生腐朽，并遭彻底破坏。但真菌在木材中生存和繁殖必须具备如下3个条件。

(1) 水分。真菌繁殖生存时适宜的木材含水率是35%～50%，也即木材含水率在稍超过纤维饱和点时易产生腐朽，而对含水率在20%以下的气干木材不会发生腐朽。

(2) 温度。真菌繁殖的适宜温度为25～35℃，温度低于5℃时真菌停止繁殖，而高于60℃时，真菌则死亡。

(3) 空气。真菌繁殖和生存需要一定氧气存在，所以完全浸入水中的木材，则因缺氧而不易腐朽。

此外，木材还会受到白蚁、天牛等昆虫的蛀蚀，它们在树皮或木质部内生存、繁殖，使木材形成很多孔眼或沟道，甚至蛀穴，使木材强度严重降低，甚至结构崩溃。

2. 木材防腐措施

根据木材产生腐朽的原因，通常防止木材腐朽的措施有以下两种。

1) 破坏真菌生存的条件

破坏真菌生存条件最常用的办法是：使木结构、木制品和储存的木材处于经常保持通风干燥的状态，并对木结构和木制品表面进行油漆处理，油漆涂层即使木材隔绝了空气，又隔绝了水分。由此可知，木材油漆首先是为了防腐，其次才是为了美观。

2) 把木材变成有毒的物质

将化学防腐剂注入木材中，使真菌无法寄生。木材防腐剂种类很多，一般分水溶性防腐剂、油质防腐剂和膏状防腐剂3类。水溶性防腐剂常用品种有氯化锌、氟化钠、硅氟酸钠、硼铬合剂、硼酚合剂、铜铬合剂和氟砷铬合剂等。水溶性防腐剂多用于室内木结构的防腐处理。油质防腐剂常用的有煤焦油、混合防腐油和强化防腐油等。油质防腐剂色深、有恶臭，常用于室外木构件的防腐。膏状防腐剂由粉状防腐剂、油质防腐剂、填料和胶结料(煤沥青、水玻璃等)按一定比例混合配制而成，用于室外木材防腐。

木材注入防腐剂的方法有多种，通常有表面涂刷或喷涂法、常压浸渍法、冷热槽浸透法和压力渗透法等，其中表面涂刷或喷涂法简单易行，但防腐剂不能深入木材内部，故防腐效果较差。常压浸渍法是将木材浸入防腐剂中一定时间后取出使用，使防腐剂渗入木材有一定深度，以提高木材的防腐能力。冷热槽浸透法是将木材先浸入热防腐剂（大于90℃）中数小时后，再迅速移入冷防腐剂中，以获得更好的防腐效果。压力渗透法是将木材放入密闭罐中，抽部分真空，再将防腐剂加压充满罐中，经一定时间后则防腐剂充满木材内部，防腐效果更好，但所需设备较多。

10.5.2 木材的防火

所谓木材的防火，就是将木材经过具有阻燃性能的化学物质处理后，变成难燃的材料，以达到遇小火能自熄，遇大火能延缓或阻滞燃烧蔓延，从而赢得扑救的时间。

1. 木材的可燃性及火灾危害

木材是国家建设和人民生活中重要物质资源之一。木材属木质纤维材料，易燃烧，它是具有火灾危险性的有机可燃物。一般把木材视作引起火灾且使火灾蔓延扩大的祸首之一。

我国木结构承重的古代建筑是国家和民族的瑰宝，但历史上数次大的古建筑火灾，使不少祖先留下的宝贵遗产毁于一旦。例如，我国佛教圣地峨眉山，盛极时全山曾有大小寺庙70多处，而现今仅存24处，特别是1973年峨眉山金顶被烧，寺内所藏稀世珍宝"白龙藏经"被焚，其损失难以用金钱来估算。近年来，随着我国经济建设的迅速发展和人口剧增，建筑物火灾危害有增无减，据不完全统计，我国仅1986年就发生建筑物火灾达1.3万余起，损失1.6亿多元，最突出的是1987年5月发生的大兴安岭森林特大火灾，共毁木近90万立方米，1万余户居民受灾，死伤数百人，直接损失折合人民币5亿多元。据报道，美国国内21%的火灾是由木材和纸张等纤维材料所引起，而建筑物火灾中70%是木结构住宅建筑。

2. 木材燃烧及阻燃机理

木材在热的作用下发生热分解反应，随着温度升高，热分解加快。当温度高至220℃以上达到木材燃点时，木材燃烧放出大量可燃气体，这些可燃气体中有着大量高能量的活化基，活化基氧化燃烧后继续放出新的活化基，如此形成一种燃烧链反应，于是火焰在链状反应中得到迅速传播，使火越烧越旺，此称气相燃烧，达450℃以上，木材形成固相燃烧。在实际火灾中，木材燃烧温度可高达800~1300℃。

由上可知，要阻止和延缓木材燃烧的途径，可有以下几种。

(1) 抑制木材在高温下的热分解。实践证明，某些含磷化合物能降低木材的热稳定性，使其在较低温度下即发生分解，从而减少可燃气体的生成，抑制气相燃烧。

(2) 阻滞热传递。通过实践发现，一些盐类、特别是含有结晶水的盐类，具有阻燃作用。例如，含结晶水的硼化物、含水氧化铝和氢氧化镁等，遇热后则吸收热量而放出水蒸气，从而减少了热量传递。磷酸盐遇热缩聚成强酸，使木材迅速脱水碳化，而木炭的导热系数仅为木材的1/3~1/2，从而有效地抑制了热的传递。同时，磷酸盐在高温下形成的玻璃状液体物质覆盖在木材表面，也起到了隔热层作用。

(3) 稀释木材燃烧面周围空气中的氧气和热分解产生的可燃气体，增加隔氧作用。如采用含结晶水的硼化物和含水氧化铝等；遇热放出的水蒸气，能稀释氧气及可燃气体的浓度，从而抑制了木材的气相燃烧，而磷酸盐和硼化物等在高温下形成玻璃状覆盖层，则阻滞了木材的固相燃烧。另外，卤化物遇热分解生成的卤化氢，能稀释可燃气体，卤化氢还可与活化基作用而切断燃烧链，终止气相燃烧。

应该指出，木材阻燃途径一般不单独采用，而是采用多途径手段，也即在配制木材阻燃剂时，选用两种以上的成分复合使用，使其互相补充、互为加强阻燃效果，称为协同作用，以达到一种阻燃剂同时具有几种阻燃作用。当然，各种阻燃剂均有其自己的侧重面。

3. 木材常用阻燃剂及木材防火处理方法

1）木材常用阻燃剂

用作木材阻燃剂的化学物质很多，常用品种主要有下列几种。

（1）磷-氮系阻燃剂。有磷酸铵、磷酸氢二铵、磷酸二氢铵、聚磷酸铵、磷酸双氰铵、三聚氰胺、甲醛-磷酸树脂等。

（2）硼系阻燃剂，有硼酸、硼砂、硼酸锌和五硼酸铵等。

（3）卤系阻燃剂，有氯化铵、溴化铵和氯化石蜡等。

（4）含铝、镁、锑等金属氧化物或氢氧化物阻燃剂，有含水氧化铝、氢氧化镁和氧化锑等。

（5）其他阻燃剂，有碳酸铵、硫酸铵和水玻璃等。

2）木材防火处理方法

木材防火处理方法有表面涂敷法和溶液浸注法两种，现简述如下。

（1）表面涂敷法。木材防火处理表面涂敷法就是在木材的表面涂覆防火涂料，它既能起到防火作用，又有防腐和装饰效果。

木材防火涂料分溶剂型防火涂料和水乳型防火涂料两大类，其主要品种、特性和用途见表10-7。

表 10-7 木材防火涂料的主要品种、特性及应用

	品　　种	防火特征	应　　用
溶剂型防火涂料	A60-1型改性氨基膨胀防火涂料	遇火生成均匀致密的海绵状泡沫隔热层，防止初期火灾和减缓火灾蔓延扩大	高层建筑、商店、影剧院、地下工程等可燃部位防火
	A60-501膨胀防火涂料	涂层遇火体积迅速膨胀100倍以上，形成连续蜂窝状隔热层，释放出阻燃气体，具有优异的阻燃隔热效果	广泛用于木板、纤维板、胶合板等的防火保护
	A60-KG型快干氨基膨胀防火涂料	遇火膨胀生成均匀致密的泡沫状碳质隔热层，有极其良好的阻燃隔热效果	公共建筑、高层建筑、地下建筑等有防火要求的场所
	AE60-1膨胀型透明防火涂料	涂膜透明光亮，能显示基材原有纹理，遇火时涂膜膨胀发泡，形成防火隔热层。既有装饰性，又有防火性	广泛用于各种建筑室内的木质、纤维板、胶合板等结构构件及家具的防火保护和装饰

(续)

品　种		防火特征	应　用
水乳型防火涂料	B60-1 膨胀型丙烯酸水性防火涂料	在火焰和高温作用下，涂层受热分解放出大量灭火性气体，抑制燃烧。同时，涂层膨胀发泡，形成隔热覆盖层，阻止火势蔓延	公共建筑、高级宾馆、酒店、学校、医院、影剧院、商场等建筑物的木板、纤维板、胶合板结构构件及制品的表面防火保护
	B60-2 木结构防火涂料	遇火时涂层发生生理化反应，构成绝热的碳化泡膜	建筑物木墙、木屋架、木吊顶以及纤维板、胶合板构件的表面防火阻燃处理
	B878 膨胀型丙烯酸乳胶防火涂料	涂膜遇火立即生成均匀致密的蜂窝状隔热层，延缓火焰的蔓延，无毒无嗅，不污染环境	学校、影剧院、宾馆、商场等公共建筑和民用住宅等内部可燃性基材的防火保护及装饰

（2）溶液浸注法。木材防火溶液浸注处理又分常压浸注和加压浸注两种，后者阻燃剂吸入量及透入深度均大大高于前者。浸注处理前，要求木材必须达到充分气干，并经初步加工成型，以免防火处理后再进行大量锯、刨等加工，将会使木料中浸有阻燃剂的部分被除去。

本 章 小 结

　　木材与钢材、水泥并称为3大建筑材料。木材分为针叶树和阔叶树两大类，建筑使用的木材是树木的木质部，分心材和边材两部分。木质部具有深浅相间的同心圆环，称为年轮。从木材构造的3个切面（横切面、径切面和弦切面）可知木材结构的不均匀性。木材最大的特点是各向异性，即各方向的物理力学性能有很大的差异，如湿胀干缩、强度等。木材的另一个重要特点是含水量不同，对木材各项性能的影响不同，为此，必须区别几个特定含水量（纤维饱和点、平衡含水量和标准含水量）的实际意义。

　　在现代建筑中，由于木材具有轻质高强，弹性、韧性好，导热系数小，耐久性好，装饰性好，易于加工，安装施工方便等独特的优良性，使其在建筑工程中，尤其在装饰领域有着重要的地位。

　　为了经济合理地使用木材、利用木材的边角碎料生产各种人造板材，是对木材进行综合利用的重要途径。并加强对木材的防腐、防火处理，以提高木材的耐久性，延长使用年限。

知 识 链 接

废弃桑枝做成新型木地板

　　原本一直被当作废弃物处理的桑树枝，如今却成了林木资源的有效替代品。浙江是蚕桑养殖大省，而废弃桑枝的处理一直是桑区的一大难题。每年5月中下旬春蚕饲养结束后，蚕农便开始夏伐工作。被伐下的桑枝条由于得不到利用，总是被废置在田间地头。有些蚕农索性用一把火烧了，不仅污染了环境，也浪费了资源。这一现象，在桑区极为常见。

2007年，浙江安吉的一家竹制品生产企业和共同合作，成功利用废弃桑枝生产出了新型木地板。据介绍，2007年上半年，利用废弃的桑枝制作的新型木地板首次销往美国时，被美国环保消费者误认为是原木地板而遭拒。当他们得知桑枝木地板的原料是由中国蚕桑生产过程中的废弃物——桑枝加工制作而成，产品不仅具有保健作用，而且环保，是林木资源的有效替代产品后，大为欢迎。此后，桑枝木地板开始为美国消费者所接受，并逐渐获得认可。

（新华网　2008年2月8日）

本 章 习 题

10-1　解释以下名词：
　　　自由水　吸附水　纤维饱和点　平衡含水率　标准含水率　持久强度
10-2　木材含水率的变化对其强度、变形、导热、表观密度和耐久性等有何影响？
10-3　将同一树种、含水率分别为纤维饱和点和大于纤维饱和点的两块木材，进行干燥，问哪块干缩率大？为什么？
10-4　木材干燥时的控制指标是什么？木材在加工制作前为什么一定要进行干燥处理？
10-5　在潮湿的天气里，较重的木材和较轻的木材哪个吸收空气中的水分多？为什么？
10-6　影响木材强度的主要因素有哪些？怎样影响？
10-7　木材的几种强度中数抗拉强度最高，但为何实际用作受拉构件的情况较少，反而是较多地用于承受顺纹抗压和抗弯？
10-8　试说明木材腐朽的原因。有哪些方法可以防止木材腐朽？并说明其原理。
10-9　试述木材的优缺点。工程中使用木材时的原则是什么？
10-10　下列木构件或零件，最好选用什么树种的木材或人造板材？
　　　（1）混凝土模板及支架。
　　　（2）水中木桩。
　　　（3）木键。
　　　（4）家具。
　　　（5）拼花地板。
　　　（6）室内装修。
　　　（7）楼梯扶手。

第 11 章
沥青与沥青混合料

【教学目标】
通过本章学习,应达到以下目标。
(1) 掌握石油沥青的组成和结构。
(2) 掌握石油沥青的技术性质和技术标准。
(3) 掌握沥青混合料的组成结构。
(4) 掌握沥青混合料的技术性能及其评价方法。
(5) 了解煤沥青、乳化沥青、改性沥青等其他沥青。
(6) 了解热拌沥青混合料的组成设计方法。

【教学要求】

知识要点	能力要求	相关知识
石油沥青的组成和结构	(1) 掌握石油沥青的组成 (2) 掌握石油沥青的胶体结构	(1) 石油沥青的化学组分分析法 (2) 石油沥青的胶体结构
石油沥青的技术性质	(1) 掌握石油沥青的技术性质 (2) 掌握石油沥青的技术标准	(1) 石油沥青技术性质的基本概念及测定方法 (2) 石油沥青的技术标准及选用
其他沥青	了解煤沥青、乳化沥青、改性沥青等其他沥青	(1) 煤沥青的特性及应用 (2) 乳化沥青的特性及应用 (3) 改性沥青的特性及应用
沥青混合料的组成结构	掌握沥青混合料的组成结构	沥青混合料组成结构的三种类型及其特点
沥青混合料的技术性质	(1) 掌握沥青混合料的技术性质 (2) 掌握沥青混合料的技术标准	(1) 沥青混合料技术性质的基本概念及评价方法 (2) 沥青混合料的技术标准
沥青混合料的配合比设计	了解热拌沥青混合料的组成设计方法	(1) 沥青混合料的组成材料 (2) 沥青混合料的配合比设计方法

沥青是由一些化学成分极其复杂的烃类和它们的非金属元素(碳、氢、氧、氮和硫)的衍生物组成的混合物,在常温下,呈黑色或褐色的固体或半固态粘稠状物质。沥青具有良好的粘性、塑性、耐腐蚀性和憎水性,在土木建筑工程中,沥青广泛应用于地下防潮、屋面防水、木材防腐和道路工程中,如图 11.1 所示。

根据我国通用的命名和分类,沥青按其在自然界获得的方式,可分为地沥青和焦油沥青两大类。地沥青是由天然产状或石油精制加工得到的沥青材料。按其产源不同,又可分为天然沥青和石油沥青。天然沥青是石油在自然条件下,长时间经受地球物理因素作用而形成的产物；石油沥青是石油经精制加工其他油品后，最后加工而得到的产品。焦油沥青是各种有机物(煤、泥炭、木材等)干馏加工得到的焦油，经再加工而得到的产品。焦油沥青按其加工的有机物名称而命名，如由煤干馏所得的煤焦油，经再加工后得到的沥青，即称为煤沥青。目前，最常用的主要是石油沥青和煤沥青两类，其次是天然沥青。

(a) 沥青防水卷材　　　　　　　　　　(b) 沥青防路面

图 11.1　沥青在工程中的应用

11.1　石 油 沥 青

地壳中的原油，开采后经常压蒸馏、减压蒸馏后，采用溶剂脱沥青或氧化等工艺过程得到的暗黑色或黑色的半固体或固体物质，主要由烃类及其衍生物所组成，即石油沥青。石油沥青是应用最为广泛的沥青材料，呈暗褐色或黑色，如图 11.2 所示。

根据生产方法不同，石油沥青可分为直馏沥青、溶剂沥青、氧化沥青、调和沥青、乳化沥青和改性沥青等。直馏沥青是由原油用减压蒸馏方法直接得到的产品，在常温下是粘稠液体或半固体。溶剂脱油沥青是由减压渣油经溶剂沉淀法得到的脱油沥青产品和半成品，在常温下是半固体或固体。氧化沥青是由减压渣油(或加入其他组分)为原料经吹风氧化得到的产品，在常温下是固体。根据应用的需要，对沥青进行乳化可得乳化沥青；掺加改性剂可制得改性沥青。

图 11.2　石油沥青

11.1.1　石油沥青的组成和结构

1. 石油沥青的组成

石油沥青是由多种碳氢化合物及其非金属(氧、硫和氮)的衍生物组成的混合物。所以，它的组成主要是碳(80%～87%)、氢(10%～15%)，其次是非烃元素，如氧、硫、氟等(小于3%)。此外，还含有一些微量的金属元素，如镍、钒、铁、锰、钙、镁和钠等，但含量都很少，为十万分之一至百万分之一。

石油沥青的化学组分极为复杂，对其进行化学成分分析十分困难，而且在生产应用中，并没有这样的必要。因此，许多研究者就从工程使用的角度出发，致力于沥青"化学组分"分析的研究。化学组分分析就是将沥青分离为化学性质相近，而且与其使用性能有一定联系的几个组，这些组就称为"组分"。

石油沥青的 3 组分分析法是将石油沥青分离为油分、树脂和沥青质 3 个组分。各组分的性状见表 11-1。

表 11-1 石油沥青的各组分性状

性状 组分	颜色	状态	密度(g/cm^3)	分子量	含量(%)
油分	淡黄至红褐色	透明液体	0.7～1.0	300～500	45～60
树脂	黄色至黑褐色	粘性半固体	1.0～1.1	600～1000	15～30
沥青质	深褐色至黑色	脆性固体微粒	1.1～1.5	1000～6000	5～30

油分赋予沥青以流动性，但含量多时，沥青的温度稳定性差；树脂赋予沥青以塑性，树脂组分含量高，不但沥青塑性好，粘性也好；沥青质赋予沥青温度稳定性和粘性，沥青质含量高，温度稳定性好，但其塑性降低，沥青的硬脆性增加。

沥青的油分中常含有一定的蜡成分，它会降低沥青的粘结性、塑性、温度稳定性和耐热性，是有害成分，故对于多蜡沥青常用高温吹氧、溶剂脱蜡等方法进行处理，以改善多蜡石油沥青的性质。

2. 石油沥青的胶体结构

沥青的技术性质，不仅取决于它的化学组分及其化学结构，而且还取决于它的胶体结构。现代胶体理论认为：沥青的胶体结构，是以固态超细微粒的沥青质为分散相。通常是若干个沥青质密集在一起，它们吸附了极性半固态的胶质，而形成"胶团"。由于胶溶剂—胶质的胶溶作用，胶团胶溶、分散于液态的芳香分和饱和分组成的分散介质中，形成稳定的胶体。

根据沥青中各组分的化学组成和相对含量的不同，可以形成不同的胶体结构。沥青的胶体结构可分 3 种类型，如图 11.3 所示。

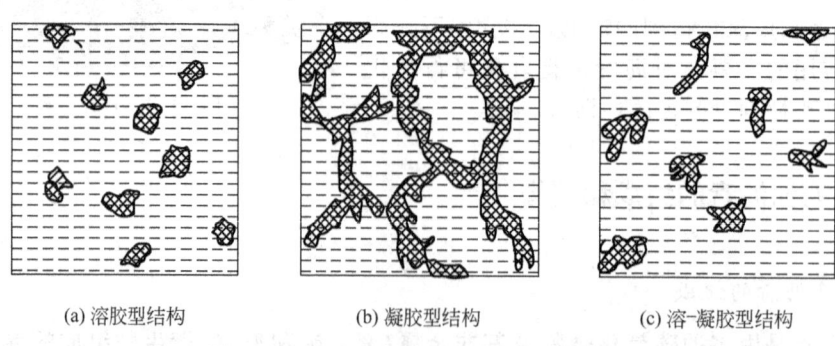

(a) 溶胶型结构　　　　(b) 凝胶型结构　　　　(c) 溶-凝胶型结构

图 11.3 石油沥青的不同胶体结构示意图

1) 溶胶型结构

沥青中沥青质分子量较低，并且含量很少（10%以下），同时有一定数量的芳香度较高的胶质,这样使胶团能够完全胶溶而分散在芳香酚和饱和酚的介质中。在此情况下,胶团相距较远,它们之间吸引力很小(甚至没有吸引力),胶团可以在分散介质粘度许可范围之内自由运动,这种胶体结构的沥青,称为溶胶型沥青。

通常,大部分直馏沥青都属于溶胶型沥青。这类沥青在路用性能上,具有较好的自愈性和低温时变形能力,但温度稳定性较差。

2) 凝胶型结构

沥青中沥青质含量很高(30%以上),并有相当数量芳香度高的胶质形成胶团。这样,沥青中胶团浓度很大程度的增加,它们之间相互吸引力增强,使胶团靠得很近,形成空间网络结构,此时,液态的芳香酚和饱和酚在胶团的网络中成为"分散相",连续的胶团成为"分散介质"。这种胶体结构的沥青,称为凝胶型沥青。

通常,深度氧化的沥青多属于凝胶型沥青。这类沥青在路用性能上,虽具有较好的温度稳定性,但低温变形能力较差。

3) 溶-凝胶型结构

沥青中沥青质含量适当(在15%~25%之间),并有较多数量芳香度较高的胶质。这样形成的胶团数量增多,胶体中胶团的浓度增加,胶团距离相对靠近,它们之间有一定的吸引力。这是一种介乎溶胶与凝胶之间的结构,称为溶-凝胶结构,这种结构的沥青,称为"溶-凝胶型沥青"。

通常,环烷基稠油的直馏沥青或半氧化沥青以及按要求组分重新组配的溶剂沥青等,往往能符合这类胶体结构。这类沥青的路用性能,在高温时具有较低的感温性,低温时又具有较好的形变能力。修筑现代高等级沥青路面用的沥青,都应属于这类胶体结构类型。

11.1.2 石油沥青的技术性质

1. 粘滞性(粘性)

粘滞性又称粘性,是指沥青材料在外力作用下沥青粒子产生相互位移而抵抗剪切变形的能力。粘滞性是与沥青路面力学性能联系最密切的一种性质。在现代交通条件下,为防止路面出现车辙,沥青粘度的选择是首要考虑的参数。

1) 针入度

针入度试验是国际上普遍采用测定粘稠沥青稠度的一种方法,针入度试验模式如图11.4所示。该法是沥青材料在规定的温度条件下,以规定质量的标准针经过规定时间贯入沥青式样的深度,以0.1mm计。针入度以 $P_{T,m,t}$ 表示,P 表示针入度,脚标表示试验条件,其中 T 为试验温度,m 为标准针(包括连杆及砝码)的质量,t 为贯入时间。我国现行常用的试验条件为 $P_{25℃,100g,5s}$,此外,在计算针入度指数时,针入度试验温度常为5℃、15℃、25℃和35℃等,但标准针质量和贯入时间仍为100g和5s。

按上述方法测定的针入度值越大,表示沥青越软(稠度越小)。实质上,针入度是测量沥青稠度的一种指标。通常稠度高的沥青,其粘度也高。

2) 标准粘度

测定液体石油沥青、煤沥青和乳化沥青等的粘度,采用道路标准粘度计法,试验模式如图11.5所示。该试验方法是:液体状态的沥青材料,在标准粘度计中,于规定的温度条件下,通过规定的流孔直径,流出50mL体积,所需的时间,以 s 计。试验条件以 $C_{T,d}$ 表示,其中 C 表示粘度,脚标表示试验条件,其中 T 表示试验温度,d 为流孔直径。试验温度和流孔直径根据液体状态沥青的粘度选择,常用的孔径有3mm、4mm、5mm和10mm 4种。

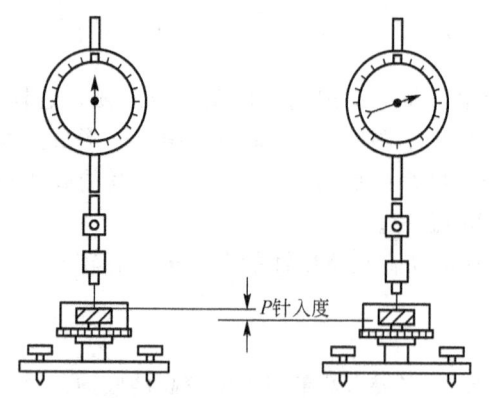

图 11.4 沥青针入度试验示意图

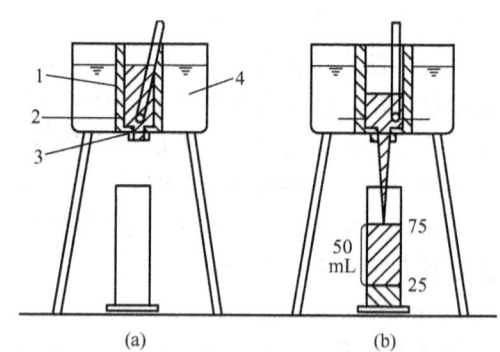

图 11.5 沥青标准粘度试验示意图
1—沥青试样;2—活动球杆;3—流孔;4—水

按上述方法,在相同温度和相同流孔条件下,流出时间越长,表示沥青粘度越大。

2. 延性

延性是指沥青材料在外力拉伸作用下发生塑性变形的能力,通常是用延度作为条件延性指标来表征。沥青的延度用延度仪测定,如图 11.6 所示。

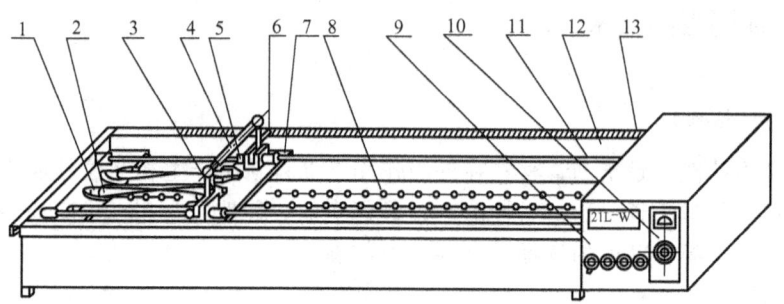

图 11.6 沥青延度试验示意图
1—试模;2—试件;3—操纵杆;4—手柄;5—滑板架;6—指针;7—滑板;
8—底盘;9—控制箱;10—控温仪;11—丝杆;12—水浴槽;13—标尺

我国现行《公路工程沥青及沥青混合料试验规程》(JTJ 052—2000)规定:延度是将沥青制成标准形状(倒八字形)的试样(最小断面1cm²),在规定速度(5cm/min±0.25 cm/min)和温度(5℃或10℃)下拉伸至断开时的长度,以 cm 表示。

沥青的塑性与沥青的流变性能、胶体结构和化学组分等有密切的关系。沥青中树脂含量多,油分及沥青质含量适当,则塑性较大。在常温下,塑性好的沥青不易产生裂缝,并减少摩擦时的噪声。但沥青在温度降低时对抵抗开裂的性能有重要影响。《公路沥青路面技术规范》(JTJ F40—2004)规定,A、B级沥青采用10℃延度,C级沥青采用15℃延度评定沥青的低温塑性指标。

3. 温度感应性

沥青是复杂的胶体结构，粘度随温度的不同而产生明显的变化。这种粘度随温度变化的感应性称为温度感应性。

沥青是没有严格熔点的粘性物质，随着温度升高，它们逐渐变软，粘度降低。因此，取滴落点和硬化点之间温度间隔的 87.21% 作为软化点。

软化点试验采用环球法，如图 11.7 所示。该法是将沥青试样注于内径为 18.9mm 的铜环中，环上置一个重 3.5g 的钢球，在规定的加热温度（5℃/min）下进行加热，沥青试样逐渐软化，直至在钢球荷重作用下，使沥青产生 25.4mm 挠度（即接触底）时的温度，称为软化点，以℃计。

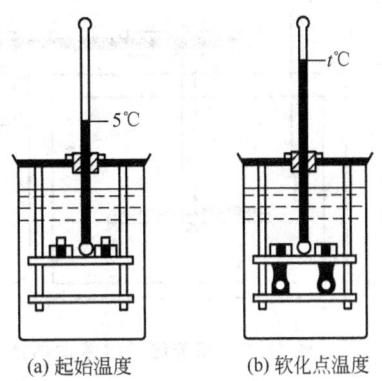

(a) 起始温度　　(b) 软化点温度

图 11.7 沥青软化点试验示意图

软化点试验实际上是测量沥青在一定外力（钢球）作用下开始产生流动并达到一定变形时的温度，可以认为软化点是一种人为的"等效温度"。针度是在规定温度下测定沥青的条件粘度，而软化点则是沥青达到规定条件粘度时的温度。所以软化点既是反映沥青材料热稳定性的一个指标，也是沥青条件粘度的一种量度。

针入度、延度和软化点是评价粘稠石油沥青使用性能最常用的经验指标，所以通称为石油沥青的 3 大指标。

4. 大气稳定性

大气稳定性是指石油沥青在热、光、氧气和潮湿等因素长期综合作用下抵抗老化的性能，它反映沥青的耐久性。在阳光、空气和水等外界因素的综合作用下，石油沥青中的各组分会发生不断递变，油分和树脂逐渐减少，沥青质逐渐增多，这一过程称为沥青的老化。随着时间的进展，石油沥青的流动性和塑性将逐渐减小，硬脆性逐渐增大，直至脆裂乃至松散，使沥青失去防水、防腐效能。

评价沥青耐老化性的试验方法有薄膜烘箱加热试验和旋转薄膜加热试验。

1) 薄膜烘箱加热试验

将 50g 沥青试样放入直径 140mm、深 9.5mm 的不锈钢盛样皿中，如图 11.8 所示，沥青膜的厚度约为 3.2mm，在 163℃通风烘箱的条件下以 5.5r/min 的速率旋转，经过 5h。然后计算沥青试样的质量损失，并测试针入度等指标的变化。

2) 旋转薄膜加热试验

将沥青试样 35g 装入高 140mm、直径 64mm 的开口玻璃瓶中，盛样瓶插入旋转烘箱中，一边接受 4000mL/min 流量吹入的热空气，一边在 163℃的高温下以 15r/min 的速度旋转，经过 75min 的老化后，测定沥青的质量损失及针入度、粘度等各种性能指标的变化，如图 11.9 所示。

5. 施工安全性

在实际施工中，沥青拌和厂加热沥青经常为 150～170℃，甚至更高，沥青中挥发出的可燃性气体与空气混合，当达到一定浓度后，遇火即会发生闪火甚至燃烧、爆炸等安全事故。为保证沥青加热质量和施工安全，须测定沥青的闪点。闪点是反映道路沥青在施工过程中安全性能的指标。

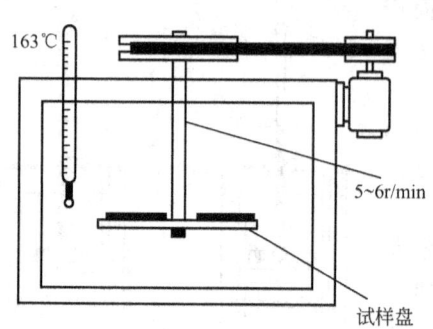

图 11.8 沥青薄膜烘箱加热试验

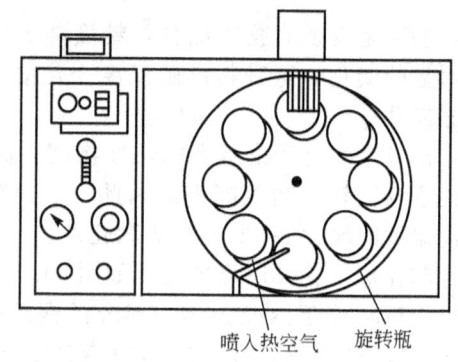

图 11.9 沥青旋转薄膜加热试验

道路石油沥青闪点采用克利夫兰开口杯法(简称 COC),将沥青试样盛于标准杯中,按规定的升温速度加热,当点火器扫拂过沥青试样表面,初次发生一瞬即灭的火焰时,此时试样的温度即为闪点。闪点的高低,关系到运输、储存和加热使用等方面的安全。

6. 溶解度

溶解度是指石油沥青在三氯乙烯、四氯化碳或苯中溶解的百分率(即有效物质含量)。那些不溶解的物质为有害物质,会降低沥青的性能,应加以限制。

11.1.3 石油沥青的技术标准及选用

石油沥青按技术性质划分为多种牌号,按应用不同可分为道路石油沥青、建筑石油沥青和普通石油沥青。

1. 道路石油沥青的技术标准

在《公路沥青路面施工技术规范》(JTG F40—2004)中,沥青等级划分以沥青路面的气候条件为依据,在同一个气候区内根据道路等级和交通特点再将沥青分为1~3个不同的针入度等级。

沥青路面使用性能气候分区见表 11-2,道路石油沥青的技术要求见表 11-3,不同等级道路石油沥青具有不同的适用范围见表 11-4。

沥青路面由温度和雨量组成气候分区,第一个数字代表高温分区,第二个数字代表低温分区,第三个数字代表雨量分区,每个数字越小,表示气候因素对沥青路面的影响越严重。例如,气候区名 1-3-2,表示为夏炎热冬冷湿润区。

表 11-2 沥青路面使用性能气候分区表

气候分区指标		气候分区		
按照高温指标	高温气候区	1	2	3
	气候区名称	夏炎热区	夏热区	夏凉区
	7月平均最高气温(℃)	>30	20~30	<20

(续)

气候分区指标		气候分区			
按照低温指标	低温气候区	1	2	3	4
	气候区名称	冬严寒区	冬寒区	冬冷区	冬温区
	极端最低气温(℃)	<-37.0	-37.0~-21.5	-21.5~-9.0	>-9.0
按照雨量指标	雨量气候区	1	2	3	4
	气候区名称	潮湿区	湿润区	半干区	干旱区
	年降雨量(mm)	>1000	1000~500	500~250	<250

表 11-3 道路石油沥青技术要求

指标	等级	160号	130号	110号	90号						70号[④]					50号[④]	30号
适用的气候分区		注[③]	注[③]	2-1	2-2	2-3	1-1	1-2	1-3	2-2	2-3	1-3	1-4	2-2	2-3	2-4	1-4	注[⑤]
针入度(25℃, 100g, 5s)(0.1mm)		140~200	120~140	100~120	80~100						60~80					40~60	20~40
针入度指数 PI[①②]	A				-1.5~+1.0												
	B				-1.8~+1.0												
软化点 $(T_{R·B})$ (℃) ≥	A	38	40	43	45				44			46			45		49	55
	B	36	39	42	43				42			44			43		46	53
	C	35	37	41	42							43					45	50
60℃动力粘度[②] (Pa·s) ≥	A		60	120	160				140			180			160		200	260
10℃延度[②] (cm) ≥	A	50	50	40	45	30	20	30	20	20	15	25	20	15	20	15
	B	30	30	30	30	20	15	20	15	15	10	20	15	10	20	—
15℃延度 (cm) ≥	A																
	B																
	C	80	80	60	50							40					30	20
闪点 (℃) ≥		230			245							260						
含蜡量(蒸馏法) (%) ≤	A				2.2												
	B				3.0												
	C				4.5												
溶解度 (%) ≥					99.5												
15℃密度 (g/m³)					实测记录												

(续)

指标	等级	160号	130号	110号	90号	70号[④]	50号[④]	30号
薄膜加热试验（或旋转薄膜加热试验）后								
质量变化(%)≤		±0.8						
残留针入度比(%)≥	A	48	54	55	57	61	63	65
	B	45	50	52	54	58	60	62
	C	40	45	48	50	54	58	60
适用的气候分区		注[③]	注[③]	2-1 2-2 2-3	1-1 1-2 1-3 2-2 2-3	1-3 1-4 2-2 2-3 2-4	1-4	注[⑤]
残留10℃延度(cm)≥	A	12	12	10	8	6	4	
	B	10	10	8	6	4	2	—
残留15℃延度(cm)≥	C	40	35	30	20	15	10	—

① 用于仲裁试验时，求取针入度指数 PI 的 5 个温度与针入度间回归关系不得小于 0.997。
② 经主管部门同意，针入度指数 PI、60℃动力粘度、10℃延度可作为选择性指标。
③ 160号、130号沥青除了寒冷地区可直接用于中低级公路以外，通常用作乳化沥青、稀释沥青及改性沥青的基质沥青。
④ 可根据需要要求厂家提供70号沥青的针入度范围50～70或80～90的沥青；或者要求提供针入度范围40～50或50～60的50号沥青。
⑤ 30号沥青仅适用于沥青稳定基层。

表 11-4 道路石油沥青适用范围

沥青等级	适用范围
A 级沥青	各个等级道路，适用于任何场合和层次
B 级沥青	① 高速公路、一级公路沥青层上部 80～100cm 以下的层次，二级及二级以下公路的各个层次。 ② 用作改性沥青、乳化沥青、改性乳化沥青、稀释沥青的基质沥青
C 级沥青	三级及三级以下公路的各个层次

2. 建筑石油沥青和普通石油沥青的技术标准

建筑石油沥青和普通石油沥青的技术标准见表 11-5。

3 种石油沥青的牌号主要是根据针入度指标来划分的，随着牌号的增加，粘性越小（针入度越大），塑性越好（延度越大），温度感应性越大（软化点越低）。

道路沥青的针入度和延度较大，但软化点较低，此类沥青较软，在常温下的弹性较好，可用来拌制沥青砂浆和沥青混凝土，用于道路路面或车间地面等工程，部分牌号也可用于建筑工程。

建筑石油沥青在常温下较硬，软化点较高，在使用中不易发生软化流淌流等现象，广泛用于建筑屋面工程和地下防水工程等。

表 11-5　建筑石油沥青和普通石油沥青的技术标准

指标＼牌号	建筑石油沥青			普通石油沥青		
	40	30	10	75	65	55
针入度(25℃，100g)，1/10mm	36～50	26～35	10～25	75	65	55
延度，(25℃)(cm)，不小于	3.5	2.5	1.5	2	1.5	1
软化点(环球法)(℃)	>60	>75	>95	60	80	100
溶解度(三氯乙烯，四氯化碳或苯)，不小于	99.5	99.5	99.5	98	98	98
蒸发损失(163℃，5h)(%)，不大于	1	1	1	—	—	—
蒸发后针入度比(%)，不小于	65	65	65	—	—	—
闪点(开口)(℃)，不低于	230	230	230	230	230	230

普通石油沥青，由于含有害成分石蜡较多，因此温度敏感性越大，稳定性较差，粘性较小，塑性较差，故在工程中不宜单独使用，一般与建筑石油沥青掺和使用。

对于屋面工程用沥青材料，应主要考虑耐热性要求，软化点应比本地区屋面可能达到的最高温度高 20～25℃，如可选 10 号或 30 号石油沥青。对于不易受温度影响的部位或气温较低的地区，如地下防水防潮层，可选用牌号较大的沥青，如 60 号或 100 号沥青。

总之，在选用沥青材料时，应根据工程性质、当地气候条件、使用部位及施工方法来选择不同品种和不同牌号的沥青。在满足工程要求的技术性质的前提下，尽量选取牌号高的石油沥青，以保证有较长的使用年限(因牌号高的沥青含油分多，挥发变质所需时间较长)。

3. 石油沥青的掺配

在施工过程中，若采用一种沥青不能满足配置沥青胶所要求的软化点时，可用两种或三种不同标号的沥青按线性比例进行掺配估算，然后经过试配与调整，即可达到预期效果。

两种沥青掺配的比例可用下式估算：

$$Q_1 = \frac{T_2 - T}{T_2 - T_1} \times 100 \tag{11-1}$$

$$Q_2 = 100 - Q_1 \tag{11-2}$$

式中：Q_1——较软沥青用量(%)；
　　　Q_2——较硬沥青用量(%)；
　　　T——要求配置沥青的软化点(℃)；
　　　T_1——较软沥青的软化点(℃)；
　　　T_2——较硬沥青软化点(℃)。

如用三种沥青时，可先求出两种沥青的配比，然后再与第三种沥青进行配比计算。

11.2　其他沥青

11.2.1　煤沥青

煤沥青是将烟煤在隔绝空气条件下进行干馏而得到的副产品——煤焦油，再经蒸馏而

图 11.10 煤沥青

获得的产品,如图 11.10 所示。蒸馏温度低于 270℃ 所得的产品为液体或半固体,称为软煤沥青;蒸馏温度高于 270℃ 所得固态产品,称为硬煤沥青。

1. 煤沥青的组分

利用选择性溶解的组分分析法,可将煤沥青划分为几个化学性质、路用性能相近的组分,包括油分、软树脂、硬树脂和游离碳 4 个组分,油分又可以分为中性油、酚、萘和蒽。煤沥青各组分的组分特性见表 11-6。

表 11-6 煤沥青各组分的组分特性

化学组分		组分特性	对煤沥青性能的影响
游离碳		不溶于苯;加热不熔,高温分解	提高粘度和温度稳定性;增加低温脆性
树脂	硬树脂	类似石油沥青中的沥青质	提高沥青温度稳定性
	软树脂	赤褐色粘塑性物质,溶于氯仿	增加沥青延性
油分		溶于碳氢化合物	
萘		溶于油中,低温结晶析出,常温下易挥发,有毒性	影响低温变形能力,加速沥青老化
蒽			
酚		溶于油分及水,易氧化有毒性	加速沥青老化

2. 煤沥青的技术性质

煤沥青与石油沥青相比,在性质上存在以下差异。

(1) 温度稳定性较低。煤沥青中可溶性树脂含量较多,受热易软化溶于油分中。所以加热温度和时间都要严格控制,不宜反复加热,否则易引起性质急剧恶化。

(2) 大气稳定性差。煤沥青中不饱和碳氢化合物含量较多,易老化变质。

(3) 塑性较差。煤沥青中含较多的游离碳,受力易变形开裂,尤其是在低温条件下易变得脆硬。

(4) 与矿料粘附性好。煤沥青中含有较多的极性物质,它赋予煤沥青较高的表面活性,能与矿料很好粘附,可提高粘结强度。

(5) 有毒、有臭味、防腐能力强。煤沥青中含有酚、蒽等易挥发的有毒成分,施工时对人体有害,不宜用于城市道路和路面面层,但用于木材的防腐效果较好。

(6) 煤沥青密度比石油沥青大。

煤沥青与石油沥青外观相似,使用时应注意区分,表 11-7 为简易鉴别方法。

表 11-7 煤沥青与石油沥青的鉴别方法

鉴别方法	煤沥青	石油沥青
相对密度	>1.1(约为 1.25)	接近 1.0
锤击	音清脆,韧性差	音哑,富有弹性,韧性好

(续)

鉴别方法	煤沥青	石油沥青
燃烧	烟呈黄色,有刺激味	烟无色,无刺激性臭味
溶液颜色	用30~50倍汽油或煤油溶解后,将溶液滴于滤纸上,斑点分为内外两圈,呈内黑外棕或黄色	溶解方法同左,斑点完全散开呈棕色

11.2.2 乳化沥青

乳化沥青是将沥青热融,经过机械的作用,以细小的微滴状态分散于含有乳化剂的水溶液之中,形成水包油(O/W)状的沥青乳液。

乳化沥青不仅可用于路面的维修与养护,并可用于铺筑表面处治、贯入式、沥青碎石和乳化沥青混凝土等各种结构形式的路面,还可用于旧沥青路面的冷再生及防尘处理。

1. 乳化沥青的特点

(1) 可冷态施工,节约能源,减少环境污染。
(2) 常温下具有较好的流动性,能保证洒布的均匀性,可提高路面修筑质量。
(3) 采用乳化沥青,扩展了沥青路面的类型,如稀浆封层等。
(4) 乳化沥青与矿料表面具有良好工作性和粘附性,可节约沥青并保证施工质量。
(5) 可延长施工季节,低温多雨季节对其影响较小。

2. 乳化沥青的分类

乳化沥青的分类、检验标准和技术要求,不同国家规定各不相同。

我国根据实际情况和各国经验,按施工方法对乳液进行分类。乳化沥青分为3个部分:第一部分用P或B代表喷洒施工或拌和施工;第二部分用C、A和N代表阳离子、阴离子或非离子乳液;第三部分用1~3表示不同用途分类。阳离子乳化沥青可适用于各种集料品种,阴离子乳化沥青适用于碱性集料。表11-8为沥青乳液分类及其用途。

表11-8 乳化沥青分类及用途

类别	代号	用途
阳(阴)离子乳化沥青	PC-1 PA-1	表处、贯入式路面及下封层用
	PA-2 PC-2	透层油及基层养生用
	PC-3 PA-3	粘层油用
	BC-1 BA-1	稀浆封层或冷拌沥青混合料用
非离子乳化沥青	PN-2	透层油用
	PN-1	与水泥稳定集料同时使用(基层路拌或再生)

11.2.3　改性沥青

改性沥青是指向沥青中掺加改性剂，或采用对沥青氧化加工等措施，使沥青的路用性能得到改善而制成的沥青结合料。

通过对沥青材料的改性，可以改善以下几个方面的性能。

（1）提高高温抗变形能力，可以增强沥青路面的抗车辙性能。

（2）提高沥青的弹性性能，可以增强沥青的抗低温和抗疲劳开裂性能。

（3）提高沥青的抗老化能力，延长沥青路面的使用寿命。

（4）改善沥青与石料的粘附性。

1. 改性剂的种类

1）聚合物类改性剂

橡胶类。橡胶类改性剂包括天然橡胶(NR)、丁苯橡胶(SBR)、氯丁橡胶(CR)、丁二烯橡胶(BR)和乙丙橡胶(EPDM)等。其中，代表物丁苯橡胶的主要特性是高温稳定性、高弹性、高力学强度和高粘附性。

热塑性橡胶类。热塑性橡胶类改性剂包括苯乙烯-丁二烯嵌段共聚物(SBS)、苯乙烯-异戊二烯嵌段共聚物(SIS)等。SBS是用阳离子聚合方法制得的丁二烯-苯乙烯热塑性丁苯橡胶，有线型及星型两种，星型的改性效果优于线型。

树脂类。热塑性树脂，如聚乙烯(PE)、乙烯-乙酸乙烯共聚物(EVA)、无规聚丙烯(APP)、聚氯乙烯(PVC)及聚酰胺等；热固性树脂，如环氧树脂(EP)等。PE是高压低密度聚乙烯，它与国产多蜡沥青相容性较好，既可改善沥青高温稳定性，又可改善低温脆性，并且价格低廉，在我国使用范围较广。EVA的弹性与橡胶相似，但抗老化性能比橡胶好；EVA的密度和熔融指数与低密度聚乙烯相近，但柔软性、韧性、抗裂性、抗老化和抗光性能优于聚乙烯。EVA具有良好的热稳定性、较好的抗氧化稳定性、较宽的橡胶态温度区域、良好的耐低温特性和较强的耐水性。

2）纤维类改性剂

常用的纤维物质有各种人工合成纤维（如聚乙烯纤维和聚酯纤维）和矿质石棉纤维、土工布等。掺入纤维类改性剂后，沥青高温稳定性得到显著提高，并且低温抗拉强度也能得到改善，但须注意这类物质往往对人体健康有影响，须谨慎使用。

3）固体颗粒改性剂

固体颗粒改性剂主要有废橡胶粉、炭黑、高钙粉煤灰、火山灰和页岩粉等。这些固体颗粒的级配、表面性质和孔隙状态等都影响着沥青混合料的高温流变特性和低温变形能力。

4）硫磺类改性剂

硫磺在沥青中的链桥作用，可提高沥青的高温稳定性，但应采用"预熔法"，否则改善了高温稳定性，但低温抗裂性则明显降低。

5）粘附性改性剂

无机类。无机类粘附性改性剂水泥、石灰或电石渣。将这类改性剂预处理集料表面或直接加入沥青中，可提高沥青与集料的粘附性。

有机酸类。掺加各类合成高分子有机酸，可提高沥青活性。

重金属皂类。常用的有皂脚铁和环烷酸铝皂等，可降低沥青与集料的界面张力，改善粘附性。

合成化学抗剥剂。合成化学抗剥剂包括醚胺、醇胺类、烷基胺类和酰胺类等。这些高效低剂量抗剥剂对粘附性的改善效果较好，一般用于对粘附性要求很高的高等级路面，应用时须通过试验路段的试验。

6）耐老化改性剂

耐老化改性剂包括受阻酚和受阻胺等。但它们价格较为昂贵，目前常用的是炭黑。炭黑粒径小、表面积大，弥散于沥青中，可吸附沥青热氧化作用产生的游离基，阻止沥青老化的链式反应，并且炭黑又是一种屏蔽剂，能阻止紫外线进入，使光致老化作用受到抑制。

2. 常用聚合物改性沥青

1）热塑性橡胶类改性沥青

热塑弹性体品种牌号繁多，性能优异，其中热塑性丁苯橡胶（即 SBS）广泛用于沥青改性。SBS 改性沥青主要特点如下。

（1）温度高于 160℃后，改性沥青的粘度与原沥青基本相近，可与普通沥青一样拌和使用。

（2）温度低于 90℃后，改性沥青的粘度是原沥青的数倍，高温稳定性好，因而改性沥青混合料路面的抗车辙能力大大提高。

（3）改性沥青的低温延度、脆点较原沥青均有明显改善，因而改性沥青混合料的低温抗裂能力及疲劳寿命均明显提高。

2）橡胶类改性沥青

橡胶类改性材料用得最多的是丁苯橡胶（SBR）和氯丁橡胶（CR）。SBR 是较早开发的沥青改性剂。总体来说，SBR 改性沥青的热稳定性、延性以及粘附性，均较原沥青有所改善，并且热老化性能也有所提高。此外，还用 SBR 胶乳与沥青乳液制成水乳型建筑用防水涂料和改性乳化沥青用于道路路面工程。

3）热塑性树脂改性沥青

热塑性树脂是聚烯烃类高分子聚合物，多数是线状结晶物，加热时变软，冷却后变硬，因而能使沥青结合料的常温粘度增大，从而使高温稳定性增加，有利于提高沥青的强度和劲度，但与各种沥青调和时有一定的选择，热储存时分层较快，分散了的聚合物在熔点以下容易成团。常采用的品种有低密度聚乙烯（LDPE）和乙烯-醋酸乙烯酯共聚物（EVA）等。

4）热固性树脂改性沥青

热固性树脂品种有聚氨酯（PV）、环氧树脂（EP）和不饱和聚酯树脂（VP）等类，其中环氧树脂已应用于改性沥青。环氧树脂改性沥青的延伸性不好，但是强度很高，具有优越的抗永久变形能力，并具有特别高的耐燃料油和润滑油的能力，适用于公共汽车停靠站、加油站等。

11.3 沥青混合料

11.3.1 概述

1. 沥青混合料的定义

沥青混合料是矿质混合料(简称矿料)与沥青结合料拌和而成的混合料的总称,其中矿料起骨架作用,沥青与填料起胶结和填充作用。

图 11.11 沥青路面施工

沥青混合料经摊铺、压实成型后成为沥青路面,如图 11.11 所示,是现代道路路面的主要材料之一。

2. 沥青混合料的分类

1) 按矿质混合料的级配组成分类

(1) 连续密级配沥青混合料。按密级配原理设计组成的各种粒径颗粒的矿料与沥青结合料拌和而成,包括密实式沥青混凝土混合料(以 DAC 表示),设计空隙率为 3%～6%;密实式沥青稳定碎石混合料(以 ATB 表示),设计空隙率为 3%～6%。我国传统的 AC-Ⅰ型沥青混凝土混合料也属于此类型。

(2) 连续半开级配沥青混合料。由适当比例的粗集料、细集料及少量填料(或不加填料)与沥青结合料拌和而成,压实后剩余空隙率在 6%～12% 的半开式沥青碎石混合料(以 AM 表示)。

(3) 开级配沥青混合料。矿料级配主要由粗集料嵌挤组成,细集料及填料较少,经高粘度沥青结合料粘结形成的开级配沥青碎石混合料,设计空隙率大于 18%。典型类型如排水式沥青磨耗层混合料(以 OGFC 表示)和排水式沥青稳定碎石(以 ATPB 表示)。

(4) 间断级配沥青混合料。矿料级配组成中缺少 1 个或几个档次(或用量很少)而形成的沥青混合料,典型类型如沥青玛蹄脂碎石混合料(以 SMA 表示)。

2) 按矿料的最大粒径分类

集料最大粒径是指筛分试验中,通过百分率为 100% 的最小标准筛孔尺寸,集料公称最大粒径是指全部通过或允许少量不通过(一般容许筛余量不超过 10%)的最小一级标准筛筛孔尺寸,通常比最大粒径小一个粒级。例如,某混合料在 16mm 筛孔的通过率为 100%,在 13.2mm 筛孔上的筛余量小于 10%,则此集料的最大粒径为 16mm,公称最大粒径为 13.2mm。

根据集料的公称最大粒径,沥青混合料分为以下几种。

(1) 特粗式沥青混合料:集料公称最大粒径等于或大于 31.5mm 的沥青混合料。

(2) 粗粒式沥青混合料:集料公称最大粒径等于或大于 26.5mm 的沥青混合料。

(3) 中粒式沥青混合料:集料公称最大粒径等于 16mm 或 19mm 的沥青混合料。

(4) 细粒式沥青混合料:集料公称最大粒径等于 9.5mm 或 13.2mm 的沥青混合料。

(5) 砂粒式沥青混合料:集料公称最大粒径小于 9.5mm 的沥青混合料。

3) 按制造工艺分类

(1) 热拌沥青混合料:沥青和矿料在热态拌和、热态铺筑的混合料。

(2) 冷拌沥青混合料:以乳化沥青、液体沥青或改性乳化沥青与矿料在常温状态下拌制、铺筑的混合料。

(3) 再生沥青混合料:将需翻修或废弃的旧沥青路面,经翻挖、回收、破碎、筛分,与再生剂、新集料、新沥青材料等按一定的比例重新拌和,形成具有一定路用性能的再生沥青混合料。可以采用冷再生,也可以采用热再生技术。

3. 沥青混合料的特点

(1) 优良的结构力学性能和表面功能特性。一般沥青路面均具有良好的受力特性;路面平整、无裂缝或接缝、柔韧舒适、货物损失率低、噪声小等优点。

(2) 表面抗滑性能好。沥青路面既平整、表面又粗糙,有一定的粗、细纹理构造,能保证车辆高速安全行驶。

(3) 施工方便。沥青路面可以集中拌和(厂拌)、机械化施工(摊铺、碾压等),完全可以实现大面积施工,质量能够得以保障,开放交通早。

(4) 经济耐久性好。与水泥路面相比,沥青路面一次性投资要低得多,但其使用寿命一般在高速公路和机场道面中以 15 年计,实际使用中只要施工质量好、养护保养及时,有的可以使用 20 年。

(5) 便于再生利用。沥青再生利用已成为发达国家一项热门的可持续发展和能源再生利用的新型课题,我国目前也在进行这方面的研究和技术开发;可以有利于分期修建。

(6) 其他。如抗震性好、日照下不反射引起眩光、晴天无扬尘、雨后不泥泞等。

由于具有上述特点,所以沥青混合料广泛应用于各种道路路面。

11.3.2 沥青混合料的组成结构

1. 组成结构的理论

沥青混合料是一种复杂的多种成分的材料,主要由沥青、粗集料、细集料、矿粉填料和外加剂(如抗剥离剂、抗老化剂及聚合物改性剂等)组成。随着混合料组成结构研究的深入,对沥青混合料的组成结构有下列两种互相对立的理论。

1) 表面理论

传统的表面理论认为混合料是由粗、细集料和填料组配而成的矿质骨架和沥青组成,沥青分布在矿质骨料表面,将矿质骨料胶结成具有强度的整体。

2）胶浆理论

近代胶浆理论认为混合料是一种多级空间网状结构的分散系，以粗集料为分散相分散在沥青砂浆中形成粗分散系，而沥青砂浆是由细集料为分散相分散到沥青胶浆中的细分散系，沥青胶浆则以填料为分散相分散在沥青介质中形成的微分散系。在这种多级分散体系中，因沥青胶浆最为基础也最为重要，因此沥青胶浆的组成结构决定了沥青混合料的高低温变形能力。

胶浆理论主要研究矿粉的矿物组成、矿粉级配（尤其是小于 0.075mm 的成分）、沥青与矿粉间的交互作用，特别强调采用高稠度的沥青、大的沥青用量和间断级配的矿质混合料。

2. 沥青混合料的组成结构

沥青混合料的组成结构通常按其矿质混合料的组成分为悬浮-密实结构、骨架-空隙结构、骨架-密实结构 3 大类，如图 11.12 所示。

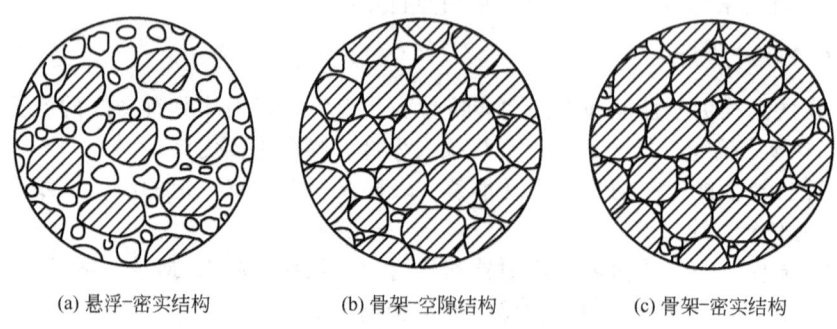

(a) 悬浮-密实结构　　(b) 骨架-空隙结构　　(c) 骨架-密实结构

图 11.12　沥青混合料的结构类型

1）悬浮-密实结构

采用连续级配，矿料颗粒连续存在，而且细集料含量较多，将较大颗粒挤开，使大颗粒不能形成骨架，而较小颗粒与沥青胶浆比较充分，将空隙填充密实，使大颗粒悬浮于较小颗粒与沥青胶浆之间，形成"悬浮-密实"结构。

该结构的大颗粒未形成骨架，内摩擦力较小；小颗粒与沥青胶浆含量充分，粘结力较大。由于压实后密实度大，该类混合料水稳定性、低温抗裂性和耐久性较好；但其高温性能对沥青的品质依赖性较大，沥青粘度降低，往往导致混合料高温稳定性变差。按照连续密级配原理设计的 DAC 型沥青混合料是典型的这种悬浮-密实结构。

2）骨架-空隙结构

采用连续开级配，粗集料含量高，彼此相互接触形成骨架；但细集料含量很少，不能充分填充粗集料件的空隙，形成所谓的"骨架-空隙"结构。

该结构的大颗粒形成骨架，内摩擦力较大；小颗粒与沥青胶浆含量不充分，粘结力较低。由于粗集料的骨架作用，使之高温稳定性好；而细集料含量少，空隙未能充分填充，耐水害、抗疲劳和耐久性能较差，所以一般要求采用高粘稠沥青，以防止沥青老化和剥落。沥青碎石（AM）和开级配磨耗层沥青混合料（OGFC）是典型的骨架-空隙结构。

3) 骨架-密实结构

采用间断级配，粗、细集料含量较高，中间料含量很少，使得粗集料能形成骨架，细集料和沥青胶浆又能充分填充骨架间的空隙，形成"骨架-密实"结构。

由于粗集料的骨架作用，其内摩擦力较大；小颗粒与沥青胶浆含量充分，粘结力也较大，综合力学性能较优。该类混合料高低温性能均较好，具有较强的疲劳耐久特性；但间断级配在施工拌和过程中易产生离析现象，施工质量难以保证，使得混合料很难形成"骨架-密实"结构。随着施工技术的发展，这类结构得以普遍使用，但一定防止混合料拌和生产、运输和摊铺等施工过程中防止混合料产生离析。沥青玛蹄脂碎石混合料（SMA）即是骨架-密实结构。

11.3.3 沥青混合料的技术性质和技术标准

1. 沥青混合料的技术性质

沥青路面在使用中要承受车辆荷载的反复作用，以及环境因素的长期影响，沥青混合料应具备多方面的技术性质，才能使沥青路面获得良好的路用性能。

1) 高温稳定性

沥青混合料的高温稳定性是指沥青混合料在高温（通常为60℃）条件下，能够抵抗车辆荷载的反复作用，不产生车辙、波浪等病害的性能。

我国现行标准《公路沥青路面施工技术规范》（JTG F40—2004）规定，采用马歇尔稳定度试验评定沥青混合料高温稳定性；对于高速公路、一级公路、城市快速路、主干路用沥青混合料，还应通过车辙试验检验其抗车辙能力。

(1) 马歇尔稳定度试验。将沥青混合料制成直径为101.6mm、高为63.5mm的圆柱体试件，在高温（60℃）的条件下，保温30～40min，然后将试件放置于马歇尔稳定度试验仪（图11.13）上，以50mm/min±5mm/min的形变速度加荷，直至试件破坏，同时测定稳定度（MS）、流值（FL）和马歇尔模数（T）这3项指标。

稳定度是在规定的加载速率条件下试件破坏前所能承受的最大荷载（kN）；流值是达到最大破坏荷载时试件的垂直变形（以0.1mm计）；而马歇尔模数为稳定度除以流值的商，即

图11.13 马歇尔稳定度试验仪

$$T = \frac{MS}{FL} \tag{11-3}$$

式中：T——马歇尔模数（kN/mm）；

MS——稳定度（kN）；

FL——流值（mm）。

马歇尔稳定度越大、流值越小，说明高温稳定性越高。而马歇尔模数有关学者则认为

与车辙深度有一定的相关性,马歇尔模数越大,车辙深度越小。

(2) 车辙试验。相关标准规定,对于高速公路、一级公路和城市快速路、主干路沥青路面的上面层和中面层的沥青混合料,在用马歇尔试验进行配合比设计时必须采用车辙试验对沥青混合料的抗车辙能力进行检验。检验结果不满足要求时,应对矿料级配或沥青用量进行调整,重新进行配合比设计。

采用标准方法成型沥青混合料板状试件(300mm×300mm×50mm),在规定的温度条件下(一般为60℃),试验轮以42次/分钟±1次/分钟的频率,沿着试件表面同一轨迹上反复行走,试验轮在试件表面反复作用下将形成一定的车辙深度。

用动稳定度(产生1mm车辙变形所需试验轮的行走次数)评价沥青混合料的抗车辙能力,我国现行规范的计算方法:在试验变形曲线的直线段上,求取$45\min(t_1)$、$60\min(t_2)$的对应车辙变形d_1和d_2。当车辙变形过大,在未到60min变形已达25mm时,则以达到$25mm(d_2)$时的时间为t_2,将其前15min的时间为t_1,此时的变形记为d_1,则动稳定度DS可按下式计算:

$$DS = \frac{(t_2-t_1)\times 42}{d_2-d_1}\times c_1 \times c_2 \tag{11-4}$$

式中:DS——沥青混合料动稳定度(次/分钟);

t_1,t_2——试验时间,通常为45min和60min;

d_1,d_2——试验时间t_1和t_2对应的表面变形量(mm);

42——每分钟行走次数(次/分钟);

c_1,c_2——试验机或试样修正系数,试验室制备的宽300mm的试件为1.0,从路面切割的宽150mm的试件为0.8。

2) 低温抗裂性

沥青混合料抵抗低温收缩裂缝的能力称为低温抗裂性。

由于沥青混合料随着温度的降低,通常会变硬变脆,劲度增大,变形能力下降,在温度下降所产生的温度应力和外界荷载应力的作用下,路面内部分应力来不及松弛,应力逐渐累积下来,这些累积应力超过材料的抗拉强度时即发生开裂,从而会导致沥青混合料路面的破坏,所以沥青混合料在低温时应具有较低的劲度和较大的抗变形能力来满足低温抗裂性能。

沥青混合料路面的低温收缩开裂主要有两种形式:一种是由于气温骤降造成材料低温收缩;另一种形式是低温收缩疲劳裂缝。

沥青混合料低温抗裂性目前仍处于研究阶段。我国现行规范建议采用低温线收缩系数试验、低温弯曲试验及低温劈裂试验评价沥青混合料的低温抗裂性能。根据《公路沥青路面施工技术规范》(JTG F40—2004)规定,沥青混合料配合比设计的低温抗裂性能采用的是低温弯曲试验。将轮辗成型后切制的30mm×35mm×250mm的棱柱体小梁试件(跨径200mm)按50mm/min的加载速度在跨中施加集中荷载至断裂破坏。由破坏时的最大荷载求得试件的抗弯强度,由破坏时的跨中挠度求得沥青混合料的破坏弯拉应变,两者之比值为破坏时的弯曲劲度模量。

3) 耐久性

沥青混合料的耐久性是指沥青混合料在使用中抵抗外界各种因素(如阳光、空气、水和车辆荷载等)的长期作用,保持原有的性质的能力,主要包括抗老化性、水稳性和抗疲劳性等。

(1) 沥青混合料的抗老化性。在沥青混合料使用过程中，受到空气中氧、水和紫外线等介质的作用，促使沥青发生诸多复杂的物理或化学变化，逐渐老化或硬化，致使沥青混合料变脆易裂，从而导致沥青路面出现各种裂纹或裂缝。

沥青混合料老化与外界环境因素和压实空隙率有关。在气候温暖、日照时间较长的地区，沥青的老化速率快，而在气温较低、日照时间短的地区，沥青的老化速率相对较慢。沥青混合料的空隙率越大，环境介质对沥青的作用就越强烈，其老化程度也越高。因此从耐老化角度考虑，应增加沥青用量，降低沥青混合料的空隙率，以防止水分渗入并减少阳光对沥青材料的老化作用。

(2) 沥青混合料的水稳定性。水能使沥青与矿料分离，并使可溶性化合物溶解流失，使沥青混合料强度降低。渗入混合料中的水分还会使路面体积膨胀，干燥后路面又再收缩，反复循环导致路面开裂。松散的集料颗粒被滚动的车轮带走，在路表形成独立的大小不等的坑槽，即所谓的沥青路面"水损害"。

沥青与矿料的粘附性试验有水煮法和静态水浸法等。沥青混合料的水稳定性试验方法有浸水马歇尔试验和冻融劈裂试验等。

4) 抗滑性

随着现代高速公路的发展，对沥青路面的抗滑性提出了更高要求。为保证长期高速行车安全，配料时要特别注意粗集料的耐磨光性，应选择硬质有棱角的集料。但表面粗糙、坚硬耐磨的集料多为酸性集料，与沥青粘附性不好，应掺加抗剥剂或采用石灰水处理集料表面等。

沥青用量对抗滑性的影响非常敏感，沥青用量超过最佳用量时的 0.5% 即可使抗滑系数明显降低。

含蜡量对沥青混合料抗滑性也有明显影响，我国现行行业标准《道路石油沥青技术要求》(JTG F40—2004) 中提出，A 级沥青含蜡量应不大于 2.2%，B 级沥青不大于 3.0%，C 级则不大于 4.5%。

5) 施工和易性

沥青混合料应具备良好的施工和易性，能够在拌和、摊铺与碾压过程中，集料颗粒保持分布均匀，表面被沥青膜完整地裹覆，并能被压实到规定的密度，这是保证沥青使用质量的必要条件。

影响施工和易性的主要材料因素是矿料的级配、沥青的用量和矿粉的质量。粗细集料的大小相距过大时，混合料易分层、离析；细料太少，粗集料表面不容易形成沥青砂浆层，细料过多，则拌和困难。沥青用量过少，或矿粉用量过多，混合料容易疏松，不易压实；沥青用量过多，或矿粉质量不好，则混合料容易结团，不易摊铺。

此外，气候情况、机械性能、施工能力等外部条件也不同程度地影响施工和易性，应结合施工方式和施工条件给予考虑。

2. 沥青混合料的技术标准

1) 马歇尔试验技术标准

普通热拌沥青混合料，采用马歇尔试验方法进行配合比设计。在进行配合比设计时，沥青混合料马歇尔试件的体积特征参数、稳定度与流值试验结果应符合表 11-9 和表 11-10 的技术要求。

表 11-9 密级配沥青混凝土马歇尔试验技术标准

（本表适用于公称最大粒径≤26.5mm的密级配沥青混凝土混合料）

试验指标		单位	高速公路、一级公路				其他等级公路	行人道路
			夏炎热区（1-1、1-2、1-3、1-4区）		夏热区及夏凉区（2-1、2-2、2-3、2-4、3-2区）			
			中轻交通	重载交通	中轻交通	重载交通		
击实次数（双面）		次	75				50	50
试件尺寸		mm	$\phi 101.6mm \times 63.5mm$					
空隙率 VV	深90mm以内（%）		3~5	4~6	2~4	3~5	3~6	2~4
	深90mm以下（%）		3~6		2~4	3~6	3~6	—
稳定度 MS 不小于		kN	8				5	3
流值 FL		mm	2~4	1.5~4	2~4.5	2~4	2~4.5	2~5
矿料间隙率 VMA（%） 不小于	设计空隙率（%）	相应于以下公称最大粒径(mm)的最小 VMA 及 VFA 技术要求(%)						
		26.5	19	16	13.2	9.5	4.75	
	2	10	11	11.5	12	13	15	
	3	11	12	12.5	13	14	16	
	4	12	13	13.5	14	15	17	
	5	13	14	14.5	15	16	18	
	6	14	15	15.5	16	17	19	
沥青饱和度 VFA（%）			55~70		65~75		70~85	

注：1. 对空隙率大于5%的夏炎热区重载交通路段，施工时应至少提高压实度1%。
2. 当设计的空隙率不是整数时，由内插确定要求的 VMA 最小值。
3. 对改性沥青混合料，马歇尔试验的流值可适当放宽。

表 11-10 沥青稳定碎石混合料马歇尔试验配合比设计技术标准

试验指标	单位	密级配基层（ATB）		半开级配面层（AM）	排水式开级配磨耗层（OGFC）	排水式开级配基层（ATPB）
公称最大粒径	mm	26.5mm	等于或大于31.5mm	等于或小于26.5mm	等于或小于26.5mm	所有尺寸
马歇尔试件尺寸	mm	$\phi 101.6mm \times 63.5mm$	$\phi 152.4mm \times 95.3mm$	$\phi 101.6mm \times 63.5mm$	$\phi 101.6mm \times 63.5mm$	$\phi 152.4mm \times 95.3mm$
击实次数（双面）	次	75	112	50	50	75
空隙率 VV*（%）		3~6		6~10	不小于18	不小于18
稳定度，不小于	kN	7.5	15	3.5	3.5	—
流值	mm	1.5~4	实测	—	—	—

(续)

试验指标	单位	密级配基层(ATB)		半开级配面层(AM)	排水式开级配磨耗层(OGFC)	排水式开级配基层(ATPB)
沥青饱和度VFA(%)		55~70		40~70	—	—
密级配基层ATB的矿料间隙率VMA不小于(%)	设计空隙率(%)	ATB-40		ATB-30		ATB-25
	4	11		11.5		12
	5	12		12.5		13
	6	13		13.5		14

注：* 表示在干旱地区，可将密级配沥青稳定碎石基层的空隙率适当放宽到8%。

2) 沥青混合料的高温稳定性指标

对用于高速公路、一级公路和城市快速路、主干路沥青路面上面层和中面层的沥青混合料进行配合比设计时，应进行车辙试验检验。

沥青混合料车辙试验的动稳定度应符合表11-11的要求。对于交通量特别大，超载车辆特别多的运煤专线和厂矿道路，可以通过提高气候分区等级来提高对动稳定度的要求。对于以轻型交通为主的旅游区道路，可以根据情况适当降低要求。

表11-11 沥青混合料车辙试验动稳定度技术要求

气候条件与技术指标		相应于下列气候分区所要求的动稳定度(次/毫米)							
七月平均最高气温(℃)及气候分区		>30				20~30			<20
		1. 夏炎热区				2. 夏热区			3. 夏凉区
		1-1	1-2	1-3	1-4	2-1	2-2	2-3	2-4	3-2
普通沥青混合料	不小于	800		1000		600		800	600
改性沥青混合料	不小于	2400		2800		2000		2400	1800
SMA混合料	非改性 不小于	1500							
	改性 不小于	3000							
OGFC混合料		1500(一般交通路段)、3000(重交通量路段)							

注：1. 如果其他月份的平均最高气温高于七月时，可使用该月平均最高气温。
   2. 在特殊情况下，如钢桥面铺装、重载车特别多或纵坡较大的长距离上坡路段、厂矿专用道路，可酌情提高动稳定度的要求。
   3. 对因气候寒冷确需使用针入度很大的沥青(如大于100)，动稳定度难以达到要求，或因采用石灰岩等不很坚硬的石料，改性沥青混合料的动稳定度难以达到要求等特殊情况，可酌情降低要求。
   4. 为满足炎热地区及重载车要求，在配合比设计时采取减少最佳沥青用量的技术措施时，可适当提高试验温度或增加试验荷载进行试验，同时增加试件的碾压成型密度和施工压实度要求。
   5. 车辙试验不得采用二次加热的混合料，试验必须检验其密度是否符合试验规程的要求。
   6. 如需要对公称最大粒径等于和大于26.5mm的混合料进行车辙试验，可适当增加试件的厚度，但不宜作为评定合格与否的依据。

3）沥青混合料的水稳定性指标

沥青混凝土混合料应具有良好的水稳定性。在进行沥青混合料配合比设计及性能评价时，其浸水马歇尔试验和冻融劈裂试验应符合表11-12的要求，达不到要求时必须采取抗剥落措施，调整最佳沥青用量后再次试验。

表11-12 沥青混合料水稳定性检验技术要求

气候条件与技术指标		相应于下列气候分区的技术要求（%）			
年降雨量(mm)及气候分区		>1000	500～1000	250～500	<250
		1. 潮湿区	2. 湿润区	3. 半干区	4. 干旱区
浸水马歇尔试验残留稳定度(%)不小于					
普通沥青混合料		80		75	
改性沥青混合料		85		80	
SMA混合料	普通沥青	75			
	改性沥青	80			
冻融劈裂试验的残留强度比(%)不小于					
普通沥青混合料		75		70	
改性沥青混合料		80		75	
SMA混合料	普通沥青	75			
	改性沥青	80			

4）沥青混合料的低温抗裂性指标

对密级配沥青混合料应进行-10℃、加载速率50mm/min的弯曲试验，测定破坏强度、破坏应变、破坏劲度模量，并根据应力应变曲线的形状，综合评价沥青混合料的低温抗裂性能。其中沥青混合料的破坏应变宜满足表11-13的要求。

表11-13 沥青混合料低温弯曲试验破坏应变技术要求

气候条件与技术指标	相应于下列气候分区所要求的破坏应变（$\mu\varepsilon$）							
年极端最低气温(℃)及气候分区	<-37.0		-37.0～-21.5			-21.5～-9.0		>-9.0
	1. 冬严寒区		2. 冬寒区			3. 冬冷区		4. 冬温区
	1-1	2-1	1-2	2-2	3-2	1-3	2-3	1-4	2-4
普通沥青混合料 不小于	2600		2300			2000		
改性沥青混合料 不小于	3000		2800			2500		

5）沥青混合料渗水试验的要求

利用轮碾机成型的车辙试件，脱模架起进行渗水试验，符合表11-14的要求。

表11-14 沥青混合料试件渗水系数技术要求

级配类型		渗水系数要求(mL/min)	级配类型		渗水系数要求(mL/min)
密级配沥青混凝土	不大于	120	OGFC混合料	不小于	实测
SMA混合料	不大于	80			

11.3.4 沥青混合料的配合比设计

沥青混合料配合比设计的任务就是通过确定粗集料、细集料、矿粉和沥青之间的比例关系，使沥青混合料的各项指标达到工程要求。

沥青混合料配合比设计包括目标配合比设计、生产配合比设计和生产配合比验证(试验路试铺阶段)3个阶段。生产配合比设计和生产配合比验证是在目标配合比设计的基础上进行的，需借助施工单位的拌和设备、摊铺和碾压设备完成。只有通过这3个阶段的配合比设计，才能真正提出工程上实际使用的沥青混合料配合比。

1. 沥青混合料的组成材料

1) 沥青

沥青是沥青混合料中重要的组成材料，其性能直接影响沥青混合料的各种技术性质。沥青路面所用沥青等级应根据气候条件、沥青混合料类型、道路类型、交通性质、路面类型、施工方法以及当地经验，经技术论证后确定。

在使用条件相同的情况下，粘度较大的粘稠沥青所配制的混合料具有较高的力学强度和稳定性，但如果粘度过高，则沥青混合料的低温变形能力较差，沥青路面容易产生裂缝；反之，采用粘度较低的沥青所配制的混合料在低温时具有较好的变形能力，但在夏季高温时往往会由于稳定性不足使沥青路面产生较大变形。因此，在选择沥青等级时，必须考虑环境温度对沥青混合料的作用。通常，在夏季温度高或高温持续时间长的地区，应采用粘度高的沥青；而在冬季寒冷地区，则宜采用稠度低、低温劲度较小的沥青。对于日温差较大的地区还应考虑选择针入度较大、感温性较低的沥青。

2) 粗集料

沥青混合料用粗集料应该洁净、干燥、表面粗糙、形状接近立方体，且无风化、不含杂质，具有足够的强度、耐磨耗性。粗集料的质量应符合表11-15的要求。用于高速公路、一级公路、城市快速道路、主干路沥青路面表层的粗集料应该选用坚硬、耐磨、抗冲击性好的碎石或破碎砾石，不得使用筛选砾石、矿渣及软质集料。该类粗集料应符合表11-16对磨光值和粘附性的要求。当坚硬石料来源缺乏时，允许掺加一定比例较小粒径的普通粗集料，掺加比例根据试验确定。在以骨架原则设计的沥青混合料中不得掺加其他粗集料。

破碎砾石应采用粒径大于50mm的颗粒轧制，破碎前必须清洗，含泥量不得大于1%，破碎砾石的破碎面应符合表11-17的要求。钢渣作为粗集料时，仅限于三级及三级以下公路和次干路以下的城市道路，并应经过试验论证取得许可后使用。钢渣破碎后应有6个月以上的存放期，除吸水率允许适当放宽外，各项指标应符合表11-15的要求。

表11-15 沥青混合料用粗集料质量技术要求

指 标		高速公路及一级公路		其他等级公路
		表面层	其他层次	
石料压碎值(%)	不大于	26	28	30
洛杉矶磨耗损失(%)	不大于	28	30	35

(续)

指　　标		高速公路及一级公路		其他等级公路
		表面层	其他层次	
表观相对密度(t/m³)	不小于	2.60	2.50	2.45
吸水率(%)	不大于	2.0	3.0	3.0
坚固性(%)	不大于	12	12	—
针片状颗粒含量(混合料)(%)	不大于	15	18	20
其中粒径大于9.5mm(%)	不大于	12	15	—
其中粒径小于9.5mm(%)	不大于	18	20	—
水洗法<0.075mm颗粒含量(%)	不大于	1	1	1
软石含量(%)	不大于	3	5	5

注：1. 坚固性试验可根据需要进行。
　　2. 用于高速公路、一级公路时，多孔玄武岩的视密度可放宽至2.45t/m³，吸水率可放宽至3%，但必须得到建设单位的批准，且不得用于SMA路面。
　　3. 对S14即3～5规格的粗集料，针片状颗粒含量可不予要求，小于0.075mm含量可放宽到3%。

表11-16　粗集料与沥青的粘附性、磨光值的技术要求

雨量气候区	1(潮湿区)	2(湿润区)	3(半干区)	4(干旱区)
年降雨量(mm)	>1000	1000～500	500～250	<250
粗集料的磨光值PSV　不小于 高速公路、一级公路表面层	42	40	38	36
粗集料与沥青的粘附性　不小于 高速公路、一级公路表面层 高速公路、一级公路的其他层 次及其他等级公路的各个层次	5 4	4 4	4 3	3 3

表11-17　粗集料对破碎面的要求

路面部位或混合料类型	具有一定数量破碎面颗粒的含量(%)	
	1个破碎面	2个或2个以上破碎面
沥青路面表面层 　高速公路、一级公路 　其他等级公路	100 80	90 60
沥青路面中下面层、基层 　高速公路、一级公路 　其他等级公路	90 70	80 50
SMA混合料	100	90
贯入式路面	80	60

在高速公路、一级公路、城市快速路和主干路沥青路面中，需要使用坚硬的粗集料，当使用花岗岩、石英岩等酸性岩石轧制的粗集料时，若达不到表 11-16 对粗集料与沥青粘附性等级的要求，必须采取抗剥落措施：使用高粘度沥青；用干燥的磨细消石灰、生石灰粉或水泥作为填料的一部分，其用量宜为矿料总量的 1%~2%，改善沥青与石料的粘附性；在沥青中掺加抗剥落剂；将粗集料用石灰浆处理后使用。

粗集料的粒径规格应按照表 11-18 进行生产和选用。如果一档粗集料不符合表 11-18 的规格，但确认与其他集料组配后的合成级配符合设计级配的要求时，也可以使用。

表 11-18 沥青混合料用粗集料规格

规格名称	公称粒径(mm)	通过下列筛孔(mm)的质量百分率(%)											
		106	75	63	53	37.5	31.5	26.5	19.0	13.2	9.5	4.75	2.36	0.6
S1	40~75	100	90~100	—	—	0~15	—	0~5						
S2	40~60		100	90~100	—	0~15	—	0~5						
S3	30~60		100	90~100	—	—	0~15	—	0~5					
S4	25~50			100	90~100	—	—	0~15	—	0~5				
S5	20~40				100	90~100	—	—	0~15	—	0~5			
S6	15~30					100	90~100	—	—	0~15	—	0~5		
S7	10~30					100	90~100	—	—	—	0~15	0~5		
S8	10~25						100	90~100	—	0~15	—	0~5		
S9	10~20							100	90~100	—	0~15	0~5		
S10	10~15								100	90~100	0~15	0~5		
S11	5~15								100	90~100	40~70	0~15	0~5	
S12	5~10									100	90~100	0~15	0~5	
S13	3~10									100	90~100	40~70	0~20	0~5
S14	3~5										100	90~100	0~15	0~3

3) 细集料

用于拌制沥青混合料的细集料，可以采用天然砂、机制砂或石屑。细集料应洁净、干燥、无风化、不含杂质，并有适当的级配范围。细集料的物理力学指标要求见表 11-19。细集料应与沥青有良好的粘结能力，在高速公路、一级公路、城市快速路、主干路沥青面层使用与沥青粘结性能差的天然砂或用花岗岩、石英岩等酸性岩石破碎的人工砂及石屑时，应采取前述粗集料的抗剥离措施对细集料进行处理。在高速公路、一级公路、城市快速路和主干路沥青路面面层及抗滑磨耗层中，所用石屑总量不宜超过天然砂或机制砂的用量。

表 11-19 沥青混合料用细集料质量要求

项 目	单 位		高速公路、一级公路	其他等级公路
表观相对密度	不小于	t/m^3	2.50	2.45
坚固性（>0.3mm 部分）(%)	不小于		12	—
含泥量（小于 0.075mm 的含量）(%)	不大于		3	5
砂当量(%)	不小于		60	50
亚甲蓝值	不大于	g/kg	25	—
棱角性（流动时间）	不小于	s	30	—

注：坚固性试验可根据需要进行。

天然砂宜采用河砂或海砂，当使用山砂时应经过清洗。天然砂的规格应符合表 11-20 的规定，经筛洗法测定的砂中小于 0.075mm 颗粒含量不得大于 3%（高速公路、一级公路、城市快速路、主干路）和 5%（其他等级道路）。

表 11-20 沥青混合料用天然砂规格

筛孔尺寸 (mm)	通过各孔筛的质量百分率 (%)		
	粗砂	中砂	细砂
9.5	100	100	100
4.75	90～100	90～100	90～100
2.36	65～95	75～90	85～100
1.18	35～65	50～90	75～100
0.6	15～30	30～60	60～84
0.3	5～20	8～30	15～45
0.15	0～10	0～10	0～10
0.075	0～5	0～5	0～5

石屑是采石场破碎石料时通过 4.75mm 或 2.36mm 的筛下部分。它与机制砂有着本质的不同，是石料加工破碎过程中表面剥落或撞下的边角，强度一般较低，且针片状含量较高，在沥青混合料的使用过程中还会进一步细化。所以，在生产石屑的过程中应特别注意，避免山体覆盖层或夹层的泥土混入石屑。

石屑规格应符合表 11-21 的要求。不得使用泥土、细粉、细薄碎片颗粒含量高的石屑，砂当量应符合表 6-6 的要求。对于高速公路、一级公路、城市快速路和主干路，应将石屑加工成 S14(3～5mm) 和 S16(0～3mm) 两档使用，在细集料中石屑含量不宜超过总量的 50%。

表 11-21　沥青混合料用机制砂或石屑规格

规格	公称粒径(mm)	水洗法通过各筛孔的质量百分率(%)							
		9.5	4.75	2.36	1.18	0.6	0.3	0.15	0.075
S15	0～5	100	90～100	60～90	40～75	20～55	7～40	2～20	0～10
S16	0～3		100	80～100	50～80	25～60	8～45	0～25	0～15

注：当生产石屑采用喷水抑制扬尘工艺时，应特别注意含粉量不得超过表中要求。

4）填料

填料在沥青混合料中的作用非常重要，沥青混合料主要是依靠沥青与矿粉的交互作用形成较高粘结力的沥青胶浆，将细集料结合成一个整体。用于沥青混合料的填料最好采用石灰岩或岩浆岩中的强基性岩石等憎水性石料经磨细得到的矿粉，生产矿粉的原石料中泥土杂质应清除。矿粉要求干燥、洁净，能自由地从石粉仓中流出，其质量应符合表 11-22 的要求。

表 11-22　沥青混合料用矿粉质量要求

项　目		单　位	高速公路、一级公路	其他等级公路
表观相对密度	不小于	t/m³	2.50	2.45
含水量(%)	不大于		1	1
粒度范围(%)	<0.6mm <0.15mm <0.075mm		100 90～100 75～100	100 90～100 70～100
外观			无团粒结块	
亲水系数			<1	
塑性指数			<4	
加热安定性			实测记录	

在拌和厂采用干法除尘回收的粉尘可以代替一部分矿粉使用。湿法除尘得到的回收粉尘应干燥粉碎处理，且不得含有杂质。回收粉尘的用量不得超过填料总量的 25%，掺有回收粉尘填料的塑性指数不得大于 4%，其余质量要求与矿粉相同。

粉煤灰作为填料使用时，其烧失量应小于 12%，与矿粉混合后的塑性指数应小于 4%，其余质量要求与矿粉相同。粉煤灰的用量不宜超过填料总量的 50%，并应经试验确认与沥青有良好的粘结力，且沥青混合料的水稳定性能应满足要求。高速公路、一级公路和城市快速路、主干路的沥青混凝土面层不宜采用粉煤灰作填料。

为了改善沥青混合料水稳定性，可以采用干燥的磨细生石灰粉、消石灰粉或水泥作填料，其用量不宜超过矿料总量的 1%～2%。

2. 目标配合比设计

目标配合比设计分为矿质混合料配合组成和沥青最佳用量确定两部分。密级配沥青混合料目标配合比设计采用马歇尔试验配合比设计方法。

1) 矿质混合料配合组成设计

(1) 选择热拌沥青混合料种类。热拌沥青混合料(HMA)适用于各种等级公路的沥青路面。其种类按集料公称最大粒径、矿料级配、空隙率划分，分类见表11-23。

表11-23 热拌沥青混合料种类

混合料类型	密级配			开级配		半开级配	公称最大粒径(mm)	最大粒径(mm)
	连续配		间断配	间断配		沥青稳定碎石		
	沥青混凝土	沥青稳定碎石	沥青玛蹄脂碎石	排水式沥青磨耗层	排水式沥青碎石基层			
特粗式	—	ATB-40	—	—	ATPB-40	—	37.5	53.0
粗粒式	—	ATB-30	—	—	ATPB-30	—	31.5	37.5
	AC-25	ATB-25	—	—	ATPB-25	—	26.5	31.5
中粒式	AC-20	—	SMA-20	—	—	AM-20	19.0	26.5
	AC-16	—	SMA-16	OGFC-16	—	AM-16	16.0	19.0
细粒式	AC-13	—	SMA-13	OGFC-13	—	AM-13	13.2	16.0
	AC-10	—	SMA-10	OGFC-10	—	AM-10	9.5	13.2
砂粒式	AC-5	—	—	—	—	AM-5	4.75	9.5
设计空隙率*(%)	3～5	3～6	3～4	>18	>18	6～12		

注：*表示空隙率可按配合比设计要求适当调整。

各层沥青混合料应满足所在层位的功能性要求，便于施工，不容易离析。各层应连续施工并联结成为一个整体。当发现混合料结构组合及级配类型的设计不合理时应进行修改、调整，以确保沥青路面的使用性能。

沥青面层集料的最大粒径宜从上至下逐渐增大，并应与压实层厚度相匹配。对热拌热铺密级配沥青混合料，沥青层一层的压实厚度不宜小于集料公称最大粒径的2.5～3倍，对SMA和OGFC等嵌挤型混合料不宜小于公称最大粒径的2～2.5倍，以减少离析，便于压实。

(2) 确定工程设计级配范围。沥青混合料的矿料级配应符合工程规定的设计级配范围。密级配沥青混合料宜根据公路等级、气候及交通条件按表11-24选择采用粗型(C型)或细型(F型)混合料，并在表11-25范围内确定工程设计级配范围，通常情况下工程设计级配范围不宜超出表11-25的要求。

表 11-24 粗型和细型密级配沥青混凝土的关键性筛孔通过率

混合料类型	公称最大粒径(mm)	用以分类的关键性筛孔(mm)	粗型密级配 名称	关键性筛孔通过率(%)	细型密级配 名称	关键性筛孔通过率(%)
AC-25	26.5	4.75	AC-25C	<40	AC-25F	>40
AC-20	19	4.75	AC-20C	<45	AC-20F	>45
AC-16	16	2.36	AC-16C	<38	AC-16F	>38
AC-13	13.2	2.36	AC-13C	<40	AC-13F	>40
AC-10	9.5	2.36	AC-10C	<45	AC-10F	>45

表 11-25 密级配沥青混凝土混合料矿料级配范围

级配类型		通过下列筛孔(mm)的质量百分率(%)											
		31.5	26.5	19	16	13.2	9.5	4.75	2.36	1.18	0.6	0.3	0.15	0.075
粗粒式	DAC-25	100	90~100	75~90	65~83	57~76	45~65	24~52	16~42	12~33	8~24	5~17	4~13	3~7
中粒式	DAC-20		100	90~100	78~92	62~80	50~72	26~56	16~44	12~33	8~24	5~17	4~13	3~7
中粒式	DAC-16			100	90~100	76~92	60~80	34~62	20~48	13~36	9~26	7~18	5~14	4~8
细粒式	DAC-13				100	90~100	68~85	38~68	24~50	15~38	10~28	7~20	5~15	4~8
细粒式	DAC-10					100	90~100	45~75	30~58	20~44	13~32	9~23	6~16	4~8
砂粒式	DAC-5						100	90~100	55~75	35~55	20~40	12~28	7~18	5~10

调整工程设计级配范围宜遵循下列原则。

首先按本规范表 11-24 确定采用粗型(C 型)或细型(F 型)的混合料。对夏季温度高、高温持续时间长,重载交通多的路段,宜选用粗型密级配沥青混合料(AC-C 型),并取较高的设计空隙率。对冬季温度低、且低温持续时间长的地区,或者重载交通较少的路段,宜选用细型密级配沥青混合料(AC-F 型),并取较低的设计空隙率。

为确保高温抗车辙能力,同时兼顾低温抗裂性能的需要。配合比设计时宜适当减少公称最大粒径附近的粗集料用量,减少 0.6mm 以下部分细粉的用量,使中等粒径集料较多,形成 S 型级配曲线,并取中等或偏高水平的设计空隙率。

确定各层的工程设计级配范围时应考虑不同层位的功能需要,经组合设计的沥青路面应能满足耐久、稳定、密水及抗滑等要求。

根据公路等级和施工设备的控制水平,确定的工程设计级配范围应比规范级配范围窄,其中 4.75mm 和 2.36mm 通过率的上下限差值宜小于 12%。

沥青混合料的配合比设计应充分考虑施工性能，使沥青混合料容易摊铺和压实，避免造成严重的离析。

(3) 矿质混合料配合组成设计计算。材料选择与准备：配合比设计的各种矿料必须按现行《公路工程集料试验规程》(JTG E42—2005)规定的方法，从工程实际使用的材料中取代表性样品。各种材料必须符合气候和交通条件的需要。其质量应符合本规范规定的技术要求。当单一规格的集料某项指标不合格，但不同粒径规格的材料按级配组成的集料混合料指标能符合规范要求时，允许使用。

矿料配合比设计：高速公路和一级公路沥青路面矿料配合比设计宜借助电子计算机的电子表格用试配法或图解法进行。其他等级公路沥青路面也可参照进行。

对高速公路和一级公路，宜在工程设计级配范围内计算1～3组粗细不同的配比，绘制设计级配曲线，分别位于工程设计级配范围的上方、中值及下方。设计合成级配不得有太多的锯齿形交错，且在0.3～0.6mm范围内不出现"驼峰"。当反复调整不能满意时，宜更换材料设计。

2) 确定最佳沥青用量

(1) 制备马歇尔试件。制备马歇尔试件，首先应根据沥青混合料的合成毛体积相对密度和合成表观密度等物理常数，预估沥青混合料适宜的沥青掺量。沥青掺量可以用油石比(沥青占矿料总量的百分比)或沥青用量(沥青占沥青混合料总量的百分比)表示。

以预估的油石比为中值，按一定间隔(对密级配沥青混合料通常为0.5%，对沥青碎石混合料可适当缩小间隔为0.3%～0.4%)，取5个或5个以上不同的油石比分别成型马歇尔试件。每一组试件的试样数按现行试验规程的要求确定，通常为4～6块试件/组，对粒径较大的沥青混合料，宜增加试件数量。当缺少可参考的预估沥青掺量时，可以考虑以5.0%的油石比作为基准。

按已确定的矿质混合料的配合比，计算并称取各组马歇尔试件的矿料用量。

按马歇尔试验规定的击实方法成型试件。

(2) 测定计算体积指标。通过试验测定沥青混合料试件的最大理论相对密度和毛体积相对密度，并计算沥青混合料试件的空隙率、矿料间隙率和有效沥青饱和度等体积指标。

(3) 测定力学指标。进行马歇尔试验，测定马歇尔稳定度及流值。

(4) 确定最佳沥青用量(或油石比)。

① 绘制沥青用量(或油石比)与物理-力学指标关系图。

以沥青用量(或油石比)为横坐标，沥青混合料试件的密度、空隙率、沥青饱和度、马歇尔稳定度和流值等指标为纵坐标，将试验结果绘制成关系曲线图，如图11.14所示。

② 确定最佳沥青用量的初始值 OAC_1。

根据图11.14，求取相应于密度最大值、稳定度最大值、目标空隙率(或中值)和沥青饱和度范围中值的沥青用量 a_1、a_2、a_3、a_4，由式(11-5)计算它们的平均值作为最佳沥青用量的初始值 OAC_1。

$$OAC_1 = \frac{(a_1 + a_2 + a_3 + a_4)}{4} \tag{11-5}$$

如果在所选择的沥青用量范围内，未涵盖沥青饱和度的要求范围，按式(11-6)求取三者的平均值作为最佳沥青用量的初始值 OAC_1。

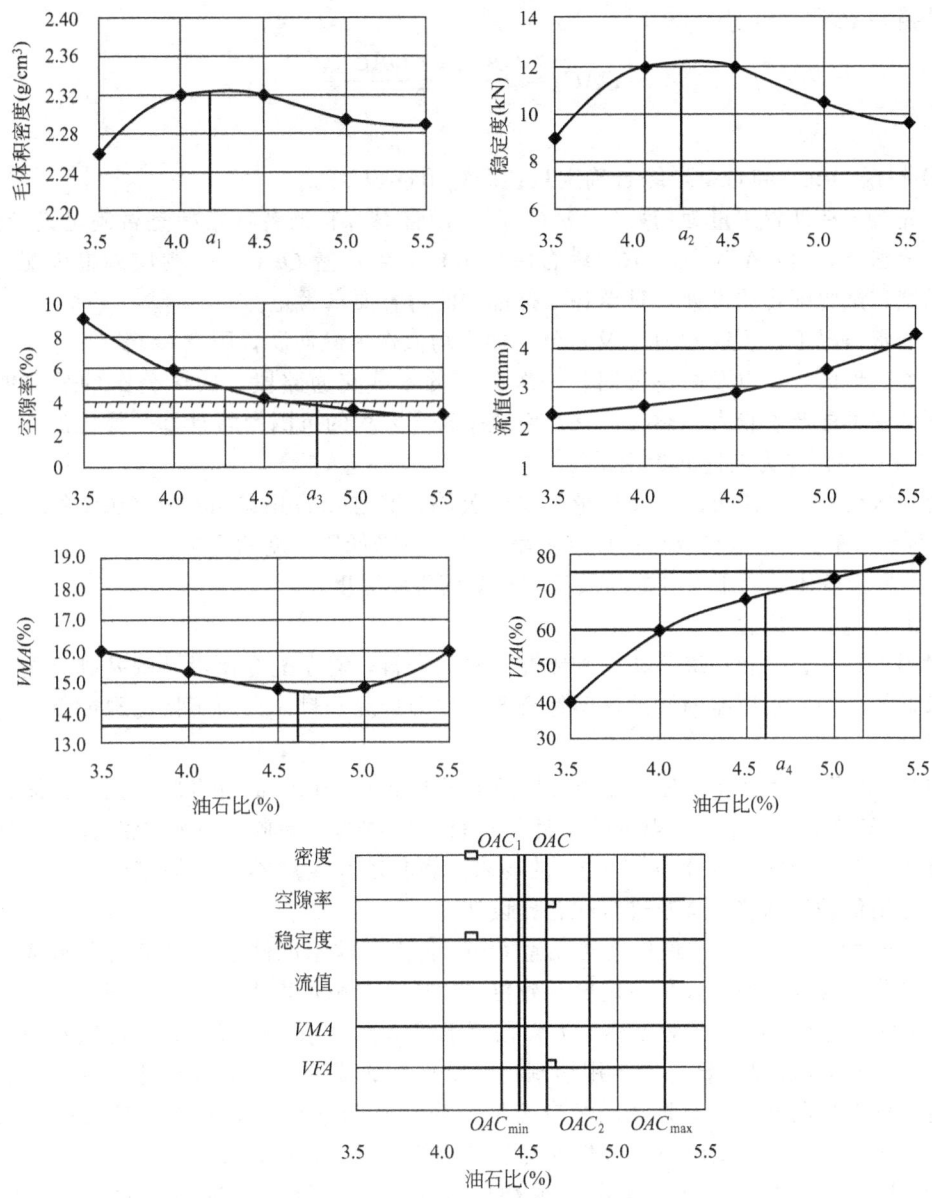

图 11.14 沥青用量与马歇尔稳定度试验物理—力学指标关系图

注：图中 $a_1=4.2\%$，$a_2=4.25\%$，$a_3=4.8\%$，$a_4=4.7\%$；$OAC_1=4.49\%$，$OAC_{min}=4.3\%$，$OAC_{max}=5.3\%$，$OAC_2=4.8\%$；$OAC=4.64\%$。

$$OAC_1=\frac{(a_1+a_2+a_3)}{3} \tag{11-6}$$

如果在所选择的沥青用量范围内，密度或稳定度没有出现峰值，可直接以目标空隙率所对应的沥青用量 a_3 作为 OAC_1，但 OAC_1 必须介于 $OAC_{min}\sim OAC_{max}$ 的范围内。

③ 确定沥青最佳用量的初始值 OAC_2。

根据表 11-9 沥青混合料的马歇尔试验技术标准，在图 11.14 上求出各项指标均符合技术标准（不含 VMA）的沥青用量范围 $OAC_{min}\sim OAC_{max}$，由式(11-7)计算沥青最佳用量

的初始值 OAC_2。

$$OAC_2 = \frac{OAC_{min} + OAC_{max}}{2} \tag{11-7}$$

④ 根据 OAC_1 和 OAC_2 综合确定最佳沥青用量 OAC。

首先检查在沥青用量为初始值 OAC_1 时，沥青混合料的各项指标是否满足设计要求。当符合要求时，由 OAC_1 及 OAC_2 综合决定最佳沥青用量 OAC，否则应调整级配，重新进行马歇尔试验配合比设计，直至各项指标均能符合要求为止。

在通常情况下，可取 OAC_1 及 OAC_2 的平均值作为最佳沥青用量 OAC。

对炎热地区公路以及高速公路、一级公路的重载交通路段，山区公路的长大坡度路段，预计有可能产生较大车辙时，宜在空隙率符合要求的范围内将计算的最佳沥青用量减小 0.1%～0.5%作为设计沥青用量。

对寒区公路、旅游公路、交通量很少的公路，最佳沥青用量可以在 OAC 的基础上增加 0.1%～0.3%，以适当减小设计空隙率，但不得降低压实度的要求。

(5) 检验最佳沥青用量时的粉胶比和有效沥青膜厚度。

3) 配合比设计检验

对用于高速公路和一级公路的密级配沥青混合料，需在配合比设计的基础上按现行规范要求进行各种使用性能的检验，不符合要求的沥青混合料，必须更换材料或重新进行配合比设计。

(1) 高温稳定性检验。对公称最大粒径等于或小于 19mm 的混合料，按最佳沥青用量 OAC 制作车辙试验试件，在规定的条件下进行车辙试验，检验设计沥青混合料的高温抗车辙能力，动稳定度应符合表 11-11 的要求。当其动稳定度不符合规定时，应对矿料级配或沥青用量进行调整，重新进行配合比设计。

(2) 水稳定性检验。按最佳沥青用量 OAC 制作马歇尔试件进行浸水马歇尔试验和冻融劈裂试验，检验试件的残留稳定度及残留强度比是否满足表 11-12 的要求。

(3) 低温抗裂性检验。对公称最大粒径等于或小于 19mm 的混合料，应按照最佳沥青用量 OAC 制作车辙试验试件，再用切割机将试件锯成规定尺寸的棱柱体试件，按照规定方法进行低温弯曲试验，检验其破坏应变是否符合表 11-13 要求；否则应对矿料级配或沥青用量进行调整，必要时更换改性沥青品种重新进行配合比设计。

(4) 渗水系数检验。利用轮碾机成型的车辙试件进行渗水试验，渗水系数应符合表 11-14 要求。

3. 生产配合比设计

对于间歇式拌和机，应按规定方法取样测试各热料仓的材料级配，确定各热料仓的配合比，供拌和机控制室使用。同时选择适宜的筛孔尺寸和安装角度，尽量使各热料仓的供料大体平衡。并取目标配合比设计的最佳沥青用量 OAC、$OAC \pm 0.3\%$ 等 3 个沥青用量进行马歇尔试验和试拌，通过室内试验及从拌和机取样试验综合确定生产配合比的最佳沥青用量，由此确定的最佳沥青用量与目标配合比设计的结果的差值不宜大于 ±0.2%。

对连续式拌和机可省略生产配合比设计步骤。

4. 生产配合比验证

拌和机按生产配合比结果进行试拌、铺筑试验段，并取样进行马歇尔试验，同时从路上钻取芯样观察空隙率的大小，由此确定生产用的标准配合比。标准配合比的矿料合成级配中，至少应包括 0.075mm、2.36mm、4.75mm 及公称最大粒径筛孔的通过率接近优选的工程设计级配范围的中值，并避免在 0.3～0.6mm 处出现"驼峰"。对确定的标准配合比，宜再次进行车辙试验和水稳定性检验。

经设计确定的标准配合比在施工过程中不得随意变更。但生产过程中应加强跟踪检测，严格控制进场材料的质量，如遇材料发生变化并经检测沥青混合料的矿料级配、马歇尔技术指标不符要求时，应及时调整配合比，使沥青混合料的质量符合要求并保持相对稳定，必要时重新进行配合比设计。

本 章 小 结

沥青是由一些化学成分极其复杂的烃类和它们的非金属元素(碳、氢、氧、氮和硫)的衍生物组成的混合物，具有良好的粘性、塑性、耐腐蚀性和憎水性，广泛应用于地下防潮、屋面防水、木材防腐和道路工程中。

石油沥青的三组分分析法是将石油沥青分离为油分、树脂和沥青 3 个组分。根据各组分的化学组成和相对含量的不同，沥青可以形成不同的胶体结构。沥青的胶体结构可分 3 种类型。

针入度、延度和软化点是评价粘稠石油沥青使用性能最常用的经验指标，所以通称为石油沥青的"三大指标"。石油沥青按技术性质划分为多种牌号，按应用不同可分为道路石油沥青、建筑石油沥青和普通石油沥青。

沥青混合料是矿质混合料与沥青结合料拌和而成的混合料的总称，经摊铺、压实成型后成为沥青路面，是现代道路路面的主要材料之一。

沥青混合料的组成结构通常按其矿质混合料的组成分为悬浮-密实结构、骨架-空隙结构和骨架-密实结构 3 种类型。

沥青路面在使用中要承受车辆荷载的反复作用，以及环境因素的长期影响，沥青混合料应具备高温稳定性、低温抗裂性、耐久性、抗滑性、施工和易性等多方面的技术性质，才能使沥青路面获得良好的路用性能。

我国现行沥青混合料配合比设计采用马歇尔试验配合比设计方法，主要内容为矿质混合料配合组成设计和确定沥青最佳用量。

知 识 链 接

邢台铺了条漂亮的彩色沥青路

在邢台市南三环慢车道上，该市首条彩色沥青路面(图 11.15)预计到 2009 年 5 月底全部竣工。

邢台市政建设集团结合邢台市气候条件，通过多次试配，并对原有设备升级改造，攻克了彩色沥青混凝土的技术难关，掌握了彩色沥青混凝土的生产、施工工艺，通过特殊材料和配比，生产出红色、黄色、绿色等各种色泽亮丽、经久耐用的彩色沥青混凝土。

图 11.15　邢台市南三环彩色沥青路面

彩色沥青是一种合成的染色沥青，成本造价是普通黑色沥青的两倍左右，以彩色沥青铺设的路面具有颜色鲜艳、抗水损坏性能好、耐老化、耐高温、摩擦系数高，路面经过长期使用后仍保持较好的性能等优点，因而全国多个城市现在都开始铺设彩色沥青路面。

（燕赵晚报　2009 年 5 月 8 日）

本 章 习 题

11-1　我国现行石油沥青化学组分分析法可将石油沥青分离为哪几个组？各组分与技术性质之间有何关系？

11-2　石油沥青可划分为哪几种胶体结构？它们各有何特点？

11-3　石油沥青的 3 大指标是什么？它们各表示沥青的什么性质？

11-4　什么是沥青的老化？评价方法有哪些？

11-5　道路石油沥青的技术等级如何确定？

11-6　简述煤沥青与石油沥青的差异。

11-7　如何用简易方法识别煤沥青与石油沥青？

11-8　沥青混合料的结构类型有哪几种？它们各有何特点？

11-9　论述沥青混合料应具备的主要技术性质及其评定方法。

11-10　试述我国热拌沥青混合料马歇尔试验的技术标准，并说明各项指标的含义。

11-11　简述沥青混合料组成材料的技术要求。

11-12　试述密级配沥青混合料目标配合比设计的方法。

第 12 章 高分子合成材料

【教学目标】

通过本章学习，应达到以下目标。
(1) 了解高分子化合物的组成结构、分类及老化。
(2) 了解塑料的组成及特性，掌握常用建筑塑料及制品的特性及应用。
(3) 了解涂料的组成及分类以及工程中常用外墙涂料及内墙涂料的特性及应用。
(4) 了解胶粘剂的组成、特性以及工程中常用的胶粘剂。
(5) 了解土工合成材料的种类及使用功能。

【教学要求】

知识要点	能力要求	相关知识
高分子化合物基本知识	(1) 了解高分子化合物的组成及结构特点 (2) 了解高聚物的分类及老化	(1) 高分子化合物的组成及结构 (2) 高聚物的分类及老化
建筑塑料	(1) 了解塑料的组成及特性 (2) 了解常用的建筑塑料 (3) 了解工程中常用的建筑塑料制品	(1) 塑料的组成 (2) 塑料的特性 (3) 常用的建筑塑料 (4) 工程中常用的建筑塑料制品
建筑涂料	(1) 了解涂料的组成与分类 (2) 了解涂料的特点及常用品种	(1) 涂料的组成与分类 (2) 涂料的特点及常用品种
建筑胶粘剂	(1) 了解胶粘剂的组成与分类 (2) 了解常用的建筑胶粘剂	(1) 胶粘剂的组成与分类 (2) 常用的建筑胶粘剂
土工合成材料	了解土工合成材料的种类及使用功能	土工合成材料的种类及使用功能

12.1 高分子化合物基本知识

高分子合成材料是指以人工合成高分子化合物为其基本组成物质的各种材料。人类社会早期是利用天然高分子材料作为生活和生产资料。1869 年，出现了由美国人发明的第一种合成塑料，1907 年出现合成高分子酚醛树脂，标志着人类应用合成高分子材料的开始。现代，高分子材料已与金属和无机非金属材料相同，成为科学技术、经济建设中的重要材料。今天的高分子材料，包括塑料、橡胶、纤维、薄膜、胶粘剂和涂料等许多种类，如图 12.1

所示。其中，塑料、合成橡胶和合成纤维被称为现代3大高分子材料。它们质地轻巧、原料丰富、加工方便、性能良好、用途广泛，因而发展速度大大超过了钢铁、水泥和木材这传统的3大基本材料。

(a) 塑料

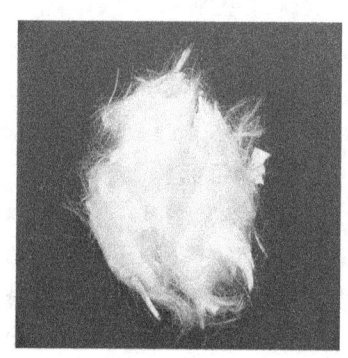
(b) 橡胶

(c) 纤维

图 12.1　高分子材料

12.1.1　高分子化合物的组成及结构特点

高分子化合物又称高聚物或聚合物。其分子量一般为 $10^4 \sim 10^6$，其分子是由许多相同的、简单的结构单元通过共价键或离子键有规律地重复连接而成。例如，聚乙烯分子就是由许多乙烯结构单元重复连接而成的，其分子式为 $(-CH_2-CH_2-)_n$。式中 $-CH_2-CH_2-$ 是重复的结构单元，称为"链节"，重复单元的数目 n 称为"聚合度"，聚合度可为几百至几千，聚合物的分子量为重复结构单元的分子量与聚合度的乘积。由于聚合反应本身及反应条件等方面的原因，使得高分子化合物各个分子的分子量大小不一，即表现为分子量的多分散性，故通常所指的高聚物的分子量是指平均分子量，聚合度也指的是平均聚合度。合成高分子是链状结构，除真正的线状链外，还可能形成支链和网链等。高分子结构的特点造成高分子的结构可分成许多层次，包括链结构单元的近程关系、远程关系、链之间的聚集状态、织态结构等多层次。它们表现出多模式的运动，赋予聚合物的多重转变和各种物理性质。

高分子与低分子化合物相比较，分子量非常高。由于这一突出特点，聚合物显示出了特有的性能，表现为"三高一低一消失"。即高分子量、高弹性、高粘度、结晶度低、无气态。因此这些特点也赋予了高分子材料(如复合材料、橡胶等)高强度、高韧性、高弹性、绝缘和耐腐蚀等特点。

12.1.2　高聚物的分类

高聚物有许多分类方法，如按材料来源分为天然、半合成(改性天然高分子材料)和合成高分子材料；按特性分为橡胶、纤维、塑料、高分子胶粘剂、高分子涂料和高分子基复合材料等；按用途又分为普通高分子材料和功能高分子材料。下面从高聚物的结构及形成等方面加以分类。

1. 按聚合物链节在空间排列的几何形状分类

1) 线型聚合物

各链节连接成一长链[图 12.2(a)]，或带有支链[图 12.2(b)]。线型聚合物在拉伸或低温下易呈直线形状，而在较高温度下或在稀溶液中则易呈卷曲形状，且互相缠绕，分子链间有较大的分子间作用力，显示一定的柔顺性和弹性。这种聚合物加热可融化，也能溶解在适当的溶剂中。如聚氯乙烯、未硫化的天然橡胶、高压聚乙烯等都是线型高分子化合物。

2) 体型聚合物

线型聚合物大分子间以化学键交联而形成空间网状的三维聚合物[图 12.2(c)]。交联程度浅的可软化但不熔融，可溶胀但不溶解。交联程度深的受热时不再软化，也不易被溶剂所溶胀。一般弹性和可塑性较小，而硬度和脆性则较大。如酚醛树脂、硫化橡胶及离子交换树脂等都是体型聚合物。

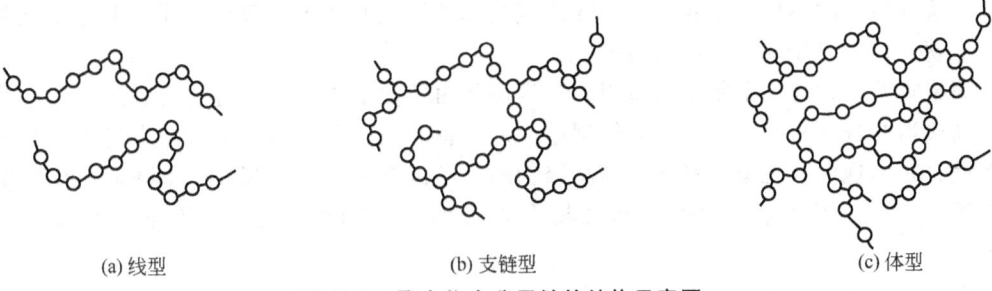

(a) 线型　　　　(b) 支链型　　　　(c) 体型

图 12.2　聚合物大分子链的结构示意图

2. 按聚合反应的种类分类

由低分子单体合成高聚物的反应称为聚合反应，根据单体和聚合物的组成和结构所发生的变化，可将聚合反应分为加聚反应和缩聚反应两大类，由此所得的反应生成物也分为加聚物和缩聚物两类。

1) 加聚物

由低分子量的不饱和的单体分子相互加成而连接成大分子链且不析出小分子的反应，称为加聚反应。其反应生成物称为加聚物。

一种单体经过加聚反应生成的聚合物称为均聚物，如聚乙烯、聚氯乙烯和聚苯乙烯等。

两种或两种以上单体经过加聚反应生成的聚合物称为共聚物，如 ABS 塑料是丙烯腈、丁二烯和苯乙烯 3 种单体的共聚物。

加聚物的结构大多为线型。

2) 缩聚物

具有双官能团的单体相互作用，生成聚合物，同时析出某些小分子化合物（如水、氨和氯化氢等）的反应，称为缩聚反应。其反应生成物称为缩聚物。

缩聚物的结构可为体型或线型。

3. 按聚合物受热时所表现出的性质分类

1) 热塑性聚合物

加热时软化甚至熔化，冷却后硬化，而不发生化学变化，可以反复加热和冷却，重复多次进行。此种聚合物为线型结构或带支链的聚合物，包括所有加聚物和部分缩聚物。

2) 热固性聚合物

加热后即软化，同时产生化学变化，相邻的分子相互连接（交联）而逐渐硬化，最后成为不熔化、不溶解的物质。热固性聚合物只能塑制一次。该类聚合物为体型结构，包括大部分缩聚物。

12.1.3 高聚物的老化

在使用过程中，聚合物会由于阳光、热、空气（氧和臭氧）等因素的作用而发生结构或组成的变化，从而引起各种性能的劣化，此现象称为高聚物的老化。老化的具体表现如：变色、失去光泽、变硬、变脆、龟裂、变软、发粘、变形、斑点、强度降低、溶解度、透光率、透气性、耐热性、耐寒性的下降或丧失和绝缘性的破坏等多种形式。上述变化并不同时出现。但是老化却是不可逆转的。

高聚物的老化是一个复杂的过程。其实质是由于发生了大分子链的交联或降解。交联是指高聚物的分子从线型结构变为体型结构的过程。当发生交联作用时，表现为高聚物失去弹性，并出现龟裂现象。降解是指高聚物的分子链发生断裂，其分子量降低，化学组成并不发生变化。当发生降解时，高聚物会表现为失去刚性、变软、发粘、出现蠕变等现象。

根据老化的原因不同，高聚物的老化分为热老化和光老化两类。热老化是指高聚物在热的作用下，尤其是在较高温度下，其分子链由于氧化、热分解等作用而发生断裂、交联，导致其化学组成与分子结构发生变化，从而引起其性能发生改变。光老化是指高聚物在阳光（紫外线）的照射下，部分分子（原子）被激活而处于高能的不稳定状态，并与其他分子发生光敏氧化作用，致使高聚物的组成和结构发生变化，而导致其性能逐渐劣化。因此，大多数高聚物材料耐高温性和大气稳定性都较差。

工程中防止高聚物老化可以采取防老剂（如抗氧剂、光稳定剂、热稳定剂）、物理防护（防护层）、改性（改变结构，如共混、共聚、交联、增强）等途径来提高高聚物的抗老化性能。

12.2 建筑塑料

塑料是以合成树脂为主要成分，配以一定量的辅助剂（如填料、增塑剂、稳定剂和着色剂等）在一定条件（温度、压力）下，可塑成一定形状并在常温下保持其形状的高分子材料。

塑料可加工成各种形状和颜色的制品，加工方法简便，自动化程度高，生产能耗低。因此，塑料制品已广泛应用于工业、农业、建筑业和生活日用品中。塑料建材制品是继钢材、木材、水泥之后的重要建筑材料，是建材工业中冉冉升起的一颗新星。随着中国近几年房地产业的迅猛增长、国家对基础设施投入加大，中国的塑料建材业已成为塑料行业中仅次于包装的第二大支柱产业，年均增速超过15%。近几年来，中国塑料建材行业加快了研发和推广应用步伐,行业生产规模不断扩大,技术水平稳步提高,尤其是塑料型材、管材已经进入稳定成熟的增长时期,并成为应用最好的塑料建材品种。此外,再加上高分子防水材料、装饰装修材料、保温材料及其他建筑用塑料制品,专家预计,到2015年,塑料建材的总需求量约达到1000万吨。因此,广泛使用塑料作建材是化学建材的发展趋势之一。

12.2.1 塑料的组成

塑料主要成分是合成树脂,此外还有填料和助剂。

1. 合成树脂

合成树脂即是合成高聚物,它是塑料中最主要的组成成分,在塑料中起粘结作用,它决定塑料的性能和使用范围,所以,塑料常以所用合成树脂命名,如聚乙烯(PE)塑料、聚氯乙烯(PVC)塑料。根据树脂含量的不同,塑料又分为单成分塑料和多成分塑料,如有机玻璃百分之百是由一种合成树脂——聚甲基丙烯酸甲酯所组成,属于单成分塑料,而大多数塑料是多组分的,其树脂含量一般为30%~60%。

2. 填料

填料也称为填充料,是向树脂中加入的粉状或纤维状的无机化合物,其主要是改善塑料的性能,如提高机械强度、改善耐热性、提高耐老化性、抗冲击性。此外,还可降低塑料成本。常用的填料有:木粉、滑石粉、硅藻土、石灰石粉、云母、石墨、石棉、玻璃纤维和炭黑等。如石棉改善耐热性;石墨可提高塑料导电性;纤维可提高机械强度;云母可改善电绝缘性。多成分塑料中填料含量占40%~70%。

3. 增塑剂

增塑剂能增加塑料的可塑性。可降低树脂的软化温度和熔融温度,降低熔体粘度,改善塑料的可加工性能。同时,增塑剂能降低塑料的硬度和脆性,使之具有较好的韧性、塑性和柔顺性。常用的增塑剂有:邻苯二甲酸二丁酯、邻苯二甲酸二辛酸、磷酸酯类、樟脑和二苯甲酮等。

4. 稳定剂

稳定剂是指能抑制或减缓塑料老化作用的物质。塑料在加工成型及使用过程中,由于受光、热、氧的作用,会过早地发生降解或交联等现象,导致颜色改变、性能下降。加入稳定剂可以提高塑料的耐老化性能,延长其使用寿命。

通常需要加入的稳定剂有抗氧化剂、光稳定剂、热稳定剂。其中,抗氧化剂能防止塑料在加工和使用过程中的氧化和老化;光稳定剂能抑制或削弱光的降解作用,提高材料抗紫外线的能力;热稳定剂能改善塑料的热稳定性。

5. 固化剂

固化剂又称硬化剂或交联剂。其作用是使高聚物的线形分子交联成体型分子,从而使树脂具有热固性。某些合成树脂常需加入适量的固化剂。环氧树脂常用胺类、酸酐类化合物作为固化剂;酚醛树脂常用乌洛托品(六亚甲基四胺)作为固化剂;聚酯树脂常用过氧化物作为固化剂。

6. 着色剂

着色剂赋予塑料绚丽的色彩和光泽的物质。除满足色彩要求外，还应具有分散性好，附着力强，在加工和使用中不褪色，不与塑料成分发生化学反应。常用的着色剂有两种，分为有机和无机颜料，有时还使用一些金属片状颜料或能产生荧光或磷光的颜料。

此外，根据建筑塑料使用及加工成型的需要，有时还加入阻燃剂、润滑剂、抗静电剂、发泡剂和防霉剂等。

12.2.2 塑料的特性

塑料品种繁多、性能各异，现将其性能归纳如下。

1. 轻质高强

塑料的密度一般为 $1\sim 2g/cm^3$，为钢材的 $1/8\sim 1/4$，泡沫塑料的密度可以低到 $0.1g/cm^3$ 以下，有利于减轻建筑物自重；另外，由于其强度较高，所以比强度较高，超过钢材和铝，属于轻质高强材料。

2. 加工性能好

塑料可以采用多种工艺加工成型，根据需要塑制成不同形状和尺寸的制品，且加工成型效率高，能耗低。

3. 装饰性好

塑料可加工成各种建筑装饰材料，如塑料壁纸、塑料地板、塑料地毯以及塑料装饰板等。这些材料种类繁多，花式多样，可适应不同装饰要求。也可通过各种加工技术制成仿真天然装饰材料，如木材、大理石、花岗岩等，图案逼真。

4. 保温隔热性能好

塑料由于其质轻，导热系数很小，一般为 $0.024\sim 0.69W/(m\cdot K)$，有利于建筑物的保温节能。如聚苯乙烯泡沫塑料导热系数为 $0.031\sim 0.045W/(m\cdot K)$，主要用于墙体、屋面、地面、楼板等的隔热保温。

5. 电绝缘性能优良

塑料也具有良好的电绝缘性能，是良好的绝缘材料。

6. 耐化学腐蚀性好，耐水性强

塑料可以抵抗多种酸、碱、盐溶液的侵蚀，具有较好的化学稳定性；同时，密实的塑料几乎不吸水，具有较高的耐水性。所以，塑料既适用于建筑管道和管件、化工厂的门窗、地面和墙体等防腐工程，也可用于防水和防潮工程。

7. 耐热性较差，耐燃性差

大多数塑料耐热性较差，软化温度一般为 $60\sim 120$℃；热膨胀系数较高，遇热时发生体积变形，是传统材料的 $3\sim 4$ 倍，容易因热应力而导致材料破坏，施工和使用时应注意这点。且多数塑料可燃，燃烧时会放出大量毒气，这一缺点使其在建筑中的使用受到限制。目前正在研究制取低燃烧性的塑料，通过加入各种稳定剂以及对高聚物采取共混、共聚、增强复合等途径，可以从不同角度改善塑料性能，以扩大在建筑中的应用。

8. 弹性模量低

塑料的弹性模量低，受力易产生变形，且在室温下，塑料在受力后就有明显的蠕变现象。

9. 易老化

塑料容易老化。在光、氧和热等不利因素长期作用下，塑料中的高聚物会发生降解（聚合度降低）或交联（聚合形成网状结构），导致制品或者变软发粘丧失机械强度，或者变硬变脆失去弹性，降低使用寿命。通过适当的配方和加工，可以使塑料延缓老化，从而延长其使用寿命。

12.2.3 常用建筑塑料及制品

按塑料受热时表现出的性质不同，土木工程中常用的塑料分为热塑性和热固性塑料两类。

热塑性塑料：是在特定的温度范围内，可以加热软化，遇冷硬化，能反复进行塑制的塑料，统称为热塑性塑料，如聚氯乙烯、聚乙烯、聚丙烯和聚苯乙烯等。

热固性塑料：是经初次加热成型并冷却固化后，其中多数有机高分子发生聚合反应，即使再经加热也不会软化和产生塑性，此种统称为热固性塑料，如酚醛塑料和氨基塑料等。

1. 热塑性塑料

1）聚氯乙烯塑料（PVC）

聚氯乙烯具有原料丰富（石油、石灰石、焦炭、食盐和天然气）、制造工艺成熟、价格低廉、用途广泛等突出特点，现已成为世界上仅次于聚乙烯树脂的第二大通用树脂，占世界合成树脂总消费量的29%。聚氯乙烯容易加工，可通过模压、层合、注塑、挤塑、压延、吹塑中空等方式进行加工。聚氯乙烯按助剂用量不同，分为软、硬聚氯乙烯。

聚氯乙烯具有阻燃性，较好的化学稳定性（耐浓盐酸、浓度为90%的硫酸、浓度为60%的硝酸和浓度20%的氢氧化钠）、力学强度高，电绝缘性良好的优点。但其耐热性较差，软化点为80℃，于130℃开始分解变色，并析出HCl气体。其致命的缺点是对环境破坏力大，PVC的生产、使用和处理过程中均会导致有毒氯化物的释放，这些毒素会很轻易地进入水、空气和食物链中，进而对环境造成极大的损害，危害人类健康。

聚氯乙烯主要用于生产人造革、薄膜和电线护套等塑料软制品，也可生产板材、门窗、管道和阀门等塑料硬制品，其中门窗由硬质异型材料组装而成。在有些国家，聚氯乙烯塑料已与木门窗、铝门窗等共同占据门窗的市场，还被用来制造仿木材料、代钢建材（北方、海边）、中空容器等。

2）聚乙烯塑料（PE）

聚乙烯无嗅，无毒，手感似蜡，具有优良的耐低温性能（最低使用温度可达－100～

—70℃），化学稳定性好，能耐大多数酸碱的侵蚀（不耐具有氧化性质的酸），常温下不溶于一般溶剂，吸水性小，电绝缘性能优良；但聚乙烯对于环境应力（化学与力学作用）很敏感；耐热、耐老化性能差。

聚乙烯的性质因品种而异，主要取决于分子结构和密度。

土木工程中聚乙烯主要用于生产聚乙烯管材，高密度聚乙烯管强度较高，适于地下铺设；挤出的板材可进行二次加工；也可将高密度聚乙烯制成低泡沫塑料，作台板和建筑材料、防护套（如缆索护套）。

3）聚丙烯塑料（PP）

聚丙烯强度和硬度、弹性较高；但在室温和低温下，抗冲击强度较差；具有良好的耐热性，熔点在164～170℃，脆化温度为－35℃，在低于－35℃会发生脆化，耐寒性不如聚乙烯；化学稳定性很好，除能被浓硫酸、浓硝酸侵蚀外，对其他各种化学试剂都比较稳定，但低分子量的脂肪烃、芳香烃和氯化烃等能使 PP 软化和溶胀；高频绝缘性能优良，由于它几乎不吸水，故绝缘性能不受湿度的影响；对紫外线很敏感，但加入适当的填料等可以改善其耐老化性能。

建筑中聚丙烯特别适合织造地毯，此外，还用于生产聚丙烯管（PPR 管）用于输送热水、制作装饰板材、卫生洁具以及各种建筑小五金件。另外，聚丙烯纤维丝（网）还可以用来配制纤维抗裂混凝土。如国家大剧院工程厚度达 1000mm、面积近 26000m² 的大体积混凝土底板就是采用聚丙烯纤维丝（网）、粉煤灰和复合防冻剂配制成纤维混凝土，有效地提高了混凝土的防裂抗渗能力。

4）聚苯乙烯塑料（PS）

聚苯乙烯吸水性低、着色性好、尺寸稳定性、电绝缘性能好，制品透明、加工容易。它能够抵抗水、稀释的无机酸，但能够被强氧化酸如浓硫酸所腐蚀，并且能够在一些有机溶剂中膨胀变形。缺点是质脆易裂、冲击强度低，耐热性较差，不能耐沸水，只能在较低温度和较低负荷下使用。耐日光性差，易燃，且燃烧时发黑，有特殊臭味。

聚苯乙烯泡沫塑料具有闭孔结构，吸水性很小，无腐蚀性、体轻、保温、耐低温性好，耐溶冻性好，广泛用于建筑物的外墙保温、地面保温、屋面保温及各种用途的管道保温，可以起到保温隔热、节约能源的作用。

5）聚甲基丙烯酸甲酯（PMMA）

聚甲基丙烯酸甲酯是刚性硬质无色透明材料，折射率较小，约 1.49，透光率达 92%，是优质有机透明材料。PMMA 具有良好的综合力学性能，其拉伸、弯曲、压缩等强度均较高。其断裂伸长率（2%～3%）较小，属于硬而脆的塑料，且具有缺口敏感性，在应力下易开裂；表面硬度低，容易擦伤；耐热性不高，热变形温度约为 96℃，耐寒性也较差，脆化温度约 9.2℃。热稳定性属于中等，热导率和比热容在塑料中都属于中等水平；具有良好的介电和电绝缘性能；具有一定的耐化学腐蚀能力，但随温度升高而减弱。具有优异的耐大气老化性，对臭氧和二氧化硫等气体具有良好的抵抗能力，但氯气能腐蚀其表面；很容易燃烧。

在建筑中主要用于建筑用玻璃以及装饰用的各种家用灯具。

6）ABS 塑料

ABS 树脂是丙烯腈（A）、丁二烯（B）和苯乙烯（S）3 种单体的共聚物，因此汇集了三者的特性优点，具有优良的综合性能。丙烯腈组分在 ABS 中表现的特性是耐热性、耐化学性、刚性、抗拉强度，丁二烯表现的特性是抗冲击强度，苯乙烯表现的特性是加工流动性、光泽性。这三组分的结合，优势互补，使 ABS 树脂具有优良的综合性能。ABS 具有刚性好、冲击强度高、耐热、耐低温、耐化学药品性、力学强度和电气性能优良，易于加工，加工尺寸稳定性和表面光泽好，容易涂装、着色，还可以进行喷涂金属、电镀、焊接和粘结等二次加工性能。

ABS 工程塑料具有广泛用途，主要用于汽车、器具和电子电器等应用领域；在建材领域里，主要用于生产管材、板材或片材；其中，挤出片材用于生产卫生器具如澡盒、游泳池衬里等。

7) 乙烯-四氟乙烯共聚物（ETFE膜）

氟塑料是部分或全部氢被氟所取代的链烷烃聚合物。由于其各方面性能优异，有着"塑料之王"的美誉，自 1955 年大金公司的聚四氟乙烯（PTFE）实现工业化生产至今，目前已生产并销售的氟塑料产品有十余种，品种约 100 多个牌号。虽然和通用塑料相比，氟塑料价格较贵，加工相对困难，但由于其性能独特，而被广泛地应用于国民经济各个领域，尤其是在薄膜材料的应用方面有着其他材料不可替代的地位。

乙烯-四氟乙烯共聚物即属于氟塑料的品种之一，简称 ETFE 或 F40，由四氟乙烯与乙烯共聚而成。ETFE 膜材的厚度通常小于 0.20mm，是一种透明膜材。它具有良好的耐化学腐蚀性，以及良好的耐热、耐磨、耐辐射及耐低温冲击和电绝缘性能，较高的抗剪切强度和抗拉强度；另外，燃烧时可自熄。ETFE 薄膜的实际使用始于 20 世纪 90 年代，主要作为农业温室的覆盖材料、各种异型建筑物的篷膜材料，如运动场看台、建筑锥型顶、娱乐场、旋转餐厅篷盖、娱乐厅篷盖、停车场、展览馆和博物馆等。过去 20 年内，欧洲有 600~800 座建筑都用了这种材料，包括德国的安联体育场和英国"伊甸园"植物园。2008 年北京国家游泳中心"水立方"就是采用的 ETFE 薄膜材料，这在国内尚属首次。

ETFE 膜的出现为现代建筑提供了一个创新解决方案。由这种膜材料制成的屋面和墙体质量轻，只有同等大小的玻璃质量的 1%；韧性好、抗拉强度高、不易被撕裂，延展性大于 400%；耐候性和耐化学腐蚀性强；熔融温度高达 200℃，并且不会自燃。而且可以加工成任何尺寸和形状，满足大型比赛场馆大跨度的需求。同时，作为一种充气后使用的材料，它可以通过控制充气量的多少，对遮光度和透光性进行调节，有效地利用自然光，节省能源，同时起到保温隔热作用。不仅如此，这种膜还具有自洁功能，使灰尘不易附在其表面，清洁周期大约为 5 年。这种材料另一大优点就是可在现场预制成薄膜气泡，方便施工和维修。另外，成本合理，覆盖层加上结构的费用只有玻璃的一半，而使用寿命却长达 25 年。

8) 聚四氟乙烯（PTFE）

聚四氟乙烯也属于氟塑料的品种之一，商品名"铁氟龙"、"特氟龙"和"泰氟龙"等，是由四氟乙烯自由基聚合而制得的一种全氟聚合物，简称 PTFE 或 F4。它具有优良的化学稳定性、耐腐蚀性、密封性、高润滑不粘性、电绝缘性和良好的抗老化耐力，温度适应性强。用作工程塑料，可制成聚四氟乙烯管、棒、带、板、薄膜等。

PTFE 膜材料是指在极细的玻璃纤维（3μm）编织成的基布上涂上 PTFE（聚四氟乙烯）树脂而形成的复合材料。PTFE 膜材料的最大特点是强度和比强度高，且质轻、耐久性好、防火难燃、自洁性好。而且光学性能良好，白天入射光线分布均匀，无阴影，无紫外线透过；夜间高反射性能使房间具有卓越的照明效果，而且可衬托出夜空中建筑物的辉煌。使用寿命在 25 年以上。正是因为这种跨时代的膜材料的发明，使膜结构建筑成为现代化的永久性建筑。

近 20 年来，国外建筑领域采用 PTFE 与纤维织物复合增强材料发展迅速，尤其是欧洲、美国和日本，仅大型建筑物使用量就已超过 400 万平方米，主要用于各种异型建筑物，如运动场大跨试看台篷盖、球幕、影剧院、娱乐场、大跨度车库和仓库及咖啡屋等中小型建筑装饰等。国外 PTEF 作为大型运动场馆的篷膜材料有的已经使用了 20 年，其拉伸强度保留就绪仍在 70% 以上。

我国国家游泳中心"水立方"的建设就采用了 ETFE 膜和 PTFE 膜两种膜材料，"水立方"的膜分为外层膜和内层膜两部分。外层是单层张拉的、透明的 ETFE 膜，ETFE 膜具备自洁功能，下雨就能够清除污垢，它起到了"屋顶"的作用，可以抵挡风雨侵蚀和紫外线照射；内层膜是乳白色的 PTFE 膜，悬挂在钢梁下面，主要作用是营造声学效果和隔音，同时，这些不透明的 PTFE 膜还能够遮蔽钢架和一些设备、管道，消除阴影，起美观作用。

2. 热固性塑料

1）酚醛树脂塑料（PF）

酚醛树脂是被人类最早合成的一种树脂，俗称胶木或电木。酚醛树脂具有卓越的粘附性、优良的耐热性、化学稳定性、独特的抗烧蚀性和良好的阻燃性。当处于线型、支链型结构状态时，酚醛树脂具有可溶、可熔、可流动的可加工性，当转变为体型（三向网状）结构状态，即交联固化以后，酚醛树脂由于性脆，强度低，单独使用几乎没有可能。但是以酚醛树脂为粘结剂，与各种填料或增强材料结合制成的多种多样复合型材料却有着优良的物理、化学性能和使用性能；酚醛树脂在 200℃ 以下基本稳定，一般可在不超过 180℃ 条件下长期使用。

酚醛树脂主要用在需要耐热性的领域，但也作为粘接剂用于胶合板、玻璃钢制品、涂料和胶粘剂等。

2）脲醛树脂塑料（UF）

脲醛树脂是由尿素和甲醛制备而成的。可用作模压料、粘接剂等。脲醛树脂色泽鲜艳，光泽如玉，无臭无味，耐油、弱酸、有机溶剂，表面硬度高，机械强度优良，其拉伸与冲击性能在 0℃ 左右时最好，随温度的升高而迅速下降；压缩性能和耐蠕变性能在室温下最好。但耐水性和耐热性较差。

脲醛树脂塑料可用作建筑小五金，或生产胶合板、纸层压板和泡沫塑料。

3）三聚氰胺甲醛树脂塑料（MF）

三聚氰胺甲醛树脂简称 MF 树脂，又称蜜胺甲醛树脂。为三聚氰胺 M 与甲醛 F 缩聚而成的热固性树脂。它具有阻燃、耐水、耐热、耐老化、耐电弧、耐化学腐蚀、有良好的绝缘性能、光泽度和力学强度。

三聚氰胺树脂可用于生产装饰贴面板；做交联剂配制涂料，用于金属、车辆、电器、家具等装饰；还可制成卫生洁具；三聚氰胺-甲醛树脂与其他原料混配，还可以生产混凝土外加剂——萘系高效减水剂。

4) 环氧树脂塑料(EP)

环氧树脂的分子结构是以分子链中含有活泼的环氧基团为其特征，使它们可与多种类型的固化剂发生交联反应而形成不溶、不熔的具有三向网状结构的高聚物。它对各种物质具有很高的粘附力，且固化时收缩性低，内应力小，固化后具有优良的力学性能和高介电性能，是优良的绝缘材料，且化学稳定性好，具有优良的耐碱性、耐酸性和耐溶剂性，良好的尺寸稳定性和耐久性，耐霉菌性好，可以在苛刻的热带条件下使用。

环氧树脂主要用于生产玻璃钢、胶粘剂，或用于生产桥梁及钢结构防腐涂料、水泥制品防水涂料、装饰涂料、功能涂料和钢丝网水泥闸门等产品。

5) 不饱和聚酯树脂塑料(UP)

不饱和聚酯树脂(UP)是由不饱和二元酸混以部分饱和二元酸组成的混合酸与二元醇反应制成的线形树脂，再用活泼的乙烯基单体交联固化后，即成体形结构的热固性树脂。已固化的不饱和聚酯树脂可以是透明的或不透明的。其特性是工艺性能优良，可室温固化，常压成型，固化后综合性能好；力学性能较好；对酸和盐溶液及极性溶剂是稳定的，但碱与热酸能使树脂水解；有可燃性，耐热性较低，冲击强度较差，固化时收缩率较大，储存期限短；含苯乙烯，有刺激性气体，长期接触对身体健康不利。

饱和聚酯树脂主要用于制造玻璃钢制品、装饰板和涂料等。

6) 有机硅树脂塑料(SI)

硅树脂是高度交联的网状结构的聚有机硅氧烷，属于热固性塑料。它具有优异的热氧化稳定性和电绝缘性能，此外，还具有卓越的耐潮、防水、防锈、耐寒、耐臭氧和耐候性能，对绝大多数含水的化学试剂如烯矿物酸的耐腐蚀性能良好，但耐溶剂的性能较差。

在土木工程中，有机硅树脂可用作耐热、耐候的防腐涂料、金属保护涂料、建筑工程防水防潮涂料、脱模剂、粘合剂以及二次加工成有机硅塑料等。

7) 玻璃纤维增强塑料

玻璃纤维增强塑料也称玻璃钢(国际公认的缩写符号为 GFRP 或 FRP)，是由不饱和聚酯树脂、酚醛树脂和玻璃纤维经复合工艺而生产的热固性塑料，也是一种功能型的新型材料。

玻璃钢材料具有重量轻、比强度高、耐腐蚀、电绝缘性能好、传热慢、热绝缘性好、耐瞬时超高温性能好，以及容易着色，能透过电磁波等特性。此外，还有产品设计自由度大，设计制作一次完成，且成型制作能耗低，有利于节省能源，产品使用适应性广等特点。

在建筑中玻璃钢制品可用于做屋面材料(波形瓦)、墙体维护材料、浴缸、水箱、整体卫生间、通风管道、混凝土模壳、冷却塔、排水管及地铁工程的电缆支架，特别适合在沿海及有腐蚀性的地方使用。

12.2.4 工程中常用的建筑塑料制品

建筑塑料制品种类繁多，主要以塑料门窗和塑料管为主。

1. 塑料门窗

塑料门窗是 20 世纪 50 年代始自于德国开始发展起来的产品。

塑料门窗是以聚氯乙烯树脂、改性聚氯乙烯或其他树脂为主要原料，添加适量助剂和改性剂，经挤压机挤出成各种截面的空腹门窗异型材，再根据不同的品种规格选用不同截面异型材组装而成。由于塑料的刚度差，易变形，为增强其刚度，常在门窗框内嵌入金属型材，因此，塑料门窗又称"塑钢门窗"，如图 12.3 所示。

(a) 塑料窗　　　　　　　　　　　　　(b) 塑料门

图 12.3　塑料门窗

塑料门窗线条清晰、挺拔，造型美观，表面光洁细腻，颜色可任选，不仅具有良好的装饰性，而且具有良好的保温隔热性、隔音性、密闭性、耐水性、耐腐蚀性、防火性和绝缘性。此外，塑料门窗不需要涂涂料，可节约施工时间和费用。由于上述优良的物理化学性能，使得塑料门窗广泛用于住宅、厂房、宾馆和写字楼等建筑工程。

2. 塑料管和管件

建设行业使用的塑料管道根据材质不同，可分为硬质聚氯乙烯管(PVC-U)、聚乙烯管(PE)、聚丙烯管(PP)、聚丁烯管(PB)、玻璃钢管(GRP)、ABS 管等；根据结构形式不同，可分为实壁管、结构壁管、复合管等；根据用途不同，可分为城镇供水塑料管道、城镇排水塑料管道、城市燃气塑料管道、建筑给水塑料管道、建筑排水塑料管道、建筑采暖塑料管道以及保护套管等(图 12.4)。

(a) 聚丙烯冷热给水管　　　　(b) 聚乙烯(PE管)　　　　(c) 塑料管件

图 12.4　塑料管材及管件

塑料管材的主要优点是重量轻，仅为铸铁管重量的1/12~1/6、耐腐蚀性好、流体摩擦力小，输送效率高、且价格与施工费用均比铸铁管低。缺点是塑料的线膨胀系数比铸铁大5倍左右，所以在较长的塑料管路上需要设置柔性接头。用塑料制造的管材及接头管件，广泛应用于室内排水、自来水、供热管、燃气管、化工及电线穿线管等管路工程中。

2008年北京奥运会的主题是"绿色奥运、人文奥运、科技奥运"，性能优异的塑料管道使得体现"绿色奥运"和"绿色建筑"主旨的建筑技术得以在奥运工程中大面积地应用。其中聚丁烯管(PB)、耐热聚乙烯管(PE-RT)、交联聚乙烯管(PE-X)在奥运场馆的低温热水地面辐射采暖工程中得到大量应用。此外，聚乙烯管(PE)、聚丙烯管(PP-R)、钢塑复合管、聚氯乙烯管(PVC-U)在奥运场馆的给水排水、生活热水供水、暖通空调及雨水收集等工程中也得到了应用，并取得了良好的效果。

此外，建筑塑料还用于装饰材料使用，如用于生产塑料弹性地板和弹性聚氯乙烯卷材地板以及塑料壁纸和贴面板以及室内塑料装修配件等。

12.3 建筑涂料

涂料有着悠久的历史和广泛的使用范围。建筑涂料是按涂料的用途对涂料进行分类得出的一个类别。近年来，我国建筑涂料产量连年增长，消耗量大约占总涂料的40%，在涂料工业中占有重要地位。今后，建筑涂料将向高性能、低污染的方向发展。

建筑涂料是指涂覆于建筑构件表面，与之能很好粘结并形成完整保护膜，起保护、装饰、特殊功能作用或几种作用兼而有之的材料。

建筑涂料的概念有广义和狭义之分，狭义的建筑涂料仅指建筑物本身所使用的涂料，即人们一般所指的应用于建筑物内外墙体、顶棚、地面、屋面等处的涂料，这有别于金属、塑料、木器、生活用品等使用的工业涂料；广义的建筑涂料是指包含了建筑物构筑物以及它们的附件、配件所使用的涂料，即凡涂覆于应用在建筑物所有部位的木器、金属、塑料等构件部位上的涂料都可列入建筑涂料的范畴。就具体涂料品种而言，一些工业涂料产品也可以是建筑涂料产品。

12.3.1 涂料的组成与分类

1. 涂料的组成

涂料主要由基料(为主要成膜物质，又称胶粘剂)、颜料(为次要成膜物质，包括体质颜料、着色颜料、白色颜料等)、分散介质(溶剂)及助剂等组成。

1) 基料

主要成膜物质，也称粘合剂。它能将涂料中的其他组分粘结成整体，附着在被涂物体的表面，干燥固化后形成连续均匀的保护膜，是涂料配方中必不可少的基本成分，基料的种类和性质决定着涂料的物理、化学性能。

2) 颜料

次要成膜物质，它均匀分散在涂料的介质中，是构成涂膜的重要组成部分，使涂膜呈现颜色和遮盖作用，增加涂膜强度和附着力，改善流变性、耐候性，降低成本，但不能够单独成膜。

3) 分散介质

辅助成膜物质，赋予涂料一定的流动性，使成膜物质分散，满足施工工艺要求。但分散介质最终蒸发掉，不留在涂膜中。

分散介质有水和有机溶剂两类，以有机溶剂为主。

4) 助剂

辅助材料，能帮助成膜物质形成一定性能的涂膜，明显改善涂料的施工性、储存性和功能性，用量很少，但作用显著。

助剂种类很多，如催干剂、增塑剂、增稠剂、防霉剂等。

2. 涂料的分类

由于涂料品种繁多，长期以来形成了各种不同的涂料分类方法，我国已发布了《涂料产品分类和命名》(GB/T 2705—2003)国家标准，该标准提出了两种（按涂料产品的用途及涂料的主要成膜物质）分类方法。

（1）分类方法1。是以涂料产品的用途为主线并适当辅以主要成膜物质的分类方法，将涂料产品划分为3个主要类别：建筑涂料、工业涂料和通用涂料及辅助材料。

（2）分类方法2。除建筑涂料外，以涂料产品的主要成膜物为主线，并适当辅以产品主要用途的分类方法。将涂料产品划分为两个主要类别：建筑涂料、其他涂料及辅助材料。

上述两种分类方法，其共同之处是均将建筑涂料分为墙面涂料、防水涂料、地坪涂料和功能性建筑涂料，见表12-1。

表12-1 建 筑 涂 料

	主要产品类型		主要成膜物类型
建筑涂料	墙面涂料	合成树脂乳液内墙涂料 合成树脂乳液外墙涂料 溶剂型外墙涂料 其他墙面涂料	丙烯酸酯及其改性共聚乳液；乙酸乙烯及其改性共聚乳液；聚氨酯等树脂；无机粘合剂等
	防水涂料	溶剂型树脂防水涂料 聚合物乳液防水涂料 其他防水涂料	EVA、丙烯酸酯类乳液；聚氨酯、沥青，PVC胶泥或油膏、聚丁二烯等树脂
	地坪涂料	水泥基等非木质地面用涂料	聚氨酯、环氧等树脂
	功能性建筑涂料	防火涂料 防霉（藻）涂料 保温隔热涂料 其他功能性建筑涂料	聚氨酯、环氧、丙烯酸酯类、乙烯类、氟碳等树脂

注：主要成膜物类型中树脂类型包括水性、溶剂型和无溶剂型等。

12.3.2 涂料的功能、特点及常用品种

由于涂料的品种繁多，现仅就工程中常用的墙面和地坪涂料加以介绍。

1. 内墙涂料

内墙涂料的主要功能是装饰及保护室内墙体，使其美观整洁，能营造出舒适的居住环境，如图12.5所示。

图12.5　内墙涂料

为了获得良好的装饰及保护效果，内墙涂料应具有如下特点。

1）色彩丰富、细腻、调和

质感、线条和色彩构成了内墙装饰效果的三要素，丰富的色彩、花纹和线条质感是未来内墙装饰涂料的发展方向。

2）耐擦洗

由于对墙面的触摸以及不可预见的污染都需要擦洗，因此要求涂层具有一定的耐擦洗性，能够保证在一定的擦洗次数内涂层不会褪色，破损见底。

3）耐碱性

墙体建筑一般都会含有水泥或石灰等碱性材料，而涂料中的有机聚合物如果缺乏耐碱性能就会发生皂化反应，会发生矿物盐析出、涂膜气泡、脱皮、开裂等弊病，因此要求涂料具有一定的抗碱性能。

4）耐水性

室内也会经常接触水分，内墙涂料应该能够有效防止水渗入墙体，以保护墙体。

5）透气性

墙体含有的水分会在湿度发生变化时往外施压，如果涂膜不透气，则强大的水气压力会导致涂膜开裂，要求内墙涂料能够让水汽透过涂膜。

6）无毒、环保

为保证施工人员和居住者的健康，内墙涂料不应挥发有毒气体及对人体刺激过大的气体(如甲醛、重金属和高VOC挥发物)。

7) 粉刷方便，重涂容易

人们为了保持幽雅的居住环境，内墙翻修的次数较多，因此要求内墙涂料粉刷施工方便，维修重涂容易。

内墙涂料的常用品种与性能如下。

以往所用的内墙涂料主要为刷浆材料和调和漆。刷浆材料档次太低，装饰效果不好；而调和漆含有溶剂污染环境，涂膜的透气性也不好。随着涂料工业的发展，现有的装饰工程所使用的内墙涂料大多采用水性涂料，特别是合成树脂乳液内墙涂料（乳胶漆），由于其性能优良，不含溶剂，透气性好，质感好，具有丰富的色泽和质感，能满足于多种要求，所以得到了广泛的应用。

合成树脂乳液内墙涂料（又称乳胶漆）是以合成树脂乳液为基料（成膜材料）的薄型内墙涂料。一般用于室内墙面顶棚的装饰，但不宜用于厨房、卫生间和浴室等潮湿墙面。常用的品种有以下几类。

1) 聚乙酸乙烯内墙乳胶漆

它是以聚乙酸乙烯乳液为主要成膜物质，加入着色颜料、填料和各种助剂而制成的水乳型涂料。其特点是：无毒、无味、不燃、易加工、干燥快、透气性好、附着力强、颜色多而鲜艳、施工方便，其耐水性、耐碱性和耐候性都比水溶性涂料好，是一种装饰效果好的中、高档内墙装饰涂料。它适宜用于内墙（顶棚）装饰，不宜用于外墙及潮气较大的室内装修（如厨房、浴室和卫生间等）。

2) 乙丙内墙乳胶漆

乙丙内墙乳胶漆是以聚乙酸乙烯与丙烯酯共聚乳液为主要成膜物质的半光或有光的内墙水乳型涂料。它具有无毒、无味、不燃、透气性好、外观细腻，保色性好、有光泽等特点，其耐碱性、耐水性、耐久性都优于聚乙酸乙烯乳胶漆，价格适中，是一种较高档的内墙装饰涂料。它适宜用于内墙（顶棚）装饰，不宜用于外墙及室内潮气较大的部位。

3) 苯丙乳胶漆

苯丙乳胶漆是以苯乙烯-丙烯酸酯-甲基丙烯酸三元共聚乳液为主要成膜物质的水乳型涂料。它具有丙烯酸酯类的高耐光性、耐候性、漆膜不泛黄等特点。其漆膜外观细腻、色泽鲜艳、质感好，与水泥基层附着力好，它的耐碱性、耐水性、耐洗刷性都优于其他涂料，可以用于内、外墙装饰及潮气较大的部位，是一种高档内墙涂料，同时也是外墙涂料中较好的一种，而且价格适中。

4) 氯偏共聚乳液内墙涂料

氯偏共聚乳液内墙涂料是以氯乙烯与偏氯乙烯共聚乳液为主要成膜物质的一种水乳性涂料。它具有无毒、无味、不燃、抗水、快干、耐磨、涂层干燥快、施工方便、光洁、粘结力强等特点，同时还具有良好的耐水、耐碱、耐化学腐蚀性，透气性小，耐洗刷性能好。其可在较潮湿基层上施工，涂层寿命较长，且价格低廉。

该涂料一般适用于工业民用建筑物的内墙面装饰和保护，用于地下建筑工程和山中洞库的防潮效果更为显著。其为双组分、现场配制使用。

2. 外墙涂料

外墙涂料的主要功能是装饰和保护建筑物的外墙面，使建筑物外貌整洁美观，从而达到美化城市环境的目的，如图12.6所示。

图12.6 外墙涂料

为了获得理想的装饰与保护效果，外墙涂料应具有如下特点。

1）装饰性好

要求外墙涂料色彩丰富且保色性优良，能较长时间保持原有的装饰性能。

2）耐候性好

外墙涂料长期暴露于大气中，在阳光、雨水、风沙和冷热变化等作用下，涂层易发生开裂、粉化、剥落和变色等现象，失去原有的装饰及保护功能。因此，作为外墙涂料，必须具有良好的耐候性。

3）耐沾污性能好

大气中的灰尘及其他悬浮物质易沾污涂层，从而失去装饰效果，严重地影响建筑物外观。因而，要求外墙装饰涂层不易被这些物质沾污，或沾污后容易清除掉。

4）耐水性好

外墙涂料饰面暴露在大气中会经常受到雨水的冲刷，因而应具有很好的耐水性能，某些具有弹性的外墙涂料，要求具有更好的防水性能。当基层墙面发生微细裂缝时，涂膜仍保持完好，具有防水功能。

5）耐霉变性好

外墙涂料饰面在潮湿环境中易长霉。因此，要求涂膜抑制霉菌和藻类繁殖生长。

外墙涂料常用的品种如下。

（1）合成树脂乳液外墙涂料（外墙乳胶漆）。合成树脂乳液外墙涂料是以高分子合成树脂乳液为主要成膜物质的外墙涂料。按照涂料的质感可分为薄质乳液涂料（乳胶漆）、厚质涂料、彩色砂壁状涂料。

① 硅丙乳胶漆。硅丙乳胶漆是采用有机硅改性丙烯酸乳液作基料，配合进口金红石型钛白粉，高级助剂等精心调制而成，是水性无公害产品，各项性能皆优异的高级涂料。

由于展色剂链上的硅氧基团能与水泥中的硅原子结合成牢固的硅氧键，故硅丙乳胶漆具有极其优异的附着力，所谓在混凝土上"生根"的涂层。同时，有机硅成分还赋予涂层优异的拒水性、透气性、耐沾污性和耐候性，所以硅丙乳胶漆实属外墙墙面保护的最理想的装饰涂料类型。而且，硅丙乳胶漆的拒水性（即憎水性）、透气性好，耐污性和耐久性也好，是一种具有自洁性好的外墙涂料。

② 丙烯酸酯（纯丙）乳胶漆。纯丙乳胶漆是以纯丙烯酸乳胶树脂为成膜物制造，由于丙烯酸酯的户外耐候性优异，因此使得纯丙涂料的耐候性十分优异。其特点是漆膜光泽柔和，有良好的耐候性、保色性、耐洗刷性、耐污性、安全无毒，无污染、不燃、干燥快。丙烯酸酯乳胶漆施工温度在5℃以上，可以采用刷、滚、喷等工艺进行施工，可直接涂于墙面或者作为罩面涂料（防水胶）。

纯丙涂料是目前较为高档的一种水性涂料。在美国等发达国家，外用建筑涂料主要以纯丙烯酸乳胶漆为主。

③ 苯丙乳液涂料。苯丙乳液涂料是以苯乙烯-丙烯酸酯共聚物为主要成膜物质，加入颜料、填料及助剂等经分散、混合配制而成的乳液型外墙涂料。

苯丙乳液涂料具有优良的耐候性、保光保色性以及耐碱性和耐水性；同时，该涂料外观细腻、色彩艳丽、质感好。其性能优于乙-丙乳液涂料，是目前国内生产量较大、使用较为广泛的外墙涂料，被广泛使用。

④ 彩色砂壁状外墙涂料。该涂料又称彩砂涂料，是以合成树脂乳液和着色骨料为主体，外加增稠剂及各种助剂配制而成。该涂料采用高温烧结的彩色砂粒、彩色陶粒或天然彩色石屑作为骨料，采用喷涂方法施涂于建筑物外墙，形成粗面涂层的厚质涂料。这种涂料具有质感丰富，色彩鲜艳且不易褪色变色，而且无毒、无味、耐水性、耐气候性优良，且粘结力强，装饰性好，施工速度快且工效高等优点。

（2）溶剂型外墙涂料。溶剂型外墙涂料是以合成树脂溶液为主要成膜物质，有机溶剂为稀释剂，加入适量的颜料、填料及助剂配制而成的一种挥发性涂料。当涂料涂刷在外墙后，随着溶剂的挥发，成膜物质与其他不挥发组分共同形成均匀连续的涂层。

溶剂型外墙涂料具有较好的硬度、光泽、耐水性、耐酸碱性及良好的耐候性、耐污染性等特点。但由于施工时有大量易燃有机溶剂挥发出来，所以它易污染环境；同时，其漆膜的透气性差，又具有疏水性，如在潮湿的基层上施工容易产生起皮、脱落现象。因此，国内外这类涂料的用量低于乳液型外墙涂料。

① 丙烯酸酯外墙涂料。丙烯酸酯外墙涂料是以热塑性丙烯酸酯合成树脂为主要成膜物质，加入溶剂、颜料、填料、助剂等，经研磨而成的一种溶剂型涂料。其装饰效果良好，无刺激性气味，耐候性好，不易变色、粉化或脱落，耐碱性好，且对墙面有较好的渗透作用，涂膜坚韧，附着力强，施工方便，可配制成各种颜色，使用寿命在10年以上，属于高档涂料，是目前国内外主要使用的外墙涂料品种之一。

② 聚氨酯系外墙涂料。聚氨酯系外墙涂料是以聚氨酯树脂或聚氨酯与其他树脂复合物为主要成膜物质，加入颜料、填料、助剂等配制而成的优质外墙涂料。它包括主涂层涂料和面涂层涂料。主涂层涂料是双组分聚氨酯厚质涂料，通常可采用喷涂施工，涂层具有优良的弹性和防水性；面涂层涂料为双组分的非黄变性丙烯酸改性聚氨酯树脂涂料。它具有弹性大，耐候性好，耐水性好、耐碱、耐酸性好，表面光洁度好，呈瓷状质感，耐污性好，使用寿命在15年以上。

聚氨酯系外墙涂料属于高档涂料，适用于混凝土或水泥砂浆外墙的装饰，主要用于高级住宅、商业楼群、宾馆等的外墙装饰。聚氨酯系外墙涂料在施工时需在现场按比例混合后使用，同时需注意防火、防爆。

③ 坚固丽外墙涂料。坚固丽外墙涂料是由新型丙烯酸树脂为主要成膜物质，添加脂肪烃石油溶剂、优质金红石型太白粉、填料、助剂，经碾磨配制而成的新一代溶剂型丙烯酸外墙涂料。该涂料除具有传统溶剂型涂料和乳胶型涂料两者优点外，其耐候性、耐沾污性、施工性更优异，同时它装饰性能好，耐水性、耐碱性优良、耐洗刷性好，涂层不易泛黄，施工方便，也可在稍潮湿的基层上施工。

④ 丙烯酸酯有机硅外墙涂料。丙烯酸酯有机硅外墙涂料是由耐候性、耐沾污性优良的有机硅改性丙烯酸酯树脂为主要成膜物质，添加颜料、填料和助剂组成的优质溶剂型涂料。其特点是涂料渗透性好，能渗入基层，增加基层的抗水性能；流平性好，涂膜表面光洁，耐沾污性，易清洁；涂层耐磨损性好；涂料施工方便，可采用刷涂、滚涂和喷涂工艺施工；但基层必须干燥，一般要求含水率小于 8%，可以直接涂刷在水泥砂浆或混凝土基层上，一般涂刷两遍；涂料在涂刷时或涂层干燥前必须防止雨淋和尘土沾污；涂料施工时，挥发出易燃的有机溶剂，应注意保护措施，特别应注意防火。

⑤ 氯化橡胶外墙涂料。氯化橡胶外墙涂料由氯化橡胶、特种树脂、优质颜料、填料、助剂和溶剂经机械研磨而成。

氯化橡胶外墙涂料的特点是干燥快，涂装后溶剂挥发即干燥成膜；施工不受气温限制，能在 $-15\sim50℃$ 的环境中施工；且附着力好；耐候性和耐久性良好，也能耐碱、耐酸、耐海水腐蚀等；可制成厚浆型涂料；维修方便，维修时不必去掉旧漆膜，可先涂刷一道 70-Ⅲ铁红色带锈涂料，以后再涂氯化橡胶涂料即可；具有防霉性。

该涂料广泛用于化工厂房、公用及民用建筑外墙的防腐及装饰。

(3) 其他墙面涂料。

① 复层建筑涂料。复层建筑涂料是以水泥系、硅酸盐系和合成树脂系等粘结料和骨料为主要原料做为主涂层，用刷涂、辊涂或喷涂等方法，在建筑物墙体表面上涂布 2～3 层的凹凸成平状复层建筑涂料。

复层涂料一般包括 3 层，封底涂料主要用以封闭基层毛细孔，提高基层与主层涂料的粘结力、主层涂料增强涂层的质感和强度、罩面涂料使涂层具有不同色调和光泽，提高涂层的耐久性和耐沾污性。

复层涂料品种很多，按主层涂料主要成膜物质不同，可分为聚合物水泥系复层涂料（CE）、硅酸盐系复层涂料（Si）、合成树脂乳液系复层涂料（E）和反应固化型合成树脂乳液系复层涂料（RE）4 类。我国采用最多的是合成树脂乳液系复层涂料，它具有附着力强、光泽好、硬度高、耐久性优良且施工方便等优点，适用于在多种基层材料上施工。

根据所用原料的不同，这种涂料可用于建筑的内外墙面和顶棚的装饰，属中、高档建筑装饰材料。

② 无机外墙涂料。无机建筑涂料是以碱金属硅酸盐或硅溶胶为主要成膜物质，加入颜料、填料及助剂等配制而成的，在建筑物表面上形成薄质涂层的涂料。按主要成膜物质的不同可分为两类：一类是以碱金属硅酸盐为主要成膜物质，并加入相应的固化剂或有机合成树脂乳液配制而成（A类），此类涂料为双组分涂料，使用时在现场

将固化剂加入,搅拌均匀后使用;另一类是以硅溶胶为主要成膜物质,并加入有机合成树脂乳液及次要成膜物质配制而成(B类)。

这种涂料性能优异,颜色多样、渗透力强、成膜温度低、涂层耐水性、耐酸碱性、耐老化性良好,且价格便宜,施工安全,无毒,不燃,耐洗刷性好。主要采用喷涂施工,也可用刷涂或辊涂施工,属于中档及中低档一类涂料,该涂料适用于工业和民用建筑的外墙和内墙饰面工程。

③ 拉毛涂料。拉毛涂料又名弹性拉毛涂料,顾名思义即涂膜干固成形后具弹性感,是一种新型的外墙装饰涂料,是由高分子聚合物和无机粉料合成的特种材料;该产品既有高聚物粘结性强、弹性高、柔性好等特点,又有无机材料耐久性好且强度高的优点。其具有特殊的柔韧性,经拉毛涂料装饰的建筑物,抗裂性好,且防水性好,可防止雨水渗漏;防腐蚀、耐酸雨性能好,跟外墙贴面材料相比,可以减轻建筑承重负载。其缺陷是易污渍,可在拉毛涂料外面施工一道易清洗的罩面层,便于清洗。

弹性涂料适用建筑物外墙混凝土、水泥墙面的保护及旧建筑物外墙翻新和涂饰,如住宅小区、别墅、公寓、学校、商店、办公楼和酒店等外墙饰面。

④ 仿花岗岩涂料。仿花岗岩涂料也是近年来新发展的高装饰性涂料。它是在砂壁状涂料的基础上发展起来的。首先,该涂料将砂壁状涂料中的砂粒粒径改为120~160目、近乎于粉状的细砂;其次,使用特殊的破乳技术,将以高弹性乳液为基料的彩色涂料破乳,得到类似于花岗岩纹理的彩色"色料",极像砂壁状涂料中的"岩片"。在施工时,先喷涂,再采用仿瓷涂料那样的施工方法将涂膜表面进行压平,得到几乎可以乱真的仿花岗岩涂膜。

这种涂料适用于内、外墙面的涂装。虽然这类涂料出现不久,应用量还不大,但因涂膜装饰效果好而受到欢迎。

3. 地坪涂料

地面涂料是建筑涂料中的一个组成部分,它的主要功能就是装饰和保护地面,使之清洁美观,同时结合内墙面的顶棚及其他装饰创造优雅的环境,如图12.7所示。

图12.7 地坪涂料

地坪涂料应具有如下性能特点。

1) 耐水性好

为保持地面清洁，需要经常用水擦洗，因而引要求地面涂料应有良好的耐水性和耐洗刷性。

2) 硬度高，耐磨性好

由于地面上人员和物体的移动会对地面造成磨损，因而要求地面涂料必须具有较高的耐磨性。在受到刻画时，必须没有划痕或只有少量划痕，因此必须具有足够的硬度。

3) 耐冲击性好

由于地面易受重物撞击而导致损伤，因此要求地面涂料必须受冲击后无裂纹和脱落现象，只允许有轻微凹痕。

4) 粘结强度高

地面涂料与基层水泥砂浆之间必须具有较高的粘结力，以免涂层脱落。

5) 涂刷施工方便，重涂容易，价格合理

由于地面涂料主要用于民用住宅的地面装饰，应便于施工和重涂。

以下主要介绍适用于水泥砂浆地面的有关涂料品种。

(1) 过氯乙烯水泥地面涂料。过氯乙烯水泥地面涂料属于溶剂型地面涂料，是我国将合成树脂用作建筑物室内水泥地面装饰的早期材料之一。它是以合成树脂为基料，掺入颜料、填料，各种助剂及有机溶剂配制而成的一种地面涂料。

它具有干燥快、施工方便、耐水性好、耐磨性较好、耐化学腐蚀性强等特点。由于含有大量易挥发、易燃的有机溶剂，因而在配制涂料及涂刷施工时应注意防火、防毒。

(2) 氯-偏乳液涂料。氯-偏乳液涂料是以氯乙烯-偏氯乙烯共聚乳液为主要成膜物质，添加少量其他合成树脂水溶液胶（如聚乙烯醇水溶液等）共聚液体为基料，掺入适量的不同品种的颜料、填料及助剂等配制而成的涂料，属于水乳型涂料。其特点是无味、无毒、不燃、快干、施工方便、粘结力强；涂层坚牢光洁、不脱粉；有良好的耐水、防潮、耐磨、耐酸、耐碱、耐一般化学药品侵蚀，涂层寿命较长等，且产量大，在乳液类中价格较低，故在建筑内外装饰中有着广泛的应用前景。

(3) 环氧树脂涂料。环氧树脂涂料是以环氧树脂为主要成膜物质的双组分常温固化型涂料。环氧树脂涂料与基层粘结性能优良，涂膜坚韧、耐磨，具有良好的耐化学腐蚀、耐油、耐水等性能，以及优良的耐老化和耐候性，装饰效果良好，是近几年来国内开发的耐腐蚀地面涂料新品种。

(4) 聚乙酸乙烯水泥地面涂料。聚乙酸乙烯水泥地面涂料是由聚乙酸乙烯水乳液、普通硅酸盐水泥及颜料、填料配制而成的一种地面涂料。可用于新旧水泥地面的装饰，是一种新颖的水性地面涂布材料。其特点是质地细腻，对人体无毒害，施工性能良好，早期强度高，与水泥地面基层的粘结牢固；形成的涂层具有优良的耐磨性、抗冲击性，色彩美观大方，表面有弹性，外观类似塑料地板；原材料来源丰富，价格便宜，涂料配制工艺简单。

该涂料适用于民用住宅室内地面的装饰，也可取代塑料地板或水磨石地坪，用于某些实验室、仪器装配车间等地面，涂层耐久性约为 10 年。

(5) 聚氨酯弹性地面涂料。聚氨酯弹性地面涂料能在地面上形成无缝弹性塑料状涂层，因此而得名。它是双组分常温固化型，由甲、乙两组分组成。甲组分是聚氨酯预聚物，乙组分是由固化剂、颜料、助剂等混合而成。施工时将甲乙两组分按一定比例混合，涂刷后涂层本身交联固化形成具有一定弹性的彩色地面涂层。

这种弹性地面涂料有较高的强度和弹性，涂铺地面后涂层光洁不滑、弹性好、耐磨、耐压，行走舒适且不积尘易清扫，可代替地毯使用，且耐油、耐水、耐酸碱；与水泥等基层的粘结力强，涂布后地坪整体性好，且重涂性好，便于维修。但由于聚氨酯原材料有毒，施工时应注意通风、防火。其可用于会议室、影剧院、图书馆等的弹性装饰地面，地下室、卫生间的防水装饰地面以及工厂车间的耐磨、耐腐蚀等地面，是一种高级的地面涂料。

12.4 建筑胶粘剂

胶粘剂是一种古老而又年轻的材料，数千年前人类祖先就已经开始使用胶粘剂。到20世纪初合成酚醛树脂的发明，开创了胶粘剂的现代发展史。我国胶粘剂起步于20世纪50年代，进入20世纪90年代后，胶粘剂工业有了突飞猛进的发展。在建筑行业，胶粘剂已成为新型建筑材料的一种，广泛用于施工、装饰、密封和结构粘结等领域。

胶粘剂是指能通过较强的粘结力把同质或异质物体表面牢固地粘结在一起的材料，特别适用于不同材质、不同厚度、超薄规格和复杂构件的连接。

12.4.1 胶粘剂的组成与分类

1. 胶粘剂的组成

胶粘剂一般由下列组分组成。

1）粘料

粘料是胶粘剂的基本组分，起粘结作用，要求有良好的粘附性和润湿性。其性能决定了胶粘剂的性能和使用。

2）稀释剂（溶剂）

稀释剂的作用是降低粘度，增加流动性，便于施工。

3）固化剂

其作用是使胶粘剂交联固化，提高粘结强度，增强化学稳定性，改善耐热性。它也是胶粘剂的主要成分，对胶粘剂性能起重要作用。

4）填料

填料可以改善胶粘剂性能，具有如增加粘度、强度，改善耐热性，减少固化收缩、降低成本等作用。

5）其他添加剂

为了满足某些特殊要求，还可掺加增塑剂、偶联剂、引发剂、促进剂、防老化剂、稳定剂和阻燃剂等。

2. 胶粘剂的分类

胶粘剂的分类方法很多，按应用方法可分为热固型、热熔型、室温固化型、压敏型等；按应用对象分为结构型、非结构型或特种胶；接形态可分为水溶型、水乳型、溶剂型以及各种固态型等。常用的是将胶粘剂按粘料的化学成分来分类，见表 12-2。

表 12-2 胶粘剂的分类

胶粘剂	无机胶粘剂			硅酸盐：硅酸钠(水玻璃)、硅酸盐水泥
				磷酸盐：磷酸-氧化铜
				氧化物：氧化铅、氧化铝
				硫酸盐：石膏、硫酸盐胶
				硼酸盐
	有机胶粘剂	天然胶粘剂		动物胶：皮胶、骨胶、虫胶、酪素胶、血蛋白胶、鱼胶等类
				植物胶：淀粉、糊精、松香、阿拉伯树胶、天然树胶、天然橡胶等类
				矿物胶：矿物蜡、沥青等类
		合成胶粘剂	合成树脂型	热塑性	纤维素酯、烯类聚合物、聚酯、聚乙烯醇缩醛、乙烯-乙酸乙烯酯共聚物等
				热固性	环氧树脂、酚醛树脂、脲醛树脂、三聚氰-甲醛树脂、有机硅树脂等
			合成橡胶型		氯丁橡胶、丁苯橡胶、丁基橡胶、聚氨酯橡胶、硅橡胶等
			橡胶树脂型		酚醛-丁腈胶、酚醛-氯丁胶、酚醛-聚氨酯胶、环氧-丁腈胶、环氧-聚硫胶等类

12.4.2 常用的建筑胶粘剂

1. 按用途来分类

1) 建筑装修用胶粘剂

在我国建筑装修工程中，用于粘贴饰面砖、饰面板的胶粘剂品种见表 12-3。

表 12-3 建筑装修用胶粘剂的分类

分　类	具体品种
水性建筑胶粘剂	乙酸乙烯乳液、乙烯-乙酸乙烯乳液、苯丙乳液、丙烯酸乳液、环氧树脂乳液、聚乙烯醇缩甲醛等
粉状建筑胶粘剂(预混、干拌砂浆)	硅酸盐水泥、石英砂中加入高分子胶粉的混合物
膏状建筑胶粘剂	以高分子乳液等为胶结料和增塑剂、填料搅拌而成的膏状物

2) 建筑密封胶粘剂

建筑密封胶粘剂主要用于门、窗及装配式房屋预制件的连接处，玻璃与金属、金属与金属、金属与混凝土、混凝土与混凝土之间的密封，要求粘结力牢固、弹性、防水及耐老化性能好。根据组成可分为单组分、双组分密封胶，根据使用功能分为结构用密封胶和非结构密封胶。

它主要以聚硫橡胶、聚氨酯橡胶、硅酮橡胶、丙烯酸橡胶等聚合物及其改型聚合物为基础，使用寿命在20年以上，固化速度最快为几分钟至几小时，性能优良，价格较高。其在建筑、机械和消费市场应用广泛，是密封胶粘剂发展中最快的材料。

3) 建筑结构及化学灌浆用胶粘剂

建筑结构用胶粘剂是指应用于受力结构构件胶结场合，能承受较大动负荷、静负荷并能长期使用的胶粘剂。其主要用于结构单元之间的连接，如钢筋混凝土结构外部修补，金属补强固定以及建筑现场施工等，一般考虑采用环氧树脂系列胶粘剂和聚氨酯类胶粘剂。钢筋锚固胶除采用环氧树脂以外，还有采用不饱和聚酯和丙烯酸酯等胶粘剂。

4) 建筑防腐用胶粘剂

建筑防腐用胶粘剂主要用防腐隔离层及玻璃钢、耐酸砖板的砌筑及各种耐酸、碱、盐腐蚀的设备、储罐及管道。常用的胶粘剂有环氧树脂、不饱和聚酯树脂、酚醛树脂和呋喃树脂等。

另外，防水片、卷材用胶粘剂和压敏胶等，在建筑领域里也有一定市场。

2. 按粘结物质来分类

1) 环氧树脂类胶粘剂

环氧树脂类胶粘剂是以环氧树脂为主要原料，掺入适量的固化剂、增塑剂、填料和稀释剂等配制而成的。

环氧树脂类胶粘剂具有粘结强度高、收缩率小，尺寸稳定性好、耐腐蚀、耐高温、耐低温、电绝缘性好，耐油、耐水性好等特点，且原料易得，配制简单，易于改性。但其缺点是：价格较高；未增韧的环氧树脂韧性较差，脆性较大。尽管如此，环氧树脂类胶粘剂仍以其优异的综合性能获得了十分广泛的应用，是目前广泛使用的胶粘剂之一，由于粘结强度高、通用性强，其曾有"万能胶"和"大力胶"之称。

环氧树脂胶粘剂可用于钢材及金属合金、木材、纸板、陶瓷、玻璃、塑料、混凝土、石材等同种材料的粘结，同时也可进行金属和非金属异种材料之间的粘结。近年来，环氧结构胶粘剂的应用在土木建筑中得到快速发展，广泛用于房屋、桥梁、隧道、大坝等的加固、锚固、灌注粘结和修补等方面。

2) 聚乙酸乙烯酯类胶粘剂

聚乙酸乙烯酯类胶粘剂是由聚乙酸乙烯单体经聚合反应而制得的，有溶液型和乳液型两种。其中聚乙酸乙烯酯乳液又称"白乳胶"，是用量最大的胶粘剂之一。该乳液是一种白色粘稠状液体，呈酸性，具有亲水性，流动性好，但粘结强度不很高，耐水性差，使用温度不宜过低($\geqslant 5℃$)或过高($\leqslant 80℃$)。它主要用于受力不太大的胶结中，如纸张、木材和纤维等的胶结，也可作为涂料的主要成膜物质或加入水泥砂浆中配制聚合物水泥砂浆。

3) 合成橡胶类胶粘剂

合成橡胶类胶粘剂是以合成橡胶为粘结物质，加入有机稀释剂、补强剂、交联剂和软化剂等辅助材料而制成。其特点是：胶层弹性高、柔性好，粘合力强，具有较好的耐热性、耐燃性、耐油性耐候性和耐溶剂性。它可用于橡胶、塑料、织物、皮革、木材等柔软材料的粘结，或金属—橡胶等热膨胀系数相差比较大的两种材料的粘结。

氯丁橡胶胶粘剂是目前应用最广的一种橡胶胶粘剂，主要由氯丁橡胶、氧化锌、氧化镁、填料、抗老化剂和抗氧化剂等组成。氯丁橡胶胶粘剂对水、油、弱碱、弱酸、脂肪烃和醇类都具有良好的抵抗力，可在$-50\sim 80℃$的温度下工作，但具有徐变性，且易老化。为改善性能常掺入油溶性的酚醛树脂，配成氯丁酚醛胶。氯丁酚醛胶可在室温下固化，常用于粘结各种金属和非金属，如钢、铝、铜、玻璃、陶瓷、混凝土及塑料制品等；在建筑上常用在水泥混凝土或水泥砂浆的表面上粘贴塑料或橡胶制品等。

4）聚氨酯类胶粘剂

聚氨酯类胶粘剂是以多异氰酸酯和聚氨基甲酸酯（简称聚氨酯）为粘结物质，加入改性材料、填料、固化剂等制成的胶粘剂。它与含有活泼氢的材料，如泡沫塑料、木材、皮革、织物、纸张和陶瓷等多孔材料和金属、玻璃、橡胶和塑料等表面光洁的材料都有着优良的化学粘结力。而聚氨酯与被粘结材料之间产生的氢键作用会使高分子内聚力增加，从而使粘结更加牢固。此外，聚氨酯胶粘剂还具有韧性可调节、粘结工艺简便、极佳的耐低温性能以及优良的稳定性等特性，近年来，在国内外成为发展最快的胶粘剂。

该胶粘剂主要有：端异氰酸酯基聚氨酯预聚体、热塑性聚氨酯、丙烯酸酯-聚氨酯和封闭型聚氨酯等。端异氰酸酯基聚氨酯预聚体可与潮气反应而交联固化，因此也称湿固化聚氨酯胶粘剂。湿固化型聚氨酯胶粘剂是木材、土木建筑及结构用的良好的胶粘剂，也常用作密封剂，在汽车、建筑及机械行业中已发挥重要作用。聚氨酯密封剂在建筑业中主要用于粘结混凝土、木材、砖、石材、玻璃、金属以及其他常用建筑材料，使用寿命在$15\sim 20$年。

结构型聚氨酯胶粘剂具有优异的耐振动性和耐冲击性，广泛用于塔架、水闸、电梯（电梯间的门、壁镶板）、浴池墙面和天花板瓷砖以及住宅（外装饰材料水泥预制件之间的粘结）等方面。

5）酚醛树脂类胶粘剂

酚醛树脂是热固性树脂中最早用于胶粘剂的品种之一，它是由苯酚与甲醛在碱性介质中，经缩聚反应制得的线型结构的低聚物，可用聚乙烯醇、丁腈橡胶、氯丁橡胶和环氧树脂等对其进行改性处理。如酚醛树脂胶粘剂粘结强度高，耐热性好，主要用于木材、纤维板、胶合板硬质泡沫塑料等多孔材料的粘结；酚醛-缩醛胶粘剂耐低温、耐疲劳、耐气候、韧性好，使用寿命长，主要用于金属、陶瓷、玻璃、塑料和其他非金属材料的粘结。此外，它还可用于其他胶粘剂的改性，提高耐老化性、耐水性和粘结强度。

12.5 土工合成材料

土工合成材料是指能对土体起隔离、排渗、反滤和加固等作用的各种高分子工程材料。它是以合成纤维、塑料和合成橡胶等为原料制成的不同种类产品。其特点是：强度高，重量轻，柔性好，耐磨性好，抗腐蚀，吸湿性小，可在工厂预制，施工简便。使用过程中具有分离、加固、排水、过滤、防护、防渗 6 大基本功能。

国外在20世纪30年代就开始了使用,迄今其产品从单一纺织品发展到其他土工合成材料及其土工复合材料。现在,土工合成材料已被称作与钢材、水泥与木材齐名的"第四种工程材料",并广泛地应用于岩土、水利及土木工程等领域中。

土工合成材料种类很多,一般按功能及生产方法分为4大类,即土工织物、土工膜、土工复合材料和土工特种材料。下面概述几种土工合成材料的特点及应用。

1. 机织土工布

机织土工布是我国使用最早的一种土工布,材料以聚丙烯为主,如图12.8所示。其特点是强度高、延伸率低。它的应用以制作反滤布的土工模袋为多,广泛使用在水利工程中,用做防汛抢险、土坡地基加固、坝体加筋、各种防冲工程及堤坝的软基处理等。其缺点是过滤性和水平渗透性差,孔隙易变形,孔隙率低,最小孔径在0.05~0.08mm,难以阻隔小于0.05mm以下的微细土壤颗粒;当机织布局部破损或纤维断裂时,易造成纱线绽开或脱落,出现的孔洞难以补救,因而应用受到一定的限制。

2. 经编复合土工布

经编复合土工布是将经编布与非织造布交织形成纤网型经编复合土工布,也可与纸带一起编织成可降解的经编复合土工布,如图12.9所示。经编复合土工布主要应用于排水沟、水坝或烟筒过滤,无中间层的海岸保护,阻截自流水压,加固垂直地面、倾斜面和堤岸基层等。

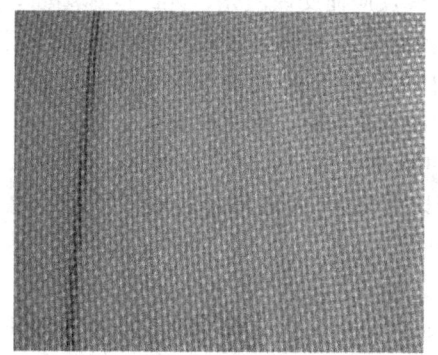

图 12.8　机织土工布

图 12.9　经编复合土工布

3. 非织造土工布

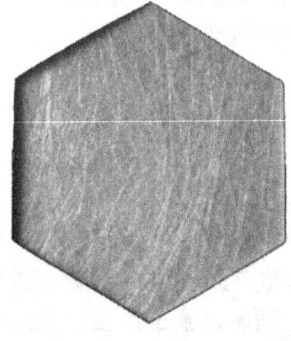

图 12.10　非织造土工布

非织造土工布采用的原料以涤纶为主,其次是丙纶和维纶,如图12.10所示。非织造土工布具有较大的延伸率,能适应较大的变形,可以根据需要制成适当大小的孔隙,并在水平与垂直方向均具有较好渗透力。因此,其发展速度很快,并已成为土工布的主要组成部分。它现已广泛应用于解决路基沉陷及翻浆冒泥问题,用于土石坝的排水系统、地下排水管道、软弱地基加固,各种堤岸的护坡垫肩等工程的滤层;此外,它还可用于土加筋材料,使软基加固或修筑轻型挡土墙,同时还能降低路堤下的孔隙水压。

4. 土工格栅

我国以聚乙烯材料为主的塑料土工格栅居多，如图12.11所示。它是将高聚物薄膜经有规律的刺孔、加热，然后在一个方向拉伸，使高聚物中大分子链沿拉伸方向取向，并获得单轴向格栅。其也可继续在另一方向拉伸，得到双轴向土工格栅，使两个方向都有较高强度。土工格栅主要应用于软土基础加固及护坡、护堤等工程中。

5. 复合土工布

复合土工布是由两种或两种以上不同功能、不同种类的土工布及其他材料复合而成，如图12.12所示。复合材料可以是纺粘或针刺型非织造布、机织布、聚乙烯薄膜、塑料网和塑料管等，复合土工布在原有单层材料基础上性能得到很大改善，如层压后的土工布力学性能得到很大提高，机织布与非织造布经针刺复合后的过滤性能得到改善等。

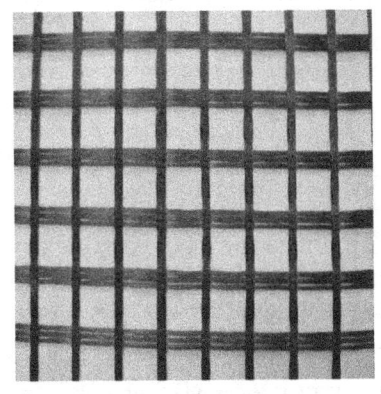

图12.11 土工格栅

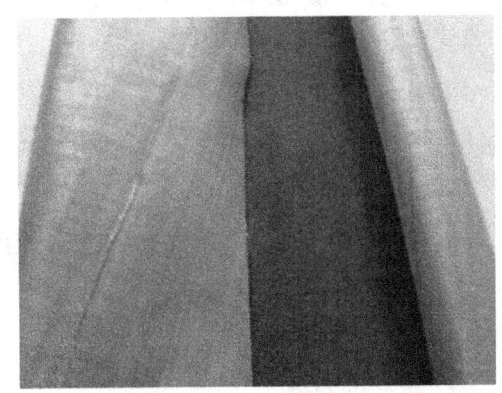

图12.12 复合土工布

复合土工布在我国应用较多的是复合土工膜和塑料排水管，可应用于软地基和地基下具有坑洼的路基、堤岸的增强、路边排水、桥座和挡土墙下排水、蓄水池和废物处理池的密封层，传统沙石层排水系统的替代等。

本 章 小 结

高分子建材是以高分子化合物为基础组成的材料。本章简述了土木工程中常用的高分子建材：常用建筑塑料、涂料和胶粘剂以及土工合成材料等。

1. 建筑塑料

塑料是以合成树脂为主要成分，配以一定量的填料、增塑剂、稳定剂、固化剂和着色剂等助剂而制成的材料。它的特点是：轻质高强；可加工性好；耐水、耐腐蚀性好；保温隔热；绝缘性好；耐热性耐燃性差；易变形；易老化等。按受热时表现出的性质不同，可分为热塑性和热固性塑料两大类。塑料制品广泛应用于土木工程各个领域。

2. 建筑涂料

建筑涂料是指涂覆于建筑构件表面，与之能很好粘结并形成完整保护膜，起保护、装饰、特殊功能作用或几种作用兼而有之的材料。涂料主要由基料、颜料、分散介质（溶剂）及助剂等组成。建筑涂料分为墙面涂料、防水涂料、地坪涂料和功能性建筑涂料。

3. 胶粘剂

胶粘剂是指能通过较强的粘结力把同质或异质物体表面牢固地粘结在一起的材料。胶粘剂通常由粘料、稀释剂、固化剂、填料和其他添加剂等组成。胶粘剂按用途分为：建筑装修用胶粘剂、建筑密封胶粘剂、建筑结构及化学灌浆用胶粘剂、建筑防腐用胶粘剂等；按粘结物质分为：环氧树脂类胶粘剂、聚乙酸乙烯酯类胶粘剂、合成橡胶类胶粘剂、聚氨酯类胶粘剂和酚醛树脂类胶粘剂等。

4. 土工合成材料

土工合成材料是指能对土体起隔离、排渗、反滤和加固等作用的各种高分子工程材料。它是以合成纤维、塑料、合成橡胶等为原料制成的不同种类产品。其特点是：强度高、质轻、柔性好、耐磨性好、抗腐蚀、吸湿性小等。使用过程中具有分离、加固、排水、过滤、防护、防渗 6 大基本功能。土工合成材料分为 4 大类，即土工织物、土工膜、土工复合材料和土工特种材料。

知 识 链 接

"水立方"ETFE 膜能积蓄 20% 太阳能

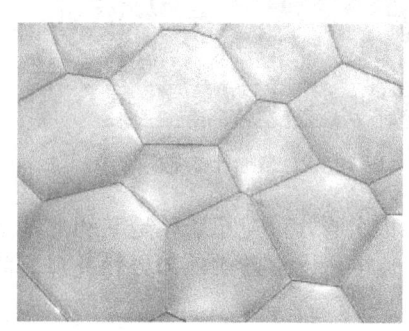

图 12.13　"水立方"ETFE 膜

在北京奥运会上，科学家发现模仿鲨鱼皮的材料不是唯一的高科技泳池材料，"水立方"四周覆盖的轻型聚合体膜实际上是 ETFE 膜（图 12.13），其节能效果明显，而且 ETFE 能够积蓄 20% 的太阳能，并可以用来为水加温、调节建筑物的温度。

这种 ETFE 透明薄膜是一种轻质的乙烯-四氟乙烯共聚物材料，被分割成 3000 个充满空气的垫子，可以让光线透过，又能保温。也就是说，它不仅具有有效的热学性能和透光性，更可以调节室内环境，简而言之就是具有冬季保温、夏季散热的功能，除此之外，这种材料还能避免建筑结构受到游泳中心内部环境的侵蚀。

ETFE 膜是在 20 世纪 70 年代开发出来的，最初是电线绝缘材料，但在最近 20 年里却成为一种重要的建筑元素。

（中国建设报　2008 年 10 月 22 日）

本 章 习 题

12-1　聚合物有哪些特征？这些特征与聚合物性质有何联系？

12-2　什么是聚合物的老化？试分析聚合物的老化原因和防止措施。

12-3　什么是热塑性树脂？什么是热固性树脂？两者在性质上有哪些不同？

12-4 塑料的基本组成有哪些？其作用如何？
12-5 土木工程中常用的塑料制品有哪些？
12-6 涂料是由哪些基本组分组成的？各起什么作用？
12-7 建筑涂料包括哪些种类？
12-8 内墙涂料应有哪些特点？现有装饰工程所用内墙涂料大多采用何种内墙涂料？
12-9 对外墙涂料有哪些要求？常用的外墙涂料有哪些？
12-10 胶粘剂由哪些组分组成？各起什么作用？
12-11 土木工程中常用的胶粘剂有哪些？
12-12 土工合成材料包括哪些种类？它们在使用过程中发挥哪些功能？

第13章 建筑功能材料

【教学目标】

通过本章学习，应达到以下目标。
(1) 了解防水卷材的种类、特点和应用。
(2) 了解冷底子油、乳化沥青等防水涂料的配制和应用。
(3) 了解常用建筑密封材料。
(4) 了解绝热材料的绝热机理、性能、常用绝热材料的种类。
(5) 了解吸声与隔声材料。

【教学要求】

知识要点	能力要求	相关知识
防水材料	(1) 了解防水卷材的种类、特点和应用 (2) 了解防水涂料的组成、特点和应用 (3) 了解常用建筑密封材料的特点和应用	(1) 防水卷材的种类、特点和应用 (2) 防水涂料的组成、特点和应用 (3) 常用建筑密封材料的特点和应用
绝热材料	(1) 了解绝热材料的基本性能 (2) 了解常用的绝热材料的分类及使用	(1) 绝热材料的基本性能 (2) 常用的绝热材料的分类及使用
吸声与隔声材料	(1) 了解吸声材料的特点及应用 (2) 了解隔声材料的特点及应用	(1) 吸声材料的特点及应用 (2) 隔声材料的特点及应用

13.1 防水材料

13.1.1 防水卷材

防水卷材是一种具有一定宽度和厚度并可卷曲的片状防水材料，是建筑防水材料的重要品种之一，它占整个建筑防水材料的 80% 左右。目前主要包括传统的沥青防水卷材、高聚物改性沥青防水卷材和合成高分子卷材 3 大类，后两类卷材的综合性能优越，是目前国内大力推广使用的新型防水卷材。本节介绍建筑工程中常见的几种防水卷材。

1. 沥青防水卷材

以原纸、纤维织物及纤维毡等胎体材料浸涂沥青，表面撒布粉状、粒状或片状材料制成可卷曲的片状防水材料统称为沥青防水卷材。传统沥青防水卷材中最具代表性的是石油沥青纸胎油毡及油纸。按原纸 $1m^2$ 的重量克数，油毡分为 200 号、350 号和 500 号 3 种标号；油纸分为 200 号及 350 号。根据国家标准《石油沥青纸胎油毡、油纸》(GB 326—2007)，油毡按物理力学性能可分为合格、一等品和优等品 3 个等级，各标号和等级的物理力学性能应符合表 13-1 规定。

表 13-1 石油沥青油毡的物理力学性能

指标名称		标号与等级	200 号			350 号			500 号		
			合格	一等品	优等品	合格	一等品	优等品	合格	一等品	优等品
每卷质量(g/m^2)不小于	粉毡		17.5			28.5			39.5		
	片毡		20.5			31.5			42.5		
单位面积浸涂材料总量(g/m^2)不小于			600	700	800	1000	1050	1110	1400	1450	1500
不透水性	压力(MPa)不小于		0.05			0.10			0.15		
	保持时间(min)不小于		15	20	30	30	45	30			
吸水率(真空法)(%)不大于	粉毡		1.0			1.0			1.5		
	片毡		3.0			3.0			3.0		
耐热度	℃		85±2	90±2		85±2	90±2		85±2	90±2	
	要求		受热 2h 涂盖层应无滑动和集中性气泡								
拉力(25℃时纵向)(N)不小于			240	270		340	370		440	470	
柔度	℃		18±2	18±2		18±2	16±2	14±2	18±2	14±2	
	要求		绕 ϕ20mm 圆棒或弯板无裂纹						绕 ϕ25mm 圆棒或弯板无裂纹		

石油沥青纸胎油毡的防水年限较低，其中 200 号卷材适用于简易防水、非永久性建筑防水；350 号和 500 号卷材可用于屋面工程的多叠层防水。油纸用于建筑防潮和包装，也可用于刚性防水层的隔离层等。

为克服纸胎油毡耐久性差、易腐烂及抗拉强度低等缺点，近年来，通过对油毡胎体材料加以改进并开发出了玻璃布胎沥青油毡及黄麻胎毡沥青油毡及铝箔胎沥青油毡等品种。这些胎体沥青油毡的性能比纸胎油毡好，抗拉强度高、柔韧性好、吸水率小、抗裂性和耐久性均有很大提高，可用于防水等级要求较高的工程。

此外，沥青卷材还包括新型优质氧化沥青卷材，它是将普通沥青经过催化处理后作为浸涂材料，以玻纤毡、聚酯毡、黄麻布、玻璃织物及金属箔等为胎体，以砂岩及页岩为覆盖材料的中低档防水卷材，这类卷材具有较好的低温柔性、延伸性和耐热性。

2. 高聚物改性沥青防水卷材

高聚物改性沥青防水卷材是以合成高分子聚合物改性沥青为涂盖层，纤维织物或纤维毡为胎体，粉状、粒状、片状或薄膜材料为覆盖材料制成的可卷曲片状防水材料。它克服了传统沥青卷材温度稳定性差、延伸率低的不足，具有高温不流淌、低温不脆裂、拉伸强度较高及延伸率较大等优异性能。

高聚物改性沥青防水卷材除外观质量和规格应符合表 13-2、表 13-3 的要求外，其物理性能还应符合表 13-4 的要求。

表 13-2 高聚物改性沥青防水卷材外观质量

项 目	判断标准	项 目	判断标准
断裂、皱折、孔洞、剥离	不允许	胎体未浸透、露胎	不允许
边缘不整齐、砂砾不均匀	无明显差异	涂盖不均匀	不允许

表 13-3 高聚物改性沥青防水卷材规格

厚度(mm)	宽度(mm)	长度(mm)	厚度(mm)	宽度(mm)	长度(mm)
2.0	≥1000	15～20	4.0	≥1000	7.5
3.0	≥1000	10	5.0	≥1000	5.0

表 13-4 高聚物改性沥青防水卷材物理性能

项 目		性能要求			
		Ⅰ类	Ⅱ类	Ⅲ类	Ⅳ类
拉伸性能	拉力	≥400N	≥400N	≥50N	≥200N
	延伸率	≥30%	≥5%	≥200%	≥3%
耐热度(85℃±2℃，2h)		不流淌，无集中性气泡			
柔性(−25～−5℃)		绕规定直径圆棒无裂纹			
不透水性	压力	≥0.2MPa			
	保持时间	≥30min			

注：1. Ⅰ类指聚酯毡胎体，Ⅱ类指麻布胎体，Ⅲ类指聚乙烯膜胎体，Ⅳ类指玻纤毡体。
2. 表中柔性的温度范围系表示不同档次产品的低温性能。

按对沥青改性用的聚合物的不同，高聚物改性沥青防水卷材可分橡胶型、塑料型和橡塑混合型 3 类。下面介绍几种较为常用的高聚物改性沥青防水卷材。

1) SBS 改性沥青防水卷材

SBS 改性沥青防水卷材是以聚酯毡、玻纤毡、玻纤增强聚酯胎为胎基，以苯乙烯-丁二烯-苯乙烯(SBS)热塑性弹性体作石油沥青改性剂，两面覆以隔离材料所制成的防水卷材，如图 13.1 所示。胎基材料主要为聚酯胎(PY)、玻纤胎(G)、玻纤增强聚酯胎

（PYG）。按上表面隔离材料分为聚乙烯膜（PE）、细砂（S）、矿物粒料（M）；下表面隔离材料为细砂（S）、聚乙烯膜（PE）。按物理力学性能不同，可分为Ⅰ型和Ⅱ型。SBS改性沥青防水卷材最大的特点是低温柔韧性能好，同时也具有较好的耐高温性、较高的弹性及延伸率（延伸率可达150%），较理想的耐疲劳性。它广泛用于各类建筑防水和防潮工程，尤其适用于寒冷地区和结构变形频繁的建筑物防水。根据国家标准《弹性体改性沥青防水卷材》（GB 18242—2008），SBS橡胶改性沥青防水卷材的性能见表13-5。

图 13.1 SBS 沥青防水卷材

表 13-5 SBS改性沥青防水卷材性能

序号	项目		指标 Ⅰ PY	Ⅰ G	Ⅱ PY	Ⅱ G	Ⅱ PYG
1	可溶物含量(g/cm³)	3mm	≥2100				—
		4mm	≥2900				—
		5mm	≥3500				
		试验现象	—	胎基不燃	—	胎基不燃	—
2	耐热性	℃	90		105		
		mm	≤2				
		试验现象	无流淌、滴落				
3	低温柔性(℃)		-20		-25		
			无裂缝				
4	不透水性(30min)		0.3MPa	0.2MPa	0.3MPa		
5	拉力	最大峰拉力(N/50mm)	≥500	≥350	≥800	≥500	≥900
		次高峰拉力(N/50mm)	—	—	—	—	≥800
		试验现象	拉伸过程中，试件中部无沥青覆盖层开裂或与胎基分离现象				
6	延伸率	最大峰时延伸率(%)	≥30	—	≥40	—	—
		第二峰时延伸率(%)	—	—	—	—	≥15
7	浸水后质量增加(%)	PE、S	≤1.0				
		M	≤2.0				

(续)

序号	项目		指标				
			I		II		
			PY	G	PY	G	PYG
8	热老化	拉力保持率(%)	≥90				
		延伸率保持率(%)	≥80				
		低温柔性(℃)	−15		−20		
			无裂缝				
		尺寸变化率(%)	≤0.7	—	≤0.7	—	≤0.3
		质量损失(%)	1.0				
9	渗油性	张数	≤2				
10	接缝剥离强度(N/mm)		≥1.5				
11	钉杆撕裂强度①(N)		—		≥300		
12	矿物粒料粘附性②(g)		≤2.0				
13	卷材下表面沥青涂盖层厚度③(mm)		≥1.0				
14	人工气候加速老化	外观	无滑动、流淌、滴落				
		拉力保持率(%)	≥80				
		低温柔性(℃)	−15		−20		
			无裂缝				

① 仅适用于单层机械固定施工方式卷材。
② 仅适用于矿物粒料表面的材料。
③ 仅适用热熔施工的卷材。

2) APP 改性沥青防水卷材

APP 改性沥青防水卷材是以聚酯毡、玻纤毡、玻纤增强聚酯胎为胎基，以无规聚丙烯(APP)或聚烯烃类聚合物(APAO、APO 等)作石油沥青改性剂，两面覆以隔离材料所制成的防水卷材。胎基材料主要为聚酯胎(PY)、玻纤胎(G)、玻纤增强聚酯胎(PYG)。按上表面隔离材料分为聚乙烯膜(PE)、细砂(S)、矿物粒料(M)；下表面隔离材料为细砂(S)、聚乙烯膜(PE)。按物理力学性能分为 I 型和 II 型。APP 改性沥青卷材的性能与 SBS 改性沥青性接近，具有优良的综合性质，尤其是耐热性能好，130℃的高温下不流淌、耐紫外线能力比其他改性沥青卷材均强，所以非常适宜用于高温地区或阳光辐射强烈地区，广泛用于各式屋面、地下室、游泳池、水桥梁、隧道等建筑工程的防水防潮。根据《塑性体改性沥青防水卷材》(GB 18243—2008)规定，APP 改性沥青防水卷材的性能见表 13-6。

3) 再生橡胶改性沥青防水卷材

用废旧橡胶粉作改性剂，掺入石油沥青中，再加入适量的助剂，经辊炼、压延、硫化而成的无胎体防水卷材。其特点是重量轻，延伸性、低温柔韧性、耐腐蚀性均较普通油毡好，且价格低廉。适用于屋面或地下接缝等防水工程，尤其是于基层沉降较大或沉降不均匀的建筑物变形缝处的防水。其性能见表13-7。

表13-6 APP改性沥青防水卷材性能

序号	项目		指标				
			I		II		
			PY	G	PY	G	PYG
1	可溶物含量(g/cm^3)	3mm	≥2100				—
		4mm			≥2900		—
		5mm				≥3500	
		试验现象	—	胎基不燃	—	胎基不燃	—
2	耐热性	℃	110		130		
		mm	≤2				
		试验现象	无流淌、滴落				
3	低温柔性(℃)		−7		−15		
			无裂缝				
4	不透水性(30min)		0.3MPa	0.2MPa	0.3MPa		
5	拉力	最大峰拉力(N/50mm)	≥500	≥350	≥800	≥500	≥900
		次高峰拉力(N/50mm)	—	—	—	—	≥800
		试验现象	拉伸过程中，试件中部无沥青覆盖层开裂或与胎基分离现象				
6	延伸率	最大峰时延伸率(%)	≥25		≥40		
		第二峰时延伸率(%)	—		—		≥15
7	浸水后质量增加(%)	PE、S	≤1.0				
		M	≤2.0				
8	热老化	拉力保持率(%)	≥90				
		延伸率保持率(%)	≥80				
		低温柔性(℃)	−2		−10		
			无裂缝				
		尺寸变化率(%)	≤0.7	—	≤0.7	—	≤0.3
		质量损失(%)	≤1.0				
9	接缝剥离强度(N/mm)		≥1.0				
10	钉杆撕裂强度①(N)		—		≥300		
11	矿物粒料粘附性②(g)		≤2.0				
12	卷材下表面沥青涂盖层厚度③(mm)		≥1.0				

(续)

序号	项目		指标				
			I		II		
			PY	G	PY	G	PYG
13	人工气候加速老化	外观	无滑动、流淌、滴落				
		拉力保持率(%)	≥80				
		低温柔性(℃)	−2		−10		
			无裂缝				

① 仅适用于单层机械固定施工方式卷材。
② 仅适用于矿物粒料表面的材料。
③ 仅适用热熔施工的卷材。

表 13-7　再生橡胶防水卷材性能

项　目	指　标
抗拉强度 (25℃±2℃)(MPa)	2.5
断裂延伸率(%)	≥250
柔性(−20℃,对折,2h)	无裂纹
耐热性(140℃,5h)	不起泡,不发粘
透水性(0.3MPa,1.5h)	不渗漏
适用温度(℃)	−20~80
热老化(80℃,168h,各项指标保持率)	≥80

4) 焦油沥青耐低温防水卷材

用焦油沥青为基料,聚氯乙烯或旧聚氯乙烯或其他树脂,如氯化聚氯乙烯作改性剂,加上适量的助剂,如增塑剂、稳定剂等,经共熔、辊炼及压延而成的无胎体防水卷材。由于改性剂的加入,卷材的耐老化性能及防水性能都得到提高,在−15℃时仍有柔性。其性能指标见表 13-8。

表 13-8　焦油沥青耐低温防水卷材性能

项　目	性　能	项　目	性　能
拉力(N)	≥430	柔性(−15℃,绕 φ20mm 圆棒)	无裂纹
延伸率(%)	≥3	透水性(0.24MPa,30min)	不透水
耐热性(95℃±2℃,5h)	不起泡,不滑动	吸水率(%)	≤3

焦油沥青耐低温防水卷材采用冷施工,其施工性能良好,不仅能在高温下施工,在−10℃的条件下也能施工,特别适用于多雨地区施工。

5) 铝箔橡胶改性沥青防水卷材

铝箔橡胶改性沥青防水卷材是以橡胶和聚氯乙烯复合改性石油沥青作为浸渍涂盖材

料，聚酯毡、麻布或玻纤维毡为胎体，聚乙烯膜为底面隔离材料，软质银白色铝箔为表面保护层的防水卷材。它具有弹塑混合型改性沥青防水卷材的一切优点。例如其具有很好的水密性、气密性、耐候性和阳光反射性，能降低室内温度，增强耐老化能力，耐高低温性能好，且强度、延伸率及弹塑性较好。

铝箔橡胶改性沥青防水卷材适用于工业与民用建筑屋面的单层外露防水层，也可用于地下管道及桥梁防水等。其性能见表13-9。

表13-9 铝箔橡胶改性沥青防水卷材性能

项 目	性 能	项 目	性 能
拉伸强度(MPa)	≥2.5	柔性(−10℃，绕ϕ20mm圆棒)	无裂纹
断裂伸长率(%)	≥30	透水性(0.2MPa，30min)	不透水
耐热性(85℃，5h)	不流淌，不滑动	吸水率(%)	≤2

3. 合成高分子卷材

合成高分子卷材是以合成橡胶、合成树脂或两者的共混体为基料，加入适量的化学助剂和填料，经混炼、压延或挤出等工序加工而成的可卷曲片状防水材料。其抗拉强度、延伸性、耐高低温性、耐腐蚀、耐老化及防水性都很优良，是值得推广的高档防水卷材。多用于要求有良好防水性能的屋面、地下防水工程。合成高分子卷材除外观、质量和规格应符合规范外，还应进行拉伸强度、断裂伸长率、低温弯折性和不透水性的物理性能检验，并符合表13-10的要求。

表13-10 合成高分子卷材的物理性能

项 目		性能要求		
		Ⅰ	Ⅱ	Ⅲ
拉伸强度		≥7MPa	≥2MPa	≥9MPa
断裂伸长率		≥450%	≥100%	≥10%
低温弯折性(℃)		−40	−20	−20
		无裂纹		
不透水性	压力	≥0.3MPa	≥0.2MPa	≥0.3MPa
	保持时间	≥30min		
热老化保持率 (80℃±2℃，168h)	拉伸强度(MPa)	≥80%		
	断裂伸长率	≥70%		

注：Ⅰ类是指弹性体卷材；Ⅱ类是指塑性体卷材；Ⅲ类是指合成纤维的卷材。

合成高分子防水卷材种类很多，最具代表性的有以下几种。

1) 三元乙丙(EPDM)橡胶防水卷材

三元乙丙橡胶防水卷材是以三元乙丙橡胶为主体原料，掺入适量的丁基橡胶、硫化剂、软化剂及补强剂等，经密炼、拉片、过滤、压延或挤出成型、硫化等工序加工而成的，如图13.2所示。其耐老化性能优异，使用寿命一般长达40余年，弹性和拉伸性能极佳，拉伸强度可达7MPa以上，断裂伸长率可大于450%，因此，对基层伸缩变形或开裂的适应性强，耐高低温性能优良，−45℃左右不脆裂，耐热温度达160℃，既能在低温条件下进行施工作业，又能在严寒或酷热的条件长期使用。此外，三元乙丙橡胶防水卷材单层冷施工的防水做法，改变了过去多叠层热施工的传统做法，提高了工效，减少了环境污染，改善了劳动条件。

三元乙丙防水卷材是目前防水性能最佳的高档防水卷材，用于防水要求高，耐用年限长的防水工程的屋面、地下室、隧道和水渠等土木工程的防水。特别适用于建筑工程的外露屋面防水和大跨度、受震动建筑工程的防水。三元乙丙橡胶防水卷材的主要物理性能见表13-11。

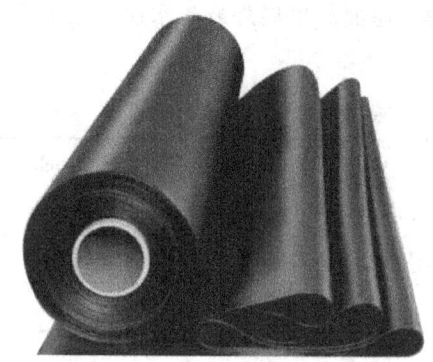

图 13.2　三元乙丙橡胶防水卷材

表 13-11　三元乙丙橡胶防水卷材的主要物理性能

项　目		指　标	
		一等品	合格品
拉伸强度（常温）(N/mm²)≥		8	7
扯断伸长率(%)≥		450	
直角形撕裂强度（常温）(N/cm)≥		280	245
不透水性	0.3N/mm² 30min	合格	—
	0.1N/mm² 30min	—	合格
脆性温度(℃)≤		−45	−40
热老化(80℃±2℃，168h)，伸长率100%		无裂纹	
臭氧老化	500pphm，168h，40℃，伸长率40%，静态	无裂纹	
	100pphm，168h，40℃，伸长率40%，静态	—	无裂纹

2) 聚氯乙烯(PVC)防水卷材

聚氯乙烯防水卷材是以聚氯乙烯树脂为主要原料，并加入一定量的改性剂、增塑剂等助剂和填充料，经混炼、造粒、挤出压延、冷却及分卷包装等工序制成的柔性防水卷材。具有抗渗性能好、抗撕裂强度较高、低温柔性较好的特点，与三元乙丙橡胶防水卷材相比，PVC卷材的综合防水性能略差，但其原料丰富，价格较为便宜。适用于新建或修缮工程的屋面防水，也可用于水池、地下室、堤坝、水渠等防水抗渗工程。PVC卷材的物理力学性能应符合表13-12的要求。

表 13-12　PVC 卷材的物理力学性能

项　　目	P 型			S 型	
	优等品	一等品	合格品	一等品	合格品
拉伸强度(MPa)不小于	15.0	10.0	7.0	5.0	2.0
断裂伸长率(%)不小于	250	200	150	200	120
热处理尺寸变化率(%)不小于	2.0	2.0	3.0	5.0	7.0
低温弯折性	−20℃，无裂纹				
抗渗透性	不透水				
抗穿孔性	不透水				
剪切状态下的粘合性	σ＞2.0N/mm 或在接缝处断裂				

注：S 型是以煤焦油与聚氯乙烯树脂混合料为基料的防水卷材。P 型是以增塑聚乙烯为基料的防水卷材。

3）氯化聚乙烯-橡胶共混防水卷材

氯化聚乙烯-橡胶共混防水卷材是以氯化聚乙烯树脂和合成橡胶共混物为主体，加入适量的硫化剂、促进剂、稳定剂、软化剂和填充料等，经过素炼、混炼、过滤、压延或挤出成型、硫化、分卷包装等工序制成的防水卷材。此类防水卷材兼有塑料和橡胶的特点，具有优异的耐老化性、高弹性、高延伸性及优异的耐低温性，对地基沉降、混凝土收缩的适应强，它的物理性能接近三元乙丙橡胶防水卷材，但由于原料丰富，其价格低于三元乙丙橡胶防水卷材。氯化聚乙烯-橡胶共混防水卷材主要的物理力学性能应符合表 13-13 的要求。

表 13-13　氯化聚乙烯-橡胶共混防水卷材主要的物理力学性能

项　　目		指　　标	
		S 型	N 型
拉伸强度(MPa)不小于		7.0	5.0
断裂伸长率(%)不小于		400	
直角撕裂强度(kN/m)不小于		24.5	
不透水性	压力(MPa)	0.3	
	保持时间(min)不小于	30	
热老化保持率(80℃±2℃，168h)	拉伸强度(MPa)不小于	80	
	断裂伸长率(%)不小于	70	
臭氧老化，500pphm，168h，40℃静态	伸长率 40%	无裂纹	—
	伸长率 20%	—	无裂纹

(续)

项 目		指 标	
		S 型	N 型
粘结剥离强度(卷材与卷材)	(kN/m)不小于	2.0	2.0
	浸水168h后，保持率(%)不小于	70	
脆性温度(℃)		−40	−20
		无裂纹	
热处理尺寸变化率(%)		+1，−2	+2，−4

注：S 型是以氯化聚乙烯与合成橡胶共混体制成的防水卷材。N 型是以氯化聚乙烯与合成橡胶或再生橡胶共混体制成的防水卷材。

氯化聚乙烯-橡胶共混防水卷材可用于各种建筑的屋面、地下及水池及冰库等工程，尤其宜用于寒冷地区和变形较大的防水工程以及单层外露防水工程。

应指出的是，对于卷材防水工程，在优选各种防水卷材并严格控制质量的同时，还应注意正确选取各种卷材的施工配套材料(如卷材胶粘剂、基层处理剂和卷材接缝密封剂等)。其材质一般与卷材相近，如必须选用各种与卷材相配套的卷材胶粘剂时，必须慎重选用，否则会引起卷材脱粘、起泡而渗漏，严重影响防水质量。卷材胶粘剂一般应由卷材生产厂家配套生产。表 13-14、表 13-15 分别列出了 SBS 改性沥青防水卷材、三元乙丙橡胶防水卷材配套材料。

表 13-14 SBS 改性沥青防水卷材配套材料

材料名称	用 途
氯丁粘结剂	卷材与基层、卷材与卷材的粘结
401 胶	为加强卷材间的粘结，可氯丁胶中掺入适量的 401 胶
汽油	热熔施工是使用
二甲苯或甲苯	基层处理和做稀释剂用

表 13-15 三元乙丙橡胶防水卷材配套材料

粘结材料名称	用途	颜色	使用配比	粘结剥离强度
聚氨酯底胶	基层处理剂	甲：黄褐色胶体 乙：黑色胶体	1:3	>2
氯丁系粘结剂(如 404 胶)	基层粘结剂	黄色浑浊胶体		>2
丁基粘结剂	卷材接缝粘结剂	A：黄浊胶体 B：黑色胶体	1:1	>2
氯磺化聚乙烯嵌缝膏	收头部位密封	浅色		
表面着色剂	表面保护着色	银色或各种颜色		
聚氨酯涂膜材料	局部增强处理	甲：黄褐色胶体 乙：黑色胶体	1:1.5	

13.1.2 防水涂料

防水涂料是以沥青、高分子合成材料为主体,在常温下呈无定形流态或半流态,经涂布后通过溶剂的挥发、水分的蒸发或各组分的化学反应,在结构物表面形成坚韧防水膜的材料。

防水涂料按成膜物质的主要成分可分为3类:沥青类、聚合物改性沥青类、合成高分子类。根据组分不同,可分为单组分防水涂料和双组分防水涂料。单组分防水涂料按涂料的介质不同可分为溶剂型、水乳型;双组分防水涂料,在施工前有两种组分(甲组分和乙组分),施工时两组分按比例混合、搅拌、涂布,发生化学反应而固化成膜。

防水涂料质量检验项目主要有:延伸或断裂延伸率、固体含量、柔性、不透水性和耐热度。

1. 沥青类防水涂料

沥青类防水涂料是指以沥青为基料配制而成的水乳型或溶剂型防水涂料,主要适用于防水等级为Ⅲ级、Ⅳ级的屋面防水及卫生间防水等。

1) 冷底子油

冷底子油是用建筑石油沥青加入汽油、煤油及轻柴油等溶剂,或用软化点50~70℃的煤沥青加入苯溶合而配成的沥青涂料。由于施工后形成的涂膜很薄,一般不单独使用,往往用作沥青类卷材施工时打底的基层处理剂,故称冷底子油。图13.3为屋面涂刷冷底子油的施工示意图。

图 13.3 屋面涂刷冷底子油

冷底子油粘度小,具有良好的流动性。涂刷混凝土、砂浆等表面后能很快渗入基底,溶剂挥发沥青颗粒则留在基底的微孔中,使基底表面憎水并具有粘结性,为粘结同类防水材料创造有利条件。

冷底子油应随配随用,通常由30%~40%的30号或10号石油沥青与60%~70%的有机溶剂(多用汽油)配制而成。

2) 沥青玛蹄脂(沥青胶)

沥青玛蹄脂是用沥青材料加入粉状或纤维状的填充料均匀混合而成的。按溶剂及胶粘工艺不同可分为热熔沥青玛蹄脂和冷玛蹄脂两种。

配制热熔沥青玛蹄脂(热用沥青胶)通常是将沥青加热至150～200℃,脱水后与20%～30%的加热干燥的粉状或纤维状填充料(如滑石粉、石灰石粉、白云粉、石棉屑和木纤维等)热拌而成,热用施工。填料的作用是为了提高沥青的耐热性、增加韧性、降低低温脆性,因此用玛蹄脂粘贴油毡比纯沥青效果好。热熔沥青根据耐热度可分为S-60、S-65、S-70、S-75、S-80、S-85共6个标号。各标号的技术指标应符合表13-16。

表13-16 沥青玛蹄脂的技术指标

指标 \ 标号	石油沥青玛蹄脂					
	S-60	S-65	S-70	S-75	S-80	S-85
耐热度	用2mm厚的沥青玛蹄脂粘合两张沥青油纸;不低于下列温度(℃)时,在100%(或45°角)的坡度上,停放5h,沥青玛蹄脂不应流出,油纸不应滑动					
	60	65	70	75	80	85
柔韧性	涂在沥青油纸上的2mm厚的沥青玛蹄脂层,在18℃±2℃时,围绕下列直径(mm)的圆棒以2s的均衡速度弯曲半周,沥青玛蹄脂不应有裂纹					
	10	15	15	20	25	30
粘结力	用手将两张粘贴在一起的油纸慢慢一次撕开,其油纸和沥青玛蹄脂粘贴面的任何一面撕开部分,应不大于粘贴面的1/2					

沥青玛蹄脂标号的选择,应根据屋面使用条件、屋面坡度及当地历年最高气温,按《屋面工程质量验收规范》(GB 50207—2012)的有关规定选用。

沥青玛蹄脂的加热温度不宜过高,否则会加速沥青的老化,影响其质量。但在施工中使用温度又不应过低,否则会影响粘贴质量,加热和使用温度见表13-17。此外,还应注意所采用的沥青应与被粘贴卷材的沥青种类一致。

表13-17 热熔沥青玛蹄脂加热和使用温度

类 别	加热温度(℃)	使用温度(℃)
普通石油沥青或掺配建筑石油沥青的普通石油沥青玛蹄脂	不应高于280	不低于240
建筑石油沥青玛蹄脂	不应高于240	不低于190

冷玛蹄脂(冷用沥青胶)是将40%～50%的沥青熔化脱水后,缓慢加入25%～30%的填料,混合均匀制成,在常温下施工。它的浸透力强,采用冷玛蹄脂粘贴油毡,不一定要求涂刷冷底子油,它具有施工方便、减少环境污染等优点。目前应用面已逐渐扩大。

3) 水乳型沥青防水涂料

水乳型沥青防水涂料即水性沥青防水涂料,系以乳化沥青为基料的防水涂料,是借助于乳化剂作用,在机械强力搅拌下,将熔化的沥青微粒均匀地分散于溶剂中,使其形成稳定的悬浮体。这类涂料对沥青基本上没有改性或改性作用不大。它主要有石灰乳化沥青、膨润土沥青乳液和水性石棉沥青防水涂料等,主要用于Ⅲ级和Ⅳ级防水等级的工业与民用建筑屋面、地下室和卫生间防水等。

2. 高聚物改性沥青防水涂料、合成高分子防水涂料

高聚物改性沥青防水涂料一般指以沥青为基料，用各类高聚物进行改性制成的水乳型或溶剂型防水涂料；合成高分子防水涂料是以合成橡胶或合成树脂为主要成膜物质制成的单组或双组分防水涂料。这两类防水涂料的柔韧性、抗裂性、拉伸强度、耐高低温性能和使用寿命等方面，比沥青基涂料有很大的改善和提高。

1) 乳液型氯丁橡胶沥青防水涂料

乳液型氯丁橡胶沥青防水涂料是以阳离子型氯丁胶乳与阳离子型沥青乳胶混合构成，是氯丁橡胶及石油沥青的微粒，借助于表面活性剂的作用，稳定分散在水中而形成的一种乳液状涂料。它具有较好的耐候性和耐腐性，较高的弹性、延伸性和粘结性，对基层变形的适应能力强、抗裂性好，且无毒难燃，操作安全。它适用于工业和民用建筑物的屋面防水、墙身防水、楼地面防水及卫生间、地下室的防水。

2) 聚氨酯防水涂料

聚氨酯防水涂料是一种化学反应型涂料，多以双组分形式混合使用，借助组分间发生化学反应而直接由液态变为固态，几乎不含溶剂。故其体积收缩小，易形成较厚的防水涂膜，且涂膜的弹性、抗拉强度、延伸性高，耐候、耐油性能好，对温度变化、基层变形的适应性强，是一种性能优异的合成高分子防水涂料，但其成本较高且有一定的毒性和可燃性。它适用于高级公用建筑的卫生间、水池等防水工程及地下室和有保护层的屋面防水工程。

13.1.3 建筑密封材料

为提高建筑物整体的防水、抗渗性能，对于工程中出现的施工缝、构件连接缝及变形缝等各种接缝，必须填充具有一定的弹性、粘结性且能够使接缝保持水密和气密性能的材料，这就是建筑密封材料。

建筑密封材料分为具有一定形状和尺寸的定型密封材料（如止水条和止水带等），以及各种膏糊状的不定型密封材料（如腻子、胶泥和各类密封膏等）。这里主要介绍几种不定型密封材料。

密封材料必须满足以下3个基本要求。

(1) 具有优良的粘结性、施工性及抗下垂性，使被粘结物之间形成连续防水体。

(2) 具有良好的弹塑性和一定的随动性，能经受建筑构件因各种原因引起的接缝变形。

(3) 具有较好的耐候性及耐水性能，能保持长期的粘结性与拉伸压缩性能。

1. 常用密封材料

1) 建筑防水沥青嵌缝油膏

建筑防水沥青嵌缝油膏（简称油膏）是以石油沥青为基料，加入改性材料及填充料混合制成的冷用膏状材料。此类密封材料其价格较低，以塑性性能为主，具有一定的延伸性和耐久性，但弹性差。其性能指标应符合《建筑防水沥青嵌缝油膏》（JC/T 207—2011），主要用于各种混凝土屋面板及墙板等建筑构件节点的防水密封。使用沥青油膏嵌缝时，缝内应洁净干燥，先涂刷冷底子油一道，待其干燥后即嵌填注油膏。

2) 聚氯乙烯建筑防水接缝材料

聚氯乙烯建筑防水接缝材料是以聚氯乙烯树脂为基料，加以适量的改性材料及其他添

加剂配制而成的(简称 PVC 接缝材料),按施工工艺可分为热塑型(通常指 PVC 胶泥)和热熔型(通常指塑料油膏)两类。聚氯乙烯建筑防水接缝材料具有良好的弹性、延伸性及耐老化性,与混凝土基面有较好的粘结性,能适应屋面震动、沉降、伸缩等引起的变形要求。其技术性能应满足《聚氯乙烯建筑防水接缝材料》(JC/T 798—1997)的要求。适用于建筑物和构筑物各种防水接缝。

3) 聚氨酯建筑密封膏

聚氨酯建筑密封膏是以异氰酸基(—NCO)为基料和含有活性氢化物的固化剂组成的一种双组分反应型弹性密封材料。这种密封膏能够在常温下固化,并有着优异的弹性性能、耐热耐寒性能和耐久性,与混凝土、木材、金属、塑料等多种材料有着很好的粘结力,其技术性能应符合《聚氨酯建筑密封膏》(JC 482—2006)的要求。广泛用于各种装配式建筑的屋面板、楼地板、阳台、窗框及卫生间等部位的接缝密封及各种施工缝的密封、混凝土裂缝的修补等。

4) 聚硫建筑密封膏

聚硫建筑密封膏是由液态聚硫橡胶为主剂和金属过氧化物等硫化剂反应,在常温下形成的弹性密封材料。其性能应符合《聚硫建筑密封膏》(JC/T 483—2006)的要求。这种密封材料能形成类似于橡胶的高弹性密封口,能承受持续和明显的循环位移,使用温度范围宽,在 $-40\sim 90$°C 的温度范围内能保持它的各项性能指标,与金属与非金属材质均具有良好的粘结力。其适用于混凝土墙板、屋面板,楼板等部位的接缝密封,以及游泳池、储水槽及上下水管道等工程的伸缩缝、沉降缝的防水密封。特别适用于金属幕墙、金属门窗四周的防水、防尘密封,因固化剂中常含铅成分,在使用时应避免直接接触皮肤。

5) 硅酮建筑密封膏

硅酮建筑密封膏是以聚硅氧烷为主要成分的单组分和双组分室温固化型弹性建筑密封材料。硅酮建筑密封膏属高档密封膏,它具有优异的耐热、耐寒性和耐候性,与各种材料有着较好的粘结性,耐伸缩,疲劳性强,耐水性好。其技术指标符合《硅酮建筑密封膏》(GB/T 14683—2003)的要求。

硅酮建筑密封膏按性能有高模量、中模量和低模量之分,高模量硅酮建筑密封膏主要用于建筑物的结构型密封部位,如高层建筑的玻璃幕墙、隔热玻璃粘结密封,以及建筑门、窗密封等;中模量硅酮建筑密封膏,除了不能在大伸缩缝中使用外,在其他部位都可使用;低模量的硅酮建筑密封膏主要用于建筑物的非结构型密封部位,如预制混凝土墙板、水泥板及大理石板的外墙接缝和高速公路接缝的防水密封等。

2. 密封材料的选用及基本要求

合理选用密封材料,进行的密封防水,保证防水工程质量的重要环节,应着重考虑几个方面。

(1) 密封材料的粘结性能,不同的基层材质及表面状态要求不同的密封材料。密封材料与被粘基层的良好粘结,是保证密封的必要条件。

(2) 密封材料使用的部位不同,对密封材料的要求也不同。如室外的接缝,要求有较好的耐老化性、耐候性的密封材料。而有腐蚀性介质部位的密封则要求耐化学性能良好的密封材料。

(3) 根据接缝形状、尺寸和接缝活动量的大小，选择具有相应的抗下垂性、自流平性、弹塑性能的密封材料。如在填充垂直缝和顶板缝时，应保证不流淌、不坍落、不下垂。在填注水平接缝时，应具有自流、充满的性能。

13.1.4 防水材料的选用

1. 严格按有关规范进行选材

根据《屋面工程技术规范》(GB 50345—2012)的规定，屋面防水工程应根据建筑物的类别、重要程度、使用功能要求确定防水等级，并应按相应等级进行防水设防，具体要求见表13-18。每道卷材防水层最小厚度应符合表13-19的规定，每道涂膜防水层最小厚度应符合表13-20的规定，复合防水层最小厚度应符合表13-21的规定。

表13-18 屋面防水等级、设防要求和防水做法

项 目	防水等级	
	Ⅰ级	Ⅱ级
建筑类别	重要建筑和高层建筑	一般建筑
设防要求	两道防水设防	一道防水设防
防水做法	卷材防水层和卷材防水层、卷材防水层和涂膜防水层、复合防水层	卷材防水层、涂膜防水层、复合防水层

注：在Ⅰ级屋面防水做法中，防水层仅作单层卷材时，应符合有关单层防水卷材屋面技术的规定。

表13-19 每道卷材防水层最小厚度　　　　　　　　　　单位：mm

防水等级	合成高分子防水卷材	高聚物改性沥青防水卷材		
		聚酯胎、玻纤胎、聚乙烯胎	自粘聚酯胎	自粘无胎
Ⅰ级	1.2	3.0	2.0	1.5
Ⅱ级	1.5	4.0	3.0	2.0

表13-20 每道涂膜防水层最小厚度　　　　　　　　　　单位：mm

防水等级	合成高分子防水涂膜	聚合物水泥防水涂膜	高聚物改性沥青防水涂膜
Ⅰ级	1.5	1.5	2.0
Ⅱ级	2.0	2.0	3.0

表13-21 每道涂膜防水层最小厚度　　　　　　　　　　单位：mm

防水等级	合成高分子防水卷材+合成高分子防水涂膜	自粘聚合物改性沥青防水卷材（无胎）+合成高分子防水涂膜	高聚物改性沥青防水卷材+高聚物改性沥青防水涂膜	聚乙烯丙纶卷材+聚合物水泥防水胶结材料
Ⅰ级	1.2+1.5	1.5+1.5	3.0+2.0	(0.7+1.3)×2
Ⅱ级	1.0+1.0	1.2+1.0	3.0+1.2	0.7+1.3

2. 根据不同部位的防水工程选择防水材料

不同部位的防水工程对防水材料性质的要求也各有侧重。如屋面防水工程应根据防水层暴露程度与所处的环境温度、基层结构的刚度情况等，正确选用具有相应耐候性、耐热性、柔性、拉伸强度和延伸率的防水材料；在管子根部、卷材收头等易渗漏的薄弱部位，应采用密封材料、防水涂料等进行局部补强防水；而对于地下防水工程，由于受到地下水的不断侵蚀，且水压较大，以及地下结构可能产生的变形条件，要求防水材料具有很好的整体不透水性、优良的抗渗性和延伸率。

3. 根据环境条件和使用要求，选择防水材料，确保耐用年限

在最高温度较高，而最低气温在0℃以上地区的卷材防水屋面，尤其是外露屋面时，一般应选用耐热度较高和柔性也比较高的APP改性沥青防水卷材或选用耐紫外线、耐臭氧、耐热、老化保持率高的合成高分子卷材；而在寒冷地区，应选用柔性在-20℃以下的SBS改性沥青防水卷材、合成高分子防水卷材等；对于受震动、易变形的屋面，应选用拉伸强度较高、延伸率较大的改性沥青防水卷材和高分子防水卷材，如三元乙丙橡胶防水卷材；对于处在有腐蚀性气体等介质环境中的建筑物，其防水材料应选择有良好的防腐性能的材料。

4. 根据防水工程施工时的环境温度选择防水材料

大部分材料的施工温度一般最低为5℃，最高为35℃。热熔型高聚物改性沥青防水卷材最低施工温度通常为-10℃，聚氨酯双组分涂料的最低施工温度一般为-5℃等。应按具体工程施工时的环境温度情况选用适当的防水材料。

5. 根据结构形式选择防水材料

对于预制化、异型化、大跨度、震动频繁的屋面，容易产生伸缩和局部变形，则应选择弹性好、延伸性好、强度高的防水卷材作防水层，如三元乙丙橡胶防水卷材等高分子防水卷材等。又如，对于平整大面积建筑物的屋面和地下防水以选用卷材为宜，而对于厕浴间等面积小、穿楼板管道多、阴阳角多的部位防水，采用卷材则施工较为困难，应选择能够适应基层形状变化，并有利于管道敷设的防水涂料为主。

6. 应根据技术可行、经济合理的原则选材

根据工程防水等级的要求及工程投资的多少，综合考虑技术经济两方面的因素，在满足防水层耐用年限要求的前提下，尽可能经济选材。

13.2 绝热材料

13.2.1 绝热材料的基本性能

热导系数低于0.175W/(m·K)的材料称为绝热材料。它具有保温、隔热性能，是用于减少结构物与环境热交换的一种功能材料。

绝热材料的一般特点是表观密度小，导热性低。

建筑工程上使用绝热材料一般要求其热导率不大于 0.15W/(m·K)，表观密度 600kg/m³ 以下，抗压强度不小于 0.3MPa。热导率是衡量绝热材料性能优劣的主要指标。热导率越小，则通过材料传送的热量就越少，其绝热性能也就越好。材料的热导率决定于材料的组分、内部结构、表观密度，也决定于传热时的环境温度和材料的含水率。通常，表观密度小的材料其孔隙率大，因此热导率小。孔隙率相同时，孔隙尺寸大、热导率就大；孔隙相互连通比不相互连通(封闭)者热导率大。对于松散纤维制品，当纤维之间压实至某一表观密度时，其热导率最小，则该表观密度为最佳表观密度。而纤维制品的表观密度小于最佳表观密度时，表明制品中纤维之间的空隙过大，而易引起空气对流，因而其热导率反而增大。

绝热材料受潮后，其热导率增加，因为水的热导率[0.58W/(m·K)]远大于密闭空气的热导率[0.023W/(m·K)]。当受潮的绝热材料受到冰冻时，其热导率会进一步增加，因为冰的热导率[2.33W/(m·K)]比水大。因此，绝热材料应特别注意防潮。

当材料处在 0~50℃ 范围内时，其热导率值基本不变。在高温时，材料的热导率随温度的升高而增大。对各向异性材料(如木材等)，当热流平行于纤维延伸方向时，热流受到的阻力小，其热导率较大；而热流垂直于纤维延伸方向时，受到的阻力大，其热导率就较小。

13.2.2 常用的绝热材料的分类及使用

常用的绝热材料按其成分可分为有机和无机两大类。无机绝热材料是用矿物质原料做成的呈松散状、纤维状或多孔状的材料，可加工成板、卷材或套管等形式的制品；有机保温材料是用有机原料(如各种树脂、软木、木丝、刨花等)制成。有机绝热材料的密度一般小于无机绝热材料。

1. 无机纤维状绝热材料

无机纤维状绝热材料以矿棉及玻璃棉为主，制成板或筒状制品。由于其不燃、吸声、耐久、价格便宜、施工简便，所以被广泛用于住宅建筑和热工设备的表面。

1) 玻璃棉及制品

玻璃棉是用玻璃原料或碎玻璃经熔融后制成的一种纤维状材料。一般的表观密度为 40~150kg/m³，热导率小，价格与矿棉制品相近。可制成沥青玻璃棉毡、板及酚醛玻璃棉毡和板，使用方便，因此是被广泛应用在温度较低的热力设备和房屋建筑中的保温绝热材料，还是优质的吸声材料。

2) 矿棉和矿棉制品

矿棉一般包括矿渣棉和岩石棉。矿渣棉所用原料有高炉硬矿渣、铜矿渣和其他矿渣等，另加一些调整原料(含氧化钙、氧化硅的原料)。岩石棉的主要原料是天然岩石，经熔融后吹制而成。

矿棉具有轻质、不燃、绝热和电绝缘等性能，且原料来源丰富，成本较低，可制成矿棉板、矿棉防水毡及管套等，可用作建筑物的墙壁、屋顶、顶棚等处的保温隔热和吸声材料。

2. 无机散粒状绝热材料

散粒状绝热材料主要有膨胀蛭石和膨胀珍珠岩两种。

1) 膨胀蛭石及其制品

蛭石是一种天然矿物，在850～1000℃的温度下煅烧时，体积急剧膨胀，单个颗粒的体积能膨胀约20倍，如图13.4所示。

膨胀蛭石的主要特性是：表观密度80～900kg/m³，热导率0.046～0.070W/(m·K)，可在1000～1100℃温度下使用，不蛀、不腐，但吸水性较大。膨胀蛭石可以呈松散状铺设于墙壁、楼板及屋面等夹层中，作为绝热、隔音之用。使用时应注意防潮，以免吸水后影响绝热性能。膨胀蛭石也可与水泥、水玻璃等胶凝材料配合，浇制成板，用于墙、楼板和屋面板等构件的绝热。其水泥制品通常用10%～15%体积的水泥，85%～90%的膨胀蛭石，适量的水经拌和、成型及养护而成。其制品的表观密度为300～550kg/m³，相应的热导率为0.08～0.10 W/(m·K)，抗压强度0.2～1MPa，耐热温度600℃。水玻璃膨胀蛭石制品是以膨胀蛭石、水玻璃和适量氟硅酸钠(Na_2SiF_6)配制而成，其表观密度为300～550kg/m³，相应的热导率为0.079～0.084W/(m·K)，抗压强度为0.35～0.65MPa，最高耐热温度900℃。

2) 膨胀珍珠岩及其制品

膨胀珍珠岩是由天然珍珠岩煅烧而成，呈蜂窝泡沫状的白色或灰白色颗粒，是一种高效能的绝热材料。其堆积密度为40～500kg/m³，热导率为0.047～0.070W/(m·K)，最高使用温度可达800℃，最低使用温度为－200℃。具有吸湿小、无毒、不燃、抗菌、耐腐、施工方便等特点。建筑上广泛用作围护结构、低温及超低温保冷设备、热工设备等的绝热保温材料，也可用于制作吸声制品，如图13.5所示。

图 13.4 膨胀蛭石

图 13.5 膨胀珍珠岩

膨胀珍珠岩制品是以膨胀珍珠岩为主，配合适量胶凝材料(水泥、水玻璃、磷酸盐和沥青等)，经拌和、成型、养护(或干燥，或固化)后而制成的具有一定形状的板、块和管壳等制品。

3. 无机多孔类绝热材料

1) 泡沫混凝土

泡沫混凝土是由水泥、水、松香泡沫剂混合后经搅拌及成型、养护而成的一种多孔、轻质、保温、绝热且吸声的材料。可用粉煤灰、石灰、石膏和泡沫剂制成粉煤灰泡沫混凝土。泡沫混凝土的表观密度为 300～500kg/m³，热导率为 0.082～0.186W/(m·K)。图 13.6 为泡沫混凝土砌块。

2) 加气混凝土

加气混凝土是由含钙质的材料(水泥、石灰)和含硅质的材料(石英砂、粉煤灰及粒化高炉矿渣等)经磨细、配料，在加入发气剂(铝粉、双氧水)后，进行搅拌、浇筑、发泡、切割及蒸压养护等工序生产而成，是一种保温绝热性能良好的轻质材料。由于加气混凝土的表观密度小(500～700kg/m³)，热

图 13.6　泡沫混凝土砌块

导率值 [0.093～0.164W/(m·K)] 比粘土砖小许多，因而 24cm 厚的加气混凝土墙体，其保温绝热效果优于 37cm 厚的砖墙。此外，加气混凝土的耐火性能良好。

3) 硅藻土

硅藻土由水生硅藻类生物的残骸堆积而成。其孔隙率为 50%～80%，热导率为 0.060W/(m·K)，因此具有很好的绝热性能，最高使用温度可达 900℃。它可用作填充料或制成制品。

4) 微孔硅酸钙

微孔硅酸钙由硅藻土或硅石与石灰等经配料、拌和、成型及水热处理制成。以托贝莫来石为主要水化产物的微孔硅酸钙，表观密度约为 200kg/m³，热导率为 0.047W/(m·K)，最高使用温度约为 650℃。以硬硅钙石为主要水化产物的微孔硅酸钙，其表观密度约为 230kg/m³，热导率为 0.056W/(m·K)，最高使用温度可达 1000℃。

5) 泡沫玻璃

泡沫玻璃由玻璃粉和发泡剂等经配料、烧制而成。气孔率达 80%～95%，气孔直径为 0.1～5mm，且大量为封闭而孤立的小气泡。其表观密度为 150～600kg/m³，热导率为 0.058～0.128W/(m·K)，抗压强度为 0.8～15MPa。采用普通玻璃粉制成的泡沫玻璃最高使用温度为 300～400℃，若用无碱玻璃粉生产时，则最高使用温度可达 800～1000℃。它耐久性好，易加工，可用于多种绝热需要。

4. 有机绝热材料

1) 泡沫塑料

泡沫塑料是以各种树脂为基料，加入一定剂量的发泡剂、催化剂、稳定剂等辅助材料，经加热发泡而制成的一种具有轻质、保温、绝热、吸声、防震性能的材料。目前我国生产的有聚苯乙烯泡沫塑料，其表观密度为 20～50kg/m³，热导率为 0.038～0.047W/(m·K)，最高使用温度约 70℃；聚氯乙烯泡沫塑料，其表观密度为 12～75kg/m³，热导率为 0.031～0.045W/(m·K)，最高使用温度为 70℃；遇火能自行熄灭；聚氨酯泡沫塑料，其表观密度为 30～65kg/m³，热导率为 0.035～0.042W/(m·K)，最高使用温度可达 120℃，最低使用温度为-60℃。该类绝热材料可用作复合墙板及屋面板的夹芯层及冷藏和包装等绝热需要。

2) 植物纤维类绝热板

植物纤维类绝热材料可用稻草、木质纤维、麦秸、甘蔗渣等为原料经加工而成。其表观密度为 200～1200kg/m³，热导率为 0.058～0.307W/(m·K)，可用于墙体、地板、顶

棚等，也可用于冷藏库、包装箱等。

3）窗用绝热薄膜（又称新型防热片）

窗用绝热薄膜其厚度12～50μm，用于建筑物窗户的绝热，可以遮蔽阳光，防止室内陈设物褪色，减低冬季热量损失，节约能源，增加美感。使用时，将特制的防热片（薄膜）贴在玻璃上，其功能是将透过玻璃的大部分阳光反射出去，反射率高达80%。防热片能减少紫外线的透过率，减轻紫外线对室内家具和织物的有害作用，减弱室内的温度变化程度，也可避免玻璃碎片伤人。

常用绝热材料的技术性能及用途见表13-22。

表13-22 常用绝热材料的技术性能及用途

材料名称	表观密度 (kg/m³)	强度(MPa)	热导率[W/(m·K)]	最高使用温度(℃)	用途
超细玻璃棉毡沥青玻纤制品	30～60 100～150		0.035 0.041	300～400 250～300	墙体、屋面、冷藏等
矿渣棉纤维	110～130		0.044	≤600	填充材料
岩棉纤	80～150	f_t＞0.012	0.044	250～600	填充墙体、屋面、热力管道等
岩棉制品	80～160		0.04～0.052	≤600	
膨胀珍珠岩	40～300		常温 0.02～0.044 高温 0.06～0.17 低温 0.02～0.038	≤800 (-200)	高效能保温保冷填充材料
水泥膨胀珍珠岩制品	300～400	f_c=0.5～1.0	常温 0.05～0.081 低温 0.081～0.12	≤600	保温绝热用
水玻璃膨胀珍珠岩制品	200～300	f_c=0.6～1.7	常温 0.056～0.093	≤650	保温绝热用
沥青膨胀珍珠岩制品	400～500	f_c=0.2～1.2	0.093～0.12		用于常温及负温
膨胀蛭石	80～900	0.2～1.0	0.046～0.070	1000～1100	填充材料
水泥膨胀蛭石制品	300～500	f_c=0.2～1.0	0.076～0.105	≤600	保温绝热用
微孔硅酸钙制品	250	f_c＞0.5 f_c＞0.3	0.041～0.056	≤650	围护结构及管道保温
轻质钙塑板	100～150	f_c=0.1～0.3 f_c=0.7～0.11	0.047	650	保温绝热兼防水性能，并具有装饰性能
泡沫玻璃	150～600	f_c=0.55～15	0.058～0.128	300～400	砌筑墙体及冷藏库绝热
泡沫混凝土	300～500	f_c≥0.4	0.081～0.19		围护结构
加气混凝土	400～700	f_c≥0.4	0.093～0.16		围护结构

(续)

材料名称	表观密度 (kg/m³)	强度(MPa)	热导率 [W/(m·K)]	最高使用温度(℃)	用　途
木丝板	300~600	$f_c=0.4~0.5$	0.11~0.26		顶棚、隔墙板、护墙板
软质纤维板	150~400		0.047~0.093		顶棚、隔墙板；护墙板表面较光洁
芦苇板	250~400		0.093~0.13		顶棚、隔墙板
软木板	105,437	$f_c=0.15~2.5$	0.044~0.079	≤130	吸水率小，不霉腐、不燃烧，用于绝热结构
聚苯乙烯泡沫塑料	20~50	$f_c=0.15$	0.031~0.047		屋面、墙体保温绝热等
软质聚氨酯泡沫塑料	30~40	$f_c\geq 0.2$	0.037~0.055	≤120 (-60)	屋面、墙体保温，冷藏库绝热
聚氯乙烯泡沫塑料	12~72		0.045~0.081	≤70	屋面、墙体保温，冷藏库绝热

为了常年保持室内温度的稳定性，凡房屋围护结构所用的建筑材料，必须具有一定的绝热性能。

在建筑中合理地采用绝热材料，能提高建筑物的使用效能，更好地满足要求，保证正常的生产、工作和生活。在采暖、空调、冷藏等建筑物中采用必要的绝热材料，能减少热损失，节约能源，降低成本。据统计，绝热良好的建筑，其能源消耗可节省25%~50%。因此，在建筑工程中，合理地使用绝热材料具有重要意义。

13.3 吸声与隔声材料

13.3.1 吸声材料

1. 材料的吸声性能

物体振动时，迫使邻近空气随着振动而形成声波，当声波接触到材料表面时，一部分被反射，一部分穿透材料，而其余部分则在材料内部的孔隙中引起空气分子与孔壁的摩擦和粘滞阻力，使相当一部分声能转化为热能而被吸收。被材料吸收的声能（包括穿透材料的声能在内）与原先传递给材料的全部声能之比，是评定材料吸声性能好坏的主要指标，称为吸声系数，用下式表示：

$$a = E/E_0$$

式中：a——材料的吸声系数；
E_0——传递给材料的全部入射声能；
E——被材料吸收（包括透过）的声能。

假如入射声能的60%被吸收，40%被反射，则该材料的吸声系数a就等于0.6。当入射声能100%被吸收而无反射时，吸收系数等于1。当门窗开启时，吸收系数相当于1。一般材料的吸声系数在0～1之间。

材料的吸声特性除与材料本身性质、厚度及材料表面的条件（有无空气层及空气层的厚度）有关外，还与声波的入射角及频率有关。一般而言，材料内部开放连通的气孔越多，吸声性能越好。同一材料，对于高、中及低不同频率的吸声系数不同。为了全面反映材料的吸声性能规定取125Hz、250Hz、500Hz、1000Hz、2000Hz、4000Hz这6个频率的吸声系数来表示材料吸声的频率特性。吸声材料在上述6个规定频率的平均吸声系数应大于0.2。

为了改善声波在室内传播的质量，保持良好的音响效果和减少噪声的危害，在音乐厅、电影院、大会堂、播音室及工厂噪声大的车间等内部墙面、地面、顶棚等部位，应选用适当的吸声材料。

2. 常用材料的吸声系数

常用材料的吸声系数见表13-23。

表13-23 常用材料的吸声系数

材料分类及名称		厚度(mm)	表观密度(kg/m³)	各种频率下的吸声系数					
				125Hz	250Hz	500Hz	1000Hz	2000Hz	4000Hz
无机材料	石膏板（有花纹）	—	—	0.03	0.05	0.06	0.09	0.04	0.06
	水泥蛭石板	4.0	—	—	0.14	0.46	0.78	0.50	0.60
	石膏砂浆（掺水泥玻璃纤维）	2.2	—	0.24	0.12	0.09	0.30	0.32	0.83
	水泥膨胀珍珠岩板	5	350	0.16	0.46	0.64	0.48	0.56	0.56
	水泥砂浆砖（清水墙面）	1.7	—	0.21	0.16	0.25	0.40	0.42	0.48
				0.02	0.03	0.04	0.04	0.05	0.05
	软木板	2.5	260	0.05	0.11	0.25	0.63	0.70	0.70
	木丝板	3.0	—	0.10	0.36	0.62	0.53	0.71	0.90
	胶合板（三夹板）	0.3	—	0.21	0.73	0.21	0.19	0.08	0.12
	胶合板（五夹板）	0.5	—	0.01	0.25	0.55	0.30	0.16	0.19
	木花板	0.8	—	0.03	0.02	0.03	0.03	0.04	—
	木质纤维板	1.1	—	0.06	0.15	0.28	0.30	0.33	0.31
	泡沫玻璃	4.4	1260	0.11	0.32	0.52	0.44	0.52	0.33
	脲醛泡沫塑料	5.0	20	0.22	0.29	0.40	0.68	0.95	0.94
	泡沫水泥（外粉刷）	2.0	—	0.18	0.05	0.22	0.48	—	0.32
	吸声蜂窝板	9.9	—	0.27	0.12	0.42	0.86	0.48	0.30
	泡沫塑料	1.0	—	0.03	0.06	0.12	0.41	0.85	0.67
	矿渣棉	3.13	210	0.10	0.21	0.60	0.95	0.85	0.72
	玻璃棉	5.0	80	0.06	0.08	0.18	0.44	0.72	0.82
	酚醛玻璃纤维板	8.0	100	0.25	0.55	0.80	0.92	0.98	0.95
	工业毛毡	3.0	—	0.10	0.28	0.55	0.60	0.60	0.56

13.3.2 隔声材料

能减弱或隔断声波传递的材料为隔声材料。人们要隔绝的声音按其传播途径有空气声(通过空气传播的声音)和固体声(通过固体的撞击或振动传播的声音)两种,两者隔声的原理不同。对空气声的隔绝,主要是依据声学中的"质量定律",即材料的密度越大,越不易受声波作用而产生振动,因此,其声波通过材料传递的速度迅速减弱,其隔声效果越好。所以,应选用密度大的材料(如钢筋混凝土、实心砖等)作为隔绝空气声的材料。

对固体声隔绝最有效的措施是断绝其声波继续传递的途径,即在产生和传递固体声波的结构(如梁、框架与楼板、隔墙以及它们的交接处等)层中加入具有一定弹性的衬垫材料,如软木、橡胶、毛毡、毛毯或设置空气隔离层等,以阻止或减弱固体声波的继续传播。

由上述可知,材料的隔声原理与材料的吸声(吸收或消耗转化声能)原理不同,因此,吸声效果好的多孔材料(有开口连通而不穿透或穿透孔型)隔声效果不一定好。

本 章 小 结

沥青材料及其制品是传统的建筑防水材料,通常适用于防水等级不高的防水工程;高聚物改性沥青、合成高分子材料及其制品是目前建筑工程中推广使用的新型防水材料,一般用于防水要求较高的工程中。防水材料按形态可分为防水卷材、防水涂料及密封材料等。

沥青基防水制品主要有沥青防水卷材(如石油沥青油纸、石油沥青纸胎油毡、石油沥青玻璃布胎油毡等)和沥青防水涂料(如冷底子油、玛蹄脂、水乳型沥青防水涂料等)。

聚合物改性沥青防水材料、合成高分子防水材料具有较高的低温弹性和塑性、高温稳定性和抗老化性,综合防水性能好。建筑工程中常用的高聚物改性沥青防水材料主要有SBS 改性沥青防水卷材、APP 改性沥青防水卷材、再生橡胶防水卷材和乳液型氯丁橡胶沥青防水涂料等;合成高分子防水材料主要有三元乙丙橡胶防水卷材、PVC 防水卷材、氯化聚乙烯-橡胶共混防水卷材和聚氨酯防水涂料等。

建筑密封材料的合理选用能够使工程中的施工缝、构件连接缝及变形缝等各种接缝的保持水密、气密,保证建筑物的整体抗渗、防水性能。

建筑防水材料应严格按有关规范进行选材,根据具体工程的结构特点、使用部位及环境条件要求,依据技术可行、经济合理的原则,合理地选用防水材料。

热导率低于 $0.175W/(m \cdot K)$ 的材料称为绝热材料。热导率是衡量绝热材料性能优劣的主要指标。绝热材料受潮后,其热导率增加,因此绝热材料应特别注意防潮。建筑中合理使用绝热材料,能更好地满足使用效能和要求。常用的绝热材料主要有无机和有机两大类。

为改善声波在室内传播的质量,保持良好的音响效果和减少噪声的危害,应在建筑物内部选用适当的吸声材料。材料的吸声特性除与材料本身性质、厚度及材料表面的条件有关外,还与声波的入射角和频率有关。

能减弱或隔断声波传递的材料为隔声材料,材料的隔声原理与材料的吸声原理不同。

知 识 链 接

泡沫玻璃隔热保温性能好

图 13.7　泡沫玻璃

看似大米饼的泡沫玻璃(图 13.7)，拿在手上竟然比饼干还要轻，就是这样一种材料，建房子的时候用在墙体当中，可以起到隔热保温作用。外墙保温材料等建筑节能材料的使用，将使我们的生活发生质的改变。

这么轻的材料，用于贴面和外墙上，抗震性能会不会很差？泡沫玻璃是将废弃的玻璃粉碎、发泡加工后形成的，因为它的导热系数小，主要作用是保温，本身没有抗震功能，但是可以和其他墙体材料搭配使用。

泡沫玻璃还具有不透水、不吸水、不燃烧和耐老化等特性。它因为质量轻巧，易于切割，所以可以被塑成正方形的、拱形的、肥皂状的、枕头状的，而且其吸声功能佳，可用作天花板的吸声材料。

(中国建材采购网　2009 年 5 月 7 日)

本 章 习 题

13-1　高聚物改性沥青防水卷材、高分子防水卷材与传统沥青防水油毡相比较有何突出优点？

13-2　高聚物改性沥青防水卷材、高分子防水卷材有哪些主要品种？其各自特性及应用如何？

13-3　试述密封油膏的主要品种、性能要求和使用特点。

13-4　如何正确选择屋面防水材料？

13-5　有了各种防水卷材，为何还要防水涂料？

13-6　何谓建筑密封材料？建筑工程中常用的密封材料有哪几种？各自性能如何？适用于何处？

13-7　何谓绝热材料？绝热材料为什么总是轻质材料？使用时为什么要防潮？

13-8　用什么技术指标来评定材料绝热性能的好坏？

13-9　影响材料绝热性能的主要因素有哪些？

13-10　何谓吸声材料？材料的吸声性能用什么指标表示？多孔吸声材料具有怎样的吸声特性？随着材料表观密度的增加，其吸声特性有何变化？

13-11　影响吸声材料吸声效果的因素有哪些？为什么有些建筑物内部要采用吸声材料和结构，而住宅建筑通常并不采用？

第14章 建筑装饰材料

【教学目标】
通过本章学习，应达到以下目标。
(1) 了解壁纸、墙布的类型和选用。
(2) 了解建筑玻璃的使用性能及选用原则。
(3) 了解陶瓷分类及各类陶瓷的特性。
(4) 了解陶瓷墙地砖的性能及装饰功能。

【教学要求】

知识要点	能力要求	相关知识
建筑装饰材料概述	(1) 了解建筑装饰材料的定义与分类 (2) 了解建筑装饰材料在建筑工程中的作用 (3) 了解建筑装饰材料的基本性能 (4) 了解建筑装饰材料的选用原则	(1) 建筑装饰材料的定义与分类 (2) 建筑装饰材料在建筑工程中的作用 (3) 建筑装饰材料的基本性能 (4) 建筑装饰材料的选用原则
壁纸与墙布	(1) 了解壁纸的类型和选用 (2) 了解墙布的类型和选用	(1) 壁纸的类型和选用 (2) 墙布的类型和选用
建筑玻璃	了解建筑玻璃的使用性能及选用原则	建筑玻璃的使用性能及选用原则
建筑陶瓷	了解陶瓷分类及建筑陶瓷产品的性能	陶瓷分类及建筑陶瓷产品的性能

14.1 概 述

14.1.1 建筑装饰材料的定义与分类

建筑装饰材料也称装修材料。它是在建筑施工中结构工程和水电暖管道安装等工程基本完成后，在最后装修阶段所使用的各种起装饰作用的材料。装饰材料能对建筑物的室内空间和室外环境的功能和美化处理形成不同的装饰效果。

建筑装饰材料品种繁多，通常有以下两种分类。

1. 按化学成分分类

建筑装饰材料从化学成分上可分为有机装饰材料(如木材、塑料及有机涂料等)、无机装饰材料(如天然石材、石膏制品及金属等)和有机、无机复合装饰材料(如铝塑板及彩色涂层钢板等)。无机装饰材料又可分为金属(如铝合金、铜合金及不锈钢等)和非金属(如石膏、玻璃、陶瓷及矿棉制品等)两大类。

2. 按建筑物装饰部位分类

建筑装饰材料按其对建筑物不同的装饰部位,可分为以下几类。

(1) 外墙装饰材料,包括外墙、阳台、台阶及雨篷等建筑物全部外露的外部结构装饰所用的材料。

(2) 内墙装饰材料,包括内墙墙面、墙裙、踢脚线、隔断及花架等全部内部构造装饰所用的材料。

(3) 地面装饰材料,包括地面、楼面及楼梯等结构的全部装饰材料。

(4) 吊顶装修材料,主要指室内顶棚装饰用材料。

(5) 室内装饰用品及配套设备,包括卫生洁具、装饰灯具、家具、空调设备及厨房设备等。

(6) 其他,如街心、庭院小品及雕塑等。

14.1.2　建筑装饰材料在建筑工程中的作用

建筑装饰材料是建筑装饰工程的物质基础。装饰工程的总体效果及功能的实现,无一不是通过运用装饰材料及其配套设备的形体、质感、图案、色彩及功能等所表现出来的。建筑装饰材料在整个建筑材料中占有重要的地位。据资料分析,一般在普通建筑物中,装饰材料的费用占其建筑材料成本的50%左右,而在豪华型建筑物中,装饰材料的费用要占到70%以上。据称,广州白天鹅宾馆所用装饰材料的品种多达4500余种。

建筑物外部装饰,既美化了表面,又对建筑物起到了保护作用,使其提高对大自然风吹、日晒、雨淋、霜雪及冰雹等侵袭的抵抗能力,以及对腐蚀性气体及微生物的抗侵蚀能力,从而有效地提高了建筑物的耐久性,降低了维修费用。

一些新型、高档装饰材料还兼有其他优异的适用功能。如现代建筑大量采用的吸热或热反射玻璃幕墙,可以吸收或反射太阳辐射热能的30%以上,从而产生"冷房效应",而在国际上流行的高效能中空玻璃可以使太阳辐射热的40%～70%不进入室内,同时还具有隔音(30dB以上)和防结露(在-40℃使用)等性能。

建筑室内装饰主要指内墙面、地面及顶棚装饰。室内装饰的目的是美化并保护墙体和地面、顶棚基材,保证室内使用功能,创造一个舒适、整洁、美观的生活和工作环境。

14.1.3　建筑装饰材料的基本性能

建筑装饰材料是用于建筑物内、外表面,主要起装饰作用的材料。建筑装饰性的体现很大程度上受建筑装饰材料的制约,尤其受到材料的颜色、光泽、质感、图案及花纹等装饰特性的影响。因此,只有把握住选择建筑装饰材料的基本要求,才能取得理想的装饰效果。对装饰材料的基本要求如下。

1. 材料的颜色、光泽及透明性

颜色是材料对光谱选择吸收的结果。不同的颜色给人以不同的感觉，如红色能使人兴奋，绿色能使人消除紧张和疲劳等，但材料颜色的表现不是材料本身所固有的，它与入射光光谱成分及人们对光的敏感程度有关。颜色选择恰当，符合人的心理需求，才能创造出美好的空间环境。

光泽是材料表面方向性反射光线的性质。材料表面越光滑，则光泽度越高。当为定向反射时，材料表面具有镜面特征，又称镜面反射。不同的光泽度，可以改变材料表面的明暗程度，并可以扩大视野或造成不同的虚实对比。

透明性是光线透过材料的性质。分为透明体（可透光、透视）、半透明体（透光，但不透视）、不透明体（不透光、不透视）。利用不同的透明度可隔断或调整光线的明暗，造成特殊的光学效果，也可使物像清晰或朦胧。

2. 花纹图案、形状及尺寸

在生产或加工材料时，利用不同的工艺将材料的表面做成各种不同的表面组织，如粗糙、平整、光滑、镜面、凸凹及麻点等；或将材料的表面制作成各种花纹图案（或拼镶成各种图案），如山水风景画、人物画、仿木花纹、陶瓷壁画及拼镶陶瓷锦砖等。

建筑装饰材料的形状和尺寸对装饰效果有很大的影响，能给人带来空间尺寸的大小和使用上是否舒适的感觉。改变装饰材料的形状和尺寸，并配合花纹、颜色及光泽等可拼镶出各种线型和图案，从而获得不同的装饰效果，以满足不同建筑形体和线型的需要，最大限度地发挥材料的装饰性。

3. 质感

质感是材料的表面组织结构、花纹图案、颜色、光泽及透明性等给人的一种综合感觉，如钢材、陶瓷、木材、玻璃及呢绒等材料在人的感官中的软硬、粗犷、细腻及冷暖等感觉。组成相同的材料可以有不同的质感，如普通玻璃与压花玻璃、镜面花岗岩板材与剁斧石。相同的表面处理形式往往具有相同或类似的质感，但有时并不完全相同，如人造花岗岩、仿木纹制品，一般均没有天然的花岗岩和木材亲切、真实，而略显得单调呆板。

4. 耐沾污性、易洁性与耐擦性

材料表面抵抗污物作用、保持其原有颜色和光泽的性质称为材料的耐沾污性。

材料表面易于清洗洁净的性质称为材料的易洁性，它包括在风、雨等作用下的易洁性（又称自洁性）以及在人工清洗作用下的易洁性。良好的耐沾污性和易洁性是建筑装饰材料经久常新，长期保持其装饰效果的重要保证。用于地面、台面、外墙以及卫生间、厨房等的装饰材料有时须考虑材料的耐沾污性和易洁性。材料的耐擦性实质就是材料的耐磨性，分为干擦（称为耐干擦性）和湿擦（称为耐洗刷性）。耐擦性越高，则材料的使用寿命越长。内墙涂料常要求具有较高的耐擦性。

14.1.4 建筑装饰材料的选用原则

选用建筑装饰材料的原则是装饰效果要好并且耐久、经济。

选择建筑装饰材料时,首先应从建筑物的使用要求出发,结合建筑物的造型、功能、用途、所处的环境(包括周围的建筑物)、材料的使用部位等,并充分考虑建筑装饰材料的装饰性质及材料的其他性质,最大限度地表现出所选各种建筑装饰材料的装饰效果,使建筑物获得良好的装饰效果和使用功能。其次,所选建筑装饰材料应具有与所处环境和使用部位相适应的耐久性,以保证建筑物装饰工程的耐久性。最后,应考虑建筑装饰材料与装饰工程的经济性,不但要考虑到一次投资,也应考虑到维修费用,因而在关键部位上应适当加大投资延长使用寿命,以保证总体上的经济性。

14.2 壁纸与墙布

壁纸、墙布是目前使用最广泛的墙面装饰材料,不仅适用于墙面,而且也适用于柱面和吊顶。因其色彩丰富,质感多样,图案装饰性强,且有高、中、低多档次供人们选择,除有良好的装饰功能外,还有吸声、隔热、防火、防菌、防霉及耐水等功能,维护保养简单,用久后调换更新容易等特点,因而易被人们接受。近十几年来,随着人们生活水平的提高,壁纸、墙布的生产和应用正在迅速普及。目前,我国生产的壁纸主要有塑料壁纸、织物壁纸及其他壁纸。墙布有玻璃纤维墙布、无纺贴墙布、化纤装饰墙布、纯棉装饰墙布及锦缎墙布等。

14.2.1 壁纸

1. 塑料壁纸

塑料壁纸是以纸为基层,聚氯乙烯塑料薄膜为面层,经复合印花、压花等工序而制成的壁纸,如图 14.1 所示。在国际市场上,塑料壁纸大致可分为 3 类,即普通壁纸(也称纸基涂塑壁纸)、发泡壁纸、特种壁纸。每一类壁纸都有三四个品种,每一品种又有若干花色。

1) 普通壁纸

常用的普通壁纸是以 $800g/m^2$ 的纸作为基材,涂聚氯乙烯糊状树脂 $100g/m^2$ 左右,经印花、压花而成,故称普通壁纸或纸基涂塑壁纸。

这种壁纸花色品种多,适用面广,价格低廉,广泛用于一般住房、公共建筑的内墙、柱面及顶棚的装饰,是生产最多,使用最普遍的品种。普通壁纸有单色压花壁纸、印花压花壁纸、有光印花和平光印花壁纸。

图 14.1 塑料壁纸

2) 发泡壁纸

发泡壁纸,也称浮雕壁纸,是以 $100g/m^2$ 的纸基作基材,涂塑 $300\sim400g/m^2$ 掺有发泡剂的聚氯乙烯(PVC)糊状物印花后,再经加热发泡而成。壁纸表面呈凹凸花纹。

这类壁纸有高发泡印花、中发泡印花及低发泡印花等品种。高发泡壁纸发泡倍率大,表面呈现富有特性的凹凸花纹，是一种装饰、吸声及隔热多功能的壁纸，常用于影剧院、会议室、讲演厅及住宅天花板等处装饰。低发泡印花壁纸是在发泡平面上印有图案的品种；低发泡压花壁纸(化学压花)是用有不同抑制发泡作用的油墨印花后再发泡，使表面形成具有不同色彩的凹凸花纹图案，也称为化学浮雕，该品种还有仿木纹、拼花、仿瓷砖等花色。发泡壁纸图样真，立体感强，装饰效果好，并有弹性，适用于室内墙裙、客厅及内走廊的装饰。

3) 特种壁纸

特种壁纸是用特种纤维作为基层或是对基层、面层作特殊处理而制成的有特殊功能、用于有特殊要求场合的一类壁纸，也称为专用壁纸。如耐水壁纸是用玻璃纤维毡作基材，以适应卫生间、浴室等墙面的装饰。防火壁纸用石棉纸作基材，并且PVC涂塑材料中掺入阻燃剂制成，适用于防火要求较高的建筑和木板面装饰。表面彩色砂粒壁纸是在基材上散布彩色砂料，再喷涂胶粘剂，使表面具有砂粒毛面，有较强的立体感装饰效果，一般用于门厅、柱头、走廊等局部装饰。此外，还有防菌壁纸、防霉壁纸、吸湿壁纸、防静电壁纸及吸味壁纸等。

2. 织物壁纸

高品位、全天然以及与床上用品、窗帘配套是壁纸发展的主要方向。这是织物壁纸(见图14.2)得以在塑料壁纸的基础上迅速发展起来的主要原因。

织物壁纸按面料不同，可分为丝麻草壁纸、纱线壁纸及丝绸壁纸等。

1) 纱线壁纸

纱线壁纸是以纸为背衬，以棉或毛、化纤色线为面层经胶粘复合而成的壁纸。

(1) 特点。其装饰效果主要通过各色纺线编织成不同的花纹图案或线中夹有金、银丝、荧光物等手法来体现，该壁纸吸声、不变形、无异味、无静电且防霉性好。

(2) 应用。适用于宾馆、饭店办公室、会议室、接待室、疗养院、计算机房、广播室及家庭等墙面装饰。

图14.2 织物壁纸

(3) 纱线壁纸的规格、性能见表14-1。

表14-1 纱线壁纸的规格、性能

名 称	商 标	规 格	性 能	产 地
花色线壁纸	大厦牌	幅宽：914mm 长：7.3m/卷 50mm/卷	抗拉强度：纵178N，横34N 吸湿膨胀率：纵-0.5%，横±2.5% 阻燃性：氧指数20~22 抗静电性：$4.5×10^7\Omega$ 耐干摩擦：2000次 吸声系数：250~2000Hz，0.19dB	上海
纺织纤维壁纸	丝娜奇牌	幅宽：500mm，1000mm	收缩率：经1%，纬1% 防震性：回潮20%，保湿5h，无霉斑 耐光色牢度：4~5级 耐磨色牢度：(干、湿)4~5级	西安

2) 麻草壁纸

麻草壁纸通常以纸为背衬，以麻或草类物的纤维纺织物为面层，经复合加工而成。

(1) 特点。麻草壁纸具有不变形、吸声、不老化、无异味、无静电、散潮湿且阻燃等特点，在装饰效果上，呈现出古朴、粗犷及自然的韵味，给人以返璞归真之感。

(2) 应用。适用于会议室、接待室、影剧院、酒吧、舞厅以及饭店、宾馆的客房和商店的橱窗设计等处内墙面装饰等。

(3) 规格、性能见表 14-2。

表 14-2 麻草壁纸的规格、性能

名 称	规 格	性 能	产 地
天然麻草壁纸	厚 0.3~0.6mm	具有阻燃、吸声和吸潮等特点	北京
草编墙纸	厚 0.8~1.3mm 宽 914mm 长 7.315mm	日晒牢度：日晒半年内不褪色	上海
麻草类中国墙纸	厚 1mm 宽 940mm 质量 160g/m²		浙江

3) 丝绸壁纸

丝绸壁纸是高级公共建筑装修中应用最为广泛的织物壁纸。

按所用背衬材料不同，丝绸壁纸可分为以下几种。

(1) 以发泡聚乙烯为背衬材料，与丝绸面料复合而成的丝绸纸，该壁纸较厚，在 3~5mm，弹性好，具有一定的吸声效果，但裱糊时用普通的水性壁纸胶不易贴牢。石家庄、兰州、山东等地均生产该类壁纸。

(2) 以弹性软片(低发泡聚乙烯)为背衬与丝绸面料复合而成的丝绸壁纸，产品较薄，可用压条嵌压来装饰局部，也可用于高级包间、车厢以及家具的软包装。

(3) 以 $30g/m^2$ 化纤无纺布为背衬与天然及人造纤维面层复合而成的丝绸壁纸。该壁纸无弹性，常用于大面积内墙装修，用普通水性壁纸胶即可裱糊。这类丝绸壁纸透气性较好，较柔软耐擦洗，成本较低，也克服了织物的各向异性。其面层有 3 种：全人造丝交织层、人造丝与棉纱混合交织层、人造丝与人造棉交织层。

3. 其他壁纸

1) 金属热反射节能壁纸

该壁纸是在纸基上真空喷镀一层铝膜(每平方米壁纸耗铝数克)，形成反射层，然后印花、压花加工而成的。

该壁纸能将热量的主要携带者——红外线反射 65%，节约能源 10%~30%。其表面有金属光泽和质感，寿命长，不老化，耐擦洗，耐污染。此外，其尚有一定的透气性，可防止墙面结露、霉变。适用于高级室内装饰。

2) 无机质壁纸

为了实现回归大自然的愿望，人类试图将一些天然无机材料用于壁纸表面，如将洁白的膨胀珍珠岩颗粒，闪闪发光的云母片、蛭石作为壁纸的饰面，粗犷而不失典雅，同时还具有一定的吸声、保温、吸湿等特殊功效。此工艺在欧洲国家广为应用，我国杭州等地也有生产。

3) 激光壁纸

激光壁纸是由纸基、激光薄膜和透明而带印花图案的聚氯乙烯膜构成的。其装饰效果比激光玻璃更佳,且可贴于曲面上,每平方米 80~100 元,价格比激光玻璃便宜,适用于不断更新格调的娱乐场所。

4) 植绒壁纸

该壁纸是以各色化纤绒毛为面层材料,通过静电植绒技术而制成的壁纸,具有质感强烈、触感柔和且吸声性好等优点,多用于影剧院的墙面和顶棚装饰。

14.2.2 墙布

1. 玻璃纤维墙布

玻璃纤维墙布是以中碱玻璃纤维为基材,表面涂以耐磨树脂,印上彩色图案而制成的,如图 14.3 所示。

1) 特点

色彩鲜艳,花色繁多。具有不褪色、不老化、防火、防水、耐湿、不虫蛀、不霉及可洗刷等特点。价格低廉,施工简便。

图 14.3 玻璃纤维墙布

2) 应用

适用于招待所、旅馆、饭店、宾馆、展览馆、会议室、住宅及餐厅等内墙面装饰,尤其是卫生间和浴室的墙面装饰。

3) 规格、性能

其规格、性能见表 14-3。

表 14-3 玻纤印花贴墙布的规格和技术性能

规 格				技术性能				
长(m)	宽(mm)	厚(mm)	单位质量 (g/m³)	日晒牢度级	刷洗牢度级	摩擦牢度级	断裂力(N/25mm)	
							经向	纬向
50	840~830	0.17~0.20	190~200	5~6	4~5	3~4	≥700	≥600
50	850~900	0.17	170~200				≥600	
50	880	0.20	200	4~6	4(干洗)	4~5	≥500	
50	860~880	0.17	180	5	3	4	≥450	≥400
50	900	0.17~0.20	170~200					
50	840~880	0.17~0.20	170~200					

2. 无纺贴墙布

无纺壁纸俗称无纺贴墙布,是以棉、麻等天然纤维或涤、腈等合成纤维为原料,经无纺成型、上树脂及印制图案等工序制成的内墙面装饰材料,如图 14.4 所示。

图 14.4 无纺贴墙布

1) 品种

按所用原料不同,无纺贴墙布分棉、麻、涤纶及腈纶等品种。

2) 特点

无纺壁纸挺括,富有弹性,不易折断,纤维不老化、不散失、对皮肤无刺激作用(与玻纤墙布比),具有一定的透气性、防潮性及可擦洗性,不褪色。

3) 用途

无纺贴墙布适用于各种建筑物内墙面装饰,尤其是涤纶棉无纺壁纸,除具有麻质壁纸特点外,还具有质地细洁、光滑等特点,特别适用于高级宾馆等内墙装饰。

该产品的品种、规格、技术性能及产地见表 14-4。

表 14-4 无纺贴墙布品种、规格、技术性能及产地

名 称	规 格	技术性能	产 地
涤纶无纺墙布	厚 0.12～0.18mm 宽 850～900mm 单位质量 75g/m²	抗拉强度:2.0MPa 粘贴牢度(白乳胶):混合砂浆墙面:5.5N/25mm 油漆墙面:3.5N/25mm	上海
麻无纺墙布	厚 0.12～0.18mm 宽 850～900mm 单位质量 100g/m²	抗拉强度:1.4MPa 粘贴牢度(白乳胶):混合砂浆墙面:2.0N/25mm 油漆墙面:1.5N/25mm	江苏
无纺印花涂塑墙布	厚 0.12～0.18mm 宽 920mm 长 50m/卷 4 卷/箱,200mm	抗拉强度:2.0MPa 耐磨牢度:3～4 胶粘剂:白乳胶	江苏
无纺墙布	厚 1.0mm,质量 70g/m²	透气性能好,无刺激作用	上海

3. 化纤装饰墙布

化纤装饰墙布以化学纤维或化学纤维与棉纤维混纺纤维织物为基材,以印花等艺术处理而成。前者称为"单纶"墙布,后者称为"多纶"墙布。

1) 特点

化纤装饰墙布具有无毒、无味、透气、防潮、耐磨且无分层等特点。

2) 应用

化纤装饰墙布适用于各类宾馆、住宅、办公室及会议室等建筑内墙面装饰。

3) 规格、性能

化纤装饰墙布的规格、性能及产地见表 14-5。

表 14-5 化纤装饰墙布的规格、性能及产地

名　称	规　格	性　能	产地
化纤装饰墙布	厚 0.15～0.18mm 宽 820～840mm 长 50m/卷		天津
多伦粘涤棉墙布	厚 0.32mm 长 50m/卷 单位质量：8.5 千克/卷 粘结剂：DL 香味胶水粘结剂	日晒牢度： 黄绿色类 4～5 级，红棕色类 2～3 级 耐磨色牢度：干 3 级，湿 2～3 级 抗拉强度：经 300～400N/5cm，纬 200～400N/5cm 耐老化性：3～5 年	上海

4. 纯棉装饰墙布

纯棉装饰墙布以棉平布为基材，经印花、涂布耐磨树脂等工序而制成。

1）特点

纯棉装饰墙布具有无静电、吸声、无异味且强度高等特点。

2）应用

该装饰墙布适应于各类宾馆、住宅和公共建筑的内墙面装饰。

3）规格、性能

纯棉装饰墙布的规格、技术性能及产地见表 14-6。

表 14-6 纯棉装饰墙布的规格、技术性能及产地

名　称	规　格	技术性能	产地
棉纺装饰墙布	厚 0.35mm 单位质量 115g/m²	断裂强度：纵向 770N/5cm 　　　　　　横向 490N/5cm 断裂伸长率：纵向 3%，横向 8% 耐磨性：500 次 日晒牢度：7 级 刷洗牢度：3～4 级 湿摩擦：4 级 静电：184V，半衰期 1s	北京

5. 锦缎墙布

锦缎墙布是丝织物的一种。

1）特点

(1) 色彩图案绚丽多彩、古雅精致，可创造一种高雅的环境。此外，其吸声、透气、吸潮及质感明显。

(2) 造价昂贵，不易擦洗，易长霉。

2）应用

锦缎墙布只适用于重点工程的室内高级饰面裱糊。

3）产品规格

如浙江生产的"真丝装饰墙布"，宽 840～870mm，长 50m，质量为 140g/m²。

14.3 建筑玻璃

玻璃是一种重要的建筑材料,具有透光、透视、隔声、隔热和装饰功能。特种玻璃还具有吸热、保温、防辐射和防爆等特殊功能。

玻璃的种类很多,建筑中常用的有平板玻璃、磨砂玻璃、压花玻璃、彩色玻璃和钢化玻璃等。

14.3.1 平板玻璃

平板玻璃的生产方法有引上法、平拉法和浮法。引上法是平板玻璃历来沿用的生产方法,该法使熔融的玻璃液从槽子的缝隙中垂直向上提拉,经快冷后切割而成。平拉法是将玻璃带从引上室的玻璃液自表面拉引向上,借助转向辊使玻璃板在水平方向进入退火窑,经快冷后切割而成,成品的质量未能尽如人意。浮法玻璃的生产过程是将各种组成原料在熔炉里熔化后,使处于熔融状态的玻璃熔液经过流槽进入盛有熔融锡液的锡槽中,由于玻璃液的密度较锡液小,玻璃熔液便浮在锡液表面上,在其本身的重力及表面张力的作用下,能均匀地摊平在锡液表面上,同时玻璃的上表面受到高温区的抛光作用,从而使玻璃的两个表面均匀平整。然后经过定型、冷却后,进入退火窑退火、冷却,最后经切割成为原片。

浮法工艺是现代最先进的平板玻璃生产方法(图14.5),它具有产量高、质量好、品种多、规模大、生产效率高和经济效益好等优点,而且玻璃表面光滑平整、厚度均匀、不变形,目前已全部代替了机械磨光玻璃,占世界平板玻璃总产量的75%以上,可直接用于建筑、交通车辆、制镜,也可作为各种深加工玻璃的原片。

图14.5 浮法玻璃生产

根据国家标准《平板玻璃》(GB 11614—2009)规定,按颜色属性分为无色透明平板玻璃和本体着色平板玻璃,按外观质量分为合格品、一等品和优等品,按公称厚度分为 2mm、3mm、4mm、5mm、6mm、8mm、10mm、12mm、15mm、19mm、22mm、25mm。

平板玻璃应切裁成矩形，其尺寸偏差、厚度偏差、外观质量、弯曲度、光学特性等技术要求应满足《平板玻璃》（GB 11614—2009）的规定。

普通平板玻璃即窗玻璃，一般指有槽垂直引上、平拉、无槽垂直引上及旭法等工艺生产的平板玻璃。用于一般建筑、厂房、仓库等，也可用它加工成毛玻璃、彩色釉面玻璃等，厚度在5mm以上的可以作为生产磨光玻璃的毛坯。

常见的平板玻璃有磨光玻璃和浮法玻璃，是用普通平板玻璃经双面磨光、抛光或采用浮法工艺生产的玻璃。一般用于民用建筑、商店、饭店、办公大楼、机场、车站等建筑物的门窗、橱窗及制镜等，也可用于加工制造钢化、夹层等安全玻璃。

14.3.2 装饰玻璃

装饰平板玻璃由于表面具有一定的颜色、图案和质感等，可以满足建筑装饰对玻璃的不同要求。装饰平板玻璃的品种有磨砂玻璃、压花玻璃、喷花玻璃、乳花玻璃、印刷玻璃、彩色玻璃、冰花玻璃及光栅玻璃等。

1. 磨砂玻璃

磨砂玻璃又称毛玻璃，是经研磨、喷砂等加工方法，使表面成为均匀粗糙的平板玻璃，如图14.6所示。用硅砂、金刚砂、刚玉粉等作研磨材料，加水研磨制成的称为磨砂玻璃；用压缩空气将细砂喷射到玻璃表面而成的，称为喷砂玻璃。

由于这种玻璃表面粗糙，使透过的光线产生漫射，只有透光性而不透视，作为门窗玻璃可使室内光线柔和，没有刺目之感。这种玻璃主要用于有遮挡视线要求的装饰部位，如卫生间、浴室及办公室等需要隐秘和不受干扰的房间；也可用于室内隔断、黑板或室内灯箱的面层板作为灯箱透光片使用。

作为办公室门窗玻璃使用时，应注意将毛面朝向室内。作为浴室、卫生间门窗玻璃使用时应使其毛面朝外，以避免淋湿或沾水后透明。

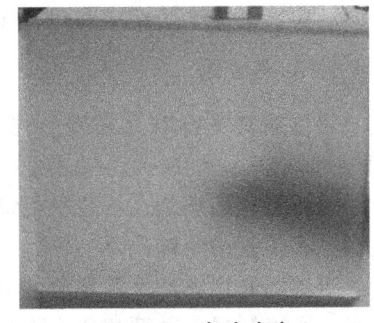

图14.6 磨砂玻璃

2. 压花玻璃

压花玻璃又称滚花玻璃。压花玻璃是将熔融的玻璃液在冷却的过程中，用带有花纹图案的辊轴压延而成的，如图14.7所示。可一面压花也可两面压花。常用的厚度有2mm、4mm、6mm等。玻璃的正面用气溶胶对玻璃表面进行喷涂处理，玻璃可呈浅黄色、浅蓝色等，增加了立体感，也提高了强度。根据工艺不同还有真空镀膜压花玻璃和彩色膜压花玻璃等。

压花玻璃的物理和化学性能与普通平板玻璃相同，但压花玻璃具有透光不透视的特点，能够起到隐秘的遮挡作用，可用于宾馆、饭店、餐厅、酒吧、卫生间的门窗及办公空间的隔断等处。

由于压花玻璃的花形图案和表面的沾水程度会影响到压花玻璃的透光透视性能，因而压花玻璃在一般场所使用，安装时应将压花面朝向室内；用于浴室、游泳池及卫生间等潮湿的房间其压花面应朝外，且尽量避免将水溅到玻璃上。

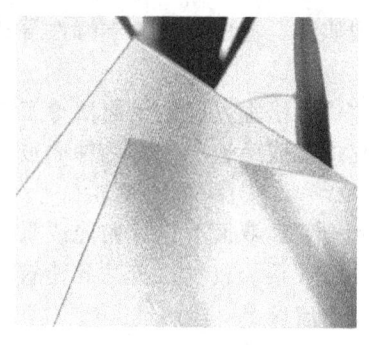

图 14.7 压花玻璃

3. 喷花玻璃

喷花玻璃又称胶花玻璃,是在平板玻璃表面贴以图案,抹以保护面层,经喷砂处理形成透明与不透明相间的图案而成的。喷花玻璃给人以高雅、美观的感觉,适用于室内门窗、隔断和采光。

喷花玻璃的厚度一般为 6mm,最大加工尺寸为 2200mm×1000mm。

4. 乳花玻璃

乳花玻璃是新近出现的装饰玻璃,它的外观与喷花玻璃相近。乳花玻璃是在平板玻璃的一面贴上图案,抹以保护层,经化学蚀刻而成。它的花纹柔和、清晰、美丽,富有装饰性。乳花玻璃一般厚度为 3~5mm,最大加工尺寸为 2000mm×1500mm。

乳花玻璃的用途与喷花玻璃相同。

5. 印刷玻璃

印刷玻璃是在普通平板玻璃的表面用特殊的材料印制成各种图案的玻璃品种。

印刷玻璃的图案和色彩丰富,常见的图案有线条形、方格形、圆形和菱形等。这类玻璃的印刷处不透光,空露的部位透光,有特殊的装饰效果。印刷玻璃主要用于商场、宾馆、酒店、酒吧、眼镜店和美容美发厅等装饰场所的门窗及隔断玻璃。

6. 彩色玻璃

彩色玻璃又称有色玻璃。彩色玻璃按透明程度不同可分为透明、半透明和不透明 3 种。

透明彩色玻璃是在普通平板玻璃的制作原料中加入了一定量的金属氧化物着色剂,使玻璃具有很强的装饰效果。

半透明彩色玻璃又称乳浊玻璃,是在玻璃原料中加入乳浊剂,经过热处理,不透视但透光,可以制成各种颜色的饰面砖或饰面板。白色的玻璃又称乳白玻璃。

不透明彩色玻璃又称彩釉玻璃,它是在平板玻璃的表面喷涂刷无机或有机色釉,经过烧结、退火或钢化等热处理,使釉层与玻璃牢固结合,制成美丽色彩或图案的玻璃。它具有耐腐蚀、抗冲刷、易清洗、不褪色、不掉色且图案精美等优良性能,有着独特的外观装饰效果。

彩色玻璃的尺寸一般不大于 1500mm×1000mm,厚度为 5~6mm。

彩色玻璃的颜色丰富,有蓝色、绿色、黄色、棕色和红色等,装饰性好,而且可以用颜色不同的彩色玻璃拼成一定的图案花纹,以取得某种艺术效果,并具有耐腐蚀及易清洁等特点。彩色玻璃主要用于建筑物的门窗、内外墙面上和对光线有色彩要求的建筑部位。

7. 冰花玻璃

冰花玻璃是一种利用平板玻璃经特殊处理形成具有自然冰花纹理的玻璃。冰花玻璃对通过的光线有漫射作用,如作门窗玻璃,犹如蒙上一层纱帘,看不清室内的景物,却有着良好的透光性能，具有良好的艺术装饰效果。它具有花纹自然、立体感强、质感柔和、透光不透明、视感舒适的特点。

冰花玻璃可用无色平板玻璃制造，也可用茶色、蓝色及绿色等彩色玻璃制造。其装饰效果优于压花玻璃，能创造清新典雅的装饰氛围，是一种新型的室内装饰玻璃，可用于宾馆、酒楼、饭店及酒吧间等场所的门窗、隔断、屏风和家庭装饰。目前，最大规格尺寸为2400mm×1800mm。

8. 光栅玻璃

光栅玻璃俗称激光玻璃。它是以玻璃为基材，经过特殊工艺处理后，当光线照射到玻璃上时出现全息光栅或其他几何光栅等物理衍射的七彩光现象的玻璃品种。

光栅玻璃的表面经过光线照射后能够呈现艳丽的色彩和图案，且色彩和图案可因光线的入射角度的不同而出现不同的色彩变化，使装饰面显得富丽堂皇。

光栅玻璃的颜色有银白色、茶色、蓝色、红色、绿色及黑色等。光栅玻璃适用于商场、宾馆、迪斯科厅和酒吧等场所的门面、墙面、地面、隔断及屏风等的装饰。

14.3.3 安全玻璃

安全玻璃是相对于普通玻璃而言的，它与普通玻璃相比具有力学强度高、抗冲击能力好的特点，被击碎时，其碎块不会伤人，并兼有防盗、防火功能和一定的装饰效果。其主要品种有钢化玻璃、夹丝玻璃和夹层玻璃等。

1. 钢化玻璃

钢化玻璃又称为强化玻璃，如图14.8所示。它是用物理的或化学的方法，在玻璃的表面上形成一个压应力层，玻璃本身具有较高的抗压强度，不会造成破坏。当玻璃受到外力作用时，这个压应力层可将部分拉应力抵消，避免玻璃的碎裂，从而达到提高玻璃强度的目的。

钢化玻璃具有强度高、弹性好、热稳定性好且安全性高的特点。它的抗折强度为同等厚度普通玻璃的4～5倍，韧性提高约5倍，弹性好。这种玻璃能承受204℃的温差变化，最高安全工作温度为288℃，热稳定性好。在破碎时碎片一般无尖锐的棱角，不易伤人，有较好的安全性。

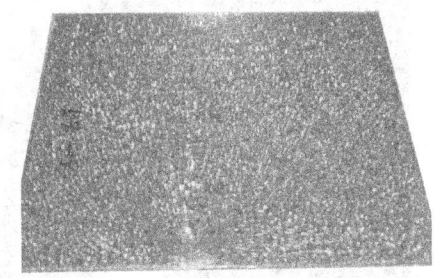

图 14.8 钢化玻璃的破碎粒度

由于钢化玻璃具有较好的性能，所以在建筑工程、交通工具及其他领域内得到了广泛的应用。平钢化玻璃常用作建筑物的门窗、隔墙、幕墙及橱窗、家具等，曲面玻璃常用于汽车、火车、船舶及飞机等方面。使用时应注意的是，钢化玻璃不能切割、磨削，边角也不能碰击挤压，需按现成的尺寸规格选用或提出具体设计图纸进行加工定制。用于大面积的玻璃幕墙的玻璃在钢化程度上要予以控制，选择半钢化玻璃，即其应力不能过大，以避免受风荷载引起振动而自爆。

2. 夹丝玻璃

夹丝玻璃也称防碎玻璃或钢丝玻璃。它是将经预热处理的钢丝或钢丝网在玻璃熔融状态时压入玻璃中间，经退火、切割而成的，如图14.9所示。夹丝玻璃分为夹丝压花玻璃和夹丝磨光玻璃两类。其颜色可以制成五色透明或彩色的。按厚度分为6mm、7mm、10mm共3种。按等级分为优等品、一等品和合格品。规格尺寸一般不小于600mm×400mm，不大于2000mm×1200mm。

夹丝玻璃的抗折强度、抗冲击能力和耐温度剧变的性能都比普通玻璃好，破碎时其碎片附着在钢丝上不致飞出伤人。适用于公共建筑的走廊、防火门、楼梯间、厂房天窗及各种采光屋顶等。

3. 夹层玻璃

夹层玻璃是将柔软透明的聚乙烯醇缩丁醛树脂胶片夹在两片或多片玻璃原片之间，经过加热、加压与玻璃粘合在一起的平面或曲面的复合玻璃制品。夹层玻璃属于安全玻璃的一种。用于生产夹层玻璃的原片可以是普通平板玻璃、浮法玻璃、钢化玻璃、彩色玻璃、吸热玻璃或热反射玻璃等。夹层玻璃的层数有2层、3层、5层、7层，最多可达9层。

夹层玻璃的透明度好，抗冲击能力要比一般平板玻璃高好几倍，用多层普通玻璃或钢化玻璃复合起来，可制成防弹玻璃，如图14.10所示。由于聚乙烯醇缩丁醛树脂胶片的粘合作用，玻璃即使破碎时，碎片也不会飞扬伤人。通过采用不同的原片玻璃，夹层玻璃还可具有耐火、耐热、耐湿及耐寒等性能。

图14.9 菱形网夹丝玻璃

图14.10 夹层防弹玻璃

夹层玻璃有着较高的安全性，一般在建筑上用作高层建筑的门窗、天窗和商店、银行、珠宝店的橱窗、隔断等。夹层玻璃不能切割，因为上、下两层很难对齐，特别是多层夹层玻璃的中间几层无法切割，需要选用定型产品或按尺寸定制。

14.3.4 绝热玻璃

1. 吸热玻璃

吸热玻璃是一种可以控制阳光,既能吸收全部或部分热射线(红外线),又能保持良好透光率的平板玻璃。

吸热玻璃的生产是在普通钠-钙硅酸盐玻璃中,加入有着色作用的氧化物,如氧化亚铁、氧化镍等,使玻璃带色并具有较高的吸热性能。也可在玻璃表面喷涂氧化锡、氧化锑等有色氧化物薄膜制成。吸热玻璃有蓝色、茶色、灰色、绿色和古铜色等。

吸热玻璃在建筑装修工程中应用得比较广泛,凡既需采光又需隔热之处均可采用。采用不同颜色的吸热玻璃能合理利用太阳光,调节室内温度,节省空调费用,而且对建筑物的外表有很好的装饰效果。吸热玻璃一般多用作高档建筑物的门窗或玻璃幕墙。

2. 热反射玻璃

热反射玻璃又称遮阳镀膜玻璃或镜面玻璃。它是具有较高热反射性能而又能保持良好透光性能的平板玻璃。是在玻璃表面用热解、蒸发、化学处理等方法喷涂法金、银、铝、铁等金属及金属氧化物或粘贴有机物的薄膜而制成的。

热反射玻璃与吸热玻璃的区别可用下式表示:

$$S = \frac{A}{B}$$

式中:A——玻璃对整个光通量的吸收系数;

B——玻璃对整个光通量的反射系数。

当 $S>1$ 时称为吸热玻璃;当 $S<1$ 时称为热反射玻璃。

热反射玻璃具有良好的隔热性能,对太阳辐射热有较高的反射能力,反射率达30%以上,最高可达60%,而普通玻璃只有7%~8%。镀金属膜的热反射玻璃还有单向透像作用,使白天在室内可以看到室外景色,而在室外就看不到室内的景物,对建筑物内部起到遮蔽及帷幕的作用。

热反射玻璃可用作建筑门窗玻璃、幕墙玻璃,还可以用于制作高性能中空玻璃。热反射玻璃是一种较新的材料,具有良好的节能和装饰效果,很多现代的高档建筑都选用热反射玻璃做幕墙。但在使用时也应注意,如果热反射玻璃幕墙使用不恰当或使用面积过大也会造成光污染,影响环境的和谐。

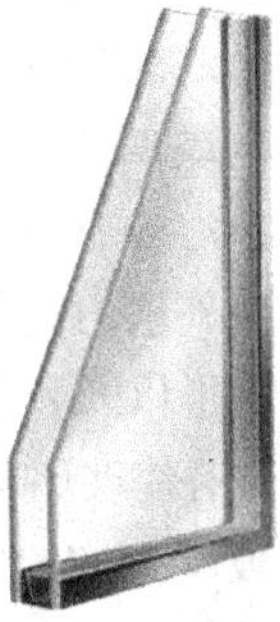

3. 中空玻璃

中空玻璃是由两片或多片平板玻璃用边框隔开,中间充以干燥的空气,四周边缘部分用胶结或焊接方法密封而成的,其中以胶结方法应用最为普遍。中空玻璃按玻璃层数,有双层和多层之分,一般多为双层结构,如图 14.11 所示。

图 14.11 中空玻璃

制作中空玻璃的原片可以是普通玻璃、浮法玻璃、钢化玻璃、夹丝玻璃、着色玻璃、热反射玻璃等，厚度通常是 3mm、4mm、5mm、6mm。中空玻璃的中间空气层厚度为 6mm、9mm、12mm 这 3 种尺寸。颜色有无色、绿色、茶色、蓝色、灰色、金色和棕色等。

中空玻璃产品可适用于保温、防寒、隔声、防盗报警等多种用途，且一种产品也可以具备多种功能。仅就节能而言，采用双层中空玻璃，冬季采暖的能耗可降低 25%～30%。目前中空玻璃发展很快，已在建筑中用的很多，主要用于需要采暖、空调、防止噪声等的建筑上，如住宅、饭店、宾馆、办公楼、学校、医院和商店等，也可用于火车、轮船等。

14.3.5 玻璃制品

常用的玻璃装饰制品有玻璃锦砖（玻璃马赛克）和玻璃砖。

1. 玻璃锦砖

玻璃锦砖又称玻璃马赛克，是以石英砂和纯碱组成的生料与玻璃粉按一定的比例混合，加入辅助材料和适当的颜料经高温熔融，送入压延机压延而成（熔融法）；或压制成型为坯料，然后在 650～800℃ 的温度下快速烧结而成（烧结法）。玻璃马赛克分为熔融玻璃马赛克、烧结玻璃马赛克和金星玻璃马赛克。

将单块的玻璃马赛克按设计要求的图案及尺寸，用以糊精为主要成分的胶粘剂粘贴到牛皮纸上成为一联（正面贴纸）。铺贴时，将水泥浆抹入一联马赛克的背纸面，使之填满块与块之间的缝隙及每块的沟槽，成联铺于墙面上，然后将贴面纸洒水润湿，将牛皮纸揭去。

根据国家标准《玻璃马赛克》（GB/T 7697—1996）的规定，玻璃马赛克一般为正方形，如 20mm×20mm、25mm×25mm、30mm×30mm，相应的厚度为 4.0mm、4.2mm 和 4.3mm，其他规格尺寸由供需双方协商，但每块边长不得超过 45mm。每联马赛克的边长为 327mm，允许有其他尺寸的联长。联上每行（列）马赛克的距离（线路）为 2.0mm、3.0mm 或其他尺寸。色泽要求目测同一批产品应基本一致。

玻璃马赛克颜色多样、色彩绚丽、色泽柔和、不退色，表面光滑、不吸水、不吸尘、天雨自涤，化学稳定性及冷热稳定性好，与水泥砂浆粘结性好，施工方便。它适用于各类建筑的外墙饰面及壁画装饰等。

2. 玻璃砖

玻璃砖又称特厚玻璃，有空心砖和实心砖两种。实心玻璃砖是用机械压制方法制成的。空心玻璃砖是将两种膜压成凹型的玻璃原体，熔接或胶结成整体，其空腔内充以干燥空气的玻璃制品。

空心砖有单孔和双孔两种。其按性能分有在内侧面做成各种花纹，赋予其特殊的采光性，使外来的光散射的玻璃砖和使外来光向一定方向折射指向性玻璃砖；按形状分有正方形、矩形以及各种异型产品；按尺寸分一般有 115mm、145mm、240mm、300mm 等规格。按颜色分有使玻璃本身着色的，有在其侧面涂色的，以及在内侧面用透明着色材料涂饰的等产品。

玻璃砖被誉为"透光壁墙"。它具有强度高、绝热、隔声、透明度高、耐水且耐火等优越特性。

玻璃砖用来砌筑透光的墙壁、建筑物的非承重内外隔墙、淋浴隔断、门厅及通道等。特别适用于高级建筑、体育馆及图书馆，用作控制透光、眩光和太阳光等场合。

14.4 建筑陶瓷

建筑陶瓷产品主要包括陶瓷内墙面砖、外墙面砖和地砖等陶瓷砖；洗面器，大、小便器，水槽，淋浴盆等卫生陶瓷器；琉璃砖、琉璃瓦、琉璃建筑装饰制件等琉璃制品；输水管、落水管、烟囱管等陶瓷管；陶瓷庭院砖、道路砖、栏杆砖以及陶瓷浮雕等。

1. 陶瓷制品的分类

陶瓷制品按所用原料及坯体的致密程度可分为陶器、瓷器及炻器3大类，它们的特性分别如下。

1）陶器

陶器系多孔结构，通常吸水率较大。断面粗糙无光，敲击时声粗哑，有施釉和无釉两种制品。陶器根据其原料土杂质含量的不同，又可分为粗陶和精陶两种。粗陶不施釉、建筑常用的烧结粘土砖、瓦，就是最普通的粗陶制品。精陶一般经素烧和釉烧两次烧成，通常呈白色或象牙色，吸水率为9%～12%，高的可达18%～22%。

建筑陶瓷中的陶器制品主要是釉面内墙砖和琉璃制品。

2）瓷器

瓷器结构致密，基本上不吸水（吸水率不大于0.5%），颜色洁白，具有一定的半透明性，其表面通常均施有釉层。瓷器按其原料土化学成分与工艺制作不同，可分为粗瓷和细瓷两种。

瓷器有较高的力学强度、热稳定性和耐化学侵蚀性，日用餐茶具、陈设瓷、电瓷、化学化工瓷及美术用品等多属瓷器。建筑陶瓷中瓷器制品有瓷质砖及高档卫生陶瓷制品等。

3）炻器

炻器是介于陶器和瓷器之间的一类陶瓷制品，也称半瓷器。炻器按其坯体的细密程度不同，可分为炻瓷质、细炻质和炻质。

（1）炻瓷质制品的吸水率为0.5%～3%，由于有较小的吸水率，制品力学强度较高，抗冻性好，吸湿膨胀低，施釉后可作为人流较多地方的铺地材料和寒冷地区的外墙铺贴材料。

（2）细炻质制品的吸水率为3%～6%，可以作为不太寒冷地区的外墙铺贴材料和室内施釉地砖，吸水率大于3%而不超过6%的墙地砖和大多数挤出法成型的制品（如劈离砖）均属于此类陶瓷。

（3）炻质制品的吸水率为6%～10%。吸水率大于6%而不超过10%的墙地砖就属于此类。

2. 建筑陶瓷砖的分类

根据国家标准《建筑卫生陶瓷分类及术语》（GB/T 9195—2011）的定义，陶瓷砖是由粘土、长石和石类为主要原料制造的用于覆盖墙面及地面的板状或块状建筑陶瓷制品。

1）按用途分类

（1）内墙砖。吸水率小于21%的施釉精陶制品，用于内墙装饰。主要特征是釉面光光泽度高，装饰手法丰富，外观质量和尺寸精度都比较高。按颜色可分单色（含白色）、花色（各类装饰手法）和图案砖，按形状可分正方形、长方形和异型砖。异型砖用于屋顶、底、角、边和沟等处。

(2) 外墙砖。吸水率小于10%的陶瓷砖，用于外墙装饰。根据室外气温不同，选择不同吸水率的砖铺贴，寒冷地区应选用吸水率小于3%的砖。外墙砖的釉面多为半无光(亚光)或大光，吸水率小的砖不施釉。陶瓷外墙砖的主要品种为彩色釉面砖，此外，也有无釉砖、毛面砖和锦砖等，墙面下部也可采用质地厚重的劈离砖。

(3) 地砖。用于地面铺贴的陶瓷砖，主要特征是工作面硬度大、耐磨、胎体较厚、力学强度高及耐污染性好，陶瓷地砖的品种有各类瓷质砖(施釉、不施釉、抛光、渗花砖等)、彩色釉面地砖、劈离砖、红地砖、锦砖、广场砖和阶梯砖等，质地厚重、耐磨性好。

2) 按材质分类

(1) 瓷质砖。吸水率不超过0.5%，有一定透光性，断面细腻呈贝壳状。

(2) 半瓷质砖。吸水率为0.5%～10%，包括炻瓷质砖、细炻砖和炻质砖。它不透光，但力学强度高，热稳定性好，耐化学腐蚀性好，断面呈石状。

(3) 陶质砖。吸水率为10%～21%，坯体烧结程度低，力学强度较低，断面粗糙。

3) 按成型方法分类

(1) 干压法(粉末法)。将含水量小于6%的粉料，经冲压机将模具内的粉料压成砖坯的砖。

(2) 可塑法。将含水量为20%左右的泥料，经过挤压、辊压等方式制成砖坯的砖。

(3) 注浆法。将泥料削成浆料，注入石膏模型经脱水成型，多用于制造异型产品。

在进行产品性能检测时。通常按材质和成型方法来选定检测标准。如在检测瓷质砖时，应选用干压法成型、吸水率小于0.5%的瓷质砖标准进行检测。

3. 土木工程常用陶瓷砖

图14.12 彩釉内墙砖

陶瓷砖包括陶质砖、炻质砖、瓷质砖、陶瓷马赛克和其他各种陶瓷砖。国家标准《陶瓷砖》(GB/T 4100—2006)和《陶瓷砖试验方法》(GB/T 3810—2006)两大系列标准，对陶瓷砖的性能和试验方法作出了全面规定。

1) 陶质砖

陶质砖是指吸水率大于10%的陶瓷砖，主要有釉面内墙砖(图14.12)。其主要物理性能要求见表14-7。

表14-7 陶质砖主要物理性能要求

物理性能		要　　求	试验方法
吸水率(质量百分数)(%)		平均值>10，单个最小值9，当平均值>20时，制造商应说明	GB/T 3810.3
破坏强度(N)	a 厚度≥7.5mm	不小于600	GB/T 3810.4
	b 厚度<7.5mm	不小于350	
断裂模数(MPa)不适用于破坏强度≥3000N的砖		平均值不小于15，单个最小值12	GB/T 3810.4

2) 炻质、细炻质和炻瓷质砖

目前，大多数墙地砖属于吸水率 E 为 $0.5\%\sim10\%$ 的炻器范畴，表 14-8 综合列出了它们的主要技术性能要求。

表 14-8 炻瓷砖、细炻砖及炻质砖的主要技术性能要求

主要技术性能		要　　求		
		炻瓷砖	细炻砖	炻质砖
吸水率 E（质量百分数）（%）		$0.5<E\leqslant3$，单个最大值 3.3	$3<E\leqslant6$，单个最大值 6.5	$6<E\leqslant10$，单个最大值 11
破坏强度（N）	a 厚度≥7.5mm	不小于 1100	不小于 1000	不小于 800
	b 厚度<7.5mm	不小于 700	不小于 600	不小于 600
断裂模数（MPa）不适用于破坏强度≥3000N 的砖		平均值不小于 30，单个最小值 27	平均值不小于 22，单个最小值 20	平均值不小于 18，单个最小值 16
耐磨性	无釉砖耐磨损体积（mm³）	最大值 175	最大值 345	最大值 540
	有釉地砖表面耐磨性	经试验后报告陶瓷砖磨损等级和转数	经试验后报告陶瓷砖磨损等级和转数	经试验后报告陶瓷砖磨损等级和转数

3) 瓷质砖

瓷质砖是吸水率不超过 0.5% 的陶瓷砖。瓷质砖主要用于室内墙和地面装饰，其主要品种有仿花岗岩瓷质砖、仿大理石瓷质砖、大颗粒瓷质砖、渗花瓷质砖和钒钛合金装饰砖等。其主要技术性能要求见表 14-9。

表 14-9 瓷质砖主要技术性能要求

主要技术性能		要　　求	试验方法
吸水率（质量百分数）（%）		≤0.5，单个最大值 0.6	GB/T 3810.3
破坏强度（N）	a 厚度>7.5mm	不小于 1300	GB/T 3810.4
	b 厚度<7.5mm	不小于 700	
断裂模数（MPa）不适用于破坏强度≥3000N 的砖		平均值不小于 35，单个最小值 32	GB/T 3810.4

4) 陶瓷马赛克

陶瓷马赛克又称陶瓷锦砖。它是由边长不大于 95mm、表面积不大于 55cm² 、具有多种色彩和不同形状的小块砖，能镶拼组成各种花色图案的陶瓷制品，如图 14.13 所示。

陶瓷马赛克采用优质瓷土烧制成方形、长方形和六角形等薄片状小块瓷砖后，再通过铺贴盒将其按设计图案反贴在牛皮纸上，称作一联，每联约 30cm² 。

陶瓷马赛克可制成多种色彩或纹点的小块砖，其表面有无釉和施釉两种，目前国内生产的多为无釉锦砖。

图 14.13 陶瓷马赛克

根据《陶瓷马赛克》（JC/T 56—2005）标准，陶瓷马赛克按质量要求分为优等品和合格品两个等级。其吸水率为：无釉陶瓷马赛克吸水率不大于0.2%，有釉陶瓷马赛克吸水率不大于10%。

陶瓷马赛克具有色泽明净、图案美观、质地坚实、抗压强度高、耐污染、耐腐、耐磨、耐水、抗火、抗冻、不吸水、不滑且易清洗等特点，它坚固耐用且造价较低。

陶瓷马赛克主要用于室内地面铺贴，由于这种砖块小，不易被踩碎。它适用于工业建筑的洁净车间、工作间、化验室以及民用建筑的门厅、走廊、餐厅、厨房、盥洗室、浴室等的地面铺装，也可用作高级建筑物的外墙饰面材料，它对建筑立面具有良好的装饰效果，且可增强建筑物的耐久性。

彩色陶质马赛克还可用以镶拼成壁画，其装饰性和艺术性均较好。陶瓷马赛克，尺寸越小，画面失真程度越小，效果越好。

5）陶瓷砖新品种

（1）多孔陶瓷坯体砖。采用在高温下能分解产生大量气体的原料，或加入适量的化学发泡剂，制成体积密度只有$0.6\sim1.0g/cm^3$，甚至更低的多孔性陶瓷坯体，用这种比水还轻的陶瓷坯体可制成多种新品陶瓷砖，如保温节能砖、吸声砖、轻质屋瓦及渗水路面砖等。

（2）抗静电砖。在备有精密仪器的实验室和存放易燃、易爆物品的仓库内，静电是非常有害的。抗静电砖是在釉料或坯料加入具有半导体性能的金属氧化物，使生产出的砖具有半导体性能，从而避免静电积累，达到抗静电的目的。

（3）微晶玻璃砖。生产这种砖时，砖的底层采用陶瓷料，面层采用微晶玻璃料，成型采用二次布料技术，用辊道窑烧成，既降低了生产成本，又解决了微晶玻璃铺贴不便的问题。

（4）抛晶砖。抛晶砖又称抛釉砖、釉面抛光砖。它是在坯体表面施一层烧后约有1.5mm厚的耐磨透明釉，经烧成、抛光而成的。抛晶砖采用釉下装饰，高温烧成，它釉面细腻，高贵华丽，属于高档饰面砖产品。

4. 建筑琉璃制品及陶瓷饰面瓦

琉璃制品是我国陶瓷宝库中的古老珍品，在我国有悠久的生产历史。它是用难溶粘土制坯成型，经干燥、素烧、施釉及釉烧而制成。

琉璃制品的特点是质细致密，表面光滑，不易沾污，坚实耐久，色彩绚丽，造型古朴，富有我国传统的民族特色。

建筑琉璃制品分3类：瓦类（板瓦、滴水瓦、筒瓦、沟头）、脊类（花脊、光脊、半边花脊）、饰件类（吻、博、盖等）。

西式瓦即陶瓷饰面瓦，按制造方法可分为有釉瓦（包括盐釉瓦）、熏瓦及无釉瓦。西式瓦以日本瓦和西班牙瓦最为常见，其配套和品种比中国琉璃制品简单得多，各式各样的饰面瓦已各自形成十多个标准化的型面，不同的品种，通过不同的配置组合，便可灵活多样地铺砌于屋面。由于品种少、砌筑水平需求不高，故生产上可采用机械化程度较高的可塑冲压法成型。西式瓦多为无釉瓦，古朴典雅，多用于小庭院建筑。

中式瓦是我国古老的百姓建筑用瓦，造型、结构简单，可显出一种简洁、无拘束的风格。由于配件品种很少，显得单调，但价格便宜，仍不失为建房的主要饰瓦。

5. 卫生陶瓷

卫生陶瓷是指用于卫生设施的有釉陶瓷制品。卫生陶瓷品种繁多，主要品种按其功能可分为洗面器、大便器、小便器、洗涤器(净身器、妇洗器)、水槽、水箱、存水弯、小件卫生陶瓷(如衣帽钩、手纸盒、皂盒等)及浴盆等。

1) 卫生陶瓷的技术性能

国家标准《卫生陶瓷》(GB 6952—2005)对卫生陶瓷的外观缺陷最大允许范围、最大允许变形和尺寸允许偏差等主要技术性能均有具体要求。表 14-10 列出了卫生陶瓷外观缺陷的最大允许范围。

表 14-10 卫生陶瓷外观缺陷的最大允许范围

缺陷名称	单位	洗净面	可见面		其他区域
			A面	B面	
开裂、坯裂	mm	不允许			不影响使用的允许修补
釉裂、熔洞	mm	不允许			—
大包、大花斑、色斑	个	不允许			—
棕眼	个	总数2	总数2	2；总数5	—
小包、小花斑	个	总数2	总数2	2；总数6	—
釉泡、斑点	个	1；总数2	2；总数4	2；总数4	—
波纹	mm²	≤2600			—
缩釉、缺釉	mm²	不允许	4mm² 以下1个		—
磕碰	mm²	不允许			20mm² 以下2个
橘釉、釉粘、落脏、剥边、烟熏、麻面	—	不允许			—

2) 建筑卫生陶瓷的发展趋势及其新品种

建筑卫生陶瓷工业是一个传统产业，作为一种实用产品和装饰材料，人们不仅注重其使用功能，而且同样注重其精神功能。在使用功能上要求其外在及内在质量好、稳定、使用寿命长，易于施工，使用触觉好，噪声低，冲洗功能好，节水等；在精神功能上要求其美、精、特，装饰效果好。协调、配套性好，富有时代感、艺术性，适应不同民族、地区的社会意识、文化特点和审美需要。

建筑卫生陶瓷制品总的发展方向是高档化、功能化、艺术化和配套化。

(1) 抗菌陶瓷。抗菌陶瓷是具有抗菌功能的陶瓷制品，它是在陶瓷制品生产过程中，加入抗菌剂，从而使制品具有抗菌作用的一种新型功能陶瓷。

抗菌剂的种类较多，其抗菌机理也各不相同，除可用在建筑卫生制品中外，还可用在各种涂料、搪瓷、水泥制品、塑料制品、纤维和纺织制品中。

釉面砖和卫生陶瓷为无釉产品，抗菌剂是通过加入釉料中而使产品表面具有抗菌功能。卫生洁具还可将抗菌剂加在便器圈、便器盖、五金配件及塑料配件表面，制成成套抗菌洁具。

这种抗菌制品除可用在家庭外，更广泛应用在医院、公共场所和潮湿环境等处，具有广阔的开发生产前景。目前，国内从事该项技术研究开发及产品生产企业较多，但还没有制定出相应的国家及行业产品标准。

(2) 蓄光陶瓷。蓄光陶瓷又称蓄光性发光陶瓷、夜光陶瓷等，它是将蓄光材料加入陶瓷制品中而制得的具有蓄光发光性能的陶瓷制品。

蓄光材料是指当有可见光、紫外光等光源照射时，能将其光能储蓄起来，当光源撤离后，在黑暗状态下，再将所储蓄的光能缓慢释放而产生荧光现象的材料。

将蓄光材料加在陶瓷釉料中而制成的各种墙地砖称为蓄光陶瓷砖。蓄光陶瓷砖使用在有间断光源的地方，或人为进行间断灯光照射，可产生连续发光的照明效果，既有装饰性又可大幅度节约电能。因此，有人又将蓄光陶瓷砖称为"节能建材"。

目前，蓄光陶瓷砖的蓄光性能为：受光时间 1~3min，发光时间 2~12h。但还没有蓄光陶瓷砖相应的国家或行业标准。

蓄光材料可广泛地应用在军事、航海、消防及交通等领域。如当夜间发生地震、火灾等突发性灾难时，往往会断电或应急照明设施失效，人们在黑暗中需得到明确的夜视引导才能顺利逃生。在公共场所如影剧院、学校、医院和居民楼道，夜间灯光突然熄灭或停电时，蓄光材料能引导人们安全出入。在高速公路、立交桥及地下通道等场所需要夜视指标等。

(3) 自洁陶瓷。自洁陶瓷又称智洁陶瓷，它是利用纳米材料，将陶瓷釉面制成无针孔缺陷的超平滑表面，使釉面不易挂脏，即使有污垢，能被轻松冲洗掉的一种新型陶瓷制品，可用作卫生陶瓷和室内釉面砖。

14.5 其他建筑装饰材料

目前，金属装饰材料、石膏装饰制品、装饰石材和塑料装饰制品等装饰材料也得到了广泛的应用。

1. 金属装饰材料

以各种金属作为建筑装饰材料，有着源远流长的历史。北京颐和园中的铜亭、山东泰山顶上的钢殿、云南昆明的金殿、西藏布达拉宫金碧辉煌的装饰等极大地赋予了古建筑独特的艺术魅力。在现代建筑中，金属材料更是以它独特的性能——耐腐、轻盈、高雅、光辉、质地、力度，赢得了建筑师的青睐。从高层建筑的金属铝门窗到围墙、栅栏、阳台、入口和柱面等，金属材料无所不在。金属材料从点缀并延伸到赋予建筑奇特的效果。如果说世界著名的建筑埃菲尔铁塔是以它的结构特征，创造了举世无双的奇迹，那么法国蓬皮杜文化中心则是金属的技术与艺术有机结合的典范，创造了现代建筑史上独具一格的艺术佳作。日本黑川红章把金属材料用于现代建筑装饰上，看作是一种技术美学的新潮。金属作为一种广泛应用的装饰材料具有永久的生命力。

装饰工程中广为使用的有钢、铝和铜及其合金材料。

在普通钢材基体中添加多种元素或在基体表面上进行艺术处理，可使普通钢材仍不失为一种金属感强、美观大方的装饰材料，在现代建筑装饰中，越来越受到人们的关注。常用的装饰钢材有不锈钢及制品、彩色涂层钢板、涂色镀锌钢板、建筑压型钢板及轻钢龙骨等。

铝合金装饰板具有质量轻、不燃烧、耐久性好、施工方便且装饰效果好等优点，适用于公共建筑室内外墙面和柱面的装饰。

利用铜合金板材制成铜合金压型板应用于建筑物外墙装饰。铜具有金色感，常替代稀有的、价值昂贵的金在建筑装饰中作为点缀使用。

2. 石膏装饰制品

常用的石膏装饰制品有石膏装饰板、高强度防潮装饰石膏板、纤维石膏板（无纸面石膏板）、石膏浮雕装饰制品及石膏浮雕壁画等。

3. 装饰石材

建筑装饰石材是指具有可锯切、抛光等加工性能，在建筑物上作为饰面材料的石材，包括天然石材和人造石材两大类。天然石材包括天然大理石和花岗岩，人造石材则包括水磨石、人造大理石、人造花岗岩和其他人造石材。

4. 塑料装饰制品

塑料装饰制品主要有塑料地板、塑料壁纸和塑料装饰板材等。

本 章 小 结

建筑装饰材料按装饰部位的不同，可分为外墙装饰材料、内墙装饰材料、地面装饰材料、室内装饰用品及配套设备等。建筑装饰材料是建筑装饰工程的物质基础，既美化了建筑物，又保护了建筑物。建筑装饰材料的选用原则是装饰效果好、耐久、经济。

壁纸、墙布可用于墙面、柱面和吊顶，具有良好的装饰性和吸声、隔热、防火、防霉和耐水等功能，维护保养简单。

玻璃是一种重要的建筑材料，具有透光、透视、隔声、隔热和装饰功能，常用的有平板玻璃、安全玻璃、绝热玻璃和玻璃制品。

建筑陶瓷产品主要包括陶瓷内墙面砖、外墙面砖和地砖等陶瓷砖以及其他装饰用品，具有很好的装饰效果。

其他建筑装饰材料还有金属装饰材料、石膏装饰制品、装饰石材和塑料装饰制品等。

知 识 链 接

全天然装饰材料——软木

提起软木做的药塞、防潮软木塞和机械密封垫，我们都很熟悉，但软木作为一种高档新潮的饰面材料，我们可能就知之甚少了。其实，软木装饰在欧美等先进国家风行已久，它具有吸声、防潮、防磨、防火、隔热、防腐等诸多优良性能，且经济实用，利用环保，是一种较理想的新型装饰材料。俏丽高雅的软木装饰板在市场上一亮相，便受到国内装饰业的瞩目,满足了日益提高的室内装饰需求。

软木的隔热效果、保温性能是原木的 5 倍,砖混结构的 20 倍。由软木制成的墙体材料的隔声维持了室内的恒温和内静。同时,软木是具有"B2"级的耐火性、自熄性的木质材料,已被美、日、马、新等国及欧洲诸多国家技术认证,在木质防火类材料中成为佼佼者。

软木的品种、规格较多,可根据设计需要进行设计,拼装出多种图案和色泽,且施工简便,直接在墙面(图 14.14)或地面粘贴即可。软木装饰材料广泛适用于居室、别墅、饭店、宾馆、医院、图书馆、幼儿园等场所。

(常州日报 2009 年 6 月 3 日)

图 14.14 软木装饰墙面

本章习题

14-1 简述普通平板玻璃与浮法玻璃的质量差异。

14-2 何谓平板玻璃的标准箱和质量箱?某工程需用 5mm 厚的平板玻璃 $50m^2$,则可折合多少标准箱和多少质量箱?

14-3 安全玻璃有哪些品种?简述各种安全玻璃的特性及应用。

14-4 节能玻璃有哪些品种?简述各种节能玻璃的特性及应用。

14-5 装饰玻璃有哪些品种?各有何特点?

14-6 陶瓷制品按所用原料及坯体的致密程度分为哪几类?

14-7 建筑陶瓷砖按材质分为哪几类?简述它们的特性。

14-8 对陶瓷砖的技术要求主要包括哪几方面?

14-9 简述卫生陶瓷的发展趋势。

第15章 土木工程材料试验

土木工程材料是实践且实验性很强的学科。土木工程材料试验是土木工程材料的重要组成部分,同时也是学习和研究土木工程材料的重要方法。试验内容主要包括材料的基本性质试验和水泥、砂石材料、混凝土、钢材、砂浆、砌墙砖及沥青等材料的主要性质试验,今后工作中需要其他试验时,可参考有关标准规范和资料。

检验材料质量所进行的试验,应根据国家、行业(部)颁布的技术标准进行。

(1) 选取试样。选取试样应按技术标准的有关规定进行。试样必须有代表性,使得从少量试样中得出的试验结果,能确切地反映整批材料的质量。

(2) 确定试验方法。通过试验所测得的材料性能指标,都是按一定试验方法得出的有条件性的指标,试验方法不同,其结果也就不同。因此,所确定的试验方法必须能正确地反映材料的真实性能,并且切实可行。

(3) 进行试验操作。在试验操作过程中,必须使仪器设备、试件制备及量测技术等严格符合试验方法中的规定,以保证试验条件的统一,获得准确、具有可比性的试验结果。在整个试验操作过程中,还应注意观察出现的各种现象,做好记录,以便分析。

(4) 处理试验数据。试验数据计算应与测量的精密度相适应,并遵守《数值修约规则》(GB/T 8170—2008)的有关规定。

(5) 分析试验结果。包括分析试验结果的可靠程度;说明在既定试验方法下所得成果的适用范围;将试验结果与材料质量标准相比较,并作出结论。

通过试验,达到以下3个目的:一是熟悉、验证、巩固所学的理论知识;二是了解所使用的仪器设备,掌握所学建筑材料的试验方法;三是进行科学研究的基本训练,培养分析问题和解决问题的能力。

15.1 土木工程材料的基本性质试验

15.1.1 密度试验

1. 试验目的

材料的密度是指材料在绝对密实状态下单位体积的质量,主要用来计算孔隙率和密实度。而材料的吸水率、强度、抗冻性及耐蚀性都与孔隙的大小及孔隙特征有关。如砖、石材、水泥等材料,其密度都是一项重要指标。

2. 仪器设备

密度瓶(又名李氏瓶,图15.1)、筛子(孔径为0.2mm或900孔/cm^2)、量筒、烘箱、

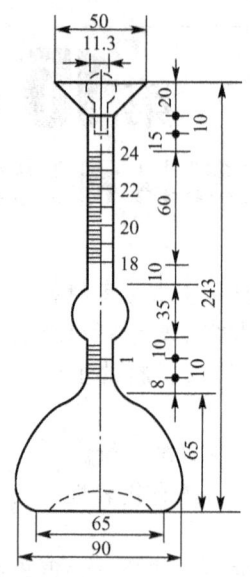

图 15.1 密度瓶(单位：mm)

干燥器、天平(感量为 0.01g)、温度计、漏斗及小勺等。

3. 试验步骤

(1) 将试样粉碎、研磨后过筛，除去筛余物，放在 105～110℃ 的烘箱中，烘至恒重，再放入干燥器中冷却至室温备用。

(2) 在密度瓶中注入与试样不起反应的液体至凸颈下部刻度线零处，记下刻度数，将李氏瓶放在盛水的容器中，在试验过程中保持水温为 20℃。

(3) 用天平称取 60～90g 试样，用小勺和漏斗小心地将试样徐徐送入密度瓶中，要防止在密度瓶喉部发生堵塞，直到液面上升到 20mL 刻度左右为止。再称剩余的试样质量，计算出装入瓶内的试样质量 $m(g)$。

(4) 轻轻振动密度瓶使液体中的气泡排出；记下液面刻度，根据前后两次液面读数，算出液面上升的体积，即为瓶内试样所占的绝对体积 $V(\text{cm}^3)$。

4. 试验结果

按下式计算材料的密度 ρ(精确至 0.01g/cm^3)：

$$\rho = \frac{m}{V} \tag{15-1}$$

式中：ρ——材料的密度(g/cm^3)；

m——装入瓶中的试样的质量(g)；

V——装入瓶中试样的绝对体积(cm^3)。

密度试验用两个试样平行进行，以两次试验结果的算术平均值作为测定值，如两次试验结果相差超过 0.02g/cm^3 时，应重新取样进行试验。

15.1.2 表观密度试验

1. 试验目的

表观密度是指材料在自然状态下单位体积的质量，也即包括材料内部孔隙在内的单位体积的质量。利用表观密度可以估计材料的强度、吸水性及保温性，也可用来计算材料的体积和结构物的质量。

2. 仪器设备

游标卡尺(精度为 0.1mm)、天平(感量为 0.1g)、烘箱、干燥器、漏斗、直尺及搪瓷盘等。

3. 方法步骤

(1) 对几何形状规则的材料。将欲测材料的试件放入 105～110℃ 烘箱中烘至恒重，取出置入干燥器中冷却至室温。

用卡尺量出试件尺寸(每边测3次,取平均值),并计算出体积(V_0),再称试样质量(m),则表观密度ρ_0为

$$\rho_0 = \frac{m}{V_0} \tag{15-2}$$

(2) 对非规则几何形状的材料。如砂、石等其表观体积V_0可用排液法测定。材料在非烘干状态下测定其表观密度时,须注明含水情况。

15.1.3 堆积密度试验

1. 试验目的

堆积密度是指散粒材料(如水泥、砂、卵石及碎石等)在堆积状态下(包含颗粒内部的孔隙及颗粒之间的空隙)单位体积的质量。它可以用来估算散粒材料的堆积体积及质量,考虑运输工具,估计材料级配情况等。

2. 仪器设备

标准容器、天平(感量为0.1g)、烘箱、干燥器、漏斗及钢尺等。

3. 试验步骤

(1) 将试样放在105~110℃的烘箱中,烘至恒重,再放入干燥器中冷却至室温。

(2) 材料松堆积密度的测定。称标准容器的质量(m_1),将散粒材料(试样)经过标准漏斗(或标准斜面),徐徐地装入容器内,漏斗口(或斜面底)距容器口5cm,待容器顶上形成锥形,将多余的材料用钢尺沿容器口中心向两个相反方向刮平,称容器和材料总质量(m_2)。

(3) 紧堆积密度的测定。称标准容器的质量(m_1)。取另一份试样,分两层装入标准容积筒内。装完一层后,在筒底垫放一根ϕ10mm钢筋,将筒按住,左右交替颠击地面各25下,再装第二层,把垫着的钢筋转90°同法颠击。加料至试样超出筒口,用钢尺沿筒口中心线向两个相反方向刮平,称其总质量(m_2)。

4. 试验结果

按下式计算材料的堆积密度ρ_0'(精确至10kg/m³):

$$\rho_0' = \frac{m_2 - m_1}{V_0'} \tag{15-3}$$

式中:ρ_0'——材料的堆积密度(kg/m³);
m_1——标准容器的质量(kg);
m_2——标准容器和试样的总质量(kg);
V_0'——标准容器的容积(m³)。

以两次试验结果的算术平均值作为测定值。

15.1.4 吸水率试验

1. 试验目的

材料吸水饱和时的吸水量与材料干燥时的质量或体积之比,称为吸水率。

材料的吸水率通常小于孔隙率,因为水不能进入封闭的孔隙中。材料吸水率的大小对其堆积密度、强度及抗冻性的影响很大。

2. 主要仪器

天平(称量为1000g,感量为0.1g)、水槽及烘箱等。

3. 试验步骤

(1) 将试件置于烘箱中,以不超过110℃的温度烘至恒重,称其质量$m(g)$。

(2) 将试件放入水槽中;试件之间应留1~2cm的间隔,试件底部应用玻璃棒垫起,避免与槽底直接接触。

(3) 将水注入水槽中,使水面至试件高度的1/4处,2h后加水至试件高度的1/2处,隔2h再加入水至试件高度的3/4处,又隔2h加水至高出试件1~2cm,再经1d后取出试件。这样逐次加水能使试件孔隙中的空气逐渐逸出。

(4) 取出试件后,用拧干的湿毛巾轻轻抹去试件表面的水分(不得来回擦拭),称其质量,称量后仍放回槽中浸水。

以后每隔1昼夜用同样方法称取试样质量,直至试件浸水至恒定质量为止(1d质量相差不超过0.05g时),此时称得的试件质量为$m_1(g)$。

4. 试验结果

按下式计算材料的质量吸水率W_m及体积吸水率W_V:

$$W_m = \frac{m_1 - m}{m} \times 100\% \tag{15-4}$$

$$W_V = \frac{V_W}{V_0} \times 100\% = \frac{m_1 - m}{V_0} \frac{1}{\rho_{H_2O}} \times 100\% = W_m \rho_0 \tag{15-5}$$

式中:V_W——材料吸水饱和时水的体积(cm^3);

V_0——干燥材料在自然状态下的体积(cm^3);

ρ_{H_2O}——水的密度,常温时$\rho_{H_2O} = 1g/cm^3$;

ρ_0——材料的表观密度(g/cm^3)。

材料的吸水率试验用3个试样平行进行,以3个试样吸水率的算术平均值作为测定值。

15.2 水泥试验

15.2.1 水泥试验的一般规定

1. 取样方法

以同一水泥厂、同品种、同强度等级、同期到达的水泥进行取样和编号。一般以不超过100t为一个取样单位,取样应具有代表性,可连续取,也可在20个以上不同部位抽取等量的样品,总量不少于12kg。

2. 养护条件

实验室温度应为 17~25℃，相对湿度应大于 50%。养护箱温度为 20℃±3℃，相对湿度应大于 90%。

3. 对试验材料的要求

(1) 水泥试样应充分拌匀。
(2) 试验用水必须是洁净的淡水。
(3) 水泥试样、标准砂及拌和用水等温度应与实验室温度相同。

15.2.2 水泥细度测定

1. 试验目的

水泥的物理力学性质都与细度有关，因此必须进行细度测定。

2. 试验步骤

1) 负压筛析法

负压筛析法测定水泥细度，采用如图 15.2 所示装置。如图 15.3 所示为负压筛析仪实物图。

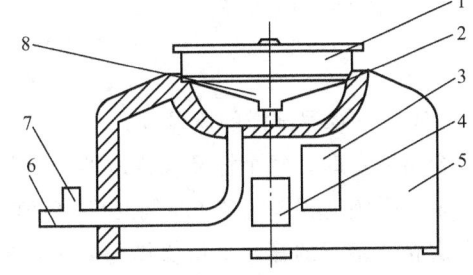

图 15.2 负压筛析仪示意图

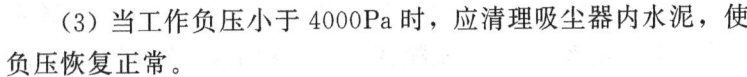

1—0.080mm方孔筛；2—橡胶垫圈；3—控制板；
4—微电机；5—壳体；6—抽气口(接收尘器)；
7—风门(调节负压)；8—喷气嘴

(1) 筛析试验前，应把负压筛放在筛座上，盖上筛盖，接通电源，检查控制系统，调节负压至 4000~6000Pa 范围内。

(2) 试验时，80μm 筛析试验称取试样 25g，45μm 筛析试验称取试样 10g，置于洁净的负压筛中，盖上筛盖，放在筛座上，开动筛析仪连续筛析 2min；在此期间如有试样附着在筛盖上，可轻轻地敲击，使试群落下。筛毕，用天平称量筛余物。

(3) 当工作负压小于 4000Pa 时，应清理吸尘器内水泥，使负压恢复正常。

2) 水筛法

水筛法测定水泥细度，采用如图 15.4 所示装置。

(1) 筛析试验前，检查水中应无泥沙，调整好水压及水压架的位置，使其能正常运转喷头底面和筛网之间距离为 35~75mm。

(2) 称取试样 50g，置于洁净的水筛中，立即用洁净淡水冲洗至大部分细粉通过后，再将筛子置于水筛架上，用水压为 0.05MPa±0.02MPa 的喷头连续冲洗 3min。筛毕，用少量水把筛余物冲至蒸发器中，沉淀后小心倒出清水，烘干并用天平称其质量。

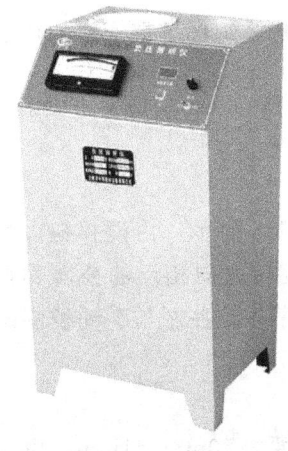

图 15.3 负压筛析仪实物图

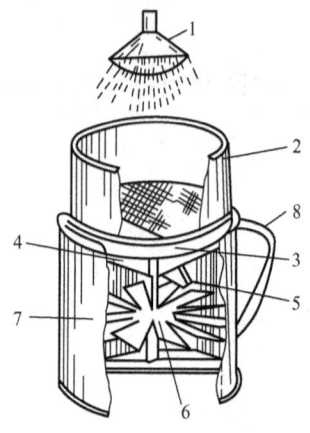

图 15.4 水泥细度筛
1—喷头；2—标准筛；
3—旋转托架；4—集水斗；
5—出水口；6—叶轮；
7—外筒；8—把手

3) 手工筛析法

在没有负压筛析仪和水筛的情况下，允许用手工筛析法测定。

(1) 称取水泥试样 50g 倒入符合《金属丝纺织网试验筛》(GB/T 6003.1)要求的手工筛内。

(2) 用一只手执筛往复摇动，另一只手轻轻拍打，拍打速度每分钟约 120 次，每 40 次向同一方向转动 60°，使试样均匀分布在筛网上，直至每分钟通过的试样量不超过 0.05g 为止。然后，称量筛余物。

3. 试验结果

(1) 水泥试样筛余百分数用下式计算（精确至 0.1%）：

$$F = \frac{R_t}{W} \times 100 \qquad (15-6)$$

式中：F——水泥试样的筛余百分数(%)；

R_t——水泥筛余物的质量(g)；

W——水泥试样的质量(g)。

合格评定时，每个样品应称取两个试样分别筛析，取筛余平均值作为筛析结果。若两次筛余结果绝对误差大于 0.5% 时(筛余值大于 5.0% 时，可放至 1.0%)应再做一次试验，取两次相近结果的算术平均值作为最终结果。

(2) 负压筛析法与水筛法或手工筛析法测定的结果发生争议时，以负压筛析法为准。

15.2.3 水泥标准稠度用水量测定

1. 试验目的

水泥的凝结时间和安定性都与用水量有关，为了消除试验条件的差异而有利于比较，水泥净浆必须有一个标准的稠度。本试验的目的就是测定水泥净浆达到标准稠度时的用水量，以便为进行凝结时间和安定性试验做好准备。

2. 主要仪器设备

1) 水泥净浆搅拌机

符合《水泥净浆搅拌机》(JC/T 729—2005)的要求，如图 15.5 所示，由搅拌锅、搅拌叶片、传动机构和控制系统组成。搅拌叶片在搅拌锅内作与旋转方向相反的公转和自转，并可在竖直方向调节，搅拌机可以升降，控制系统具有按程序自动控制与手动控制两种功能。

2) 标准法维卡仪

如图 15.6 所示，标准稠度测定用试杆 [图 15.6(c)] 有效长度为 50mm±1mm，由直

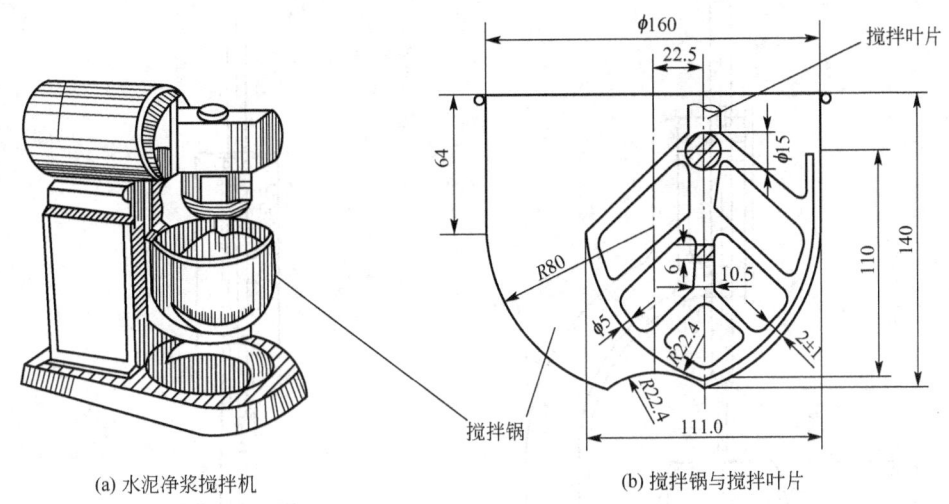

(a) 水泥净浆搅拌机   (b) 搅拌锅与搅拌叶片

图 15.5 水泥净浆搅拌机示意图(单位:mm)

径为10mm±0.05mm 的圆柱形耐腐蚀金属制成。测定凝结时间时取下试杆，用试针[图 15.6(d)、图 15.6(e)]代替试杆。试针由钢制成，其有效长度初凝针为50mm±1mm，终凝针为30mm±1mm，直径为1.13mm±0.05mm的圆柱体。滑动部分的总质量为300g±1g。与试杆、试针连接的滑动杆表面应光滑，能靠重力自由下落，不得有紧涩和摇动现象。

盛装水泥净浆的试模[图 15.6(a)]应由耐腐蚀的，有足够硬度的金属制成。试模为40mm±0.2mm，顶内径为65mm±0.5mm，底内径为75mm±0.5mm 的截顶圆锥体。每只试模应配备一个边长或直径为100mm、厚度4~5mm 的平板玻璃底板或金属底板。

3. 试验步骤

(1) 标准稠度用水量可用调整水量和不变水量两种方法中的任一种来测定。如发生矛盾时，以前者为准。

(2) 试验前必须检查测定仪的金属棒能否自由滑动，试锥降至模顶面位置时，指针应对准标尺零点，搅拌机应运转正常。

(3) 用水泥净浆搅拌机拌和，搅拌锅和搅拌叶先用湿布擦抹，将拌和水倒入搅拌锅内，在5~10s内将称好的500g水泥加入水中，防止水和水泥溅出；拌和时，先将锅放到搅拌机的锅座上，升至搅拌位置，启动搅拌机低速搅拌120s，停拌15s，同时将叶片和锅壁上的水泥浆刮入锅中间，快速搅拌120s后停机。

(4) 拌和结束后，立即取适量水泥净浆一次性将其装入已置于玻璃底板上的试模中，浆体超过试模上端，用宽约25mm 的直边刀轻轻拍打超出试模部分的浆体5次以排除浆体中的孔隙，然后在试模上表面约1/3处，略倾斜于试模分别向外轻轻锯掉多余净浆，再从试模边沿轻抹顶部一次，使净浆表面光滑。在锯掉多余净浆和抹平的操作过程中，注意不要压实净浆。抹平后迅速将试模和底板移到维卡仪上，并将其中心定在试杆下，降低试杆直至与水泥净浆表面接触，拧紧螺钉1~2s后，突然放松，使试杆垂直自由地沉入水泥净浆中。在

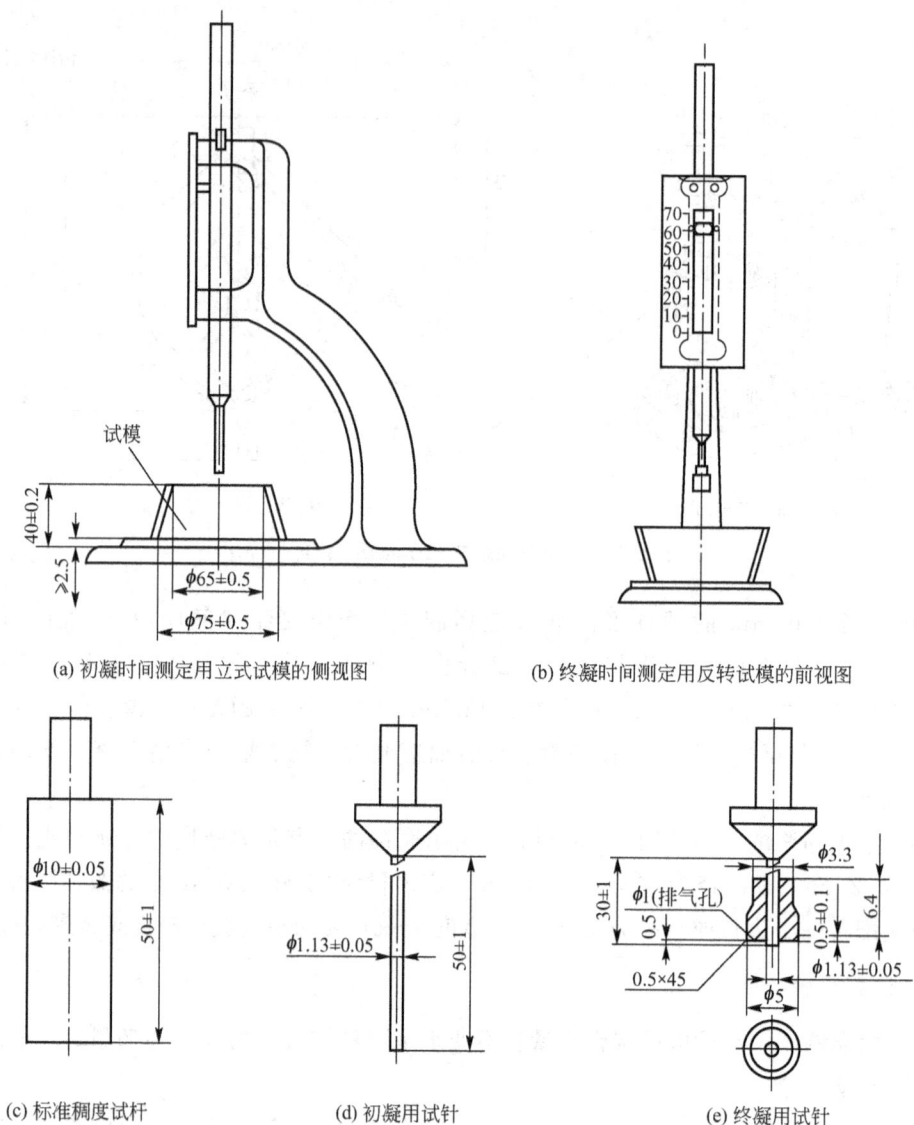

图 15.6　测定水泥标准稠度和凝结时间用的维卡仪

试杆停止沉入或释放试杆 30s 时记录试杆距底板之间的距离,升起试杆后,立即擦净;整个操作应在搅拌后 1.5min 内完成。以试杆沉入净浆并距底板 6mm±1mm 的水泥净浆为标准稠度净浆。其拌和水量为该水泥的标准稠度用水量,以水泥质量百分比计。

15.2.4　水泥净浆凝结时间测定

1. 试验目的

测定水泥加水后至开始凝结(初凝)以及凝结终了(终凝)所用的时间,用以评定水泥性质。

2. 主要仪器设备

(1) 净浆搅拌机,如图 15.5 所示。

(2) 测定仪,与测定标准稠度用水量时的测定仪相同,只是将试杆换成试针,如图 15.6(d)、图 15.6(e)所示。

(3) 标准养护箱,如图 15.7 所示。

(4) 人工拌和圆形钵及拌和铲等。

3. 试验步骤

(1) 测定前准备工作。调整凝结时间测定仪的试针接触玻璃板时,指针对准零点。

(2) 试件的制备。以标准稠度用水量制成标准稠度水泥净浆一次装满试模,振动数次后刮平,立即放入标准养护箱内。记录加水时间为凝结时间的起始时间。

(3) 初凝时间的测定。试件在标准养护箱中养护至加水后 30min 时进行第一次测定。测定时,从养护箱中取出试模放到试针下,降低试针与水泥净浆表面接触,拧紧螺钉 1～2s 后,突然放松,试针垂直自由地沉入水泥净浆。

图 15.7 标准养护箱

观察试针停止沉入或释放试杆 30s 时指针的读数。当试针沉至距底板 4mm±1mm 时,为水泥达到初凝状态;由水泥加水至初凝状态的时间为水泥的初凝时间,单位是 min。

(4) 终凝时间的测定。为了准确观测试针沉入的状况,在终凝针上安装了一个环形附件[图 15.6(e)]。在完成初凝时间测定后,立即将试模连同浆体以平移的方式从玻璃板取下,翻转 180°,直径大端向上,小端向下放在玻璃板上,再放入标准养护箱中继续养护,临近终凝时间时,每隔 15min 测定一次,当试针沉入试体 0.5mm 时,即环形附件开始不能在试体上留下痕迹时,为水泥达到终凝状态;由水泥加水至终凝状态的时间为水泥的终凝时间,单位是 min。

(5) 测定时应注意的是,在最初测定的操作时应轻轻扶持金属杆,使其徐徐下降,以防试针撞弯,但结果以自由下降为准;在整个测试过程中试针沉入的位置至少要距试模内壁 10mm。临近初凝时,每隔 5min 测定一次,到达初凝时应立即重复测一次,当两次结论相同时才能确定到达初凝状态,到达终凝时,需要在试体另外两个不同点测试,结论相同时才能确定到达终凝状态。每次测定不能让试针落入原针孔,每次测试完毕须将试针擦净并将试模放回标准养护箱内,整个测试过程要防止试模受振。

15.2.5 安定性检验

1. 试验目的

检验水泥硬化后体积变化是否均匀,是否因体积变化而引起膨胀、裂缝或翘曲。

雷氏法(标准法):测定水泥净浆在雷氏夹中沸煮后的膨胀值。试饼法(代用法):观察水泥净浆试饼沸煮后的外形变化。两种方法均可用,有争议时以雷氏法为准。

2. 主要仪器设备

水泥净浆搅拌机、沸煮箱、雷氏夹(图 15.8)及雷氏夹膨胀值测量仪(图 15.9)。

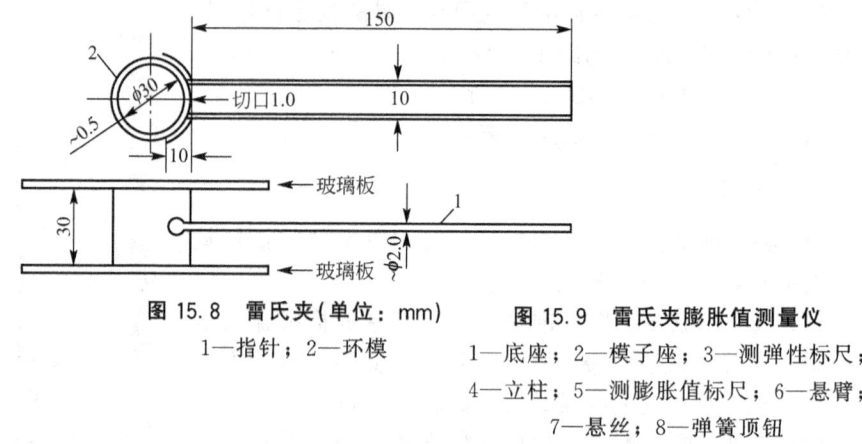

图 15.8 雷氏夹(单位：mm)
1—指针；2—环模

图 15.9 雷氏夹膨胀值测量仪
1—底座；2—模子座；3—测弹性标尺；
4—立柱；5—测膨胀值标尺；6—悬臂；
7—悬丝；8—弹簧顶钮

3. 试验步骤

(1) 称取水泥试样 400g，以标准稠度用水量，按标准稠度测定时拌和净浆的方法制成净浆；从其中取出净浆约 150g，分成等份，使之成球形，放在涂过油的玻璃板上，轻轻振动玻璃板，并用湿布擦过的小刀由边缘向中央抹动，做成直径 70～80mm、中心厚约 10mm、边缘渐薄、表面光滑的试饼。接着将试饼放入湿汽养护箱内，自成型时起，养护 24h±2h。

雷氏夹试件的制备是将预先准备好的雷氏夹放在已稍擦油的玻璃板上，并立刻将已制好的标准稠度净浆装满试模，装模时一只手轻轻扶持试模，另一只手用宽约 25mm 的直边小刀在浆体表面轻轻插捣 3 次，盖上稍涂油的玻璃板，接着立刻将试模移至湿汽养护箱内养护 24h±2h。

(2) 脱去玻璃板取下试件。当采用试饼法时，先检查其是否完整，在试件无缺陷的情况下将试饼放在沸煮箱的水中篦板上，然后在 30min±5min 内加热至沸，并恒沸 3h±5min。当用雷氏夹法时，先测量试件指针尖端间的距离(A)，精确到 0.5mm，接着将试件放入水中篦板上，指针朝上，试件之间互不交叉，然后在 30min±5min 内加热至沸，并恒沸 3h±5min。

(3) 沸煮结束，即放掉箱中的热水，待冷却至室温，取出试件目测试饼，若未发现裂缝，再用直尺检查，也没有弯曲时，为安定性合格；反之为不合格。当两个试饼判别结果有矛盾时，该水泥的安定性为不合格。若为雷氏夹法，测量试件指针尖端间的距离(C)，记录至小数点后 1 位，当两个试件煮后增加距离($C-A$)的平均值不大于 5.0mm 时，即安定性合格，当两个试件($C-A$)的值相差超过 4mm 时，应用同一样品立即重做一次试验。再如此，则认为该水泥安定性不合格。

15.2.6 水泥胶砂强度检验

1. 试验目的

根据《水泥胶砂强度检验方法(ISO 法)》(GB/T 17671—1999)的规定方法来检验并

确定水泥的强度等级。

2. 主要仪器设备

(1) 行星式水泥胶砂搅拌机(应符合 ISO 法)如图 15.10 所示。工作时搅拌叶片既绕自身轴线又沿搅拌锅周边公转,运动轨道似行星式的水泥胶砂搅拌机。

主要技术参数:

搅拌叶宽度　　135mm
搅拌锅容量　　5L
搅拌叶转速　　低速挡:140r/min±5r/min(自转);62r/min±5r/min(公转)
　　　　　　　高速挡:285r/min±10r/min(自转);125r/min±10r/min(公转)
净重　　　　　70kg

(2) 水泥胶砂试体成型振实台(应符合 GB/T 17671—1999 要求)如图 15.11 所示。

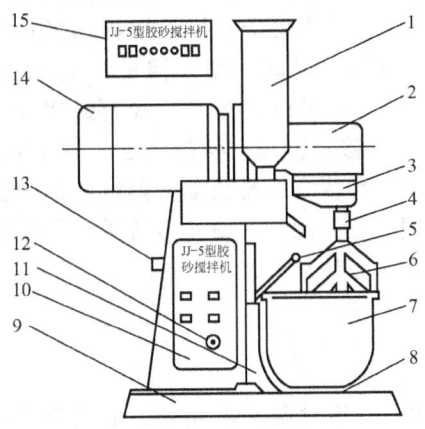

图 15.10　胶砂搅拌机结构示意图

1—砂斗;2—减速箱;3—行星机构及叶片标志;
4—叶片紧固螺母;5—升降柄;6—叶片;7—锅;
8—锅底;9—机座;10—立柱;11—升降机构;
12—面板自动手动切换开关;13—接口;
14—立式双速电动机;15—程控器

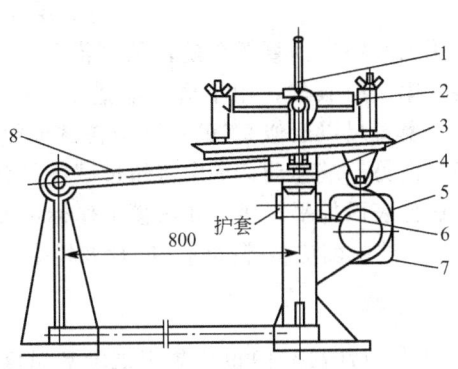

图 15.11　胶砂振实台

1—卡具;2—模套;3—突头;
4—随动轮;5—凸轮;6—止动器;
7—同步电动机;8—臂杆

主要技术参数:

振动部分总质量(不含制品)　　20kg
振实台振幅　　　　　　　　　　15mm
振动频率　　　　　　　　　　　60 次/60s
台盘中心至臂杆轴中心距离　　　800mm
净重　　　　　　　　　　　　　50kg

(3) 试模,如图 15.12 所示。

3. 试件成型

(1) 将试模(图 15.12)擦净,四周模板及底座的接触面上应涂黄油,紧密装配,防止漏浆,内壁均匀刷一层机油。

(2) 水泥胶砂强度用砂应使用国产 ISO 标准砂。ISO 标准砂由 1~2mm 粗砂,0.5~

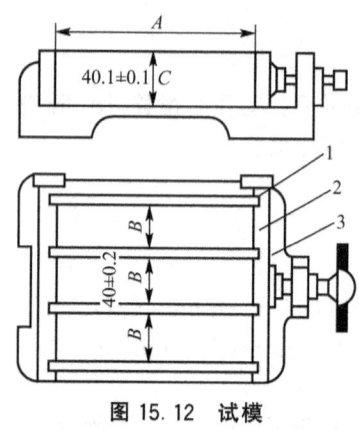

图 15.12 试模
1—隔板；2—端板；3—底座
A—160mm；B、C—40mm

1.0mm 中砂，0.08～0.5mm 细砂组成，各级砂质量为 450g(即各占 1/3)，通常以 1350g±5g 混合小包装供应。灰砂比为 1∶3，水灰比为 0.5∶1。

(3) 每成型 3 条试件材料用量为水泥 450g±2g，ISO 标准砂 1350g±5g，水 225g±1g。适用于硅酸盐水泥、普通硅酸盐水泥、矿渣硅酸盐水泥、火山灰质硅酸盐水泥、粉煤灰硅酸盐水泥及复合硅酸盐水泥。

(4) 用搅拌机搅拌砂浆的拌和程序为：低速 30s→加砂 30s→高速 30s→停 90s→高速 60s，搅拌时间共计 2.5min。停机后，将粘在叶片上的胶砂刮下，取下搅拌锅。

(5) 胶砂制备后立即进行成型。将空试模和模套固定在振实台上，用一个适当勺子直接从搅拌锅里将胶砂分 2 层装入试模，装第一层时，每个槽里约放 200g 胶砂，用大播料器垂直架在模套顶部沿每个模槽来回一次，将料层播平，接着振实 60 下。再装入第二层胶砂，用小播料器播平，再振实 60 下。移走模套，从振实台上取下试模，用一金属直尺以近似 90°的角度架在试模模顶的一端，然后沿试模长度方向以横向锯割动作慢慢向另一端移动，一次将超过试模部分的胶砂刮去，并用同一直尺以近乎水平的情况下将试件表面抹平。接着在试模上作标记或用字条标号试体编号。

(6) 试验前应将搅拌锅、叶片及模套用湿布抹擦干净。

4. 养护

GB/T 17671—1999 中规定试验室温度 20℃±2℃，相对湿度≥50%，湿气养护箱温度 20℃±1℃，相对湿度≥90%，养护水温度 20℃±1℃，试验室温、湿度及养护水湿度在工作期间每天至少记录一次，湿气养护箱温、湿度至少每 4h 记录一次。

(1) 脱模前的处理和养护。去掉留在模子四周的胶砂。立即将做好标记的试模放入雾室，或湿箱的水平架子上养护，湿空气应能与试模各边接触。养护时不应将试模放在其他试模上。一直养护到规定的脱模时间取出脱模。脱模前，用防水墨汁或颜料笔对试体进行编号和做其他标号。两个龄期以上的试体，在编号时应将同一试模中的 3 条试体分在两个以上龄期内。

(2) 对于 24h 以内龄期的，应在破型试验前 20min 内脱模。对于 24h 以上龄期的，应在成型后 20～24h 之间脱模。

(3) 将做好标号的试件立即水平或竖直放在湿气养护箱内或放在 20℃±1℃水中养护，水平放置时刮平面应朝上。

(4) 到龄期的试体应在试验前 15min 取出试件，并用湿布覆盖至试验为止。

5. 强度测定

1) 抗折强度测定

(1) 各龄期必须在规定的时间 3d±2h、28d±3h 内取出 3 个试件先做抗折强度测定。测定前须擦去试件表面的水分和砂粒，清除夹具上圆柱表面粘着的杂物。试件放入抗折夹具内，应使试件侧面与圆柱接触。

（2）采用杠杆式抗折试验机（图 15.13）时，在试件放入之前，应先将游动砝码移至零刻度线，调整平衡砣使杠杆处于平衡状态。试件放入后，调整夹具，使杠杆有一仰角，从而在试件折断时尽可能地接近平衡位置。然后，启动电动机，丝杆转动带动游动砝码给试件加荷；试件折断后从杠杆上可直接读出破坏荷载和抗折强度。

（3）抗折强度测定时的加荷速度为 50N/s±5N/s。

（4）抗折强度按下式计算（精确到 0.01MPa）：

$$f_v = \frac{3FL}{2bh^2} \tag{15-7}$$

式中：f_v——抗折强度（MPa），计算精确至 0.1MPa；
F——破坏荷载（N）；
L——支撑圆柱中心距，100mm；
b、h——试件面的宽与高，均为 40mm。

（5）抗折强度测定结果取 3 块试件平均值并取整数，当 3 个强度值中有一个超过平均值的±10%，应予剔除，以其余两个数值平均作为抗折强度试验结果，如有两个试件的测定结果超过平均值的±10%时，应重做试验。

2）抗压强度测定

（1）抗折试验后的两个断块应立即进行抗压试验。抗压试验须用抗压夹具（图 15.14）进行。试件受压面为 40mm×40mm。试验前应清除试件的受压面与加压板间的砂粒或杂物，试验时以试件的侧面作为受压面，并使夹具对准压力机压板中心。

抗压强度试验在整个加荷过程中以 2400N/s±200N/s 的速率均匀地加荷直至破坏。

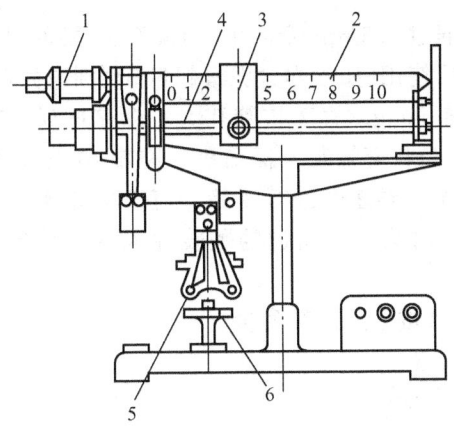

图 15.13 水泥抗折试验机
1—平衡砣；2—大杠杆；3—游动砝码；
4—丝杆；5—抗折夹具；6—手轮

图 15.14 水泥抗压夹具

（2）抗压强度按下式计算（精确至 0.1MPa）：

$$f_c = \frac{F}{A} \tag{15-8}$$

式中：f_c——抗压强度（MPa）；
F——破坏荷载（N）；

A——受压面积 $40mm \times 40mm = 1600mm^2$。

抗压强度以一组 3 个棱柱体上得到的 6 个抗压强度测定值的算术平均值为试验结果。如果 6 个测定值中有一个超出 6 个平均值的 ±10%，应剔除这个结果，剩下 5 个的平均数为结果。如果 5 个测定值中再有超过它们平均数±10%的，则此组结果作废。

15.3 混凝土用砂、石试验

15.3.1 砂的筛分析试验

1. 试验目的

测定混凝土用砂的颗粒级配，计算细度模数，评定砂的粗细程度。

图 15.15 摇筛机

2. 主要仪器设备

标准筛：9.5mm、4.75mm、2.36mm、1.18mm、0.6mm、0.3mm、0.15mm 方孔筛及筛底、盖各一个。

天平(称量为 1000g，感量为 1g)、烘箱、摇筛机(图 15.15)、大小搪瓷盘及毛刷等。

3. 试验步骤

试验前，砂样应通过 9.5mm 筛，并在 105℃±5℃的温度下烘干至恒重，冷却至室温后使用(如砂样含泥量超过 5% 则应先用水洗)。

(1) 准确称取试样 500g，置于按筛孔大小顺序排列的套筛的最上一只筛(4.75mm)上，将套筛装入摇筛机，摇筛 10min，然后取出套筛，按筛孔大小顺序，再逐个进行手筛，直至每分钟的筛出量不超过试样总量的 0.1% 时为止。通过的颗粒并入下一号筛，顺序过筛，直到筛完为止。

(2) 试样的各号筛上的筛余量均不得超过按下式计算的量：

质量仲裁时
$$m_r = \frac{A\sqrt{d}}{300}$$
(15-9)

生产控制检验时
$$m_r = \frac{A\sqrt{d}}{200}$$
(15-10)

式中：m_r——筛余量(g)；

d——筛孔尺寸(mm)；

A——筛面积(mm^2)。

否则应将该筛余试样分成两份，再次进行筛分，并以其两份筛余量之和作为该号筛的筛余量。

(3) 分别称量各筛筛余试样，精确至 1g，所有各筛的分计筛余量和最后一个筛的通过量的总和与筛分前试样总量相比，相差不得超过试样总量的 1%。

4. 试验结果

(1) 计算分计筛余百分率。各号筛上的筛余量除以试样总量的百分率，精确至0.1%。

(2) 计算累计筛余百分率。该号筛上的分计筛余百分率与大于该号的各筛分计筛余百分率之总和，精确至0.1%。

(3) 根据各筛的累计筛余百分率，评定该试样的颗粒级配。

(4) 计算细度模数 M_X。

$$M_X = \frac{A_2 + A_3 + A_4 + A_5 + A_6 - A_1}{100 - A_1} \tag{15-11}$$

式中：A_1、A_2、A_3、A_4、A_5、A_6——4.75mm、2.36mm、1.18mm、0.6mm、0.3mm、0.15mm方孔筛上的累计筛余百分率，计算精确到0.1%。

按细度模数确定砂的粗细程度。

(5) 筛分试验应采用两个试样进行，取两次算术平均值作为测定结果。两次所得细度模数之差大于0.2时，应重新进行试验。

15.3.2 砂的表观密度试验

1. 试验目的

测定砂的表观密度，即砂颗粒本身单位体积(包括内部封闭孔隙)的质量，作为评定砂的质量和混凝土配合比设计的依据。

2. 仪器设备

托盘天平(称量为1000g，感量为1g)、容量瓶(500mL)、烘箱、干燥器、漏斗、滴管、搪瓷盘、铝制粒勺及温度计等。

3. 试验步骤

试验前，将660g试样在105℃±5℃的温度下烘干至恒重，在干燥器内冷却至室温后，分为大致相等的两份备用。

(1) 称取烘干试样300g(m_1)，精确至1g，通过漏斗，装入盛有半瓶冷开水的容量瓶中，塞紧瓶塞。

(2) 静置24h后，摇动容量瓶，使试样在水中充分搅动以排除气泡。然后用滴管添水，使水面与瓶颈刻度线平齐，加上瓶塞，擦干瓶外水分，称量 m_2(g)，精确至1g。

(3) 倒出瓶中的水和试样，内外清洗干净，再注入与上项水温相差不超过1℃的饮用水至与瓶颈刻度线平齐，塞紧瓶塞，擦干瓶外水分，称量 m_3(g)，精确至1g。

4. 试验结果

计算试样的表观密度 ρ_0：

$$\rho_0 = \frac{m_1}{m_1 + m_3 - m_2} \rho_{H_2O} \tag{15-12}$$

式中：ρ_0——表观密度(kg/m^3)；
m_1——干砂质量(kg)；
m_2——试样、水和容量瓶的质量(kg)；
m_3——水和容量瓶的质量(kg)。

以两次试验结果的算术平均值作为测定结果，精确至$10kg/m^3$；如两次试验结果的误差大于$20kg/m^3$时，应重新取样进行试验。

15.3.3 砂的堆积密度试验

1. 试验目的

测定砂的松堆积密度、紧堆积密度和空隙率，作为混凝土配合比设计的依据。

2. 仪器设备

台秤(称量为5000g，感量为5g)、容量筒(1L)、漏斗(图15.16)、垫棒(直径10mm，长500mm的圆钢)、直尺、料勺及搪瓷盘等。

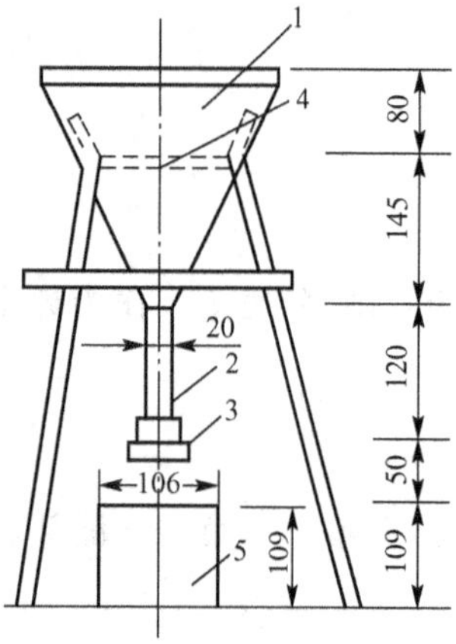

3. 试验方法

试验前将试样在105℃±5℃温度下烘干至恒重，冷却至室温后使用。

1) 松堆积密度

称容量筒质量m_1，将烘干试样装入漏斗，开放漏斗管下的活门，砂样徐徐流入容量筒，当容量筒试样上部呈锥状，且容量筒四周溢满时，即停止加料。用直尺在容量筒中心向两个相反方向将试样刮平，称量筒和试样总质量m_2。

2) 紧堆积密度

试样分两层装入容量筒，先装一层，筒底垫放一根直径10mm的钢筋，将筒按住；左右各摇振25次。再装第二层，钢筋在筒底水平方向转90°，用同样方法摇振25次，将试样加满筒，用松堆积密度相同的方法刮平，然后称质量m_2。

图15.16 砂堆积密度漏斗
(单位：mm)
1—漏斗；2—ϕ20mm管子；3—活动门；4—筛；5—容量筒

4. 试验结果

1) 计算松堆积密度(或紧堆积密度)ρ_0'

$$\rho_0' = \frac{m_2 - m_1}{V_0'} \tag{15-13}$$

式中：ρ_0'——砂的松堆积密度或紧堆积密度(kg/L)；
m_1——容量筒的质量(kg)；
m_2——容量筒和砂的总质量(kg)；
V_0'——容量筒的容积(L)。

以两次试验结果的算术平均值作为测定值，精确至 $10 kg/m^3$。

2) 计算砂的空隙率

$$P' = 1 - \frac{\rho_0'}{\rho_0} \times 100 \tag{15-14}$$

式中：P'——砂的空隙率(%)；
ρ_0'——砂在干燥状态下的堆积密度(kg/L)；
ρ_0——砂的表观密度(kg/m^3)。

15.3.4 石子筛分析试验

1. 试验目的

测定碎石或卵石的颗粒级配及粒级规格，为混凝土配合比设计提供依据。

2. 仪器设备

试验筛：孔径为 90mm、75mm、63mm、53mm、37.5mm、31.5mm、26.5mm、19mm、16mm、9.5mm、4.75mm 及 2.36mm 的方孔筛及筛底、盖各一个。

台秤(称量为 10kg，感量为 1g)、烘箱、摇筛机及搪瓷盘等。

3. 试验方法

(1) 根据试样最大粒径按表 15-1 规定数量称取烘干或风干试样备用。

表 15-1 石子筛分试验所需试样的最小质量

最大粒径(mm)	9.5	16.0	19	26.5	31.5	37.5	63.0	75.0
最少试样质量(kg)	1.9	3.2	3.8	5.0	6.3	7.5	12.6	16.0

(2) 将试样倒入按孔径大小从上到下组合的套筛(附筛底)上，然后进行筛分。

(3) 将套筛装入摇筛机，摇筛 10min，然后取出套筛，按筛孔大小顺序，再逐个进行手筛，直至每分钟的筛出量不超过试样总量的 0.1% 时为止。通过的颗粒并入下一号筛，顺序过筛，直到筛完为止。

(4) 称出各号筛的筛余量，精确至 1g。

4. 试验结果

(1) 计算分计筛余百分率。各号筛上的筛余量除以试样总质量的百分率，精确至 0.1%。

(2) 计算累计筛余百分率。该号筛上的分计筛余百分率与大于该号的各号筛分计筛余百分率之总和，精确到 1%。

(3) 根据各筛的累计筛余百分率，评定试样的颗粒级配。

15.3.5 石子表观密度试验

1. 试验目的

测定石子的表观密度,即石子单位体积(包括内部封闭孔隙)的质量,作为评定石子质量和混凝土配合比设计的依据。本方法不宜用于测定最大粒径大于 37.5mm 的碎石或卵石的表观密度。

2. 仪器设备

托盘天平(称量为 2kg,感量为 1g)、广口瓶(1000mL,磨口、带玻璃片)、烘箱、方孔筛(孔径为 4.75mm 的筛一只)、搪瓷盘及刷子等。

3. 试验方法

试验前,按规定取样,并缩分至略大于表 15-2 规定的数量,风干后,应筛去试样中 4.75mm 以下的颗粒,洗刷干净后,分成大致相等的两份备用。

表 15-2　表观密度试验所需试样量

最大粒径(mm)	小于 26.5	31.5	37.5	63.0	75.0
最少试样质量(kg)	2.0	3.0	4.0	6.0	6.0

(1) 取试样一份浸水饱和后,置于装饮用水的广口瓶中并排除气泡。

(2) 向广口瓶中添满饮用水,用玻璃片沿瓶口滑行,使其紧贴瓶口水面,玻璃片与水面之间不得带有气泡,擦干瓶外水分,称取试样、水、广口瓶和玻璃片的总质量 m_1,精确至 1g。

(3) 将瓶中试样小心倒出,盛在浅盘中,放在 105℃±5℃ 的烘箱中,烘干至恒重,取出放在带盖的容器中冷却至室温,然后称试样的质量 m,精确至 1g。

(4) 将瓶洗净,重新注入饮用水,用玻璃片紧贴瓶口水面,擦干瓶外水分后称量 m_2,精确至 1g。

4. 试验结果

计算试样的表观密度 ρ_0:

$$\rho_0 = \frac{m}{m + m_2 - m_1} \rho_{H_2O} \tag{15-15}$$

式中:ρ_0——砂的表观密度(kg/m³);
　　　m——试样烘干后质量(g);
　　　m_1——试样、水、瓶和玻璃片的总质量(g);
　　　m_2——水、瓶和玻璃片的总质量(g)。

以两次试验结果的算术平均值作为测定值,如两次结果之差大于 20kg/m³,则应重新取样试验。

15.3.6　石子堆积密度试验

1. 试验目的

测定石子的松堆积密度、紧堆积密度和空隙率,作为混凝土配合比设计和一般使用的依据。

2. 仪器设备

磅秤(称量为50kg、100kg,感量为50g各1台)、容量筒(规格见表15-3)、垫棒(直径为16mm,长为600mm的圆钢)、直尺、小铲及烘箱等。

3. 试验方法

试验用烘干或风干试样。

容量筒容积按石子最大粒径选用,见表15-3。

表15-3 容量筒的规格要求

最大粒径 (mm)	容量筒容积 (L)	容量筒规格		
		内径(mm)	净高(mm)	壁厚(mm)
9.5,16.0,19.0,26.5	10	208	294	2
31.5,37.5	20	294	294	3
53.0,63.0,75.0	30	360	294	4

1) 松堆积密度

用小铲将试样从筒口上方5cm高中自由落入容量筒内,当容量筒试样上部呈锥状,且容量筒四周溢满时,即停止加料。除去凸出筒口表面的颗粒,并以合适的颗粒填入凹陷空隙,使表面稍凸起部分与凹陷部分的体积大致相等,称取试样和容量筒总质量 m_2。

2) 紧堆积密度

试样分三层装入容量筒,筒底垫放一根直径16mm的钢筋,每装一层,按住筒身,左右交替摇振25次,振第二层时,筒底钢筋在筒底水平方向转90°,振第三层后,加料至满出筒口,用钢筋沿口边缘滚转,刮下高中筒口的颗粒,用合适的颗粒填平,称取试样和容量筒的总质量 m_2。

4. 试验结果

1) 计算松堆积密度(或紧堆积密度) ρ_0'

$$\rho_0' = \frac{m_2 - m_1}{V_0'} \tag{15-16}$$

式中:m_1——容量筒质量(kg);

m_2——容量筒和试样总质量(kg);

V_0'——容量筒容积(L)。

以两次试验结果的算术平均值为测定值,精确至10kg/m³。

2) 计算空隙率 P'

$$P' = 1 - \frac{\rho_0'}{\rho_0} \times 100 \tag{15-17}$$

式中:ρ_0'——石子的堆积密度(kg/m³);

ρ_0——石子的表观密度(kg/m³)。

15.4 普通混凝土性能试验

15.4.1 混凝土拌合物取样及试样制备

1. 一般规定

混凝土工程施工中取样进行混凝土试验时,其取样方法和原则应按现行《混凝土结构工程施工质量验收规范》(GB 50204—2002)及《普通混凝土力学性能试验方法标准》(GB/T 50081—2002)有关规定进行。拌制混凝土的原材料应符合技术要求,并与施工实际用料相同。在拌和前,材料的温度应与室温(应保持 20℃±5℃)相同。水泥如有结块现象,应用 64 孔/平方厘米筛过筛,筛余团块不得使用。

拌制混凝土的材料用量以质量计。称量的精确度:骨粒为±1%,水、水泥及混合材料为±0.5%。

2. 仪器设备

搅拌机(容量为 75~100L,转速为 18~22r/min,如图 15.17 所示)、磅秤(称量为 50kg,感量为 50g)、天平(称量为 5kg,感量为 1g)、量筒(200mL、100mL)、拌板(1.5m×2m 左右)、拌铲、盛器及抹布等。

3. 拌和方法

1) 人工拌和

(1) 按所定配合比备料,以全干状态为准。

(2) 将拌板和拌铲用湿布润湿后,将砂倒在拌板上,然后加入水泥,用铲自拌板二端翻拌至另一端,然后再翻拌回来,如此重复,直到颜色混合均匀,再加上石子,翻拌至混合均匀为止。

图 15.17 混凝土搅拌机

(3) 将干混合料堆成堆,在中间作一凹槽,将已称量好的水,倒入一半左右的凹槽中(勿使水流出);然后仔细翻拌,并徐徐地加入剩余的水,继续翻拌,每翻拌一次,用铲在混合料上铲切一次,直到拌和均匀为止。

(4) 拌和时力求动作敏捷,拌和时间从加水时算起,应大致符合下列规定。

① 拌合物体积为 30L 以下的 4~5min。

② 拌合物体积为 30~50L 时 5~9min。

③ 拌合物体积为 51~75L 时 9~12min。

(5) 拌好后,根据试验要求,立即做坍落度测定或试件成型。从开始加水时算起,全部操作须在 30min 内完成。

2) 机械搅拌

(1) 按所定配合比备料，以全干状态为准。

(2) 预拌一次，即用按配合比的水泥、砂和水组成的砂浆及少量石子，在搅拌机中进行涮膛。然后倒出并刮去多余的砂浆，其目的是使水泥砂浆先粘附满搅拌机的筒壁，以免正式拌和时影响拌合物的配合比。

(3) 开动搅拌机，向搅拌机内依次加入石子、砂和水泥，干拌均匀，再将水徐徐加入，全部加料时间不超过2min，水全部加入后，继续拌和2min。

(4) 将拌合物自搅拌机卸出，倾倒在拌板上，再经人工拌和1～2min，即可做坍落度测定或试件成型。从开始加水时算起，全部操作必须在30min内完成。

15.4.2 普通混凝土拌合物和易性测定

1. 新拌混凝土拌合物坍落度试验

本方法适用于坍落度值不小于10mm，骨料最大料径不大于40mm的混凝土拌合物。测定时，需拌制拌合物约15L。

1) 主要仪器设备

标准坍落度筒：坍落度筒（图15.18）为金属制截头圆锥形，上下截面必须平行并与锥体轴心垂直，筒外两侧焊把手两只，近下端两侧焊脚踏板，圆锥筒内表面必须十分光滑，圆锥筒尺寸如下。

底部内径　　200mm±2mm
顶部内径　　100mm±2mm
高　　度　　300mm±2mm

其他用具：弹头形捣棒（直径16mm、长650mm的钢棒，端部为弹头形）、小铁铲、装料漏斗、直尺（宽40mm、厚3～4mm、长约300mm）、钢尺、拌板、馒刀和取样小铲等。

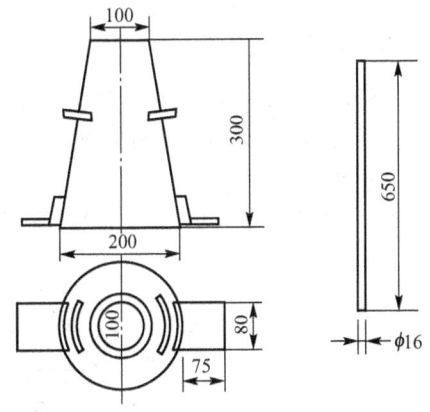

图15.18 标准坍落度筒（单位：mm）

2) 测定步骤

(1) 每次测定前，用湿布将拌板及坍落度筒内外擦净、润湿，并将筒顶部加上漏斗，放在拌板上，用双脚踩紧踏板，使其位置固定。

(2) 用小铲将拌好的拌合物分3层均匀装入筒内，每层装入高度在插捣后大致应为筒高的1/3。顶层装料时，应使拌合物高出筒顶。插捣过程中，如试样沉落到低于筒口，则应随时添加，以便自始至终保持高于筒顶。每装一层分别用捣棒插捣25次，插捣应在全部面积上进行，沿螺旋线由边缘渐向中心。插捣筒边混凝土时，捣棒应稍有倾斜，然后垂直插捣中心部分。底层插捣应穿透整个深度。插捣其他两层时，应垂直插捣至下层表面为止。

(3) 插捣完毕即卸下漏斗，将多余的拌合物刮去，使与筒顶面齐平，筒周围拌板上的拌合物必须刮净、清除。

(4) 将坍落度筒小心平稳地垂直向上提起，不得歪斜，提高过程5～10s内完成，将筒放在拌合物试体一旁，量出坍落后拌合物试体最高点与筒高的距离（以mm为单位计，读数精确至5mm），即为拌合物的坍落度。

(5) 从开始装料到提起坍落度筒的整个过程应连续进行，并在150s内完成。

(6) 坍落度筒提离后，如试件发生崩坍或一边剪坏现象，则应重新取样进行测定。如第二次仍出现这种现象，则表示该拌合物和易性不好，应予记录备查。

(7) 测定坍落度后，观察拌合物的下述性质，并记录：

① 粘聚性。用捣棒在已坍落的拌合物锥体侧面轻轻击打，如果锥体逐渐下沉，表示粘聚性良好；如果突然倒坍，部分崩裂或石子离析，即为粘聚性不好的表现。

② 保水性。提起坍落度筒后如有较多的稀浆从底部析出，锥体部分的拌合物也因失浆而骨料外露，则表明保水性不好；若无这种现象，则表明保水性良好。

3) 坍落度的调整

(1) 在按初步计算备好试拌材料的同时，另外还须备好两份为调整坍落度用的水泥与水，备用的水泥与水的比例应符合原定的水灰比，其用量可为原来计算用量的5%和10%。

(2) 当测得拌合物的坍落度过大时，可酌情增加砂和石子（保持砂率不变），尽快拌和均匀，重做坍落度测定。

2. 维勃稠度试验

本方法适用于骨料最大粒径不超过40mm，维勃稠度在5～30s之间的混凝土拌合物稠度测定。测定时需配制拌合物约15L。

1) 仪器设备

(1) 维勃稠度仪（图15.19）。其组成如下：

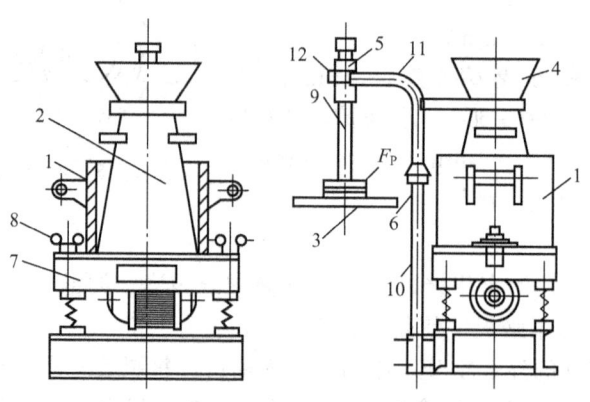

图 15.19 维勃稠度仪

1—容器；2—坍落度筒；3—圆盘；4—喂料斗；5—套筒；6—螺钉1；7—振动台；
8—测杆；9—支柱；10—旋转架；11—螺钉2；12—荷载

振动台台面长380mm，宽260mm，支撑在4个减振器上，振动频率为50Hz±3Hz。空容器时，台面的振幅为0.5mm±0.1mm，容器用钢板制成，内径为240mm±3mm，高为20mm±2mm，筒壁厚3mm，筒底厚7.5mm。坍落度筒尺寸同标准圆锥坍落度筒，但应去掉两侧的脚踏板。

(2) 旋转架，连续测杆及喂料斗。测杆下端安装透明而水平的圆盘，并有螺钉把测杆固定在套筒中，坍落度筒在容器中心安放好后，把喂料斗的底部套在坍落度筒口上，旋转架安装在支柱上，通过十字凹槽来定方向，并用螺钉来固定其位置。就位后，测杆或漏斗的轴线应和容器的轴线重合。透明圆盘直径为230mm±2mm，厚度为10mm±2mm，荷载物直接放在圆盘上。由测杆、圆盘及荷重组成的滑动部分之质量调至2.750g±50g。测杆上应有刻度以读出混凝土的坍落度值。捣棒、小铲及秒表(精度为0.5s)。

2) 试验步骤

(1) 把维勃稠度仪放置在坚实水平的基面上，用湿布把容器、坍落度筒、喂料斗内壁及其他用具擦湿。

(2) 将喂料斗提到坍落度筒的上方扣紧，校正容器位置，使其中心与喂料斗中心重合，然后拧紧螺钉。

(3) 把混凝土拌合物经喂料分层装入坍落度筒。装料及插捣的方法同坍落度测定中的规定。

(4) 把圆盘、喂料斗都转离坍落度筒，小心并垂直地提起坍落度筒，此时应注意不使混凝土试体产生横向的扭动。

(5) 把透明圆盘转到混凝土锥体顶面，放松螺钉2，使圆盘轻轻落到混凝土顶面，此时应防止坍落的混凝土倒下与容器内壁相碰。如有需要，可记录坍落度值。

(6) 拧紧螺钉1，并检查螺钉2是否已经松动同时开启振动台和秒表，在透明盘的底面被水泥浆所布满的瞬间停下秒表，并关闭振动台。

(7) 记录秒表上的时间，读数精确到1s，由秒表读出的时间秒数表示所试验混凝土拌合物的维勃稠度值。如维勃稠度值小于5g或大于30g，则此种混凝土所具有的稠度已超出本仪器的适用范围。

15.4.3　普通混凝土拌合物基准配合比的调整

1. 调整目的

初步计算的配合比，经过和易性调整后，材料用量将有一定的改变，故须进行调整计算，最后得出基准配合比。

2. 基准配合比的调整计算

例如，要求混凝土拌合物的坍落度为：20～40mm，开始测定的坍落度为10mm，经调整后达到30mm，能满足要求。其调整计算方法如下：

1) 试拌调整

2) 混凝土拌合物表观密度测定

(1) 试验目的：测定混凝土拌合物的表观密度，计算1m³混凝土的实际材料用量。

(2) 仪器设备：磅秤（称量为100kg；感量为50g）、容量筒（金属制成的圆筒，对骨料粒径不大于40mm的混合料，采用容积为5L的容量筒，其内径与高均为186mm±2mm，筒壁厚为3mm；骨料粒径大于40mm时，容量筒的内径及高均应大于骨料最大粒径的4倍）、捣棒（同坍落度测定用捣棒）、振动台（频率50Hz±3Hz，负载振幅为0.35mm）、小铲、抹刀、金属直尺等。

(3) 试验步骤。

① 试验前用湿布将容量筒内外擦干净，称出容量筒质量，精确至50g。

② 拌合物的装料及捣实方法应视混凝土的稠度和施工方法而定。一般来讲，坍落度不大于70mm的混凝土用振动台振实，大于70mm的，采用捣棒人工捣实。又如施工时用机械振捣，则采用振动法捣实混凝土拌合物；如施工时用人工插捣，则同样采用人工插捣。

采用振动法捣实时，混凝土拌合物应一次装入容量筒，装料时可稍加插捣，并应装满至高出筒口，然后把筒移至振动台上振实。如在振捣过程中混凝土高度沉落到低于筒口，则应随时添加混凝土并振动；直到拌合物表面出现水泥浆为止。如在实际生产的振动时尚须进行加压，则试验时也应在相应压力下予以振实。

采用捣棒捣实时，应根据容量筒的大小决定分层与插捣次数，对5L的容量筒，混凝土拌合物分两层装入，每层的插捣次数为25次。大于5L的容量筒，每层混凝土的高度不大于100mm，每层插捣次数按100mm^{2}不少于12次计算。各次插捣应均衡地分布在每层截面上，插捣底层时捣棒应贯穿整个深度；插捣顶层时，捣棒应插透本层，并使之刚刚插入下面一层。每一层捣完后可把捣棒垫在筒底，将筒按住，左右交替地颠击地面各15下。插捣后如有棒坑留下，可用捣棒轻轻填平。

③ 用金属直尺沿筒口将捣实后多余的混凝土拌合物刮去，仔细擦净容量筒外壁，然后称出质量，精确至50g。

(4) 试验结果。用下式计算混凝土拌合物的表观密度（精确至10kg/m³）。

$$\rho_b = \frac{m - m_1}{V} \qquad (15-18)$$

式中：ρ_b——混凝土拌合物表观密度（kg/m³）；

m——容量筒和混凝土拌合物总质量（kg）；

m_1——空容量筒的质量（kg）；

V——空容量筒的容积（L）。

3) 求调整后1m³混凝土实际所需材料用量

15.4.4 普通混凝土抗压强度试验

1. 试验目的

测定混凝土立方体抗压强度作为混凝土质量的主要依据。

2. 试验设备

(1) 试验机。压力试验机（图15.20）或万能试验机（图15.21），其精度应不低于±2%，其量程应能使试件在预期破坏荷载值不小于全量程的20%，也不大于全量程的80%。试验机应按计量仪表使用规定进行定期检查，以确保试验结果的准确性。

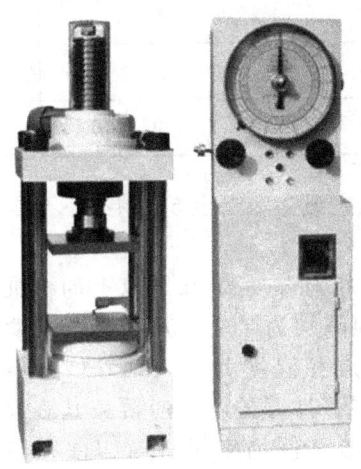
图15.20　压力试验机

图15.21　万能试验机

(2) 振动台。振动频率为50Hz±3Hz，空载振幅约为0.5mm。

(3) 试模。试模由铸铁或钢制成，应具有足够的刚度并拆装方便。试模内表面应保证足够的平滑度，或经机械加工，其不平度应不超过0.05%，组装后相邻面的不垂直度应不超过±0.5%。

(4) 捣棒、小铁铲、金属直尺及镘刀等。

3. 试件的成型和养护

(1) 混凝土抗压强度试验一般以3个试件为一组。每一组试件所用的拌合物应从同一盘或同一车运送的混凝土中取出，或在试验室用机械或人工单独拌制。可以检验现浇混凝土工程或预制构件质量的试件分组及取样原则；应按现行《混凝土结构工程施工质量验收规范》(GB 50204—2002)及其他有关标准的规定执行。

(2) 制作前，应将试模擦拭干净，并在试模内表面涂一薄层矿物油脂。

所有试件应在抽样后立即制作。试件成型方法应视混凝土的稠度而定。一般坍落度小于70mm的混凝土，用振动台振实，大于70mm的用捣棒人工捣实。

① 振动台振实成型。将拌合物一次装入试模，并稍有富余，然后将试模放在振动台上并加以固定。开动振动台，振至拌合物表面呈现水泥浆时为止。记录振动时间。振动结束后，用镘刀沿试模边缘将多余的拌合物刮去，并将表面抹平。

② 人工捣实成型。拌合物分两层装入试模，每层厚度大致相等。插捣按螺旋方向从边缘向中心均匀进行。插捣底层时，捣棒应达到试模底面；插捣上层时，捣棒应穿入下层深度20~30mm。插捣时，捣棒应保持垂直。并用镘刀沿试模内壁插入数次。每层插捣次数，一般100cm²面积应不少于12次，然后根据骨料的最大颗粒直径选择。制作试块所需的混凝土大致数量见表15-4。

表 15-4 试件尺寸及强度之换算系数

试件边长(mm)	允许骨料最大粒径(mm)	每层插捣次数	每组所需混凝土量(kg)	换算系数
100×100×100	30	12	9	0.95
150×150×150	40	25	30	1.00
200×200×200	60	50	65	1.05

(3) 试件成型后应覆盖，以防止水分蒸发，并在室温为 20℃±5℃ 情况下至少静置 1d（但不得超过 2d），然后编号拆模。

拆模后的试件应立即放在温度为 20℃±2℃、相对湿度为 95% 以上的标准养护室中养护。在标准养护室内试件应放在架上，彼此间隔均为 10～20mm，并应避免用水直接冲淋试件。无标准养护室时，混凝土试件可放在温度为 20℃±2℃ 的不流动的 $Ca(OH)_2$ 饱和溶液中养护。试件成型后需与构件同条件养护时，应覆盖其表面。试件拆模时间可与实际构件的拆模时间相同。拆模后的试件仍应保持与构件相同的养护条件。

4. 抗压试验步骤

(1) 试件从养护地点取出后应及时进行试验，以免试件内部的温、湿度发生显著变化。

(2) 试件在试压前应先擦干净，测量尺寸，并检查其外观，试件尺寸测量精确至 1mm，并据此计算试件的承压面积值 (A)。试件不得有明显缺损，其承压面的不平度要求不超过 0.05%，承压面与相临面的不垂直偏差不超过 ±0.5°。

(3) 把试件安放在试验机下压板中心，试件的承压面与成型时的顶面垂直。开动试验机，当上压板与试件接近时，调整球座，使接触均衡。

(4) 加压时，应持续而均匀地加荷。加荷速度为：混凝土强度等级小于 C30 时，取 0.3～0.5MPa/s；当等于或大于 C30 时，取 0.5～0.8MPa/s。当试件接近破坏而开始迅速变形时，应停止调整试验机油门，直至试件破坏，然后记录破坏荷载 (P)。

5. 试验结果

(1) 混凝土立方体试件抗压强度按下式计算：

$$f_c = \frac{P}{A} \tag{15-19}$$

式中：f_c——混凝土立方体试件抗压强度(MPa)；
  P——破坏荷载(N)；
  A——试件承压面积(mm^2)。

混凝土立方体试件抗压强度的计算应精确至 0.1MPa。

(2) 以 3 个试件算术平均值作为该组试件的抗压强度值。3 个试件中的最大值或最小值中，如有一个与中间值的差异超过中间值的 15%，则把最大值及最小值一并舍去，取中间值作为该组试件的抗压强度值。如最大值、最小值与中间值的差均超过中间值的 15%，则该组试件的试验结果无效。

(3) 取 150mm×150mm×150mm 试件抗压强度为标准值,用其他尺寸试件测得的强度值均乘以尺寸换算系数(表 15-4)。

15.5 建筑砂浆试验

15.5.1 试验目的及试样制备

1. 试验目的

确定砂浆性能特征值、强度等级,检验或控制现场拌制砂浆的质量。

2. 主要仪器设备

砂浆搅拌机(图 15.22)、拌和铁板(约为 1.5m × 2m,厚约为 3mm)、磅秤(称量为 50kg,感量为 50g)、台秤(称量为 10kg,感量为 5g)、拌铲、抹刀、量筒及盛器等。

图 15.22 砂浆搅拌机

3. 试样制备

1) 一般规定

(1) 拌制砂浆所用的原材料,应符合质量标准,并要求提前运入试验室内,拌和时试验室的温度应保持在 20℃±5℃。

(2) 水泥如有结块应充分混合均匀,以 0.9mm 筛过筛,砂也应以 5mm 筛过筛。

(3) 拌制砂浆时,材料称量计量的精度:水泥、外加剂等为±0.5%;砂、石灰膏、粘土膏等为±1%。

(4) 拌制前应将搅拌机、拌和铁板、拌铲、抹刀等工具表面用,水润湿,注意拌和铁板上不得有积水。

2) 人工拌和

按设计配合比(质量比),称取各项材料用量,先把水泥和砂放入拌板干拌均匀,然后将混合物堆成堆,在中间作一凹坑;将称好的石灰膏(或粘土膏)倒入凹坑中,再倒入一部分水,将石灰膏或粘土膏稀释,然后充分拌和,并逐渐加水,直至混合料色泽一致、观察和易性符合要求为止,一般需拌和 5min。可用量筒盛定量水,拌好以后,减去筒中剩余水量,即为用水量。

3) 机械拌和

(1) 先拌适量砂浆(应与正式拌和的砂浆配合比相同),使搅拌机内壁粘附一薄层砂浆,使正式拌和时的砂浆配合比成分准确。

(2) 先称出各材料用量,再将砂、水泥装入搅拌机内。

(3) 开动搅拌机,将水徐徐加入(混合砂浆须将石灰膏或粘土膏用水稀释至浆状),搅拌约 3min(搅拌的用量不宜少于搅拌容量的 20%,搅拌时间不宜少于 2min)。

（4）将砂浆拌合物倒至拌和铁板上，用拌铲翻拌两次，使之均匀，拌好的砂浆应立即进行有关的试验。

15.5.2 砂浆的稠度试验

1. 试验目的

通过稠度试验，可以测得达到设计稠度时的加水量，或在现场对要求的稠度进行控制，以保证施工质量。

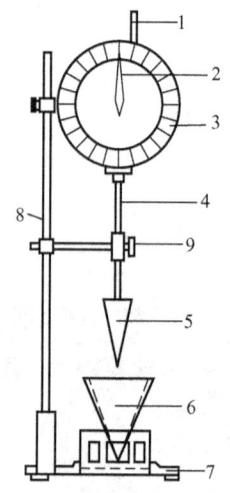

图 15.23 砂浆稠度仪
1—齿条测杆；2—指针；
3—刻度盘；4—滑杆；
5—圆锥体；6—圆锥筒；
7—底座；8—支架；
9—制动螺钉

2. 主要仪器

砂浆稠度仪（图 15.23）、捣棒（直径为 10mm，长为 350mm，一端呈半球形钢棒）、台秤、拌锅、拌板、量筒及秒表等。

3. 试验步骤

（1）将拌好的砂浆一次装入砂浆筒内，装至距筒口约 10mm 为止，用捣棒插捣 25 次，并将筒体振动 5～6 次，使表面平坦，然后移置于稠度仪底座上。

（2）放松圆锥体滑杆的制动螺钉，使圆锥尖端与砂浆表面接触，拧紧制动螺钉，使齿条测杆下端刚好接触滑杆上端，并将指针对准零点。

（3）拧开制动螺钉，使圆锥体自动沉入砂浆中，同时计时间，到 10s，立即固定螺钉。从刻度盘上读出下沉深度（精确至 1mm）。

（4）圆锥筒内的砂浆，只允许测定一次稠度，重复测定时，应重新取样测定。

4. 结果评定

以两次测定结果的平均值作为砂浆稠度测定结果，如两次测定值之差大于 20mm，应重新配料测定。

15.5.3 建筑砂浆分层度试验

1. 试验目的

测定建筑砂浆在运输及停放时的保水能力及砂浆内部各组分之间的相对稳定性，以评定其和易性。

2. 主要仪器

分层度测定仪（图 15.24），其他同砂浆稠度试验仪器。

3. 试验步骤

(1) 将拌好的砂浆,经稠度试验后重新拌和均匀,一次注满分层度仪内。用木槌在容器周围距离大致相等的 4 个不同地方轻敲 1~2 次,并随时添加,然后用抹刀抹平。

(2) 静置 30min,去掉上层 200mm 砂浆,然后取出底层 100mm 砂浆重新拌和均匀,再测定砂浆稠度。

(3) 取两次砂浆稠度的差值,即为砂浆的分层度(以 mm 计)。

4. 结果评定

(1) 应取两次试验结果的算术平均值作为该砂浆的分层度值。

(2) 两次分层度试验值之差,大于 10mm 应重做试验。

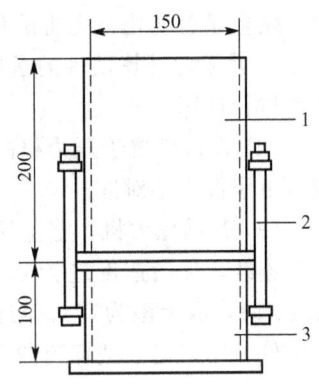

图 15.24 分层度测定仪
1—无底圆筒;2—连续螺钉;
3—有底圆筒

15.5.4 建筑砂浆抗压强度试验

1. 试验目的

检验砂浆配合比及强度等级能否满足设计和施工要求。

2. 主要仪器设备

压力试验机、试模(70.7mm×70.7mm×70.7mm,分无底试模与有底试模两种)、捣棒(直径为 10mm,长为 350mm,一端呈半圆形)及垫板等。

3. 试件制作及养护

(1) 当制作用于多孔吸水基面的砂浆试件时,将无底试模放在预先铺上吸水性较好的湿纸的普通粘土砖上,砖的吸水率不小于 10%,含水率小于 2%。试模内壁应事先涂以机油,将拌好的砂浆一次倒满试模,并用捣棒均匀由外向内按螺旋方向插捣 25 次,使砂浆略高于试模口,待砂浆表面出现麻斑后(15~30min),用刮刀齐模口刮平抹光。

(2) 当制作用于密实(不吸水)基底的砂浆试件时,用有底试模,涂油后,将拌好的砂浆分两层装,每层用捣棒插捣 12 次,然后用刮刀沿试模壁插捣数次,静停 15~30min,刮去多余部分,抹光。

(3) 装模成型后,在 20℃±5℃ 环境下经 24h±2h 即可脱模,气温较低时,可适当延长时间,但不得超过 2d。然后,按下列规定进行养护。

① 自然养护。放在室内空气中养护,混合砂浆在相对湿度 60%~80%,常温条件下养护;水泥砂浆在常温并保持试件表面湿润的状态下(如湿砂堆中)养护。

② 标准养护。混合砂浆应在 20℃±3℃,相对湿度为 60%~80% 条件下养护,水泥砂浆应在温度 20℃±3℃,相对湿度为 90% 以上的潮湿条件养护。试件间隔不小于 10mm。

4. 抗压强度测定步骤

(1) 经 28d 养护后的试件从养护地点取出后,应尽快进行试验,以免试件内部的温、湿度发生显著变化。先将试件擦干净，测量尺寸，并检查其外观。试件尺寸测量精确至1mm，并据此计算试件的承压面积。若实测尺寸与公称尺寸之差不超过1mm，可按公称尺寸进行计算。

（2）将试件置于压力机的下压板上，试件的承压面应与成型时的顶面垂直，试件中心应与下压板中心对准。

（3）开动压力机，当上压板与试件接近时，调整球座，使接触面均衡受压。加荷应均匀而连续，加荷速度应为0.5～1.5kN/s（砂浆强度不大于5MPa时，取下限为宜；大于5MPa时，取上限为宜），当试件接近破坏而开始迅速变形时，停止调整压力机油门，直至试件破坏，记录破坏荷载（F）。

5. 试验结果

单个试件的抗压强度按下式计算（精确至0.1MPa）：

$$f_m = K \frac{F}{A} \tag{15-20}$$

式中：f_m——砂浆立方体抗压强度（MPa）；
F——立方体破坏荷载（N）；
A——试件承压面积（mm²）；
K——换算系数，取1.35。

当三个测值的最大值或最小值中如有一个与中间值的差值超过中间值的15%时，则把最大值及最小值一并舍除，取中间值作为该组试件的抗压强度值；如有两个测值与中间值的差值均超过中间值的15%时，则该组试件的试验结果无效。

15.6 砌墙砖及砌块性能试验

15.6.1 抽样方法及相关规定

各种砌墙砖的检验抽样，除在各自的标准中有不同的具体规定之外，都必须符合《砌墙砖检验规则》（JC 466—1992）的要求。该规则中规定，砌墙砖检验批的批量，宜在3.5万～15万块范围内，但不得超过一条生产线的日产量。抽样数量由检验项目确定，必要时可增加适当的备用砖样。有两个以上的检验项目时，非破损检验项目（如外观质量、尺寸偏差、体积密度和空隙率）的砖样，允许在检验后继续用作其他项，此时抽样数量可不包括重复使用的样品数。

对检验批中可抽样的砖垛、砖垛中的砖层和砖层中的砖块位置，应各依一定顺序编号。编号无需标志在实体上，只做到明确起点位置和顺序即可。凡需从检验后的样品中继续抽样供其他项试验者，在抽样过程中，要按顺序在砖样上写号，作为继续抽样的位置顺序。根据砖样批中可抽样砖垛数与抽样数，由表15-5决定抽样砖垛数和抽样的砖样数量。从检验过的样品中抽样，按所需的抽样数量先从表15-6中查出抽样的起点范围及间隔，然后从其规定的范围内确定一个随机数码，即得到抽样起点的位置和抽样间隔并由此实施抽样。抽样数量按表15-7执行。

表15-5 从砖垛中抽样的规则

抽样数量(块)	可抽样砖垛数(垛)	抽样砖垛数(垛)	垛中抽样数(块)
50	≥250	50	1
	125~250	25	2
	<125	10	5
20	≥100	20	1
	<100	10	2
10或5	任意	10或5	1

表15-6 从砖样中抽样的规则

检验过的砖样数(块)	抽样数量(块)	抽样起点范围	抽样间隔(块)
50	20	1~10	1
	10	1~5	4
	5	1~10	9
20	10	1~2	1
	5	1~4	3

表15-7 抽样数量表

序号	检验项目	抽样数量(块)	序号	检验项目	抽样数量(块)
1	外观质量	50($n_1=n_2=50$)	5	石灰爆裂	5
2	尺寸偏差	20	6	吸水率和饱和系数	5
3	强度等级	10	7	冻融	5
4	泛霜	5			

抽样过程中不论抽样位置上砖样的质量如何，不允许以任何理由以其他砖样代替。抽取样品后在样品上标志表示检验内容的编号，检验时不允许变更检验内容。

15.6.2 尺寸测量

1. 主要仪器设备

砖用卡尺(分度值为0.5mm)。

2. 测量方法

砖样的长度和宽度应在砖的两个大面的中间处分别测量两个尺寸，高度应在砖的两个条面的中间处分别测量两个尺寸(图15.25)，当被测处缺损或凸出时，

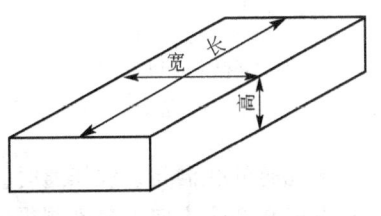

图15.25 砖的尺寸量法

可在其旁边测量,但应选择不利的一侧进行测量。

3. 结果评定

结果分别以长度、宽度和高度的最大偏差值表示,不足1mm者按1mm计。

15.6.3 外观质量检查

1. 主要仪器设备

砖用卡尺(分度值为0.5mm)、钢直尺(分度值为1mm)。

2. 方法及步骤

1) 缺损

缺棱掉角在砖上造成的破损程度,以破损部分对长、宽和高3条棱的投影尺寸来度量,称为破坏尺寸。

如图15.26所示,L_1、L_2、L_3为长度方向投影量;b_1、b_2、b_3为宽度方向的投影量;h_1、h_2、h_3为高度方向的投影量。空心砖内壁残缺及肋残缺尺寸,以长度方向的投影尺寸来度量。

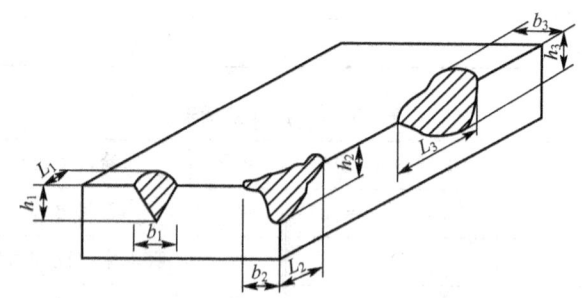

图15.26 缺棱掉角砖的破坏尺寸量法

2) 裂纹

分为长度方向、宽度方向和高度方向3种,以被测方向上的投影长度表示。如果裂纹从一个面延伸至其他面上时,则累计其延伸的投影长度(图15.27)。

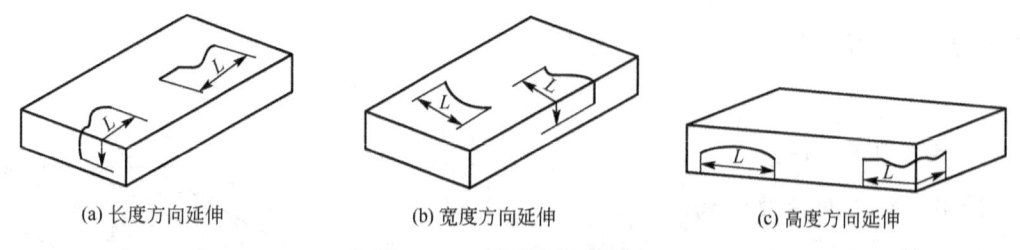

(a) 长度方向延伸　　(b) 宽度方向延伸　　(c) 高度方向延伸

图15.27 砖裂纹长度量法

多孔砖的孔洞与裂纹相通时,则将孔洞包括在裂纹内一并测量,如图15.28所示。裂纹长度以在3个方向上分别测得的最长裂纹作为测量结果。

3) 弯曲

分别在大面和条面上测量，测量时将砖用卡尺的两支脚沿棱边两端放置，其弯曲最大处将垂直尺推至砖面，如图 15.29 所示。但不应将因杂质或碰伤造成的凹陷计算在内。以弯曲测量中测得的较大者作为测量结果。

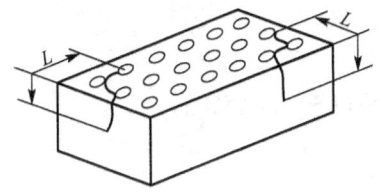

图 15.28　多孔砖裂纹通过孔洞时的尺寸量法

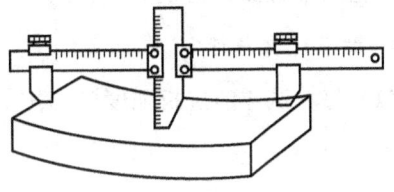

图 15.29　砖的弯曲量法

4) 砖杂质凸出高度量法

杂质在砖面上造成的凸出高度，以杂质距砖面的最大距离表示。

测量时将专用卡尺的两支脚置于杂质凸出部分两侧的砖平面上，以垂直尺测量(图 15.30)。

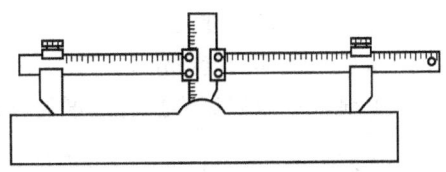

图 15.30　砖的杂质凸出高度量法

3. 结果评定

外观测量以 mm 为单位，不足 1mm 者均按 1mm 计。

15.6.4　抗折强度测试

1. 主要仪器设备

(1) 材料试验机。试验机的示值相对误差不大于±1%，其下加压板应为球纹支座，预期最大破坏荷载应在量程的 20%~80% 之间。

(2) 抗折夹具。抗折试验的加荷形式为三点加荷，其上压辊和下支辊的曲率半径为 15mm，下支辊应有一个为铰接固定。

(3) 钢直尺。分度值为 1mm。

2. 试样

(1) 试样数量。

按产品标准的要求确定。

(2) 试样处理。

非烧结砖应放在温度为 (20±5)℃ 的水中浸泡 24h 后取出，用湿布拭去其表面水分进行抗折强度试验。

3. 试验步骤

(1) 按上述规定测量试样的宽度和高度尺寸各 2 个，分别取算术平均值，精确至 1mm。

(2) 调整抗折夹具下支辊的跨距为砖规格长度减去 40mm。但规格长度为 190mm 的砖，其跨距为 160mm。

(3) 将试样大面平放在下支辊上，试样两端面与下支辊的距离应相同，当试样有裂缝或凹陷时，应使有裂缝或凹陷的大面朝下，以(50～150)N/s 的速度均匀加荷，直至试样断裂，记录最大破坏荷载 P。

4. 结果计算与评定

(1) 每块试样的抗折强度(f_c)按下式计算，精确至 0.01MPa。

$$f_c = \frac{3PL}{2bh^2} \tag{15-21}$$

式中：f_c——砖样试块的抗折强度(MPa)；

P——最大破坏荷载(N)；

L——跨距(mm)；

b——试样高度(mm)；

h——试样宽度(mm)。

(2) 试验结果以试样抗折强度的算术平均值和单块最小值表示，精确至 0.01MPa。

15.6.5 抗压强度测试

1. 主要仪器设备

(1) 材料试验机：同抗折强度测试所用试验机。

(2) 试件制备平台：试件制备平台必须平整水平，可用金属或其他材料制作。

(3) 水平尺：规格为 250～300mm。

(4) 钢直尺：分度值为 1mm。

(5) 振动台：振幅 0.3～0.6mm，振动频率 2600～3000 次/分。

(6) 制样模具。

(7) 砂浆搅拌机。

(8) 切割设备。

2. 试样

试样数量按产品标准的要求确定。

3. 试样制备

1) 普通制样

(1) 烧结普通砖。

① 将试样切断或锯成两个半截砖，断开的半截砖长不得小于 100mm，如图 15.31 所示。如果不足 100mm，应另取备用试样补足。

② 在试样制备平台上，将已断开的两个半截砖放入室温的净水中浸 10～20min 后取出，并以断口相反方向叠放，两者中间抹以厚度不超过 5mm 的用强度等级为 32.5 级的普通硅酸盐水泥调制成的稠度适宜的水泥净浆粘结，上下两面用厚度不超过 3mm 的同种水

泥浆抹平。制成的试件上下两面须相互平行,并垂直于侧面,如图 15.32 所示。

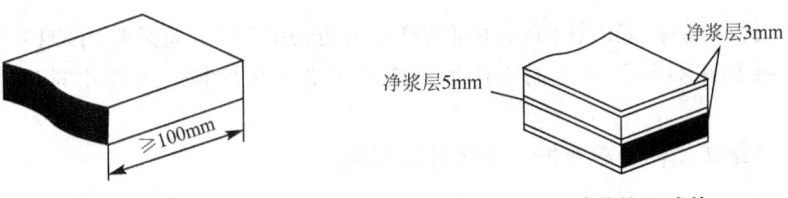

图 15.31 断开的半截砖　　　图 15.32 砖的抗压试件

(2) 多孔砖、空心砖。

试件制作采用坐浆法操作。即将玻璃板置于试件制备平台上,其上铺一张湿的垫纸,纸上铺一层厚度不超过 5mm 的用强度等级 32.5 的普通硅酸盐水泥调制成稠度适宜的水泥净浆,再将试件在水中浸泡 10～20min,在钢丝网架上滴水 3～5min 后,将试样受压面平稳地坐放在水泥浆上,在另一受压面上稍加压力,使整个水泥层与砖受压面相互粘结,砖的侧面应垂直于玻璃板。待水泥浆适当凝固后,连同玻璃板翻放在另一铺纸放浆的玻璃板上,再进行坐浆,用水平尺校正好玻璃板的水平。

(3) 非烧结砖。

同一块试样的两半截砖切断口相反叠放,叠合部分不得小于 100mm,即为抗压强度试件。如果不足 100mm 时,则应剔除,另取备用试样补足。

2) 模具制样

(1) 将试样(烧结普通砖)切断成两个半截砖,截断面应平整,断开的半截砖长度不得小于 100mm。如果不足 100mm,应另取备用试样补足。

(2) 将已断开的半截砖放入室温的净水中浸 20～30min 后取出,在铁丝网架上滴水 20～30min,以断口相反方向装入制样模具中。用插板控制两个半砖间距为 5mm,砖大面与模具间距 3mm,砖断面、顶面与模具间垫以橡胶垫或其他密封材料,模具内表面涂油或脱膜剂。制样模具及插板如图 15.33 所示。

(3) 将经过 1mm 筛的干净细砂 2%～5% 与强度等级为 32.5 级或 42.5 级的普通硅酸盐水泥,用砂浆搅拌机调制砂浆,水灰比为 0.50～0.55。

(4) 将装好砖样的模具置于振动台上,在砖样上加少量水泥砂浆,接通振动台电源,边振动边向砖缝及砖模缝间加入水泥砂浆,加浆及振动过程为 0.5～1min。关闭电源,停止振动,稍事静置,将模具上表面刮平整。

(5) 两种制样方法并行使用,仲裁检验采用模具制样。

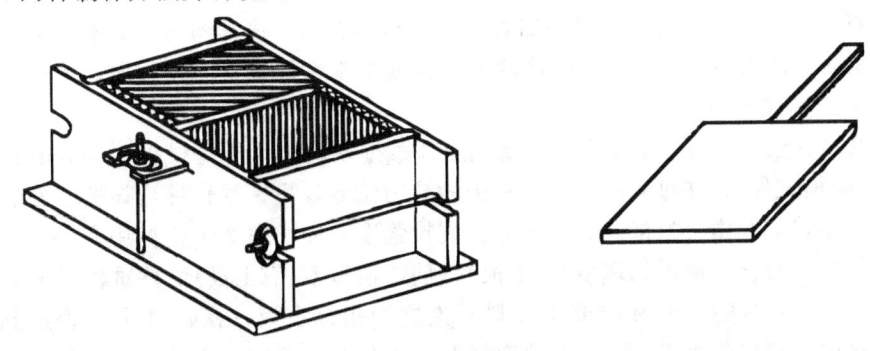

图 15.33 制样模具及插板

4. 试件养护

(1) 普通制样法制成的抹面试件应置于不低于10℃的不通风室内养护3d；机械制样的试件连同模具在不低于10℃的不通风室内养护24h后脱模，再在相同条件下养护48h，进行试验。

(2) 非烧结砖试件不需养护，直接进行试验。

5. 试验步骤

(1) 测量每个试件连接面或受压面的长、宽尺寸各两个，分别取其平均值，精确至1mm。

(2) 将试件平放在加压板的中央，垂直于受压面加荷，应均匀平稳，不得发生冲击或振动。加荷速度以4kN/s为宜，直至试件破坏为止，记录最大破坏荷载P。

6. 结果计算与评定

(1) 每块试样的抗压强度(f_p)按下式计算，精确至0.01MPa。

$$f_p = \frac{P}{Lb} \qquad (15-22)$$

式中：f_p——砖样试件的抗压强度(MPa)；

P——最大破坏荷载(N)；

L——试件受压面(连接面)的长度(mm)；

b——试件受压面(连接面)的宽度(mm)。

(2) 试验结果以试样抗压强度的算术平均值和标准值或单块最小值表示，精确至0.01MPa。

15.7 钢筋试验

15.7.1 一般规定

(1) 同一截面尺寸和同一炉罐号组成的钢筋分批验收时，每批质量不大于60t。

(2) 钢筋应有出厂证明书或试验报告单。验收时应抽样作力学性能试验，包括拉力试验和冷弯试验两个项目。两个项目中如有一个项目不合格，该批钢筋即为不合格品。

(3) 钢筋在使用中如有脆断、焊接性能不良或力学性能显著不正常时，尚应进行化学成分分析，或其他专项试验。

(4) 取样方法和结果评定规定，每批钢筋任意抽取两根，于每根距端部50mm处各取一套试样(两根试件)，在每套试样中取一根做拉力试验，另一根作冷弯试验。在拉力试验的两根试件中，如其中一根试件的屈服点、抗拉强度和伸长率3个指标中有一个指标达不到标准中规定的数值，应再抽取双倍(4根)钢筋，制取双倍(4根)试件重做试验，如仍有一根试件的一个指标达不到标准要求，则不论这个指标在第一次试件中是否达到标准要求，拉力试验项目也作为不合格。在冷弯试验中，如有一根试件不符合标准要求，应同样抽取双倍钢筋,制成双倍试件重做试验,如仍有一根试件不符合标准要求,冷弯试验项目即为不合格。

(5) 试验应在 20℃±10℃下进行,如试验温度超出这一范围,应在试验记录和报告中注明。

15.7.2 拉伸试验

1. 试验目的

测定低碳钢的屈服强度、抗拉强度与延伸率。注意观察拉力与变形之间的变化。确定应力与应变之间的关系曲线,评定钢筋的强度等级。

2. 主要仪器设备

(1) 万能材料试验机。为保证机器安全和试验准确,其吨位选择最好是使试件达到最大荷载时,指针位于第三象限内(即 180°～270°之间)。试验机的测力示值误差不大于 1%。

(2) 游标卡尺,精确度为 0.1mm。

3. 试件制作和准备

抗拉试验用钢筋试件不得进行车削加工,可以用两个或一系列等分小冲点或细划线标出。

原始标距(标记不应影响试样断裂),测量标距长度 L_0(精确至 0.1mm),如图 15.34 所示。计算钢筋强度所用横截面积采用表 15-8 所列公称横截面积。

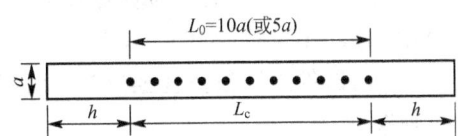

图 15.34 钢筋拉伸试件

a—试件原始直径;L_0—标距长度;
h—夹头长度;L_c—试样平行长度

表 15-8 钢筋的公称横截面积

公称直径(mm)	公称横截面积(mm²)	公称直径(mm)	公称横截面积(mm²)
8	50.27	22	380.1
10	78.54	25	490.9
12	113.1	28	615.8
14	153.9	32	804.2
16	201.1	36	1018
18	254.5	40	1257
20	314.2	50	1964

4. 屈服强度和抗拉强度的测定

(1) 调整试验机测力度盘的指针,使对准零点,并拨动副指针,使与主指针重叠。

(2) 将试件固定在试验机夹头内。开动试验机进行拉伸,拉伸速度为:屈服前,应力增加速率按表 15-9 规定,并保持试验机控制器固定于这一速率位置上,直至该性能测出为止,屈服后或只需测定抗拉强度时,试验机活动夹头在荷载下的移动速度不大于每分钟 $0.5L_c$。

表 15-9　屈服前的加荷速率

金属材料的弹性模量(MPa)	应力速率[N/(mm²·s)]	
	最　小	最　大
<150000	1	10
≥150000	3	30

（3）拉伸中，测力度盘的指针停止转动时的恒定荷载，或第一次回转时的最小荷载，即为所求的屈服点荷载 F_s(N)。按下式计算试件的屈服点：

$$\sigma_s = \frac{F_s}{A} \qquad (15-23)$$

式中：σ_s——屈服点(MPa)；

F_s——屈服点荷载(N)；

A——试件的公称横截面积(mm^2)。

当 $\sigma_s > 1000$MPa 时，应计算至 10MPa；σ_s 为 200～1000MPa 时，计算至 5MPa；$\sigma_s \leq$ 200MPa 时，计算至 1MPa。小数点数字按"四舍六入五单双法"处理。

（4）向试件连续施荷直至拉断，由测力度盘读出最大荷载 F_b(N)。按下式计算试件的抗拉强度：

$$\sigma_b = \frac{F_b}{A} \qquad (15-24)$$

式中：σ_b——抗拉强度(MPa)；

F_b——最大荷载(N)；

A——试件的公称横截面积(mm^2)。

σ_b 计算精度的要求同 σ_s。

5．伸长率测定

（1）将已拉断试件的两段在断裂处对齐，尽量使其轴线位于一条直线上。如拉断处由于各种原因形成缝隙，则此缝隙应计入试件拉断后的标距部分长度内。

（2）如拉断处到邻近的标距点的距离大于 $1/3L_0$ 时；可用卡尺直接量出已被拉长的标距长度 L(mm)。

（3）如拉断处到邻近的标距端点的距离小于或等于 $1/3L_0$，可按下列移位法确定 L_1：在长段上，从拉断处 O 取基本等于短段格数，得 B 点，接着取等于长段所余格数〔偶数，如图 15.35(a)所示〕之半，得 C 点；或者取所余格数〔奇数，如图 15.35(b)所示〕减 1 与加 1 之半，得 C 与 C_1 点。移位后的 L_1 分别为 $AO+OB+2BC$ 或者 $AO+OB+BC+BC_1$。

如果直接量测所求得的伸长率能达到技术条件的规定值，则可不采用移位法。

（4）伸长率按下式计算（精确至 1%）：

$$\sigma_{10}（或 \sigma_5）= \frac{L_1 - L_0}{L_0} \times 100 \qquad (15-25)$$

式中：σ_{10}、σ_5——$L_0 = 10a$ 或 $L_0 = 5a$ 时的伸长率(%)；

L_0——原标距长度 $10a(5a)$(mm)；

L_1——试件拉断后直接量出或按移位法确定的标距部分长度(mm)(测量精确至0.1mm)。

(5) 如试件在标距端点上或标距处断裂,则试验结果无效,应重做试验。

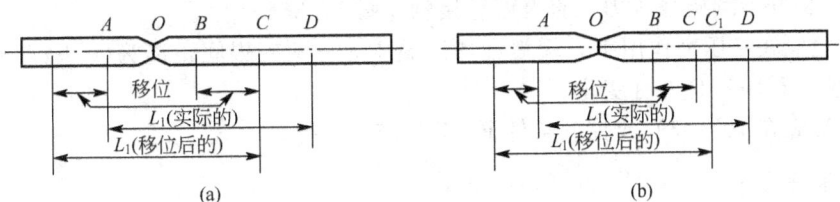

图 15.35 用移位法计算标距

15.7.3 冷弯试验

1. 试验目的

检定钢筋承受规定弯曲程度的弯曲变形性能,并显示其缺陷。

2. 主要仪器设备

压力机或万能试验机具有不同直径的弯心。

3. 试验步骤

(1) 钢筋冷弯试件不得进行车削加工,试样长度通常按下式确定:

$$L \approx a + 150 \tag{15-26}$$

式中:L——试样长度(mm);

a——试件原始直径(mm)。

(2) 半导向弯曲。

试样一端固定,绕弯心直径进行弯曲,如图 15.36(a)所示。试样弯曲到规定的弯曲角度或出现裂纹、裂缝或断裂为止。

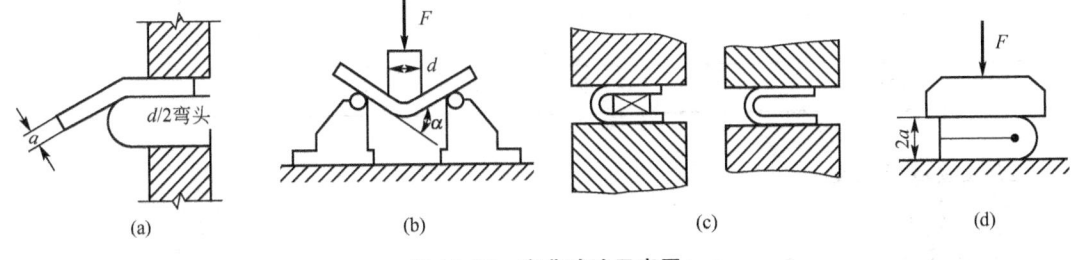

图 15.36 弯曲试验示意图

(3) 导向弯曲。

① 试样旋转于两个支点上,将一定直径的弯心在试样两个支点中间施加压力,使试样弯曲到规定的角度[图 15.36(b)]或出现裂纹、裂缝或断裂为止。

② 试样在两个支点上按一定弯心直径弯曲至两臂平行时,可一次完成试验,亦可先

弯曲到图 15.29(b)所示的状态，然后放置在试验机平板之间继续施加压力，压至试样两臂平行。此时可以加与弯心直径相同尺寸的衬垫进行试验［图 15.36(c)］。

当试样需要弯曲至两臂接触时，首先将试样弯曲到如图 15.29(b)所示的状态，然后放置在两平板间继续施加压力，直至两臂接触［图 15.36(d)］。

③ 试验应在稳压力作用下，缓慢施加试验压力。两支辊间距离为$(d+2.5a)\pm0.52$，并且在试验过程中不允许有变化。

④ 试验应在 10~35℃或控制条件下 23℃±5℃进行。

4. 结果评定

弯曲后，按有关标准规定检查试样弯曲外表面，进行结果评定；若无裂纹、裂缝或裂断，则评定试样合格。

15.8 石油沥青试验

15.8.1 沥青针入度试验

1. 试验目的及一般规定

针入度是石油沥青稠度的主要指标，是划分沥青牌号的主要依据之一。

本方法适用于测定针入度小于 350 的固体和半固体石油沥青。石油沥青的针入度以标准针在一定的荷重、时间及温度条件下垂直穿入沥青试样的深度来表示，单位为 0.1mm。如未另行规定，标准针、针连杆与附加砝码的合计质量为 100g±0.05g，温度为 25℃±0.1℃，时间为 5s。特定试验条件参照表 15-10 的规定，报告中应注明试验条件。

表 15-10 针入度特定试验条件规定

温度(℃)	荷重(g)	时间(s)
0	200	60
4	200	60
46	50	5

2. 主要仪器设备

1) 针入度仪

其构造如图 15.37 所示。其中支柱上有两个悬臂，上臂装有分度为 360 的刻度盘及活动齿杆，上下运动的同时，使指针转动；下臂装有可滑动的针连杆（其下端安装标准针），总质量为 50g±0.05g，并设有控制针接杆运动的制动按钮，基座上设有旋转玻璃皿的可旋转的平台及观察镜。

2) 标准针

应由硬化回火的不锈钢制成，其尺寸应符合《沥青针入度测定法》（GB/T 4509—

1999)的规定。

3) 试样皿

金属圆柱形平底容器。针入度小于 200 时，试样皿内径 55mm，内部深度 35mm；针入度在 200～350 时，试样皿内径 55mm，内部深度为 70mm；针入度在 350～500 时，试样皿内径 50mm，内部深度为 60mm。

4) 恒温水浴

容量不小于 10L，能保持温度在试验温度的 ±0.1℃范围内。

5) 其他

平底玻璃皿、秒表、温度计、金属皿或瓷柄皿、孔径为 0.3～0.5mm 的筛子，砂浴或可控制温度的密闭电炉等。

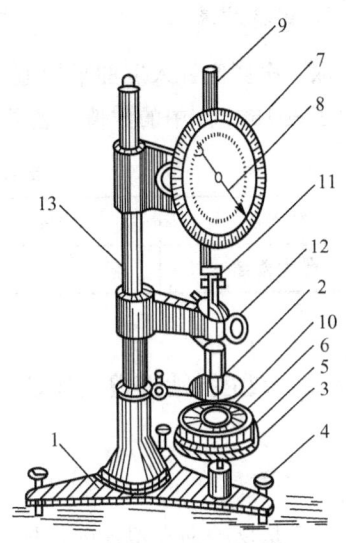

图 15.37 针入度仪
1—底盘；2—小镜；3—圆形平台；
4—调平螺钉；5—保温皿；6—试样；
7—刻度盘；8—指针；9—活杆；
10—标准针；11—连杆；
12—按钮；13—砝码

3. 试样制备

(1) 将预先除去水分的试样在砂浴或密闭电炉上加热，并搅拌。加热温度不得超过估计软化点 100℃，加热时间不得超过 30min。用筛过滤除去杂质。

(2) 将试样倒入预先选好的试样皿中，试样深度应大于预计穿入深度 10mm。

(3) 试样皿在 15～30℃的空气中冷却 1～1.5h（小试样皿）或 1.5～2h（大试样皿），防止灰尘落入试样皿。然后试样皿移入保持规定试验温度的恒温水浴中。小试样皿恒温 1～1.5h，大试样皿恒温 1.5～2h。

4. 试验步骤

(1) 调整针入度仪基座螺丝使其水平。将恒温 1h 的盛样皿自槽中取出，置于水温严格控制为 25℃的平底保温皿中；沥青试样表面水层高度不小于 10mm，再将保温皿置于针入度仪的旋转圆形平台上。

(2) 调节标准针使针尖与试样表面恰好接触，不得刺入试样。移动活动齿杆使与标准针连杆顶端接触，并将刻度盘指针置零。

(3) 用手紧压按钮，同时开动秒表，使标准针自由地针入沥青试样，到规定时间放开按钮，使针停止针入。

(4) 再拉下活动齿杆使与标准针连杆顶端相接触。这时，指针也随之转动，刻度盘指针读数即为试样的针入度。在试样的不同点（各测点间及测点与金属皿边缘的距离不小于 10mm）重复试验 3 次，每次试验后，将针取下，用浸有溶剂（煤油、苯或汽油）的棉花将针端附着的沥青擦干净。

(5) 测定针入度大于 200 的沥青试样时，至少用 3 根针，每次测定后将针留在试样中，直至 3 次测定完成后，才能把针从试样中取出。

5. 试验结果

取3次测定针入度的平均值,取至整数,作为实验结果,3次测定的针入度值相差不应大于表15-11中的数值。若差值超过表中数值,试验应重做。

表 15-11 针入度测定允许最大差值

针入度	0～49	50～149	150～249	250～350
最大差值	2	4	6	8

15.8.2 延度(延伸度)测定

1. 试验目的

延度是反映沥青塑性的指标,通过延度测定可以了解石油沥青抵抗变形的能力并作为确定沥青牌号的依据之一。石油沥青的延度是用规定的试件在一定温度下以一定速度拉伸至断裂时的长度表示。

2. 主要仪器设备

延度仪及试样模具(图15.38)、瓷皿或金属皿、孔径0.6～0.8mm筛、温度计(0～50℃,精度0.5℃)、刀、金属板、砂浴。

3. 试验步骤

(1) 用甘油滑石粉隔离剂涂于磨光的金属板上及侧模的内表面。

(2) 将预先除去水分的沥青试样放入金属皿,在砂浴上加热熔化、搅拌。加热温度不得比试样软化点高100℃,用筛过滤,并充分搅拌至气泡完全消除。

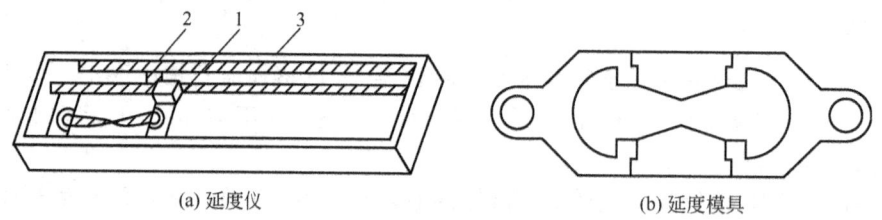

(a) 延度仪 (b) 延度模具

图 15.38 沥青延度仪及模具
1—滑板;2—指针;3—标尺

(3) 将熔化沥青试样缓缓注入模中(自模的一端至另一端往返多次),并略高出模具。试件在15～30℃的空气中冷却30min后,放入25℃±0.1℃的水浴中,保持30min后取出,用热刀将高出模具的沥青刮去,使沥青面与模面齐平。沥青的刮法应自模的中间刮向两边,表面应刮得十分光滑,将试件连同金属板再浸入25℃±0.1℃的水浴中保持1～1.5h。

(4) 检查延度仪滑板的移动速度是否符合要求,然后移动滑板使指针正对标尺的零点。

(5) 试件移至延度仪水槽中,将模具两端的孔分别套在滑板及槽端的金属柱上,水面距试件表面应不小于 25mm，然后去掉侧模。

(6) 测得水槽中水温为 25℃±0.5℃ 时，开动延度观察沥青的拉伸情况。在测定时，如发现沥青细丝浮于水面或沉于槽底时，则应在水面加入乙醇或食盐水，调整水的密度至与试样的密度相近后，再进行测定。

(7) 试件拉断时指针所指标尺上的读数，即为试样的延度，以 cm 为单位。在正常情况下，试件应拉伸成锥尖状，在断裂时实际横断面为零。如不能得到上述结果，则应报告在此条件下无测定结果。

4. 试验结果

取 3 个平行测定值的平均值作为测定结果。若 3 次测定值不在其平均值的 5% 以内，但其中两个较高值在平均值的 5% 之内，则弃去最低测定值，取两个较高值的平均值作为测定结果。

15.8.3 沥青软化点试验

1. 试验目的

软化点是反映沥青耐热性及温度稳定性的指标；是确定沥青牌号的依据之一，石油沥青的软化点是以规定质量的钢球放在规定尺寸金属环的试样盘上，以恒定的加热速度加热，当试样软到足以使沉入的沥青中的钢球下落达 25.4mm 时的温度，以℃为单位。

2. 主要仪器设备

软化点试验仪（图 15.39）、电炉或其他

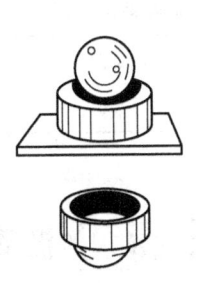
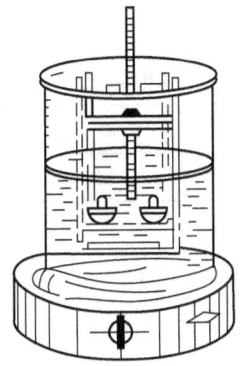

图 15.39　软化点试验仪

加热设备、金属板或玻璃板、刀、孔径 0.6~0.8mm 筛、温度计、瓷皿或金属皿（熔化沥青用）及砂浴。

3. 试验步骤

(1) 将黄铜环置于涂上甘油滑石粉隔离剂的金属板或玻璃板上，将预先脱水的试样加热熔化，加热温度不得比试样估计软化点高 100℃，搅拌并过筛后注入黄铜环内至略高出环面为止，如估计软化点在 120℃ 以上时，应将铜环与金属板预热至 80~100℃。试样在室温（15~30℃）中冷却 30min 后，用热刀刮去高出环面上的试样，使与环面齐平。

(2) 将盛有试样的黄铜环及板置于盛满水（估计软化点不高于 80℃ 的试样）或甘油（估计软化点高于 80℃ 的试样）的保温槽内，或将盛试样的环水平地安放在环架圆孔内，然后放在烧杯中，恒温 15min，水温保持 5℃±0.5℃；甘油温度保持 32℃±1℃。同时钢球也置于恒温的水或甘油中。

405

(3) 烧杯内注入新煮沸并冷却至约5℃的蒸馏水(估计软化点不高于80℃的试样)或注入预加热至约32℃的甘油(估计软化点高于80℃的试样),使水面或甘油液面略低于连接杆的深度标记。

(4) 从水或甘油保温槽中取出盛有试样的黄铜环放置在环架中承板的圆孔中,并套上钢球定位器把整个环架放入烧杯内,调整水面或甘油液面至深度标记,环架上任何部分均不得有气泡。将温度计由上承板中心孔垂直插入,使水银球底部与铜环下面齐平。

(5) 将烧杯移放至有石棉网的三脚架上或电炉上,然后将钢球放在试样上(须使各环的平面在全部加热时间内完全处于水平状态)立即加热,使烧杯内水或甘油温度在3min后保持每分钟上升5℃±0.5℃。如在整个测定中温度的上升速度超出此范围时,则试验应重做。

(6) 试样受热软化下坠至与下承板面接触时的温度即为试样的软化点。

4. 试验结果

取平行测定两个结果的算术平均值作为测定结果。重复测定两个结果间的差数不得大于表15-12的规定。

表 15-12 软化点测定允许差数

软化点(℃)	允许差数(℃)	软化点(℃)	允许差数(℃)
<80	1	>100~140	3
80~100	2		

15.9 沥青混合料试验

15.9.1 试验目的

马歇尔稳定度试验是标准击实的试件在规定的温度和速度等条件下受压,测定沥青混合料的稳定度和流值等指标所进行的试验。

本试验适用于标准马歇尔稳定度试验和浸水马歇尔稳定度试验,标准马歇尔稳定度试验主要用于沥青路面施工质量检验。浸水马歇尔试验主要检验沥青混合料受水损害时抵抗剥落的能力,通过测试其水稳定性检验配合比设计的可行性。

本方法适用于的试件为标准试件:直径为101.6mm±0.25mm,高为63.5mm±1.3mm圆柱体。

15.9.2 主要仪器设备

(1) 沥青混合料马歇尔稳定度实验仪(图15.40),加荷装置量程0~30kN,位移值量程0~10mm(自动型马歇尔实验仪),加荷装置上升速度50mm/min±5mm/min,试验夹内径101.6mm。

（2）恒温水浴：深度≥150mm，能保持试验温度±1℃。

（3）试模。

（4）击实仪。

（5）击实台。

（6）脱模机。

（7）拌和设备。人工拌和时采用拌盘或拌和锅和铁铲等；有条件时可采用带有保温设备的实验室专用小型搅拌机。

（8）真空饱水容器。

（9）烘箱。

（10）天平，感量0.1g。

（11）温度计，200℃，分度值1℃。

（12）卡尺及试件高度测定器。

（13）其他。加热设备（电炉或煤气炉）、沥青熔化炉、棉纱、黄油、扁凿、滤纸、手套、水桶和铁漏斗等。

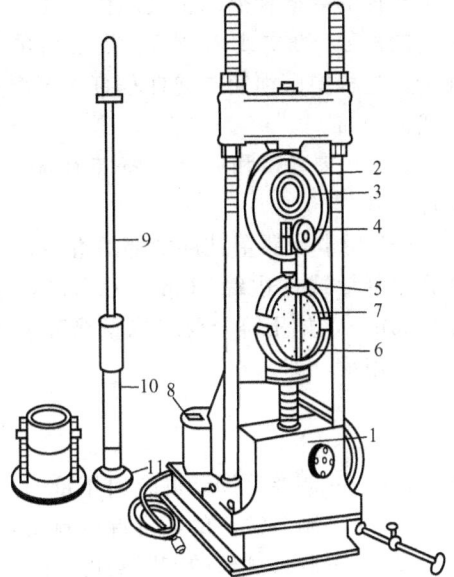

图15.40 马歇尔稳定度实验仪
1—底座；2—应力环；3—百分表；
4—流值计；5—上压头；6—下压头；
7—试件；8—电源开关；9—导杆；
10—击实锤；11—试模

15.9.3 试验方法和步骤——标准马歇尔试验

1. 准备工作

（1）将石料及砂和石粉分别过筛洗净并分别装于浅盘中，置于105～110℃的烘箱中烘干至恒重，并测定各种矿质集料和沥青材料的相对密度以及矿料的组成。

（2）将沥青材料脱水加热至120～150℃（根据沥青的品种和标号确定），各种矿料置烘箱中加热至后备用需要时可将集料筛分成不同粒径，按级配要求配料。

（3）将全套试模、击实座等置于烘箱中加热至130～150℃后备用。

（4）将恒温水浴调节至要求的试验温度，对粘稠石油沥青或烘箱养生过的乳化沥青混合料为60℃±1℃，对煤沥青混合料为37.8℃±1℃，对空气养生的乳化沥青或液体沥青混合料为25℃±1℃。

2. 试件制备

（1）按照各种矿料在混合料中所占的配合比例，称出1组（一般制备3～6个试件）或一个试件所需要的材料置于拌盘（锅）或拌和机中，将拌盘（锅）中的各种矿料加热并拌匀、摊开，然后加入需要数量的热沥青，并迅速地拌匀，并使混合料保持在温度130～140℃（石油沥青）或90～110℃（煤沥青）的范围内。

（2）称取拌好的混合料以四分法取一份，约1200g，通过铁漏斗装入垫有1张滤纸的热试模中，并用烘热的铁凿沿周边插捣15次，中间10次。

（3）将装好混合料的试模放在击实台上，再垫上1张滤纸，加盖预热击实座，再把装有击实锤的导向杆插入击实座内,然后将击实锤从475mm的高度自由落下,如此击实到规定的次数(50次或75次),混合料的温度不得低于110℃(石油沥青)或70℃(煤沥青)。在击实过程中必须使导向杆垂直于模型的底板,达到次数后将模型倒置,再以同样的次数击实另一面。

(4) 卸去套模和底板,将装有试件的试模放到冷水中3~5min后,置脱模器上脱出试件。

(5) 用卡尺测量试件中部的直径,用长尺及马歇尔试件高度测定器在十字对称器的四个方向测量试件边缘10mm处高度,准确到0.1mm,压实后试件的高度应为63.5mm±1.30mm,如不符合要求或量测高差大于2mm时,试件应作废。可按下式调整沥青混合料的用量,即

$$q = 6.35 \frac{q_0}{h_0} \quad (15-27)$$

式中:q——调整后沥青混合料用量(g);
  q_0——制备试件的沥青混合料实际用量(g);
  h_0——制备试件的实际高度(cm)。

(6) 将试件仔细地放在平滑的台面上,在室温下静置过夜,测量其高度和密度。

3. 测定和计算试件物理指标

(1) 测量试件的高度值准确至0.01cm。

(2) 测定试件的视密度。先在天平上称量试件在空气中的质量为m_0,然后称其在水中的质量为m_1(如试件空隙率较大时应用蜡封法),准确至0.1g。试件密度按下式计算:

$$\rho_0 = \frac{m_0}{m_0 - m_1} \rho_{H_2O} \quad (15-28)$$

或

$$\rho_0 = \frac{m_0}{m_2 - m_3 - \dfrac{m_2 - m_0}{\gamma_p}} \rho_{H_2O} \quad (15-29)$$

式中:ρ_0——试件密度(g/cm³);
  m_0——试件在空气中的质量(g);
  m_1——试件在水中的质量(g);
  m_2——蜡封后的试件在空气中的质量(g);
  m_3——蜡封后的试件在水中的质量(g);
  γ_p——蜡的相对密度;
  ρ_{H_2O}——水的密度(取1g/cm³)。

(3) 计算试件理论密度。可按下式计算:

$$\rho_t = \frac{100 + q_a}{\dfrac{q_1}{\gamma_1} + \dfrac{q_2}{\gamma_2} + \cdots + \dfrac{q_n}{\gamma_n} + \dfrac{q_a}{\gamma_a}} \rho_{H_2O} \quad (15-30)$$

式中:ρ_t——试件理论密度(g/cm³);
  $q_1,\cdots,q_n$——各种矿质集料的用量(%);
  $\gamma_1,\cdots,\gamma_n$——各种矿质集料的相对密度;

q_a——沥青的用量(%);

γ_a——沥青的相对密度。

(4) 计算试件中沥青的体积。按下式计算:

$$V_a = \frac{q_a \rho_0}{\gamma_a \rho_{H_2O}} \times 100 \tag{15-31}$$

式中:V_a——试件中沥青的体积。

(5) 试件空隙率按下式计算:

$$V_v = \left(1 - \frac{\rho_0}{\rho_t}\right) \times 100 \tag{15-32}$$

式中:V_v——试件空隙率(%)。

4. 测定试件的稳定度和流值

(1) 将试件置于已达规定温度的恒温水槽中保温 30~40min。试件应垫起,距容器底部不小于 5cm。

(2) 将马歇尔试验仪的上下压头放入水槽或烘箱中,达到同样温度。将上下压头从水槽或烘箱中取出擦拭干净内面,为使上下压头滑动自如,可在下压头的导棒上涂少量黄油。再将试件取出置于下压头上,盖上上压头,然后装在加载设备上。

(3) 将流值测定装置安装在导棒上,使导向套管轻轻地压住上压头,同时将流值计读数调零。

(4) 在上下压头的球座上放妥钢球,并对准荷载测定装置(应力环或传感器)的压头,然后调整应力环中百分表对准零,或将荷载传感器的读数复位为零。

(5) 启动加载设备使试件承受荷载加载速度为 50mm/min±5mm/min,当试验荷载达到最大值的瞬间,取下流值计,同时读取应力环中百分表或荷载传感器的读数及流值计的读数。

(6) 从恒温水槽中取出试件至测出最大荷载值的时间不应超过 30s。

15.9.4 浸水马歇尔试验

试件在规定温度的恒温水浴中保温时间为 48h,其余与标准马歇尔试验方法相同。

15.9.5 试验结果

1. 试件的稳定度与流值

试验测的最大荷载(kN)即为试件稳定度,应力环与百分表测定时,应用应力环表定曲线将百分表读数换算成荷载值即为稳定度(MS),以 kN 为单位。电流值计或位移传感器测定装置读取的试件垂直变形,即为试件流值(FL),计算精确至 0.1mm。

2. 试件马歇尔模数

$$T = \frac{MS}{FL} \tag{15-33}$$

式中：T——马歇尔模数(kN/mm)；

MS——稳定度(kN)；

FL——流值(mm)。

3. 试件的浸水残留稳定度 MS_0

$$MS_0 = \frac{MS_1}{MS} \times 100 \tag{15-34}$$

式中：MS_0——试件浸水残留稳定度(%)；

MS_1——试件浸水 48h 后的稳定度(kN)。

4. 精度与误差

当一组测定值某个数据与平均值之差大于标准差的 k 倍时，该测定值应舍弃，以其余测定值的平均值作为试验结果。当试验数目 n 为 3、4、5 及 6 个时，k 值分别为 1.15、1.46、1.67 及 1.82。

5. 试验结果用于配合比设计或施工质量检验

应报告马歇尔稳定度、流值、马歇尔模数以及试件尺寸、试件密度、空隙率、沥青用量、沥青体积百分率、沥青饱和度、矿料间隙率的各项物理指标，并根据这些指标，参照《公路沥青路面施工技术规范》(JTG F40—2004)的方法进行曲线绘制确定最佳沥青用量。沥青混合料试验各项指标应符合上述规范沥青混合料技术指标的要求。

参 考 文 献

[1] 中华人民共和国国家标准. 通用硅酸盐水泥(GB 175—2007)[S]. 北京：中国标准出版社，2007.
[2] 中华人民共和国国家标准. 水泥细度检验方法筛析法(GB/T 1345—2005)[S]. 北京：中国标准出版社，2005.
[3] 中华人民共和国国家标准. 水泥标准稠度用水量、凝结时间、安定性检验方法(GB/T 1346—2011)[S]. 北京：中国标准出版社，2011.
[4] 中华人民共和国国家标准. 水泥胶砂强度检验方法(ISO法)(GB/T 17671—1999)[S]. 北京：中国标准出版社，1999.
[5] 中华人民共和国国家标准. 普通混凝土拌合物性能试验方法标准(GB/T 50080—2002)[S]. 北京：中国建筑工业出版社，2003.
[6] 中华人民共和国国家标准. 普通混凝土力学性能试验方法标准(GB/T 50081—2002)[S]. 北京：中国建筑工业出版社，2003.
[7] 中华人民共和国行业标准. 普通混凝土配合比设计规程(JGJ/T 55—2011)[S]. 北京：光明日报出版社，2011.
[8] 中华人民共和国行业标准. 公路水泥混凝土路面施工技术规范(JTG F30—2003)[S]. 北京：人民交通出版社，2003.
[9] 中华人民共和国行业标准. 公路工程沥青及沥青混合料试验规程(JTJ E20—2011)[S]. 北京：人民交通出版社，2011.
[10] 中华人民共和国行业标准. 公路沥青路面施工技术规范(JTG F40—2004)[S]. 北京：人民交通出版社，2004.
[11] 中华人民共和国国家标准. 碳素结构钢(GB/T 700—2006)[S]. 北京：中国标准出版社，2007.
[12] 中华人民共和国国家标准. 涂料产品分类和命名(GB/T 2705—2003)[S]. 北京：中国标准出版社，2003.
[13] 王春阳. 建筑材料[M]. 2版. 北京：高等教育出版社，2006.
[14] 高琼英. 建筑材料[M]. 3版. 武汉：武汉理工大学出版社，2007.
[15] 柯国军. 土木工程材料[M]. 北京：北京大学出版社，2006.
[16] 宋少民，孙凌. 土木工程材料(精编本)[M]. 武汉：武汉理工大学出版社，2006.
[17] 湖南大学，等. 土木工程材料[M]. 北京：中国建筑工业出版社，2002.
[18] 黄政宇. 土木工程材料[M]. 北京：高等教育出版社，2003.
[19] 李立寒，张南鹭. 道路建筑材料[M]. 4版. 北京：人民交通出版社，2006.
[20] 伍必庆. 道路建筑材料[M]. 北京：人民交通出版社，2007.
[21] 葛新亚. 建筑装饰材料[M]. 武汉：武汉理工大学出版社，2004.

北京大学出版社土木建筑系列教材(已出版)

序号	书名	主编	定价	序号	书名	主编	定价
1	建筑设备(第2版)	刘源全 张国军	46.00	50	土木工程施工	石海均 马哲	40.00
2	土木工程测量(第2版)	陈久强 刘文生	40.00	51	土木工程制图	张会平	34.00
3	土木工程材料(第2版)	柯国军	45.00	52	土木工程制图习题集	张会平	22.00
4	土木工程计算机绘图	袁果 张渝生	28.00	53	土木工程材料(第2版)	王春阳	50.00
5	工程地质(第2版)	何培玲 张婷	26.00	54	结构抗震设计	祝英杰	30.00
6	建设工程监理概论(第2版)	巩天真 张泽平	30.00	55	土木工程专业英语	霍俊芳 姜丽云	35.00
7	工程经济学(第2版)	冯为民 付晓灵	42.00	56	混凝土结构设计原理	邵永健	40.00
8	工程项目管理(第2版)	仲景冰 王红兵	45.00	57	土木工程计量与计价	王翠琴 李春燕	35.00
9	工程造价管理	车春鹂 杜春艳	24.00	58	房地产开发与管理	刘薇	38.00
10	工程招标投标管理(第2版)	刘昌明	30.00	59	土力学	高向阳	32.00
11	工程合同管理	方俊 胡向真	23.00	60	建筑表现技法	冯柯	42.00
12	建筑工程施工组织与管理(第2版)	余群舟 宋会莲	31.00	61	工程招投标与合同管理	吴芳 冯宁	39.00
13	建设法规(第2版)	肖铭 潘安平	32.00	62	工程施工组织	周国恩	28.00
14	建设项目评估	王华	35.00	63	建筑力学	邹建奇	34.00
15	工程量清单的编制与投标报价	刘富勤 陈德方	25.00	64	土力学学习指导与考题精解	高向阳	26.00
16	土木工程概预算与投标报价(第2版)	刘薇 叶良	37.00	65	建筑概论	钱坤	28.00
17	室内装饰工程预算	陈祖建	30.00	66	岩石力学	高玮	35.00
18	力学与结构	徐吉恩 唐小弟	42.00	67	交通工程学	李杰 王富	39.00
19	理论力学(第2版)	张俊彦 赵荣国	40.00	68	房地产策划	王直民	42.00
20	材料力学	金康宁 谢群丹	27.00	69	中国传统建筑构造	李合群	35.00
21	结构力学简明教程	张系斌	20.00	70	房地产开发	石海均 王宏	34.00
22	流体力学	刘建军 章宝华	20.00	71	室内设计原理	冯柯	28.00
23	弹性力学	薛强	22.00	72	建筑结构优化及应用	朱杰江	30.00
24	工程力学	罗迎社 喻小明	30.00	73	高层与大跨建筑结构施工	王绍君	45.00
25	土力学	肖仁成 俞晓	18.00	74	工程造价管理	周国恩	42.00
26	基础工程	王协群 章宝华	32.00	75	土建工程制图	张黎骅	29.00
27	有限单元法(第2版)	丁科 殷水平	30.00	76	土建工程制图习题集	张黎骅	26.00
28	土木工程施工	邓寿昌 李晓目	42.00	77	材料力学	章宝华	36.00
29	房屋建筑学(第2版)	聂洪达 郄恩田	48.00	78	土力学教程	孟祥波	30.00
30	混凝土结构设计原理	许成祥 何培玲	28.00	79	土力学	曹卫平	34.00
31	混凝土结构设计	彭刚 蔡江勇	28.00	80	土木工程项目管理	郑文新	41.00
32	钢结构设计原理	石建军 姜袁	32.00	81	工程力学	王明斌 庞永平	37.00
33	结构抗震设计	马成松 苏原	25.00	82	建筑工程造价	郑文新	39.00
34	高层建筑施工	张厚先 陈德方	32.00	83	土力学(中英双语)	郎煜华	38.00
35	高层建筑结构设计	张仲先 王海波	23.00	84	土木建筑CAD实用教程	王文达	30.00
36	工程事故分析与工程安全(第2版)	谢征勋 罗章	38.00	85	工程管理概论	郑文新 李献涛	26.00
37	砌体结构(第2版)	何培玲 尹维新	26.00	86	景观设计	陈玲玲	49.00
38	荷载与结构设计方法(第2版)	许成祥 何培玲	30.00	87	色彩景观基础教程	阮正仪	42.00
39	工程结构检测	周详 刘益虹	20.00	88	工程力学	杨云芳	42.00
40	土木工程课程设计指南	许明 孟苗超	25.00	89	工程设计软件应用	孙香红	39.00
41	桥梁工程(第2版)	周先雁 王解军	37.00	90	城市轨道交通工程建设风险与保险	吴宏建 刘宽亮	75.00
42	房屋建筑学(上:民用建筑)	钱坤 王若竹	32.00	91	混凝土结构设计原理	熊丹安	32.00
43	房屋建筑学(下:工业建筑)	钱坤 吴歌	26.00	92	城市详细规划原理与设计方法	姜云	36.00
44	工程管理专业英语	王竹芳	24.00	93	工程经济学	都沁军	42.00
45	建筑结构CAD教程	崔钦淑	36.00	94	结构力学	边亚东	42.00
46	建设工程招投标与合同管理实务	崔东红	38.00	95	房地产估价	沈良峰	45.00
47	工程地质(第2版)	倪宏革 周建波	30.00	96	土木工程结构试验	叶成杰	39.00
48	工程经济学	张厚钧	36.00	97	土木工程概论	邓友生	34.00
49	工程财务管理	张学英	38.00	98	工程项目管理	邓铁军 杨亚频	48.00

序号	书名	主编	定价	序号	书名	主编	定价
99	误差理论与测量平差基础	胡圣武 肖本林	37.00	113	建筑结构抗震分析与设计	裴星洙	35.00
100	房地产估价理论与实务	李 龙	36.00	114	建筑工程安全管理与技术	高向阳	40.00
101	混凝土结构设计	熊丹安	37.00	115	土木工程施工与管理	李华锋 徐 芸	65.00
102	钢结构设计原理	胡习兵	30.00	116	土木工程试验	王吉民	34.00
103	土木工程材料	赵志曼	39.00	117	土质学与土力学	刘红军	36.00
104	工程项目投资控制	曲 娜 陈顺良	32.00	118	建筑工程施工组织与概预算	钟吉湘	52.00
105	建设项目评估	黄明知 尚华艳	38.00	119	房地产测量	魏德宏	28.00
106	结构力学实用教程	常伏德	47.00	120	土力学	贾彩虹	38.00
107	道路勘测设计	刘文生	43.00	121	交通工程基础	王富	24.00
108	大跨桥梁	王解军 周先雁	30.00	122	房屋建筑学	宿晓萍 隋艳娥	43.00
109	工程爆破	段宝福	42.00	123	建筑工程计量与计价	张叶田	50.00
110	地基处理	刘起霞	45.00	124	工程力学	杨民献	50.00
111	水分析化学	宋吉娜	42.00				
112	基础工程	曹 云	43.00				

相关教学资源如电子课件、电子教材、习题答案等可以登录 www.pup6.com 下载或在线阅读。

扑六知识网(www.pup6.com)有海量的相关教学资源和电子教材供阅读及下载(包括北京大学出版社第六事业部的相关资源)，同时欢迎您将教学课件、视频、教案、素材、习题、试卷、辅导材料、课改成果、设计作品、论文等教学资源上传到 pup6.com，与全国高校师生分享您的教学成就与经验，并可自由设定价格，知识也能创造财富。具体情况请登录网站查询。

如您需要免费纸质样书用于教学，欢迎登陆第六事业部门户网(www.pup6.com)填表申请，并欢迎在线登记选题以到北京大学出版社来出版您的大作，也可下载相关表格填写后发到我们的邮箱，我们将及时与您取得联系并做好全方位的服务。

扑六知识网将打造成全国最大的教育资源共享平台，欢迎您的加入——让知识有价值，让教学无界限，让学习更轻松。

联系方式：010-62750667，donglu2004@163.com，linzhangbo@126.com，欢迎来电来信咨询。